龚晓南岩土工程论文选集

龚晓南　选编

ZHEJIANG UNIVERSITY PRESS
浙江大学出版社
·杭州·

图书在版编目（CIP）数据

龚晓南岩土工程论文选集 / 龚晓南选编. -- 杭州 ：
浙江大学出版社，2024. 10. -- ISBN 978-7-308-25447-2

Ⅰ. TU4-53

中国国家版本馆 CIP 数据核字第 2024702NX7 号

龚晓南岩土工程论文选集

龚晓南　选编

责任编辑	金佩雯
文字编辑	叶思源　王怡菊
责任校对	陈　宇
封面设计	程　晨
出版发行	浙江大学出版社
	（杭州市天目山路 148 号　邮政编码 310007）
	（网址：http://www.zjupress.com）
排　　版	杭州星云光电图文制作有限公司
印　　刷	浙江海虹彩色印务有限公司
开　　本	787mm×1092mm　1/16
印　　张	36.25
字　　数	928 千
版印　次	2024 年 10 月第 1 版　2024 年 10 月第 1 次印刷
书　　号	ISBN 978-7-308-25447-2
定　　价	198.00 元

作者简介

　　龚晓南,浙江大学教授,博士生导师,中国工程院院士。现任浙江大学滨海和城市岩土工程研究中心主任。

　　1944 年出生于金华汤溪县罗埠区山下龚村,祖辈务农。1949 年入读山下龚初级小学,1953 年考入罗埠区完全小学高级小学部。1955 年小学毕业,考入汤溪初级中学。1958 年初中毕业,考入金华第四中学高中部(因汤溪县并入金华县,汤溪初级中学改称金华第四中学,并开始设立高中部)。因国家执行"调整、巩固、充实、提高"八字方针,金华第四中学高中部于 1961 年初并入金华第一中学,龚晓南被分配到金华第一中学高三(5)班学习,一学期后从金华第一中学毕业。1961 年考入清华大学土木建筑系工业与民用建筑专业学习。1967 年本科毕业,被分配到国防科委 8601 工程处(地处陕西凤县秦岭山区)从事"大三线"建设。1978 年考取浙江大学岩土工程专业硕士研究生,师从著名地基处理专家曾国熙教授。1981 年获岩土工程硕士学位并留校任教。1982 年春,考入浙江大学首届博士研究生班(导师曾国熙教授是我国首批博士生导师)。1984 年 9 月 12 日通过博士论文答辩,获岩土工程博士学位,成为浙江省培养的第一位博士,也是我国培养的第一位岩土工程博士。经自由申请,1986 年获德国洪堡基金会奖学金,12 月到德国卡尔斯鲁厄大学(Universität Karlsruhe)土力学及岩石力学研究所从事研究工作,合作导师为 Gerd Gudehus 教授。1988 年 4 月回国,同年晋升为教授。1993 年被国务院学位委员会聘为岩土工程博士研究生导师。2011 年当选为中国工程院院士。

龚晓南教授长期从事土力学及岩土工程教学、理论研究和工程实践,主要业绩如下:创建复合地基理论,推动形成复合地基技术工程应用体系;研发系列地基处理新技术,出版系列地基处理著作,1990 年创办学术刊物《地基处理》,引领地基处理技术发展;开展基坑工程系列创新技术研究,主编出版系列基坑工程著作,不断解决基坑工程发展中遇到的技术难题,有力促进我国基坑工程水平的发展;长期潜心岩土工程教育,教育教学成效斐然。至 2024 年 8 月,已培养硕士 104 名,博士 93 名,博士后 26 名;已发表论文 900 多篇,出版著作、教材和工程手册等 80 多部;主编国家标准《复合地基技术规范》等多部工程标准;已获国家和省部级科学技术进步奖及教学成果奖 20 余项。2002 年被授予茅以升土力学及基础工程大奖,2007 年被推选为《岩土工程学报》黄文熙讲座人。领衔的"复合地基理论、关键技术及工程应用"获 2018 年度国家科学技术进步奖一等奖,领衔的"'大土木'教育理念下土木工程卓越人才'贯通融合'培养体系创建与实践"获 2018 年高等教育国家级教学成果奖二等奖。编著的教材《地基处理(第二版)》2021 年获首届全国教材建设奖·全国优秀教材(高等教育类)二等奖。获 2022 年度何梁何利基金科学与技术进步奖·工程建设技术奖。1994 年至 1999 年任浙江大学土木工程学系主任。任浙江省岩土力学与工程学会理事长和金华博士联谊会会长等社会兼职。2023 年,浙江大学教育基金会龚晓南教育基金成立,其中设立了岩土工程及地下空间开发科学和技术进步奖、科学和技术进步青年奖以及《地基处理》优秀论文奖等奖项。

龚晓南教授为我国工程建设和岩土工程学科发展以及岩土工程高级工程技术人才培养做出了杰出的贡献,创造了巨大的社会效益和经济效益。

前　言

2024 年我 80 岁,距 1961 年考上清华大学开始学习土木工程已有 63 年,距大学毕业后开始为祖国工作已有 57 年,距 1978 年考上浙江大学岩土工程专业研究生已有 46 年,距 1981 年硕士研究生毕业并留校从教已有 43 年,距获得岩土工程博士学位已有 40 年。自 1983 年发表第 1 篇论文以来,在前辈的指导教育下,我个人或与我的学生、同事、朋友于 40 多年间完成了 900 多篇论文(大部分由学生与我共同完成)。为了纪念,近日我约请几位在校博士研究生帮助整理了这些论文,我从中选出 80 篇论文,形成这部《龚晓南岩土工程论文选集》。

本论文选集中的论文分为综合性论文、基础理论论文、复合地基论文、地基处理论文、基坑工程论文、其他论文几部分。附录中列出了截至 2024 年 8 月我已指导完成的 104 篇硕士研究生学位论文、93 篇博士研究生学位论文、26 篇合作博士后出站报告及 900 多篇论文的目录。附录中还列出了已出版著作的目录,分教材、基础理论方面、复合地基方面、地基处理和桩基工程方面、基坑工程方面、名词词典及其他几部分。

本论文选集的编写工作得到了博士研究生陈张鹏、黄苏杭、胡海波、蒋熠诚、过锦、周世乐等同学的帮助,浙江大学滨海和城市岩土工程研究中心办公室的宋秀英、王笑笑为论文选集的出版做了不少工作,在此对他们的支持和帮助表示衷心感谢。

借论文选集出版之际,衷心感谢和深切缅怀曾国熙先生、卢肇钧先生、汪闻韶先生、钱家欢先生、冯国栋先生、郑大同先生、叶政青先生和彭人用先生等老前辈的指导和帮助,衷心感谢科研合作、共同发表有关论文及出版有关著作的新老朋友。这些论文和著作凝聚了我们共同的努力,留下了许多美好的回忆。

由于作者水平有限,论文选集中难免有错误和不当之处,敬请读者批评指正。

浙江大学教授　龚晓南

2024 年 10 月 12 日

目　录

综合性论文

基础理论论文

复合地基论文

地基处理论文

基坑工程论文

其他论文

附 录

综合性论文

软土地基固结有限元法分析[*]

曾国熙　龚晓南

（浙江大学）

摘要　本文首先在试验研究的基础上,探讨了用双曲线函数拟合上海金山黏土常规三轴固结剪切试验应力-应变曲线及其归一化性状。从归一化的试验曲线出发,得到一个切线模量方程。

其次,根据虚位移原理和结点等价流量等于结点等价压缩量的黏土饱和条件,推导了轴对称条件下比奥(Biot)固结理论[1]有限单元法方程。

最后,应用有限单元法对上海金山一容量为一万立方米的油罐的地基在充水预压期间的固结问题做了非线性分析,并与实测结果做了比较分析。

1　饱和黏土的有效应力和应变关系

1.1　土样的基本物理性质

室内试验采用上海金山石油化工总厂化工一厂油罐区原状黏土,其基本物理性质指标见表1。

表1　土样的基本物理性质

土样编号	取土深度/m	天然含水量/%	液限 w_L/%	塑限 w_p/%	塑性指数 I_p	土样描述
1	2.58~2.83	29.1	29.8	18.6	11.2	青灰色亚黏土
2	7.00~7.25 7.25~7.50[*]	41.5	33.8	20.3	13.5	淤泥质亚黏土粉砂夹层
3	9.50~9.75[*] 10.25~10.50	38.8	35.0	21.1	13.9	淤泥质亚黏土粉砂互层
4	12.75~13.00	38.3	36.8	19.5	17.3	淤泥质黏土
5	13.25~13.50[*]	50.0	48.3	26.2	22.1	淤泥质黏土
6	17.00~17.25	37.4	33.8	19.8	14.0	淤泥质亚黏土

注：[*] 表示排水剪切试验所用土样。

1.2　应力-应变曲线归一化性状的试验研究[2]

采用 Konder[3] 提出的用双曲线函数拟合三轴固结排水剪切试验(CD)和固结不排水剪切

---

[*] 本文刊于《浙江大学学报》,1983,17(1):1-14.

试验(CU)应力-应变曲线。其表达式为

$$\sigma_1 - \sigma_3 = \frac{\varepsilon_1}{a + b\varepsilon_1} \tag{1}$$

式中，$\sigma_1 - \sigma_3$ 为主应力差；ε_1 为轴向应变；a、b 为双曲线参数。

用双曲线函数拟合第二组土样固结不排水剪切试验(CU-2)和固结排水剪切试验(CD-2)应力-应变曲线见图1和图2。双曲线参数 a、b 可通过作图法确定，也可通过数理统计的方法确定。

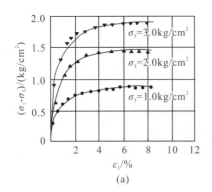
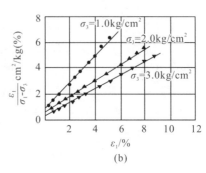

(a)   (b)

图1　CU-2 应力-应变曲线

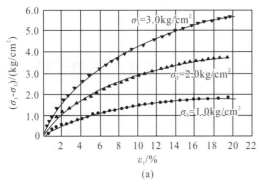
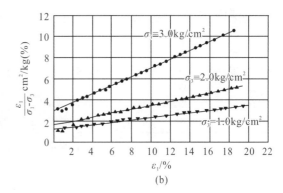

(a)   (b)

图2　CD-2 应力-应变曲线

把试验数据绘成 $(\sigma_1 - \sigma_3)/\sigma'_m \sim \varepsilon_1$ 曲线(其中 σ'_m 为平均有效应力)，可以窥测上海金山黏土应力-应变曲线对平均有效应力的归一化性状。对 σ'_m 归一的应力-应变曲线可以用下式表达[2]：

$$\frac{\sigma_1 - \sigma_3}{\sigma'_m} = \frac{\varepsilon_1}{\bar{a} + \bar{b}\varepsilon_1} \tag{2}$$

1.3　排水和不排水剪切试验归一化应力-应变曲线之间的关系

CD 和 CU 试验对平均有效应力归一的应力-应变曲线可分别表达如下：

$$\frac{\sigma_1 - \sigma_3}{\sigma'_m} = \frac{\varepsilon_{1D}}{\bar{a}_D + \bar{b}_D \varepsilon_{1D}} \qquad \text{(CD)} \tag{3}$$

$$\frac{\sigma_1 - \sigma_3}{\sigma'_m} = \frac{\varepsilon_{1U}}{\bar{a}_U + \bar{b}_U \varepsilon_{1U}} \qquad \text{(CU)} \tag{4}$$

从图3(a)可以看出同一组土样的排水和不排水剪切对平均有效应力的归一化曲线具有同一渐近线,即

$$\bar{b}_D = \bar{b}_U \tag{5}$$

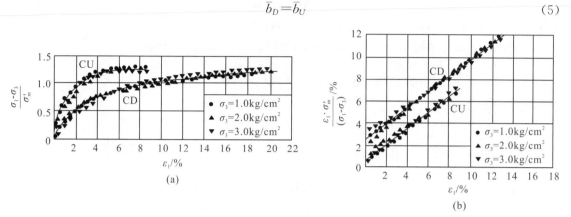

图3 CU-2 和 CD-2 对平均有效应力归一化应力-应变关系曲线

结合式(3)、式(4)和式(5)可以看出,在 CD 和 CU 两种情况下,若两者的 $(\sigma_1-\sigma_3)/\sigma'_m$ 值相等,则其对应的轴向应变 ε_{1D} 和 ε_{1U} 之间的关系可由系数 $\bar{a}_D$ 和 $\bar{a}_U$ 确定,即

$$\frac{\varepsilon_{1D}}{\varepsilon_{1U}} = \frac{\bar{a}_D}{\bar{a}_U} \tag{6}$$

可令

$$M_a = \frac{\bar{a}_D}{\bar{a}_U} \tag{7}$$

如能确定 M_a 值,则可由固结不排水剪切对平均有效应力的归一化曲线推出固结排水剪切的归一化曲线。M_a 值与土的含水量、种类、组成成分等因素有关。含水量大,压缩指数大,M_a 也大。

1.4 一个切线模量方程

根据 CD 试验对平均有效应力的归一化应力-应变曲线,可导出一个切线模量方程。

式(2)两边分别对轴向应变 ε_1 求偏导数,可得

$$\frac{1}{\sigma'_m}\frac{\partial(\sigma_1-\sigma_3)}{\partial\varepsilon_1} - \frac{(\sigma_1-\sigma_3)}{(\sigma'_m)^2}\frac{\partial\sigma'_m}{\partial\varepsilon_1} = \frac{\bar{a}}{(\bar{a}+\bar{b}\varepsilon_1)^2} \tag{8}$$

与 Duncan 等的模型[4]类似,上式中 $\partial(\sigma_1-\sigma_3)/\partial\varepsilon_1$ 为切线模量,记作 E_t。经移项化简,式(8)可写成

$$E_t = \frac{(\sigma_1-\sigma_3)}{\sigma'_m}\frac{\partial\sigma'_m}{\partial\varepsilon_1} + \frac{\sigma'_m}{\bar{a}}\left[1 - \frac{\bar{b}(\sigma_1-\sigma_3)}{\sigma'_m}\right]^2 \tag{9}$$

式中,$\partial\sigma'_m/\partial\varepsilon_1$ 尚需确定。

在三轴压缩试验中,轴向应变 ε_1、径向应变 ε_3 和体积应变 ε_V 之间有如下关系:

$$\varepsilon_1 + 2\varepsilon_3 = \varepsilon_V \tag{10}$$

Kulhawy 等提出轴向应变和径向应变关系也可以用双曲线方程表达[5]:

$$\varepsilon_1 = \frac{-\varepsilon_3}{\nu_i - \varepsilon_3 D} \tag{11}$$

式中,ν_i 为土的初始泊松比;D 为无因次系数。

根据三轴等向压缩试验,平均有效应力和体积应变之间的关系如下:

$$d\varepsilon_V = \frac{\lambda}{(1+e_0\sigma_m')}d\sigma_m' \tag{12}$$

式中,e_0 为初始孔隙比;λ 为压缩曲线($e\sim\ln\sigma_m'$)的斜率。

初始泊松比 ν_i,根据 Duncan 和 Kulhawy 的建议[5],可采用下式计算:

$$\nu_i = G - Flg\left(\frac{\varepsilon_3}{P_a}\right) \tag{13}$$

式中,G、F 为无因次系数;P_a 为大气压值,kg/cm^2。

将式(9)—式(13),并略去 $\varepsilon_1 D$ 的二次项,可以得到一个切线模量方程:

$$E_t = \frac{(\sigma_1-\sigma_3)(1+e_0)}{\lambda}\left\{1-\frac{2[\sigma_m'-\bar{b}(\sigma_1-\sigma_3)][G-Flg(\sigma_3/P_a)]}{\sigma_m'-(\sigma_1-\sigma_3)(\bar{b}+2\bar{a}D)}\right\}+\frac{\sigma_m'}{\bar{a}}\left[1-\frac{\bar{b}(\sigma_1-\sigma_3)}{\sigma_m'}\right]^2 \tag{14}$$

式中参数 $\bar{a}$、$\bar{b}$、e_0、λ、G、F 和 D 均可由试验测定。在推导过程中,忽略了剪应力对体积变化的效应。

式(14)考虑了平均有效应力对模量的效应,也就考虑了第二主应力对模量的效应。Cornforth[6]提出当 $b=(\sigma_2-\sigma_3)/(\sigma_1-\sigma_3)$,从 0 增加至 1 时,土体的强度和杨氏模量都有显著增加。这与式(14)是一致的。

由式(11)和式(13)可得出泊松比的计算式:

$$\nu_i = \frac{G-Flg\left(\frac{\sigma_3}{P_a}\right)}{\left[1-\frac{D\bar{a}(\sigma_1-\sigma_3)}{\sigma_m'-\bar{b}(\sigma_1-\sigma_3)}\right]^2} \tag{15}$$

根据弹性增量理论,式(14)和式(15)可用于非线性分析。

2 比奥固结理论轴对称问题有限元方程

2.1 单元选择和位移模式

在轴对称问题中,所取的单元是一个轴对称的整圆环。采用三角形截面,在 rz 平面上形成一个三角形网格。各单元之间用圆环形的铰互相连接,而每一个铰与 rz 平面的交点就是结点,如图 4 所示。

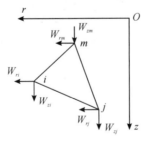

图 4 三角形网格单元示意

假定基本未知量位移 M_r、M_z 和孔隙压力 P_w 是坐标的线性函数,则

$$\begin{Bmatrix} W_r \\ W_z \end{Bmatrix} = [N]\{\delta\}^e = [IN_i \quad IN_j \quad IN_m]\{\delta\}^e \tag{16}$$

$$P_w = [N']\{P_w\}^e = [N_i \quad N_j \quad N_m]\{P_w\}^e \tag{17}$$

式中，$\{\delta\}^e$ 为单元结点位移矢量，$\{\delta\}^e = \begin{bmatrix} W_{ri} & W_{zi} & W_{rj} & W_{zj} & W_{rm} & W_{zm} \end{bmatrix}^T$；$\{P_w\}^e$ 为单元结点孔隙压力矢量，$\{P_w\}^e = \begin{bmatrix} P_{ui} & P_{wj} & P_{um} \end{bmatrix}^T$；$I$ 为二阶单位矩阵；N_i 为形函数，$N_i = (a_i + b_i r + c_i z)/2A$，$a_i = r_j z_m - r_m z_j$，$b_i = z_j - z_m$，$c_i = r_m - r_j$；$A$ 为三角形单元截面面积。

2.2 有效应力原理

轴对称问题中有效应力原理可表达为

$$\{\sigma\} = \{\sigma'\} + \{M\} P_w \tag{18}$$

式中，$\{\sigma\}$ 为总应力矢量，$\{\sigma\} = \begin{bmatrix} \sigma_r & \sigma_\theta & \sigma_z & \tau_{zr} \end{bmatrix}^T$；$\{\sigma'\}$ 为有效应力矢量，$\{\sigma'\} = \begin{bmatrix} \sigma'_r & \sigma'_\theta & \sigma'_z & \tau_{zr} \end{bmatrix}^T$；$[M] = \begin{bmatrix} 1 & 1 & 1 & 0 \end{bmatrix}^T$。

2.3 几何方程和物理方程

用结点位移表示单元内应变，其几何方程可表示为

$$\{\varepsilon\} = [B] \{\delta\}^e \tag{19}$$

式中，$\{\varepsilon\}$ 为单元应变矢量，$\{\varepsilon\} = \begin{bmatrix} \varepsilon_r & \varepsilon_\theta & \varepsilon_z & \gamma_{zr} \end{bmatrix}^T$；$[B]$ 为应变矩阵，$[B] = \begin{bmatrix} B_i & B_j & B_m \end{bmatrix}$；

$$[B_i] = \frac{-1}{2A} \begin{bmatrix} b_i & 0 \\ f_i & 0 \\ 0 & c_i \\ c_i & b_i \end{bmatrix}。$$

上式中的负号是由于土力学中应变符号规定以压为正而引起的。

$$f_i = \frac{a_i}{r} + b_i + \frac{c_\lambda z}{r}$$

为了简化计算，也为了消除对称轴上结点处 $r=0$ 引起的麻烦，把每个单元的 r 和 z 近似地取为常量，即

$$\bar{r} = \frac{1}{3}(r_i + r_j + r_m) \tag{20}$$

$$\bar{z} = \frac{1}{3}(z_i + z_j + z_m) \tag{21}$$

物理方程为

$$\{\sigma'\} = [D] \{\varepsilon\} = [D][B] \{\delta\}^e \tag{22}$$

式中，$[D]$ 为土体弹性矩阵。轴对称问题中：

$$[D] = \frac{E(1-\nu)}{(1+\nu)(1-2\nu)} \begin{bmatrix} 1 & 0 & 0 & 0 \\ \dfrac{\nu}{1-\nu} & 1 & \dfrac{\nu}{1-\nu} & \dfrac{\nu}{1-\nu} \\ \dfrac{\nu}{1-\nu} & \dfrac{\nu}{1-\nu} & 1 & \dfrac{\nu}{1-\nu} \\ 0 & 0 & 0 & \dfrac{1-2\nu}{2(1-\nu)} \end{bmatrix}$$

式中，E、ν 为土体的杨氏模量和泊松比。

2.4 达西(Darcy)定律

$$\{v\} = \frac{1}{\gamma_w}[k]\{\nabla\} P_w \tag{23}$$

式中，$\{v\}$ 为孔隙水流速矢量 $\begin{bmatrix} v_r & v_z \end{bmatrix}^T$；$[k]$ 为渗透系数矩阵，$[k] = \begin{bmatrix} k_r & 0 \\ 0 & k_z \end{bmatrix}$；$\nabla = \begin{bmatrix} \dfrac{\partial}{\partial r} & \dfrac{\partial}{\partial z} \end{bmatrix}^T$；

γ_w 为水容量。

2.5 虚位移定理

根据虚位移定理，外力在虚位移上的虚功等于应力在虚应变上的虚功。对于轴对称问题，虚功方程为

$$\{\delta^*\}^T \{F\} = \iiint \{\varepsilon^*\}^T \{\sigma\} r \mathrm{d}r \mathrm{d}\theta \mathrm{d}z \tag{24}$$

式中，$\{\delta^*\}$、$\{\varepsilon^*\}$ 分别为虚位移矢量和虚应变矢量；$\{F\}$ 为外力矢量。

针对每一单元，考虑到 $\{\varepsilon^*\} = [B]\{\delta^*\}^e$，式(24)经改写、简化可得

$$\{F\}^e = 2\pi\bar{r} \iint [B]^T \{\sigma\} \mathrm{d}r \mathrm{d}z \tag{25}$$

2.6 黏土饱和条件

用达西定律计算单元孔隙水流速，如下：

$$\{v\} = \begin{bmatrix} v_r \\ v_z \end{bmatrix} = \frac{1}{2A\gamma_w} \begin{bmatrix} k_r b_i & k_r b_j & k_r b_m \\ k_z c_i & k_z c_j & k_z c_m \end{bmatrix} \begin{Bmatrix} P_{ui} \\ P_{uj} \\ P_{um} \end{Bmatrix} \tag{26}$$

在线性模式中，单元的孔隙水流速分量 v_r 和 v_z 是常数。流经单元的流量是单元三个结点的等价结点流量之和。图 5 中，e、f 和 g 是单元边界中点。结点 i 的等价结点流量为流经边界 gi 和 ie 的流量之和。对一个单元用矩阵形式表示，可写成

$$[Q] = \begin{bmatrix} Q_i \\ Q_j \\ Q_m \end{bmatrix} = \pi\bar{r} \begin{bmatrix} b_i & c_i \\ b_j & c_j \\ b_m & c_m \end{bmatrix} \begin{bmatrix} v_r \\ v_z \end{bmatrix} = [k_q]\{P_w\}^e \tag{27}$$

式中，$[k_q]$ 为单元渗透流量矩阵。

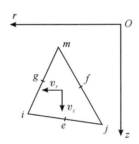

图 5　三角形网格单元孔隙流示意

单位时间内单元体积的改变量是单元三个结点的等价结点压缩量之和。在线性模式中，单元应变是常数，故一结点的等价结点压缩量等于全单元压缩量的 1/3，用矩阵形式表示为

$$\left[\frac{\partial V}{\partial t}\right] = \left\{\frac{\partial}{\partial t}\right\} \begin{bmatrix} V_i \\ V_j \\ V_m \end{bmatrix} \approx \frac{1}{3} \begin{bmatrix} 1 \\ 1 \\ 1 \end{bmatrix} \frac{\Delta V}{\Delta t} \tag{28}$$

式中，ΔV 为某一时段内单元体积的改变量。

$$\Delta V = \iiint (\Delta\varepsilon_r + \Delta\varepsilon_\theta + \Delta\varepsilon_z) r\,dr\,d\theta\,dz = 2\pi\bar{r}A[M]^{\mathrm{T}}[B]\{\Delta\delta\}^e \tag{29}$$

把式(29)代入式(28)得

$$\left[\frac{\partial V}{\partial t}\right] = \frac{1}{\Delta t}[k_{\mathrm{V}}]\{\Delta\delta\}^e \tag{30}$$

式中，$[k_{\mathrm{V}}]$ 为单元体变矩阵。

根据黏土饱和条件，单位时间内体积改变量等于通过其边界的流量，结合式(27)和式(30)可得

$$\frac{1}{\Delta t}[k_{\mathrm{V}}]\{\Delta\delta\}^e - [k_q]\{P_w\}^e = 0 \tag{31}$$

在 Δt 时段内，孔隙压力平均值 $\bar{P}_{ut}$ 可近似地取为

$$\bar{P}_{ut} = P_{w(t-\Delta t)} + \frac{1}{2}\Delta P_w \tag{32}$$

式中，$P_{w(t-\Delta t)}$ 为 t 时刻前一时段的孔隙压力。

把式(32)代入式(31)，得

$$[k_{\mathrm{V}}]\{\Delta\delta\}^e - \frac{\Delta t}{2}[k_q]\{P_w\} = \{\Delta R\}^e \tag{33}$$

式中，$\{\Delta R\}^e$ 为 t 时刻的前一时段结点孔隙压力所对应的结点力。

$$\{\Delta R\}_i^e = \frac{\pi\bar{r}\Delta t}{2A\gamma_w}[k_z c_i(c_i + c_j + c_m) + k_r b_i(b_i + b_j + b_m)]P_{ui(t-\Delta t)} \tag{34}$$

对各结点写出式(33)，就可得到比奥固结理论连续方程的有限元方程：

$$[k_{\mathrm{V}}]\{\Delta\delta\} - \frac{\Delta t}{2}[K_q]\{\Delta P_w\} = \{\Delta R\} \tag{35}$$

结合式(16)、式(18)、式(19)和式(25)，可得到比奥固结理论平衡方程组的有限元方程：

$$\{F\}^e = 2\pi\bar{r}A[B]^{\mathrm{T}}[D][B]\{\delta\}^e + 2\pi\bar{r}[B]^{\mathrm{T}}\{M\}\left[\frac{A}{3}, \frac{A}{3}, \frac{A}{3}\right]\{P_w\}^e = [K_\delta]\{\delta\}^e + [K_p]\{P_w\}^e \tag{36}$$

式中，$[K_\delta]$ 为相应单元结点位移产生的单元刚度矩阵；$[K_p]$ 为相应单元结点孔隙压力产生的单元刚度矩阵。

对各节点建立平衡方程，并写成增量形式，可得

$$[K_\delta]\{\Delta\delta\} + [K_p]\{\Delta P_w\} = \{\Delta F\} \tag{37}$$

结合式(35)和式(37)，得到增量形式的比奥固结理论有限单元法方程：

$$\begin{bmatrix} K_\delta & K_p \\ K_{\mathrm{V}} & -\dfrac{\Delta t}{2}K_q \end{bmatrix} \begin{Bmatrix} \Delta\delta \\ \Delta P_w \end{Bmatrix} = \begin{Bmatrix} \Delta F \\ \Delta R \end{Bmatrix} \tag{38}$$

3 金山 101 号贮罐地基固结有限单元法分析

3.1 工程概况

上海金山石油化工总厂化工一厂油罐区位于杭州湾滨海围垦滩地上，软土层属于河口滨海相沉积。为了垫高沉降后罐底高程，罐底铺有砂垫层，于充水预压试验前六个月完成。$101^{\#}$ 贮罐为试验罐(直径 31.4m，容量 $10000\mathrm{m}^3$)，首先进行了充水预压试验，并埋设沉降位移、孔隙压

力等项的观测仪器进行现场观测。用了 41 天加水至最高水位,充水一万多吨,连砂垫层在内,基底荷载达 16.43t/m³,经过 148 天后开始卸荷。根据现场量测分析,地基固结度达 90%。

101# 试验罐试验工作主要由上海工业建筑设计院、上海石油化工总厂、南京水利科学研究所和浙江大学土木工程学系等单位合作完成。本文引用的部分实测数据和试验资料系录自此前的研究成果[11,12]。

试验罐附近的地质柱状图见图 6(a)。根据无侧限抗压和十字板剪切试验结果,在地表以下 4m 左右范围内属于超压密的黏性土,通常称为硬壳层。土层③_a 为淤泥质亚黏土夹粉砂层,③_b 为淤泥质亚黏土与粉砂夹层,层理清晰,层厚 1~2mm,这种"千层糕"式构造的土层(又名纹状土)渗透系数大,有利于固结。土层④和⑤_b 均为淤泥质黏土层,但其物理力学性质稍异。土层⑤_a 和⑥_a 为淤泥质亚黏土层,土层⑥_b 为密实粉砂层。土层⑥_a 可能是土层⑥_b 的过渡层。根据埋设在深 18.7m 处孔隙水压力测头量测的孔隙水压力消散很快这一现象,⑥_a 和⑥_b 可以视为同一排水层。密实粉砂层压缩量很小,计算深度取 20m。

单元划分和边界条件见图 6(b)。

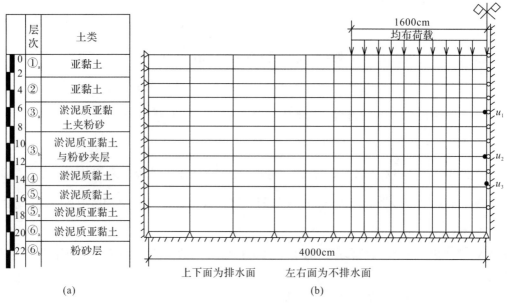

图 6　地质柱状图和单元划分图

计算参数见表 2。

表 2　各土层计算参数

土层	孔隙比	容重	$\bar{a}$	$\bar{b}$	k_r/(cm/s)	k_z/(cm/s)	k_0	G	D	F	λ	R_f
1	0.80	1.92	—	—	3.47×10^{-3}	8.68×10^{-4}	0.52	—	—	—	—	—
2	1.15	1.80	0.026	0.71	1.11×10^{-2}	9.26×10^{-4}	0.53	0.347	0.74	0.085	0.13	0.86
3	1.07	1.77	0.027	0.65	1.16×10^{-2}	9.72×10^{-4}	0.50	0.333	0.72	0.084	0.13	0.85
4	1.10	1.82	0.031	0.75	5.09×10^{-4}	2.54×10^{-4}	0.52	0.34	0.71	0.085	0.138	0.84
5	1.40	1.71	0.037	0.92	4.62×10^{-4}	1.85×10^{-4}	0.56	0.36	0.67	0.083	0.142	0.84
6	1.08	1.85	0.023	0.70	4.16×10^{-4}	1.85×10^{-4}	0.47	0.32	0.68	0.092	0.084	0.87

表中 R_f 为破坏比,其值为破坏点的主应力差与主应力差的极限值之比。各层应力-应变参数 $\bar{a}$、$\bar{b}$、G、F、D、R_f 和 λ 由三轴排水剪切试验和等向压缩试验测定。第四和第六两组土样未做排水剪切试验,其参数 $\bar{a}$ 可参考其他组土样 M_a 值与含水量之间的关系,由固结不排水剪切试验测定的 $\bar{a}_U$ 推算确定。这两组的其他参数可参考其他组测定值及相应的基本物理性质确定。

土层1深度为 $0\sim4.8$m,土层2深度为 $4.8\sim8.0$m,土层3深度为 $8.0\sim11.2$m,土层4深度为 $11.2\sim13.0$m,土层5深度为 $13.0\sim15.0$m,土层6深度为 $15.0\sim20.0$m。

土层1(硬壳层)为超压密土,在计算中应力-应变关系为线性。其弹性系数杨氏模量用压缩试验测定。计算式为

$$E=\frac{(1+e_0)(1+\nu)(1-2\nu)}{a_\nu(1-\nu)} \tag{39}$$

式中,a_ν 为压缩系数。

上式中泊松比计算式为

$$\nu=\frac{K_0}{1+K_0} \tag{40}$$

式中,K_0 为静止土压力系数,$K_0=1-\sin\varphi'$(φ' 为有效应力抗剪角)。

由此得到 $E=30.3$kg/cm^2,$\nu=0.38$。

3.2 计算荷载和计算时段的确定

图7(a)表示加荷情况。砂垫层施工无详细记录,在充水预压前六个多月完成处理。充水预压自1974年10月28日开始,逐级加荷。在头六天中,分三次(每两次之间间隔 $1\sim2$ 天)加水至充水压力为 0.604kg/cm^2。充水预压历经148天,于1975年3月24日卸荷。在计算过程中,头6天和最后18天充水加荷阶段的处理为匀速加载。从砂垫层施工起到充水预压卸荷为止,计算时段分为11段,见图7(a)中①~⑪。

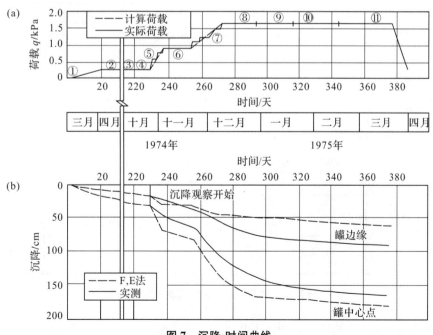

图7 沉降-时间曲线

3.3 计算结果和实测结果的比较

油罐中心点和罐边缘的沉降-时间曲线见图 7(b)。实线和虚线分别为实测和计算沉降过程线,罐边缘实测沉降值为环基上 16 个测点的平均值。砂垫层施工阶段无实测记录不能比较。从图中可看到,罐中心点的计算沉降值大于实测沉降值,而罐边缘除充水预压开始一小段外,计算沉降值小于实测沉降值。

孔隙压力-时间曲线见图 8。测点 u_1、u_2 和 u_3 的位置见图 6(b)。砂垫层施工阶段无实测记录,故图中只给出油罐充水预压阶段孔隙压力线。从图中可以看到,在加荷阶段,计算孔隙压力值比实测值小,在消散阶段,计算孔隙压力过程线与实测过程线比较接近。孔隙压力消散速率和地基沉降速率基本上是一致的。需要说明的是若采用实验室小试件压缩试验测定的渗透系数,孔隙压力消散速率和地基沉降速率将大大小于实测值。在计算过程中采用由实测过程线估计的渗透系数。

图 9 左右两侧分别为在两个日期(预压至最高水位,1974 年 12 月 9 日;预压卸荷日,1975 年 3 月 24 日)所计算的地基中孔隙压力分布情况。

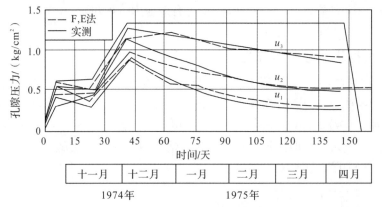

图 8 孔隙压力-时间曲线

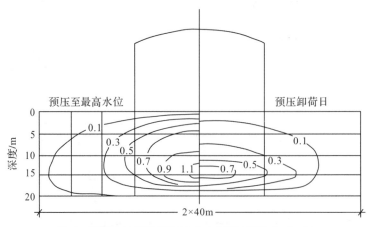

图 9 地基中计算孔隙压力分布情况(单位:kg/cm²)

计算结果和实测结果的比较表明以下几点。

正确测定和合理选用渗透系数对于估计固结速率具有重要的意义。而由实验室固结试验

测定的 c_v 值推算的渗透系数往往比原位渗透系数小很多，有时达 1～2 个数量级。本文中计算土层③a 和③b 时所采用的竖向渗透系数比由压缩试验测定的固结系数推算的渗透系数大 15 倍和 6 倍，其他层分别放大了 2～6 倍。文献[13－14]也报道了类似情况。这与 Rowe[8] 提出的许多英国典型黏土的原位渗透系数（以及 c_v 值）比室内用小试件试验测定的结果大一个或几个数量级的报告是一致的。罗（Rowe）认为这是由于土层中存在裂隙、砂土和粉砂薄层等。在金山油罐区地基中确实存在较多的粉砂夹层。选用渗透系数时还要正确估计水平向和竖向渗透系数之间的关系。另外，在计算中没有考虑有效应力对土体渗透系数的作用。实际上，对于同一类土渗透系数也是随深度和固结过程变化的。

罐边缘计算沉降值小于实测沉降值，而罐中心点计算沉降值大于实测沉降值可能与下述因素有关。在计算中没有考虑油罐和环基及其包围填充砂体的刚度，而把它理想化为完全柔性基础，罐底计算荷载为均匀分布的；由于油罐环基的影响，实际上荷载在罐底并非均匀分布，靠近环基处荷载密度较大；另外，切线模量方程没有考虑应力途径的影响，在加荷过程中油罐地基中心点处的应力途径是不一样的，这可能也是影响因素之一[15]。如何缩小计算与实测的差距是国际土力学界关心的课题之一，也是本文需要进一步探讨的一个课题。

4 结　语

（1）上海金山黏土三轴固结排水和不排水剪切试验应力-应变曲线可以用双曲线函数拟合。其对平均有效应力的归一化程度较好。从归一化曲线出发，结合平均有效应力与轴向应变的关系，可以导出一个切线模量方程，该方程考虑了应力应变的非线性、应力水平和中主应力效应。而 Duncan 和 Chang 模型[4]是没有考虑中主应力效应的。

（2）三轴固结排水和不排水剪切试验两者对平均有效应力的归一化曲线具有同一渐近线。

（3）本文采用等价结点流量等于等价结点压缩量的概念，推导了比奥固结理论连续方程的有限元法方程。推导过程简单，物理概念明确。

（4）计算技术的发展和有限单元法的运用为土工问题的分析提供了有力工具，其中包括合适的模型、有关参数的恰当测定和选择以及合理分析方法等，这些工具都还需不断改进。各国学者根据十多年来应用的经验，已认识到参数的测定和选用是影响计算结果至为关键的因素[16]。本文也印证了这一点。通过实例验证理论计算结果是必不可少的环节。也只有这样，才有可能使分析方法得到改进。

参考文献

[1] Biot M A. General theory of three dimensional consolidation [J]. Journal of Applied Physics, 1940,12(2): 155-164.

[2] 曾国熙. 正常固结粘土不排水剪切的归一化性状[C]//中国水利学会岩土力学专业委员会. 软土地基学术讨论会论文选集. 北京：水利出版社，1980：13.

[3] Kondner R L. A hyperbolic stress-strain formulation for sands[C]//2nd Pan-American Conference on Soil Mechanics and Foundation Engineeing, Sao Paulo.

[4] Duncan J M, Chang C Y. Nonlinear analysis of stress-strain in soils[J]. Journal of the Soil Mechanics and Foundations Division, 1970,96(5):1629-1653.

[5] Kulhawy F H, Duncan J M. Stresses and movements in oroville dam[J]. Journal of the Soil Mechanics and

Foundations Division，1972，95(7)：653-665.

[6] Cornforth D. Some experiments on the influence of strain conditions on the strength of sand[J]. Geotechnique，1964，14：143-167.

[7] Christian J T，Boehmer J W. Plane strain consolidation by finite element method[J]. Journal of the Soil Mechanics and Foundations Division，1970，96(4)：1435-1457.

[8] 沈珠江.用有限单元法计算软土地基的固结变形[J].水利水运科技情报，1977，1：7.

[9] 殷宗泽，徐鸿江，朱泽民.饱和粘土平面固结问题有限单元法[J].华东水利科学院学报，1978，1：71.

[10] Sandhu R S，Wilson E L. Finite element analysis of seepage in elastic media[J]. Journal of the Engineering Mechanics Division，1969，95(3)：641-652.

[11] 上海石油化工总厂化工一厂，上海工业建筑设计院，浙江大学和南京水利科学研究所.贮罐软基预压观测成果，1976.(送审稿).

[12] 浙江大学土木系地基与基础教研组.大型贮罐软土地基的稳定性与变形[J].浙江大学学报，1980.

[13] Shoji M，Matsumotu T. Consolidation of embankment foundation[J]. Soils and Foundations，1976，16(1)：59-74.

[14] 沈珠江.油罐地基固结变形的非线性分析[J].水利水运科技情报，1977，1：24.

[15] Horvat K，Szavits-nossan A，Kovacic D. Settlements analysis of tanks on soft clay[C]//10th International Conference on Soil Mechanics and Foundation Engineering，Stockholm，1981.

[16] Poulos H G. General report (preliminary) on soil-structure interaction[C]//10th International Conference on Soil Mechanics and Foundation Engineering，Stockholm，1981.

油罐软黏土地基性状[*]

龚晓南　曾国熙

（浙江大学）

摘要　首先,通过 K_0 固结三轴试验等室内试验探讨了金山黏土的应力-应变关系以及强度和刚度各向异性。采用有限单元法研究了圆形贮罐上部结构、垫层与地基共同作用以及土体各向异性对沉降的效应。

其次,在试验研究的基础上,提出一组考虑初始应力状态和土体固有各向异性的非线性弹性系数实用方程。通过强度发挥度,可以把土体刚度和强度联系起来。

最后,应用比奥（Biot）固结理论有限单元法分析了两只大型油罐（容量分别为 $10000m^3$ 和 $30000m^3$）地基试水期间的固结过程,分析中考虑了上部结构、环基和垫层的刚度。计算沉降过程线和孔隙压力过程线与现场实测值接近。

1　前　言

在以往土力学研究中,变形和稳定分析常被认为是两个互不相关的问题。二十余年来,电子计算机、数值计算方法和土的本构理论等方面的发展有力地推进了现代土力学理论的发展。现代土力学研究需建立起统一的应力-应变-强度关系,这样就可能把变形和稳定分析有机地结合在一起,使理论计算更符合实际情况。

土的应力-应变性状是非常复杂的,影响因素很多。土的应力-应变关系是非线性的,它与应力水平、应力路径有关,还受时间、加荷方式等因素的影响。十几年来,土体各向异性,特别是土体刚度各向异性,越来越受到人们的重视。不过,大多数研究还局限于理论探讨或室内试验研究,很少应用于实际工程的分析。在进行各向异性分析时,过去大都把土体视为线性弹性体,很少考虑土体应力-应变关系的非线性。而各向异性和非线性是土体应力-应变关系性状的两个重要方面,应该统一考虑。

在地基变形计算中,上部结构、基础和地基的共同作用也越来越受到人们的重视,考虑共同作用的设计被称为"合理设计"[1]。

本文在第一作者硕士论文[2]的基础上,根据试验研究和有限单元法分析结果,提出一组同时考虑土体各向异性和非线性的弹性系数实用方程式,并应用于金山某厂两只油罐的地基在试水期间的固结分析。在地基固结分析中,考虑了油罐、环基、垫层和地基的共同作用,并与实测结果做了比较分析。

---

* 本文原标题为《油罐软粘土地基性状》,刊于《岩土工程学报》,1985,7(4):1-11.

2 饱和黏土应力-应变关系

试验土样为上海金山某厂油罐区原状黏土。油罐区位置在杭州湾滨海围垦滩地上,土层属于河口滨海相沉积[3]。

当土样在无侧向变形条件下固结后进行三轴试验,称为 K_0 固结三轴试验。在 K_0 固结阶段,可以确定静止土压力系数 K_0 值、土体的先期固结压力 σ'_p、压缩指数 C_c 等参数。在三轴试验阶段,可以测定有关土体强度和变形的参数。

10 个土样在 K_0 固结过程中,K_0 值随竖直向有效应力 σ'_v 的变化情况见图 1。从图中可看出,当竖直向有效应力小于土样的先期固结压力时,土样处于超固结状态,它具有较大的 K_0 值,当竖向有效应力大于土样的先期固结压力时,土样处于正常固结状态,它的 K_0 值趋于稳定。

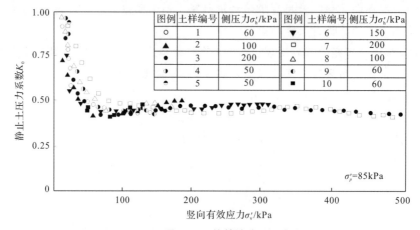

图例	土样编号	侧压力σ'_c/kPa	图例	土样编号	侧压力σ'_c/kPa
○	1	60	▼	6	150
▲	2	100	□	7	200
●	3	200	△	8	100
◐	4	50	◑	9	60
◓	5	50	■	10	60

σ'_p=85kPa

图 1 K_0 值的确定

K_0 固结不排水三轴试验(包括轴向压缩试验和轴向拉伸试验)的应力-应变曲线见图 2。K_0 固结不排水和排水三轴试验的应力-应变曲线可以按平均有效应力 p' 归一。可用参数数值不同的两段双曲线分别配合 K_0 固结三轴试验归一化应力-应变曲线的轴向压缩和轴向拉伸部分。双曲线函数归一化应力-应变曲线见图 3。

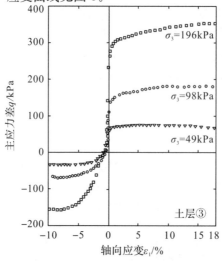

σ_3=196kPa

σ_3=98kPa

σ_3=49kPa

土层③

图 2 K_0 固结不排水三轴试验应力-应变关系

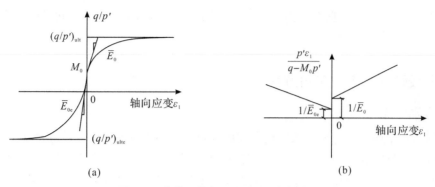

图3 双曲线函数归一化应力-应变关系

轴向压缩剪切情况的双曲线函数表达式为

$$\frac{q}{p'} - M_0 = \cfrac{\varepsilon_1}{\cfrac{1}{\overline{E}_0} + \cfrac{\varepsilon_1}{\left(\dfrac{q}{p'}\right)_{ult}} - M_0} \tag{1}$$

轴向拉伸剪切情况的双曲线函数表达式为

$$\frac{q}{p'} - M_0 = \cfrac{\varepsilon_1}{\cfrac{1}{\overline{E}_{0e}} + \cfrac{\varepsilon_1}{\left(\dfrac{q}{p'}\right)_{ulte}} - M_0} \tag{2}$$

式中，q 为主应力差，$q = \sigma_1 - \sigma_3$；p' 为平均有效应力；M_0 为 K_0 状态的 $\dfrac{q}{p'}$ 值，$M_0 = \dfrac{3(1-K_0)}{1+2K_0}$；$\varepsilon_1$ 为轴向应变；$\overline{E}_0$，$\overline{E}_{0e}$ 分别为归一化曲线压缩和拉伸部分的初始切线斜率，或称归一化初始切线模量；$\left(\dfrac{q}{p'}\right)_{ult}$，$\left(\dfrac{q}{p'}\right)_{ulte}$ 分别为归一化曲线压缩和拉伸部分的渐近线值。

在 K_0 固结排水轴向压缩试验过程中，轴向应变 ε_1 和径向应变 ε_3 的关系曲线见图4。该曲线有两个特点：固结应力不同的土样，轴向应变和径向应变的关系曲线基本相同；曲线斜率随着应变的增大而增大，当土体处于破坏状态或流动状态时，曲线斜率约为 0.5，即土体体积基本上不变。试验曲线可用双曲线来配合，其表达式为

$$\varepsilon_3 = -\sqrt{0.25(\varepsilon_1 + L_1)^2 + L_2^2} + \sqrt{0.25L_1^2 + L_2^2} \tag{3}$$

式中，L_1，L_2 为配合双曲线函数的参数。

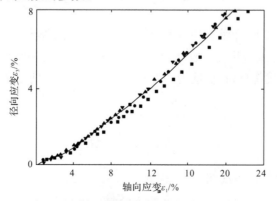

图4 轴向应变与径向应变的关系曲线

试验研究还表明:在各向等压力固结排水三轴压缩试验中,轴向应变和径向应变关系基本与 K_0 固结排水三轴压缩试验一样。

3 一组非线性弹性系数实用方程式

3.1 应力水平和强度发挥度

正常固结黏土的应力应变关系不仅存在破坏点,还存在极限值。在 p',q 平面上,不仅有破坏线,而且还有极值线(见图 5)。压缩剪切试验破坏线和极值线的斜率分别记为 M 和 M_{ult};拉伸剪切试验破坏线和极值线的斜率分别记为 M_e 和 M_{ulte};K_0 固结线的斜率为 M_0。

当轴向应力大于径向应力时,作用在土体上的某一应力所处的水平 R 为

$$R=\left(\frac{q}{p'}\right)/M_{ult} \tag{4}$$

土体破坏时的应力水平称为破坏比 R_f,地基中初始 K_0 状态所处的应力水平称为初始应力水平 R_0。当轴向应力小于径向应力时,应力水平 R_e 为 $\left(\frac{q}{p'}\right)/M_{ulte}$。拉伸剪切破坏时的应力水平称为拉伸剪切破坏比 R_{fe}。

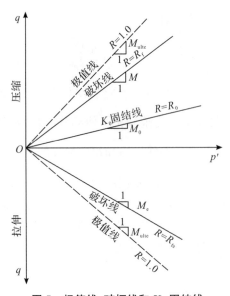

图 5 极值线、破坏线和 K_0 固结线

天然地基在荷载作用下,压缩剪切区的土体工作状态一般处于 K_0 线和轴向压缩剪切破坏线之间,而拉伸剪切区的工作状态一般处于 K_0 线和轴向拉伸剪切破坏线之间。压缩剪切区和拉伸剪切区土体的强度发挥度(抗剪能力的发挥程度)r_s 和 r_{se} 分别定义为

$$\begin{cases} r_s=\left[\left(\dfrac{q}{p'}\right)-M_0\right]/(M-M_0) \\ r_{se}=\left[\left(\dfrac{q}{p'}\right)-M_0\right]/(M_e-M_0) \end{cases} \tag{5}$$

3.2 正常固结黏土排水切线模量方程式

根据 K_0 固结排水三轴试验按平均有效应力的归一化曲线,可以得到一个切线模量方程。

轴向压缩剪切情况：

$$E_t = \frac{3\bar{E}_0 p'}{3 - M_0 - (M - M_0) r_s} \left(1 - \frac{R_f - R_0}{1 - R_0} r_s\right)^2 \tag{6}$$

轴向拉伸剪切情况：

$$E_{te} = \frac{3\bar{E}_{0e} p'}{3 - M_0 - (M_e - M_0) r_{se}} \left(1 - \frac{R_{fe} + R_0}{1 + R_0} r_{se}\right)^2 \tag{7}$$

Bishop 等的试验表明,径向压缩剪切试验与轴向拉伸剪切试验的应力-应变关系是一样的[4]。由式(7)和式(8)可知,正常固结黏土的排水切线模量是平均有效应力和强度发挥度的函数。

3.3 切线体积变形模量方程

根据 Rendulic 提出的有效应力和孔隙比的唯一关系概念[5],结合固结不排水三轴压缩试验归一化有效应力路径[6]和等向压密线,可以得到切线体积变形模量方程：

$$\begin{cases} K_t = \dfrac{p'(1 + e_0)}{\lambda} & (R < R_i) \\[2mm] K_t = \dfrac{\bar{N} p' R_f (1 + e_0)}{\lambda \{(3 + \bar{N}) R_f - M[R_0 + (R_f - R_0) r_s]\}} & (R_i < R < R_f) \end{cases} \tag{8}$$

式中,$\lambda = 0.434 C_c$;$\bar{N} = 0.434 \bar{n}$,$\bar{n}$ 为半对数坐标上,固结不排水三轴压缩试验归一化有效应力路径斜率[6];e_0 为土体初始孔隙比。

由式(8)可知,当应力水平 R 低于土体初始强度对应的应力水平 R_i 时,土体的切线体积变形模量可近似认为是平均有效应力的一次函数,当 $R > R_i$ 时,它不仅是平均有效应力的函数,也是土体强度发挥度的函数。

3.4 切线泊松比方程

首先,结合切线模量方程和切线体积变形模量方程,得到切线泊松比方程：

$$\begin{cases} \nu_t = 0.5 - \dfrac{\bar{E}_0 \lambda R_f}{2(1 + e_0)[3R_f - MR_0 - M(R_f - R_0) r_s]} \left(1 - \dfrac{R_f - R_0}{1 - R_0} r_s\right)^2 & (R < R_i) \\[2mm] \nu_t = 0.5 - \dfrac{\bar{E}_0 \lambda [(3 + \bar{N}) R_f - MR_0 - M(R_f - R_0)]}{2(1 + e_0)[3R_f - MR_0 - M(R_f - R_0) \bar{N}]} \left(1 - \dfrac{R_f - R_0}{1 - R_0} r_s\right)^2 & (R_i < R < R_f) \end{cases} \tag{9}$$

其次,用双曲线函数配合轴向应变和径向应变的试验曲线(式 3),可以得到另一个切线泊松比方程：

$$\nu_t = \frac{\alpha_1 + L_1 \alpha_2}{[4(\alpha_1 + L_1 \alpha_2)^2 + 16 L_2^2 \alpha_2^2]^{1/2}} \tag{10}$$

式中,$\alpha_1 = (1 - R_0)[MR_0 - MR_f + M(R_f - R_0) r_s]$;$\alpha_2 = \bar{E}_0 R_f [1 - R_0 - (R_f - R_0) r_s]$。

式(9)和式(10)的表达形式不一样,但它们反映的基本规律是一致的:正常固结黏土在排水压缩剪切试验中,切线泊松比 ν_t 是强度发挥度的函数;随着强度发挥度的提高,切线泊松比增大,当土体处于破坏状态,切线泊松比接近 0.5。上两式的表达形式都很繁琐,需要测定的参数很多。根据分析和试验测定的切线泊松比随土体强度发挥度变化的基本规律,与 Daniel 方程[7]类似,采用下述线性方程计算：

$$\nu_t = \nu_0 + (\nu_f - \nu_0) r_s \tag{11}$$

式中,ν_0 为地基初始状态时土体切线的泊松比,一般情况下取值范围为 0.51~0.35,ν_f 为土体破坏状态时的切线泊松比,一般情况下取值范围为 0.48~0.50。

4 上部结构和地基共同作用有限单元法分析

一般情况下,圆形贮罐构筑物包括罐体、环基和地基(包括垫层)等部分。在共同作用分析中,为了简化计算,罐壁和环基的作用简化为对罐底板周边的刚接作用,即罐底板周边的径向转角为零。罐底板采用轴对称条件下薄板的有限单元法分析。地基固结过程是采用比奥固结理论有限单元法分析的。通过变形协调条件,把薄板的有限单元法方程与地基固结有限单元法方程结合在一起,就可得到考虑上部结构和地基共同作用的有限单元法方程。

贮罐与地基的相对刚度用下式表示:

$$K = \frac{E(1-\nu_s^2)}{E_s}\left(\frac{h}{R_1}\right)^3 \tag{12}$$

式中,E 为贮罐底板材料的杨氏模量;h 为贮罐底板厚度;R_1 为贮罐底板半径;E_s 为地基土体杨氏模量;ν_s 为地基土体泊松比。

不同地基相对厚度 H/R 情况下,贮罐与地基的相对刚度和贮罐中心点与边缘点的相对沉降差的关系曲线见图 6。图中相对沉降差为

$$\Delta SR = \frac{\Delta S E_s}{(1-\nu_s^2)qR_1} \tag{13}$$

式中,q 为均布荷载密度;ΔS 为罐中心点和罐边缘点沉降差。

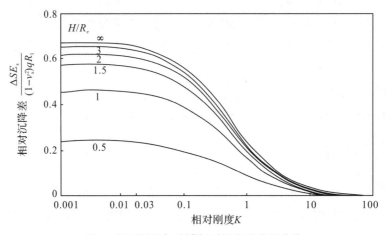

图 6 相对刚度与贮罐相对沉降差关系曲线

从图 6 可以看出,当 $K < 0.03$ 时,圆形贮罐可以处理为完全柔性;当 $K > 0.03$ 时,可以认为是完全刚性,当 $0.03 < K < 10$ 时,相对刚度的变化对沉降差的影响比较大。于是,在实际工程设计中,首先需要确定的是圆形贮罐与地基的相对刚度值。根据相对刚度值的大小,就能估计出上部结构和地基的共同作用。

垫层材料的弹性模量 E_f 和垫层厚度 h_f 对贮罐相对沉降差的影响见图 7 和图 8。从图 7 可以看出,当垫层与地基的弹性模量比小于 8 时,采用弹性模量较高的材料做垫层可以有效地降低罐中心点和边缘点的相对沉降差。当弹性模量比大于 8 时,用提高垫层材料的弹性模量来降低相对沉降差的效果相对较差。从图 8 可以看出,垫层厚度 h_f 与贮罐半径 R_1 之比小于 0.5 时,增大垫层厚度 h_f 对降低相对沉降差效果明显。

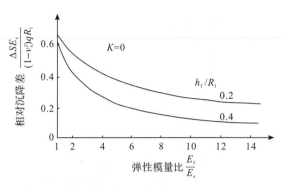

图7　弹性模量比对相对沉降差的影响

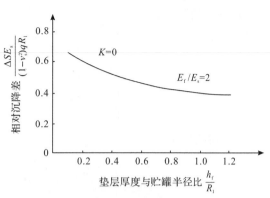

图8　垫层厚度对相对沉降差的影响

5　土体各向异性探讨

由土体结构和地基中初始各向不等压应力造成的各向异性,分别称为土体固有各向异性和土体应力各向异性。根据广义胡克定律,可以用36个弹性系数来表达均质连续各向异性体的应力-应变关系,其中21个是独立的。通常把土体视为横观各向同性体,对于横观各向同性体,5个弹性系数就可以完全描述其应力-应变关系。

以圆形贮罐软黏上地基为例,应用有限单元法各向异性分析可以得到下述结论:土体水平向杨氏模量 E_h 增大,贮罐沉降减小,贮罐中心点和边缘点的沉降差也减小;水平方向应力引起的正交水平方向应变的泊松比 ν_{hh} 增大,贮罐沉降稍有减小,竖直面上的剪切模量 G_v 增大,贮罐沉降减小,沉降差也减小,影响明显。综观三者变化对沉降的影响,水平向杨氏模量 E_h 与竖直向杨氏模量 E_v 之比和竖直面上的剪切模量 G_v 两者的变化对沉降影响较大,而泊松比 ν_{hh} 与水平方向应力引起的竖直向应变的泊松比 ν_{vh} 之比值的变化对沉降影响甚小。

本文对不同方向切取的土样进行了无侧限压缩试验、不排水三轴压缩试验和各向等压固结不排水三轴压缩试验,测定了金山黏土应力-应变关系的各向异性程度,并对几种试验方法做了比较分析。由无侧限压缩试验得到的竖直方向、水平方向和45°斜方向的土样应力-应变关系见图9。从图中可以看出:竖直方向土样的强度最高,同一应力水平下的切线模量也最大,水平方向次之,45°斜方向土样强度和模量最小。

影响土体刚度各向异性的因素很多,要完整地描述和测定土体刚度各向异性及其随应力水平的变化是很困难的。为了使问题简化,做以下假定:

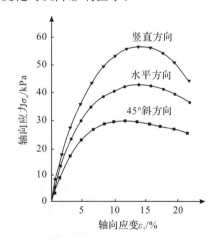

图9　不同方向无侧限压缩试验应力-应变关系

(1)土体水平向切线模量 E_{ht} 与竖直向切线模量 E_{vt} 之比 n、土体垂直面上切线剪切模量 G_{vt} 与竖直向切线模量 E_{vt} 之比 m,两者均不随土体应力水平的变化而变化;

(2)土体在拉伸剪切阶段的泊松比变化规律与在压缩剪切阶段一样,而且 ν_{vh} 和 ν_{hh} 相等。

于是,可以得到一组排水条件下,同时考虑上体各向异性和非线性的弹性系数实用方程。

压缩剪切阶段：

$$
\begin{cases}
E_{vt} = \dfrac{3\overline{E}_0 p'}{3 - M_0 - (M - M_0) r_s} \left(1 - \dfrac{R_f - R_0}{1 - R_0} r_s\right)^2 \\
E_{ht} = n E_{vt} \\
G_{vt} = m E_{vt} \\
\nu_{vht} = \nu_{hht} = \nu_t = \nu_0 + (\nu_f - \nu_0) r_s
\end{cases}
\tag{14}
$$

拉伸剪切阶段：

$$
\begin{cases}
E_{vte} = \dfrac{3\overline{E}_{0e} p'}{3 - M_0 - (M_e - M_0) r_{se}} \left(1 - \dfrac{R_{ef} + R_0}{1 + R_0} r_{se}\right)^2 \\
E_{hte} = n E_{vte} \\
G_{vte} = m E_{vte} \\
\nu_{vhte} = \nu_{hhte} = \nu_{te} = \nu_0 + (\nu_{fe} - \nu_0) r_{se}
\end{cases}
\tag{15}
$$

式中，各向异性参数 n 和 m 可以通过不同方向土样的无侧限压缩试验或不排水三轴压缩试验确定。

6 工程实例分析

采用本文提出的一组同时考虑各向异性和非线性弹性系数实用方程，由 K_0 固结三轴试验测定竖直向土样应力-应变关系，由无侧限压缩试验测定土体各向异性，应用比奥固结理论有限单元法分析了金山某厂两只大型钢制油罐的地基在试水期间的固结过程。一只油罐容量为 $10000\,m^3$（编号：♯7201），另一只油罐容量为 $30000\,m^3$（编号：♯7703）。

♯7201 罐和 ♯7703 罐在试水期间的加荷情况见图 10(a) 和图 11(a)。♯7201 罐和 ♯7703 罐沉降-时间曲线见图 10(b) 和图 11(b)。实线为实测过程线，虚线为计算过程线。

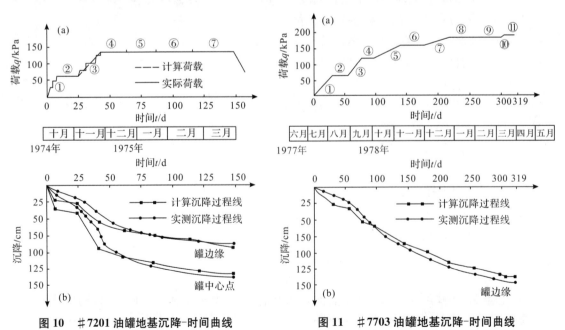

图 10　♯7201 油罐地基沉降-时间曲线　　　图 11　♯7703 油罐地基沉降-时间曲线

从图 10 和图 11 可以看出,两只油罐的计算沉降过程线与实测沉降过程线基本上一致。只是在试水阶段初期,荷载较小时,两只油罐的计算沉降值大于实测沉降值。

♯7201 油罐地基中三个测点的孔隙水压力-时间曲线见图 12。测点 u_1,u_2 和 u_3 的位置在油罐中心点下,深度分别为 6.39m,11.38m 和 14.37m。从图中可以看出,在加荷阶段,计算孔隙水压力值比实测值小,在消散阶段,计算孔隙水压力过程线与实测过程线比较接近。由图 10 和图 12 可以看出,地基中孔隙水压力消散速率和油罐沉降速率基本一致。需要说明的是,若采用试验室小试件固结试验测定的渗透系数,则算得的地基中孔隙水压力消散速率和油罐沉降速率将远小于实测值。在计算过程中,采用由实测过程线估计的渗透系数[2]。其他文献也报道了类似情况[8]。

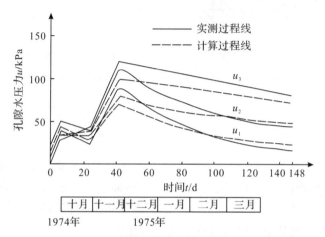

图 12 ♯7201 油罐地基中孔隙水压力-时间曲线

♯7201 油罐内外原地面在两个日期的沉降情况见图 13。从图中看出,计算值与实测值基本上是接近的。

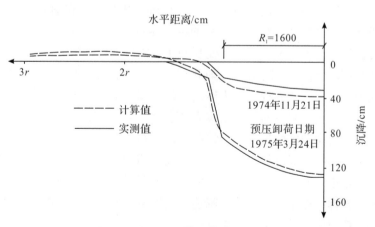

图 13 ♯7201 油罐原地面沉降情况

♯7201 油罐地基在充水预压至最高水位时,地基中竖向压缩剪切区和竖向拉伸剪切区的分布情况见图 14。阴影区为竖向拉伸区,其应力状态在 p',q 平面上相应的应力点落在 K_0 固结线的下方,非阴影区为竖向压缩区,其相应的应力点落在 K_0 固结线的上方(图 5)。在油罐底面附近出现两个竖向拉伸区,一个靠近油罐环基,一个靠近油罐中心。由于环基阻止土体侧向移动,造成水平向附加应力大于竖直向附加应力,因而在环基附近出现了竖向拉伸区。靠近罐中心处的竖向拉伸区,则可能是周围土体阻止罐中心地基中土体的侧向移动而造成的,因而在罐底中心形成一个"核"。

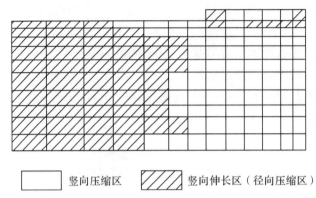

| □ | 竖向压缩区 | ▨ | 竖向伸长区（径向压缩区） |

图 14　♯7201 油罐地基中竖向压缩和竖向拉伸区（预压至最高水位）

7　结　语

综合室内试验研究、有限单元法分析和工程原体观测等三方面的研究,得到下述几点结论。

（1）天然地基中初始各向不等压应力状态,对土体强度和模量有重要的影响。在荷载作用下,地基中存在竖向压缩区和竖向拉伸区。它们的强度指标和变形参数是不同的。K_0 固结三轴试验可以较好地模拟地基中土体在荷载作用下的性状。

（2）正常固结黏土的归一化性状为测定和表达它的强度和变形特征值提供了十分方便的形式。归一化曲线往往有些离散,这是由土的非匀质性、取样和试验过程对土体结构的扰动以及各次试验的误差等造成的。

（3）K_0 固结三轴试验的归一化应力-应变曲线的轴向压缩阶段和轴向拉伸阶段可以分别用参数不同的两段双曲线来配合。双曲线函数的两个参数具有明确的物理意义。$\bar{E}_0$ 和 $\bar{E}_{0e}$ 是反映土体变形的特征值;$(q/p')_{ult}$ 和 $(q/p')_{ulte}$ 是反映土体强度的特征值。

（4）用双曲线函数配合 K_0 固结排水三轴试验,按平均有效应力的归一化应力-应变曲线,可以得到一个切线模量方程。该方程表明土体的切线模量可表达为平均有效应力和强度发挥度的函数。它考虑了地基中起始各向不等压应力状态、中主应力对土体模量的效应,并区分了地基中竖向压缩区和竖向拉伸区两种不同的情况。比之邓肯-张模型[9]有所改进。

本研究发展了 Janbu[10] 提出的土体强度发挥度的概念,考虑了地基中初始应力状态,区分了在荷载作用下地基中竖向压缩区和竖向拉伸区两个不同的应力区,对两个不同应力区中土体的应力水平和强度发挥度做了详细明确的阐述。运用地基土体强度发挥度的概念,把土体的变形同土体强度的发挥程度联系起来。

（5）在理论分析和试验研究的基础上,提出了一个简化切线泊松比方程。该方程表明,正常固结黏土在固结排水三轴压缩试验中,土体切线泊松比仅是强度发挥度的函数。

（6）在试验研究和有限元分析的基础上,做了一些简化假定,提出了一组同时考虑土体各向异性和非线性的弹性系数实用方程式。

（7）在地基变形计算中,应该考虑上部结构和地基的共同作用。

有限单元法分析表明:圆形贮罐与地基的相对刚度 K 不同,对贮罐沉降差和基底反力分布影响也不同。

钢制大型油罐的底板刚度很小,为了减小罐中心点与边缘点的沉降差以及减小作用在软土地基上的荷载密度,可通过增加垫层厚度和提高垫层材料的弹性模量来实现。根据分析,增大贮罐环基高度效果并不明显。这也说明了曾国熙建议在软黏土地基上建造大型油罐采用低环基、厚垫层加反压的地基加固方案是合理的[11]。

(8)采用本文提出的考虑土体各向异性和非线性的弹性系数实用方程,应用比奥固结理论有限单元法计算了金山某厂两个油罐(♯7201 和♯7703)地基在试水期间的固结过程。计算得到的地基沉降速率与地基中孔隙水压力消散速率,同实测成果比较接近。

电子计算机和数值计算方法的发展为土工问题的分析提供了有力的工具。分析土工问题,通常包括合适的模型、有关参数的测定和选用以及合理的分析方法等组成部分。根据各国学者在这方面十多年的经验,研究人员已认识到参数的测定和选用是影响计算结果至关重要的因素。再者,将计算模型应用于实际工程问题,并与实测成果进行比较分析,是验证计算模型的一个重要方式。也只有这样,才有可能使分析方法不断得到改进。

参考文献

[1] Hain S J, Lee I K. Rational analysis of raft foundation[J]. Journal of the Geotechnical Engineering Division, 1974,100(7):843-860.

[2] 龚晓南. 软土地基固结有限单元法分析[D]. 杭州:浙江大学,1981.

[3] 曾国熙,潘秋元. 贮罐软土地基的稳定性与变形[J]. 浙江大学学报,1978,2:94.

[4] Bishop A W, Wesley L D. A hydraulic triaxial apparatus for controlled-stress path testing[J]. Geotechnique, 1975,25(4):657-670.

[5] Rendulic L. Ein grundgesetz der tonrnechanik and sein experirnentaller beweis[J]. Bauingenieur, 1937,18:459.

[6] 曾国熙. 正常固结粘土不排水剪的归一化性状[C]//中国水利学会岩土力学专业委员会,软土地基学术讨论会论文选集. 北京:水利出版社,1980:13.

[7] Daniel D E, Olson R E. Stress-strain properties of compacted clay[J]. Journal of the Geotechnical Engineering Division, 1974,100(10):1123-1136.

[8] Shoji M, Matsumoto T. Consolidation of embankment foundation[J]. Soil and Foundation, 1976,16(1):59-74.

[9] Duncan J M, Chang C Y. Nonlinear analysis of stress and strain in soils[J]. Journal of the Soil Mechanics and Foundations Division, 1970,96(5):1629-1653.

[10] Janbu N. Shear strength and stability of soils[Z]. The NGF-Lecture, NGI, Oslo, 1973.

[11] 曾国熙,龚晓南. 软土地基上一种油罐基础构造及地基固结分析[C]//第四届全国土力学及基础工程学术讨论会,武汉,1983.

读"岩土工程规范的特殊性"与试论基坑工程的概念设计*

龚晓南

（浙江大学土木工程学系）

《岩土工程规范的特殊性》[1]（陈愈炯著）和《试论基坑工程的概念设计》[2]（顾宝和著）二文写得很好，文中提出的问题值得我们岩土工程者深思、重视，文中也指出了提高岩土工程技术水平的途径。

陈文认为："岩土工程发展至今仍是一门带有一定艺术性的科学。它研究的材料品种繁多，组合多样，性质复杂，各种土的好坏还与它所处的部位或承担的任务有关。因此，要想为如此复杂的土体制定一部详细而且恰当的勘探或设计规范是很难办到的。"土是自然历史的产物，土层分布、土的性质十分复杂，而且区域性、个性很强。同是软黏土，各地的差别也很大，对如此复杂的对象，制定一部详细而且恰当的岩土工程规范确实是难以办到的。从政府各级工程建设管理部门到岩土工程教学、科研、设计、勘察、施工等各部门的技术人员都要认识到这一点。详细而且恰当的岩土工程规范难以制定，怎么办？岩土工程是否不需要规范？笔者同意陈文的观点："并不意味着不需要规范，它仍是很重要的参考书。"应该根据岩土工程特点来制定规范，对待规范。

岩土工程规范宜粗不宜细，各项条款应该原则一些。让岩土工程技术人员在执行规范时具有较大的探索和创新空间，同时也承担更大的责任。岩土工程应多制定地区性规范。笔者曾在一次报告会上谈到，这里所说的地区性规范不是指浙江规范、江苏规范而是指杭州规范、苏州规范等。当然地区性规范也应宜粗不宜细，各项条款应该原则一些。如何对待岩土工程规范，笔者十分赞成陈文的意见："随着国家体制改革的进展，宜逐步淡化勘察和设计规范的严格执行，相应也必须强调承建者的风险责任。"淡化岩土工程规范的严格执行，将它视为指南、指导书、参考书。淡化岩土工程规范的严格执行，也是适应市场经济的需要。根据岩土工程自身特点，正确对待岩土工程规范十分重要。另外，笔者十分同意陈文的呼吁："最需要和最便于严格执行的是全国统一的岩土工程名词、术语、符号和单位。"然而，岩土工程现状在这方面离目标还很远，各部门、各行业的规范、规程、教科书中名词、术语、符号和单位不统一，希望大家共同努力。

顾文以基坑工程为例，论述了概念设计是一种设计思想，认为："设计者应当具有探索精神和创造精神，不能满足于现成的公式；要充分掌握情况，深刻理解原理，不要犯概念上的错误；不能机械地照搬经验，要在相关理论的指导下，借鉴已有经验进行分析和判断；事先定量计算只是一种估计，只有原型工程的实测数据最可信。这些就是我对概念设计的一些基本认识。基坑工程的设计如此，其他岩土工程设计也大体如此。"顾文阐述的概念设计思想对岩土工程技术人员

---

* 本文刊于《地基处理》，1999，10(2):2.

是非常重要的。太沙基(Terzaghi)晚年坚信土力学与其说是一门科学,不如说是一门艺术。岩土工程是一门实用性很强的学科,需要采用理论、室内外测试和工程实践三者密切结合的方法培养技术人才,开展科研和解决工程技术问题。岩土工程师不仅需要掌握岩土工程基本原理,更需要积累别人或自己的经验知识,积极探索、不断创新,提高综合分析、解决实际问题的能力。

参考文献

[1] 陈愈炯.岩土工程规范的特殊性[J].岩土工程学报,1997,19(6):2.

[2] 顾宝和.试论基坑工程的概念设计[J].刊基坑支护技术进展,建筑技术增刊,1998:87.

漫谈岩土工程发展的若干问题[*]

龚晓南

（浙江大学）

受《岩土工程界》编辑部之约,为中国岩土 2000 年特刊写一篇文章,现以一问一答形式漫谈岩土工程发展若干问题,顺便介绍自己是如何与岩土工程结缘的。

1 如何与岩土工程结缘?

在研究生面试时,我常问来报考的学生:你为何学岩土工程? 学生的回答常是岩土工程可研究的问题多,岩土工程在土木工程建设中如何重要,等等。如果这个问题交给我,我会如何答呢? 我在清华大学学的是结构工程,大学四年级时参加了杨式德教授主持的地下结构抗爆研究工作,当时也曾有成为抗爆防爆专家的理想。大学毕业后在陕西凤县秦岭山区从事"大三线"建设。开始几年干的是道路、桥梁、防洪堤及挡土墙的设计与施工工作,"三通一平"后搞土建工程,但主要是管理。我在"大三线"建设中没有遇到太多的技术难题,在土压力和冲刷深度的计算方面有一些知识的短缺,买几本书学学,也能应付工程建设的需要。最让我感到束手无策的是秦岭山区山坡的滑动和移动以及泥石流现象,但这些都没有引起我的研究兴趣。我喜爱的是结构工程,在秦岭山区自行设计、施工了几座桥,甚感满意。从中学到大学我相对喜欢数学、力学,并学得不错,在清华大学学材料力学、结构力学时,我都是因材施教的对象。我与岩土工程结缘于 1978 年报考研究生填志愿。因为我的夫人和孩子在杭州,因此我决定考浙江大学,准备报考专业的顺序是钢筋混凝土结构、钢结构、岩土工程。当时找了岳父的一位在浙大当教授的亲戚咨询,他说他是钢筋混凝土结构专业的研究生导师,报考他不是很合适,土木工程学系当时(1978 年)只有曾国熙教授是从国外回来的,报考他的专业可能发展前景较大。于是我就报了岩土工程专业。说实在的,当时我对岩土工程知之甚少。这次选择对我的人生道路有很重要的影响,让我投入到一个很好的专业领域,或者说有了一个很好的舞台,同时有了一位很好的导师。

2 什么是岩土工程?

这是最近几年我在给研究生讲授第一堂课时提的第一个问题。连续几年没有一个学生能较正确、全面地回答这一问题。事实上,在没有深入思考这个问题时,自己也是一知半解的。为了回答这个问题,我学习了户肇钧院士和王钟琦教授在《中国大百科全书·土木工程》中的定义,其大意是:19 世纪 60 年代末至 70 年代初,土力学与基础工程、岩体力学和工程地质学三者逐渐结合为一体并应用于土木工程实际而形成的新学科,岩土工程涉及土木工程建设中岩石和

* 本文刊于《岩土工程界》,2000(1):52-57.

土的利用、整治或改造。Geotechnical Engineering 在台湾译为大地工程。

3 如何展望岩土工程的发展？

展望岩土工程的发展需要综合考虑岩土工程学科特点、工程建设对岩土工程发展的要求以及相关学科发展对岩土工程的影响。总结分析国内外土力学与岩土工程的发展历史，不难发现是土木工程建设中遇到的岩土工程问题促进了岩土工程的发展。岩土工程的基本问题是岩土体的稳定、变形和渗流问题。

4 岩土工程学科的特点是什么？

岩土工程的研究对象岩土体是自然、历史的产物，其区域性、个性强，岩体材料的物理力学指标分散、测定困难决定了岩土工程学科的特点。

岩土工程研究的对象是岩体和土体。岩体在其形成和存在的整个地质历史过程中，经受了各种复杂的地质作用，因而有着复杂的结构和地应力场环境。不同地区不同类型的岩体工程性质往往具有很大的差别。岩石出露地表后，经过风化作用而形成土，它们或留存在原地，或经过风、水及冰川的剥蚀和搬运作用在异地沉积形成土层。在各地质时期，各地区的风化环境、搬运和沉积的动力学条件均存在差异，因此，土体不仅工程性质复杂，而且其性质的区域性和个性很强。

岩石和土的强度特性、变形特性和渗透特性都是通过试验测定的。在室内试验中，原状试样的代表性不同、取样过程中不可避免的扰动以及初始应力的释放、试验边界条件与地基中实际情况不同等客观原因所带来的误差，使室内试验结果与地基中岩土实际性状出现差异。这种差异难以克服，也很难定量评价其带来的误差。在原位试验中，观测点的代表性、埋设测试元件时对岩土体的扰动，以及测试方法的可靠性等所带来的误差也难以估计。

岩土材料及其试验的上述特性决定了岩土工程学科的特殊性。岩土工程是一门应用科学。太沙基(Terzaghi)晚年坚信土力学与其说是一门科学，不如说是一门艺术，这深刻反映了土力学创始人对学科特点的阐述。在进行岩土工程分析时不仅需要运用综合理论知识、室内外测试成果，还需要运用工程师的经验，才能获得满意的结果。

5 为什么说岩土工程发展取决于土木工程建设的要求？

从国内外土力学及岩土工程的发展历史可以清楚看到这一点。是土木工程建设中出现的土力学与岩土工程问题促进了土力学与岩土工程学科的发展。例如研究者在土木工程建设中最早遇到的是土体稳定问题，土力学理论上最早的重大进展是 1773 年库仑(Coulomb)建立了库仑定律。随后兰金(Rankine)理论(1857 年提出)和费莱纽斯(Fellenius)圆弧滑动分析理论(1926 年提出)逐渐发展。为了分析软黏土地基在荷载作用下的沉降随时间发展的过程，1925年，太沙基发展了一维固结理论。

回顾我国近 50 年以来土力学与岩土工程的发展，可以发现其也是紧紧围绕我国土木工程建设中出现的土力学与岩土工程问题而发展的。在改革开放以前，岩土工程工作者较多的注意力集中在水利、铁道和矿井工程建设中的岩土工程问题。改革开放后，随着高层建筑、城市地下空间利用和高速公路的发展，岩土工程者的注意力较多集中在建筑工程、市政工程和交通工程建设中的岩土工程问题。改革开放前遇到较多的岩土工程问题是稳定和渗流问题,变形问题不是很突出。近年来,控制土体变形在城市建设、高速公路建设中越来越重要。土木工程功能化、城市立体化、交通高速化,以及改善综合居住环境成为现代土木工程建设的特点。人口的增长加速了城市发展,城市化促进了大城市在数量和规模上的急剧增加。人们将不断拓展新的生存空间,开发地下空间,向海洋拓宽,修建跨海大桥、海底隧道和人工岛,改造沙漠修建高速公路和高速铁路等。展望岩土工程的发展,不能离开对我国现代土木工程建设发展趋势的分析。

6 21世纪初应对岩土工程的哪些研究领域给予重视?

笔者在《21世纪岩土工程发展展望》(将刊于《岩土工程学报》)中建议对下述12个研究领域给予重视:

(1)区域性土分布和特性;

(2)本构模型;

(3)不同介质间相互作用及共同分析;

(4)岩土工程测试技术;

(5)岩土工程计算机分析;

(6)岩土工程可靠度;

(7)环境岩土工程;

(8)按沉降控制设计理论;

(9)基坑工程;

(10)复合地基;

(11)周期荷载及动力荷载作用下地基性状;

(12)特殊岩土工程问题,如库区水位上升情况下周围山体边坡稳定问题,越江越海地下隧道中岩土工程问题,超高层建筑的超深基础工程问题,特大桥、跨海大桥超深基础工程问题,大规模地表和地下工程开挖引起岩土体卸荷变形破坏问题。

总之,岩土工程是一门应用学科,是为工程建设服务的,工程建设中提出的问题就是岩土工程应该研究的课题。

7 如何开展本构模型的研究?

经典土力学是以连续介质力学为基础的,并以理想黏性土和非黏性土作为研究对象。在经典土力学中沉降计算将土体视为弹性体,采用布西内斯克方程求解附加应力,而稳定分析则将土体视为刚塑性体,用极限平衡法分析。理想弹性模型和塑性模型是最简单的本构模型。应用连续介质力学求解岩土工程问题是否合理取决于所用本构模型是否合理。本构模型研究已成为提高应用连续介质力学求解岩土工程问题水平的瓶颈,严重制约其发展。

采用比较符合实际土体的应力-应变-强度(有时还包括时间)关系的本构模型可以将变形计算和稳定分析结合起来。自罗斯科(Roscoe)与他的学生创建剑桥模型至今,各国学者已发展了数百个本构模型,但得到工程界普遍认可的极少,严格地说还没有。看来,建立能反映各类岩土的适用于各类岩土工程的理想本构模型是困难的。因为在实际工程中,土的应力-应变关系是很复杂的,具有非线性、弹性、塑性、黏性、剪胀性、各向异性等,同时,应力路径、强度发挥度以及岩土的状态、组成、结构、温度等均对其有影响。

开展岩土的本构模型研究可以从两个方向努力:一是建立用于解决实际工程问题的实用模型;一是为了建立能进一步反映某些岩土体应力应变特性的理论模型。理论模型包括各类弹性模型、弹塑性模型、黏弹性模型、黏弹塑性模型、内时模型、损伤模型以及结构性模型等。它们应能较好反映岩土的某种或几种变形特性,是建立工程实用模型的基础。工程实用模型应是为某地区岩土、某类岩土工程问题建立的本构模型,它应能反映这种情况下岩土体的主要性状。用它进行工程计算分析,可以获得工程建设所需精度的满意的分析结果。例如,建立适用于基坑工程分析的上海黏土实用本构模型、适用于沉降分析的上海黏土实用本构模型等等。笔者认为研究建立多种工程实用模型可能是本构模型研究的方向。

在以往本构模型研究中不少学者只重视本构方程的建立,而不重视模型参数测定和选用研究,也不重视本构模型的验证工作。在以后的研究中特别要重视模型参数测定和选用,重视本构模型验证以及推广应用研究。只有这样,才能更好地为工程建设服务。

8 如何评价岩土工程计算机分析在岩土工程中的作用?

岩土工程计算机分析手段越来越多,应用范围越来越广,应积极发展岩土工程计算机分析,这是我们首先要明确的。不能用岩土工程计算机分析代替岩土工程师的判断,这是我要强调的。以岩土工程数值分析为例,在大多数情况下计算机只能给出定性分析结果,而不能给出定量的解答。定性分析结果对工程师决策是非常有意义的。在方案比较、选用中岩土工程计算机分析有极其重要的作用。

随着计算机技术的发展,岩土工程计算机分析范围越来越广。除各种数值计算方法外,计算机分析方法还包括土坡稳定分析、极限数值方法和概率数值方法、专家系统、AutoCAD 技术和计算机仿真技术等,并在岩土工程反分析等方面得到应用。岩土工程计算机分析还包括动力分析,特别是抗震分析。在岩土工程计算机数值分析方法中除常用的有限元法和有限差分法外,离散单元法(DEM)、拉格朗日元法(FLAC)、不连续变形分析方法(DDA)、流形元法(MEM)和半解析元法(SAEM)等也在岩土工程分析中得到应用。

对原位测试和现场监测得到的岩土工程施工过程中的各种信息进行反分析,根据反分析结果修改设计、指导施工。这种信息化施工方法被认为是合理的施工方法,是发展方向。

9 什么叫按沉降控制设计理论?

建(构)筑物地基一般要同时满足承载力的要求和小于某一沉降量(包括沉降差)的要求。有时承载力满足要求后,其沉降是否满足要求基本上可以不验算。这里有两种情况:一种是承载力满足后,沉降肯定很小,可以不进行验算,例如端承桩桩基础;另一种是对变形没有严格要求,例如一般路堤地基和砂石料等松散原料堆场地基等。也有沉降量满足要求后,承载力肯定满足要求而可以不进行验算,在这种情况下可按沉降量控制设计。

在深厚软黏土地基上建造建筑物,沉降量和差异沉降量控制是问题的关键。软土地基地区建筑地基工程事故大部分是由沉降量或沉降差过大造成的,不均匀沉降对建筑物的危害最大。深厚软土地基建筑物的沉降量与工程投资密切相关。减小沉降量需要增加投资,因此,合理控制沉降量非常重要。按沉降控制设计既可保证建筑物安全又可节省工程投资。

应当注意,按沉降控制设计并非可以不管地基承载力是否满足要求,在任何情况下都要满足承载力要求。

10 复合地基的定义、地位及研究趋势如何?

随着地基处理技术的发展,复合地基技术得到越来越多的应用。复合地基是指天然地基在地基处理过程中部分土体得到增强或被置换,或在天然地基中设置加筋材料,加固区由基体(天然地基土体)和增强体两部分组成的人工地基。复合地基中增强体和基体是共同承担荷载的。根据增强体的方向,复合地基可分为竖向增强体复合地基和水平向增强体复合地基两大类。根据荷载传递机理的不同,竖向增强体复合地基又可分为三种:散体材料桩复合地基、柔性桩复合地基和刚性桩复合地基。

复合地基、浅基础和桩基础是目前常见的三种地基基础形式。浅基础、复合地基和桩基础之间没有非常严格的界限。桩土应力比接近于1.0的土桩复合地基可以认为是浅基础,考虑桩土共同作用的摩擦桩基也可认为是刚性桩复合地基。笔者认为将其视为刚性桩复合地基更利于对其荷载传递体系的认识。浅基础和桩基础的承载力和沉降计算有比较成熟的理论和工程实践的积累,而复合地基承载力和沉降计算理论有待进一步发展。目前复合地基理论远落后于复合地基实践。应加强复合地基理论的研究,如各类复合地基承载力和沉降计算理论,特别是沉降计算理论;复合地基优化设计;复合地基的抗震性状;复合地基可靠度分析等。另外,各种复合土体的性状也有待进一步认识。加强复合地基理论研究的同时,还要加强复合地基新技术的开发和复合地基技术应用研究。

11 如何看待我国岩土工程研究对岩土工程学科发展的影响?

岩土工程学科发展很大程度上取决于土木工程建设对岩土工程的要求,其学科发展与土木工程建设发展态势密切相关。近年来,世界土木工程建设的热点移向东亚、移向中国。中国地域辽阔,工程地质复杂。中国土木工程建设的规模、持续发展的时间、工程建设中遇到的岩土工程技术问题的广度和难度,都是其他国家不能比的。这给我国岩土工程研究跻身世界一流并逐步处于领先地位创造了很好的条件。展望21世纪岩土工程的发展,挑战与机遇并存,让我们共同努力将中国岩土工程学科推向一个新水平。我国岩土工程研究跻身世界一流大有希望。

12 学习岩土工程有何体会?

我系统学习岩土工程知识应从1978年到浙江大学攻读硕士学位算起,至今已有20多年,距1988年晋升为教授也已有10年多。20多年来勤奋学习,勤劳耕耘,节假日也很少休息。读了不少书,看了不少论文,也写了不少书,发表了不少论文,参与了不少工程实践。近年来对岩土工程的基本问题如稳定、变形、渗流等,越学觉得问题越多。抗剪强度、土压力、变形模量、渗透性、结构性、本构模型、承载力、工后沉降……深入想一下,真正搞清楚的不多。没有一个问题如材料力学问题那样有明确的解答。越学觉得问题越多,这也许是认识的深化。它需要我们继续努力,深入探索,进入更高的境界。我想这也许是岩土工程学科特点决定的。要能进行理论计算而不能迷信计算结果,因为计算前的假定可能带来的误差很难估计。不是不要计算分析,而是最好多采用几种方法算算,然后经过综合分析,给出工程师的判断意见。综合分析、判断能力对岩土工程师是非常重要的。

学习岩土工程要处理好博与专的关系,要有一定的广度才可能有一定的高度。古训读万卷书(博览群书),行万里路(多参与实践)对岩土工程师更有意义。另外,还要多拜师,学各家之长。学习岩土工程还要处理好理论与实践的关系,两者不可偏废。对岩土工程博士、硕士来讲,更重要的是多参与实践。只有能比较自如地完成具体岩土工程咨询、设计,才算真正掌握了岩土工程原理。只有在实践中不断学习,不断解决工程实际问题,才能不断提高理论水平。最后,让我引用获博士学位后登玉皇山有感(1984 年 9 月)来结束本文并自勉:

昨摘博士冠,今登玉皇山,

抬头向前看,明日再登攀。

21世纪岩土工程发展展望[*]

龚晓南

（浙江大学土木工程学系）

摘要 本文根据岩土工程学科特点、工程建设对岩土工程发展的要求以及相关学科的发展趋势，分析了12个应予以重视的研究领域，展望了21世纪岩土工程的发展。

1 引 言

展望岩土工程的发展，笔者认为需要综合考虑岩土工程学科特点、工程建设对岩土工程发展的要求，以及相关学科发展对岩土工程的影响。

岩土工程研究的对象是岩体和土体。岩体在其形成和存在的整个地质历史过程中，经受了各种复杂的地质作用，因而有着复杂的结构和地应力场环境。而不同地区的不同类型的岩体，由于经历的地质作用过程不同，其工程性质往往具有很大的差别。岩石出露地表后，经过风化作用而形成土，它们或留存在原地，或经过风、水及冰川的剥蚀和搬运作用在异地沉积形成土层。在各地质时期，各地区的风化环境、搬运和沉积的动力学条件均存在差异性，因此土体不仅工程性质复杂而且其性质的区域性和个性很强。

岩石和土的强度特性、变形特性和渗透特性都是通过试验测定。在室内试验中，原状试样的代表性、取样过程中不可避免的扰动以及初始应力的释放、试验边界条件与地基中实际情况不同等客观原因所带来的误差，使室内试验结果与地基中岩土实际性状出现差异。在原位试验中，现场测点的代表性、埋设测试元件时对岩土体的扰动，以及测试方法的可靠性等所带来的误差也难以估计。

岩土材料及其试验的上述特性决定了岩土工程学科的特殊性。岩土工程是一门应用科学，在进行岩土工程分析时不仅需要运用综合理论知识、室内外测试成果、还需要应用工程师的经验，才能获得满意的结果。在展望岩土工程发展时不能不重视岩土工程学科的特殊性以及岩土工程问题分析方法的特点。

土木工程建设中出现的岩土工程问题促进了岩土工程学科的发展。例如研究者在土木工程建设中最早遇到的是土体稳定问题。土力学理论上最早的重大发展是1773年库仑（Coulomb）建立了库仑定律。随后兰金（Rankine）理论（1857年提出）和费莱纽斯（Fellenius）圆弧滑动分析理论（1926年提出）逐渐发展。为了分析软黏土地基在荷载作用下沉降随时间发展的过程，1925年太沙基（Terzaghi）发展了一维固结理论。回顾我国近50年以来岩土工程的发展，可以

_____

　*本文刊于《岩土工程学报》，2000，22（2）：238-242.

发现其也是紧紧围绕我国土木工程建设中出现的岩土工程问题而发展的。在改革开放以前,岩土工程工作者较多的注意力集中在水利、铁道和矿井工程建设中的岩土工程问题,改革开放后,随着高层建筑、城市地下空间利用和高速公路的发展,岩土工程者的注意力较多的集中在建筑工程、市政工程和交通工程建设中的岩土工程问题。土木工程功能化、城市立体化、交通高速化,以及改善综合居住环境成为现代土木工程建设的特点。人口的增长加速了城市发展,城市化促进了大城市在数量和规模上的急剧发展。人们将不断拓展新的生存空间,开发地下空间,向海洋拓宽,修建跨海大桥、海底隧道和人工岛,改造沙漠,修建高速公路和高速铁路等。展望岩土工程的发展,不能离开对我国现代土木工程建设发展趋势的分析。

一个学科的发展还受科技水平及相关学科发展的影响。二战后,特别是 20 世纪 60 年代以来,世界科技发展很快。电子技术和计算机技术的发展,计算分析能力和测试能力的提高,使岩土工程计算机分析能力和室内外测试技术得到提高。科学技术进步还促使岩土工程新材料和新技术的产生。如近年来土工合成材料的迅速发展被称为岩土工程的一次革命。现代科学发展的一个特点是学科间相互渗透、相互交叉,并不断出现新的学科,这种发展态势也影响岩土工程的发展。

岩土工程是 20 世纪 60 年代末至 70 年代初,将土力学及基础工程、工程地质学、岩体力学三者逐渐结合为一体并应用于土木工程实践而形成的新学科。岩土工程将围绕现代土木工程建设中出现的岩土工程问题来发展,并将融入其他学科取得的新成果。岩土工程涉及土木工程建设中岩石与土的利用、整治或改造,其基本问题是岩体或土体的稳定、变形和渗流问题。笔者认为下述 12 个方面是应给予重视的研究领域,从中可展望 21 世纪岩土工程的发展。

2 区域性土分布和特性的研究

经典土力学是建立在无结构强度理想的黏性土和无黏性土基础上的。但由于形成条件、形成年代、组成成分、应力历史不同,土的工程性质具有明显的区域性。周镜[1]详细分析了我国长江中下游两岸广泛分布的、成分以云母和其他深色重矿物的风化碎片为主的片状砂的工程特性,比较了与福建石英质砂在变形特性、动静强度特性、抗液化性能方面的差异,指出片状砂有某些特殊工程性质。然而人们以往对砂的工程性质的了解,主要来源于对石英质砂的大量室内外试验结果。周镜院士指出:"众所周知,目前我国评价饱和砂液化势的原位测试方法,即标准贯入法和静力触探法,主要是依据石英质砂地层中的经验,特别是唐山地震中的经验。有的规程中用饱和砂的相对密度来评价它的液化势。显然这些准则都不宜简单地用于长江中下游的片状砂地层。"我国长江中下游两岸广泛分布的片状砂地层具有某些特殊工程性质,其与标准石英砂的差异说明土具有明显的区域性,这一现象具有一定的普遍性。国内外岩土工程师们发现许多地区的饱和黏土的工程性质都有其不同的特性,如伦敦黏土、波士顿蓝黏土、曼谷黏土、奥斯陆(Oslo)黏土、莱拉(Lela)黏土、上海黏土、湛江黏土等。这些黏土虽有共性,但其个性对工程建设的影响更为重要。

我国地域辽阔,岩土类别多、分布广。以土为例,软黏土、黄土、膨胀土、盐渍土、红黏土、有机质土等都有较大范围的分布。如我国软黏土广泛分布在天津、连云港、上海、杭州、宁波、温州、福州、湛江、广州、深圳、南京、武汉、昆明等地。人们已经发现上海黏土、湛江黏土和昆明黏土的工程性质存在较大差异。以往人们对岩土材料的共性或者对某类土的共性比较重视,而对其个性深入系统的研究较少。对各类各地区域性土的工程性质,开展深入系统研究是岩土工程发展的方向。探明各地区域性土的分布也有许多工作要做。岩土工程师们应该明确只有掌握了所在地区土的工程特性才能更好地为经济建设服务。

3 本构模型研究

在经典土力学中沉降计算将土体视为弹性体,采用布西内斯克方程求解附加应力,而稳定分析则将土体视为刚塑性体,采用极限平衡法分析。采用比较符合实际土体的应力-应变-强度(有时还包括时间)关系的本构模型可以将变形计算和稳定分析结合起来。自罗斯科(Roscoe)与他的学生创建剑桥模型至今,各国学者已发展了数百个本构模型,但得到工程界普遍认可的极少,严格地说尚没有。岩体的应力-应变关系则更为复杂。看来,建立能反映各类岩土的、适用于各类岩土工程的理想本构模型是困难的。因为在实际工程中土的应力-应变关系是很复杂的,具有非线性、弹性、塑性、黏性、剪胀性、各向异性等等,同时,应力路径、强度发挥度以及岩土的状态、组成、结构、温度等均对其有影响。

开展岩土的本构模型研究可以从两个方向努力:一是努力建立用于解决实际工程问题的实用模型;二是建立能进一步反映某些岩土体应力应变特性的理论模型。理论模型包括各类弹性模型、弹塑性模型、黏弹性模型、黏弹塑性模型、内时模型、损伤模型以及结构性模型等。它们应能较好反映岩土的某种或几种变形特性,是建立工程实用模型的基础。工程实用模型应是为某地区岩土、某类岩土工程问题建立的本构模型,它应能反映这种情况下岩土体的主要性状。用它进行工程计算分析,可以获得工程建设所需精度的满意的分析结果。例如建立适用于基坑工程分析的上海黏土实用本构模型、适用于沉降分析的上海黏土实用本构模型,等等。笔者认为研究建立多种工程实用模型可能是本构模型研究的方向。

在以往本构模型研究中不少学者只重视本构方程的建立,而不重视模型参数测定和选用研究,也不重视本构模型的验证工作。在以后的研究中特别要重视模型参数测定和选用,重视本构模型验证以及推广应用研究。只有这样,才能更好为工程建设服务。

4 不同介质间相互作用及共同分析

李广信认为岩土工程不同介质间相互作用及共同作用分析研究可以分为三个层次:①岩土材料微观层次的相互作用;②土与复合土或土与加筋材料之间的相互作用;③地基与建(构)筑物之间的相互作用[2]。

土体由固、液、气三相组成。其中固相是以颗粒形式的散体状态存在。固、液、气三相间相互作用对土的工程性质有很大的影响。土体应力-应变关系的复杂性从根本上讲都与土颗粒相互作用有关。从颗粒间的微观作用入手研究土的本构关系是非常有意义的。对土中固、液、气相相互作用的研究还将促进非饱和土力学理论的发展,有助于进一步了解各类非饱和土的工程性质。

与土体相比,岩体的结构有其特殊性。岩体是由不同规模、不同形态、不同成因、不同方向和不同序次的结构面围限而成的结构体共同组成的综合体,岩体在工程性质上具有不连续性。岩体工程性质还具有各向异性和非均一性。结合岩体断裂力学和其他新理论、新方法的研究进展,开展影响工程岩体稳定性的结构面几何学效应和力学效应研究也是非常有意义的。

当天然地基不能满足建(构)筑物对地基要求时,需要对天然地基进行处理形成人工地基。

桩基础、复合地基和均质人工地基是常遇到的三种人工地基形式。研究桩体与土体、复合地基中增强体与土体之间的相互作用,对了解桩基础和复合地基的承载力和变形特性是非常有意义的。

地基与建(构)筑物相互作用与共同作用分析已引起人们重视并取得一些研究成果,但距离将共同作用分析普遍应用于工程设计还较为遥远。在大部分的工程设计中,地基与建筑物还是分开设计计算的。进一步开展地基与建(构)筑物共同作用分析有助于对真实工程性状的深入认识,提高工程设计水平。现代计算技术和计算机的发展为地基与建(构)筑物共同作用分析提供了良好的条件。目前迫切需要解决各类工程材料以及相互作用界面的实用本构模型,特别是界面间相互作用的合理模拟。

5 岩土工程测试技术

岩土工程测试技术不仅在岩土工程建设实践中十分重要,在岩土工程理论的形成和发展过程中也起着决定性的作用。理论分析、室内外测试和工程实践是岩土工程分析三个重要的方面。岩土工程中的许多理论是建立在试验基础上的,如太沙基有效应力原理是建立在压缩试验中孔隙水压力测试的基础上的,达西(Darcy)定律是建立在渗透试验基础上的,剑桥模型是建立在正常固结黏土和微超固结黏土压缩试验和等向三轴压缩试验基础上的。测试技术也是保证岩土工程设计的合理性和保证施工质量的重要手段。

岩土工程测试技术一般分为室内试验技术、原位试验技术和现场监测技术等几个方面。在原位测试方面,地基中的位移场、应力场测试,地下结构表面的土压力测试,地基土的强度特性及变形特性测试等方面将会成为研究的重点,随着总体测试技术的进步,研究者将会在这些传统的难点上取得突破性进展。虚拟测试技术将会在岩土工程测试技术中得到较广泛的应用。及时有效地利用其他学科科学技术的成果,将对推动岩土工程领域的测试技术发展起到越来越重要的作用,如电子计算机技术、电子测量技术、光学测试技术、航测技术、电/磁场测试技术、声波测试技术、遥感测试技术等方面的新的进展都有可能在岩土工程测试方面找到应用的结合点。测试结果的可靠性、可重复性将会得到很大的提高。由于整体科技水平的提高,测试模式的改进及测试仪器精度的改善,最终将大大提高岩土工程测试结果的可信度。

6 岩土工程问题计算机分析

虽然岩土工程计算机分析在大多数情况下只能给出定性分析结果,但岩土工程计算机分析对工程师决策是非常有意义的。开展岩土工程问题计算机分析研究是一个重要的研究方向。岩土工程问题计算机分析范围很广,随着计算机技术的发展,计算分析领域还在不断扩大。除前面已经谈到的本构模型和不同介质间相互作用和共同作用分析外,还包括各种数值计算方法,如土坡稳定分析、极限数值方法和概率数值方法、专家系统、AutoCAD 技术和计算机仿真技术等,并在岩土工程反分析等方面得到应用。岩土工程计算机分析还包括动力分析,特别是抗震分析。在岩土工程计算机数值分析方法中,除常用的有限元法和有限差分法外,离散单元法(DEM)、拉格朗日元法(FLAC)、不连续变形分析方法(DDA)、流形元法(MEM)和半解析元法(SAEM)等也在岩土工程分析中得到应用[3]。

对原位测试和现场监测得到的岩土工程施工过程中的各种信息进行反分析,根据反分析结果修正设计、指导施工。这种信息化施工方法被认为是合理的施工方法,是发展方向。

7 岩土工程可靠度分析

在建筑结构设计中我国已采用以概率理论为基础并通过分项系数表达的极限状态设计方法。地基基础设计与上部结构设计在这一点上尚未统一。应用概率理论为基础的极限状态设计方法是方向。由于岩土工程的特殊性,在岩土工程中应用极限状态设计方案在技术上还有许多有待解决的问题。目前要根据岩土工程特点积极开展岩土工程问题可靠度分析理论研究,使上部结构和地基基础设计方法尽早统一起来。

8 环境岩土工程研究

环境岩土工程是岩土工程与环境科学密切结合的一门新学科。它主要应用岩土工程的观点、技术和方法为治理和保护环境服务。人类生产活动和工程活动造成了许多环境公害,如采矿造成采空区坍塌,过量抽取地下水引起区域性地面沉降,工业垃圾、城市生活垃圾及其他废弃物,特别是有毒有害废弃物污染环境,施工扰动对周围环境的影响等等。另外,地震、洪水、风沙、泥石流、滑坡、地裂缝、隐伏岩溶引起地面塌陷等灾害对环境也会造成破坏。上述环境问题的预防和治理给岩土工程师们提出了许多新的研究课题。随着城市化、工业化进程的加快,环境岩土工程研究将更加重要。应从保持良好的生态环境和保持可持续发展的高度来认识和重视环境岩土工程研究。

9 按沉降控制设计理论

建(构)筑物地基一般要同时满足承载力的要求和小于某一变形沉降量(包括小于某一沉降差)的要求。有时承载力满足要求后,其变形和沉降是否满足要求基本上可以不验算。这里有二种情况:一种是承载力满足后,沉降肯定很小,可以不进行验算,例如端承桩桩基础;另一种是对变形没有严格要求,例如一般路堤地基和砂石料等松散原料堆场地基等。也有沉降量满足要求后,承载力肯定满足要求而可以不进行验算,在这种情况下可只按沉降量控制设计。

在深厚软黏土地基上建造建筑物,沉降量和差异沉降量控制是问题的关键。软土地基地区建筑地基工程事故大部分是由沉降量或沉降差过大造成的,不均匀沉降对建筑物的危害最大。深厚软黏土地基建筑物的沉降量与工程投资密切相关。减小沉降量需要增加投资,因此,合理控制沉降量非常重要。按沉降控制设计既可保证建筑物安全又可节省工程投资。

应当注意,按沉降控制设计并非可以不管地基承载力是否满足要求,在任何情况下都要满足承载力要求。

10 基坑工程围护体系稳定和变形

随着高层建筑的发展和城市地下空间的开发,深基坑工程日益增多。基坑工程围护体系稳定和变形是重要的研究领域。

基坑工程围护体系稳定和变形研究包括下述方面:土压力计算、围护体系的合理型式及适用范围、围护结构的设计及优化、基坑工程的"时空效应"、围护结构的变形,以及基坑开挖对周围环境的影响,等等。基坑工程涉及土体稳定、变形和渗流三个基本问题,并要考虑土与结构的共同作用,是一个综合性课题,也是一个系统工程。

基坑工程区域性、个性很强。有的基坑工程土压力引起的围护结构的稳定性降低是主要矛盾,有的土中渗流引起流土破坏是主要矛盾,有的控制基坑周围地面变形量是主要矛盾。目前土压力理论还很不完善,静止土压力需按经验确定或按半经验公式计算,主动土压力和被动土压力按库仑土压力理论或兰金土压力理论计算,这些都出现在太沙基有效应力原理问世之前。在考虑地下水对土压力的影响时,是采用水土压力分算,还是采用水土压力合算较为符合实际情况,在学术界和工程界认识还不一致。

作用在围护结构上的土压力与挡土结构的位移有关。基坑围护结构承受的土压力一般是介于主动土压力和静止土压力之间或介于被动土压力和静止土压力之间。另外,土具有蠕变性,作用在围护结构上的土压力还与作用时间有关。

11　复合地基

随着地基处理技术的发展,复合地基技术得到越来越多的应用。复合地基是指天然地基在地基处理过程中部分土体得到增强或被置换,或在天然地基中设置加筋材料,加固区由基体(天然地基土体)和增强体两部分组成的人工地基。复合地基中增强体和基体是共同直接承担荷载的。根据增强体的方向,复合地基可分为竖向增强体复合地基和水平向增强体复合地基两大类。根据荷载传递机理的不同,竖向增强体复合地基又可分为三种:散体材料桩复合地基、柔性桩复合地基和刚性桩复合地基。

复合地基、浅基础和桩基础是目前常见的三种地基基础形式。浅基础、复合地基和桩基础之间没有非常严格的界限。桩土应力比接近于1.0的土桩复合地基可以认为是浅基础,考虑桩土共同作用的摩擦桩基也可以认为是刚性桩复合地基。笔者认为将其视为刚性桩复合地基更利于对其荷载传递体系的认识。浅基础和桩基础的承载力和沉降计算有比较成熟的理论和工程实践的积累,而复合地基承载力和沉降计算理论有待进一步发展。目前复合地基计算理论远落后于复合地基实践。应加强复合地基理论的研究,如各类复合地基承载力和沉降计算,特别是沉降计算理论;复合地基优化设计;复合地基的抗震性状;复合地基可靠度分析等。另外各种复合土体的性状也有待进一步认识。加强复合地基理论研究的同时,还要加强复合地基新技术的开发和复合地基技术应用研究。

12　周期荷载以及动力荷载作用下地基性状

在周期荷载或动力荷载作用下,岩土材料的强度和变形特性,与在静荷载作用下的有许多不同,动荷载类型不同,土体的强度和变形性状也不相同。在不同类型动荷载作用下,它们共同的特点是都要考虑加荷速率和加荷次数等的影响。近二三十年来,关于土的动力荷载作用下的剪切变形特性和土的动力性质(包括变形特性和动强度)的研究已得到广泛开展。随着高速公路、高速铁路以及海洋工程的发展,需要了解周期荷载以及动力荷载作用下地基土体的性状和对周围环境的影响。与一般动力机器基础的动荷载有所不同,高速公路、高速铁路以及海洋工程中其外部动荷载是运动的,同时自身又产生振动,地基土体的受力状况将更复杂,需对土体的强度、变形特性以及土体的蠕变特性进行深入的研究,以满足工程建设的需要。交通荷载的周期较长,自身振动频率较低,荷载产生的振动波的波长较长,波传播较远,影响范围较大。高速公路、高速铁路以及海洋工程中的地基动力响应计算较为复杂,研究交通荷载作用下地基动力响应计算方法,有助于进一步研究交通荷载引起的荷载自身振动和周围环境的振动,对实际工程具有重要的意义。

13 特殊岩土工程问题研究

展望岩土工程的发展,还要重视特殊岩土工程问题的研究,如:库区水位上升情况下周围山体边坡稳定问题;越江越海地下隧道中岩土工程问题;超高层建筑的超深基础工程问题;特大桥、跨海大桥超深基础工程问题;大规模地表和地下工程开挖引起岩土体卸荷变形破坏问题;等等。

岩土工程是一门应用科学,是为工程建设服务的。工程建设中提出的问题就是岩土工程应该研究的课题。岩土工程学科发展方向与土木工程建设发展态势密切相关。世界土木工程建设的热点移向东亚、移向中国。中国地域辽阔,工程地质复杂。中国土木工程建设的规模、持续发展的时间、工程建设中遇到的岩土工程技术问题,都是其他国家不能比的。这给我国岩土工程研究跻身世界一流并逐步处于领先地位创造了很好的条件。展望21世纪岩土工程的发展,挑战与机遇并存,让我们的共同努力将中国岩土工程学科推向一个新水平。

参考文献

[1] 周镜.岩土工程中的几个问题[J].岩土工程学报,1999,21(1):2-8.

[2] 卢肇钧.关于土力学发展与展望的综合述评[M]//卢肇钧.卢肇钧院士科技论文选集.北京:中国建筑工业出版社,1995.

[3] 孙钧.世纪之交岩土力学研究的若干进展[M]//陆培炎,史永胜.岩土力学数值分析与解析方法.广州:广东科技出版社,1998.

加强对岩土工程性质的认识，提高岩土工程研究和设计水平[*]

龚晓南

（浙江大学岩土工程研究所）

问：岩土工程科学研究的发展是为了满足工程建设的要求。一方面理论与技术来源于工程实际，土木工程建设中出现的大量岩土工程问题促进了岩土工程科学研究的发展；另一方面，新的理论与技术成果又指导岩土工程建设，推动工程建设向更高质量、更高层次跨越。二者相互促进和发展。你认为我国目前岩土工程科学研究特点是什么？未来需要关注的领域和问题是哪些方面？

答：目前岩土工程科学研究的特点和未来需要关注的领域和问题确实是土木工程技术人员十分关心的问题，也是一个十分重要的问题。对岩土工程未来需要关注的领域和问题，2000年我在《21世纪岩土工程发展展望》（《岩土工程学报》第2期）一文中做过粗浅的探讨。首先，我认为岩土工程的发展需要综合考虑岩土工程研究对象的特性、工程建设对岩土工程发展的要求和相关学科发展对岩土工程的影响。然后，在这基础上考虑应关注的领域和相关的研究问题。这篇文章经修改、补充后，又刊在由同济大学教授高大钊主编的《岩土工程的回顾与前瞻》（人民交通出版社，2001）一书中。文中提出的应关注的领域和相关的研究问题这里不重复了。我认为目前岩土工程科学研究也应综合考虑岩土工程研究对象的特性、工程建设对岩土工程发展的要求和相关学科发展对岩土工程的影响。

我认为对岩土工程的发展和岩土工程科学研究特点的认识取决于对上述三个方面的综合考虑。但是人们往往重视后两个方面，而对岩土工程研究对象的特性这一点的重视不够，理解不深。对岩土工程科学研究特点影响最大的恰恰是岩土工程研究对象的特性。不重视岩土工程研究对象的特性，岩土工程科学研究就会事倍功半，可能得不到合理的研究成果，甚至迷失方向。

土力学学科创始人太沙基（Terzaghi）晚年似乎更加确信"土力学与其说是科学，不如说是艺术"。我认为这里的"艺术"不同于一般绘画、书法等艺术。岩土工程分析在很大程度上取决于工程师的判断，具有很高的艺术性，岩土工程分析工作应将艺术和技术美妙地结合起来。曾国熙教授在给我们讲课时，将解决"土工问题"比喻为中医诊断，并强调在岩土工程分析中要将理论计算、室内外测试成果和工程经验相结合，不能偏废；在讲解岩土工程稳定问题时，再三强调一定要对采用的分析方法、该方法中应用的参数、测定方法及相应的安全系数统一考虑，否则得不到正确结论。周镜院士在《黄文熙讲座》（《岩土工程学报》，1999，第1期）中谈到经典土力学是基于海相沉积的软黏土和标准砂的室内试验研究成果形成的。他建议要重视区域性土特

---

*本文刊于《岩土工程界》，2003（12）：18-21.

性的研究,并通过一工程实例来说明其重要性。这些意见和结论都来自对岩土工程研究对象特性的深刻认识。

岩土工程研究的主要对象是岩体和土体,它们是自然、历史的产物,不仅区域性和个性强,而且即使是在同一场地,同一层土,沿深度、沿水平方向均存在差异。岩石和土体的强度特性、变形特性和渗透特性是通过试验测定的。在室内试验中,原状试样的代表性、取样和制作试样过程中土样所受的扰动、试验边界条件与现场边界条件的不同等客观原因使试验结果与地基中岩土实际性状产生差异,而且这种差异难以定量计算。在室外原位测试中,现场测点的代表性、埋设测试元件对岩土体的扰动、测试方法的可靠性等所带来的误差也难以估计。这些决定了岩土工程学科的特性。

在岩土工程分析中采用精细的分析方法(包括应用黏弹塑性力学理论),采用精细、复杂的本构模型,应用精确的数值分析方法,仍有可能得到不合理的结论。因为岩土工程研究的对象岩体和土体不仅工程性质复杂,区域性和个性强,而且在地层中分布不均匀,如不能抓住主要矛盾,就可能得不到合理的结论。我认为目前岩土工程分析和岩土工程科学研究中的主要问题是对岩土工程特性重视不够,对岩土工程研究对象——岩体和土体的工程性质了解和重视不够。现在不少研究工作,采用的分析方法很精细,但参数选用随意性大,失去了工程实用价值。

另外,还有一个重要问题,在岩土工程中不少概念很模糊,很容易搞错。下面我想通过几个具体问题谈点看法。

在工程勘察报告和一些教科书上常常见到"土的承载力"。仔细一想,"土的承载力"这个概念不是很合适,称"土的承载力"不妥当。地基的承载力不仅与土层分布、各土层土体的抗剪强度有关,而且还与建筑物基础形状、大小和埋深有关。同一场地上条形基础、筏板基础和路堤荷载作用下的地基承载力是不相同的。桩基承载力、浅基础承载力、复合地基承载力等概念似乎要明确一些,不容易搞错。

在工程勘察报告中是否需要提供承载力,如何提供承载力值是值得商榷的问题。既然地基承载力不仅与地基土体的抗剪强度有关,在勘察报告的各层土的物理力学性质指标表中简单地列出各层土的"地基承载力"值是不妥当的,容易对设计人员产生误导。如果需要工程勘察报告提供地基承载力值,应像有的勘察设计院那样,根据工程地质条件,结合具体工程的情况(包括基础形状、大小和埋深等),提供针对每个建(构)筑物的地基承载力值,供设计人员参考。我认为如果工程勘察报告只提供各层土的工程性质指标,由设计人员根据具体工程自己分析、确定相应的承载力,既有利于提高技术人员岩土工程设计水平,又有利于减少错误。

要完成一项岩土工程设计,一定要对该工程的工程地质条件,特别是各层土的工程性质有较深的了解。土的工程性质主要指土的强度特性、变形特性(应力-应变特性)和渗透性。而在这方面我们做得很不够。很难想象只利用直剪试验的成果就能够较好地确定深厚软黏土地基中土的抗剪强度,能够较好地分析软黏土地基稳定性;也很难想象根据压缩试验得到的土的压缩系数(a_{1-2},即压力间隔由 $P_1=100\text{kPa}$ 增加至 $P_2=200\text{kPa}$ 所得到的压缩系数)和土的压缩模量(E_{1-2},即压力间隔由 $P_1=100\text{kPa}$ 增加至 $P_2=200\text{kPa}$ 所得到的压缩模量)能较好地估算深厚软黏土地基的沉降。要提高岩土工程的分析和设计水平,一定要加强对土的工程性质的研究和认识。要了解土的工程性质,工程勘察工作很重要。一定要加强工程勘察工作,加大对土工室内外试验的投入,提高对土的工程性质的认识。提高岩土工程分析和设计水平,要加强工程师对岩土工程问题分析判断能力的训练。

问：您是我国岩土工程界自己培养的第一位博士，您在当时为什么选择了此专业作为自己人生事业的起点？您工作中的最大乐趣是什么？

答：在上中学时，我比较喜欢数学和物理，而且成绩也很好。报考大学时志愿表分一表和二表，共 20 个志愿。我报的志愿大部分是数学系、力学系、物理系，只有第一表第一志愿填了清华大学土建系。结果被清华大学录取了，学工业与民用建筑专业。我在大学学习成绩也很好，特别是力学课学得很不错。材料力学是张福范教授讲授的，结构力学是杨式德教授讲授的，他们都是名教授。材料力学和结构力学我都是"因材施教"的对象。毕业后我在秦岭山区从事"大三线"建设，主要是修公路，搞"三通一平"。自行设计、施工了几座桥，挺满意。对土坡稳定、挡土墙设计等问题兴趣不大。1978 年考研究生，我岳父带我拜访他在浙江大学土木工程学系的一位亲戚蒋祖荫教授。蒋教授说："我是研究钢筋砼结构的，我们是亲戚，报考我的研究生不合适。曾国熙教授是（当时）土木工程学系唯一从国外留学回国的，在软土地基方面的研究也很有影响，你报岩土工程较好。"于是我报了岩土工程。我学土木工程、岩土工程都带有偶然性。到浙大学习岩土工程使我有了一个很好的舞台，有了一位很好的导师，对我的人生道路影响是很大的。我觉得工作中最大的乐趣是发现问题，思考问题，并想法去解决它。解决一个工程问题、发表一篇论文、出版一本书、培养一位学生，应该说都是很高兴的事情。岩土工程中有许多问题值得我们去思考，给我们带来了很多乐趣。发现问题，通过不断思考、探索，最终解决了，乐趣无穷。岩土工程中有许多问题没有解决，值得我们去思考。如：深厚软黏土地基在荷载作用下，地基的最终沉降是什么？什么是最大沉降？什么是工后沉降？与地基的瞬时沉降、固结沉降、次固结沉降关系如何？上述各种沉降如何计算？它们相互间的关系如何？你关心的是什么沉降？你计算得到的又是什么沉降？又如：在路堤荷载作用下，在筏板荷载作用下，在基坑开挖过程中，地基中土体的抗剪强度是否相同？等于多少？如何确定？又如：杜湖水库已建成 30 年，为什么至今每年还有 1cm 左右沉降？等等。

问：您是一位高产的知名学者，出版和发表了大量专著和论文，在土力学、地基处理及复合地基理论、深基坑工程技术研究方面取得了大量研究成果。请您介绍一下在这方面国内的研究现状和你们的最新研究成果。

答：从 1978 年到浙江大学学习岩土工程，已有 20 多年，回顾一下自己走的路，研究领域主要围绕下述三个方面：土塑性力学及土工计算机分析、地基处理及复合地基理论、基坑工程及对周围环境影响。我想就上述三个领域谈谈体会，而不是研究现状，也不是最新的研究成果。要谈研究现状要做较多的调查研究，而我们的最新研究工作可参阅我们近期发表的论文，特别是近期我的学生的学位论文。

我认为岩土工程技术人员掌握土塑性力学的基本理论和土工计算机分析的基本方法是很有必要的。掌握土塑性力学的基本理论，有助于对土的抗剪强度特性、变形特性等土的工程性质的深刻认识，有助于对地基极限承载力、岩土工程稳定性等岩土工程基本问题的深刻认识。如通过对各种屈服准则的学习，有助于加深对莫尔-库仑（Mohr-Coulomb）准则的认识。对稳定材料，在平面上莫尔-库仑准则是各种屈服准则的内包络线。莫尔-库仑准则在岩土工程中得到广泛应用，不仅因为它简单、实用，而且因为其具有合理性。岩土工程的研究对象——土体和岩体无论在材性上，还是在几何分布上都十分复杂，工程分析都要考虑安全，因此应用处于内包络线位置的屈服准则是最合理的。我认为莫尔-库仑准则将在岩土工程分析中得到长期应用，这是岩土工程特性决定的。通过学习土工计算机分析，我们可以掌握许多分析方法。但同时应认识到数值分析结果的可靠度离不开土的工程性质指标的合理选用、边界条件的合理模拟、土层分布及岩土体不均匀性的合理评价。以有限元分析为例,用有限元法分析结构工程中的梁和板的受力分析,分析结果具有很高的可靠度。用有限元法分析岩土工程中的地基在荷载作用下的性状,分析结果的可靠度受边界条件、排水条件、地基中初始应力场、土层分布及不均匀性、各层土的计算参数等的模拟和选用的合理性的影响。影响因素很多,各种影响因素的影响程度又难以定量估计,因此对岩土工程有限元分析结果的可靠度进行评价较为困难。将有限元分析应用于岩土工程定性的趋势分析、了解某些变化规律对岩土工程分析还是很有帮助的。在岩土工程分析中要将理论分析、室内外试验研究和工程经验判断相结合。不要企图只通过计算机分析求解岩土工程问题。这也是岩土工程特性决定的。

我认为地基处理方法可以粗略地分为两类:一类是土质改良,一类是形成复合地基。这两者都是为了达到提高地基承载力、减小沉降的目的。

近20年来,地基处理技术在我国得到了很大发展。我认为目前应重视地基处理技术的综合应用以及地基处理的优化设计。现在大部分设计人员,遇到地基处理工程时,不是不会进行地基处理设计,而是常会面临完成的设计是不是属于较合理的设计、是否已进行多方案的比较分析、是否已进行优化这些问题。

关于什么是复合地基,工程界和学术界至今还有不少不同的看法。我在《复合地基理论及工程应用》(中国建筑工业出版社,2002)一书中介绍了我和我的学生们十多年来的研究成果。我认为关于复合地基存在一个从狭义复合地基概念到广义复合地基概念的发展过程。复合地基的本质是增强体和土体在荷载作用下共同直接承担荷载,这也是形成复合地基的必要条件。书中首先介绍了广义复合地基的基本理论,然后分析了复合地基与桩基础、浅基础的关系,复合地基与双层地基、复合地基与复合桩基的关系,以及基础刚度对复合地基性状的影响等问题,还分析了复合地基按沉降控制设计和复合地基优化设计的计算思路。复合地基理论和实践中尚有不少问题值得我们去思考、去解决。

说起基坑工程及对周围环境影响,让我想起从事第一个基坑工程围护设计工作的情况。十多年前厦门一公司委托我做一个围护设计。当时杭州基坑工程极少,我组织成立了一个由多位教授组成的班子,讨论了几次,完成了设计,但我心中还是很不放心。这好像也是浙江大学岩土工程研究所做的第一个基坑工程围护设计。现在从事基坑围护设计的人已经很多了。十多年来,我主持设计的项目应有100多项。主要体会是什么呢? 我认为基坑工程围护设计是典型的概念设计,决不能只靠设计软件完成基坑围护设计,最重要的是要具体工程具体分析,要搞清工程地质条件和周围环境条件,要抓住一个个基坑围护工程的主要矛盾,搞好设计。现在完成一个基坑工程设计并不是很难,但要做到优化设计就不容易,特别是合理控制位移,处理好基坑工程对周围环境的影响。

问:清华大学以"厚德载物,自强不息"作为校训,您作为清华学子一直铭记在心,在事业上不断探索,勤奋耕耘,请您以您的人生阅历诠释这一校训的思想内涵。

答:1961年进清华大学学习对我的人生道路影响最大。清华园最引人注意的两条标语是"清华园——工程师的摇篮"和"为祖国健康工作50年"。清华园不仅给了我土木工程的知识,而且告诉我如何去为祖国、为人民工作。清华园七年,我的体重也从80多斤长到120多斤。大学毕业快40年了,老同学见面时,有时也谈起什么是清华精神、清华精神对我们有什么影响。我觉得大学生活对青年影响很大,青年人接受大学教育很重要,我非常主张多办一些大学,让想读大学的人都有机会读大学。我国高等教育应加强普及。目前，提高是次要的，最主要的是加强普及。

谈起清华精神离不开"厚德载物，自强不息"的校训。我们这一代人，人生阅历是比较丰富的，经历过"大炼钢铁、大跃进"时代，困难时期也挨过饿，最后赶上了改革开放的好时代。对我个人，人生阅历则更丰富。1961 年进清华大学前是农家的穷孩子，进了清华园成了大学生。毕业后面向基层到秦岭山区搞"大三线"建设。1978 年有幸读研究生，1981 年获硕士学位，留校任教，1984 年获得博士学位。1986 年有幸获得德国洪堡奖学金赴卡尔斯鲁厄大学从事科研工作。1988 年春回国，同年升为教授。丰富的人生阅历是宝贵的财富。回想起来，关于什么是最重要的、值得提倡的，我觉得一是要勤奋；二是要干一行，爱一行；三是要有开拓精神，做一件事，就要努力把它做好。

无论是在学生时代学习，还是在工作岗位工作；无论是在秦岭山区修桥铺路，还是取得博士学位后在高校从事岩土工程教学、科研和技术服务工作；无论是在普通教师的岗位上，还是在系主任的岗位上；无论是作为一位普通技术人员，还是作为一位教授，我觉得自己都能自觉、不自觉地做好上述三点。特别是要勤奋，要有开拓精神，要努力把事情做好。

去年在报刊文摘上见到一篇外国人写的讨论知识、能力和品质重要性的小文章。文中说："知识不如能力重要，能力不如品质重要。品质中最重要的是自信、勇气和热情。"我常与学生们谈起这篇小文章，并做了适当补充。我认为有知识不等于有能力，而且有能力比有知识更重要。在大学时，不仅要努力学习、掌握知识，也要重视能力训练。研究生更应重视能力的训练。但要认识到：知识是基础，一个人没有丰富和宽广的知识为基础，不可能有很强的能力。因此，应不断学习，与时俱进，要拓宽自己的知识面，知识面要广，而且要有较好的知识结构。一个人具有良好的品质很重要，这位外国人认为品质中最重要的是自信、勇气和热情，我认为还要学会宽容，学会理解，并敢于坚持真理，勇于改正错误。具有良好的品质有助于你学习、掌握知识，有利于你能力的训练、提高。可以说没有好的品质，很难有较强的能力，没有好的品质，较强的能力也不能得到很好的发挥。品质确实最为重要，要从小加强品质的修养，要培养自信心。在认识论上要坚持唯物主义，任何时候、任何情况下都不要迷信，不要随波逐流。要有勇气去面对困难，面对挫折，面对失败；要满腔热情地对待工作，满腔热情地对待人生，满腔热情地对待生活。

土力学学科特点及对教学的影响[*]

龚晓南

（浙江大学岩土工程研究所）

摘要 本文通过对土力学研究对象——土体的特性分析以及对几门力学学科的比较，讨论了土力学的学科特点。土力学技术性强，实用性强，是一门工程技术基础学科，是一门必须密切结合工程实践的学科。本文还讨论了土力学的学科特点对土力学教学的影响。

1 引 言

太沙基(Terzaghi)1925 年所著的《土力学与地基基础》一书标志了土力学学科的诞生，至今已有八十多年。八十多年来土力学理论和实践得到了很大的发展，人们对土力学的学科特点也有了进一步的认识。笔者认为通过对土力学学科特点的讨论和思考，有助于土力学教学方法的研究和土力学教学水平的提高。下面分土力学研究对象——土体的特性、土力学的学科特点以及土力学学科特点对土力学教学的影响三个问题，谈谈个人肤浅的看法，抛砖引玉，不对之处敬请各位前辈和同行指正。

2 研究对象——土体的特性

在讨论土力学的学科特点以前，首先分析一下土力学的研究对象——土体及其特性。土是自然、历史的产物。土体的形成年代、形成环境和形成条件等的不同使土体的矿物成分和土体结构产生很大的差异，而土体的矿物成分和结构等因素对土体性质有很大影响。这就决定了土体性质不仅区域性强，而且个体之间差异性大。即使在同一场地，同一层土，土体的性质沿深度、沿水平方向也存在差异。沉积条件、应力历史和土体性质等对天然地基中的初始应力场的形成都有较大影响，因此地基中的初始应力场分布也很复杂。地基土体中的初始应力随着深度增加数值不断变大，而且地基土体中的初始应力也难以测定。

土是多相体，一般由固相、液相和气相三相组成。土体中的三相有时很难区分，土中水的存在形态很复杂。以黏性土中的水为例，土中水有自由水、弱结合水、强结合水、结晶水等不同形态。黏性土中这些不同形态的水很难定量测定和区分，而且随着条件的变化土中不同形态的水相互之间可以产生转化。土中固相一般为无机物，但有的还含有有机质。土中有机质的种类、成分和含量对土的工程性质也有较大影响。土的形态各异，有的呈散粒状，有的呈连续固体状，

---

* 本文刊于《第一届全国土力学教学研讨会论文集》．北京：人民交通出版社，2006．

也有的呈流塑状。有干土、饱和状态的土、非饱和状态的土，而且不同状态的土相互之间可以转化。形成的土体具有结构性，其强弱与土的矿物成分、形成历史、应力历史和环境条件等因素有较大关系，性状也十分复杂。

土体的强度特性、变形特性和渗透特性需要通过试验测定。在室内试验中，原状土样的代表性、取样和制作试样过程中土样受到的扰动、室内试验边界条件与现场边界条件的不同等客观原因，使室内试验测定的土体性状指标与地基中土体实际性状出现差异，而且这种差异难以定量估计。在原位测试中，现场测点埋设测试元件的过程对土体的扰动以及测试方法的可靠性差异等所带来的误差也难以定量估计。

各类土体的应力-应变关系都很复杂，而且相互之间差异也很大。同一土体的应力-应变关系与土体中的应力水平、边界排水条件、应力路径等都有关系。大部分土的应力-应变曲线基本上不存在线性弹性阶段。土体的应力-应变关系与线弹性体、弹塑性体、刚塑性体等都有很大的差距。土体的结构性强弱对土的应力-应变关系也有很大影响。

土体的上述特性对土力学的学科特性有决定性影响。

3　学科特点分析

首先通过对几门力学学科的比较分析讨论土力学的学科特点。土木工程教育中所学的几门力学课程——理论力学、弹性力学、塑性力学、材料力学、结构力学和土力学的研究对象和研究内容等见表1。从表1中可以看出，只有土力学的研究对象是具体的工程材料，而其他课程的研究对象都是理想化的物体，如刚体、线性弹性体、弹塑性体或是由理想弹塑性体形成的构件或结构等。表1所列的六门力学课程中除理论力学外都做了不少假设。如弹性力学假定物体是连续的、匀质和各向同性的、线性弹性的，物体的变形是很小的，物体内无初始应力等；又如材料力学假定材料是连续的、匀质和各向同性的，其应力-应变关系符合胡克定律、杆件变形的平截面假设等。但在对研究对象未做假设的理论力学中，研究对象是刚体。刚体是理想化的，实际是不存在的。弹性力学、塑性力学、材料力学和结构力学都在建立理论体系前对研究对象做了假设，而在土力学中对研究对象所做的假设都在构成土力学学科内容的各个部分之前，在土力学中对研究对象没有做统一的假设。在固结理论、沉降计算、稳定分析和渗流分析等各部分中对研究对象土体所做的假设是不一样的。

在上述课程中，弹性力学和理论力学是建立在理论分析基础上的，而材料力学是建立在由实验研究得到的杆件变形的平截面假设和理论分析基础上的。理论力学、弹性力学和材料力学都有比较严密的理论体系。是否可以说有了理论力学、弹性力学和材料力学就已建立了可用于工程分析的力学分析体系？在结构力学中最重要的是将具体的工程结构抽象简化为具体的力学分析模型。建立模型后，剩下的力学分析基本属于静力学和材料力学的范围。是否可以说结构力学是将上述力学分析体系用于工程结构的分析？土力学与理论力学、弹性力学和材料力学等课程不同，与结构力学也不同，它是一门比较特殊的力学学科，它与前面几门课程的不同之处主要反映在下述几个方面：土力学的研究对象是具体的工程材料——土，而不是抽象的物体；在土力学中对研究对象（土体）未做统一的假设；土力学的研究内容也与前面所述的几门学科不同，它具体研究土的工程性质、地基沉降、地基承载力、土压力和土坡稳定等工程问题；在土力学的不同专题中，对研究对象需采用不同的假设和不同的研究方法；土力学主要建立在实验研究基础上，而不是主要依靠力学分析；在土力学中没有建立统一的力学体系。

表 1　几门力学学科简表

学科名称	研究对象	研究内容	与其他学科的关系	其他
理论力学	质点、质点系和刚体	刚体的平衡运动及力学问题	其他力学的基础	又可分为静力学、运动学和动力学
弹性力学	线性弹性体	弹性体的变形、内力、稳定性及动力特性	材料力学、结构力学、塑性力学、土力学的基础	又称为弹性理论
塑性力学	弹塑性体	超过弹性极限后弹塑性体变形、内力、稳定性及动力特性	结构力学、土力学和材料力学的基础	又称为塑性理论
材料力学	弹塑性构件	构件的强度、刚度和稳定性	弹性力学、结构力学、塑性力学和土力学的基础	国外多称为材料强度
结构力学	工程结构	工程结构的内力、变形、稳定性及动力特性	—	又称为结构分析
土力学	土体	土的工程性质、地基沉降和承载力、土压力和土坡稳定等	—	—

　　还应看到在土力学各部分中采用的假设中有的是相互矛盾的。如在沉降分析中，在荷载作用下求解地基土体中的附加应力是将土体视为线性弹性体的，而在稳定分析中又将土体视为刚塑性体。又如在沉降分析中，求解地基土体中的附加应力采用线性弹性解，采用的土体模量则是由试验测定的，该试验并没有认为土体是弹性体。又如在土的抗剪强度部分，由不固结不排水剪切试验（UU试验）测定的饱和黏土不排水抗剪强度和由固结不排水剪切试验（CU试验）测定的不排水抗剪强度两者的数值是不一样的。不仅两者测定的土体的不排水抗剪强度数值不同，而且剪切角度也是不同的。同一土体具有不同的不排水抗剪强度值是难以理解的。土力学比较强调实用，土力学的各部分内容也是为了解决实际工程问题而设立的。土力学不要求建立完整的力学体系，它需要建立能解决实际工程问题的实用的技术体系。因此土力学具有技术性强、实用性强的特点。

　　为什么土力学有上述特点？这主要是由它的研究对象——土体的特性决定的。前面已谈到土力学的研究对象（土体）是自然、历史的产物。土的种类繁多，形态各异，区域性强、个性强，而且结构成分十分复杂。地基中的初始应力场也很复杂。土的应力-应变关系十分复杂，而且影响因素多。土体的这些特性也确定了土力学不可能只依靠力学分析沉降、稳定和渗流问题，而要依靠试验研究和工程经验的积累。至少从目前来看土力学很难建立完整的力学体系。这里还要指出：太沙基经典土力学是建立在海相沉积黏性土和标准砂的室内试验研究成果基础上的。要解决各类地基中的稳定问题、变形问题和渗流问题，对各类区域性土还有许多规律和许多难题待发现和解决。发展土力学主要依靠试验研究，要将试验研究同理论分析和工程案例分析结合起来。

　　实用性强、技术性强，主要依靠试验研究，是一门工程技术学科，没有统一的力学体系等是土力学的学科特点。土力学是一门工程技术基础学科，是一门必须密切结合工程实践的学科。土力学创始人太沙基晚年强调"土力学与其说是科学不如说是艺术"是否也可理解为对其学科特点的阐述。

　　顺便提一下：理论力学一词来自苏联，欧美一般将其所含内容分别称为静力学、运动学和动力学。材料力学在苏联和欧美一般均称为材料强度，在我国译为材料力学。弹性力学多称为弹性理论，结构力学也可称为结构分析。而从太沙基《土力学与地基基础》一书出版以来，国内外均统一使用土力学这一名称。另外,国内外的理论力学、材料力学、弹性力学、结构力学的教材内容大致相同,而土力学教材版本很多,其内容体系各有特色,差异较大。此外,理论力学、材料力学、弹性力学、结构力学的内容已基本成熟,而土力学的内容还在不断发展。

4 学科特点对教学的影响

土力学学科特点对土力学的教学、土力学的研究方法以及土力学的发展态势产生了深刻影响。这里侧重讨论学科特点对土力学教学的影响。

与理论力学、材料力学、弹性力学不同,土力学没有统一的力学体系,也不要求建立完整的力学体系。与结构力学也不同,结构力学是将力学分析体系用于工程结构的分析,而土力学主要依靠土工试验及工程经验,力学分析并不是主线。土力学是一门很特殊的力学,实际上更具有技术学科、工程学科的特点。因此,土力学的教学思路和方法与一般力学学科的思路和方法不同。学习土力学形象思维比逻辑思维更重要。

在土力学教学中要重视实验环节,需通过一系列的土工试验,熟悉土的工程特性,掌握土体的强度特性、变形特性和渗透特性的测定方法,以及各种因素对它的影响规律。要重视对土的物理力学指标的理解,以及它们的测定方法。通过土工试验掌握土的工程性质。

在土力学教学中要重概念,重理解,要重视工程经验。不仅要掌握分析方法,更要重视各种分析方法的适用条件。如在稳定分析中,要强调稳定分析方法、分析中采用的土工参数、参数的测定方法、所采用的安全系数是配套的。采用的稳定分析方法不同,应采用的安全系数也不同;在采用同一稳定分析方法时,若采用不同的方法测定的参数,采用的安全系数也应不同。土力学中的许多分析方法来自工程经验的积累和案例分析,而不是来自精确的理论推导。具体问题具体分析在土力学中更为重要。

要重视土体工程性质的学习。在分析土的工程性质和分析具体土工问题时都要十分重视土中水的作用。土中水的含量和形态、土的渗透性和排水条件、土中渗流等对土体的工程性质和土工性状将产生很大的影响。

在应用土力学求解实际工程问题时,分析方法往往不是唯一的。因此在土工分析中往往可以得到多个解答,这也充分说明它是一门技术学科。

在土力学教和学中,要强调试验研究,要强调工程实例分析与理论分析相结合。要重视工程案例分析,学会现场调查,加强土工问题分析和判断能力的训练,学会综合判断。早年太沙基在麻省理工学院和哈佛大学多以工程案例讲授土力学知识。总之,要根据土力学的学科特点,不断改进土力学的教学方法和研究方法,才能不断提高教学水平,正确把握土力学的学科发展态势。

5 结　语

通过对土力学与其他力学学科的比较分析,可以发现土力学与理论力学、材料力学和弹性力学等力学学科不同,它没有统一的力学体系,是一门很特殊的力学,实际上更具有技术学科、工程学科的特点。土力学的学科特性是由其研究对象——土体的特性决定的。

土力学比较强调实用,为了解决土工问题中的稳定问题、变形问题和渗流问题等实际工程问题,逐渐形成了土力学的各部分内容。土力学技术性强、实用性强。通过对土力学与其他力学学科的比较分析和土体特性的分析,更能理解太沙基关于"土力学与其说是科学不如说是艺术"的论述。

　　土力学学科特点对土力学的教学和研究方法以及学科的发展态势产生了深刻影响。不能采用一般力学学科的思路和方法进行土力学教与学。

　　在土力学教学中要重视试验环节,重视工程经验,重视对土的工程特性的学习。在土力学教学中要重概念,重理解。要重视各种分析方法的适用条件。土力学中的许多分析方法来自工程经验的积累和案例分析,而不是来自精确的理论推导。

　　在土工分析中要重视土中水的作用。土中水的含量和形态、土的渗透性和排水条件、土中渗流等对土体的工程性质和土工性状有很大的影响。

　　在土力学教和学中,要强调试验研究,将工程实例分析与理论分析相结合。在土力学教学中要重视工程案例分析,重视综合判断能力的培养。

　　在应用土力学求解实际工程问题时,分析方法往往不是唯一的,采用多种方法可以得到多种解答,这充分说明土力学是一门技术学科。

　　致谢:在成文过程中笔者曾与清华大学丁金粟教授、同济大学高大钊教授和浙江大学丁皓江教授讨论,对他们的帮助表示衷心的感谢。

参考文献

[1] 吉见吉昭(日).太沙基与土力学[J].岩土工程学报,1981,3(3):114.
[2] 周镜.岩土工程中的几个问题[J].岩土工程学报,1999,21(1):2-8.
[3] 龚晓南.读"岩土工程规范的特殊性"和"试论基坑工程的概念设计"[J].地基处理,1999,10(2):76-77.
[4] 李国豪.中国土木建筑百科辞典工程力学卷[M].北京:中国建筑工业出版社,2001.
[5] 龚晓南.21世纪岩土工程发展展望[J].岩土工程学报,2000,22(2):238-242.
[6] 龚晓南.漫谈岩土工程发展的若干问题[J].岩土工程界,2000(1):52-57.

对岩土工程数值分析的几点思考*

龚晓南

（浙江大学岩土工程研究所）

摘要 首先,介绍了笔者对我国岩土工程数值分析现状的调查结果及分析,然后,分析了采用连续介质力学分析岩土工程问题的关键,并讨论分析了岩土本构理论发展现状,提出对岩土本构理论发展方向的思考,最后对数值分析在岩土工程分析中的地位做了分析。分析表明,岩土工程数值分析结果是岩土工程师在岩土工程分析过程中进行综合判断的重要依据之一;采用连续介质力学模型求解岩土工程问题的关键是建立岩土的工程实用本构方程;多个工程实用本构方程结合大量工程经验才能使数值方法在岩土工程中由用于定性分析转变到用于定量分析。

1 引 言

1982 年,中国力学学会、中国土木工程学会、中国水利学会和中国建筑学会在广西南宁联合召开我国第一届岩土力学数值与解析方法学术讨论会,那次盛会距今已有近 30 年,吸引了黄文熙、卢肇钧、汪闻韶、曾国熙、钱家欢、郑大同等众多岩土工程界著名老前辈参加,这足以说明我国学术界对发展岩土力学数值分析与解析分析方法的重视。

众所周知,在太沙基(Terzaghi)的土力学理论中,变形计算视土体为弹性体,稳定分析视土体为刚塑性体,变形计算和稳定分析是截然分开的,于是人们试图建立现代土力学,并计划在现代土力学中采用统一的应力-应变-强度关系,进而将变形计算和稳定分析统一起来。这一设想非常令人鼓舞,而实现这一设想离不开岩土力学数值分析理论的发展。然而,土力学近 30 年的发展表明将变形计算和稳定分析统一起来非常艰难!

本文首先介绍了笔者对我国岩土工程数值分析现状的调查结果,然后就岩土工程分析中的关键问题、如何发展岩土本构理论、数值分析在岩土工程分析中的地位这三个方面提出了粗浅的看法。

2 现状调查结果分析

笔者受第十届岩土力学数值与解析方法讨论会组委会的邀请做特邀报告,在会前特意对我国岩土工程数值分析的现状做了调查。调查方式以电子邮件表格填答为主,少数为当面分发表格填答的形式。截至 2010 年 10 月 25 日,笔者共收回 139 份调查问卷,来自不少于 28 个地区,

---

*本文刊于《岩土力学》,2011,32(2):321-325.

其中：上海 16 份、北京 15 份、南京 12 份、天津 3 份、香港 1 份、台湾 5 份、武汉 7 份、杭州 26 份、厦门 2 份、福州 4 份、绍兴 1 份、广州 4 份、深圳 7 份、太原 1 份、沈阳 2 份、西安 3 份、重庆 2 份、成都 2 份、青岛 3 份、郑州 1 份、长沙 4 份、石家庄 1 份、兰州 3 份、南宁 1 份、包头 2 份、合肥 2 份、海口 5 份，另有美国 1 份，未填地址 3 份。

(1)被调查人的年龄组成为

30 岁以下	29 人
30～50 岁	89 人
50 岁以上	21 人

(2)被调查人的职业分布为

在读博士研究生	9 人
高校教师	67 人
科研单位研究人员	21 人
工程单位技术人员	42 人

(3)被调查人中从事数值计算分析的频率为

经常从事	79 人
偶尔从事	59 人
没有从事	1 人

(4)下面是对几个问题的调查结果

①数值分析在岩土工程分析中的地位(限填 1 项)：

非常重要	53 人,占 38.1%
重要	73 人,占 52.5%
一般	13 人,占 9.4%
不需要	0 人

②数值分析中的关键问题(限填 1～2 项)：

分析方法	26 人
本构模型	83 人
参数测定	114 人
边界条件模拟	28 人
计算分析技巧	14 人

③哪几种数值分析方法较适用于岩土工程分析？(最多填 3 项)

解析法	41 人
有限单元法	137 人
有限差分法	60 人
离散单元法	30 人
边界元法	18 人
无网格法	5 人
非连续变形分析(DDA)	15 人
数值流形元法(NMM)	2 人

④进一步提高岩土数值分析能力需要解决的关键问题(最多填 2 项):

发展新的分析方法　　　　　　32 人

建立新的本构模型　　　　　　49 人

本构模型参数测定　　　　　　112 人

提高计算机计算速度和容量　　11 人

开发商用大型计算软件　　　　22 人

⑤你完成的工程设计取值主要来自(无工程设计经历可不填):

经验公式法　　　　　　　　　50 人

数值计算法　　　　　　　　　32 人

解析计算法　　　　　　　　　5 人

综合判断法　　　　　　　　　78 人

⑥你对岩土工程数值分析发展的建议(可不填也可详述)。

在这次调查中,有 53 位同行专家对岩土工程数值分析发展提出了建议,有的只是短短一行,有的长达几页,有的是看法,有的是建议,但是看得出来他们很认真,畅所欲言。笔者对所提建议只是从格式上做了统一编排,除了隐去提出建议的同行专家的姓名外,未进行任何其他增减,以力保原汁原味,并形成《调查中 53 位同行专家对岩土工程数值分析发展的建议》[4]一文,供参考。

3　岩土工程分析中的关键问题

在岩土工程分析中人们常常用简化的物理模型去描述复杂的工程问题,再将其转化为数学问题并用数学方法求解。一个很典型的例子是,饱和软黏土地基大面积堆载作用下的沉降问题被简化为太沙基(Terzaghi)一维固结物理模型,再转化为太沙基(Terzaghi)固结方程求解。

采用连续介质力学模型求解工程问题一般包括下述方程:①运动微分方程式(包括动力和静力分析两大类);②几何方程(包括小应变分析和大应变分析两大类);③本构方程(即力学本构方程)。

对具体工程问题,根据具体的边界条件和初始条件求解上述方程即可得到解答。对复杂的工程问题,一般需采用数值分析法求解。对不同的工程问题采用连续介质力学模型求解,所选择的运动微分方程式和几何方程是相同的,不同的是本构方程、边界条件和初始条件。当材料为线性弹性体,本构方程符合广义胡克定律。

将岩土材料视为多相体,采用连续介质力学模型分析岩土工程问题一般涉及下述方程[2]:①运动微分方程式(包括动力和静力分析两大类);②总应力＝有效应力＋孔隙压力(有效应力原理);③连续方程(总体积变化为各相体积变化之和);④几何方程(包括小应变分析和大应变分析两大类);⑤本构方程(即力学和渗流本构方程)。

多相体与单相体相比,基本方程多了两个,即有效应力原理和连续方程,且本构方程中多了渗流本构方程。对不同的岩土工程问题,基本方程中运动微分方程式、有效应力原理、连续方程和几何方程的表达式是相同的,不同的是本构方程。对具体岩土工程问题,根据具体的边界条件和初始条件求解上述方程即可得到解答,一般需采用数值分析法求解。从上面的分析可知,采用连续介质力学模型分析不同的岩土工程问题时,不同的是本构模型、边界条件和初始条件。对一个具体的岩土工程问题,边界条件和初始条件是容易确定的,而岩土的应力-应变关系十分复杂,所采用的本构模型及参数对计算结果影响极大。

采用连续介质力学模型分析岩土工程问题时一般需采用数值分析法求解,有限单元法对各种边界条件和初始条件,采用的各类本构方程都有较大的适应性。土的应力-应变关系十分复杂,罗斯科(Roscoe)和他的学生建立剑桥模型至今已近半个世纪,理论上已提出数百个本构方程,但得到工程应用认可的极少。从这个角度讲,采用连续介质力学模型求解岩土工程问题的关键是建立岩土材料的工程实用本构方程。

4 关于如何发展岩土本构理论的思考

简步(Janbu)认为,作用与效应之间的关系被称为本构关系,力学中的胡克定律、电学中的欧姆定律、渗流学中的达西定律等反映的都是最简单的本构关系。岩土是自然、历史的产物,具有下述特性:土体性质区域性强,即使同一场地同一层土,沿深度和水平方向变化也很复杂;岩土体中的初始应力场复杂且难以测定;土是多相体,一般由固相、液相和气相三相组成[3]。土体中的三相有时很难区分,而且处于不同状态时,土的三相之间可以相互转化。土中水的状态也十分复杂;土体具有结构性,其结构与土的矿物成分、形成历史、应力历史和环境条件等因素有关,十分复杂;土的强度、变形和渗透特性测定困难。岩土的应力-应变关系与应力路径、加荷速率、应力水平及土体的成分、结构、状态等有关,土还具有剪胀性、各向异性等,因此,岩土体的本构关系十分复杂。至今人们建立的土体的本构模型有弹性模型、刚塑性模型、非线性弹性模型、弹塑性模型、黏弹性模型、黏弹塑性模型、边界面模型、内时模型、多重屈服面模型、损伤模型、结构性模型,等等[1]。已建立的本构模型多达数百个,但得到工程师认可的极少。从20世纪60年代初起,对土体本构模型的研究逐步走向高峰,然后进入现在的低谷,研究人员从满怀信心进入迷惑不解的状态。由上一节的分析可知,本构模型是采用连续介质力学模型求解岩土工程问题的关键,回避它是不可能的。岩土材料工程性质复杂,建立通用的本构模型看来也不可能。怎么办? 怎么走出困境? 这是我们必须面对的难题。

笔者认为,对土体本构模型的研究应分为两大类,科学型模型的研究和工程实用性模型的研究[3]。科学型模型重在揭示、反映某些特殊规律。如土的剪胀性、主应力轴旋转的影响等。该类模型也不能求全面,一个模型能反映一个或几个特殊规律即为好模型。从事科学型模型研究的是少数人。工程实用性模型更不能求全面、通用,应简单、实用,参数少且易测定。能反映主要规律,能抓住主要矛盾,参数少且易测定即为好模型。在工程实用性模型重在能够应用于具体工程分析,多数人应从事工程实用性模型研究。工程实用性模型研究中应重视工程类别(基坑工程、路堤工程、建筑工程等)、土类(黏性土、砂土和黄土等)和区域性(上海黏土、杭州黏土和湛江黏土等)的特性的影响,如建立适用于基坑工程分析的杭州黏土本构模型,适用于道路工程沉降分析的陕西黄土本构模型,适用建筑工程沉降分析的上海黏土本构模型等。工程实用性模型的研究还要重视地区经验的积累。

采用考虑工程类别、土类和区域性特性影响的工程实用本构模型,应用连续介质力学理论,并结合地区经验进行岩土工程数值分析可能是发展方向。

5 数值分析在岩土工程分析中的地位

下面从岩土材料特性、岩土工程与结构工程有限元分析误差来源和岩土工程分析方法三方面来评估数值分析在岩土工程分析中的地位。

前面已经提到岩土材料是自然、历史的产物,工程特性区域性强,岩土体中的初始应力场复杂且难以测定,土是多相体,土体中的三相有时很难区分,土中水的状态又十分复杂。岩土的应力应变-关系与应力路径、加荷速率、应力水平及土体的成分、结构、状态等有关,岩土体的本构关系十分复杂。至今尚未有工程师普遍认可的工程实用的本构模型。而采用连续介质力学模型求解岩土工程问题的关键是建立工程实用的岩土本构方程。这是研究工作应面对的现状,也是我们在考虑数值分析在岩土工程分析中的地位时必须重视的现实情况。

结构工程所用材料多为钢筋混凝土、钢材等,材料均匀性好,由此产生的误差小;而岩土工程所用材料多为岩土,均匀性差,由此产生的误差大。在几何模拟方面,对结构工程的梁、板和柱进行单独分析,误差很小;但对复杂结构,节点模拟处理不好可能产生较大误差。对岩土工程,若存在两种材料的界面,界面模拟误差较大;在本构关系方面,结构工程所用材料的本构关系较简单,可用线性关系表示,且可能产生的误差小,而岩土材料的本构关系很复杂,由所用本构模型产生的误差大;在模型参数测定方面,结构工程所用材料的模型参数容易测定,由此产生的误差小,而岩土工程材料的模型参数不容易测定,由此产生的误差大。结构工程中一般初始应力小,某些特殊情况,如钢结构焊接热应力,其影响范围小;岩土工程中岩土体初始应力大且测定难,对数值分析影响大,特别对非线性分析影响更大。在结构工程分析常采用线性本构关系,线性分析误差小;岩土工程分析常采用非线性本构关系,非线性分析常需要迭代,迭代分析可能产生的误差大。在结构工程和岩土工程分析中,若边界条件较复杂,均可能产生较大误差。相比较而言,多数结构工程边界条件不是很复杂,而多数岩土工程边界条件复杂。以上比较分析汇总如表1所示。

表1 岩土工程与结构工程有限元分析误差来源分析

误差项	结构工程	岩土工程
材料均匀性	较均匀,误差小	不可见因素多,误差大
几何模拟	节点模拟可能产生较大误差	界面模拟误差较大
本构关系	较简单,可用线性关系表示 可能产生的误差小	很复杂,用本构模型产生的误差大
模型参数	容易测定,误差小	不易测定,误差大
初始应力	初始应力小,影响也小	初始应力大且测定难,影响大
分析方法	线性分析误差较小	非线性分析误差可能较大
边界条件	较复杂,可能产生较大误差	较复杂,可能产生较大误差

由以上的分析可知,结构工程有限元分析误差来源少,可能产生的误差小,而岩土工程有限元分析误差来源多,可能产生的误差大。笔者认为,对结构工程,处理好边界条件和节点处几何模拟,有限元数值分析可用于定量分析;对岩土工程,有限元数值分析目前只能用于定性分析。

对岩土工程的分析,笔者认为,首先要详细掌握土力学基本概念、工程地质条件、土的工程性质、工程经验,在此基础上采用经验公式法、数值分析法和解析分析法进行计算分析。在计算分析中要因地制宜,抓主要矛盾,具体问题具体分析,宜粗不宜细、宜简不宜繁。然后在计算分析基础上,结合工程经验进行类比,进行综合判断。最后进行岩土工程设计。在岩土工程分析过程中,数值分析结果是工程师进行综合判断的主要依据之一。岩土工程分析过程如图1所示。

根据对岩土材料特性的分析和对岩土工程与结构工程有限元分析误差来源的分析比较,可以认为岩土工程数值分析目前只能用于定性分析。通过对岩土工程分析过程的分析,可以认为岩土工程数值分析结果是岩土工程师在岩土工程分析过程中进行综合判断的主要依据之一。

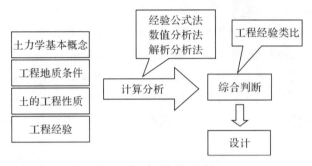

图 1 岩土工程分析过程

6 结 论

通过对我国岩土工程数值分析现状的调查研究,笔者对岩土工程数值和解析分析的思考及意见如下。

(1)基于对岩土工程分析对象——岩土材料特性的分析,并考虑岩土工程初始条件和边界条件的复杂性,可知岩土工程分析很少能得到解析解,而目前岩土工程数值分析只能用于定性分析,所以岩土工程设计要重视概念设计,重视岩土工程师的综合判断。岩土工程数值分析结果是岩土工程师在岩土工程分析过程中进行综合判断的主要依据之一。

(2)罗斯科和他的学生建立剑桥模型至今已近半个世纪,各国学者已提出数百个本构方程,但得到工程应用认可的极少。从这个角度讲采用连续介质力学模型求解岩土工程问题的关键是建立岩土的工程实用本构方程。

(3)本构模型及参数测定是岩土工程分析中的关键问题,避不开又难解决。笔者认为建立考虑工程类别、土类和区域性特性影响的工程实用本构模型是岩土工程数值分析发展的方向。工程实用本构模型的参数应数量少、易测定且有利于工程经验的积累。多建立几个工程实用本构模型,积累大量的工程经验,才能促进岩土工程数值分析在岩土工程分析中的应用,才能由只能用于定性分析逐步发展到可用于定量分析。

(4)岩土工程师应在充分掌握分析工程地质资料、了解土的工程性质基础上,采用合理的物理数学模型,通过多种方法进行计算分析,然后结合工程经验进行综合判断,提出设计依据。在岩土工程计算分析中应坚持因地制宜、抓主要矛盾、宜粗不宜细、宜简不宜繁的原则。

参考文献

[1] 龚晓南,叶黔元,徐日庆. 工程材料本构方程[M]. 北京:中国建筑工业出版社,1995.

[2] 龚晓南. 土塑性力学[M]. 2版. 杭州:浙江大学出版社,1999.

[3] 龚晓南. 21世纪岩土工程发展展望[J]. 岩土工程学报,2000,22(2):238-242.

[4] 龚晓南. 岩土工程数值分析现状调查中53位同行专家对岩土工程数值分析发展的建议[J]. 地基处理,2010,21(4):40-45.

基础理论论文

软黏土地基各向异性初步探讨[*]

龚晓南

（浙江大学）

摘要 文中首先应用有限单元法分析了土体各向异性对圆形贮罐沉降和地基侧向位移的影响。然后，通过室内试验测定了金山黏土各向异性对应力-应变关系及压缩性的效应。最后，在试验研究和有限单元法分析的基础上，提出了一组考虑土体各向异性和非线性的弹性系数实用方程式，供工程分析应用。

1 前 言

土的各向异性主要由两个原因引起：一为结构方面的原因，在沉积和固结过程中，天然土层中的黏土颗粒及其组构单元排列的方向性造成了土体各向异性；二为应力方面的原因，天然土层的初始应力一般处于各向不等压力状态。由土结构和土体应力方面的原因造成的各向异性，分别称为土体固有各向异性和土体应力各向异性。在地质历史中，天然土层还受到周围环境（如气候变化、地下水位升降及历史上的冰川活动等）和时间的影响，这些因素都会引起土体结构和土体中初始应力状态的变化，使之更加复杂，从而使土体各向异性也变得更加复杂。

人们很早就已注意到土体不排水抗剪强度的各向异性现象。但是，对土的各向异性现象开展认真的研究是从 20 世纪 60 年代才开始的[1-2]。近十几年来，土体各向异性，特别是土体刚度各向异性，越来越受到人们的重视[3-4]。过去在分析土体各向异性时，都把土体视为线性弹性体，没有考虑土体应力-应变关系的非线性[5-6]。而各向异性和非线性是土体应力-应变关系性状的两个重要方面，应该一起考虑。

有关黏土结构的研究表明[7]，大多数黏土矿物是片状的，薄片厚度与其宽度和长度相比极小。对薄片颗粒来说，其性能主要受各种表面力的影响。在沉积过程中，黏土颗粒相互碰撞，形成大的颗粒集合体，集合体中黏土颗粒相互之间的联结方式主要有下列三种：面面接触、点面接触和边面接触。面面接触的颗粒大致平行地重叠在一块，这样形成的结构称为分散结构。颗粒之间点面接触和边面接触形成的结构称为絮凝结构。黏土颗粒在沉积过程中，相互碰撞形成颗粒集合体——组构单元，它们的定向是任意的。但是，在固结过程中，不等向应力的作用促使黏土颗粒和组构单元形成一定方向的排列。同时，在较大压力下，一些絮凝结构会逐渐被破坏，联结方式变成了面面接触，颗粒排列的方向将和力的方向相垂直。由上述分析可知，黏土颗粒和其组构单元排列的方向性既与它们本身的结构有关，也与固结过程中各向非等压应力的作用有

---

[*] 本文原标题为《软粘土地基各向异性初步探讨》，刊于《浙江大学学报》，1986，20（4）：103-115.

关。黏土颗粒和组构单元排列方向性造成了结构各向异性,它是土体强度和刚度各向异性的一个重要原因。除此之外,黏土颗粒在沉积过程中,往往会形成层状结构的黏土层,相互交错的薄层的矿物成分及物理力学性质互不相同。粉砂和黏土相互交错的"千层糕"式纹状黏土就是典型的层状结构黏土。层状结构上层的各向异性不仅受各薄层黏土本身的结构各向异性的影响,还取决于由薄层之间粉砂层的物理力学性质的差异造成的结构各向异性。顺便指出,为达到加固地基的目的,在软弱地基中铺设土工织物、钢筋网等形成的加筋土,也具有明显的结构各向异性。

本文的研究范围只限于横观各向同性体,我们首先用有限单元法分析了土体各向异性程度对圆形贮罐沉降以及对地基侧向位移的效应。然后,用沿不同方向切取的土样进行无侧限压缩试验、不固结三轴不排水压缩试验、固结三轴不排水压缩试验和高压固结试验,测定了金山黏土的固有各向异性对土体的应力-应变关系及压缩性的效应,并对各种试验成果做了比较分析。最后,在理论分析和试验研究的基础上提出一组考虑各向异性和非线性的土体弹性系数实用方程式供工程分析应用。

2 轴对称条件下土体各向异性对贮罐沉降和地基侧向位移的影响

2.1 各向异性体的应力应变关系

根据广义胡克定律,可以用 36 个弹性系数来表达均质连续各向异性体的应力-应变关系。

$$[D]\{\varepsilon\} = \{\sigma\} \tag{1}$$

式中,$\{\varepsilon\}$ 为应变矢量,$\{\varepsilon\} = [\varepsilon_x \ \ \varepsilon_y \ \ \varepsilon_z \ \ \gamma_{yz} \ \ \gamma_{zx} \ \ \gamma_{xy}]^T$;$\{\sigma\}$ 为应力矢量,$\{\sigma\} = [\sigma_x \ \ \sigma_y \ \ \sigma_z \ \ \tau_{yz} \ \ \tau_{zx} \ \ \tau_{xy}]^T$;$[D]$——弹性矩阵,$D_{mn}$,$m = 1, 2, \cdots, 6$;$n = 1, 2, \cdots, 6$。

根据能量守恒定律与对形变位能的考察,可以证明,弹性矩阵是对称的,即 $D_{mn} = D_{nm}$,36 个弹性系数中 21 个是独立的。对于三向正交异性体,9 个弹性系数就可以完全描述其应力-应变关系。如果物体在平行于某一平面的所有方向(即所谓"横向")都具有相同的弹性,通常称为横观各向同性体。它是正交各向异性体的一种特殊情况,横观各向同性体只需要 5 个弹性系数就可完全描述其应力-应变关系。它的应力-应变关系表达式如下式所示:

$$
\begin{bmatrix}
\dfrac{1}{E_H} & -\dfrac{\nu_{HH}}{E_H} & -\dfrac{\nu_{HV}}{E_H} & 0 & 0 & 0 \\[2mm]
-\dfrac{\nu_{HH}}{E_H} & \dfrac{1}{E_H} & \dfrac{\nu_{HV}}{E_H} & 0 & 0 & 0 \\[2mm]
-\dfrac{\nu_{HV}}{E_H} & -\dfrac{\nu_{HV}}{E_H} & \dfrac{1}{E_V} & 0 & 0 & 0 \\[2mm]
0 & 0 & 0 & \dfrac{1}{G_V} & 0 & 0 \\[2mm]
0 & 0 & 0 & 0 & \dfrac{1}{G_V} & 0 \\[2mm]
0 & 0 & 0 & 0 & 0 & \dfrac{2(1+\nu_{HH})}{E_H}
\end{bmatrix}
\begin{Bmatrix}
\varepsilon_x \\ \varepsilon_y \\ \varepsilon_z \\ \gamma_{yz} \\ \gamma_{zx} \\ \gamma_{xy}
\end{Bmatrix}
=
\begin{Bmatrix}
\sigma_x \\ \sigma_y \\ \sigma_z \\ \tau_{yz} \\ \tau_{zx} \\ \tau_{xy}
\end{Bmatrix}
\tag{2}
$$

式中,ν_{HH} 为水平向应力引起正交水平向应变的泊松比;ν_{HV} 为水平向应力引起竖直向应变的泊松比;E_V 为竖直向杨氏模量;E_H 为水平向杨氏模量;G_V 为竖直面上的剪切模量。

水平向杨氏模量 E_H、竖直向杨氏模量 E_V、泊松比 ν_{HV} 和 ν_{VH} 四个弹性系数之间有以下关系[8]：

$$\frac{\nu_{VH}}{E_V} = \frac{\nu_{HV}}{E_H} \tag{3}$$

式中，ν_{VH} 为竖直向应力引起水平向应变的泊松比。

通过坐标转换，可以得到与水平向成 θ 角的方向上的杨氏模量 E_θ 的表达式：

$$\frac{1}{E_\theta} = \frac{\cos^4\theta}{E_H} + \frac{\sin^4\theta}{E_V} + \left(\frac{1}{G_V} - \frac{2\nu_{VH}}{E_V}\right)\cos^2\theta\sin^2\theta \tag{4}$$

用横观各向同性体竖直（纵向）和水平（横向）的试样做压缩（或伸长）试验，可以测定它的竖直向和水平向杨氏模量（E_V 和 E_H），以及泊松比 ν_{HH} 和 ν_{HV}。通过斜方向试样的试验，可以测定斜方向杨氏模量 E_θ，应用(4)式可以得到竖直面上的剪切模量 G_V。

横观各向同性体的体积应变 ε_V 为

$$\varepsilon_V = \frac{1}{3E_H}\left[(1 - \nu_{HH} - \nu_{HV})(\sigma_x' + \sigma_y') + \left(\frac{E_H}{E_V} - 2V_{HV}\right)\sigma_z'\right] = K_{an}P' \tag{5}$$

式中，K_{an} 为体积变形模量；$P' = \frac{1}{3}(\sigma_x' + \sigma_y' + \sigma_z')$ 为平均有效应力。

$$K_{an} = \frac{(1 - \nu_{HH} - \nu_{HV})(\sigma_x' + \sigma_y') + (n - 2\nu_{HV})\sigma_z'}{E_H(\sigma_x' + \sigma_y' + \sigma_z')} \tag{6}$$

式中，$n = \frac{E_H}{E_V}$，为水平向与竖直向杨氏模量之比。

由上式可知，各向异性体的体积变形模量 K_{an} 不仅与它的弹性系数有关，而且与应力状态有关。体积应变 ε_v 和平均有效应力 P' 是否同号取决于体积变形模量 K_{an} 是否大于零。当体积变形模量 K_{an} 小于零时，平均有效应力 P' 增大，体积反而膨胀，平均有效应力 P' 减小，体积反而变小。

对不可压缩的横观各向同性体，例如不排水条件下的饱和黏土，独立的弹性系数可由 5 个减少到 3 个，即竖直向杨氏模量 E_V、水平向杨氏模量 E_H 和剪切模量 G_V。另两个弹性系数与它们的关系为[9]

$$\begin{cases} \nu_{HV} = \frac{1}{2}\frac{E_H}{E_V} \\ \nu_{HH} = 1 - \frac{1}{2}\frac{E_H}{E_V} \end{cases} \tag{7}$$

2.2 轴对称条件下横观各向同性体的弹性矩阵

在应用有限单元法分析时，对各向异性体和各向同性体的处理方法和求解步骤是相同的，只是它们的弹性矩阵不同，后者是前者的一种特殊情况。轴对称条件下横观各向同性体的弹性矩阵可表示成下列形式：

$$[D] = \frac{E_V}{(1 + \nu_{HH})(1 - \nu_{HH} - 2n\nu_{VH}^2)}$$

$$\cdot \begin{Bmatrix} n(1 - n\nu_{VH}^2) & n(\nu_{HH} + n\nu_{VH}^2) & n\nu_{VH}(1 + \nu_{HH}) & 0 \\ n(\nu_{HH} + n\nu_{VH}^2) & n(1 - n\nu_{VH}^2) & n\nu_{VH}(1 + \nu_{HH}) & 0 \\ n\nu_{VH}(1 + \nu_{HH}) & n\nu_{VH}(1 + \nu_{HH}) & (1 - \nu_{HH}^2) & 0 \\ 0 & 0 & 0 & m(1 + \nu_{HH})(1 - \nu_{HH} - 2n\nu_{VH}^2) \end{Bmatrix} \tag{8}$$

式中, $n = \dfrac{E_H}{E_V}, m = \dfrac{G_V}{E_V}$。

2.3　轴对称条件下土体各向异性对地基变形的影响

现以软黏土地基上圆形贮罐地基为例,地基土体视为横观各向同性体,应用有限单元法分析土体各向异性对地面沉降和地基中侧向位移的影响。

有限单元法分析计算土层半径取45m,深度取50m,贮罐半径10m。土体为各向同性体时,上述计算土层的范围可视为半无限空间[9]。边界条件为:计算土层底面为固定支承,两侧为水平向约束,竖直向自由。考虑贮罐环基的围箍作用和贮罐底面与土的摩擦力,地基与贮罐接触面上水平位移为零。地基土体的计算参数见表1。

表 1　土体计算参数

土样	$E_V /$ (kg/cm^2)	$E_H /$ (kg/cm^2)	$G_V /$ (kg/cm^2)	ν_{VH}	ν_{HH}	E_H/E_V	G_V/E_V	ν_{HH}/ν_{VH}	计算结果
1*	30	30	11.11	0.35	0.35	1	0.37	1	见图1至图6
2	30	15	11.11	0.35	0.35	0.5	0.37	1	见图1、图2
3	30	45	11.11	0.35	0.35	1.5	0.37	1	见图1、图2
4	30	60	11.11	0.35	0.35	2.0	0.37	1	见图1、图2
5	30	30	11.11	0.35	0.495	1	0.37	1.41	见图5、图6
6	30	30	11.11	0.35	0	1	0.37	0	见图5、图6
7	30	30	22.22	0.35	0.35	1	0.74	1	见图3、图4
8	30	30	16.67	0.35	0.35	1	0.56	1	见图3、图4
9	30	30	5.56	0.35	0.35	1	0.19	1	见图3、图4

注:*指各向同性情况。

改变水平向杨氏模量 E_H 值(或者说改变 $\dfrac{E_H}{E_V}$ 值)对地面沉降和对罐边缘下地基侧向位移的影响情况见图1和图2。从图中可看出,土体水平向杨氏模量 E_H 增大,地面沉降减小,贮罐中心点和贮罐边缘点的沉降差也减小,罐边缘下地基侧向位移减小,而且侧向位移峰值点深度也随 E_H 值的增大而稍有减小。改变泊松比 ν_{HH} 值(或者说改变 $\dfrac{\nu_{HH}}{\nu_{VH}}$ 值)对地面沉降和对贮罐边缘下地基侧向位移的影响情况见图3和图4。从图中可看出,地面沉降随土体泊松比 ν_{HH} 值的增大而稍有减小,ν_{HH} 变化对贮罐中心点和贮罐边缘点沉降差的影响很小,随着泊松比 ν_{HH} 值增大,罐边缘下地基中浅层土体侧向位移显著增大,但 ν_{HH} 值增大对深层土体侧向位移影响甚小。竖直面上剪切模量 G_V(或者说改变 $\dfrac{G_V}{E_V}$ 值)改变对地面沉降和对罐边缘下地基侧向位移的影响情况见图5和图6。从图中可以看出,随着土体垂直面上剪切模量 G_V 值增大,无论是地面沉降还是罐边缘与罐中心点之间的沉降差均减小,罐边缘下地基侧向位移也减小。G_V 值的变化对地基中深层土体侧向位移也有影响。综观这些图,比较三者变化对地面沉降的影响可以看出,水平向杨氏模量 E_H 与竖直向杨氏模量 E_V 的比值和竖直面剪切模量 G_V 两者对地面沉降影响较大,而泊松比 ν_{HH} 与泊松比 ν_{VH} 的比值变化对地面沉降影响较小。三者的变化对地基侧向位移均有显著的影响,但情况各不相同。

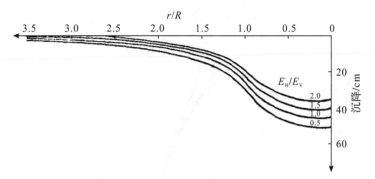

注：$E_V=30\text{kg/cm}^2$，$G_V=11.11\text{kg/cm}^2$，$\nu_{VH}=0.35$，$\nu_{HH}=0.35$。

图1 水平向杨氏模量与竖直向杨氏模量之比对地面沉降的影响

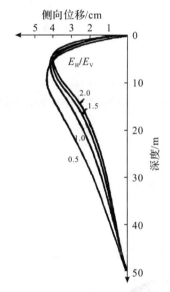

注：$E_V=30\text{kg/cm}^2$，$G_V=11.11\text{kg/cm}^2$，$\nu_{VH}=0.35$，$\nu_{HH}=0.35$。

图2 水平向杨氏模量与竖直向杨氏模量之比对贮罐边缘下地基侧向位移的影响

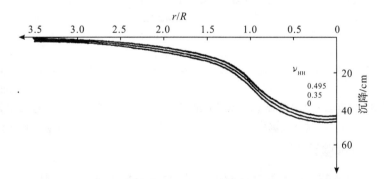

注：$E_V=30\text{kg/cm}^2$，$E_H=30\text{kg/cm}^2$，$G_V=11.11\text{kg/cm}^2$，$\nu_{VH}=0.35$

图3 泊松比 ν_{HH} 对地面沉降的影响

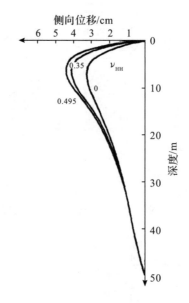

注:$E_V=30kg/cm^2$,$E_H=30kg/cm^2$,$G_V=11.11kg/cm^2$,$\nu_{VH}=0.35$

图4　泊松比 ν_{HH} 对贮罐边缘下地基侧向位移的影响

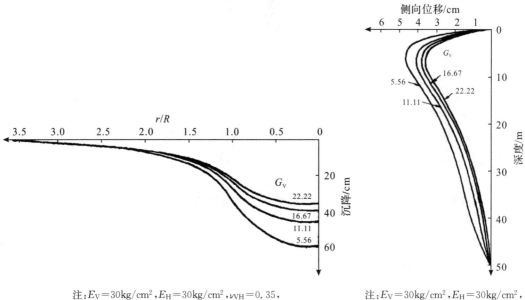

注:$E_V=30kg/cm^2$,$E_H=30kg/cm^2$,$\nu_{VH}=0.35$,
$\nu_{HH}=0.35$

图5　竖直面剪切模量 G_V(kg/cm^2) 对地面沉降的影响

注:$E_V=30kg/cm^2$,$E_H=30kg/cm^2$,
$\nu_{VH}=0.35$,$\nu_{HH}=0.35$

图6　竖直面剪切模量 G_V(kg/cm^2) 对贮罐边缘下地基侧向位移的影响

3　土体各向异性试验研究

精确测定地基土体的各向异性是比较困难的,对从不同方向切取土样进行压缩剪切试验,可以粗略地测定土体各向异性程度。试验土样为金山某厂油罐区原状黏土。油罐区位置在杭州湾滨海围垦滩地上,土层属河口滨海相沉积[10]。

由无侧限压缩试验得到的金山黏土的竖直方向,水平方向和45°斜方向三个方向土样的应力-应变关系见图7。从图中可以看出,竖直向的土样强度最高,同一应力水平下的切线模量也最大,水平向土样次之,45°斜方向的土样强度和模量最小。对同一土层同样两个方向的土样进行不固结三轴不排水压缩试验得到的应力-应变关系见图8。各个方向土样之间强度和模量的变化规律同由无侧限压缩试验得到的规律是相同的,其区别是不同方向土样间在强度和模量上的差异有所减小。对同一层、同样三个方向的土样进行等向固结不排水压缩试验得到的应力-应变曲线见图9。土样的强度和模量随土样方向的变化规律与前面两种试验得到的规律是一致的,但不同的是各个方向土样的强度差别,尤其是模量上的差别更小了。这种区别的原因在于:外加力系对土体结构的扰动程度在上述三种试验中是不同的,在无侧限压缩试验中扰动较小,在各向等压力固结不排水压缩试验中扰动最大。在各向等压力固结过程中,土体结构各向异性得到一定程度的改变。土体固有的各向异性在变形特性方面的表现还可以通过压缩试验来测定。对性质稍有区别的二层黏土的竖直向和水平向土样进行高压固结试验得到的压缩曲线(e-lgP'曲线)见图10和图11。由两图可知,竖直向土样的压缩指数 C_{CV} 小于水平向土样的压缩指数 C_{CH},而膨胀指数则是水平向土样的膨胀指数 C_{SH} 小于竖直向土样的膨胀指数 C_{SV}。压缩指数的差异反映的土体各向异性的规律同由剪切试验得到的各向异性规律一致。水平向膨胀指数小于竖直向的膨胀指数,说明土体在水平向外力作用下,其层理构造被破坏后,恢复比较困难。

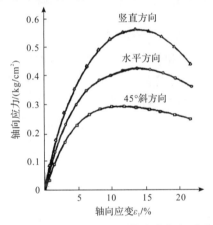

图 7 不同方向土样无侧限压缩试验应力-应变关系

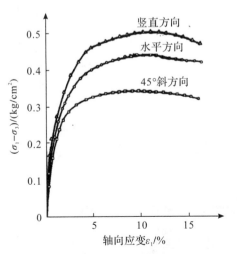

图 8 不同方向土样不排水三轴试验应力-应变关系

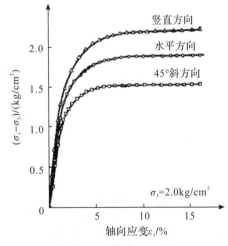

图 9 不同方向土样各向等压固结不排水三轴试验应力-应变关系

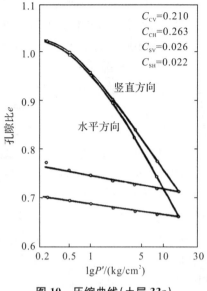

图 10　压缩曲线(土层 33a)

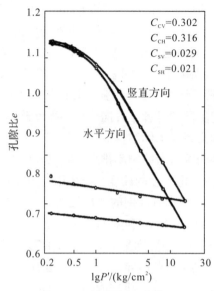

图 11　压缩曲线(土层 33b)

　　综上所述,根据从不同方向切取的土样的试验结果,可以评价土体的各向异性程度对土体强度和刚度的效应。通过水平方向和竖直方向的土样的试验可以确定水平向模量 E_H 同竖直向模量 E_V 之比 n。通过 45°斜方向土样的试验,结合 n 值,可以确定竖直面剪切模量 G_V 值。记 45°斜方向土样的模量与竖直向土样的模量比为 $n_{45°}$,由式(4),得

$$G_V = \frac{E_V}{A + 2(1 + \nu_{VH})} \qquad (9)$$

式中,A 与参数 n 和 $n_{45°}$ 有关,表达式为

$$A = \frac{4n - n_{45°} - 3nn_{45°}}{nn_{45°}} \qquad (10)$$

　　用双曲线函数配合试验曲线得到的 K_0 固结排水轴向压缩试验和 K_0 固结排水轴向拉伸试验按平均有效应力 P' 的归一化应力-应变曲线见图 12。

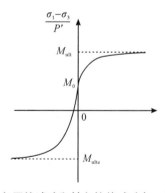

图 12　K_0 固结轴向压缩试验和轴向拉伸试验归一化应力应变关系线

　　根据归一化曲线可以得到土体切线模量方程[11],其表达式为

$$E_t = \frac{3P'\overline{E}_0}{3-M_0-(M-M_0)r_s}\left(1-\frac{R_f-R_0}{1-R_0}r_s\right)^2 \text{(轴向压缩阶段)} \tag{11a}$$

$$E_t = \frac{3P'\overline{E}_{0e}}{3-M_0-(M_e-M_0)r_{se}}\left(1-\frac{R_{fe}+R_0}{1+R_0}r_{se}\right)^2 \text{(轴向拉伸阶段)} \tag{11b}$$

式中,$\overline{E}$、$\overline{E}_{0e}$分别为轴向压缩和轴向拉伸阶段土体归一化初始模量,等于归一化曲线初始切线斜率;M_0为初始K_0状态对应的$\frac{q}{p}$值,$M_0=\frac{3(1-K_0)}{(1+2K_0)}$;$q$为主应力差,$q=\sigma_1-\sigma_3$;$M$、$M_e$分别为轴向压缩和轴向拉伸阶段土体破坏时对应的$\frac{q}{p}$值,$M=\frac{6\sin\varphi'}{3-\sin\varphi}$;$\varphi'$为土体有效抗剪角;$R_0$为初始$K_0$状态对应的应力水平,$R_0=M_0/M_{ult}$;$M_{ult}$、$M_{ulte}$分别为归一化曲线轴向压缩和轴向拉伸阶段的渐近线值;R_f、R_{fe}分别为轴向压缩和轴向拉伸阶段土体破坏时对应的应力水平,$R_f=\frac{M}{M_{ult}}$,$R_{fe}=\frac{M_e}{M_{ulte}}$。

r_s、r_{se}分别为轴向压缩和轴向拉伸阶段土体抗剪强度发挥度,其表达式为:

$$r_s = \frac{\left[\left(\frac{q}{p'}\right)-M_0\right]}{(M-M_0)} \text{(轴向压缩阶段)} \tag{12a}$$

$$r_{se} = \frac{\left[\left(\frac{q}{p'}\right)-M_0\right]}{(M_e-M_0)} \text{(轴向拉伸阶段)} \tag{12b}$$

根据试验研究,正常固结黏土泊松比仅是强度发挥度的函数,作者曾建议采用下式表示,且该式已应用于实际工程的分析[11]。

$$\nu_t = \nu_0 + (\nu_f-\nu_0)r_s \tag{13}$$

式中,ν_0为初始K_0状态土体切线泊松比,一般情况其取值范围为$0.15\sim0.35$;ν_f为土体破坏状态时的切线泊松比,在有限元分析中可取0.495。

4 考虑土体各向异性和非线性的弹性系数实用方程

影响土体刚度各向异性的因素很多,要完整地描述和测定土体刚度各向异性及其随应力水平的变化是很困难的。为了使问题简化,做以下假定。

(1)土体水平向切线模量E_{Ht}与直向切线模量E_{Vt}之比n、土体直面剪切模量G_V与竖直向切线模量E_{Vt}之比m,两者均不随土体中应力水平的变化而变化。

(2)土体在轴向拉伸剪切阶段的 泊松比变化规律与在轴向压缩剪切阶段的一样,而且泊松比ν_{VH}和泊松比ν_{HH}相等。

第二条简化假定主要考虑到:限于试验条件,精确测定泊松比的各向异性尚有困难,需要创造试验条件,积累试验资料以进行进一步研究,同时还考虑到有限单元法分析结果,与$\frac{E_H}{E_V}$值和$\frac{G_V}{E_V}$值相比较,泊松比ν_{VH}和ν_{HH}之比$\frac{\nu_{VH}}{\nu_{HH}}$的变化对贮罐沉降及贮罐沉降差的影响较小。因此,土体刚度各向异性主要反映在两个方面:土体水平向模量和竖直向模量不同,土体处于轴向压缩阶段和轴向拉伸阶段时模量不同。在排水条件下,考虑土体各向异性的非线性弹性系数方程式为：

轴向压缩阶段

$$
\begin{cases}
E_{Vt} = \dfrac{3P'\overline{E}_0}{3-M_0-(M-M_0)r_s}\left(1-\dfrac{R_f-R_0}{1-R_0}r_s\right)^2 \\
E_{Ht} = nE_{vt} \\
G_{Vt} = mE_{vt} \\
\nu_{vHt} = \nu_{HHt} = \nu_t = \nu_0 + (\nu_f-\nu_0)r_s
\end{cases}
\tag{14a}
$$

轴向拉伸阶段

$$
\begin{cases}
E_{Vte} = \dfrac{3P'\overline{E}_{0e}}{3-M_0-(M_e-M_0)r_{se}}\left(1-\dfrac{R_{fe}+R_0}{1+R_0}r_{se}\right)^2 \\
E_{Hte} = nE_{Vte} \\
G_{Vte} = mE_{Vte} \\
\nu_{VHte} = \nu_{HHte} = \nu_t = \nu_0 + (\nu_f-\nu_0)r_s
\end{cases}
\tag{14b}
$$

Atkinson 的试验说明饱和黏土水平模量与竖直向模量之比(E_H/E_V)在排水和不排水两种条件下是相等的；式(14a)和式(14b)中各向异性参数 n 和 m 可以通过不同方向土样的无侧限压缩试验或不排水三轴压缩试验确定[12]。

对不排水情况，弹性系数由 5 个变为 3 个，即：竖直向切线模量、水平向切线模量和竖直面剪切模量。它们的计算方程式形式与排水条件下的计算方程式形式类似，不同的是其中的参数需要采用总应力分析法由相应的不排水试验确定。

5 结 论

由于土体结构原因和初始各向不等压应力状态的作用，地基土体往往表现为各向异性。把土体作为横观各向同性体，排水条件下需要 5 个弹性系数来描述，不排水条件下需要 3 个弹性系数。

通过有限单元法对轴对称条件下软黏土地基各向异性的分析可以看出土体各向异性对地基变形的影响。水平向模量同竖直向模量之比 $\dfrac{E_H}{E_V}$ 和竖直面剪切模量同竖直向模量之比 $\dfrac{G_V}{E_V}$ 对地面沉降影响较大，而泊松比之比 $\dfrac{\nu_{HH}}{\nu_{VH}}$ 对地面沉降影响较小。三者对地基侧向位移大小都有不小的影响。$\dfrac{\nu_{HH}}{\nu_{VH}}$ 对地基浅层侧向位移影响较大，对深层侧向位移影响很小。$\dfrac{E_H}{E_V}$ 不仅影响地基侧向位移的大小，而且影响地基中侧向位移峰值点的深度。

采用不同方向土样进行压缩剪切试验，可以测定土体水平向模量同竖直向模量之比，竖直面剪切模量同竖直向模量之比。试验表明：金山黏土的水平向模量小于竖直向模量，45°斜方向的模量最小。关于泊松比之比 $\dfrac{\nu_{HH}}{\nu_{VH}}$ 的测定，尚有待进一步研究。在有限单元法分析和试验研究的基础上，假定土体刚度各向异性不受应力水平影响而保持不变，轴向压缩阶段和轴向拉伸阶段土体泊松比随强度发挥度变化的规律相同，并且假定泊松比 ν_{HH} 与泊松比 ν_{VH} 相等，提出一组考虑土体各向异性和非线性的弹性系数实用方程式供实际工程分析应用。这样可以对土体应力应变关系性状的两个重要方面,各向异性和非线性,统一给予考虑。

致谢:本文描述的是在导师曾国熙教授指导下完成的关于油罐软黏土地基性状研究的部分内容。对导师的精心指导、对浙江大学土木工程学系土工教研室和土工试验室的支持和帮助,作者表示衷心的感谢。

参考文献

[1] Rendulic L. Eine betrachlung zur frage der plastrischen grenzzustande[J]. Der Bauingenier, 1938,19:159.

[2] Brinch Hansen J, Gibson R E. Undrained shear strength of anisotropically consolidated clays[J]. Geotechnique,1949,1(3):189-200.

[3] Lo K Y. Stability of slopes in anisotropic soils[J]. Journal of the Soil Mechanics and Foundations Division, 1965,91(4):85-106.

[4] Duncan J M, Seed H B. Strength variations along failure surfaces in clay[J]. Journal of the Soil Mechanics and Foundations Division, 1966,92(6):81-104.

[5] Pickering D J. Anisotropic elastic parameters for soil[J]. Geotechnique, 1970,20(3):271-276.

[6] Gibson R E. The analytical method in soil mechanics[J]. Geotechnique, 1974,24(2):115-140.

[7] Mitchell J K. Foundamentals of Soil Behaviour[M]. New York: John Wiley & Sons, Inc, 1976.

[8] Eisenstein Z, Law S T C. Influence of anisotropy on stresses and displacements in embankments[J]. Proceedings of 3rd International Conference on Numerical Methods in Geomechanics, 1979,2:709-715.

[9] 龚晓南. 软地基上圆形贮罐上部结构和地基共同作用分析[J]. 浙江大学学报,1984,1:113.

[10] 曾国熙,潘秋元. 贮罐软土地基的稳定性与变形[J]. 浙江大学学报,1978,2:94.

[11] 龚晓南. 油罐软粘土地基性状[D]. 杭州:浙江大学,1984.

[12] Atkinson J H. Anisotropic elastic deformation in laboratory tests on undisturbed London clay[J]. Geotechnique, 1975,25(2):357-374.

具有各向异性和非匀质性的 $c\text{-}\varphi$ 土上条形基础的极限承载力*

陈希有　龚晓南　曾国熙

（浙江大学）

摘要　作者通过对镇海淤泥质黏土的室内三轴试验和现场十字板试验得到黏性土的各向异性主要表现在黏聚力上，而摩擦角的各向异性是不明显的，黏聚力随着深度呈线性变化。利用塑性原理推导了一组适用于各向异性、非匀质性的刚-塑性材料的双曲线型微分方程。根据这些方程，利用数值方法可以计算条形基础的极限承载力。结果表明土的抗剪强度的各向异性和非匀质性对条形基础的极限承载力和应力特征线有较大的影响。

1　概　述

天然黏性土由于其沉积的原因，呈现出抗剪强度的各向异性和非匀质性。本文中所指的黏性土抗剪强度的各向异性是指抗剪强度随着最大主应力方向的变化而变化，而非匀质性仅仅指抗剪强度随着深度的增加而变化。不少学者对黏性土的抗剪强度的各向异性和非匀质性分别进行了探讨和研究（Booker et al. ,1972；Casagrande et al. ,1944；Duncan et al. , 1966；Gibson et al. ,1962；Lo,1965[6]）。

对于各向同性、匀质地基上条形基础的极限承载力，人们已经进行了广泛细致的研究。关于各向异性、非匀质性对条形基础极限承载力的影响仅在近十几年才引起学者的重视。作者曾研究了在 $\varphi=0$ 的情况下地基的非性性和各向异性对条形基础极限承载力的影响[1]。一些学者分别考虑了各向异性或非匀质性对条形基础极限承载力的影响[2-4]。然而，对于 $c\text{-}\varphi$ 的各向异性和非匀质性对条形基础极限承载力的影响的研究，目前还很不成熟。Chen(1975)假定破坏面为圆弧，并利用极限分析法考虑了各向异性和非匀质性对条形基础极限承载力的影响。Reddy等[5]采用普朗特(Prandtl)破坏模式用极限分析法进行了分析，但均未考虑各向异性、非匀质性对地基破坏面形状的影响，而是人为地假定破坏面为圆弧或普朗特模式，因此不能正确地估计地基的各向异性和非质性对条形基础极限承载力的影响。

作者通过室内外试验发现弱超固结黏性土的各向异性和非质性主要表现在黏聚力上，根据塑性原理推导了一组适用于各向异性、非性性的 $c\text{-}\varphi\text{-}\gamma$ 的塑性平衡方程，利用特征线解法可以得到条形基础的极限承载力。

---

*本文刊于《土木工程学报》,1987,20(4):74-82.

2 弱超固结黏性土抗剪强度的各向异性和非匀质性

大量的研究结果表明,黏性土的抗剪强度是随方向变化的。为了揭示 c-φ 强度随方向变化的规律,作者对不同方向切取的处于弱超固结状态的镇海土进行了固结不排水试验。强度指标 c、φ 随最大主应力角 θ 的变化规律见图 1,从图中可以看出黏性的各向异性主要表现在黏聚力 c 上,而摩擦角 φ 的各向异性是不明显的,因此可以略去不计。基于卡萨格兰德(Casagrande)和卡里洛(Carillo)、Lo[6] 等人的研究成果,黏聚力的各向异性可写成

$$c = c_H + (c_V - c_H)\cos^2\theta \tag{1}$$

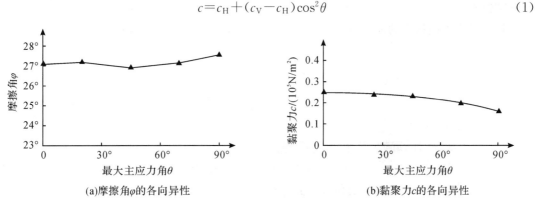

(a)摩擦角 φ 的各向异性   (b)黏聚力 c 的各向异性

图 1 弱超固结土的抗剪强度的各向异性

c_V 和 c_H 分别为竖向和水平向的黏聚力,而 θ 为最大主应力与天然土沉积方向(垂直方式中向)的夹角。为了分析方便,假定地基中任一点的黏聚力之比 c_V/c_H 为常数,并用 k 表示,则式可改写成

$$c = c_H[1 + (k-1)\cos^2\theta] \tag{2}$$

现场十字板试验结果表明,弱超固结黏土的抗剪强度随着深度 x 的增加而变化。浙江镇海炼油厂的现场十字板试验结果见图 2,从图 2 可以看出十字板强度近似地为直线变化。

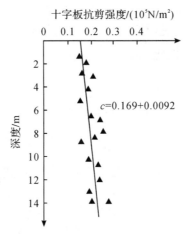

图 2 十字板抗剪强度与深度的关系

结合吉布森(Gibson)和摩根斯顿(Morgenstern)(1962)及雷蒙德(Raymond)(1967)的试验成果,假定黏聚力 c 随深度也是线性变化,并可写成

$$c_H = c_{H0} + \lambda x \tag{3}$$

式中，c_{H0} 为 $x=0$ 时的 c_H，λ 为黏聚力随深度的变化率。

本节通过试验得到的浙江镇海黏土的各向异性和非匀质性规律，是否能推广到一般的弱超固结土还有待于进一步的试验研究。

3 基本方程

在本节中，我们将推导出一组反映土在平面应变条件下满足莫尔-库仑(Mohr-Coulomb)准则的塑性平衡方程。

处于极限平衡状态的应力分量 σ_x、σ_y、τ_{xy} 必须满足下列平衡微分方程：

$$\frac{\partial \sigma_x}{\partial x} + \frac{\partial \tau_{xy}}{\partial y} = \gamma \tag{4a}$$

$$\frac{\partial \tau_{xy}}{\partial x} + \frac{\partial \sigma_y}{\partial y} = 0 \tag{4b}$$

式中，γ 为土的容重。

另外，σ_x、σ_y、τ_{xy} 还须满足莫尔-库仑准则：

$$(\sigma_x - \sigma_y)^2 + 4\tau_{xy}^2 = (\sigma_x + \sigma_y + 2c\cot\varphi)^2 \sin^2\varphi \tag{5}$$

为便于推导，将式(5)改成莫尔表达式：

$$\sigma_x = P + R\cos2\beta = P + (P\sin\varphi + c\cos\varphi)\cos2\beta \tag{6a}$$

$$\sigma_y = P - R\cos2\beta = P - (P\sin\varphi + c\cos\varphi)\cos2\beta \tag{6b}$$

$$\tau_{xy} = R\sin2\beta = (P\sin\varphi + c\cos\varphi)\sin2\beta \tag{6c}$$

式中，P、β 如图 3 所示。图中的 β 表示最大主应力 σ_1 与 x 轴的夹角，由于 x 轴为竖向，因此 β 和 θ 是同一角度，也即 $\beta = \theta$。

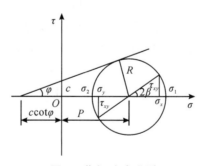

图 3　莫尔-库仑准则

由式(2)、(3)得

$$\frac{\partial c}{\partial x} = \lambda[1 + (k-1)\cos^2\theta] - c_H(k-1)\sin2\theta\frac{\partial\theta}{\partial x} \tag{7a}$$

$$\frac{\partial c}{\partial y} = -c_H(k-1)\sin2\theta\frac{\partial\theta}{\partial y} \tag{7b}$$

将式(6)、(7)代入式(4)，得

$$(1+\sin\varphi\cos2\theta)\frac{\partial P}{\partial x}+\sin\varphi\sin2\theta\frac{\partial P}{\partial y}+[-c_{\mathrm{H}}(k-1)\sin2\theta\cos2\theta\cos\varphi-2R\sin2\theta]\frac{\partial\theta}{\partial x}$$

$$+[-c_{\mathrm{H}}(k-1)\sin^2 2\theta\cos\varphi+2R\cos2\theta]\frac{\partial\theta}{\partial y}=\gamma-\lambda[1+(k-1)\cos^2\theta]\cos\varphi\cos2\theta$$

$$(8a)$$

$$\sin\varphi\sin2\theta\frac{\partial P}{\partial x}+(1-\sin\varphi\cos2\theta)\frac{\partial P}{\partial y}+[-c_{\mathrm{H}}(k-1)\sin^2 2\theta\cos\varphi+2R\cos2\theta]\frac{\partial\theta}{\partial x}$$

$$+[c_{\mathrm{H}}(k-1)\sin2\theta\cos2\theta\cos\varphi+2R\sin2\theta]\frac{\partial\theta}{\partial y}=-\lambda[1+(k-1)\cos^2\theta]\cos\varphi\sin2\theta$$

$$(8b)$$

方程(8)属于一阶拟线性偏微分方程的类型,其一般形式可写成

$$A_1\frac{\partial P}{\partial x}+B_1\frac{\partial P}{\partial y}+C_1\frac{\partial\theta}{\partial x}+D_1\frac{\partial\theta}{\partial y}=E_1 \tag{9a}$$

$$A_2\frac{\partial P}{\partial x}+B_2\frac{\partial P}{\partial y}+C_2\frac{\partial\theta}{\partial x}+D_2\frac{\partial\theta}{\partial y}=E_2 \tag{9b}$$

设在某曲线上已给定 P、θ 值,则沿该曲线的增量为

$$\mathrm{d}\theta=\frac{\partial\theta}{\partial x}\mathrm{d}x+\frac{\partial\theta}{\partial y}\mathrm{d}y \tag{10a}$$

$$\mathrm{d}P=\frac{\partial P}{\partial x}\mathrm{d}x+\frac{\partial P}{\partial y}\mathrm{d}y \tag{10b}$$

将 θ、P 的偏导数 $\left(\dfrac{\partial\theta}{\partial x}、\dfrac{\partial\theta}{\partial y}、\dfrac{\partial P}{\partial x}、\dfrac{\partial P}{\partial y}\right)$ 看作变量,将 A_1、B_1,……及 $\mathrm{d}x$、$\mathrm{d}y$ 看作系数,则式(9)、(10)构成一代数方程组。该方程组的系数行列式为

$$\Delta=\begin{vmatrix} A_1 & B_1 & C_1 & D_1 \\ A_2 & B_2 & C_2 & D_2 \\ \mathrm{d}x & \mathrm{d}y & 0 & 0 \\ 0 & 0 & \mathrm{d}x & \mathrm{d}y \end{vmatrix} \tag{11a}$$

令 $\Delta=0$ 并展开得

$$A\left(\frac{\mathrm{d}y}{\mathrm{d}x}\right)^2+B\left(\frac{\mathrm{d}y}{\mathrm{d}x}\right)+C=0 \tag{11b}$$

式中,

$$A=C_1A_2-A_1C_2$$
$$B=B_1C_2-C_1B_2+A_1D_2-A_2D_1$$
$$C=D_1B_2-B_1D_2$$

解方程(11)可以得到两个实根 $\left(\dfrac{\mathrm{d}y}{\mathrm{d}x}\right)_1$ 和 $\left(\dfrac{\mathrm{d}y}{\mathrm{d}x}\right)_2$;

$$\left(\frac{\mathrm{d}y}{\mathrm{d}x}\right)_{1\text{或}2}=\frac{-c_{\mathrm{H}}(k-1)\sin2\theta\cos2\theta\cos\varphi-2R\sin2\theta\pm\sqrt{(2R\cos\varphi)^2+[c_{\mathrm{H}}(k-1)\sin2\theta\cos\varphi]^2}}{-2R\sin\varphi-2R\cos2\theta+c_{\mathrm{H}}(k-1)\sin^2 2\theta\cos\varphi}$$

$$(12)$$

由此可以知道,方程(8)属于双曲线型并有两条特征线 S_1 和 S_2,见图 4。特征线 S_1 和 S_2 由式(12)确定。

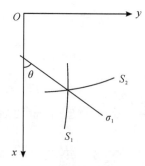

图 4 特征线 S_1 和 S_2

当 $k=1$ 时，式(12)可简化为：

$$\left(\frac{\mathrm{d}y}{\mathrm{d}x}\right)_{1或2}=\tan\left[\theta\pm\left(\frac{\pi}{4}-\frac{1}{2}\pi\right)\right] \tag{13}$$

式(13)为各向同性地基的特征线方程，在塑性力学教科书里可以找到。

将式(8)的直角坐标上的微分化成特征线 S_1 和 S_2 上的微分，可得

$$\varphi_{11}\frac{\partial P}{\partial S_1}+\varphi_{12}\frac{\partial\theta}{\partial S_1}=\Omega_1 \tag{14a}$$

$$\varphi_{21}\frac{\partial P}{\partial S_2}+\varphi_{22}\frac{\partial\theta}{\partial S_2}=\Omega_2 \tag{14b}$$

式中，

$$\varphi_{11}=D_1B_1+A_1C_1+(A_1D_1-B_1C_1)\left(\frac{\mathrm{d}y}{\mathrm{d}x}\right)_1$$

$$\varphi_{12}=\varphi_{22}=D_1^2+C_1^2$$

$$\varphi_{21}=D_1B_1+A_1C_1+(A_1D_1-B_1C_1)\left(\frac{\mathrm{d}y}{\mathrm{d}x}\right)_2$$

$$\Omega_1=E_1G_1\left[D_1\left(\frac{\mathrm{d}y}{\mathrm{d}x}\right)_1+C_1\right]-E_2G_1\left[C_1\left(\frac{\mathrm{d}y}{\mathrm{d}x}\right)_1-D_1\right]$$

$$\Omega_2=E_1G_2\left[D_1\left(\frac{\mathrm{d}y}{\mathrm{d}x}\right)_2+C_1\right]-E_2G_2\left[C_1\left(\frac{\mathrm{d}y}{\mathrm{d}x}\right)_2-D_1\right]$$

$$A_1=1+\sin\varphi\cos2\theta$$

$$B_1=\sin\varphi\sin2\theta$$

$$C_1=-c_{\mathrm{H}}(k-1)\sin2\theta\cos2\theta\cos\varphi-2R\sin2\theta$$

$$D_1=2R\cos2\theta-c_{\mathrm{H}}(k-1)\sin^2 2\theta\cos\varphi$$

$$E_1=\gamma-\lambda\left[1+(k-1)\cos^2\theta\right]\cos\varphi\cos2\theta$$

$$E_2=-\lambda\left[1+(k-1)\cos^2\theta\right]\cos\varphi\sin2\theta$$

$$G_1=\frac{1}{\sqrt{1+\left(\frac{\mathrm{d}y}{\mathrm{d}x}\right)_1^2}}$$

$$G_2=\frac{1}{\sqrt{1+\left(\frac{\mathrm{d}y}{\mathrm{d}x}\right)_2^2}}$$

$$\mathrm{d}s=\sqrt{(\mathrm{d}x)^2+(\mathrm{d}y)^2}$$

方程组(14)就是考虑地基的各向异性和非均质性的塑性平衡方程，也称为基本方程。

4 条形基础极限承载力的数值计算及讨论

作者在文献[2—3]的基础上,编制了一个计算机程序 CALCC 以进行条形基础的极限承载力的计算,该程序可考虑地基土(c-φ)的各向异性、非质性以及基础埋深等对其极限承载力的影响,并做了如下假设:①基础底面是光滑无摩擦的;②地基破坏属于整体破坏;③地基为刚塑性的;④该问题属于平面应变问题。

为了表示方便,引进了一些无量纲参数,$G=\gamma B/c_H$,$d'=D/B$,$\nu=\lambda B/c_H$,$q'=q/c_v$。作者利用计算机程序得到了 $\varphi=10°、20°、30°$,$d'=0.0、0.5$,$G=0.0、2.0$,$\nu=0.0、0.2、0.4、0.6、0.8、1.0、1.2$ 等各种情况下条形基础的极限承载力 q。

为了对计算机程序进行考证,作者将得到的各向同性、匀质情况下的 N_c 与其他学者的结果进行了比较,见表 1。从表 1 可以看出作者得到的 N_c 与 Reddy 等[5]的结果基本相同。

表 1　各学者所得 N_c 值的比较

φ	N_c			
	作者	Reddy 等	Salencon	迈耶霍夫(Meyerhof)(1953)
10°	8.33	8.34	8.35	8.00
20°	14.79	14.83	14.84	14.50
30°	30.10	30.14	30.15	31.00

将本文得到的非匀质地基承载力系数 N_c' 与匀质地基的 N_c 之比值(N_c'/N_c)和其他学者得到的结果进行了比较,见表 2。从表 2 可以看出,Reddy 等[5]、Salencon[4]采用的极限分析法偏高地估计了非匀质性对条形基础承载力的影响。

表 2　非匀质地基的 N_c' 与匀质地基的 N_c 值的比值 N_c'/N_c 的比较$\left(\nu=\dfrac{\lambda B}{c_H}=1.2\right)$

φ	N_c'/N_c		
	作者	Reddy 等	Salencon
10°	1.44	1.53	1.45
20°	1.58	1.70	1.60
30°	1.82	1.97	1.85

q' 在各种情况下随 ν 变化的情况见图 5 至图 13。从这些图中可以看出,地基土抗剪强度的各向异性和非匀质性对条形基础的极限承载力有较大的影响。q' 随着 ν 的增加而增加,随着 k 的增加而减少。

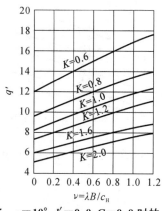

图 5　$\varphi=10°$,$d'=0.0$,$G=0.0$ 时的 q' 值

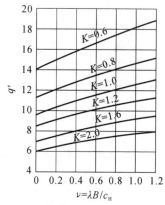

图 6　$\varphi=10°$,$d'=0.0$,$G=2.0$ 时的 q' 值

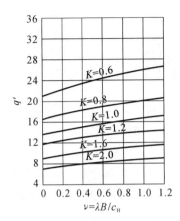

图 7　$\varphi=10°, d'=0.5, G=2.0$ 时的 q' 值

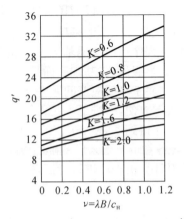

图 8　$\varphi=20°, d'=0.0, G=0.0$ 时的 q' 值

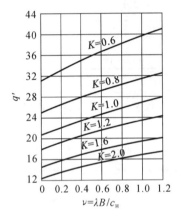

图 9　$\varphi=20°, d'=0.0, G=2.0$ 时的 q' 值

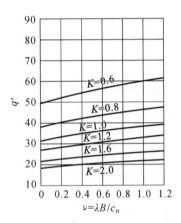

图 10　$\varphi=20°, d'=0.5, G=2.0$ 时的 q' 值

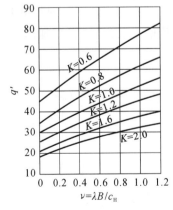

图 11　$\varphi=30°, d'=0.0, G=0.0$ 时的 q' 值

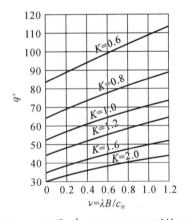

图 12　$\varphi=30°, d'=0.0, G=2.0$ 时的 q' 值

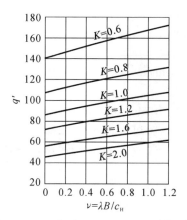

图13　$\varphi=30°,d'=0.5,G=2.0$ 时的 q' 值

　　三种不同情况下的应力特征线见图14,图14(a)、(b)、(c)分别反映了地基土的各向异性、非匀质性对应力特征线的影响,其中三个图的柯西区的初值边界长度相等。

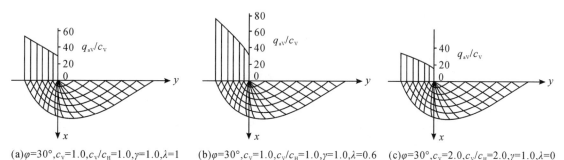

(a)$\varphi=30°,c_V=1.0,c_V/c_H=1.0,\gamma=1.0,\lambda=1$　(b)$\varphi=30°,c_V=1.0,c_V/c_H=1.0,\gamma=1.0,\lambda=0.6$　(c)$\varphi=30°,c_V=2.0,c_V/c_H=2.0,\gamma=1.0,\lambda=0$

图14　条形基础的应力特征线

5　结　语

　　(1)本文通过对弱超固结黏土的室内外试验,得到了 $c\text{-}\varphi$ 土的各向异性和非匀质性的若干规律。

　　(2)利用塑性力学理论,推导了一组适用于各向异性、非匀质性的刚塑性材料的塑性平衡微分方程。

　　(3)利用计算机程序得到了条形基础的极限承载力,并以无量纲形式给出了各向异性和非匀质性下的条形基础的极限承载力。从这些图中可以看出的各向异性和非均质性对条形基础的极限承载力和特征线有较大的影响。

　　(4)通过与极限分析法的比较,发现极限分析法偏高地估计了各向异性和非匀质性对条形基础极限承载力的影响。

参考文献

[1] 陈希有,龚晓南,曾国熙. 各向异性和非匀质地基承载力的滑移场解法[C]//第一届全国塑性力学学术交流会,杭州,1986.

[2] Davis E H, Christian J T. Bearing capacity of anisotropic cohesive soil[J]. Journal of the Soil Mechanics

and Foundations Division，1977,97(5):753-769.

[3] Davis E H，Booker J R. The effect of increasing strength with depth on the bearing capacity of clays[J]. Geotechnique，1974,24(4):690.

[4] Salencon J. Bearing capacity of a footing on a $\varphi=0$ soil with linearly varying shear strength[J]. Geotechnique，1974,24(3):443-446.

[5] Reddy A S，Venkatakrishna R K N. Bearing capacity of strip footing on c-φ soils exhibiting anisotropy and nonhomogeneity in cohesion[J]. Soils and Foundations，1982,22(1):49-60.

[6] Lo K Y. Stability of slopes in anisotropic soils[J]. Journal of the Soil Mechanics and Foundations Division，1965,91(4):85-106.

反分析法确定固结过程中土的力学参数*

龚晓南[1]　　G. Gudehus[2]

(1.浙江大学土木工程学系;2.Karlsruhe 大学)

摘要　本文结合有限单元法和数学规划法提出一固结问题的反分析方法。该法可用于根据地基固结过程中测得的位移值和孔隙水压力值反算地基土的非线性模型的参数和渗透系数。论文中采用一个具有四参数的非线性弹性方程,然后,通过一些算例对该方法进行了验证。最后,采用该法对联邦德国一个土堤工程进行了反分析。根据土堤建设阶段的沉降观测资料确定了堤基土层的变形参数和渗透系数。

1　引　言

　　较为精确地确定土的模型参数具有重要的意义。通常,土的参数由室内试验确定。然而由于取土、运输过程中的扰动,现场和试验边界条件的差异,以及地基土分布的非匀质性,由室内试验测定的参数往往与实际值存在差异。近年来,反分析法常用于某些岩土工程,根据某些现场实测值(例如位移值和孔隙水压力值)来估计地基模型的参数。研究人员在这方面已做了不少工作[1-3,5-6,10]。在过去的大部分分析中,土的应力-应变关系被认为是线性弹性的,而实际上土的应力-应变关系是非线性的。正确测定固结过程中土的非线性弹性模型参数具有重要的意义。论文中采用第一作者此前提出的四参数非线性弹性方程式[7]。

　　本文首先对反分析法和论文中采用的四参数非线性方程式做简要介绍,然后通过一个算例对文中提出的反分析法进行验证,最后采用论文提出的方法对联邦德国一土堤地基参数进行反分析法测定。

2　一个反分析法程序

　　根据 Gioda[5] 提出的意见,反分析法可以分为三类:逆分析法,直接法和概统计法。本文采用的方法属于直接法。直接法可应用于任何类型的反分析问题。直接法是不断修正未知土的参数使计算值逼近实测值的方法。或者说,它确定土的参数使计算值和实测值两者差的平方和最小,即

$$\min f = \sum_{i=1}^{T_n} \left\{ \sum_{i=1}^{I_{n1}} \left(\frac{u_i^t}{u_{i0}^t} - 1 \right)^2 + \sum_{i=1}^{I_{n2}} \left(\frac{w_j^t}{w_{j0}^t} - 1 \right)^2 + \sum_{k=1}^{I_{n3}} \left(-\frac{p_{wk}^t}{p_{wk0}^t} - 1 \right)^2 \right\} \tag{1}$$

式中,f 为目标函数;T_n 为时间分段数;I_{n1}、I_{n2} 和 I_{n3} 分别为实测的水平位移,竖向位移和孔隙水

---

*本文刊于《浙江大学学报(工学版)》,1989,23(6):841-849.

压力值的测点数量；u_i^t，u_{i0}^t 分别为结点 i，时间 t 时计算水平位移值和实测水平位移值；w_j^t，w_{j0}^t 分别为结点方时间 t 时计算竖向位移值和实测竖向位移值；p_{uk}^t，p_{ukd}^t 分别为结点 K，时间 t 时计算孔隙水压力值和实测孔隙水压力值。

上述计算值是由比奥（Biot）固结理论有限单元法分析得到的。

比奥固结理论有限单元法方程的增量形式可表示为

$$\begin{Bmatrix} K_\delta & K_p \\ K_v & \dfrac{-\Delta t}{2} K_q \end{Bmatrix} \begin{Bmatrix} \Delta\delta \\ \Delta P_w \end{Bmatrix} = \begin{Bmatrix} \Delta F \\ \Delta R \end{Bmatrix} \tag{2}$$

式中，$[K_\delta]$ 为相应单元结点位移产生的单元刚度矩阵；$[K_v]$ 为单元体变矩阵；$[K_p]$ 为相应单元结点孔隙水压力产生的单元刚度矩阵；$[K_q]$ 为单元渗透流量矩阵；$\{\Delta\delta\}$ 为结点位移增量矢量；$\{\Delta P_w\}$ 为结点孔隙水压力增量矢量；$\{\Delta F\}$ 为荷载增量矢量；$\{\Delta R\}$ 为 t 时刻的前一时段结点孔隙水压力所对应的结点力。

在比奥固结有限元分析中，采用第一作者提出的四参数非线性方程式描述土的应力-应变关系[8]，下一节将对它做简要介绍。

式（1）可采用数学规划法中的模式探索法求解。作者已编制了一个反分析程序。算例分析表明该程序可用于根据地基中一些已知位移和孔隙水压力值确定地基模型的参数和渗透系数。

3 非线性弹性方程式

试验研究表明，正常固结黏土固结排水和不排水三轴压缩试验应力应变曲线可以用有效应力 p' 归一（见图 1）。归一化曲线可用双曲线方程配合，为

$$\frac{q}{p'} = \frac{\varepsilon_1}{\bar a + \bar b \varepsilon_1} \tag{3}$$

式中，$q = \sigma_1 - \sigma_3$，为主应力差；ε_1 为轴向应变（%）；$\bar a + \bar b$ 为由试验确定的参数。

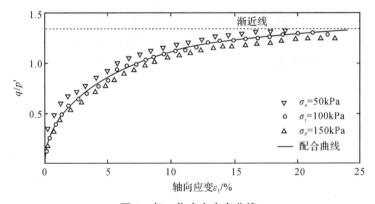

图 1 归一化应力应变曲线

参数 $\bar a$ 可表示为

$$\bar a = \frac{1}{\bar E_0} \tag{4}$$

式中，$\bar E_0$ 为归一化应力应变曲线的初始斜率。它是表示土的变形特性的重要指标。$\bar E_0$ 可称为正常固结黏土的归一化初始模量。

参数 $\bar{b}$ 可表示为

$$\bar{b}=\frac{1}{\left(\dfrac{q}{p'}\right)_{\text{ult}}} \tag{5}$$

式中,$\left(\dfrac{q}{p'}\right)_{\text{ult}}$ 为归一化应力应变曲线的极限值。它表示正常固结黏土的强度特征。在 $p':q$ 平面正常固结黏土的极值线和破坏线见图 2。破坏线斜率为 M,极值线斜率为 M_{ult}。M 可用有效内摩擦角表示:

$$M=\frac{-6\sin\varphi'}{3-\sin\varphi'} \tag{6}$$

破坏线的斜率与极值线的斜率之比定义为土体破坏比 R_f,即

$$R_f=\frac{M}{M_{\text{ult}}} \tag{7}$$

式(5)可改写为

$$\bar{b}=\frac{1}{M_{\text{ult}}}=\frac{R_f}{M} \tag{8}$$

设荷载作用下地基中一点的应力状态为 (p',q),如图 2 中点 A 所示。点 A 与原点的连接线 OA 的斜率为 $\dfrac{q}{p'}$。定义 OA 线的斜率与破坏线的斜率之比为该点在荷载作用下的强度发挥度,即

$$r_s=\frac{\dfrac{q}{p'}}{M} \tag{9}$$

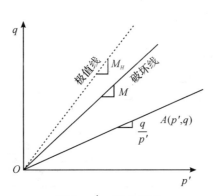

图 2　$p':q$ 应力平面

与应力水平$(S=\sigma_1-\sigma_3)$相比,强度发挥度更为确切地表示土体强度的发挥程度。

式(2)对轴向应变微分,可以得到一切线模量方程:

$$E_t=\frac{3\overline{E_0}\,p'}{3-Mr_s}(1-R_f r_s)^2 \tag{10}$$

式(10)表明土体的切线模量是在荷载作用下土体中的平均有效应力和土休强度发挥度的函数。

土体切线泊松比采用第一作者建议的方程:

$$\nu_t=\nu_0+(\nu_f-\nu_0)r_s \tag{11}$$

式中,ν_0 为初始切线泊松比,多数情况其值可取 $0.15\sim0.35$;ν_f 为破坏状态时土体切线泊松比,在有限元分析中一般可取 0.495。

土的真实应力-应变关系是很复杂的。它表现为非线性、各向异性、黏弹塑性,以及剪胀性、应力路径依赖性,应变速率依赖性等。为了描述土的各种变形特性,在一些土的模型中参数越来越多。通常模型中参数越多,土的模型在理论上可能更精确。然而参数越多,参数测定越困难,其实用性越小。过多的参数往往使模型在岩土工程中失去实用价值。实用简化模型的研究和推广使用是一项重要的任务。由式(10)和式(11)可知,论文中采用的非线性方程式中只有四个参数,它建立在正常固结黏土三轴试验基础上,适用于软黏土地基。参数 M 值与 φ' 值有关,它比较容易由一些强度试验测定。破坏比 R_f 和初始泊松比 ν_0 变化范围较小,也比较容易估计。在四个变形参数中,土的归一化初始模量 $\overline{E}_0$ 是最重要的变形参数,比较难测定。如果能预先估计参数 M、R_f 和 ν_0 值,则只有一个参数 $\overline{E}_0$ 需要通过反分析法确定。

4 算例分析

假设匀质地基上作用一圆形荷载,荷载见图3(a)。有限元分析模型见图3(b)。在固结过程中,已知量为2个点的沉降[点1和点4,图3(b)],2个点的侧向位移(点10和点12),以及3个点的孔隙水压力(点13、点14和点19)。在反分析计算中需要确定的参数为:归一化初始模量 $\overline{E}_0$、初始泊松比 ν_0、破坏比 R_f、参数 M 以及渗透系数 k。在反分析计算中,未知参数的初始值取了5组。各组参数的初始值、相应的计算值、误差值见表1。从计算结果可知,由反分析确定的参数值接近于正确值,也就是说,在反分析过程中,未知参数收敛于精确值。在5组计算结果中,大部分估计误差在10%以内,最大的估计误差为13.5%。在5组计算结果中,第2组的目标函数值最小,如果取这一组计算结果,最大估计误差为5.4%。对于岩土工程中地基模型参数及渗透系数的测定,这样的误差范围是可以接受的。

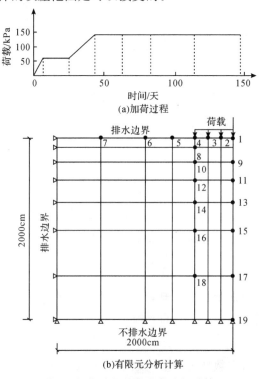

图3 加荷过程及有限元分析计算

表 1 反分析计算中各组参数的初始值、计算值及误差值

参数	$\overline{E_0}$	ν_0	M	R_f	$k/(10^{-7}\,\mathrm{cm/s})$
正确值	15.00	0.200	1.200	0.860	10.00
初始值(1)	25.00	0.400	1.300	0.750	5.00
初始值(2)	25.00	0.400	1.300	0.920	20.00
初始值(3)	0.00	0.000	1.100	0.920	20.00
初始值(4)	20.00	0.250	1.100	0.750	5.00
初始值(5)	8.00	0.100	1.100	0.800	15.00
计算值(1)	15.27	0.214	1.238	0.930	9.90
计算值(2)	15.00	0.205	1.265	0.900	10.00
计算值(3)	15.17	0.214	1.247	0.930	10.00
计算值(4)	14.76	0.191	1.198	0.816	9.90
计算值(5)	15.72	0.176	1.091	0.744	9.90
误差(1)	1.8%	7.0%	3.1%	8.1%	−1.0%
误差(2)	0.0%	2.5%	5.4%	4.6%	0.0%
误差(3)	1.1%	7.0%	3.9%	8.1%	0.0%
误差(4)	−1.6%	−4.5%	−0.2%	−5.1%	−1.0%
误差(5)	4.8%	−12.0%	−9.0%	−13.5%	−1.0%

5 一个工程实例分析

联邦德国 Radolfzell 附近的路堤建于 1977 年。堤基土层主要有两层,第一层为粉土和中砂,约 3m 厚,第二层为约 60m 厚的软黏土。新堤建在老堤上,见图 4。新堤填土分三次,每次填土高度及填土全过程见图 6(a)。图中虚线表示计算荷载曲线。粉土和中砂的刚度远比软黏土大,故地基第一层土的应力-应变关系取为线性弹性关系,第二层土应用上述四参数非线性方程。在反分析中,第一层土的泊松比取 0.30,第二层土的初始泊松比取 0.15,破坏比 R_f 取 0.86。参数 M 参照强度试验取 $M=1.20(\varphi'=30°)$。需要确定的参数为第一层土的弹性模量,渗透系数,第二层土的归一化初始模量和渗透系数。参考实测资料,在有限元分析中,土层深度取 34m,宽度取 100m。有限元网格见图 5。反分析结果为:第一层土的弹性模量为 $E=3200\mathrm{kPa}$,第二层土的归一化初始模量为 $\overline{E_0}=30.2$,第一层土的渗透系数为 $k_1=3.47\times10^{-7}\,\mathrm{cm/s}$,第二层土的渗透系数为 $k_2=1.01\times10^{-7}\,\mathrm{cm/s}$。第一层土试验测定的 E_s 值处于 $1000\mathrm{kPa}\sim6700\mathrm{kPa}$,反分析结果与之相比,两者较为接近。其他无资料可比。A 点和 B 点(位置见图 4)的沉降曲线见图 6(b)。实线为实测沉降曲线,其实测值用于反分析。虚线为根据反分析得到的参数计算得到的沉降曲线。比较实测曲线和计算沉降曲线可以看出,总的说来,计算沉降曲线接近实测曲线。A 点的沉降计算值大于实测值,而 B 点沉降计算值小于实测值。

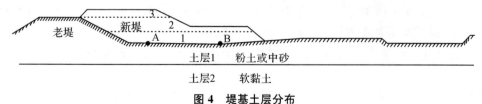

图 4 堤基土层分布

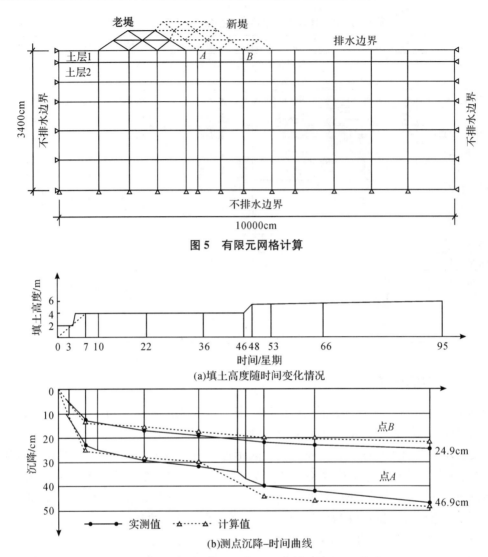

图 5　有限元网格计算

(a)填土高度随时间变化情况

(b)测点沉降-时间曲线

图 6　填土高度随时间变化情况及测点沉降-时间曲线

　　造成计算沉降曲线与实测曲线差异的原因是多方面的。例如,计算模型中没有考虑土的剪胀性、蠕变等。另外,在计算中没有考虑在旧堤荷载作用下地基固结形成堤基土的非匀质性,没有考虑渗透的非线性等。如何明确这些因素的影响,需要进一步研究。

5　结　论

　　结合固结理论的有限单元法和数学规划法,发展了固结反分析方法。该方法可用于根据一组已知的位移和孔隙水压力值确定土的非线性模型参数和渗透系数,并通过计算实例做了验证。最后,采用该法确定了联邦德国一路堤地基的参数。计算沉降曲线与实测沉降曲线两者比较接近。

　　致谢: 在联邦德国洪堡基金会的资助下,第一作者得以在联邦德国大学从事该项研究工作,在此深表感谢。数值计算在该大学土力学和岩石力学研究所计算站完成,对计算站的支持表示衷心的感谢。

参考文献

[1] Arai K, Ohta H, Yasui T. Simple optimization techniques for evaluating deformation moduli from field observations[J]. Soils and Foundations, 1983,23(1):107-113.

[2] Arai K, Ohta H, Kojima K, Wakasugi M. Application of back-analysis to several test embankments on soft clay deposits[J]. Soils and Foundations, 1986,26(2):60-72.

[3] Arai K, Ohta H, Kojima K. Estimation of nonlinear constitutive parameters based on monitored movement of subsoil under consolidation[J]. Soils and Foundations, 1987,27(1):35-49.

[4] Bösinger E, Leinenkugel H J, Gudehus G. Schlussbericht-Zeitabhängige setzungtge seiner Dammschüttung auf weichem Untergund, 1978.

[5] Gioda G. A numerical procedure for defining the values of soil parameters affecting consolidation[C]//Proceedings of the 7th European Conference on Soil Mechanics and foundation Engineering. London, 1979,1: 16-172.

[6] Gioda G. Some remarks on back analysis and characterization problem[C]//5th International Conference on Numerical Methods in Geomechanics, Nagoya, 1985.

[7] 龚晓南. 软粘土地基固结有限元分析[D]. 杭州:浙江大学,1981.

[8] 龚晓南. 油罐软粘土地基性状[D]. 杭州:浙江大学,1984.

[9] Gong X N. A procedure of estimation of material parameters of soil under consolidation based on back analysis method. (to be published).

[10] Zeng G X, Gong X N. Geotechnical aspects of the soft clay ground under tanks[C]//11th International Conference on Soil Mechanics and Foundation Engineering, San Francisco, 1985.

[11] Zeng G X, Gong X N, Nian J B. Back analysis for determining nonlinear mechanical parameters in soft clay excavation[C]//6th International Conference on Numerical Methods in Geomechanics, Innsbruck, 1988.

考虑地基各向异性的沉降计算[*]

陈列峰　龚晓南　曾国熙

（浙江大学）

摘要　本文采用积分法推导了均布荷载作用下横观各向同性地基中的应力公式，并采用三向应力条件分层总和法计算沉降。根据导出的公式编制了计算机程序。用一个工程实例的计算分析表明在沉降计算中，必须考虑土的各向异性和三向应力条件。

1　引　言

目前在工程界通常采用分层总和法计算基础沉降。在常规的计算方法中，地基中应力分布计算是将地基视为均质的、各向同性的弹性半空间进行的。但地基土常常表现为各向异性，有必要考虑地基土各向异性对基础沉降的影响[1]。在常规的沉降计算中，通常假设压缩地基土时不允许出现侧向变形，即采用完全侧限条件下的压缩性指标进行计算，而实际上土层是处于三向变形条件，需要考虑三向应力和变形条件对沉降的影响。为了改进沉降计算，国内外学者做了大量工作，努力从地质历史、土的应力状态、土的变形特性，以及计算方法等方面来改进沉降计算[2]。在沉降计算中考虑土的各向异性的影响，已有一些学者做过这方面的工作[3-6]。笔者在前人研究工作的基础上，采用积分法推导了均布荷载作用下横观各向同性地基中的-应力公式，考虑了地基土各向异性对应力分布的影响。采用双曲线拟合三轴固结排水剪切试验归一化应力应变曲线，发展了一个考虑各向异性的非线性弹性模量方程。基于文中提出的应力公式和非线性弹性模量方程，提出了一个沉降计算方法。最后采用本法计算了上海金山一油罐的最终沉降量，计算结果与实测值接近。本法简单可行，能为工程界接受。

2　基本方程及其解答

把土体视为横观各向同性材料，竖向轴为其对称轴，在荷载作用下，地基中任意点的应变为

$$
\begin{cases}
\varepsilon_x = \dfrac{1}{E_h}\sigma_x - \dfrac{\nu_{hh}}{E_h}\sigma_y - \dfrac{\nu_{vh}}{E_v}\sigma \\[2mm]
\varepsilon_y = \dfrac{1}{E_h}\sigma_y - \dfrac{\nu_{hh}}{E_h}\sigma_x - \dfrac{\nu_{vh}}{E_v}\sigma \\[2mm]
\varepsilon_z = \dfrac{1}{E_v}\sigma_z - \dfrac{\nu_{kv}}{E_h}\sigma_x - \dfrac{\nu_{kv}}{E_v}\sigma
\end{cases}
\tag{1}
$$

---

[*]本文刊于《土木工程学报》，1991，24（1）：1-7.

式中,独立参数为五个:E_h、E_v、G_{vh}、ν_{vh}、ν_{hh},这五个参数相互间应满足条件:

$$\begin{cases} E_h,E_v,G_{vh}\geqslant 0 \\ -1\leqslant \nu_{hh}\leqslant 1-2n\nu_{vh}^2 \end{cases} \tag{2}$$

定义 $n=E_h/E_v=\nu_{hv}/\nu_{vh}$,$m=G_{vh}/E_v$,$n$、$m$ 为反映各向异性程度的两个参数。

影响土体刚度各向异性的因素很多,描述土体刚度各向异性随应力水平的变化是很困难的。为了使问题简化,设各向异性参数 n 和 m 值不随土体中应力水平变化而变化。

2.1　集中力作用下的应力表达式

各向异性均质弹性半空间上作用一个集中力(图 1)。

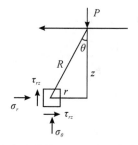

图 1　地基表面上作用的集中力

土体中任一单元体的附加应力已由 Michell[3] 和 Barden[4] 给出:

$$\begin{cases} \sigma_z=\lambda z \\ \sigma_r=\lambda r^2/z \\ \sigma_\theta=0 \\ \tau_{rz}=\lambda R\sin\theta \end{cases} \tag{3}$$

式中,

$$\lambda=\frac{P}{2\pi}\cdot\frac{1}{\sqrt{\alpha}-\sqrt{\beta}}\cdot\left[\frac{1}{(r^2+z^2/\alpha)^{\frac{3}{2}}}-\frac{1}{(r^2+z^2/\beta)^{\frac{3}{2}}}\right] \tag{4}$$

α、β 由以下两个方程确定:

$$\begin{cases} \alpha\beta=\dfrac{B}{A} \\ \alpha+\beta=\dfrac{(AB-F^2-2FL)}{AL} \end{cases} \tag{5}$$

式中,

$$\begin{cases} A=\dfrac{n}{\varphi}(1-n\nu_{vh}^2) \\ B=\dfrac{1}{\varphi}(1-\nu_{hh}^2) \\ F=\dfrac{1}{\varphi}n\nu_{vh}(1+\nu_{hh}) \\ L=\dfrac{n\nu_{vh}}{(n\nu_{vh}+\nu_{vh}+2n\nu_{vh}^2)} \\ \varphi=(1+\nu_{hh})(1-\nu_{hh}-2n\nu_{vh}) \end{cases} \tag{6}$$

2.2　均布荷载作用下的应力表达式

（1）条形均布荷载

①线荷载作用下 M 点的应力表达式

如图 2(a)所示，在 y 轴上取 $P=\bar{P}\mathrm{d}y$，把 $r=\sqrt{x^2+y^2}$ 代入式（3）可得到

$$
\left\{
\begin{aligned}
\sigma_z &= \frac{\bar{P}z}{\pi(\sqrt{\alpha}-\sqrt{\beta})}\left(\frac{1}{x^2+\frac{z^2}{\alpha}}-\frac{1}{x^2+\frac{z^2}{\beta}}\right)\\
\sigma_x &= \frac{\bar{P}z}{\pi(\sqrt{\alpha}-\sqrt{\beta})}\left(\frac{1}{x^2\beta+z^2}-\frac{1}{x^2\alpha+z^2}\right)
\end{aligned}
\right.
\tag{7}
$$

②条形均布荷载作用下 M 点的应力表达式

如图 2(b)所示，在 x 轴上取 $\bar{P}=q\mathrm{d}x=\dfrac{qz\mathrm{d}r}{\cos^2 r}$，$x=z\tan\beta$ 代入式（7）可得到

$$\sigma_z = I_z q \tag{8}$$

$$\sigma_x = I_x q \tag{9}$$

式中，

$$I_z = \frac{1}{\pi(\sqrt{\alpha}-\sqrt{\beta})}(I_\alpha - I_\beta)$$

$$I_x = \frac{1}{\pi(\sqrt{\alpha}-\sqrt{\beta})}\left(\frac{1}{\beta}I_\beta - \frac{1}{\alpha}I_\alpha\right)$$

$$I_\xi = \sqrt{\xi}\left[\arctan\left(\sqrt{\xi}\frac{2n'+1}{2m'}\right) - \arctan\left(\sqrt{\xi}\frac{2n'-1}{2m'}\right)\right](\xi=\alpha,\beta)$$

$$n'=x/B,\ m'=z/B$$

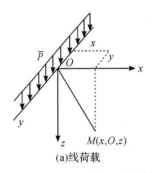
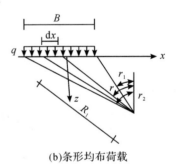

(a)线荷载　　　　　　　　　　　(b)条形均布荷载

图 2　线荷载、条形均布荷载作用下单元应力

（2）圆形均布荷载作用下对称轴线上的应力表达式

如图 3 所示，在 r 处取一微小面积 $\mathrm{d}A=r\mathrm{d}\theta\mathrm{d}r$，由式（3）可得到

$$\sigma_z = II_z q \tag{10}$$

$$\sigma_r = II_r q \tag{11}$$

式中，

$$II_z = 1 - \frac{z}{\sqrt{\alpha}-\sqrt{\beta}}\left(\frac{1}{\sqrt{R^2+\frac{z^2}{\alpha}}} - \frac{1}{\sqrt{R^2+\frac{z^2}{\beta}}}\right)$$

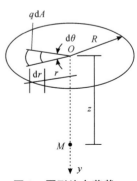

图 3　圆形均布荷载

$$II_r = \frac{2}{\sqrt{\alpha\beta}} + \frac{1}{z(\sqrt{\alpha}-\sqrt{\beta})}\left(\frac{R^2+2\dfrac{z^2}{\alpha}}{\sqrt{R^2+\dfrac{z^2}{\alpha}}} - \frac{R^2+2\dfrac{z^2}{\beta}}{\sqrt{R^2+\dfrac{z^2}{\beta}}}\right)$$

当土体为各向同性体时，$n=1$，$\nu_{vh}=\nu_{hv}=\nu$，由式(6)解得

$$A=B=\frac{1-\nu}{(1+\nu)(1-2\nu)}, \quad F=\frac{\nu}{(1+\nu)(1-2\nu)}, \quad L=\frac{1}{2(1+\nu)}$$

由式(5)解得

$$\alpha\beta=1, \quad \alpha+\beta=2, \quad \alpha=\beta=1$$

由应力系数式解得

$$I_z = \frac{1}{\pi}\left[\arctan\frac{1-2n'}{2m'} + \arctan\frac{1+2n'}{2m'} - \frac{4m'(4n'^2-4m'^2-1)}{(4n'^2+4m'^2-1)^2+16m'^2}\right]$$

$$I_x = \frac{1}{\pi}\left[\arctan\frac{1-2n'}{2m'} + \arctan\frac{1+2n'}{2m'} + \frac{4m'(4n'^2-4m'^2-1)}{(4n'^2+4m'^2-1)^2+16m'^2}\right]$$

上述两式与由布西内斯克(Boussinesq)集中力公式导出的公式是一致的，这证明了条形均布荷载作用下各向同性只是各向异性的一个特例。同理可证明圆形均布荷载作用下各向同性亦是各向异性的一个特例。

对于各向同性土其应力不受泊松比的影响，由应力公式(8)、(9)、(10)、(11)可以知道，对于各向异性土，其应力不仅与各向异性程度有关，而且还与泊松比有关。

以上应力公式显得复杂，但如制成表格或采用计算机计算则是便于应用的。笔者已编制好了一个微机程序。

下面简单讨论参数变化对应力的影响。圆形均布荷载作用下其中心点下应力随参数 n、ν_{vh} 变化的曲线见图4。图4(a)、4(b)表明垂直向应力 σ_z 及水平向应力 σ_r，均受 n 的影响，随着 n 值增大，垂直向应力减小，在浅层中水平向应力随 n 增大而增大，但随着深度增加，n 值的改变对水平向应力影响变小。从图4(c)、(d)可以看出，垂直向应力及水平向应力均受泊松比的影响。随着泊松比 ν_{vh} 的增大，应力增大。

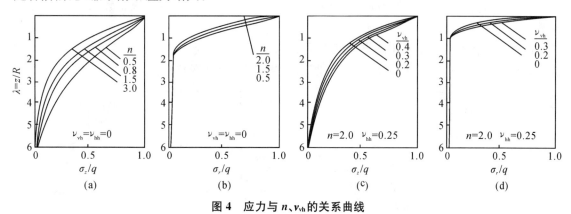

图4　应力与 n、ν_{vh} 的关系曲线

3　非线性弹性模量方程及沉降公式

采用康德纳(Kondner)1963年提出的双曲线函数配合三轴固结排水剪切试验的应力-应变曲线，其表达式为

$$\sigma_1 - \sigma_3 = \frac{\varepsilon_1}{a + b\varepsilon_1} \tag{12}$$

上式对 P' 的归一化曲线可以写成如下表达式[7]:

$$\frac{\sigma_1 - \sigma_3}{p'} = \frac{\varepsilon_1}{\bar{a} + \bar{b}\varepsilon_1} \tag{13}$$

式中,$\sigma_1 - \sigma_3$ 为主应力差;p' 为平均有效应力。

将式(13)两边分别对轴向应变 ε_1 求偏导,可得到一个切线弹性模量方程:

$$E_{vt} = \frac{p'}{\bar{a}} \cdot \frac{1}{1 - \dfrac{q}{c}} \cdot (1 - \bar{b} \cdot q/p')^2 \tag{14}$$

定义应力水平为 $H = \dfrac{q}{p} \cdot \bar{b}$,式(14)改为

$$E_{vt} = \frac{p'}{\bar{a}} \cdot \frac{1}{1 - \dfrac{q}{c}} \cdot (1 - H)^2 \tag{14a}$$

式中,$q = \sigma_1 - \sigma_3$;

$$c = \frac{3\left[\left(\dfrac{1}{n - \dfrac{\nu_{hh}}{n - \nu_{vh}}}\right)p' + \left(1 - \dfrac{1}{n + \dfrac{\nu_{hh}}{n - \nu_{vh}}}\right)\sigma_z\right]}{1 - 2\nu_{vh}} \tag{15}$$

由式(14a)可以知道,切线模量 E_{vt} 为各向异性参数、平均有效应力、应力水平 H 的函数,即 $E_{vt} = f(n, p', H)$。对于确定的土层,n 为常数,则 $E_{vt} = f(p', H)$。当应用非线性模量方程时采用分段线性的方法计算。荷载的分级次数由精度控制。

在沉降计算中采用广义胡克定律分层求解三向应力作用下的垂直变形,总沉降为

$$S = \sum_{i=1}^{n''} \sum_{j=1}^{m''} \frac{1}{E_{vtij}} [\sigma_{zij} - \nu_{vh}(\sigma_{xij} + \sigma_{yij})] h_i \tag{16}$$

式中,E_{vtij} 为第 i 层土与第 j 级应力增量相对应的垂直向切线模量;σ_{xij}、σ_{yij}、σ_{zij} 分别为沿 x、y、z 方向的第 i 层土与第 j 级平均附加应力增量;m'' 为第 i 层土荷载增量分级总数;n'' 为计算土层总数。

圆形均布荷载作用下其中心点下沉降随 n、ν_{vh} 变化的曲线见图5。图5(a)表明随 n 值的增大,沉降减小。从图5(b)可以看出,泊松比 ν_{vh} 的变化对于沉降影响较大。

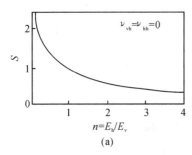
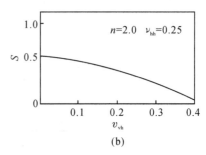

图5　沉降值 S 与参数 n、ν_{vh} 的关系曲线

根据与图5(b)相同的分析,可以知道泊松比 ν_{hh} 对应力及位移的影响很小,这同此前的一些研究[5]的结论是一致的。为了便于应用,在实际计算时取 $\nu_{hh} = \nu_{vh}$。这样,式(15)可改写为如下

简式：

$$c=\frac{3\left[\dfrac{1}{n-\nu_{vh}\left(1+\dfrac{1}{n}\right)}\right]p'+\left(1-\dfrac{1}{n}\right)(1-\nu_{vh})\sigma_z}{1-2\nu_{vh}}\quad(15a)$$

采用不同排水条件下测定的参数值，可以计算相应排水条件下的沉降值。在不排水条件下，泊松比可取 $\nu_{vh}=0.49$。

4 实例分析

为了验证上述沉降计算公式，本文以上海金山一大型油罐为例，计算其中心点下的最终沉降量。该油罐半径为 16.00m，基底压力为 164.3kPa。限于篇幅，表 1 仅给出主要计算参数。所有参数均由三轴排水试验得出[8]。

表 1 主要计算参数

计算土层	起止深度/m	$\overline{E}_v$	R_t	K_0	ν	n
1	0～4.00	—	—	—	—	—
2	4.00～8.00	14.8	0.89	0.48	0.22	0.72
3	8.00～11.00	14.1	0.88	0.46	0.21	0.70
4	11.00～13.00	13.6	0.87	0.53	0.23	0.81
5	13.00～15.00	8.9	0.86	0.56	0.24	0.84
6	15.00～20.00	13.3	0.89	0.46	0.21	0.87

计算土层 1（硬壳层）为超压密土，在计算中把其应力-应变关系处理为各向同性线性弹性体，其杨氏模量由压缩试验结果推算确定，取 3.03MPa，泊松比为 0.38。沉降分别按三种方法计算，其结果见表 2。

表 2 计算值与实测值比较

方法	沉降/m	误差	说明
1	S_1 1.470	5.9%	各向异性，三向应力
2	S_2 1.751	26%	各向异性，单向应力
3	S_3 1.03	25.8%	各向同性，单向应力
实测	S_4 1.389	—	

表 2 表明，三个方法对比之下，方法 1（即本文介绍的方法）的计算结果相对误差最小，与实测值的误差仅为 5.9%，在工程允许范围之内，其他两种方法的计算结果误差过大，这说明在沉降计算中考虑地基土各向异性和采用三向应力计算的必要性较高。

5 结 语

许多资料表明大多数土体表现为各向异性。各向异性对于基础沉降有较大的影响，在计算中必须加以考虑。本文介绍的计算方法不仅考虑了土体的各向异性，还考虑了土的侧膨胀变形。变形模量由三轴试验确定，避免了由固结试验测定带来的误差，从而有助于较为合理地计算沉降。本文在求应力时，把由弹性半空间得出的结果用于层状土的计算，这将产生一定的误差，如何更准确地计算层状土的应力及位移还有待进一步研究。

参考文献

［1］龚晓南. 软粘土地基各向异性初步探讨［J］. 浙江大学学报,1986,20(4):98-109.

［2］钱家欢. 论粘性土地基的沉降计算方法［C］//中国水利学会岩土力学专业委员会. 软土地基学术讨论会论文选集. 北京:水利出版社,1980.

［3］Michell J H. The stress distribution in an aeolotropic solid with an infinite plane boundary［C］//Proceedings of The London Mathematical Society, 1900,s1-32(1):247-257.

［4］Barden L. Stresses and displacements in cross-anisotropic soil［J］. Geotechnique, 1963,13(3):198-210.

［5］Gazetas G. Stresses and displacements in cross-anisotropic soils［C］//Journal of the Geotechnical Engineering Dvision, 1982,108(4):532-553.

［6］张子明,赵光恒. 用初始参数法计算多层地基的位移和应力［J］. 河海大学学报,1986,14(3):82-89.

［7］曾国熙,龚晓南. 软土地基上一种油罐基础构造及地基固结分析［J］. 浙江大学学报,1987,21(3):67-78.

［8］龚晓南. 油罐软粘土地基性状［D］. 杭州:浙江大学,1984.

拉、压模量不同材料的球孔扩张问题[*]

王启铜　龚晓南　曾国熙

（浙江大学）

摘要　本文推导了抗拉、抗压模量不同材料的球孔扩张时的应力及位移的计算公式，并运用所推导的公式分析了材料的拉、压模量不同对球孔扩张时的应力、位移及塑性区发展的影响，并得出了一些有益的结论。

1　引　言

Vesic[1]分析了材料抗拉、抗压模量相同时的球形孔扩张问题。然而在实际工程中，经常遇到拉压模量不同的材料。正常固结黏土的三轴压缩试验和三轴伸长试验表明，黏土的拉压模量是不同的。在球孔扩张问题中，应该考虑拉、压模量不同对扩张后应力、位移及塑性区发展的影响。

无限体中球形孔扩张问题见图 1。向孔内壁作用压力 p 时，径向受压，切向受拉。当 p 较小时，孔周围材料处于弹性状态，p 增大并超过临界扩张压力 p_0 时，孔周围材料发生屈服，形成一个环状球形塑性区。在塑性区外仍为弹性区。图中 a_0 为扩张前球孔初始半径，a 为球孔扩张后半径，b 为塑性区最大半径，u_b 为塑性区最大半径处材料的径向位移。

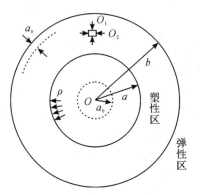

图 1　无限体中球形孔扩张问题

2　基本计算公式

在分析中做如下基本假设：①材料为均匀各向同性的理想弹塑性体，服从特雷斯卡（Tresca）

＊本文刊于《上海力学》，1993，14（2）：55-63.

屈服准则或莫尔-库伦(Mohr-Coulomb)准则;②球孔扩张前材料具有均匀的初始应力场;③不计材料的体力。

应用球坐标,平衡方程为

$$\frac{d\sigma_r}{dr}+2\frac{\sigma_r-\sigma_\theta}{r}=0 \tag{1}$$

几何方程为

$$\varepsilon_r=\frac{du_r}{dr},\varepsilon_\theta=\frac{u_r}{r} \tag{2}$$

至于其本构方程,则依材料为弹性状态或塑性状态不同而各异。当材料处于弹性状态时,又根据材料的抗拉、抗压特性不同而有差别。

根据不同模量弹性理论[2],对于图 1 所示球孔扩张问题,其本构方程(此处规定压应力为正,拉应力为负)为

$$\begin{cases}\varepsilon_r=\dfrac{1}{E^+}\sigma_r-\dfrac{2\nu^-}{E^-}\sigma_\theta\\[2mm]\varepsilon_\theta=\dfrac{1}{E^-}(1-\nu^-)\sigma_\theta-\dfrac{\nu^+}{E^+}\sigma_r\end{cases} \tag{3}$$

式中,E^-、E^+ 分别为材料的抗拉、抗压模量,ν^-、ν^+ 分别为相应的抗拉、抗压泊松比。

2.1 弹性区($r\geqslant b$)

在 $r\geqslant b$ 的弹性区域,恒定有 $\sigma_r\geqslant0,\sigma_\theta\leqslant0,\tau_{r\theta}=0$。因而根据式(1)、(2)、(3)可得

$$(1-\nu^-)\frac{d^2u_r}{dr^2}+\frac{2}{r}(1-\beta\nu^+)\frac{du_r}{dr}+\frac{2}{r^2}(\nu^--\beta)u_r=0 \tag{4}$$

式中,$\beta=\dfrac{E^-}{E^+}$,称为材料的模量比。式(4)的解为

$$u_r=Ar^{a1}+Br^{a2} \tag{5}$$

式中,

$$\begin{matrix}\alpha_1\\\alpha_2\end{matrix}=\frac{1}{2(1-\nu^-)}\left[-(1+\nu^--2\beta\nu^+)\pm\sqrt{(1-3\nu^-+2\beta\nu^+)^2+8\beta(1-\nu^-)(1+\nu^+)}\right] \tag{6}$$

A、B 为积分常数,可由下列边界条件确定:

$$\sigma_r=p_0,r=b\ 处;\sigma_r=0,r=\infty 处 \tag{7}$$

此处 p_0 为作用与弹塑性交界面($r=b$)处的径向应力。需要说明的是,第二个边界条件应为 $\sigma_r=0,r=b_1$ 处。然后令 $b_1\rightarrow\infty$ 即可知 $A=0$。

根据式(2)、(3)及(7)可求得弹性区内的应力和位移为

$$\begin{cases}\sigma_r=p_0\left(\dfrac{b}{r}\right)^{1+a}\\[2mm]\sigma_\theta=-p_0\left(\dfrac{\beta_\theta}{\beta_r}\right)\left(\dfrac{b}{r}\right)^{1+a}\\[2mm]u_r=-\dfrac{p_0}{\beta_r}b\left(\dfrac{b}{r}\right)^a\end{cases} \tag{8}$$

其余量为零,因而 σ_r,σ_θ 即为主应力。式(8)中的参数为

$$\begin{cases} \alpha = -\alpha_2 \geqslant 1 \\ \beta_r = \dfrac{2(1-\nu^-)-2\nu^-}{1-\nu^- -2\nu^-\nu^+}E^+ \geqslant 0 \\ \beta_\theta = \dfrac{1-2\nu^+}{1-\nu^- -2\nu^-\nu^+}E^- \geqslant 0 \end{cases} \tag{9}$$

由式(8)可知,在 $r=b$ 处,材料的应力和位移为

$$\begin{cases} \sigma_r = p_0 \\ \sigma_\theta = -p_0\left(\dfrac{\beta_\theta}{\beta_r}\right) \\ u_r = u_b = -\dfrac{p_0}{\beta_r}b \end{cases} \tag{10}$$

由于 $r=b$ 处为材料的弹塑性状态交界面,因而 p_0 即为材料的扩张压力。

2.2　塑性区($a \leqslant r \leqslant b$)

分特雷斯卡材料和莫尔-库仑材料两种情况。

(1)特雷斯卡材料

对于特雷斯卡材料,其屈服条件为

$$\sigma_r - \sigma_\theta = 2K \tag{11}$$

式中,K 为材料的屈服强度。

在 $r=b$ 处,应力 σ_r 和 σ_θ 也应满足屈服条件。将式(10)中的前两式代入式(11)中,求得 p_c 为

$$p_c = \frac{2K}{\beta_r+\beta_\theta}\beta_r = m_1\beta_r \tag{12}$$

式中,$m_1 = \dfrac{2K}{\beta_r+\beta_\theta}$,为不同模量特雷斯卡材料的柔度指数,为正值。

下面确定最终扩张压力 p_0 及塑性区最大半径 b 的大小。

在塑性区,平衡方程式(1)依然成立。将式(11)代入式(1)后解得

$$\sigma_r = C' - 4K\ln r \tag{13}$$

式中,C' 为积分常数,可由边界条件确定。当 $r=a$ 时,$\sigma_r = p_u$。代入式(13)中得

$$C' = p_u + 4K\ln a \tag{14}$$

将式(14)代回式(13)中得

$$\sigma_r = p_u + 4K\ln\frac{a}{r} \tag{15}$$

由式(11)及式(15)得

$$\sigma_\theta = p_u + 4K\left(\ln\frac{a}{r} - \frac{1}{2}\right) \tag{16}$$

式(15)、(16)即为塑性区中的应力计算公式。

此外,根据 σ_r 在 $r=b$ 处连续的条件,由式(10)、(12)、(15)可求得最终扩张压力 p_u 为

$$p_u = 4K\ln\frac{b}{a} + p_c \tag{17}$$

下面再求塑性区的最大半径 b。由式(10)中的第三式及式(12)可求得径向位移 u_b:

$$u_b = -m_1 b \tag{18}$$

u_b 为负值,说明在扩张压力的作用下,塑性区往外扩大。对于特雷斯卡材料,塑性区平均体积

应变 $\Delta=0$,因而根据变形协调条件(参见图 1)有

$$\frac{4}{3}\pi a^3-\frac{4}{3}\pi a_0^3=\frac{4}{3}\pi b^3-\frac{4}{3}\pi(b+u_b)^3 \tag{19}$$

展开式(19),略去 u_b 的高次项,结合式(18),得

$$\left(\frac{b}{a}\right)^3=\frac{1}{3m_1}\left[1-\left(\frac{a_0}{a}\right)^3\right] \tag{20}$$

记

$$\frac{1}{3m_1}=\frac{\beta_r+\beta_\theta}{6K}=I_{r1} \tag{21}$$

式中,I_{r1} 为不同模量特雷斯卡材料的刚度指数。因而

$$\frac{b}{a}=\sqrt[3]{I_{r1}\left[1-\left(\frac{a_0}{a}\right)^3\right]} \tag{22}$$

对于正常固结黏土,a 通常比 a_0 大很多。若略去 a_0 的影响[3],则式(22)简化为

$$\frac{b}{a}=\sqrt[3]{I_{r1}} \tag{23}$$

将上述有关公式归并、整理后,得到不同模量特雷斯卡材料球形孔扩张后周围弹、塑性区的应力及位移。

①塑性区($a\leqslant r\leqslant b$)

$$\begin{cases}\sigma_r=4K\ln\dfrac{b}{r}+m_1\beta_r\\[2mm]\sigma_\theta=4K\ln\dfrac{b}{r}+m_1\beta_\theta\end{cases} \tag{24}$$

②弹性区($r\geqslant b$)

$$\begin{cases}\sigma_r=m_1\beta_r\\[2mm]\sigma_b=-m_1\beta_\theta\left(\dfrac{b}{r}\right)^{1+\alpha}\\[3mm]u_r=-m_1 b\left(\dfrac{b}{r}\right)^{\alpha}\end{cases} \tag{25}$$

③临界扩张压力 p_c($r=b$)

$$p_c=m_1\beta_r \tag{26}$$

④最终扩张压力 p_u($r=a$)

$$p_u=4K\ln\frac{b}{a}+p_c \tag{27}$$

⑤塑性区最大半径 b

$$\frac{b}{a}=\sqrt[3]{I_{r1}} \tag{28}$$

以上各式中的系数为

$$\begin{cases}\alpha=\dfrac{1}{2(1-\nu^-)}\left[(1+\nu^--2\beta\nu^+)+\sqrt{(1-3\nu^-+2\beta\nu^+)^2+8\beta(1-\nu^-)(1-\nu^+)}\right]\\[3mm]\beta=\dfrac{E^-}{E^+},\ \beta_r=\dfrac{\alpha(1-\nu^-)-2\nu^-}{1-\nu^--2\nu^-\nu^+}E^+,\ \beta_\theta=\dfrac{1-2\nu^+}{1-\nu^--2\nu^-\nu^+}E^-\\[3mm]m_1=\dfrac{2K}{\beta_r+\beta_\theta},\ I_{r1}=\dfrac{1}{3m_1}\end{cases} \tag{29}$$

根据式(24)—(29)可以分析不同模量特雷斯卡材料的球形孔扩张问题。

当材料的拉、压特性相同,即当 $E^- = E^+ = E$,$\nu^- = \nu^+ = \nu$ 时,式(24)—(29)简化为经典的相同模量球形孔扩张理论。

需要说明的是,对有些材料,如土体、混凝土等,通常有 $\dfrac{\nu^-}{E^-} \neq \dfrac{\nu^+}{E^+}$。因此,对这些材料不能做 $\beta = \dfrac{\nu^-}{\nu^+}$ 的简化假设。

(2)莫尔-库仑材料

对于莫尔-库仑材料,其屈服条件为

$$\sigma_r - \sigma_\theta = (\sigma_r + \sigma_\theta)\sin\varphi + 2c\cos\varphi \tag{30}$$

式中,φ 和 c 分别为材料的内摩擦角和黏聚力。

仿照前面特雷斯卡材料 σ_r、σ_θ 的推导过程可求得莫尔-材料塑性区中的 σ_r 和 σ_θ 为

$$\begin{cases} \sigma_r = (p_u + c \cdot \cot\varphi)\left(\dfrac{a}{r}\right)^\eta - c \cdot \cot\varphi \\[2mm] \sigma_\theta = \xi(p_u + c \cdot \cot\varphi)\left(\dfrac{a}{r}\right)^\eta - c \cdot \cot\varphi \end{cases} \tag{31}$$

式中,

$$\eta = \frac{4\sin\varphi}{1+\sin\varphi},\quad \xi = 1 - \frac{\eta}{2} \tag{32}$$

p_u 为 $r=a$ 处的最终扩张压力。

在弹塑性状态交界面处($r=b$),应力 σ_r、σ_θ 应满足屈服条件(式30)。将式(10)中的前两式代入式(30)中,求得 $r=b$ 处的径向力(即临界扩张压力 p_c)为

$$p_c = m_2\beta_r \tag{33}$$

式中,$m_2 = \dfrac{2c\cos\varphi}{[\beta_r(1-\sin\varphi) + \beta_\theta(1+\sin\varphi)]}$,为不同模量莫尔-库仑材料的柔度指数,为正值。

同样,根据 $r=b$ 处 σ_r 连续的条件可求得最终扩张压力 p_u 为

$$p_u = c \cdot \cot\varphi\left[\beta_{r\theta}\left(\frac{b}{a}\right)^\eta - 1\right] \tag{34}$$

式中,$\beta_{r\theta} = \dfrac{\beta_r + \beta_\theta}{\xi\beta_r + \beta_\theta}$。

此外,由式(33)及式(10)中的第三式,求得塑性区外侧边界($r=b$ 处)的径向位移为

$$u_b = -m_2 b \tag{35}$$

对于莫尔-库仑材料,其塑性区的变形协调条件(见图1)

$$\frac{4}{3}\pi a^3 - \frac{4}{3}\pi a_0^3 = \frac{4}{3}\pi b^3 - \frac{4}{3}\pi(b+u_b)^3 + \frac{4}{3}\pi(b^3 - a^3)\Delta \tag{346}$$

式中,Δ 为塑性区平均体积应变。展开式(36),略去 u_b 的高阶项,结合式(35),得

$$\left(\frac{b}{a}\right)^3 = \frac{1+\Delta}{3m_2+\Delta}\left[1 - \frac{1}{1+\Delta}\left(\frac{a_0}{a}\right)^3\right] \tag{37}$$

记

$$\frac{1+\Delta}{3m_2+\Delta} = I_{r2} \tag{38}$$

式中,I_{r2} 为不同模量莫尔-库仑材料的刚度指数。于是

$$\frac{b}{a}=\sqrt[3]{I_{r2}\left[1-\frac{1}{1+\Delta}\left(\frac{a_0}{a}\right)^3\right]} \tag{39}$$

同样,如果略去 a_0 的影响[3],则式(39)简化为

$$\frac{a}{b}=\sqrt[3]{I_{r2}} \tag{40}$$

实际上,式(40)中新隐含的塑性应变是压力的函数,需采用选代法求解,具体求解过程可参阅文献[3-4]中介绍的方法

将本小节公式整理后,可得到不同模量的莫尔-库仑材料球形孔扩张后弹、塑性区内的应力和位移。

①塑性区($a \leqslant r \leqslant b$)

$$\begin{cases} \sigma_r=c \cdot \cot\varphi\left[\beta_{r\theta}\left(\frac{b}{r}\right)^\eta-1\right] \\ \sigma_\theta=c \cdot \cot\varphi\left[\xi \cdot \beta_{r\theta}\left(\frac{b}{r}\right)^\eta\right] \end{cases} \tag{41}$$

②弹性区($r \geqslant b$)

$$\begin{cases} \sigma_r=m_2\beta_r\left(\frac{b}{r}\right)^{1+\alpha} \\ \sigma_\theta=-m_2\beta_\theta\left(\frac{b}{r}\right)^{1+\alpha} \\ u_r=-m_2 b\left(\frac{b}{r}\right)^\alpha \end{cases} \tag{42}$$

③临界扩张压力 $p_c(r=b)$

$$p_c=m_2\beta_r \tag{43}$$

④最终扩张压力 $p_u(r=a)$

$$p_u=c \cdot \cot\varphi\left[\beta_{r\theta}\left(\frac{b}{a}\right)^\eta-1\right] \tag{44}$$

⑤塑性区最大半径 b

$$\frac{b}{a}=\sqrt[3]{I_{r2}} \tag{45}$$

以上各式中的系数为

$$\begin{cases} \eta=\dfrac{4\sin\varphi}{1+\sin\varphi} \\ \xi=1-\dfrac{\eta}{2} \\ \beta_{r\theta}=\dfrac{\beta_r+\beta_\theta}{\xi \cdot \beta_r+\beta_\theta} \\ m_2=\dfrac{2c \cdot \cos\varphi}{\beta_r(1-\sin\varphi)+\beta_\theta(1+\sin\varphi)} \\ I_{r2}=\dfrac{1+\Delta}{3m_2+\Delta} \end{cases} \tag{46}$$

其余参数,如 β、β_r、β_θ、α 等的意义参见式(29)。

根据式(41)—(46)可以分析不同模量莫尔-库仑材料的球形孔扩张问题。当 $E^-=E^+=E$,

$\nu^-=\nu^+=\nu$，即当材料的拉、压特性相同时，式(41)—(46)简化为经典的相同模量莫尔-库仑材料的球形孔扩张理论。

3 比较分析

为方便起见，下面仅以特雷斯卡材料为例，对莫尔-库仑材料可采用类似方法分析。下面分析拉、压模量不同对球孔扩张时应力、位移及塑性区发展的影响。

为了与经典的相同模量理论相比较，设材料的抗压模量 E^+ 不变，且 $\dfrac{E^+}{K}=100$，$\nu^-=\nu^+=\dfrac{1}{3}$。根据式(24)—(29)可求得不同的抗拉模量为 E^- 时，球孔扩张的有关参量(见表1)。表中 $\beta=\dfrac{E^-}{E^+}$，表示抗拉、抗压模量比。$\beta=1$ 时的值即为经典的相同模量理论的值。

表1 抗拉模量 E^- 的影响

β	p_c/K	p_u/K	b/a	$(u_b/a)/10^2$
100	1.010	7.111	4.597	-1.577
10	1.079	6.908	4.294	-1.808
5	1.133	6.751	4.073	-2.009
1	1.333	6.166	3.347	-2.975
0.5	1.438	5.840	3.005	-3.691
0.1	1.667	4.980	2.289	-6.360
0.01	1.872	3.597	1.539	-14.072

由表1可见，当其他参数不变时，材料的临界扩张压力 p_c 随 E^- 减小反而增大，这表示抗拉模量 E^- 小的材料更不易发生屈服。另一方面，随 E^- 减小，材料的最终扩张压力 p_u 越来越小，即 p_u 与 p_c 之间的差值越来越小。

此外，由表1还可发现，随着抗拉模量 E^- 的减小，材料的塑性区越不易开展，但位移却越来越大。这点与临界扩张压力 p_c 增大有关。

不同抗拉模量 E^- 时球扩张后周围介质中的径向应力 σ_r、切向应力 σ_θ 的变化规律见图2、图3。由图中可以看出，对于不同模量材料，若按相同模量理论进行分析，将产生较大的误差。

为了考察 ν^- 的影响，设材料的 $E^-=E^+$，且 $\dfrac{E^+}{K}=100$，$\nu^+=\dfrac{1}{3}$。不同 ν^- 所对应的球孔扩张后的有关参数见表2。由表2可见，材料的抗拉泊松比除对临界扩张压力 p_c 有较大的影响外，对其他参数的影响较小。

表2 抗拉泊松比 ν^- 的影响

ν^-	p_c/K	p_u/K	b/a	$(u_b/a)/10^2$
0.5	1.151	6.111	3.455	-2.792
0.25	1.401	6.193	3.313	-3.036
0.0	1.544	6.259	3.250	-3.155

不同 ν^- 所对应的球孔扩张后介质的径向应力 σ_r 和切向应力 σ_θ 的变化规律见图4、图5。从图中可发现，ν^- 对应力的变化规律影响不大。

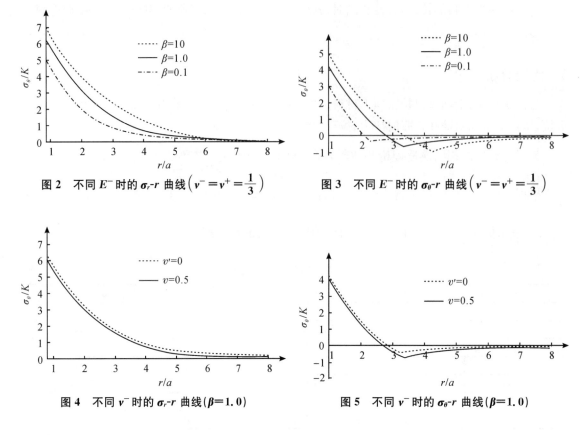

图 2　不同 E^- 时的 $\sigma_r\text{-}r$ 曲线$\left(v^- = v^+ = \dfrac{1}{3}\right)$　　　图 3　不同 E^- 时的 $\sigma_\theta\text{-}r$ 曲线$\left(v^- = v^+ = \dfrac{1}{3}\right)$

图 4　不同 v^- 时的 $\sigma_r\text{-}r$ 曲线$(\beta=1.0)$　　　图 5　不同 v^- 时的 $\sigma_\theta\text{-}r$ 曲线$(\beta=1.0)$

四、结　语

　　根据本文建立的拉、压模量不同的材料的球孔扩张理论,材料的拉、压模量不同将对球孔扩张时应力、位移及塑性区发展产生重要的影响。许多实际工程材料的抗拉、抗压模量是不同的,在分析球孔扩张时,忽略拉、压模量不同的影响将会产生较大的误差。

参考文献

[1] Vesic A S, Expansion of cavities in infinite soil mass[J]. Journal of the Soil Mechanics and Foundations Division,1972,98(3):265-290.

[2] 阿姆巴尔楚米扬. 不同模量弹性理论[M]. 郭瑞锋,张允真,译. 北京:中国铁道出版社,1980.

[3] 郑大同. 地基极限承载力的计算[M]. 北京:中国建筑工业出版社,1979:31.

[4] 龚晓南. 土塑性力学[M]. 浙江:浙江大学出版社,1990.

关于稳定材料屈服条件在 π 平面内的屈服曲线存在内外包络线的证明[*]

鲁祖统　　龚晓南

（浙江大学岩土工程研究所）

摘要　本文在数学上严格证明了关于莫尔-库仑(Mohr-Coulomb)屈服条件和广义双剪应力屈服条件在 π 平面内的屈服曲线分别是稳定材料屈服曲线的内、外包络线的观点，该研究成果为研究稳定材料塑性模型提供了依据。

1　引　言

莫尔-库仑屈服条件的表达式为

$$f(\sigma_1,\sigma_2,\sigma_3)=\frac{1}{2}(\sigma_1-\sigma_3)-\frac{1}{2}(\sigma_1+\sigma_3)\sin\varphi-C\cos\varphi=0 \tag{1}$$

式中，C,φ 为材料的内黏聚力和内摩擦角。

俞茂铉[1]提出的双剪应力屈服条件，认为材料的屈服决定于两个较大的主剪应力，即最大剪应力 τ_{13} 和中间主剪应力 τ_{12} 或 τ_{23}，它的数学表达式为

$$\begin{cases} f=\tau_{13}+\tau_{12}=\sigma_1-\frac{1}{2}(\sigma_2+\sigma_3)=c \\ \left(\tau_{12}\geqslant\tau_{23}\ \text{即}\ \sigma_2\leqslant\dfrac{\sigma_1+\sigma_3}{2}\right) \\ f=\tau_{13}+\tau_{23}=\frac{1}{2}(\sigma_1+\sigma_2)-\sigma_3=c \\ \left(\tau_{12}\leqslant\tau_{23}\ \text{即}\ \sigma_2\geqslant\dfrac{\sigma_1+\sigma_3}{2}\right) \end{cases} \tag{2}$$

此后又进一步推广为考虑静水压力影响的可以适用于拉压强度不等材料的广义双剪应力强度理论[1]：

$$\begin{cases} F=\tau_{13}+\tau_{12}+\beta(\sigma_{13}+\sigma_{12})=c\ \text{或}\ F=\sigma_1-\frac{\alpha}{2}(\sigma_2+\sigma_3)=\sigma_t \\ \left(\sigma_2\leqslant\dfrac{\sigma_1+\alpha\sigma_3}{1+\alpha}\right) \\ F'=\tau_{13}+\tau_{23}+\beta(\sigma_{13}+\sigma_{23})=c\ \text{或}\ F'=\frac{1}{2}(\sigma_1+\sigma_2)-\alpha\sigma_3=\sigma_t \\ \left(\sigma_2\geqslant\dfrac{\sigma_1\pm\alpha\sigma_3}{1+\alpha}\right) \end{cases} \tag{3}$$

---

[*] 本文刊于《岩土工程学报》，1997，19(5)：3-7.

式中，$\beta=\dfrac{\sigma_c-\sigma_t}{\sigma_c+\sigma_t}$；$c=\dfrac{2\sigma_c\sigma_t}{\sigma_c+\sigma_t}$；$\alpha=\dfrac{\sigma_t}{\sigma_c}$；$\sigma_t$，$\sigma_c$ 分别为材料拉伸、压缩极限强度。

莫尔-库仑准则和广义双剪应力准则在 π 平面内的屈服曲线见图1[2]。

一般认为，对于稳定材料，所有可能的屈服曲线都在阴影部分内。即莫尔-库仑屈服曲线是内包络线，广义双剪应力屈服曲线是外包络线。本文试图从数学上给予严格的证明。

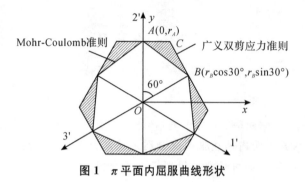

图1 π 平面内屈服曲线形状

2 数学准备

2.1 上凸函数

设 $f(x)$ 在 $[a,b]$ 上有定义，满足以下两条件之一，称为上凸函数[3]：

对于 $[a,b]$ 上任意两点 $x_1<x_2$，以及任何满足 $\alpha_1+\alpha_2=1$ 的非负实数 α_1，α_2，都有

$$f(\alpha_1 x_1+\alpha_2 x_2)\geqslant \alpha_1 f(x_1)+\alpha_2 f(x_2) \tag{4}$$

对于 $[a,b]$ 上任意两点，以及任意 $x(x_1<x<x_2)$ 都有

$$\frac{f(x)-f(x_1)}{x-x_1}\geqslant\frac{f(x_2)-f(x)}{x_2-x} \tag{5}$$

文献[4]证明了上述两条件是等价的。由式(5)可得

$$f(x)\geqslant\frac{f(x_2)-f(x_1)}{x_2-x_1}(x-x_1)+f(x_1) \tag{6}$$

2.2 函数上凸与导数之间关系的一些推论

定理 设函数 f 在 $[a,b]$ 上连续，在 (a,b) 内可微，那么 f 在 $[a,b]$ 上是上凸函数的充要条件是 f' 在 (a,b) 内单调递减；是严格上凸函数的充要条件是在 (a,b) 内 $f''<0$[3]。

由此得到如下两个推论。

推论1 若上凸函数 $f(x)$ 在 $[a,b]$ 上 C^n 连续（$n\geqslant1$），则

$$f(x)\leqslant f(a)+f'(a)(x-a) \tag{7}$$

$$f(x)\leqslant f(b)+f'(b)(x-b) \tag{8}$$

证明 $f(x)$ 在 $[a,b]$ 上 C^n 连续（$n\geqslant1$），则 f 在 (a,b) 内至少二阶可微。对于任一点 $x\in(a,b)$，在其邻域内泰勒（Taylor）展开，并取前三项，即：

$$f(x+\Delta x)=f(x)+f'(x)\Delta x+\frac{f''(x)}{2!}(\Delta x)^2 \tag{9}$$

又 $f(x)$ 为上凸函数，由定理可知 f' 单调递减，$f''\leqslant0$，式(9)可写为

$$f(x+\Delta x)\leqslant f(x)+f'(x)\Delta x \tag{10}$$

设 (a,b) 内任一点 $x = a + \sum\limits_{i=1}^{N} \Delta x$,其中 N 为有限大自然数,使 Δx_i 为正小量,则由式(10) 得

$$f(x) = f\left(a + \sum_{i=1}^{N} \Delta x_i\right) \leqslant f\left(a + \sum_{i=1}^{N-1} \Delta x_i\right) + f'\left(a + \sum_{i=1}^{N-1} \Delta x_i\right)\Delta x_N$$

$$\leqslant f\left(a + \sum_{i=0}^{N-2} \Delta x_i\right) + f'\left(a + \sum_{i=1}^{N-2} \Delta x_i\right)\Delta x_{N-1} + f'\left(a + \sum_{i=1}^{N-1} \Delta x_i\right)\Delta x_N \tag{11}$$

$$\vdots$$

$$\leqslant f(a) + f'(a)\Delta x_1 + \cdots + f'\left(a + \sum_{i=0}^{N-2} \Delta x_i\right)\Delta x_{N-1} + f'\left(a + \sum_{i=1}^{N-1} \Delta x_i\right)\Delta x_N$$

因为 f' 在 (a,x) 内单调递减,所以

$$f'(a) \geqslant f'(a + \Delta x_1) \geqslant \cdots \geqslant f'\left(a + \sum_{i=1}^{N-1} \Delta x_i\right) \tag{12}$$

由式(11)、式(12) 得

$$f(x) \leqslant f(a) + f'(a)\Delta x_1 + \cdots + f'\left(a + \sum_{i=1}^{N-2} \Delta x_i\right)\Delta x_{N-1} + f'\left(a + \sum_{i=1}^{N-1} \Delta x_i\right)\Delta x_N$$

$$\leqslant f(a) + f'(a)\Delta x_1 + \cdots + f'(a)\Delta x_{N-1} + f'(a)\Delta x_N \tag{13}$$

$$= f(a) + f'(a)(x-a)$$

式(7) 得证。

同理,设 (a,b) 内任一点 $x = b - \sum\limits_{i=1}^{N} \Delta x_i$,其中 N 为有限大自然数,使 Δx_i 为正小量,则由式(10) 得

$$f(x) = f\left(b - \sum_{i=1}^{N} \Delta x_i\right) \leqslant f\left(b - \sum_{i=1}^{N-1} \Delta x_i\right) - f'\left(b - \sum_{i=1}^{N-1} \Delta x_i\right)\Delta x_N$$

$$\leqslant f(b) - f'(b)\Delta x_1 - \cdots - f'\left(b - \sum_{i=1}^{N-2} \Delta x_i\right)\Delta x_{N-1} - f'\left(b - \sum_{i=1}^{N-1} \Delta x_i\right)\Delta x_N \tag{14}$$

由 f' 的单调递减性得

$$f'(b) \leqslant \cdots \leqslant f'\left(b - \sum_{i=1}^{N-2} \Delta x_i\right) \leqslant f'\left(b - \sum_{i=1}^{N-1} \Delta x_i\right) \tag{15}$$

即

$$-f'(b) \geqslant \cdots \geqslant -f'\left(b - \sum_{i=1}^{N-2} \Delta x_i\right) \geqslant -f'\left(b - \sum_{i=1}^{N-1} \Delta x_i\right) \tag{16}$$

由式(14) 得

$$f(x) \leqslant f(b) - f'(b)\Delta x_1 - \cdots - f'\left(b - \sum_{i=1}^{N-1} \Delta x_i\right)\Delta x_N$$

$$\leqslant f(b) - f'(b)\Delta x_1 - \cdots - f'(b)\Delta x_{N-1} - f'(b)\Delta x_N \tag{17}$$

$$= f(b) - f'(b)\left(\sum_{i=1}^{N} \Delta x_i\right) = f(b) + f'(b)(x-b)$$

式(8) 得证。

推论 2 若上凸函数 f 在 $[a,b]$ 上 C^0 连续,且 f' 在 $x=a$,$x=b$ 处的极限存在,则 f' 在其不连续点 $x = x_0$ 处有

$$f'(x_0 - 0) \geqslant f'(x_0 + 0) \tag{18}$$

即左导数大于右导数。

证明 因为 $f(x)$ 在 $[a,b]$ 上 C^0 连续,所以 f' 在 (a,b) 内有不连续点,可分为三类[3]:

① $f'(x_0 - 0) \neq f'(x_0 + 0)$;

② $f'(x_0 - 0), f'(x_0 + 0)$ 中至少有一个不存在(即为 $\pm\infty$);

③ $f'(x_0 - 0) = f'(x_0 + 0) \neq f'(x_0)$。

f' 在 $x = a, x = b$ 处的极限可记为 f'_a, f'_b。同时 f 为上凸函数,则 f' 为单调递减函数,于是 f' 在 (a,b) 内必有

$$f'_{a+0} \geqslant f' \geqslant f'_{b-0} \tag{19}$$

即 f' 在 (a,b) 内有界,不存在第二类不连续点。对第一、三类不连续点,重新定义

$$f'(x_0) = \frac{1}{2}\left[f'(x_0 - 0) + f'(x_0 + 0)\right] \tag{20}$$

于是利用 f' 的递减性得

$$f'(x_0 - 0) \geqslant f'(x_0) \geqslant f'(x_0 + 0) \tag{21}$$

式(18)得证。

3 内外包络线的证明

由德鲁克(Drucker)塑性公设可知,稳定材料的屈服面是外凸的[2];对于各向同性材料,π 平面内的屈服曲线是关于 $1', 2', 3'$ 轴对称的[4],屈服曲线是封闭的,与从原点出发的射线只相交于一点[3],所以只需要讨论图 1 所示的 $60°$ 角范围内的曲线。在 π 平面内建立直角坐标,在所讨论范围内,曲线可用上凸函数 $y = f(x)$ 来表示。设 $A(0, r_A), B(r_B\cos30°, r_B\sin30°)$,其中 $r_A = \frac{2\sqrt{6}\cos\varphi}{3 - \sin\varphi}, r_B = \frac{2\sqrt{6}\cos\varphi}{3 + \sin\varphi}, C, \varphi$ 与式(1)相同。$f(x)$ 必经过 A, B 两点,由式(6)得

$$f(x) \geqslant \frac{r_B\sin30° - r_A}{r_B\cos30°}x + r_A \tag{22}$$

而直线 AB 的方程为

$$y = \frac{r_B\sin30° - r_A}{r_B\cos30°}x + r_A \tag{23}$$

即证得 $f(x)$ 在直线 AB 之上。

由曲线的对称性、外凸性及式(22)得,A 点的右侧导数

$$\frac{r_B\sin30° - r_A}{r_B\cos30°} \leqslant f'_{A+0} \leqslant 0 \tag{24}$$

B 点的左侧导数

$$-\sqrt{3} \leqslant f'_{B-0} \leqslant \frac{r_B\sin30° - r_A}{r_B\cos30°} \tag{25}$$

若 $f(x)$ 在 $[0, r_B\cos30°]$ 上 C^n 连续 $(n \geqslant 1)$,则由推论 1 得,对于 $x \in (0, r_B\cos30°)$,曲线必在直线 AC, AB 之下。

若 $f(x)$ 在 $[0, r_B\cos30°]$ 上 C^0 连续,则设 $f'(x)$ 在 $(0, r_B\cos30°)$ 内有 n 个不连续点 $x_i'(i = 1, 2, \cdots, n)$,把 $(0, r_B\cos30°)$ 划分为 $n+1$ 个区间,$f(x)$ 在每一区间内必至少二阶可微。令 $x_0 = 0, x_i = x_i'(i = 1, 2, \cdots, n), x_{n+1} = r_B\cos30°$,任一 $x \in (x_{k-1}, x_k), 1 \leqslant k \leqslant n+1$。

由推论 2 知

$$f'(x_{k-1}+0) \leqslant f'(x_{k-1}-0) \tag{26}$$

由式 (19) 知

$$f'(x_{k-1}-0) \leqslant f'(x_{k-2}+0) \tag{27}$$

依次应用式 (26)、(27) 可得

$$f'(0+0) \geqslant f'(x_1-0) \geqslant f'(x_1+0) \geqslant \cdots \geqslant f'(x_{k-1}+0) \geqslant f'(x_k-0) \tag{28}$$

在区间 (x_{k-1}, x_k) 内，由推论 1 可得

$$f(x) \leqslant f(x_{k-1}) + f'(x_{k-1}+0)(x-x_{k-1}) \tag{29}$$

又由式 (28) 得

$$f(x) \leqslant f(x_{k-1}) + f'(x_{k-1}+0)(x-x_{k-1}) \leqslant f(x_{k-1}) + f'(0+0)(x-x_{k-1}) \tag{30}$$

同理在区间 $(x_0, x_1), (x_1, x_2), \cdots, (x_{k-2}, x_{k-1})$ 内有

$$f(x_{k-1}) \leqslant f(x_{k-2}) + f'(0+0)(x_{k-1}-x_{k-2})$$
$$\vdots \tag{31}$$
$$f(x_1) \leqslant f(0) + f'(0+0) \cdot x_1$$

综合式 (30)、(31) 得

$$f(x) \leqslant f(0) + f'(0_\varphi+0) \left[\sum_{i=0}^{k-2} (x_{i+1}-x_i) + x - x_{k-1} \right] = f(0) + f'(0+0)x \tag{32}$$

式 (32) 表明 $f(x)$ 在直线 AC 之下。

同理可证 $f(x)$ 在直线 CB 之下。$f(x)$ 在直线 AB 之上，又在直线 AC，CB 之下（即在阴影区内），故莫尔-库仑屈服曲线是内包络线，广义双剪应力屈服曲线是外包络线。

4 结 论

上述论证在数学上严格证明了"对于稳定材料，莫尔-库仑屈服条件和广义双剪应力屈服条件在 π 平面内的屈服曲线分别是内、外包络线"的观点，这对研究稳定材料的塑性模型有重要的指导意义。

参考文献

[1] 俞茂宏,何丽南,宋凌宇. 双剪应力强度理论及其推广[J]. 中国科学（A 辑 数学 物理学 天文学 技术科学）,1985 (12):55-62.

[2] 龚晓南. 土塑性力学[M]. 杭州:浙江大学出版社,1990.

[3] 欧阳光中,朱学炎,秦曾复. 数学分析. 上册[M]. 上海:上海科学技术出版社,1983.

[4] 王仁,黄文彬. 塑性力学引论[M]. 北京:北京大学出版社,1982.

关于在应变空间中屈服面与其内部所构成的集合为凸集的证明[*]

童小东[1]   龚晓南[1]   姚恩瑜[2]

(1.浙江大学土木工程学系;2.浙江大学数学系)

摘要 本文证明了满足伊柳辛(Ильюшин)塑性公设的材料在应变空间中的屈服面与其内部所构成的集合为凸集。从数学上严格证明了应变空间中屈服面的外凸性及残余应力增量的方向问题。并通过引入凸集概念,为进一步深入研究应变空间中屈服面性状开辟了新途径。

1 预备知识

1. Ильюшин 塑性公设[1]

2. 凸集的定义及其有关性质[2,3]

3. 关于一个集合为凸集的证明

符号说明:设 S 为一集合

①clS:S 的闭包

②intS:S 的内部

③∂S:S 的边界

④$\prod\limits_{x\in\partial S}H^-(x)$:$S$ 的边界上任一点 x 处的支撑超平面所形成的负半空间的交集

⑤△:定义为

⑥$N_\varepsilon(x)$:x 的 ε 邻域

⑦$x\in S$:x 属于 S

⑧$x\notin S$:x 不属于 S

⑨$S'\subseteq S$:集合 S' 包含于 S 中

⑩E^n:n 维欧几里得空间

设 S 为一集合,且 S 的内部非空,又 S 包含在它的任一边界点的支撑超平面[2]所形成的一个半空间中,即 $S\subseteq\prod\limits_{x\in\partial S}H^-(x)$,则 S 必为凸集。

证明方法:采用反证,若 S 为非凸集,则必存在 $x^1\in$intS,$x^2\in$clS 及某一 $\lambda\in(0,1)$,使得,$y\underset{\triangle}{}\lambda x^1+(1-\lambda)x^2\notin$intS,即 $y\in\partial S$ 或 y 位于 clS 之外[3]。不失一般性,设 $y\in\partial S$(因为若 y 位于 clS 之外,可将 y 与 x^1 的连线与 ∂S 的交点取作 y),见图1。

---

*本文刊于《第七届全国结构工程学术会议论文集(第Ⅰ卷)》.北京:清华大学出版社,1998:4.

记过点 $\boldsymbol{y}$ 处 S 的支撑超平面为

$$H(\boldsymbol{y})=\{\boldsymbol{x}\mid \boldsymbol{P}^{\mathrm{T}}\boldsymbol{x}=\boldsymbol{P}^{\mathrm{T}}\boldsymbol{y},\boldsymbol{x}\in E^n,\boldsymbol{P}\in E^n\}$$

则 $S\subseteq H^-(\boldsymbol{y})$，即有

$$\boldsymbol{P}^{\mathrm{T}}\boldsymbol{x}^1 \leqslant \boldsymbol{P}^{\mathrm{T}}\boldsymbol{y} \tag{1}$$

$$\boldsymbol{P}^{\mathrm{T}}\boldsymbol{x}^2 \leqslant \boldsymbol{P}^{\mathrm{T}}\boldsymbol{y} \tag{2}$$

所以有

$$\boldsymbol{P}^{\mathrm{T}}(\boldsymbol{x}^1-\boldsymbol{y}) \leqslant 0 \tag{3}$$

$$\boldsymbol{P}^{\mathrm{T}}(\boldsymbol{x}^2-\boldsymbol{y}) \leqslant 0 \tag{4}$$

注意到向量 $(\boldsymbol{x}^1-\boldsymbol{y})$ 与向量 $(\boldsymbol{x}^2-\boldsymbol{y})$ 的方向相反（见图 1），要同时满足式（3）和式（4），只有 $\boldsymbol{P}^{\mathrm{T}}\boldsymbol{x}^1=\boldsymbol{P}^{\mathrm{T}}\boldsymbol{x}^2=\boldsymbol{P}^{\mathrm{T}}\boldsymbol{y}$。

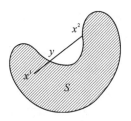

图 1　集合 S

又因为 $\boldsymbol{x}^1\in \mathrm{int}S$，根据 $\mathrm{int}S$ 的定义[3]知，必存在 $\boldsymbol{x}^1$ 的邻域 $N_\varepsilon(\boldsymbol{x}^1)\subseteq S$。故对于不与向量 $\boldsymbol{P}$ 正交的任一非零向量 $\boldsymbol{d}$，总存在充分小的 $\delta>0$，使得 $\boldsymbol{x}^1\pm\delta\boldsymbol{d}\in N_\varepsilon(\boldsymbol{x}^1)\subseteq S$，所以有

$$\boldsymbol{P}^{\mathrm{T}}(\boldsymbol{x}^1\pm\delta\boldsymbol{d})=\boldsymbol{P}^{\mathrm{T}}\boldsymbol{x}^1\pm\delta\boldsymbol{P}^{\mathrm{T}}\boldsymbol{d}\leqslant \boldsymbol{P}^{\mathrm{T}}\boldsymbol{y} \tag{5}$$

而 $\boldsymbol{P}^{\mathrm{T}}\boldsymbol{x}^1=\boldsymbol{P}^{\mathrm{T}}\boldsymbol{y}$，要满足上式，只有 $\delta\boldsymbol{P}^{\mathrm{T}}\boldsymbol{d}=0$。而又有 $\delta>0$，故必有 $\boldsymbol{P}^{\mathrm{T}}\boldsymbol{d}=0$，即 $\boldsymbol{P}$ 与 $\boldsymbol{d}$ 正交。由于在前面已假设 $\boldsymbol{d}$ 不与 $\boldsymbol{P}$ 正交，即 $\boldsymbol{P}^{\mathrm{T}}\boldsymbol{d}\neq0$，故存在矛盾，所以 S 必为凸集。

2　关于在应变空间中屈服面与其内部所构成的集合为凸集的证明

我们知道，在应变空间中屈服面与其内部所构成的集合显然是内部非空的。

设当 $t=t_0$ 时，初始的应变状态为 $\boldsymbol{\varepsilon}_{ij}^0$，它可位于应变空间中的屈服面上，也可位于屈服面之内。当 $t=t_1$ 时，应变点正好开始到达屈服面上，此时应变为 $\boldsymbol{\varepsilon}_{ij}$，此后为加工硬化或加工软化过程，直到 $t=t_2$。在此期间应变增加到 $\boldsymbol{\varepsilon}_{ij}+\mathrm{d}\boldsymbol{\varepsilon}_{ij}$，然后在外力作用下，当 $t=t_4$ 时，应变状态又回到初始的应变状态 $\boldsymbol{\varepsilon}_{ij}^0$（见图 2），并产生了弹性条件下塑性变形增量所对应的残余应力增量 $\mathrm{d}\boldsymbol{\sigma}_{ij}^P$，其值为

$$\mathrm{d}\boldsymbol{\sigma}_{ij}^P=\boldsymbol{D}\mathrm{d}\boldsymbol{\varepsilon}_{ij}^P \tag{6}$$

式中，$\boldsymbol{D}$ 为弹性矩阵。

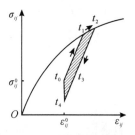

图 2　闭合应变循环

根据伊柳辛塑性公设，在一个应变循环中附加应力所做的功非负，则有

$$W = \left(\boldsymbol{\varepsilon}_{ij} - \boldsymbol{\varepsilon}_{ij}^0 + \frac{1}{2}\mathrm{d}\boldsymbol{\varepsilon}_{ij}\right)\mathrm{d}\boldsymbol{\sigma}_{ij}^P \geqslant 0 \tag{7}$$

如果初始应变点 $\boldsymbol{\varepsilon}_{ij}^0$ 在应变空间中的屈服面 $\varphi^0 = 0$ 上，$\boldsymbol{\varepsilon}_{ij} - \boldsymbol{\varepsilon}_{ij}^0 = 0$，则由式（7）得

$$\mathrm{d}\boldsymbol{\varepsilon}_{ij}\,\mathrm{d}\boldsymbol{\sigma}_{ij}^P \geqslant 0 \tag{8}$$

式（8）即为加载准则、卸载准则和中性变载准则的统一表达式。它对于稳定材料和非稳定材料都是适用的，因为应变空间中的屈服面总是向外扩大的。

如果初始应变点位于屈服面 $\varphi^0 = 0$ 之内，$\boldsymbol{\varepsilon}_{ij} - \boldsymbol{\varepsilon}_{ij}^0 \neq 0$，在式（7）中略去高阶项，可得

$$(\boldsymbol{\varepsilon}_{ij} - \boldsymbol{\varepsilon}_{ij}^0)\mathrm{d}\boldsymbol{\sigma}_{ij}^P \geqslant 0 \tag{9}$$

可以看出，当初始应变点在屈服面 $\varphi^0 = 0$ 上时，式（9）显然也是成立的。

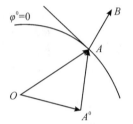

图 3 伊柳辛塑性公设的几何表示

将塑性应变空间 $\boldsymbol{\varepsilon}_{ij}^P$ 与应力空间 $\boldsymbol{\sigma}_{ij}^P$ 的坐标重合，用向量 $\boldsymbol{OA}^0$ 和 $\boldsymbol{OA}$ 分别表示 $\boldsymbol{\varepsilon}_{ij}^0$ 和 $\boldsymbol{\varepsilon}_{ij}$，用向量 $\boldsymbol{AB}$ 表示 $\mathrm{d}\boldsymbol{\sigma}_{ij}^P$（见图 3）。则式（9）可表示为

$$\boldsymbol{A}^0\boldsymbol{A} \cdot \boldsymbol{AB} \geqslant 0 \tag{10}$$

亦即

$$\boldsymbol{AB} \cdot (\boldsymbol{OA}^0 - \boldsymbol{OA}) \leqslant 0 \tag{11}$$

由于 A^0 为应变空间中屈服面与其内部所构成的集合中的任意一点，A 为屈服面上的任意一点，于是式（11）可以用支撑超平面的概念解释为：在应变空间中的屈服面与其内部所构成的集合包含在它的任一边界点处的支撑超平面所形成的一个半空间中。而在前面的预备知识部分中，我们已经证明，满足这样条件的集合必为凸集。从而证明了在应变空间中屈服面与其内部所构成的集合为凸集。

由凸集的定义[2]可知，凸集的边界必然为外凸的（这里的外凸包括边界是平的情况），从而证明了屈服面的外凸性。另外，由式（11）可得 A 点处的屈服面与其内部所构成的凸集的支撑超平面的表达式为

$$\boldsymbol{AB} \cdot (\boldsymbol{OA}^0 - \boldsymbol{OA}) = 0 \tag{12}$$

由支撑超平面的定义知，$\boldsymbol{AB}$ 代表超平面的外法线向量，再由式（11）的非正性可知 $\boldsymbol{AB}$ 必为超平面的外法线向量，于是便证明了表示残余应力增量 $\mathrm{d}\boldsymbol{\sigma}_{ij}^P$ 的向量 $\boldsymbol{AB}$ 必与屈服面 $\varphi^0 = 0$ 在 A 点处的外法线向量重合。

3 结　语

本文对满足伊柳辛塑性公设的材料在应变空间中的屈服面与其内部所构成的集合为凸集进行了证明。相对于应力空间中屈服面的研究，目前对应变空间中屈服面性状的研究还较少。

本文希望将数学上的凸集概念引入土塑性力学领域，为以后利用凸集的有关性质进一步研究应变空间中屈服面的性状奠定基础。

参考文献

［1］龚晓南. 土塑性力学［M］. 杭州：浙江大学出版社，1990.

［2］汪树玉，杨德铨，刘国华，等. 优化原理、方法与工程应用［M］. 杭州：浙江大学出版社，1991.

［3］Bazaraa M S, Shetty C M. Nonlinear Programming—Theory and Algorithms［M］. New York：John Wiley & Sons，1979.

Mohr-Coulomb 准则在岩土工程应用中的若干问题[*]

鲁祖统   龚晓南

（浙江大学岩土工程研究所）

摘要   以莫尔-库仑(Mohr-Coulomb)准则为基础的摩擦型屈服准则被广泛用于岩土工程中,这不仅仅是因为其概念简洁明了、参数少且容易通过试验测得,而且,它基本上能反映岩土材料的塑性变形特性。但是,莫尔-库仑准则在 π 平面内存在 6 个奇异点,在子午面内其顶点也是奇异点,这给数值分析带来较大的困难。在奇异点附近收敛很慢,妨碍了莫尔-库仑准则在工程中的应用。Zienkiewicz 等[1]提出了在子午面内用二次曲线拟合、在 π 平面内用修圆公式逼近的方法以消除奇异点。本文通过对莫尔-库仑准则的分析,得到了消除这类奇异点的方法;同时指出了相关研究工作[1-2]中存在的一些问题及其原因;最后给出了轴对称问题的具体公式。这些工作有助于各类屈服准则在工程中的应用。

1   莫尔-库仑准则分析

莫尔-库仑准则在三维应力空间中的表达式(以拉应力为正)如下[3]:

$$F = I_1 sin\varphi/3 + \sqrt{J_2}\,[\cos\theta_\sigma - \sin\varphi\sin\theta_\sigma/\sqrt{3}] - C\cos\varphi = \sigma_m\sin\varphi + \bar{\sigma}[\cos\theta_\sigma - \sin\varphi\sin\theta_\sigma/\sqrt{3}] - C\cos\varphi = 0$$

$$(1)$$

式中,I_1 为应力张量第一变量,$I_1/3 = (\sigma_1 + \sigma_2 + \sigma_3)/3 = \sigma_m$,$\sigma_m$ 为平均正应力也称八面体正应力;J_2 为偏应力张量第二变量,记 $\bar{\sigma} = \sqrt{J_2} = \sqrt{\frac{3}{2}}\,\tau_8$,为等效正应力,$\tau_8$ 也称八面体剪应力;θ_σ 为应力空间中的 Lode 角(见图 1)。图 1 中 $1', 2', 3'$ 为 $\sigma_1, \sigma_2, \sigma_3$ 在 π 平面内的投影。若假定 $\sigma_1 > \sigma_2 > \sigma_3$,则 $\tan\theta_\sigma = \frac{1}{\sqrt{3}}\left[\frac{2(\sigma_2 - \sigma_3)}{\sigma_1 - \sigma_3} - 1\right]$,可知 $\theta_\sigma \in [-\pi/6, \pi/6]$,或 θ_σ 由 $\sin(3\theta_\sigma) = -3\sqrt{3}J_3/(2\bar{\sigma}^3)$ 决定[3],其中,J_3 为偏应力张量第三变量。

---

* 本文刊于《浙江大学学报（工学版）》,2000,34(5):588-590.

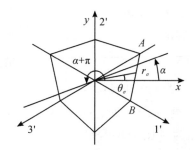

图1 莫尔-库仑准则在 π 平面内的形状

由德鲁克-普拉格(Druker-Prager)准则可知,各向同性稳定材料的屈服曲线必为外凸并且关于 $1',2',3'$ 轴对称,故只需在 $\theta_\sigma \in [-\pi/6, \pi/6]$ 范围内对屈服曲线进行讨论。

下面分析莫尔-库仑准则在几个特殊面内的形状。

(1)在 π 平面内的形状

在 π 平面($\sigma_m = \text{const}$)内用极坐标 $(r_\sigma, \theta_\sigma)$ 表示(见图1),且 $r_\sigma = \sqrt{2}\sigma$,由式(1)可得

$$r_\sigma \left[\cos\theta_\sigma - \frac{\sin}{\sqrt{3}}\sin\theta_\sigma \right] = \sqrt{2}(C\cos\varphi - \sigma_m \sin\varphi) \qquad (2)$$

因 $x = r_\sigma \cos\theta_\sigma$,$y = r_\sigma \sin\theta_\sigma$,故式(2)可写为

$$x - y\sin\varphi/\sqrt{3} = \sqrt{2}(C\cos\varphi - \sigma_m \sin\varphi) \qquad (3)$$

显然,在 $\theta_\sigma \in [-\pi/6, \pi/6]$ 范围内为一直线。

(2)在子午面内的形状

在子午面内建立坐标 $r_1 \sim r_\sigma$,经几何计算可得 $r_1 = -\sqrt{3}\sigma_m$,由式(2)得

$$r_\sigma = (\sqrt{6}C\cos\varphi + \sqrt{2}r_1\sin\varphi)/(\sqrt{3}\cos\theta_\sigma - \sin\varphi\sin\theta_\sigma) \qquad (4)$$

在该平面内同样为一直线,见图2(a)。当 $r_\sigma = 0$ 时,$r_1 = -\sqrt{3}C\arctan\varphi$;当 $r_1 = 0$ 时,$r_\sigma = \sqrt{6}C\cos\varphi/(\sqrt{3}\cos\theta_\sigma - \sin\varphi\sin\theta_\sigma)$。由此可知,$r_\sigma$ 是 θ_σ 的函数,在任一角度 α 处与 $\alpha + \pi$ 处不对称,不便于二次函数拟合。

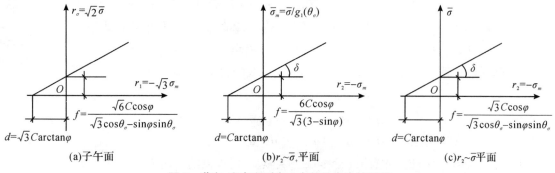

图2 莫尔-库仑准则在3个特殊面内的形状

(3)在 $r_2 \sim \bar{\sigma}_+$ 平面内的形状

由式(1)可得

$$F = 6\sigma_m \sin\varphi/[\sqrt{3}(3 - \sin\varphi)] + \bar{\sigma}/g_1(\theta_\sigma) - 6C\cos\varphi/[\sqrt{3}(3 - \sin\varphi)] = 0, \qquad (5)$$

式(5)中，$g_1(\theta_\sigma)=(3-\sin\varphi)/(2\sqrt{3}\cos\theta_\sigma-2\sin\theta_\sigma)$.

令 $r_2=-\sigma_m$，$\bar{\sigma}_+=\bar{\sigma}/g_1(\theta_\sigma)$，则可得

$$\bar{\sigma}_+=(6r_2\sin\varphi+6C\cos\varphi)/\left[\sqrt{3}(3-\sin\varphi)\right] \tag{6}$$

当 $\bar{\sigma}_+=0$ 时，$r_2=-C\arctan\varphi$；当 $r_2=0$ 时，$\bar{\sigma}_+=6C\cos\varphi/\left[\sqrt{3}(3-\sin\varphi)\right]$，见图 2(b)。由此可知，$r_\sigma$ 与 θ_σ 无关，在任一角度 α 处与 $\alpha+\pi$ 处对称，即关于 r_2 轴对称，便于二次函数拟合以消除顶点的奇异性。设直线的倾角为 δ[图 2(b)]，则

$$\tan\delta=f/d=6\sin\varphi\left[\sqrt{3}(3-\sin\varphi)\right] \tag{7}$$

(4)在 $r_2\sim\bar{\sigma}$ 平面内的形状

由式(1)可得

$$\bar{\sigma}(\cos\theta_\sigma-\sin\varphi\sin\theta_\sigma/\sqrt{3})=C\cos\varphi+r_2\sin\varphi \tag{8}$$

当 $\bar{\sigma}=0$ 时，$r_2=-C\cot\varphi$；当 $r_2=0$ 时，$C\cos\varphi/(\cos\theta_\sigma-\sin\varphi\sin\theta_\sigma/\sqrt{3})$，见图 2(c)。由此可知，$r_\sigma$ 也是 θ_σ 的函数。设直线斜率为

$$\tan\delta=f/d=\sin\varphi/(\cos\theta_\sigma-\sin\varphi\sin\theta_\sigma/\sqrt{3}) \tag{9}$$

由式(9)可知，只有当 $\theta_\sigma=0$ 时，$\tan\delta=\sin\varphi$。

2 对莫尔-库仑准则的修正

对子午面和 π 平面内的奇异点采用不同的方法来消除。在子午面内，先把曲线从子午面内转化到 $r_2\sim\bar{\sigma}_+$ 平面内，再采用二次曲线（如双曲线、抛物线、椭圆）逼近。现以双曲线为例说明拟合过程。把二次曲线写成如下统一形式：

$$F=\alpha\sigma_m^2+\beta\sigma_m+\gamma+\bar{\sigma}_+^2 \tag{10}$$

设双曲线方程为

$$\left[(-\sigma_m+d)/a\right]^2+\bar{\sigma}_+^2/b=1 \tag{11}$$

式(11)中，a 为任意正数，$b=a\tan\delta$。展开后对照式(10)，得修正后的表达式为

$$F=-\tan^2\delta\sigma_m^2+2d\tan^2\delta\sigma_m+(a^2-d^2)\tan^2\delta+\bar{\sigma}_+^2 \tag{12}$$

式(12)与文献[1-2]所提供的表达式有所不同。文献[1]所提供的表达式为

$$F=-\sin^2\varphi\sigma_m^2+2c\sin\varphi\cos\sigma_m+(a^2\sin^2\varphi-d^2\cos^2\varphi)+\bar{\sigma}_+^2 \tag{13}$$

究其原因，文献[1]误认为在 $r_2\sim\bar{\sigma}$ 平面的屈服线的斜率 $\tan\delta=b/a=\sin\varphi$，得到

$$\alpha=-b^2/a^2=-\sin^2\varphi \tag{14}$$

$$\beta=2db^2/a^2=2d\sin^2\varphi=2c\sin\varphi\cos\varphi \tag{15}$$

$$\gamma=b^2-d^2b^2/a^2=(a^2-d^2)b^2/a^2=a^2\sin^2\varphi-d^2\cos^2\varphi \tag{16}$$

其实，只有当 $\theta_\sigma=0$ 时，才有 $\tan\delta=\sin\varphi$。文献[2]所提供的表达式为

$$F=-\tan^2\varphi\sigma_m^2+2d\tan^2\varphi\sigma_m+(a^2\tan^2\varphi-c^2)+\bar{\sigma}_+^2 \tag{17}$$

究其原因，文献[2]误认为在 $r_2\sim\bar{\sigma}$ 平面内的屈服线的斜率 $\tan\delta=b/a=\tan\varphi$，即把 δ 当作 φ。

π 平面内出现奇异点是因为在 $g_1(\theta_\sigma)$ 在 $\theta_\sigma\pm30°$ 处对 r_σ 的导数不为零，可以采用文献[1]推荐的方法来消除。

3　莫尔-库仑准则的修正公式在轴对称问题中的应用

设屈服函数为 $F=F(\sigma_m, J_2, \theta_\sigma)$，则

$$\left\{\frac{\partial F}{\partial \sigma}\right\}=\frac{\partial F}{\partial \sigma_m}\left\{\frac{\partial \sigma_m}{\partial \sigma}\right\}+\frac{\partial F}{\partial \bar{\sigma}}\left\{\frac{\partial \bar{\sigma}}{\partial \sigma}\right\}+\frac{\partial F}{\partial J_3}\left\{\frac{\partial J_3}{\partial \sigma}\right\}=C_1\left\{\frac{\partial \sigma_m}{\partial \sigma}\right\}+C_2\left\{\frac{\partial \bar{\sigma}}{\partial \sigma}\right\}+C_3\left\{\frac{\partial J_3}{\partial \sigma}\right\} \tag{18}$$

在轴对称情况下（S_r, S_z, S_θ 为偏应力），有

$$\{\partial \sigma_m/\partial \sigma\}=\{1 \quad 1 \quad 0 \quad 1\}^T/3 \tag{19}$$

$$\{\partial \bar{\sigma}/\partial \sigma\}=\{S_r \quad S_z \quad 2\tau_{rz} \quad S_\theta\}^T/(2\bar{\sigma}) \tag{20}$$

$$\{\partial J_3/\partial \sigma\}=\{S_z S_\theta \quad S_\theta S_r \quad -2S_\theta \tau_{rz} \quad S_r S_z-\tau_{rz}^2\}^T+\{1 \quad 1 \quad 0 \quad 1\}^T J_2/3 \tag{21}$$

把式(12)代入式(18)，得

$$C_1=\partial F/\partial \sigma_m=2\tan^2\delta(-\sigma_m+d) \tag{22}$$

$$C_2=\partial F/\partial \bar{\sigma}=\bar{\sigma}[1+K-(1-K)\sin(3\theta_\sigma)][1+K+2(1-K)\sin(3\theta_\sigma)]/(2K^2) \tag{23}$$

$$C_3=\partial F/\partial J_3=3\sqrt{3}(1-K)[1+K-(1-K)\sin(3\theta_\sigma)]/(4\sqrt{J_2}K^2) \tag{24}$$

式(23)和式(24)中，$K=(3-\sin\varphi)/(3+\sin\varphi)$。将式(18)代入塑性矩阵表达式[3]可以得到在轴对称情况下，理想塑性材料进入塑性后的塑性矩阵（采用相关联的流动法则）。

4　结　语

通过对莫尔-库仑准则在几个特殊平面内屈服曲线的分析，可以找到较多的方法来消除屈服函数的奇异性，使修正的莫尔-库仑公式更适合于数值计算，从而使之能广泛地应用于工程问题。本文结合轴对称问题，说明了塑性矩阵的求法。同时，指出了文献[1-2]中的几处错误，这些工作有助于莫尔-库仑准则和其他各类屈服准则在岩土工程中的应用。

参考文献

[1] Zienkiewice O C, Pande G N. Finite Elements in Geomechanics[M]. New York：McGraw-Hill, 1977：177-190.

[2] 郑颖人，陈长安. 理想塑性岩土的屈服条件与本构关系[J]. 岩土工程学报，1984，6(5)：13-22.

[3] Zienkiewicz O C. The Finite Element Method[M]. 3rd ed. New York：McGraw-Hill，1977.

黏土结构性对其力学性质的影响及形成原因分析[*]

龚晓南　熊传祥　项可祥　候永峰

（浙江大学岩土工程研究所）

摘要　近年来,原状黏土结构性及其对黏土力学性质影响引起了人们广泛的关注。研究表明:各地土的结构性存在较大差异,对其力学性质的影响也不同。黏土的结构性使其存在结构屈服应力。黏土在承受低于和高于结构屈服应力的压力时,力学特性差异较大,因此研究各类土的结构性及黏土结构屈服应力的形成原因对认识黏土的特性和研究本构模型具有重大的意义,对指导工程勘察及工程实践具有现实价值。本文首先介绍了黏土结构性对其土工特性影响的部分研究成果,然后探讨了结构性黏土的区分及黏土结构性的形成原因。

1　黏土结构性对其力学性质的影响

天然土多种多样,由于组成成分和沉积条件不同,原状黏土呈现不同的结构性。已有学者针对不同的黏土的压缩特性、强度特性、固结特性、应力-应变关系等展开了研究。

1.1　黏土结构性对压缩特性的影响

张诚厚对湛江黏土及上海黏土,Mesri 等对 Mexico City 黏土,Locat 等对 Grande Baleine 黏土的结构性进行了研究[1-3]。湛江黏土和 Mexico City 黏土压缩曲线见图 1 和图 2。从图中可以看出,结构性强的原状黏土具有明显的结构屈服应力,结构屈服应力大于上覆有效压力。进行压缩试验时,在低于屈服应力的范围内,土的压缩性较小,在高于屈服压力的范围内,土的压缩性增大,其曲线最后与重塑土的压缩曲线相同。

1.2　黏土结构性对强度包线的影响

由于黏土存在结构性,黏土的强度包线为折线型[4]。实际上各种黏土都有结构性,其强度包线均为折线型,在土体结构屈服强度处有明显的转折[5]。上海黏土和 Rang du Flenve 黏土[6]固结不排水强度包线见图 3 和图 4,从图中可以看出,土体结构性对强度包线的影响。具有结构性的黏土在低围压时具有剪胀性,表现出超固结土的特性,在高围压时表现出正常固结土的特性。杭州某小区地下深 8～10m 的淤泥质黏土原状样的强度包线图见图 5,该图基本上证明了杭州地区淤泥质黏土具有文献[5]推测的土的结构性对其抗剪强度影响的规律。

1.3　黏土结构性对应力-应变关系的影响

李作勤和 Tavenas 等研究[7-8]表明:对结构性较强的黏土,当固结压力高于结构屈服应力

---

* 本文原标题为《粘土结构性对其力学性质的影响及形成原因分析》,刊于《水利学报》,2000(10):5.

时,应力-应变关系呈"应变硬化型",当固结压力低于结构屈服应力时,应力-应变关系呈"应变软化型"。黏土结构使其具有明显的初始屈服面,在初始屈服面内,土体呈弹性;超过初始屈服面土体呈塑性。研究还表明:孔隙水压力亦与结构屈服应力和固结压力有关。张诚厚还认为:结构强度低的黏土,应力-应变关系呈双曲线型[1]。我们对杭州淤泥质黏土的试验表明亦具有上述特点,其应力-应变曲线见图 6。

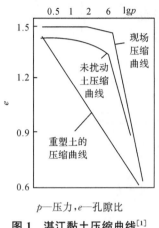

p—压力,e—孔隙比

图 1 湛江黏土压缩曲线[1]

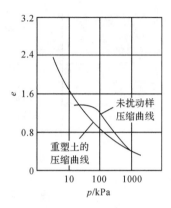

p—压力,e—孔隙比

图 2 Mexico City 黏土压缩曲线[2]

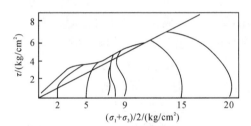

σ_1—最大主应力,σ_3—最小主应力,τ—切应力

图 3 上海黏土固结不排水强度包线[1]

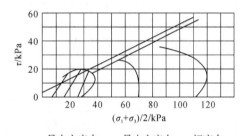

σ_1—最大主应力,σ_3—最小主应力,τ—切应力

图 4 Rang du Flenve 黏土固结不排水强度包线[6]

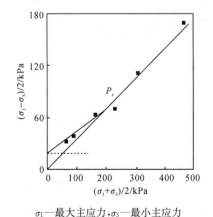

σ_1—最大主应力,σ_3—最小主应力

图 5 杭州地区天然淤泥质黏土折线型强度包线

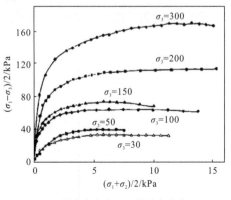

σ_1—最大主应力,σ_3—最小主应力

图 6 杭州地区天然淤泥质黏土的应力-应变关系

1.4 黏土结构性对固结系数的影响

张诚厚和 Yong 的研究表明:结构性黏土在应力低于结构屈服应力时,固结系数基本为一常数[1,9]。当应力增加到结构屈服应力附近时,固结系数急剧降低,最后趋近于重塑土的固结系数(见图 7)。

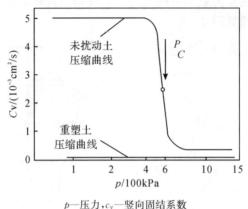

p—压力,c_v—竖向固结系数

图 7　湛江黏土的 c_v-lg$p$ 曲线[1]

2　土结构性和结构性黏土

从广义上说,土都具有结构性;从微观上说,土结构性是指土体颗粒和孔隙的性状、排列形式及颗粒之间的相互作用。胡瑞林认为土的微结构包括 4 个方面:①结构单元特征;②颗粒的排列特征;③孔隙性;④结构连接。[10]从以上不难看出,重塑土也满足上述条件。原状土比重塑土的结构性强,成因不同的原状土结构性也有较大的差异。笔者认为对土结构性和结构性土等同使用,容易产生混淆。基于此,笔者认为有必要对土体结构性强弱进行区分。

根据此前关于黏土结构性对其特性影响的研究可知,无论是单向固结试验还是三轴试验,具有结构性的黏土的力学性质受结构屈服应力影响较大。据此,笔者建议根据结构屈服应力与先期固结压力的关系来判断土的结构性强弱,并将黏土结构性分为弱结构性、较强结构性和强结构性三个等级。

根据图 8 所示,$p/\sigma_c=1$ 为弱结构性黏土;$1<p/\sigma_c\leqslant N_1$ 为较强结构性黏土;$p/\sigma_c>N_1$ 为强结构性黏土。这里 p 为结构屈服应力,σ_c 为先期固结压力,N_1 为一定值,可通过大量试验统计分析得出。结构屈服应力对结构性黏土的影响区域见图 8,阴影区域代表土的结构性影响区域。

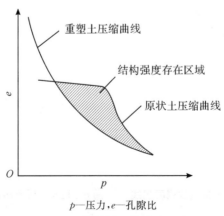

p—压力,e—孔隙比

图 8　结构性黏土的影响区域

3 黏土结构性的形成原因

从上面的分析可以看出土的结构性对其力学性质影响明显,土的结构性形成原因见图 9。

3.1 内因对结构性的影响

土的物质成分对结构性的影响是第一位的。黏土中不同的黏土矿物及其含量都会影响黏土的结构性。尤其是当黏土中存在着膨胀性黏土矿物时,膨胀和收缩会导致土的结构性减少甚至消失。黏土其他物质成分亦会影响结构性。李作勤将影响机理归纳为 3 种:①结点的变质作用;②盐基交换作用;③胶结作用(如钙质胶结、铁质胶结、泥质胶结、铝氧化物胶结)[7]。谭罗荣等对湛江黏土的研究表明土中游离铁胶结物含量影响结构性(见图 10)。湛江黏土经 EDTA 渗透 30d 后,用于压缩试验,其结构屈服应力从 9.5kg/cm² 降到 7.4kg/cm²;渗透 2 个月左右降到 7kg/cm² 左右[11]。孔德坊等对青海某湖积的黏土研究表明:该土经无氧水溶液 2～5d 后,凝聚强度有明显的下降,为其原状土凝聚强度的 1/10～1/3;经无氧水溶滤 15d 后,凝聚强度为其原状土的 1/2,φ 降低约 1/10[12]。人工制备的结构性黏土模拟的是这一部分物质成分对结构性的影响。另外,土中的有机质可能也会并生一些散凝剂而导致土的微结构改变,从而使土的结构性有所改变。

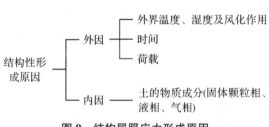

图 9 结构屈服应力形成原因

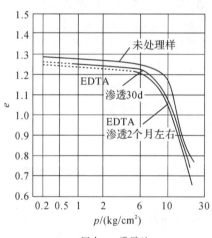

p—压力,e—孔隙比

图 10 胶结物含量对屈服应力的影响

为了研究物质成分与微结构的关系,我们对杭州淤泥质黏土的原状样与重塑样采用透射电镜进行分析。杭州某小区地下淤泥质黏土原状样及重塑样的透射电镜图像见图 11、图 12。从图中可以看出:其微结构具有较大的区别,原状样含有大量絮凝状凝胶,而重塑样较少。但应该说明的是,由于我们试样有限,代表性还需要进一步研究。建议有条件的单位开展这方面的探索。

图 11 原状土的透射电镜图像

图 12 重塑土的透射电镜图像

其次,土的沉积过程也会对土体的结构性的形成有较大的影响。众所周知,土颗粒往往呈片状,因此土颗粒的排列对土体的性质的影响也是很大的。土体在沉积过程中若形成絮凝结构则可能会形成结构性很强的欠压密的土;若沉积过程中形成散凝结构,则土体的结构性就不会太强。同时,沉积过程也说明在同一压力下,原状土的孔隙比往往大于重塑土,是因为沉积过程形成的原状土与重塑土具有不同的结构。这与挪威学者 Bjerrum 发表的长期压缩图[13]并不矛盾。

土中水的性质和成分也会对结构性产生影响。由于黏性土的比表面积很大,因此对饱和软黏土而言,土中液相对其性质的影响是很大的。液体通过物理和化学作用来改变土颗粒之间以及土中固、液相之间的相互作用从而改变土的结构性。

3.2 外因对结构性的影响

外因对结构性的影响主要是荷载、时间以及外界温度、湿度、风化作用。荷载作用一方面使黏土的孔隙变小,另一方面也有利于胶结作用,从而增强黏土的结构性。

时间效应对结构性的影响可以归结为两种效应:次固结效应和颗粒化学胶结效应。Leroueil[14]对 Saint-Alban 黏土的研究发现,黏土压缩结构破坏后,放置 72d,再在同样的条件下做压缩试验,结构屈服压力恢复到原状土的强度。Galves[15]在研究某大坝修建后 4、10、18、150 年取样试验(修建时,足以破坏土体结构),研究表明:土的结构性都有一定程度的恢复。Whittle 等[16]对蓝色波士顿黏土的研究表明:在含水量几乎没有改变的条件下,两年后土的结构屈服压力比先期固结压力增大了一倍。Moreto[17]对重塑底特律黏土的试验表明:其不排水抗剪强度在含水量不变的情况下,随时间的发展而增大。次固结效应是在压力不变情况下,孔隙比随着时间的推移而减少。次固结效应可以用 Bjerrum[13]发表的一张长期压缩图解释。土体的次固结一方面使土体压密,另一方面则使土颗粒之间的相对位置更趋稳定,从而导致土体结构性增强。化学胶结效应是土颗粒之间因化学胶结导致结构性增强。外界温度、湿度及风化作用对土的结构性也有影响,主要是对表层土的影响明显。

4 结论和建议

(1)广义上讲土体都有结构性。原状土比重塑土结构性强。土体成分和沉积条件的差异造成土体结构性强弱差异很大。土体结构性对土的工程性质有较大影响,因此有必要根据土的结构性强弱进行分类。笔者建议将黏土分为弱结构性黏土、较强结构性黏土和强结构性黏土,其中弱结构性土又可称为一般结构性黏土。

(2)土体结构性使土体具有结构屈服应力,当荷载大于或小于结构屈服应力时土体强度和变形特性、应力-应变关系具有不同特性。

(3)影响土体结构性强弱的原因主要有以下几个方面:土体的固结压缩、黏土颗粒间物理化学胶结作用,时间因素影响下的次固结,以及外界温度、湿度等作用等。

参考文献

[1] 张诚厚. 两种结构性粘土的土工特性[J]. 水利水运科学研究. 1983(4):65-71.

[2] Mesri G, Rokhsar A, Bohor B F. Composition and compressibility of typical samples of Mexico City clay[J]. Géotechnique,1995,25(3):527-554.

[3] Locat J, Lefebvre G. The compressibility and sensitivity of an artificially sedimented clay soil: the Grande-

Baleine marine clay，Québec，Canada[J]．Marine Geotechnology，1985,6(1):1-28.

［4］沈珠江.软土工程特性和软土地基设计[J].岩土工程学报,1998,20(1):100-110.

［5］龚晓南.原状土的结构性及其对抗剪强度的影响[J].地基处理,1999,10(1):61.

［6］Tavenas F，Blanchet R，Garneau R，et al．The stability of stage-constructed embankments on soft clays[J].
Canadian Geotechnical Journal．1978，15(2):283-305.

［7］李作勤.有结构强度的欠压密土的力学特性[J].岩土工程学报,1982,4(1):34-45.

［8］Tavenas F，Leroueil．Effects of stresses and time on yielding of clays[C]//Proceedings of 9th ICSMFE.
·Tokyo，1977:319-326.

［9］Yong R N，Nagaraj T S．Investigation of fabric and compressibility of a sensitive clay[C]// Proceedings of
International Symposium on Soft Clay．Bangkok：Asia Institute of Technology，1977:327-334.

［10］胡瑞林.粘性土微结构定量模型及其他工程地质特征研究[M].北京:地质出版社,1995.

［11］谭罗荣,张梅英.一种特殊土微观结构特性的研究[J].岩土工程学报,1982,4(2):26-35.

［12］孔德坊.青海龙羊峡地区湖相粘性土的工程地质特性[J].成都地质学院学报,1986,13(3):87-93,203.

［13］Bjerrum L．Engineering geology of Norwegian normally-consolidated marine clays as related to settlement
of buildings[J]．Géotechnique，1967,17(2):83-118.

［14］Leroueil S．Effects du vieillissement sur le comportement de l' argile de Saint-Alban aprèdèstruct-tration[R].
Quèbec：Universitè laval，1978.

［15］Galves M L．Structure des argiles sous les remblais[R]．Quèbec：Universitè laval，1984.

［16］Whittle A J，DeGroot D J，Ladd C C，et al. Model prediction of anisotropic behavior of boston blue clay
[J]．Journal of Geotechnical Engineering,1994,120(2):199-224.

［17］Moretto O．Effect of natural hardening of the unconfined compression strength of remolded clays[C]//2nd
International Conference Soil Mechanics and Foundation Engineering，Rotterdam，1948.

循环荷载作用下饱和软黏土应变软化研究[*]

周 建 龚晓南

（浙江大学）

摘要 通过对杭州市正常固结饱和软黏土进行应力控制的循环三轴试验,从应变的角度出发研究了循环荷载作用下土体的软化情况。通过研究不同循环应力比、不同超固结比(overconsolidation ratio, OCR)、不同频率下轴向周期应变的软化情况分析了土体的软化情况,同时建立了一个合理反映土体应变软化的数学模型并确定了其参数。

1 引 言

在循环荷载作用下饱和软黏土中将产生孔压,孔压的产生会引起土体的软化,从而导致土体结构破坏。这种循环荷载作用的影响取决于黏土本身的稳定性及所具有的结构,土体的软化对更好地反映饱和软黏土的特性有十分重要的意义。

循环荷载作用下土体软化的原因大致可分为三类:一是由于循环荷载作用下饱和软黏土中产生了孔压,导致土体的应变软化;二是循环荷载作用下主应力方向不断改变导致土体结构重塑,引起应变软化;三是较高的循环应力作用不仅产生较高的孔压,而且也将影响土体的原有结构,从而引起应变软化。循环荷载作用下土体的软化研究较困难,特别是对超固结土来说,在开始循环加载时可能产生负的孔压,而与此同时土体的强度和刚度几乎同时下降,这很明显与有效应力原理相矛盾,因为在有效应力增加的同时,软化也发生了[1],且这也是循环荷载作用下饱和软黏土发生的最有趣的现象之一,该现象同时也说明描述循环荷载下的软黏土模型比只产生孔压的砂土模型要复杂得多。作者对杭州市正常固结饱和软黏土进行循环三轴试验,研究了循环荷载作用下土体的轴向周期应变和孔压的变化情况[15],土体的轴向周期应变和孔压之间有一定的关系,但轴向周期应变和孔压值均受许多影响因素的影响,直接建立二者之间的关系没有普遍意义;此外,该试验中孔压值是在试样的底部测得的,有滞后性,因而在本文研究中,作者将不从孔压的角度出发,而着重研究由土体的轴向周期应变间接反映出的因为孔压产生而导致的土体软化。同时研究各种因素影响下土体的软化情况,建立一个合理反映土体应变软化的数学模型并确定模型参数。由于对循环荷载作用下主应力方向不断改变而引起的结构重塑缺乏微观研究,所以由主应力方向不断改变而引起的土体软化在本文的研究中将不予考虑。

2 应变软化的试验研究

循环荷载作用下土体将产生应变软化,影响土体应变软化的因素有很多。较高的循环应力

---

[*] 本文原标题为《循环荷载作用下饱和软粘土应变软化研究》,刊于《土木工程学报》,2000,33(5):75-78。

比会导致应变软化,不同的超固结比对土体的应变软化也有很大的影响[2]。Yasuhara 通过研究循环荷载下正常固结的动强度发现,动强度随着应变的不断增加逐渐降低,变化曲线为双曲线,但他的研究认为频率的改变不影响动强度的变化[1];Lefebvrel 等研究了循环荷载下应变速率对土体的影响,其结果表明,当应变速率加大时,土体的不排水强度也随之增加,该现象弥补了由于循环加载而引起的强度软化,也就是说加载速率也将影响土体的软化[5]。综合他们的研究成果,本文试验中将详细研究循环应力比、超固结比、加荷频率对应变软化的影响。

本文对杭州市正常固结饱和软黏土进行应力控制的循环二轴试验,试验在 HX-100 型多功能伺服控制动静三轴仪上进行,预设为应力控制方式。试样取自杭州电信局东新分局电信大楼场地,此处土体为典型的杭州市正常固结饱和软黏土,试样的参数为:$\omega = 32.1\%$,$\rho_d = 1.44\text{g/cm}^3$,$e = 0.91$,$G_s = 2.71$,$\omega_L = 33.6\%$,$\omega_P = 19.33\%$,$I_P = 14.4$,$c = 14\text{kPa}$,$\varphi = 5.2°$,压缩系数 $\alpha_v = 0.38\text{MPa}^{-1}$,压缩模量 $E_s = 7.39\text{MPa}$。试验所用试样均先根据原取土深度进行固结,固结完毕后再施加不同的循环荷载进行试验,试样不仅有正常固结土也有超固结土。

本文定义循环应力比为:

$$r_c = \frac{\tau_d}{c_u} \tag{1}$$

式中 $\tau_d = \frac{\sigma_d}{2}$,$\sigma_d$ 为轴向循环动应力;c_u 为土体不排水强度。

对于不同的循环应力比,土体的轴向周期应变(以下所指应变均为轴向周期应变)、孔压随加荷周数不断变化。当循环应力比较小时,随着加荷周数的增加,土体的应变、孔压逐渐增加,但增加的速率并不快,应变、孔压在较大的加荷周数下才达到破坏值,而当循环应力逐渐增大至某一值时,孔压和应变随加荷周数的增加迅速增加,并且试样在加荷周数较少时被很快破坏,此时对应的循环应力比即为临界循环应力比。不同循环应力比下孔压、轴向周期应变与加荷周数的关系见图 1、图 2(图中孔压比为孔隙水压力与三轴试验固结压力之比)。对于较高的循环应力比(大于临界循环应力比),土体将在较短的时间内产生较大的孔压,同时引起较大的轴向周期应变软化,使得土体被很快破坏,其应变软化机理和破坏机理与循环应力比低于临界值时的机理是不同的。本文通过试验首先确定土体的临界循环应力比,然后着重对循环应力比小于临界值的情况进行了研究,故在本文研究中不考虑由较高循环应力比引起的土体软化。本文研究的重点是通过轴向周期应变的变化情况,研究循环荷载作用下饱和软黏土由于孔压产生而导致的土体软化情况,并建立合理模型。

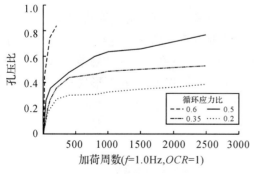

图 1　循环应力比对孔压的影响

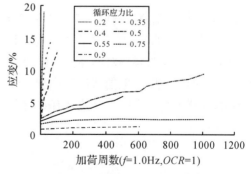

图 2　循环应力比对应变的影响

由于本文进行的是应力控制的循环三轴试验,根据 Idriss[9]对软化指数 δ 的定义,重新定义软化指数如下:

$$\delta = \frac{G_{SN}}{G_{S1}} = \frac{\dfrac{\sigma_d}{\varepsilon_{CN}}}{\dfrac{\sigma_d}{\varepsilon_{C1}}} = \frac{\varepsilon_{C1}}{\varepsilon_{CN}} \tag{2}$$

式中,ε_{C1}、ε_{CN} 分别为第 1 周及第 N 周的轴向周期应变;G_{S1}、G_{SN} 分别为第 1 周及第 N 周的割线模量。

通过试验研究,可以绘制各种情况下软化指数 δ 与加荷周数的关系曲线。

图 3 为不同循环应力比下软化指数 δ 与加周数 N 的关系曲线,从图 3 可以看出随着加荷周数的不断增加,软化指数逐渐减小,土体的软化程度越高,但软化程度并不与加荷周数是正比,这与 Matasovic 等[2]对 VNP 黏土进行的应变控制循环剪切试验结果不同,他们的研究表明软化指数随加荷周数线性减小。对应于同样的加荷周数,循环应力比越大,软化指数越小,土体的软化程度越高(见图 3),这也进一步证实了较高的循环应力比将引起土体的应变软化。

超固结比对土体应变软化的影响见图 4。不同超固结比的土体软化指数与加荷周数的关系是一致的,对应于同样的加荷周数,超固结比越大,软化指数越大,说明土体的强度越高,软化程度越低,这与实际情况是相符的。Vucetic 等[1]1988 年的试验研究也证明了这一点,此外,该研究认为超固结比对土体的模量软化有很大影响,即使超固结比有较小的变化,也会引起土体模量的变化,模量的变化速率取决于超固结比。所有这些研究均表明在研究土体的循环软化时,超固结比是一重要影响因素。

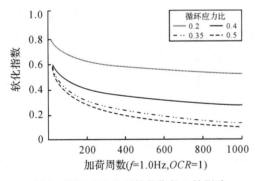

图 3　循环应力比对软化指数 δ 的影响

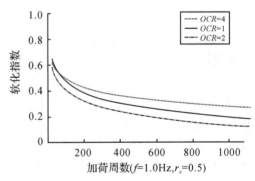

图 4　超固结比对软化指数 δ 的影响

频率对土体软化的影响见图 5。频率越高土体软化程度越低,频率越低,土体软化程度越高。当频率低于 0.1Hz 时,土体在加荷周数较少的情况下迅速软化。这与 Yasuhara[11]的研究结果不同,尽管他认为频率对循环荷载作用下饱和软黏土中的孔压有很大影响,加荷频率越高,土体中产生的孔压越大,但他却认为饱和软黏土的循环剪切强度 τ_d 和变形模量受加荷频率的影响不大,这样的结论实际上是违背有效应力原理的。

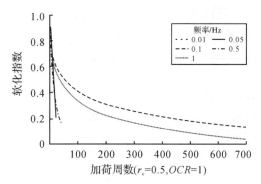

图 5　频率对软化指数 δ 的影响

以上试验研究了不同循环应力比、不同超固结比、不同频率对土体软化的影响,在建立土体软化模型时必须考虑这些影响因素。

3　应变软化模型的建立及参数的确定

目前,国内外关于循环荷载作用下饱和软黏土软化的研究较少。Matasovic 等[2,4]建立了软化参数 $t(\delta = N^{-t})$ 与循环剪应变之间的关系,通过参数 t 的变化反映土体的软化;Vucetic 等[1]探讨了超固结比及塑性指数对土体软化的影响;要明伦等[14]对 Idriss 定义的软化参数 t 进行了修正,避免了当振动次数无限大时模量弱化为零,使得软化参数 t 能更确切地反映土体的软化;王建华等[13]提出在运用边界面模型对循环荷载下土体进行模拟时,可以用初始加荷时的边界面半径或初始加荷时最大弹塑性模量来描述土体的等向弱化;沈珠江院士[12]则从损伤的角度出发描述了土体的软化,这对研究土体的循环软化有较大的启发意义。

由于缺乏对循环荷载作用下土体应变软化机理较详细深入的研究,目前从理论上推导建立应变软化模型还不现实,必须根据试验结果进行模拟分析。此外,本文进行应变软化研究时,没有对循环应力比大于临界循环应力比的情况进行研究,因而本文建立的应变软化模型只适用于循环应力比小于临界循环应力比的情况。

可以用 $\delta = \alpha \ln N + \beta$ 来描述软化指数 δ 随加荷周数 V 变化而变化的情况。通过对杭州市正常固结饱和软黏土的试验研究,建立如下数学模型反映土体软化的情况:

$$\delta = (A + B)C\ln N + 1.00 \tag{3}$$

式中,A 反映超固结比的影响,B 反映循环应力比的影响,C 反映频率的影响。

通过研究,综合分析可得:

$$A = (a_1 OCR^2 + a_2 OCR + a_3)\ln(OCR) \tag{4}$$

$$B = b_1(r_c - r_t) + b_2 \tag{5}$$

$$C = \left(\frac{1}{f}\right)^{c1} \tag{6}$$

上述各式中 a_1、a_2、a_3、b_1、b_2、c_1 均为试验参数,r_t 为门槛循环应力比,当循环应力比低于某一临界值时,没有孔压产生,此临界值称为门槛循环应力比,它的确定参见文献[15],r_c 为循环应力比,f 为加荷频率。

通过回归分析可得

$a_1 = -0.002, a_2 = 0.0264, a_3 = -0.11, b_1 = -0.162, b_2 = -0.0278, c_1 = 0.21$

将上述各参数代入式(3),得到各因素影响下软化指数 δ 的综合表达式:

$$\delta = \{(-0.002OCR^2 + 0.0264OCR - 0.11)\ln(OCR) +$$

$$[-0.162(r_c - r_t) - 0.0278]\}\left(\frac{1}{f}\right)^{0.21}\ln N + 1.00 \tag{7}$$

在实际应用中,将上述描述土体软化的模型与本构模型相结合,即每次加载后计算所得的轴向周期应变乘以对应的软化指数,得到考虑土体软化后的周期应变,再进行下一步计算,这样能较好地反映土体的循环软化特性。

4 算 例

为了检验应变软化模型的合理性,本文对算例土体应用德鲁克-普拉格(Drucker-Prager)模型进行计算,计算所用各项参数与试验参数相同,计算结果见图6、图7。

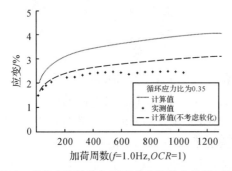

图 6 考虑应变软化与不考虑应变软化结果对比   图 7 考虑应变软化的计算结果与实测结果对比

图6为在循环应力比为0.35,超固结比为1,加荷频率为1Hz情况下,考虑应变软化与不考虑应变软化的计算结果与实测情况对比图,由图可见,不考虑土体应变软化的计算结果与实测相差较大,而考虑应变软化的计算结果与测量结果很接近,说明在计算过程中考虑由孔压引起的应变软化是必要的。图7显示了任意两种情况下计算结果与实测值的对比结果。其中一种为循环应力比为0.5,超固结比为1,加荷频率为0.1Hz,另一种为循环应力比为0.35,超固结比为2,加荷频率为1Hz。在这两种情况下考虑土体应变软化的计算结果与实测结果均较接近,这进一步说明在循环荷载作用下,考虑应变软化的计算结果能较好地反映土体的真实情况。

5 小 结

本文根据应力控制的循环三轴试验定义了描述土体循环应变软化的软化指数 δ,通过试验研究分析了循环应力比、超固结比、频率对土体应变软化的影响,建立了反映各因素影响下土体的软化模型,并进行了验算。本文建立的模型仅仅是初步的,需要在实际应用过程中逐步完善。此外,土体的循环软化特性十分复杂,本文仅考虑了由孔压引起的应变软化,由主应力方向不断改变和较高循环应力作用引起的土体软化需要进一步研究。

参考文献

［1］Vucetic M，Dobry R. Degradation of marine clay sunder cyclic loading［J］. Journal of Geotechnical Engineering，1988，114(2)：133-149.

［2］Matasovlc N，Vucetic M. Generalized cyclic-degradation-pore-pressure generation model for clays［J］. Journal of Geotechnical Engineering，1995，121(1)：33-42.

［3］Yasuhara K，Yamanouchi T，Hirao K. Cyclic strength and deformation of normally consolidation clay［J］. Soils and Foundations，1982，22(3)：77-91.

［4］Matasovic N，Vucetic M. A pore pressure model for cyclic straining of clay［J］. Soils and Foundations，1992，32(3)：156-173.

［5］Lefebvre G，Pfendler P. Strain rate and preshear effects in cyclic resistance of soft clay［J］. Journal of Geotechnical Engineering，1996，22(1)：21-26.

［6］Vucetic M. Normalized behavior of offshore clay under regular cyclic loading［J］. Canadian Geotechnical Journal，1990，25：33-41.

［7］Lefebvre G，LeBoeuf D. Rate effects and cycling loading of sensitive clays［J］. Journal of Geotechnical Engineering，1987，113(5)：476-489.

［8］Lefebvre G，LeBoeuf D，Rahhal M E，et al. Laboratory and field determination of small strain shear modulus for a structured champlain clay［J］. Canadian Geotechnical Journal，1994，31(1)：61-70.

［9］Idriss I M，Dobry R，Singh R D. Nonlinear behavior of soft clays during cyclic loading［J］. Journal of the Soil Mechanics and Foundations Division，1978，104，(12)：1427-1447.

［10］Vucetic M. Normalized behavior of offshore clay under uniform cyclic loading［J］. Canadian Geotechnical Journal，1988，25：33-41.

［11］Yasuhara K，Yamanouchi，Hirao K. Effects of cyclic loading on undrained strength and compressibility of clay［J］. Soils and Foundations，1992，32(1)：100-116.

［12］沈珠江. 结构性粘土的弹塑性损伤模型［J］. 岩土工程学报，1993，15(3)：22-28.

［13］王建华，要明伦. 软粘土不排水循环特性的弹塑性模拟［J］. 岩土工程学报，1996，18(3)：12-18.

［14］要明伦，聂栓林. 饱和软粘土动变形计算的一种模式［J］. 水利学报，1994，7：51-55.

［15］周建. 循环荷载作用下饱和软粘土特性研究［D］. 杭州：浙江大学，1998.

桩筏基础设计方案优化若干问题[*]

龚晓南[1] 陈明中[2]

（1.浙江大学；2.同济大学）

摘要 本文从优化设计的角度出发，探讨了桩筏基础的设计思路、布桩方式、桩土共同作用等一系列问题，得到了一些有益的结论。还提出了一些对设计进行优化的思路和具体方法供读者参考。

1 引 言

随着经济建设的发展，高层建筑越来越多，桩筏、桩箱基础由于其在控制沉降和满足承载力要求方面的可靠性而受到了越来越多的重视。目前的设计方案通常采用"均匀布桩"或"等承载力布桩"等传统布桩方式，不少学者、专家及工程设计人员对此提出了质疑，并进行了一系列比较深入的探讨和研究。在目前桩筏基础设计中需要研究的方向不少，但主要热点有：①是采用按沉降控制的设计思路还是采用按承载力控制的设计思路；②是采用"外强内弱"的布桩方式还是采用"内强外弱"的布桩方式；③柱墙下布桩的合理性和可行性；④如何考虑筏基下土体的承载能力；⑤如何实现优化设计。以上几个方面并不是相互独立的，它们之间存在一定的关联性。

2 设计思路

采用桩筏基础的目的一是控制建筑物的沉降和不均匀沉降，二是提高地基的承载力。但对一具体工程而言，二者的重要性并不是完全等同的。当桩群属于端承桩时，显然沉降量不是主控要素，因此本文讨论的是摩擦群桩和端承摩擦群桩的桩筏基础。

由于岩土工程问题的复杂性，特别是由于桩筏基础沉降计算的复杂性和不精确性，不少工程设计人员不顾地质条件的差异，一味倾向于将桩基直接嵌入基岩，嵌岩深度有越来越深的趋势。导致这种设计倾向的一个根由是，一些设计者根本不考虑地基土参与承担荷载的可能性，且忽略了建筑物可以承受一定沉降量的可能性。按沉降控制设计的思想有助于纠正上述不恰当的设计思路。

关于按沉降控制的设计思路，学术界和工程界早已有之，其中比较正式的是 Burland[1] 在1977 年提出的设计思路。之后，Cooke[2] 和 Hain 等[3] 分别用弹性理论和模型试验证实了这一设计思路的可行性。国内，侯学渊等[4]、黄绍铭等[8]为推广这一设计思路做了不少工作，但未受

---

*本文刊于《土木工程学报》，2001，34(4)：4.

到足够的重视,直到近年情况才有所改观,按沉降控制的设计思路引起了人们的重视。

事实上,不管是按承载力控制的设计思路,还是以沉降控制的设计思路,都必须满足建筑物对地基的沉降和承载力要求。因为不管采用哪方面作为主控要素,另一方面的要求都必然是前提条件。这两种设计思路的侧重点不同,设计的着手点不同。

调查表明,深厚土层特别是深厚软土层中的桩筏基础的失效,绝大多数是总体沉降或差异沉降过大造成的。在这种情况下,采用按承载力控制的设计思路显然是不合理的。我们知道,桩筏基础的沉降量一般可以分为三部分:桩体压缩量、桩端对下卧土层的刺入量和下卧土层的压缩量。对深厚软土地基,下卧土层压缩量往往是沉降的主要部分,当采用按承载力控制的设计思想时,不重视沉降量的分析,往往会导致桩筏基础的失效。

在深厚软土地基上建筑物的沉降量与工程投资是成比例的,但不是线性关系,大致如图1所示。过大的沉降量不仅影响建筑物的使用功能,还可能导致一定的安全隐患,轻者产生不均匀沉降,重者导致建筑物被破坏;但减少沉降必然付出投资,因此控制一个合理的沉降值是非常有意义的,此时采用按沉降控制设计的思路显然比较合适。

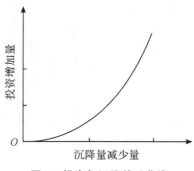

图1　投资与沉降关系曲线

3　布桩方式

布桩方式与实际设计息息相关,因此备受关注。本文就下述几个问题进行探讨。

3.1　"外强内弱"还是"内强外弱"

对这个问题的不同意见,主要是基于以下两种认识产生的:一是筏基沉降呈现"盆底形"的沉降曲线,即中间大,周边小;二是桩顶反力呈现"倒盆底形"的分布规律,即角桩反力大于边桩,边桩反力大于内部桩。

上述现象是与"均匀布桩"的传统布桩方式联系在一起的。如果考虑从控制各桩反力一致的角度出发,为减少角、边桩反力与内部桩之间的差异,则应采用"外强内弱"的布桩方式;如果从减少沉降差异的角度出发,则显然应该采用"内强外弱"的布桩方式。基于这样的分析,似乎两种布桩方式都是合理可行的,但设计者应清楚两者对上部结构受力及整个建筑物经济性的影响。"内强外弱"布桩可有效减少筏基中的弯矩及上部结构的次生应力,而"外强内弱"布桩可能在筏基中产生较大的弯矩。很明显后者对上部结构的刚度要求比前者严格。对于上部结构和基础刚度较大的情况,采用"外强内弱"布桩方式可能是合理的;但是对于次生应力和基础弯矩很大地影响了建筑物造价的情况,必须注意这种布桩方式的适用性。就沉降量而言,"外强内弱"布桩较小,而"内强外弱"布桩的沉降有时稍大于"均匀布桩"的沉降,当然其差异与内外桩群布置的具体情况有关。下面举一算例加以说明。为简便计算，将算例考虑为平面应变问题。具体参数如下：$E_r = E_p$，$E_p/E_s = 50$，$\mu_p = \mu_s = 0.16$，下标 r，p，s 分别表示筏、桩、土。"均匀布桩"的桩长 $l_0 = 24$m，其余两种布桩方式中，长桩 $l_1 = 24$m，短桩 $l_2 = 16$m；桩边长 $a = 0.5$m，桩间距 $s_a = 4a$，筏板宽 $b = 16$m，厚 $h = 0.5$m。具体布置见图 2 至图 4，有限元计算结果见图 5 至图 7。

从图 5 可以清楚地看出，"外强内弱"布桩减小了沉降量，但却增加了差异沉降；而"内强外弱"布桩减小了差异沉降，但沉降量略有增加。从图 6、图 7 还可以发现，改变布桩方式对基础应力的影响相当大，其中"外强内弱"布桩的基础弯矩最大，"内强外弱"布桩最小。由上述分析可知，"外强内弱"这种布桩形式虽然略减少了总体沉降量，但同时却付出了差异沉降和基础弯矩增加的代价，这可能会影响到建筑物的经济效益。当采用"内强外弱"的布桩形式时，总体沉降量会有少量增加，但差异沉降和基础弯矩大大减小，因此当对总体沉降量要求不太严格时，采用"内强外弱"布桩是比较合理的。

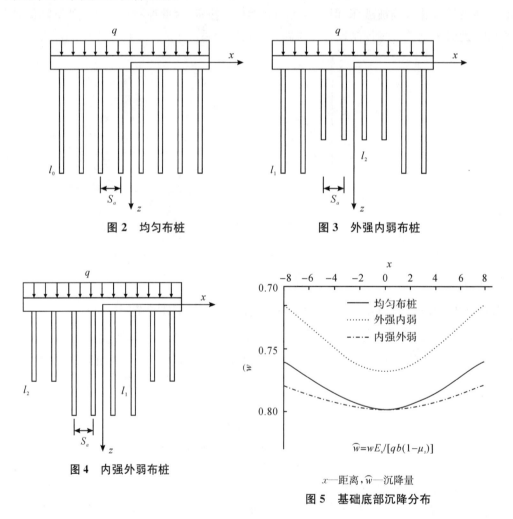

图 2　均匀布桩

图 3　外强内弱布桩

图 4　内强外弱布桩

$$\widehat{w} = wE_s / [qb(1-\mu_s)]$$

x—距离，$\widehat{w}$—沉降量

图 5　基础底部沉降分布

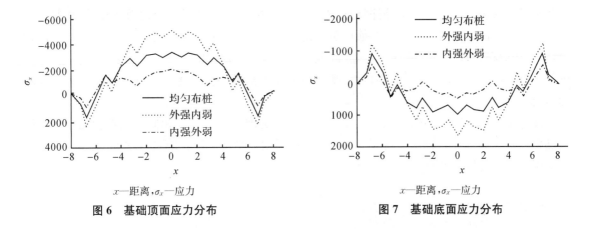

图6 基础顶面应力分布   图7 基础底面应力分布

从以上分析可知这两种布桩方式各有优劣,因此布桩方式应视具体情况而定。是采用"外强内弱"布桩还是"内强外弱"布桩应取决于上部结构形式及基础和地基条件,根据以建筑物经济效益为目标函数的优化设计来决定,设计者应清楚这两种布桩方式的长处和短处,以便扬长避短,充分发挥桩筏基础的设计潜力。

调整布桩的强弱,主要是调整桩长、桩径、桩间距及桩身刚度,调整方法的具体采用必须与现场地质条件和施工条件结合起来,原则是在经济合理的前提下,尽量不增加技术难度。抛开现场地质和施工条件,这几种调整方法中以长短桩布置及柔性桩刚性桩混合布置最为合理,因为其调节沉降的效果较好,可调节的范围也比较大。另外当采用"内强外弱"的布桩方式时,这两种调整方法对筏板抗冲切的不利影响也较小。

3.2 柱墙下布桩方式的讨论

采用"内强外弱"布桩可有效减小筏板基础整体弯矩,而采用柱墙下布桩可有效减小筏板基础局部弯矩。

有研究探讨了柱墙下布桩的设计原则,即尽量在柱墙下布桩,如在筏板下布桩,则尽量不跨中央布桩[6]。这种布桩方式减少了筏板跨中的集中荷载,从而减小了筏板的局部弯矩,因此可以减少底板配筋率。从这种减小筏板局部弯矩的设计思想出发,可以引申出很多设计技巧和设计方法。如可以考虑采用柔性桩加固筏基底部土体的方式来代替筏基底部的刚性桩,在柱墙下布长桩,在筏板下布短桩等。

考虑到单桩承载力较大的桩过于密集会对筏板的抗冲切带来不利,此时我们可以将筏基做成格构式基础形式以增加基础抗冲切能力。

根据上述分析,这种"局部外强内弱"的设计可以大幅度地减小筏基的局部弯矩,因此很有发展潜力,有必要更深入地探讨和研究。

4 筏基下土体的承载能力

最初的桩筏基础设计是不考虑筏基下土体的承载能力的,但随着设计者理论水平的提高和实践经验的丰富,特别是现场实测情况和模型试验的结果已表明,大部分情况下土体都承受着或多或少的荷载,认真考虑土体的承载能力已十分必要。

桩筏基础中桩与土分担荷载的比例随地质条件、布桩方式以及施工方式等的不同而不同,这几乎已成共识。但我们还必须注意到,桩土荷载分担比是随时间的变化而变化的,这是一个动态的过程。由于土体承担荷载的前提条件是筏基产生一定的沉降,沉降越大,土体承担的荷载越大,因此在设计桩筏基础时,应该允许桩筏基础产生一定量的沉降。同时还必须注意,如果桩基础持力层很好,而筏基下土体很差,则必须考虑筏基可能会与土体脱开造成土体无法承载的情况。

深厚土层上桩筏基础的桩土共同作用荷载传递机理与复合地基相同。笔者曾建议将其纳入复合地基范畴,研究其承载力和沉降计算,并将其划归刚性桩复合地基,筏基下土体承载能力可采用复合地基理论计算。

5　优化设计方法

从目前的设计来看,比较常用的一种优化方法就是所谓的"抽桩分析",即首先根据经验确定一种布桩方式,然后根据一定的规律抽去部分桩,从而节省部分基础费用。虽然采用这种优化方法可以获得一定的经济效益,但是由于布桩方式的确定和抽桩原则都包含了经验因素,采用这种方法得到的结果往往和最优解差距较大。

从提高设计水平的角度来说,将设计问题抽象为一个数学模型很重要,采用数学优化方法解决设计问题,可以提高求解的精度,得到较优的设计解。但是由于桩筏基础设计的复杂性及桩筏基础沉降计算的不精确性,采用数学优化方法必须考虑到优化计算的可行性。虽然我们建议采用这种"精确"的优化设计方法,但在使用时必须重视以下几点:第一,在选择优具体化方法时,必须考虑到优化迭代的次数越少越好,收敛的精度倒不是最重要的,可以考虑先采用分部优化的方法,然后根据子系统之间的耦合变量进行全系统优化;第二,建立一种比较合适的正分析方法,既简单又不失精度,这就迫切需要建立一种比较合理的桩筏基础沉降计算模式;第三,建立人机交互的优化设计方法,使设计人员适时控制优化过程,从而使优化方向不偏离可行方向。

由于工程问题并不存在绝对的最优解,因此建议在具体的优化设计过程中采用多个不同的初始方案,然后分别求其最优解,如果这些解都相同,则可以考虑其为全局最优解,如果不相同,则可取最小(或最大)的为优化解。现阶段可建立一些比较简单的优化模型,并进行一系列分析,以得到一些桩筏基础设计中的一般规律,并以此直接指导桩筏基础的设计,让设计人员在设计时有规律可循,从而大幅度挖掘这些模型在桩筏基础设计中的潜力。

6　结　论

本文对桩筏基础的一些热点问题进行了一系列的探讨,主要结论有以下几点。

(1)桩筏基础设计是双控的,从优化角度理解,承载力和沉降条件仅仅是两个约束条件。在特定条件下,承载力和沉降往往只有一个起主控作用。对于深厚软黏土地基上的桩筏基础,沉降往往是设计的主控要素,应提倡按沉降控制的设计思想。

(2)"外强内弱"与"内强外弱"的布桩方式各有优缺点。应视上部结构刚度和工程地质条件而定,具体工程具体分析。在具体的布桩方法中,长短桩布置、刚性桩和柔性桩混合布置更为合适。

(3)从减少筏基局部弯矩的角度出发,采用柱墙下布桩的方法是合理的,本文在此基础上提出了"局部外强内弱"的概念。

（4）对桩筏基础进行优化设计是设计发展的方向,优化设计的过程必须有设计人员的参与,本文提倡建立人机交互的优化设计方法。

参考文献

［1］Burland J B, de Mello V F B, Broms B B. Behaviour of foundations and structures［C］//9th International Conference on Soil Mechanics and Foundation Engineering, Tokyo, 1977.

［2］Cooke R W. Piled raft foundations on stiff clays: a contribution to design philosophy［J］. Géotechnique, 1986,36(2):169-203.

［3］Hain S J, Lee I K. The analysis of flexible raft-pile systems［J］. Géotechnique, 1978, 28(1): 65-83.

［4］侯学渊,杨敏. 软土地基变形控制理论设计理论和工程实践［M］. 上海:同济大学出版社,1996.

［5］周正茂,赵福兴,侯学渊. 桩筏基础设计方法的改进及其经济价值［J］. 岩土工程学报,1998,20(6):70-73.

［6］阳吉宝. 高层建筑桩筏和桩箱基础的优化设计［J］. 工程勘察,1996(1):23-24.

［7］李海峰,陈晓平. 高层建筑桩筏基础优化设计研究［J］. 岩土力学,1998,19(3),59-64.

［8］黄绍铭,王迪民,裴捷. 减少沉降量桩基的设计与初步实践［C］//中国土木工程学会. 中国土木工程学会第六届土力学及基础工程学术会议论文集. 上海:同济大学出版社,1991.

［9］龚晓南. 复合地基发展概况及其在高层建筑中的应用［J］. 土木工程学报,1999,32(6):8.

考虑自重变化的协调分析方法及其
在路基沉降计算中的应用*

丁洲祥　龚晓南　唐亚江　李天柱

（浙江大学土木工程学系）

摘要　传统分层总和法基于小变形假定,其自重应力和附加应力的计算都不考虑土体变形的影响,因而难以准确预测地基的沉降变形。考虑自重变化的协调分析方法在引入连续介质力学中的参考构形等概念的基础上,分析了分层总和法中应变和压缩模量等度量的内涵,认为自重应力和附加应力的合理取值应当满足土体变形以后的现时构形,并考虑了地基排水和变形引起的自重变化。本文通过饱和排水地基的路基沉降课题,分析了沉降量的协调分析方法与两种传统方法的计算差别及其相对误差的变化规律,结果表明:沉降量的协调分析解答和两种传统解答均随着压缩层厚度的增加近似按双曲线规律增加,随着荷载的增加近似按线性规律增加;工程上常用的不考虑自重变化的传统分层总和解答的计算结果偏小、误差较大;考虑自重变化的协调分析方法理论上可以更准确地计算地基沉降,为工程决策提供有益建议。

1　前　言

　　分层总和法是工程上常用的地基沉降计算方法,但多年的工程实践证明,该法的计算值与实测值颇有出入。为此,有研究提出了选取基础轴线处的附加应力值的办法,以弥补采用该法计算得到的沉降量偏小的缺点[1];还有研究认为分层总和法的计算误差和土质的关系有一定的规律,并提出采用经验修正系数进行修正[2],这也是若干行业规范中推荐的方法。当荷载等级较低,地基力学性状良好时,这些方法的分析结果尚能满足一般要求。但当荷载等级较高,地基力学性状较差时,其计算结果往往有较大的误差。也可以考虑采用连续介质力学有限变形理论进行大变形分析[3]。但由于有限变形理论的复杂性,沉降计算的大变形分析结果同小变形结果相比,不同的研究甚至得出相互矛盾的结论[4-5],因此大变形的分析结果目前是很有争议的,大变形分析当前还无法有效地应用于工程中。

　　鉴于以上考虑,本文在传统分层总和法的基础上,在自重应力和附加应力的计算中考虑了土体变形的影响,推导了考虑自重变化的协调分析方法,进行了有益的尝试。

2　传统分层总和法的构形分析

　　构形是连续介质力学中的一个重要概念。在选定的空间坐标系上,变形物体中每一质点的

---

　　*本文刊于《地质与勘探》,2003(Z2):252-255.

空间位置可用一组坐标表示。设在初始时刻 $t_0=0$，质点的坐标是 $X_i(i=1,2,3)$。用 X_i 作为该质点的标记，质点随时间变化，在任意时刻 t 的位置用 x_i 表示，则该质点的变形过程可用方程 $x_i=X_i(X_j,t)(i=1,2,3)$ 进行描述。对于指定的时刻 t，关于组成物体的所有质点的这样一个完全的刻画，称为物体在时刻 t 的构形[3]。在度量物体变形时选取的特定构形，称为参考构形。根据参考构形的不同，构形分析方法可以分为拉格朗日(Lagrangian)描述(参考构形建立在变形以前的已知构形上)和欧拉(Eulerian)描述(参考构形建立在变形后的构形即现时构形上)两种。

在地基沉降问题中，应主要关注土体骨架颗粒在空间中的分布和变化情况，故可以简单地认为构形是关于土体骨架颗粒(质点)集合的刻画[5]。本文将不考虑土体自重应力和附加应力作用时的土体构形称为初始参考构形(简称初始构形)；土体在自重应力作用下变形稳定后的构形称为中间参考构形(简称中间构形)；在自重应力和附加应力共同作用下，土体重新达到平衡状态时的构形称为现时构形。中间构形是已知的，现时构形是待求的，求出土体的现时构形，也就得到了地基的沉降情况。

严格地讲，传统分层总和法基于小变形假定，忽略了不同参考构形的区别，直接在中间构形上计算土体的自重应力和附加应力。但是，附加荷载作用下的土体是在现时构形上达到平衡状态的，传统分层总和法中采用的土体自重应力和附加应力计算就不能反映出土体变形(或构形变化)的影响，更无法考虑由土中水的排出而引起的土体容重变化所产生的影响。分层总和法的试验基础是单向压缩试验，可以忽略压缩试样的自重应力，而简单地将试验中的应变 $\varepsilon'(\varepsilon'=\Delta e/(1+e_0)$ 或 $\varepsilon'=\Delta h/h_0)$ 认为是定义在初始构形上的小应变。试验中的每级压力都对应于该压力下压缩稳定后的变形状态(即现时构形)，因而试验中的应力可认为是真实应力(即欧拉应力)。

在关于分层总和法的一些研究[1-2]中，第 i 分层的压缩量可以表示为

$$\Delta S_i = \frac{\Delta p_i}{E_{si}} H_i \tag{1}$$

式中，Δp_i 为按中间构形计算的第 i 土层的平均附加应力(应力增量)；H_i 为中间构形上第 i 层的厚度；E_{si} 为第 i 层在中间构形意义下的割线压缩模量。

式(1)中的割线压缩模量 E_{si} 可表示为

$$E_{si} = \Delta p_i / \varepsilon_i \tag{2}$$

其中

$$\varepsilon_i = (e_{1i} - e_{2i})/(1 + e_{1i}) \tag{3}$$

式中，e_{1i} 为第 i 层土体在自重应力下的孔隙比，e_{2i} 为 p_{2i} 作用下第 i 层土体的孔隙比，$p_{2i}=p_{1i}+\Delta p_i$。可见，ε_i 的实质是定义在中间构形上的小应变，而不是压缩试验中初始构形上的小应变 ε_i'。割线压缩模量 E_{si} 本质上是由中间构形上的附加应力 Δp_i 和同一构形上的小应变 ε_i 定义的。

设第 i 层土体在自重应力和自重应力与附加应力之和作用下产生的相对于初始构形的小应变分别为

$$\varepsilon_{1i}' = (e_0 - e_{1i})/(1 + e_0) \tag{4}$$

$$\varepsilon_{2i}' = (e_0 - e_{2i})/(1 + e_0) \tag{5}$$

根据式(3)、式(4)和式(5)，中间构形上的割线压缩模量 E_{si} 又可以用中间构形上定义的附加应力 Δp_i 和初始构形上定义的小应变 ε_i' 表示为

$$E_{si} = (1 - \varepsilon_{1i}')\Delta p_i / (\varepsilon_{2i}' - \varepsilon_{1i}') \tag{6}$$

定义另一割线压缩模量 E'_{si} 为

$$E'_{si} = \Delta p_i / (\varepsilon'_{2i} - \varepsilon'_{1i}) = \Delta p_i / \Delta \varepsilon'_i \tag{7}$$

E'_{si} 所对应的附加应力 Δp_i 定义在中间构形上，而涉及的小应变度量却定义在初始构形上。式(7)中的 $\Delta \varepsilon'_i$ 就是因为进行了参考构形的转换才表现出增量形式。割线压缩模量 E'_{si} 与 E_{si} 可以通过式(6)相互转换。

根据式(1)、式(6)和式(7)，第 i 分层的压缩量又可表示为以下两式：

$$\Delta S_i = \frac{\Delta p_i}{(1 - \varepsilon'_{1i}) E'_{si}} H_i \tag{8}$$

$$\Delta S_i = \varepsilon_i H_i = (\varepsilon'_{2i} - \varepsilon'_{1i}) H_i / (1 - \varepsilon'_{1i}) \tag{9}$$

上两式中，系数 $C_\varepsilon [C_\varepsilon = 1/(1 - \varepsilon'_{1i})]$ 是由小应变在不同构形中转换产生的，它体现了不同自重应力水平引起的土体变形的影响，可称为考虑自重应变的修正系数。因为初始构形上的小应变 ε' 可在试验中直接测得，其变换规律也很容易通过试验数据拟合来近似确定，因此式(8)、式(9)同式(1)一样，三者确立了线性的几何关系。

在常见文献和工程计算中实际上没有考虑自重应变修正系数，或者说没有考虑构形的影响，而是直接采用如下两式计算分层沉降量：

$$\Delta S_i = \frac{\Delta p_i}{E'_{si}} H_i \tag{10}$$

$$\Delta S_i = (\varepsilon'_{2i} - \varepsilon'_{1i}) H_i \tag{11}$$

对于一维沉降变形的压缩本构关系，常见的有 $e \sim p$ 关系或 $e \sim \lg p$ 关系。$e \sim p$ 或 $e \sim \lg p$ 曲线计算变形的优点是简单易用，但也存在缺点，主要有：①$e \sim p$ 或 $e \sim \lg p$ 曲线都涉及土的初始孔隙比 e_0，而 e_0 是一个受多种因素影响，变化较大的参数，会引起较大计算误差；②$e \sim p$ 曲线确定的压缩系数是随着压力变化而变化的，在计算沉降时，需要按照相应的压力变化，在 $e \sim p$ 曲线上逐个推算各分层的压缩系数，这样特别不利于电算；③$e \sim \lg p$ 曲线虽然可以减少若干麻烦，但是也必须根据先期固结压力来判断，而如何恰当的分段采用再压缩指数或压缩指数，怎样根据 $e \sim \lg p$ 曲线合理确定先期固结压力，迄今还是一个有争议的问题。国内魏汝龙、刘保健等人[6,7]根据大量试验资料的分析，认为采用双曲线模型（割线模量法）模拟土体的单向压缩性状比较合理，此时的初始构形下的小应变-真应力关系可表述为

$$\varepsilon'_i = p_i / (E'_{s0} + B' p_i) \tag{12}$$

改写上式得

$$E'_{s0i} = p_i / \varepsilon'_i = E'_{s0} + B' p_i \tag{13}$$

以上两式中，E'_{s0} 和 B' 为土体的压缩性质参数，由试验测得。E'_{s0i} 可称为原点割线压缩模量，它是由现时构形上的真应力 p_i 和初始构形上的小应变 ε'_i 定义的。

容易证明割线压缩模量 E'_{si} 可以通过原点割线压缩模量 E'_{s0i} 来表示[6-7]

$$E'_{si} = E'_{s02i} E'_{s01i} / E'_{s0} \tag{14}$$

式(8)、式(13)与式(14)，或者式(9)与式(12)即构成传统分层总和法基本方程的较严格形式，因为它们考虑了不同自重应力水平的影响。式(10)、式(13)与式(14)，或者式(11)与式(12)即为工程和文献中通常采用或出现的分层总和法基本方程，只是应力应变等的表示符号会有某些不同。无论是分层总和法的较严格形式还是工程上常用的形式，由于小变形假定，这两组方程中的附加应力 Δp_i 都是在中间构形上计算的，因而是近似值；第 i 分层的自重应力 p_{1i} 也以中

间构形(变形前)的数值代替现时构形(变形后)的真实值。

3   考虑自重变化的应力变形协调分析方法

土体在沉降变形过程中,孔隙比发生变化,其容重也会相应改变,这必然引起土体自重应力场的改变,而土体自重的变化又势必影响土体的变形状态。本文主要针对饱和地基土体。对饱和地基土体而言,土体自重的变化与孔隙水的排出量是密切相关的。应力变形协调分析主要指的是:土体应力场(包括自重应力场和附加应力场)与压缩变形状态都应当满足并真实反映土体在附加荷载作用下变形后的平衡状态,即土体的平衡是建立在现时构形上的,而相应的自重应力和附加应力都是定义在现时构形上的。这相当于在固体力学大变形问题中用欧拉描述方法描述的静力平衡条件[3]。由于现时构形在求解以前是未知的,因此协调分析方法中第 i 分层土体的自重应力和附加应力是未知的,并且这两种应力都是中间构形下已知量(容重,各分层厚度值等)与土体变形量的函数。而传统分层总和法却没有考虑土体变形(现时构形)对各分层的自重应力和附加应力的影响。

本文的应力变形协调分析主要基于两条假定:

(1)土体有一个无应力的自然状态,该状态下定义的小应变与真应力一一对应,或者说土体本构关系可以用初始构形上的小应变与现时构形中的真应力来表述;

(2)现时构形中的附加应力场可由该构形下的小变形理论求解。

为简化问题,同时假设:

(1)只考虑单向压缩变形,不计多维效应;

(2)不考虑浮力作用;

(3)自重(或孔隙比)变化服从土体变形的连续性条件,即质量守恒原理;

(4)液相不可压缩。

为考察土体在中间构形和现时构形下的两种状态,分别引入一维物质坐标系 Z(拉格朗日坐标)和现时坐标系 z(欧拉坐标)。物质坐标系 Z 和现时坐标系 z 的坐标原点都建立在基础底面的中心,方向以向下为正;不同的是,物质坐标在变形过程始终保持不变,而现时坐标跟随土体的变形而变化。对土中任一点,设在附加应力作用下该点以上部分土体的压缩变形量为 S,则从有限变形物质描述的角度考察,存在如下关系:

$$z(S) = Z - S \tag{15}$$

对于中间构形下的土体,从基础底面往下根据某种规则将压缩层划分为若干分层。设第 i 分层的底面坐标与顶面坐标分别为 Z_i 和 Z_{i-1},该分层的压缩量为 ΔS_i,$i = 1, 2, \cdots$ 特殊情况下,$Z_0 = 0$。在现时构形中第 i 分层的底面坐标与顶面坐标相应地变为 z_i 和 z_{i-1},特殊情况下有 $z_0 = 0$。则第 i 分层及以上各分层土体的压缩变形之和 S_i 可记为

$$S_i = \sum_{j=1}^{i} \Delta S_j \tag{16}$$

根据式(15),有以下关系:

$$z_i = Z_i - S_i \tag{17}$$

设现时构形中基础中心下的附加应力分布规律为 $\sigma_z = f(z)$,则第 i 分层的附加应力的算术平均值为

$$\sigma_{z(i)} = [f(z_i) + f(z_{i-1})]/2 \tag{18}$$

对排水的饱和土地基,由连续性条件知,单位土体的体积变化即排出孔隙水的体积,由此可得现时构形中第 i 分层底面的自重应力为

$$\sigma_{s(i)} = \sum_{j=1}^{i} \left[\gamma_j (Z_j - Z_{j-1}) - \gamma_w \Delta S_j \right] \tag{19}$$

式中,γ_j 为第 j 层土体在中间构形中的容重;γ_w 为水的容重。现时构形中第 i 分层的平均自重应力可以取底面和顶面处自重应力的算术平均值,即

$$\sigma_{c(i)} = \left[\sigma_{s(i-1)} + \sigma_{s(i)} \right] / 2$$

可见,附加应力 $\sigma_{z(i)}$ 和自重应力 $\sigma_{c(i)}$ 都是现时构形中的度量,它们是与变形相协调的,并且都含有未知量 ΔS_j。中间构形中的土体因处于平衡状态,其自重可按通常方法计算:

$$\sigma_{0c(i)} = \sum_{j=1}^{i} \gamma_j (Z_j - Z_{j-1}) \tag{20}$$

这样,第 i 分层在考虑变质量效应和协调性后的应力增量为 $\left[\sigma_{z(i)} + \sigma_{c(i)} - \sigma_{0c(i)}\right]$,类似于式(8)和式(9)的推导,可分别得到下的几何方程:

$$\Delta S_j = \frac{\sigma_{z(i)}(\Delta S_i) + \sigma_{c(i)}(\Delta S_i) - \sigma_{0c(i)}}{(1 - \varepsilon'_{1i}) E'_{si}(\Delta S_i)} H_i \tag{21}$$

$$\Delta S_j = \left[\varepsilon'_{2i}(\Delta S_i) - \varepsilon'_{1i} \right] H_i / (1 - \varepsilon'_{1i}) \tag{22}$$

上两式中,ε'_{1i} 由式(12)确定;E'_{si} 由式(13)和式(14)确定,但要对 p_{1i} 和 p_{2i} 做如下替换:

$$p_{1i} = \sigma_{0c(i)}, \quad p_{2i} = \sigma_{c(i)}(\Delta S_i) + \sigma_{z(i)}(\Delta S_i) \tag{23}$$

式(21)或式(22)即为考虑自重变化的应力变形协调分析方法的分层沉降量表达式,因为该式的右端包含未知量 ΔS_i,式(21)和式(22)的几何关系显然是非线性的。满足式(21)或式(22)的 ΔS_i,本文简称为协调解。

第 i 分层的沉降量显然依赖于现时构形中第 i 分层以上各层的变形情况,所以计算时可以从第一分层开始,逐层向下进行。这样每计算一个分层,只要解一个方程即可,从而避免求解联立的非线性方程组的麻烦。

4 路基沉降的实例分析

路堤填土荷载一般为梯形分布,计算时可将其分解为两个三角形荷载之差,然后叠加即可[2]。设两个三角形荷载的最大值分别是 $(p+q)$ 和 q,路堤顶面和底面的宽度分别是 $2b_t$ 和 $2b_b$。则在路堤荷载是刚性荷载条件下,现时构形中路堤中线以下 z 处土体内的竖向应力可按文献[2]中小变形理论的布西内斯克(Boussinesq)方程的解进行叠加计算,易得 $f(z)$ 的具体形式为

$$\sigma_z = 2 \left[\frac{(p+q)}{\pi} \arctan \frac{b_b}{z} - \frac{q}{\pi} \arctan \frac{b_t}{z} \right] \tag{24}$$

计算中设定:$b_b = 20\text{m}$,$b_t = 10\text{m}$;地基为均质土体,容重 $\gamma = 18\text{kN/m}^3$;压缩分层的厚度均取为 $H_i = 0.5\text{m}$。地基土压缩本构关系取自文献[7]的试验规律,即式(12)或式(13)的形式,其中,压缩性参数 $B' = 4.3214$,$E'_{s0} = 1639.8\text{kPa}$。

在图1和图2中,A、B曲线代表不考虑和考虑自重变化的协调解;C、D曲线代表考虑和不考虑修正系数 C_ε 的传统分层总和法的解。传统解都不考虑变形对自重应力影响。

从图1中可以看出四种方法的沉降量计算值与压缩层厚度的关系是单调的,并近似按双曲

线规律变化。从数量关系上看,对一定的荷载水平和压缩层厚度,A 最大,D 最小,而 B 和 C 比较接近。当荷载水平低于一定值(本算例约为 500kPa)时,C 始终大于 B;当荷载水平较高时,对一定厚度范围(约 15～50m)的压缩层,C 会稍微小于 B。从图 2 中可以看出,随着荷载水平的提高,四种方法的计算沉降量均近似呈线性规律单调增加。

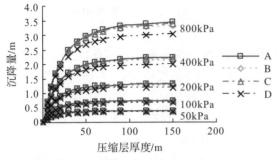

图 1　沉降量与压缩层厚度的关系　　　　图 2　沉降量与荷载的关系

下面对饱和排水地基情况下各种方法的相对计算误差进行分析。为方便起见,约定以考虑自重变化的协调解为作为沉降量的真实值。相对误差的计算式:相对误差＝(真实值－计算值)×100％/真实值。

各种方法的相对误差与压缩层厚度及荷载的关系见图 3 和图 4。其中,A 曲线代表不考虑自重变化的协调解的相对误差;B、C 代表考虑和不考虑修正系数 C_e 的传统解的相对误差。字母 A、B 和 C 后面的数字表示荷载(图 3)或压缩层厚度(图 4),单位为 kPa 或 m。

从图 3 中可以看出:①A 为负,说明相应的计算沉降量偏大,并且 A 的绝对值随着压缩层厚度的增大近似按双曲线规律单调递增;②C 为正,说明相应的计算沉降量偏小,并且压缩层厚度曲线存在"拐点";③B 在荷载水平较低时为负,其绝对值与压缩层厚度近似成双曲线规律变化;当荷载水平较高(600kPa 以上)时,其变化规律要复杂一些。

从图 4 中可以看出:①A 的绝对值与荷载之间呈单调递减关系;②B 与荷载之间呈单调递增关系;③当压缩层厚度小于一定值(70m)时,C 与荷载之间呈单调递增关系;当压缩层厚度大于一定值(70m),C 随着荷载的提高先单调递增,当荷载达到一定值(700kPa)时反而减小,但总体趋势是递增的,这与不排水情况下的规律基本相同。在算例范围内,A 的变化范围是 −7.4％～0％;B 的变化范围是 −7.0％～0.5％;C 的变化范围是 0％～10.3％。

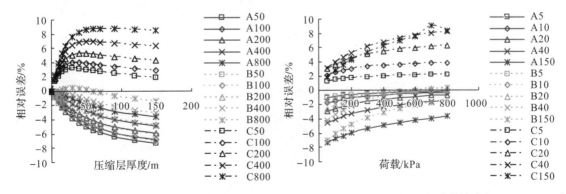

图 3　相对误差与压缩层厚度的关系　　　　图 4　相对误差与荷载的关系

5 结 论

计入自重变化的协调分析方法在计算地基沉降时不仅考虑了土体变形的影响,还可以充分利用压缩试验确定的双曲线型应力应变关系。本文对饱和排水地基条件下,考虑(或不考虑)自重变化的协调解与考虑(或不考虑)修正系数 C_ε 的传统解在路基沉降量及其相对误差计算等方面进行比较和分析,主要得出如下结论。

(1)协调解和传统解的沉降量计算值均随压缩层厚度的增加近似按双曲线规律递增,随荷载水平的提高近似按线性规律递增。对一定的荷载水平和压缩层厚度,不考虑自重变化的协调解结果最大;而工程上常用的不考虑修正系数 C_ε 的传统方法的计算结果最小,偏于不安全。在压缩层厚度小于 150m 和荷载介于 50kPa～800kPa 的范围内,不考虑自重变化的协调解相对误差的绝对值可达 7.4%,而不考虑修正系数 C_ε 的传统解相对误差可达 10.3%。

(2)考虑修正系数 C_ε 的传统解的计算误差相对较小,可以较为准确地估计地基沉降量。为简化问题,在压缩层厚度较小的情况下,可用考虑修正系数 C_ε 的传统解来估计地基沉降量。

(3)考虑自重变化的协调分析方法理论上可以得到比传统分层总和法更为准确的估计值,这些结论有待于进一步的工程验证。

参考文献

[1] 龚晓南. 高等土力学[M]. 杭州:浙江大学出版社,1996:195-238.

[2] 洪毓康. 土质学与土力学[M]. 北京:人民交通出版社,1995:86-120,57-74.

[3] 谢永利. 大变形固结理论及其有限元法[M]. 北京:人民交通出版社,1998:1-42.

[4] 李韬. U.L. 描述的大变形固结理论及其有限元分析[D]. 西安:长安大学,2001:1-11.

[5] 丁洲祥. 欧拉描述的大变形固结理论及其有限元法[D]. 西安:长安大学,2002:1-18.

[6] 刘保健,张军丽. 土工压缩试验成果分析方法与应用[J]. 中国公路学报,1999,12(1):37-41.

[7] 李又云. 同时考虑加荷、变形和时间的公路软基固结沉降理论及其仿真的研究[D]. 西安:西安公路交通大学,2000:12-42.

应重视上硬下软多层地基中挤土桩挤土效应的影响*

龚晓南

（浙江大学土木工程学系）

首先分析一具体工程挤土桩挤土效应对桩基工程质量的影响。该工程地基土层分布如下。

1. 杂填土：主要由碎石、瓦砾和生活垃圾等填而成，硬物含量大于 50%，其余为黏性土；下部普遍含有 0.20~0.40m 的灰色耕植土；全场分布，层厚 0.30~2.60m。

2. 粉质黏土：含少量铁锰质结核，切面光滑，韧性和干强度较高，无摇震反应；土体含水量 30.8%，天然孔隙比 0.899，$E_s=4.0$MPa；全场分布，层厚 0.70~5.50m。

3. 淤泥质黏土：饱和、流塑，局部夹粉土薄层，韧性较低，干强度中等；土体含水量 41.7%，天然孔隙比 1.178，$E_s=2.6$MPa；全场分布，层厚 1.00~6.60m。

4-1. 黏土：饱和、可塑，含黄褐色斑块，见铁锰质结构，切面较光滑，局部粉粒含量较高，韧性和干强度均较高，无摇震反应；土体含水量 26.6%，天然孔隙比 0.762，$E_s=6.0$MPa；全场分布，层厚 1.50~6.10m。

4-2. 粉质黏土：饱和、可塑—软塑，局部流塑，夹薄层粉砂，局部相变为黏质黏土，切面较粗糙，韧性较低，干强度中等，局部具轻微摇震反应；土体含水量 30.7%，天然孔隙比 0.782，$E_s=4.5$MPa；全场分布，层厚 3.30~11.00m。

5. 粉质黏土：饱和、硬塑，含有铁锰质结构或斑点，切面光滑，韧性较高，干强度较高，无摇震反应；土体含水量 23.1%，天然孔隙比 0.664，$E_s=12.0$MPa；全场分布，层厚 2.00~8.30m。

下略。

对多层住宅楼设计选用夯扩桩基础，并以 4-1 黏土层和 4-2 粉质黏土层为夯扩桩的持力层。夯扩桩采用 ∅377 夯扩桩无桩尖施工，桩端进入持力层 4-1 层不少于 2.5m。视工程地质条件各幢楼中总桩长稍有不同。设计有效桩长在 7.7~8.3m。配筋一般在 3.50m 左右（含凿桩段 0.5m）。

根据桩基静载试验测试报告，单桩竖向极限承载力在 818kN~960kN，单桩承载力满足设计要求。

该工程采用高应变和低应变测试共测桩 275 根，其中 I 类桩 174 根，II 类桩 101 根。II 类桩的问题判断为存在局部缩颈或离析。局部缩颈或离析深度最浅为 2.0m，最深为 4.0m，大部在 3.0m 左右。据施工单位介绍，在挖开加固过程中目测多为裂缝。

笔者认为该场地在表面硬壳层和持力层（4-1 黏土层）之间存在一软淤泥质黏土层。该淤泥质黏土层平均含水量为 41.7%，饱和、流塑，抗剪强度低。夯扩桩为挤土桩，在施工过程中将产生挤土效应。在该工程地质条件下，由于硬壳层较厚，挤土桩在施工过程中产生的挤土效应

---

* 本文刊于《地基处理》，2005，16（3）：63-64.

主要反映在软弱淤泥质黏土层中产生侧向挤压作用。后续施工的桩将对周围已设置的桩产生较大的水平侧向压力。由于该水平侧向压力的作用,已施工的桩对周围已设置的桩在硬壳层和淤泥质黏土层界面处将产生较大的剪切力。该工程桩钢筋笼一般只有 3.5m 左右(含凿桩段 0.5m),因此该工程在硬壳层和淤泥质黏土层界面处抗剪切能力很弱。该桩段很容易产生裂缝,产生缩颈。特别是桩体混凝土,尚未到养护时间,桩体破坏情况更为严重。

上述分析解释了该工程中不少工程桩在 2.0～4.0m(大部分在 3.0m 左右)处产生裂缝、缩颈的原因。

近两年笔者已多次被邀为类似的工程质量事故分析原因。在上硬下软多层地基中设置夯扩桩或采用沉管灌注桩都要十分重视挤土效应对已设置桩的影响。某一工程,硬壳层土层和软弱土层性质差别比上述工程还要大,采用沉管灌注桩,布桩密度比上述工程也要大一些。工程团队在桩基施工过程中未能及时发现挤土效应的不良影响,直到进行桩基静载试验和动测试验时才发现 2/3 以上的桩未能达到设计要求。有部分桩在软硬土层界面处完全断开,20 多米的桩变成了 5 米(硬土层厚度)左右长的桩,大部分在软硬土层界面处产生严重的剪切破坏。

在硬壳层很薄或基本上没有硬壳层的软土地基中,挤土桩的挤土效应很容易觉察,容易得到设计、施工人员的重视。但上硬下软多层地基中的挤土桩挤土效应往往容易被忽视,或者超出人们的估计。故工程团队应重视上硬下软多层地基中挤土桩挤土效应的影响。

从某勘测报告不固结不排水试验成果引起的思考[*]

龚晓南

（浙江大学土木工程学系）

最近参加一地基处理方案评审,在某甲级勘测单位提供的报告中,笔者发现该单位通过不固结不排水剪切试验(UU 试验)得到抗强度指标 c 和 φ,且 φ 不等于零。UU 试验是用来测定不排水抗剪强度 c_u 值的。不排水抗剪强度不同于抗剪强度指标,前者是试样的不排水抗剪强度值,后者是用于计算试样所取土层土体的抗剪强度值的指标。

图 1(a)表示某一地基,土层 2 为正常固结黏土层,单元 A、B 和 C 分别代该层不同深度处的土样。测定土体抗剪强度的方法通常有三轴固结不排水剪切试验(CIU 试验)、不固结不排水剪切试验(UU 试验)、现场十字板试验及无侧限压缩试验和直剪试验等。这里只对土层 2 讨论前三个试验。由十字板试验得到的土体不排水抗剪强度沿深度是不断增大的[见图 1(b)]。UU 试验的结果见图 2。若对在单元 A、B、C 深度取的土样进行 UU 试验,将得到的不排水抗剪强度值分别记为 c_{uA}、c_{uB} 和 c_{uC},则有 $c_{uC} > c_{uB} > c_{uA}$。

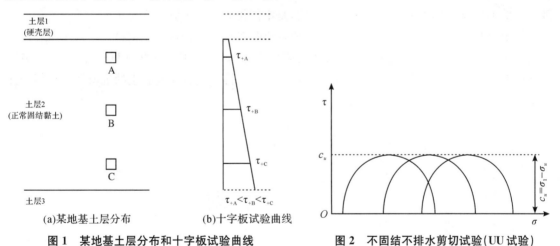

(a)某地基土层分布　　(b)十字板试验曲线

图 1　某地基土层分布和十字板试验曲线

图 2　不固结不排水剪切试验(UU 试验)

CIU 试验结果见图 3。CIU 试验可以得到有效应力强度指标 c'、φ' 值和总应力强度指标 c、φ 值。对正常固结黏土 $c = c' = 0$。采用单元 A 深度的土样进行 CIU 试验,和采用单元 B、单元 C 深度的土样进行 CIU 试验,得到的有效应力强度指标 c'、φ' 值和总应力强度指标 c、φ 值是一样的。土体的抗剪切强度可以采用莫尔-库仑(Mohr-Coulomb)公式计算,抗剪强度有效应力指标表达式和总应力指标表达式分别如下:

[*] 本文刊于《地基处理》,2008,19(2):44-45.

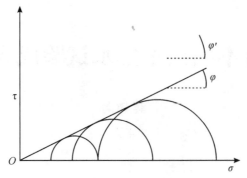

图 3　三轴固结不排水剪切试验（CIU 试验）

$$\tau_f = c' + \sigma' \tan\varphi' \tag{1}$$

$$\tau_f = c + \sigma \tan\varphi \tag{2}$$

式中，τ_f 为土的抗剪强度值；σ 和 σ' 分别为土体中的法向总应力和法向有效应力值。土层 2 中不同深处土体的有效应力强度指标 c'、φ' 值和总应力强度指 c、φ 值是一样的，但随深度增加土体中总应力和有效应力值是增加的。因此，同一层中土的抗剪强度值是增加的。由上面分析可知：①可以由 CIU 试验、UU 试验和现场十字板试验得到土体的不排水抗剪强度；②土体的不排水抗剪强度和的抗剪强度指标是不同的概念；③UU 试验和现场十字板试验测得的是土体的不排水抗剪强度值，而 CIU 试验测得的是土体的抗剪强度指标；④将某一深度土样通过 CIU 试验测得的抗剪强度指标和土中应力代入莫尔-库仑公式可以计算土体的抗剪强度，但由某一深度土样的 UU 试验测得的不排水抗剪强度值，是不能得到的抗剪强度指标值的。

综上可知，由 UU 试验得到的抗强度 c 和 φ 值是错误的。而这一错误概念不仅出现在勘测报告中，而且出现在某些规范规程中，出现在某些教科书中，出现在某些计算软件中，故笔者写此文以期引起业界的重视、讨论。关于饱和黏性土的不排水抗剪强度和土的抗剪强度指标应用另文再议。

承载力问题与稳定问题*

龚晓南

（浙江大学岩土工程研究所）

稳定、变形和渗流是岩土工程的三个基本问题，承载力和沉降是建筑工程基础设计中的基本问题。沉降与竖向变形有关，两者关系简单。稳定与承载力关系如何？笔者近些年曾多次向同行请教，并与学生讨论地基承载力概念与地基稳定性概念两者间的关系，至今已有自己满意的看法，现提出讨论。

在工程设计中当地基承载力验算满足要求时，是否还要进行稳定性验算？这是设计人员普遍关心的问题。在房屋建筑工程中，除了岸边和坡边的建筑物，设计中若地基承载力验算满足要求，是不需要进行稳定性验算的。也就是说，当地基承载力验算满足要求时，地基稳定性肯定会满足要求。但在填土路堤和柔性面层堆场等工程设计中，地基承载力验算满足要求后还需要进行稳定性验算。近年来，对多个道路工程事故原因的分析发现，这些道路常规的地基承载力验算是满足要求的，而地基稳定性验算未能满足要求。从以上分析是否可以得到下述意见：当地基承载力验算满足要求时，地基稳定性验算不一定满足要求。

再来看看当地基稳定性验算满足要求时，地基承载力验算是否肯定满足要求。结论应该是否定的。地基稳定性验算要求地基不产生稳定性破坏，而地基承载力验算不仅要求地基不产生破坏，而且还要保证地基变形量控制在某一数值以内。后者比前者要求高。

上述两段分析得到的意见是相互矛盾的。为什么会出现上述情况呢？当地基承载力采用极限承载力概念时，地基承受的极限荷载状态也是地基处于一种由荷载作用引起的稳定极限状态。由荷载作用引起的地基稳定性验算要求与地基极限承载力验算要求两者是一致的。地基极限承载力与地基变形无关，它反映地基在荷载作用下产生破坏前的极限承载能力。问题是常用的地基承载力概念，也是主要用在房屋建筑工程中的地基承载力概念，它不仅与地基稳定性有关，也与变形有关，而且主要与沉降有关。测定地基承载力的试验的主控因素往往是沉降量。一般情况下，当地基承载力验算满足要求时，沉降也常被认为满足某种要求。在设计中控制地基承载力主要是为了控制沉降。上述地基承载力概念与岩土工程三个基本问题之一的地基稳定性的概念差别很大。特别是地基承载力演变成土的承载力后，承载力概念更难正确掌握。除概念明确的极限承载力和容许承载力外，不同时期的规范又提出地基承载力特征值、设计值、标准值、基本值等概念，使承载力概念更加复杂且难以正确掌握。将主要用在房屋建筑工程中的这些地基承载力概念简单地搬至非房屋建筑工程中，如用于填土路堤和柔性面层堆场等工程时，有时过于保守，造成浪费，有时过于冒进，易造成工程事故。在发展按变形控制设计理论时也会遇到这个问题。例如，在基坑工程设计中有按变形控制设计和按稳定控制设计两大类，概

*本文刊于《地基处理》，2011，22（2）：53.

念清楚。在房屋建筑工程设计中,按沉降控制设计与按承载力控制设计二者纠结在一块,按沉降控制设计虽不同于按承载力控制设计,但按承载力控制设计也已将沉降量控制在一定范围内。稳定、变形和渗流是岩土工程的三个基本问题,稳定分析、变形分析和渗流分析是岩土工程设计的三个主要方面,是为稳定控制、变形控制和渗流控制服务的。

对于在建筑工程中用得最多的地基承载力概念,要全面理解。地基承载力既与地基稳定有关,也与沉降控制量有关。地基承载力既与地基土的工程性质有关,也与基础形式、刚度、大小、埋深等因素有关。

软黏土地基土体抗剪强度若干问题*

龚晓南

（浙江大学岩土工程研究所）

摘要 针对不少土力学教材和规范规程认为由不固结不排水剪切试验（UU试验）得到的是饱和黏性土的抗剪强度指标，将黏性土不排水抗剪强度视为土的抗剪强度指标的错误概念，首先分析了土的抗剪强度和抗剪强度指标之间的区别，然后通过三轴固结不排水剪切试验（CIU试验）和土的抗剪强度指标的测定，三轴不固结不排水剪切试验和土的不排水抗剪强度的测定，讨论了黏性土不排水抗剪强度和抗剪强度指标之间的区别。通过对软黏土地基中土体的抗剪强度及测定方法的讨论，再次说明了黏性土不排水抗剪强度和抗剪强度指标之间的区别。最后提出了岩土工程稳定分析中应重视的四者相匹配原则。通过讨论分析，澄清了一些模糊概念，有利于提高岩土工程分析水平。

1 引 言

2008年笔者在《地基处理》一题一议栏目中以《从某勘测报告不固结不排水试验成果引起的思考》一文，着重分析了由不固结不排水剪切试验（UU试验）得到的饱和黏性土不排水抗剪强度与土的抗剪强度指标之间的区别；2009年在成都召开的第三届岩土工程大会上做了题为"由三轴不固结不排水剪切试验（UU试验）成果引起的思考"的主题报告，再次分析了饱和黏性土不排水抗剪强度与土的抗剪强度指标之间的区别。我的学生对国内出版的数十本土力学教材、不少规范规程做了调查分析，调查结果认为UU试验得到的是饱和黏性土的抗剪强度指标，将黏性土不排水抗剪强度视为土的抗剪强度指标的占绝大多数。近年笔者多次向同行请教、讨论，阐述自己的观点并均得到支持。不少专家建议让笔者在《岩土工程学报》上展开讨论，澄清概念，纠正模糊认识。下面就土的抗剪强度和抗剪强度指标，三轴CIU试验和三轴UU试验，软黏土地基中土体的抗剪强度及测定方法，以及岩土工程稳定分析中应重视的四者相匹配原则四个方面谈点个人意见。抛砖引玉，不妥之处请指正。

2 土的抗剪强度和抗剪强度指标

2.1 莫尔-库仑强度理论

与钢筋混凝土等工程材料不同，土是摩擦型材料，可采用莫尔-库仑（Mohr-Coulomb）强度理论分析。根据莫尔-库仑强度理论，土的抗剪强度表达式为

---

*本文刊于《岩土工程学报》，2011，33(10)：1596-1600。

$$\tau_{\mathrm{f}} = c + \sigma \tan\varphi \tag{1}$$

式中，c 为土体黏聚力；φ 为土体内摩擦角；σ 为剪切面上的法向应力。

由式（1）可知，土的抗剪强度可分为两部分：一部分与颗粒间的法向应力有关，其本质是摩擦力；另一部分是与法向应力无关，称为黏聚力。式中 c 和 φ 称为抗剪强度指标。土的抗剪强度可由土中应力和它的抗剪强度指标计算得到。

在 π 平面上，莫尔-库仑强度理论的屈服面和双剪应力强度理论的屈服面如图 1 所示。此前的研究已经从理论上证明稳定材料在 π 平面上所有的屈服面均处于莫尔-库仑屈服面和双剪应力屈服面之间，莫尔-库仑屈服面是所有可能存在的屈服面的内包络面，而双剪应力屈服面是外包络面，图 1[1-2]。

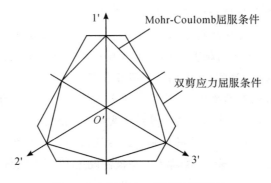

图 1　稳定材料在 π 平面的屈服面

从图 1 可以看出，用莫尔-库仑强度理论来描述材料的破坏性状是偏安全的。虽然很多强度理论在理论上比莫尔-库仑强度理论进步，有些土体的真实性状更接近其他的强度理论，但是由于莫尔-库仑强度理论的屈服面是所有可能存在的屈服面的内包络面，因此应用莫尔-库仑强度理论是安全可靠的，而且莫尔-库仑强度理论表达形式简单，物理概念容易理解，实用性好，所以目前在实际工程中得到广泛应用。

1.2　抗剪强度和抗剪强度指标

土是摩擦型材料，土的抗剪强度是指土抵抗土体颗粒间产生相互滑动的极限能力。根据莫尔-库仑强度理论和有效应力原理，土的抗剪强度 τ_{f} 可以用有效应力表示，也可以用总应力表示，其表达式分别为

$$\tau_{\mathrm{f}} = c' + \sigma' \tan\varphi' = c' + (\sigma - u)\tan\varphi' \tag{2}$$

或

$$\tau_{\mathrm{f}} = c + \sigma \tan\varphi \tag{3}$$

式中，σ, σ' 分别为剪切面上的总法向应力和法向有效应力；u 为孔隙水压力；c', φ' 分别为土体有效黏聚力和有效内摩擦角；c, φ 分别为土体黏聚力和内摩擦角。

采用有效应力表达式［式（2）］表示土的抗剪强度 τ_{f} 时，式中土体有效黏聚力 c' 和有效内摩擦角 φ' 称为有效应力抗剪强度指标；采用总应力表达式［式（3）］表示土的抗剪强度 τ_{f} 时，式中土体黏聚力 c 和内摩擦角 φ 称为总应力抗剪强度指标。土体抗剪强度 τ_{f} 既可采用有效应力表达式表示，也可采用总应力表达式表示，也就是说既可采用有效应力抗剪强度指标和土中有效应力计算土的抗剪强度 τ_{f}，也可采用总应力抗剪强度指标和土中总应力计算土的抗剪强度 τ_{f}。土的有效应力抗剪强度指标和总应力抗剪强度指标统称为土的抗剪强度指标。土的抗剪强度

是指它在破坏面能够发挥出来的最大阻力,而抗剪强度指标则是反映土体的抗剪强度随着土中应力大小变化规律的特定参数。土的抗剪强度和抗剪强度指标是两个完全不同的概念。

土是摩擦型材料,其抗剪强度与土中应力大小有关。一般情况下,人们用抗剪强度指标值来描述土体抗剪强度随着土中应力大小变化的规律,而不能直接给出土体抗剪强度。对饱和黏性土则是例外,人们不仅用抗剪强度指标值来描述,也常采用不排水抗剪强度(C_u)来描述。同时应指出饱和黏性土不排水抗剪强度是特定条件下的特殊概念,常用于 $\varphi=0$ 法分析。C_u 是抗剪强度,不是前述的抗剪强度指标。

2 三轴固结不排水剪切试验和三轴不固结不排水剪切试验

2.1 三轴固结不排水剪切试验和土的抗剪强度指标

在等向固结不排水剪切试验(CIU 试验)中,土样在一定的围压 σ_c($\sigma_c=\sigma_1=\sigma_2=\sigma_3$)作用下排水固结。固结完成后,在不排水条件下增加轴向压力(增大 σ_1)对土样进行剪切,直至土体剪切破坏。在应力空间 $p(p')$,q 平面上 $[p=\frac{1}{3}(\sigma_1+\sigma_2+\sigma_3)$,$p'=\frac{1}{3}(\sigma_1'+\sigma_2'+\sigma_3')$,$q=(\sigma_1-\sigma_3)]$,CIU 试验的总应力路径(TSP)和有效应力路径(ESP)见图 2。

CIU 试验总应力和有效应力莫尔圆和强度包线见图 3,由图可知通过 CIU 试验可以测得土样的有效应力抗剪强度指标 c' 和 φ' 的值,总应力抗剪强度指标 c 和 φ 的值。

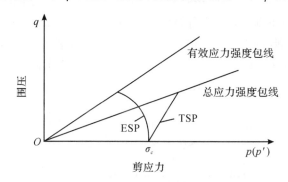

图 2　CIU 试验总应力路径和有效应力路径

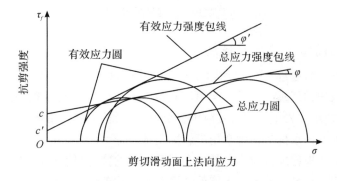

图 3　CIU 试验总应力和有效应力莫尔圆和强度包线

2.2 三轴不固结不排水剪切试验和土的不排水抗剪强度

在三轴不固结不排水剪切试验(UU 试验)中,在剪切前对饱和黏性土样施围压,土样处于不排水状态,在围压作用下土样不产生排水固结。此时"不固结",表示土样保持土样中原有的有效应力不变。取自地基中的土样,在前期固结应力作用下均产生过排水固结。这里的所谓"不固结",只不过是指在试验过程中在围压作用下不产生新的固结。完全没有经过排水固结的土样是泥浆,其抗剪强度为零。

在 UU 试验中,对土样施加围压($\sigma_1 = \sigma_2 = \sigma_3$)时,土体处于不排水状态。施加围压后,再增加轴向压力进行剪切直至土体剪切破坏。在剪切过程中土体也处于不排水状态。UU 试验应力莫尔圆和强度包线见图 4。从图中可以看出,3 个试样的有效应力圆是同一个圆,3 个试样的总应力圆的公切线是一条水平线,即 $\varphi = 0$,公切线在竖轴上的截距等于 $\frac{1}{2}(\sigma_1 - \sigma_3)$,记为 C_u,称为饱和黏性土的不排水抗剪强度。因此,不固结不排水剪切试验测定的是饱和黏土的 C_u 值,而不是土的抗剪强度指标。土样的不排水抗剪强度 C_u 值表示土样在不排水条件下能够发挥出来的最大抗剪阻力,不能表示土体的抗剪强度随着土中应力大小变化的规律。但具体试验结果 φ 值往往不等于零,究其原因有二:一是土样饱和度不够;二是试验误差。人们发现多数饱和黏性土的 UU 试验得到 φ 值常小于 3 度。事实上我们在 CIU 试验数据整理过程中,发现几个莫尔圆也是很难有同一公切线的。做过试验的技术人员都知道获得同一公切线是技术处理的结果。UU 试验是用来测定饱和黏性土不排水抗剪强度 C_u 值的,在 UU 试验数据整理过程中,几个莫尔圆公切线保留的前提应是水平线。为什么是水平线呢?因为根据有效应力原理,在不排水条件下,饱和土样在等向应力作用下,土中有效应力保持不变,土中超孔隙水压力增加。对饱和土样施加不同围压值后,在不排水条件下进行剪切,土样的抗剪强度是相等的。图 4 中 3 个试样的有效应力圆是同一个圆,也是这个道理。UU 试验得到的 φ 值不等于零是没有意义的。它是由试验成果的离散性,或土样饱和度不够造成的。顺便指出,用未饱和土样进行 UU 试验,试验过程中土样无法形成不排水不固结状态。

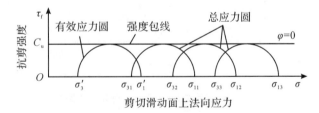

图 4　UU 试验应力莫尔圆和强度包线

2.3　饱和黏性土的不排水抗剪强度和抗剪强度指标

通过以上分析可知,通过 CIU 试验可以获得土的有效应力抗剪强度指标 c',φ' 的值和总应力抗剪强度指标 c,φ 的值,通过 UU 试验可以获得饱和黏性土不排水抗剪强度 C_u 的值。有效应力抗剪强度指标常用于岩土工程有效应力分析,总应力抗剪强度指标常用于岩土工程总应力分析,而饱和黏性土不排水抗剪强度常用于软黏土地基 $\varphi = 0$ 法分析。现在不少单位提供的岩土工程勘察报告、某些规程规范及不少教科书不重视土的抗剪强度指标和抗剪强度两个概念的区别,特别是未说清饱和黏性土不排水抗剪强度和土的抗剪强度指标两个概念的不同及饱和黏性土不排水抗剪强度的特殊性,甚至认为 UU 试验得到的是土的抗剪强度指标值,可用于工程分析。上述情况应引起重视,业内人员应通过讨论,统一认识,纠正模糊概念。

3 软黏土地基中土体的抗剪强度及测定方法

某地基土层分布和十字板试验曲线见图 5,地基中土层 2 为正常固结黏性土层,单元 A、B 和 C 分别代表土层 2 中不同深度处的土样。获得软黏土地基中土体抗剪强度的方法通常有 CIU 试验、UU 试验、现场十字板试验、无侧限压缩试验和直剪试验等。这里只讨论前三个试验。由现场十字板试验可得到的土体不排水抗剪强度沿深度的变化,单元 A 处土体十字板强度为 τ_{+A},单元 B 处土体十字板强度为 τ_{+B},单元 C 处土体十字板强度为 τ_{+C}。由图 5 可知,土层 2 中土体十字板强度沿深度是不断增大的。土体十字板强度即为土的不排水抗剪强度。若在单元 A,B,C 深度处取土样分别进行 UU 试验,单元 A 处取的土样的不排水抗剪强度值记为 C_{uA},单元 B 和 C 处取的土样的不排水抗剪强度值分别记为 C_{uB} 和 C_{uC},则有 $C_{uC} > C_{uB} > C_{uA}$(见图 6)。由 UU 试验得到的不排水抗剪强度沿深度也是不断增大的。

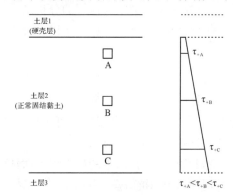

图 5　某地基土层分布和十字板试验曲线

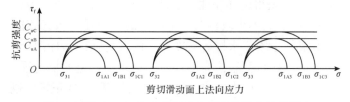

图 6　单元 A、B、C 深度处取的土样的不排水抗剪强度

若在土层 2 中单元 A,B,C 深度处取土样分别进行 CIU 试验,不难发现由 CIU 试验可以得到 3 组有效应力强度指标 c',φ' 的值和 3 组总应力强度指标 c,φ 的值。采用单元 A 深度的土样进行 CIU 试验,和采用单元 B、单元 C 深度的土样进行 CIU 试验,得到的有效应力强度指标 c',φ' 的值和总应力强度指标 c,φ 的值是一样的。也就是说,同一土层土的抗剪强度指标值是相同的,如有差异也是试验误差和离散性造成的。地基中不同深度土体的抗剪强度可以根据土中应力和抗剪强度指标值计算确定。地基中同一层土体的抗剪强度指标是不变的,随着深度增大,土中应力增大,由 CIU 试验得到的同一层土的抗剪强度也是随深度增大的。采用 CIU 试验、UU 试验、现场十字板试验得到的软黏土地基中土体的抗剪强度基本上是一致的。

根据以上分析,在岩土工程勘察报告中,由 UU 试验测定得到取样深度处饱和黏性土层土体的不排水抗剪强度,而且在同一土层中土体的不排水抗剪强度沿深度是增大的。因此在勘察报告中不应给出 c 和 φ 值,而应给出 C_u 值,还应标明试验土样取土深度,最好与十字板试验成果一样给出沿深度变化的规律曲线。

4 岩土工程稳定分析的四者相匹配原则

至今为止,国内外学者已提出了许多很好的岩土工程稳定分析方法,可供工程师选用。笔者近年参与了一些方案评审,深感在岩土工程稳定分析中要重视:采用的稳定分析方法、分析中应用的计算参数、计算参数的测定方法、分析中选取的安全系数,四者应相匹配。以饱和黏性土为例,抗剪强度指标有有效应力指标和总应力指标两类,工程师也可直接测定土的不排水抗剪强度。采用不同试验方法测得的抗剪强度指标值,或不排水抗剪强度值是有差异的。甚至取土样用的取土器不同也可造成较大差异。对灵敏度较大的软黏土,采用薄壁取土器取的土样与一般取土器取的土样相比,经试验得到的抗剪强度指标值可差 30% 左右。在岩土工程稳定分析中取的安全系数值一般是特定条件下的经验总结。目前不少规程规范,特别是商用岩土工程稳定分析软件不重视上述四者相匹配原则。在岩土工程稳定分析中,不能遵循好上述四者相匹配原则,采用再好的岩土工程稳定分析方法也难以取得好的分析结果。不能遵循好上述四者相匹配原则,失去稳定分析的意义,有时会酿成工程事故,应予以充分重视。

5 结论与建议

(1)土是摩擦型材料,土的抗剪强度可分为二部分:一部分与颗粒间的法向应力有关,其本质是摩擦力;另一部分是与法向应力无关,称为黏聚力。可采用莫尔-库仑强度理论分析。土的抗剪强度可由土中应力和它的抗剪强度指标计算得到。

(2)土的抗剪强度是指它在破坏面能够发挥出来的最大阻力;而抗剪强度指标则代表土体的抗剪强度随着土中应力大小变化的规律。土的抗剪强度和抗剪强度指标是两个不同的概念。

(3)通过 CIU 试验可以获得土的有效应力抗剪强度指标 c',φ' 的值和总应力抗剪强度指标 c',φ 的值,通过 UU 试验可以获得饱和黏性土不排水抗剪强度 C_u 值。现在不少单位提供的岩土工程勘察报告、某些规程规范、不少教科书不重视土的抗剪强度指标和抗剪强度两个概念的区别,特别是未说清饱和黏性土不排水抗剪强度和土的抗剪强度指标两个概念的不同,及饱和黏性土不排水抗剪强度的特殊性,甚至认为 UU 试验得到的是土的抗剪强度指标值,可用于工程分析。上述情况应引起重视,业内人员应通过讨论,统一认识,纠正模糊概念。

(4)软黏土地基中同一层土体的抗剪强度沿深度增大,而同一层土体的抗剪强度指标是不变的。在同一饱和黏性土层中,由 UU 试验测定的不排水抗剪强度沿深度增大。在勘察报告中应标明试验土样取土深度,最好与十字板试验成果一样给出沿深度变化的曲线。

(5)在岩土工程稳定分析中,采用的稳定分析方法、分析中应用的计算参数、计算参数的测定方法、所选取的安全系数,四者应该相匹配,否则分析结果无实用价值。

参考文献

[1] 鲁祖统,龚晓南.关于稳定材料屈服条件在 π 平面内的屈服曲线存在内外包络线的证明[J].岩土工程学报,1997,19(5):3-7.

[2] 童小东,龚晓南,姚恩瑜.稳定材料在应力 π 平面上屈服曲线的特性[J].浙江大学学报,1998,32(5):643.

[3] 魏汝龙.软黏土的强度和变形[M].北京:人民交通出版社,1987.

[4] 朱梅生.软土地基[M].北京:中国铁道出版社,1989.

[5] 王锺琦,孙广忠,刘双光,等.岩土工程测试技术[M].北京:中国建筑工业出版社,1986.

[6] 龚晓南.土力学[M].北京:中国建筑工业出版社,2002.

从应力说起[*]

龚晓南

（浙江大学土木工程学系）

对土木工程师而言，应力是一个常用的词。应力分析是土木工程师的基本功。应力是学习材料力学（国外称材料强度）时应掌握的一个非常有用的基本概念。近年来笔者在阅读、学习一些关于有效应力原理，莫尔-库仑（Mohr-Coulomb）理论，以及其他方面的"新发展""新理论"时，觉得有必要重新温习一下材料力学中这个非常有用的基本概念。谈到应力不少人会想到：当物体受作用力时，应力是作用在物体某截面内单位面积上的力。其实对应力 σ 更确切的理解应是：

$$\sigma = \lim_{\Delta A \to 0} \frac{\Delta F}{\Delta A}$$

当物体受作用力时，应力是作用在物体某截面内面积趋于零的微单元上的力与微单元面积之比的极限值。当微单元面积趋于零时，微单元面积上的力作用在一点上。点是没有大小的，因此在物体截面上每点都有应力。在材料力学中，当一圆柱体轴向均布受力时，其横截面上每点应力相等。材料力学的研究对象是抽象的连续均匀分布的弹塑性体，而工程应用中的研究对象是具体的钢材、混凝土、钢筋混凝土、岩土体等工程材料。将"一圆柱体轴向均布受力时，其横截面上每点应力相等"的结论应用到钢材、混凝、钢筋混凝土、岩土体分析中，人们发现"横截面上每点应力相等"似乎值得怀疑。对钢材、混凝土、钢筋混凝土、岩石体，人们没有仔细思考，没有产生怀疑，但对三相土体，圆柱体横截面上每点应力怎么会相等呢？应力是内力，难道此时三相土中固相、液相和气相上的内力会相等吗？实际上仔细想一想，钢材、混凝土、钢筋混凝土等物体也有具体的结构，与三相土一样，在横截面上物质也不是连续均匀分布。任何具体材料截面上真实的内力都与物体的具体结构有关。事实上，应力是内力，但不是真实的物体内部各组成部分相互之间真实的作用力。应力是人们在工程分析中建立的一个概念，概念是人们为了相互交流而建立的，它有别于客观存在。横截面上应力分布从微观上与横截面上真实的内力分布差异很大，但从宏观上用于工程分析的可靠性极好。应力这个概念建立得非常好。上述提到的"横截面上每点应力相等"也只是一个概念，并不指横截面上每点作用的内力相等。事实上力学分析中的横截面是平面，而现实中的横截面都是凸凹不平的面。力学分析中的平截面是理想的，客观上并不存在。土力学中有效应力原理提到的总应力、有效应力和孔隙水压力都是应力，在工程分析中都是作用在截面上每一点的。或者说在工程分析中截面上每一点都传递应力，既传递总应力也传递有效应力和孔隙水压力。在结构上三相土体在截面上有三相之分，但在应力分析中每点都是三相体，是连续均与分布的三相体。材料力学中的钢筋拉伸试验和土力学中的

* 本文刊于《地基处理》，2010,21(1):61-62.

一维压缩试验都脱离具体结构测定物体中的应力,即用于力学分析中的应力。莫尔-库仑理论中抗剪强度表达式中的应力也是如此。若对三相土体按相进行分析,材料力学中建立的应力概念就难以应用了。按相分析,不用应力这个概念,也就谈不上有效应力原理了。不少土力学教科书中对总应力、有效应力和孔隙水压力的传递机理的解释可能不够清楚,容易引起误解。

理论力学的研究对象是质点和刚体,没有质点和刚体这两个概念就建立不了理论力学的基础体系。从理论力学中学习力的平衡分析,再结合材料力学中建立的应力、应变、平截面假设等概念,使我们学会了应力分析。这些是土木工程师的基本功。近年来我常对我的学生说,如果理论力学和材料力学未学好,一定要补课,否则难以做一个合格的土木工程师,更不要说做一个优秀的土木工程师。

成文过程中我曾与同事、学生反复讨论,意见也不是完全一致,现请同行指正。

复合地基论文

复合地基理论概要[*]

龚晓南

（浙江大学岩土工程研究所）

1 引 言

近年来，复合地基在土木工程中得到越来越多的应用。然而，什么是复合地基，无论在工程界，还是在学术界，尚无统一的认识。以往国内外学者对复合地基的研究多局限于某一具体工程，开展复合地基一般理论的研究较少。复合地基一般理论尚在发展之中。本文就复合地基定义、分类，复合地基工程应用，承载力和沉降计算理论，以及关于进一步开展研究工作的建议谈一些粗浅意见，抛砖引玉，希望能得到广大同行的指正。让我们共同努力，促进复合地基理论的发展、成熟。

2 定义和分类

复合地基是指天然地基在地基处理过程中部分土体得到增强或被置换，或在天然地基中设置加筋材料，加固区由基体（天然地基土体）和增强体两部分组成的人工地基。从整体看，复合地基加固区是非均质的和各向异性的。根据地基中增强体的方向，复合地基又可分为纵向增强体复合地基和横向增强体复合地基。纵向增强体复合地基根据增强体性质，可分为散体材料桩复合地基、柔性桩复合地基和刚性桩复合地基。如下述所示：

$$
复合地基
\begin{cases}
纵向增强体复合地基
\begin{cases}
散体材料桩复合地基 \\
柔性桩复合地基 \\
刚性桩复合地基
\end{cases} \\
横向增强体复合地基
\end{cases}
$$

复合地基有两个基本特点：①加固区是由基体和增强体两部分组成，是非均质和各向异性的；②在荷载作用下，基体和增强体共同承担荷载的作用。前一特征使它区别于均质地基（包括天然的和人工的均质地基），后一特征使它区别于桩基础。从荷载传递机理看，复合地基介于均质地基和桩基础之间。以往对均质地基和桩基础的承载力和变形的计算理论研究较多，而对复合地基的计算理论研究很少。各类复合地基的工程应用和复合材料力学的发展，土工测试技术、土和复合土的基本性状研究以及计算技术和电子计算机的发展，使复合地基理论迅速发展成为可能。

横向增强体复合地基，散体材料桩复合地基，柔性桩复合地基和刚性桩复合地基的荷载传递机理是不同的，应该分别加以研究。

---

[*] 本文刊于《中国土木工程学会土力学及基础工程学会第三届地基处理学术讨论会论文集》，1992；37.

3 工程应用

近年来,随着地基处理技术的普及、提高和发展,各类复合地基在土木工程中得到越来越多的应用。按施工方法分,复合地基工程应用主要有下述几种。

1. 碎石桩复合地基:按施工方法又可分为振冲碎石桩复合地基、干振挤密碎石桩复合地基、沉管碎石桩复合地基、袋装碎石桩复合地基和强夯置换碎石桩复合地基等;

2. 砂桩复合地基;

3. 深层搅拌桩复合地基;

4. 旋喷桩复合地基;

5. 石灰桩复合地基;

6. 土桩和灰土桩复合地基;

7. 低标号混凝土桩复合地基;

8. 小桩复合地基;

9. 疏桩复合地基;

10. 土工织物垫层(加筋土复合地基)。

复合地基的增强体材料不同,施工方法不同,复合地基的效用也就不同。综合各类复合地基的效用,主要有五个方面:桩体效用、垫层效用、排水效用、挤密效用和加筋效用。每种复合地基具备其中一种或几种效用。上述效用使复合地基技术在提高地基承载力,减小沉降,改善地基抗液化性能等方面具有较大的潜力和灵活性,使其具有较大的生命力。也可根据上述效用,改进已有的施工方法,选用合理的增强体材料,开发新的复合地基技术。

4 纵向增强体复合地基承载力计算模式

纵向增强体复合地基承载力计算通常有两种思路:一种是先分别确定桩体的承载力和桩间土承载力,根据一定的原则叠加这两部分承载力得到复合地基的承载力;另一种是把桩体和桩间土组成的复合土体作为整体来考虑,如通过地基滑弧稳定分析法确定复合地基极限承载力。在稳定分析中采用复合土体的综合指标。采用第一种思路,复合地基的极限承载力 p_{cf} 可用下式表示:

$$p_{cf} = k_1 \lambda_1 m p_{pf} + k_2 \lambda_2 (1-m) p_{sf} \tag{1}$$

式中,p_{pf} 为一桩体极限承载力,kPa;p_{sf} 为天然地基极限承载力,kPa;k_1 为反映复合地基中桩体实际极限承载力的修正系数,一般大于 1.0;k_2 为反映复合地基中桩间土实际极限承载力的修正系数,其值视具体工程情况,可能大于 1.0,也可能小于 1.0;λ_1 为复合地基破坏时,桩体发挥其极限强度的比例,可称为桩体极限强度发挥度;λ_2 为复合地基破坏时,桩间土发挥其极限强度的比例,可称为桩间土极限强度发挥度;m 为复合地基置换率,$m = \dfrac{A_p}{A}$,其中 A_p 为桩体面积,A 为对应的加固面积。

对刚性桩复合地基和柔性桩复合地基,桩体极限承载力采用下式计算:

$$p_{pf} = \frac{1}{A_p} \left[\sum f S_c L_i + R \right] \tag{2}$$

式中,f 为桩周摩阻力极限值;S_c 为桩身周边长度;A_p 为桩身横断面积;R 为桩端土极限承载力;L_i 为接土层划分的各段桩长。

除按式(2)计算承载力外,尚需根据桩身材料强度计算单桩极限承载力,即

$$p_{pf} = q \tag{3}$$

式中,q 为桩体极限抗压强度。

从上述二者中取较小值为桩的极限承载力。对散体材料桩复合地基,桩体极限承载力可采用下述两种方法计算。

(1)侧向极限应力法

散体材料桩在荷载作用下,桩体发生鼓胀,桩周土进入塑性状态,通过计算桩间土侧向极限应力来计算单桩极限承载力。其一般表达式为

$$p_{pf} = \sigma_{ru} K_p = (\sigma_{z0} + \alpha C_u) K_p = \alpha' C_u K_p \tag{4}$$

式中,σ_{ru} 为侧向极限应力,目前已有几种不同计算方法,其一般表达式如式中所示;σ_{z0} 为深度 z 处的初始总侧向应力;C_u 为桩周土不排水抗剪强度;α 为系数,与计算方法有关,对碎石桩,据兰詹(Ranjan)(1980)统计,其值一般为 3~5;α' 为另一个系数,与计算方法有关;K_p 为桩体材料的被动土压力系数。

(2)被动土压力法

在该类方法中,通过计算桩周土中的被动土压力计算桩周土对散体材料桩的侧限力。桩体承载力表达式为

$$p_{pf} = \left[(\gamma z + q) K_{pe} + 2 C_u \sqrt{K_{pe}} \right] K_p \tag{5}$$

式中,γ 为土的重度;z 为桩的鼓胀深度;q 为桩间土荷载;C_u 为土的不排水抗剪强度;K_{pe} 为桩周土的被动土压力系数;K_p 为桩体材料被动土压力系数。

通常桩间土极限承载力取相应的天然地基极限承载力值,有时要考虑桩体设置造成的影响。天然地基极限承载力除了直接通过载荷试验,以及根据土工试验资料,查阅有关规范确定外,常采用斯肯普顿(Skempton)极限承载力公式进行计算。

桩体极限承载力和复合地基极限承载力也可直接通过载荷试验确定。

当复合地基加固区下卧层为软弱土层时,在设计中需对下卧层承载力进行验算。要求下卧层顶面处附加应力(p_0)和自重应力(σ_r)之和(p)不超过下卧层土的容许承载力$[R]$,即

$$p = p_0 + \sigma_r \leqslant [R] \tag{6}$$

5 横向增强体复合地基承载力计算

横向增强体复合地基主要包括由各种加筋材料,如土工聚合物、金属材料格栅等形成的复合地基,复合地基工作性状与加筋体长度、强度,加筋层数,以及加筋体与土体间的黏聚力和摩擦系数等因素有关。复合地基破坏可具有多种型式,影响因素也很多。到目前为止,许多问题尚未完全搞清楚,横向增强体复合地基的计算理论尚不成熟。这里只介绍弗洛尔凯维奇(Florkiewicz)(1990)承载力公式,供借鉴。

横向增强体复合地基上的条形基础见图1。刚性条形基础宽度为 B,下卧为厚度为 Z_0 的加筋复合土层,其视黏聚力为 C_r,内摩擦角为 φ_0,复合土层下的天然土层黏聚力为 C,内摩擦角为 φ,弗洛尔凯维奇认为基础的极限荷载 $q_f B$ 是无加筋体($C_r = 0$)的双层土体系的常规承载力 $q_0 B$ 和由加筋引起的承载力提高值 $\Delta q_f \cdot B$ 之和,即

$$q_f = q_0 + \Delta q_f \tag{7}$$

复合土层中各点的视黏聚力 C_r 值取决于所考虑的方向,其表达式可参考施洛斯塞尔(Schlosser)

和朗(Long)在1974年的研究,具体为

$$C_r = \sigma_0 \frac{\sin\delta\cos(\delta-\varphi_0)}{\cos\varphi_0} \tag{8}$$

式中,δ为考虑的方向与加筋体方向的倾斜角;σ_0为加筋体材料的抗拉强度。

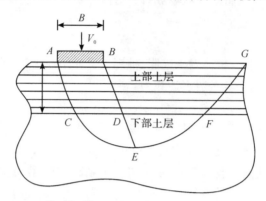

图1　横向增强体复合地基上的条形基础

当加筋复合土层中加筋体沿滑移面AC滑动时,地基破坏。此时,刚性基础速度为V_0,加筋体沿AC面滑动引起的能量消散率增量为

$$D = AC \cdot C_r \cdot V_0 \frac{\cos\varphi}{\sin(\delta-\varphi_0)} = \sigma_0 V_0 Z_0 \cot(\delta-\varphi_0) \tag{9}$$

于是承载力提高值可用下式表示:

$$\Delta q_f = \frac{D}{V_0 B} = \frac{Z_0}{B}\sigma_0 \cot(\delta-\varphi_0) \tag{10}$$

上述分析中忽略了$ABCD$区和$BGFD$区中由于加筋体存在($C_r \neq 0$),能量消散率增量的增加。δ值可根据普朗特(Prandtl)破坏模式确定。

6　复合地基沉降计算方法

各类实用计算方法通常把复合地基沉降量分为两部分,见图2。图中h为复合地基加固区厚度,z为荷载作用下地基压缩层厚度。加固区的压缩量为S_1,加固区下卧层压缩量为S_2,则复合地基总沉降量S可表示为两部分之和,即

$$S = S_1 + S_2 \tag{11}$$

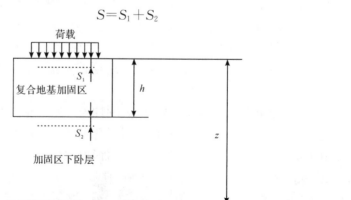

图2　复合地基沉降量示意

加固区土层压缩量 S_1 计算方法主要有下述几种。

(1)复合模量法(E_c 法)

将复合地基加固区中增强体和基体两部分视为一个复合土体,采用复合压缩模量 E_{cs} 来评价复合土体的压缩性。采用分层总和法计算复合地基加固区压缩量 S_1,表达式为

$$S_1 = \sum_{i=1}^{n} \frac{\Delta p_i}{E_{csi}} H_i \tag{12}$$

式中,Δp_i 为第 i 层复合土上附加应力增量;H_i 为第 i 层复合土层的厚度。E_{cs} 值可通过面积加权平均法计算或通过室内试验测定。

(2)应力修正法(E_s 法)

该法根据桩间土承担的荷载 P_s,按照桩间土的压缩模量 E_s,忽略增强体的存在,采用分层总和法计算加固区土层的压缩量 S_1。

$$S_1 = \sum_{i=1}^{n} \frac{\Delta p_{si}}{E_{si}} H_i = \mu_s \sum_{i=1}^{n} \frac{\Delta p_i}{E_{si}} H_i = \mu_s S_{1s} \tag{13}$$

式中,μ_s 为应力修正系数,$\mu_s = \dfrac{1}{1+m(n-1)}$;$n$ 和 m 分别为复合地基桩土应力比和复合地基置换率;Δp_i 为第 i 层平均附加应力增量;S_{1s} 为未加固地基在荷载 P 作用下相应厚度内的压缩量。

(3)桩身压缩量法(E_p 法)

在荷载作用下,若桩体不会发生桩底端刺下卧层沉降变形,可以通过计算桩身的压缩量来计算加固区土层的压缩量。

$$S_1 = \frac{(\mu_p p + p_{b0})}{2E_p} l \tag{14}$$

式中,μ_p 为应力集中系数,$\mu_p = \dfrac{1}{1+m(n-1)}$,$l$ 为桩身长度,即等于加固区厚度 h;E_p 为桩身材料变形模量;p_{b0} 为桩底端端承力密度。

下卧层土层压缩量 S_2 通常采用分层总和法计算。在分层总和法计算中,作用在下卧层土体上的荷载或土体中附加应力是难以精确计算的。目前在工程应用上,常采用下述三种方法计算。

(1)应力扩散法

如图 3(a)所示,荷载作用宽度为 B,长度为 D,应力扩散角为 β,则作用在下卧层上的荷 p_b 为

$$p_b = \frac{DB_p}{(B+2h\tan\beta)(D+2h\tan\beta)} \tag{15}$$

(2)等效实体法

如图 3(b)所示,f 为侧重阻力密度,D 和 B 为荷载作用长度和宽度,则 p_b 表达式为

$$p_b = \frac{BD_p - (2B+2D)hf}{BD} \tag{16}$$

(3)当层法

如图 3(c)所示,可将加固区换算成与下卧层模量相同的土层计算,当层厚度 h_1 为

$$h_1 = h\sqrt{E_0/E_1} \tag{17}$$

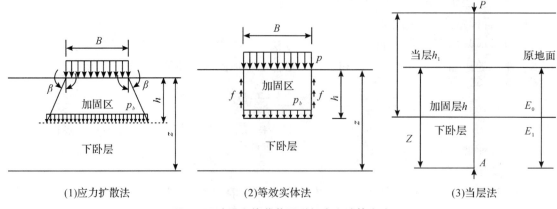

(1)应力扩散法　　　　　(2)等效实体法　　　　　(3)当层法

图3　下卧层土体荷载及附加应力计算方法

根据当层厚度 h_1，运用弹性力学公式计算下卧层土体中附加应力，从而计算下卧层压缩量。

复合地基在荷载作用下的沉降也可采用有限单元法计算。在几何模型处理上有限单元计算方法大致上可以分为两类：一类在单元划分上把单元分为两种，即增强体单元和土体单元，并根据需要在增强体单元和土体单元之间设置或不设置界面单元；另一类是在单元划分上把单元分为加固区复合土体单元和非加固体土体单元，复合土体单元采用复合材料参数。

对各类复合地基沉降计算采用上述何种方法为宜，需具体问题具体分析。一般说来，桩土相对刚度较小时，采用 E_c 法较合适，桩土相对刚度较大时，可采用 E_s 法。

7　几点建议

复合地基理论尚不成熟，还在发展之中，需要进一步开展研究。对进一步的研究工作，笔者提几点建议，供参考。

1. 重视理论分析、室内外试验和工程测试相结合。要结合工程实践，开展足尺模型试验。积累分析大量的工程实测资料，理论才能较好发展。科研、高校、设计和施工单位应加强合作。

2. 重视基础性研究。如各类复合地基荷载传递规律，应力场和位移场情况等。

3. 重视复合地基的分类准则，如纵向增强体复合地基中如何根据桩土相对刚度来分类。

4. 重视各类复合地基的共性和个性研究，重视其与均质地基和桩基础的联系和区别。

总之，通过努力，希望复合地基理论能与均质地基和桩基础计算理论一样不断得到发展。

参考文献

[1] 吴廷杰.我国复合地基现状及发展趋势[C]//中国建筑学会全国复合地基学术会议,承德,1990.

[2] 韩杰,叶书麟,周洪涛.复合地基基本特性分析[Z].同济大学科技情报站,1990.

[3] 王吉望.复合地基的研究及计算原理[J].岩土工程师,1990,2(1):9.

[4] 龚晓南.土塑性力学[M].杭州:浙江大学出版社,1992.

水泥搅拌桩的荷载传递规律*

段继伟[1] 龚晓南[2] 曾国熙[2]

(1.浙江工业大学土木工程学系;2.浙江大学岩土工程研究所)

摘要 本文通过现场足尺试验,研究了水泥搅拌桩的荷载传递规律。结果表明,传到桩端的荷载占桩顶荷载的比例甚小。桩体的变形、轴力和侧摩阻力主要集中在 $0\sim l_c$ (临界桩长)深度内。当外荷增大时,$0\sim l_c$ 深度内桩体的变形增大,但当深度大于 l_c 时,桩体变形、桩身轴力和侧摩阻力随外荷的增大变化均较小。水泥搅拌桩的破坏发生在浅层,破坏形式为环向拉裂或桩体压碎。在弹性范围内。桩身应力有限元计算值与实测值较一致。

1 试验方法

陆贻杰等[1]用在水泥土样侧壁贴应变片的方法,得到了砂箱中水泥土样的桩身应力沿深度的传递曲线。其结果表明,桩身应力沿深度的分布较均匀。这与本文现场足尺试验的结果(图3、图4)有较大差别。产生差别的原因可能是水泥土样较短。林彤[2]用钢筋应力计测定现场水泥旋喷桩的桩身应力。由于钢筋应力计的弹性模量远比水泥土大,测量时会使应力向钢筋集中,使结果偏离实际。如果用弹性模量较小的塑料管代替钢筋。在塑料管侧壁贴上应变片,做成类似钢筋应力计的"传感器"来测定水泥搅拌桩桩身应力,那么可以预计,该方法比用钢筋应力计得到的结果要好得多。笔者是根据这一思路开展试验研究的,试验步骤如下。

(1)选择一种塑料管,在长度为 1.0～1.5m 的塑料管管壁中央贴上应变片,做成"传感器"。

本试验选择的塑料管为聚丙烯(PP)管,其弹性模量为 2.18×10^3 MPa,泊松比为 0.34。由于塑料管导热性差、线膨胀系数大。所以受温度的影响比金属大。这个问题可采用全桥测量电路,用温度补偿的办法解决。在室温时,塑料管有蠕变,这会使应变读数在测试时漂移。为避免零漂可在塑料管的条件稳定时间之后读数。所谓条件稳定时间是指塑料管的弹性模量在大于这个时间之后就不随时间变化了。它可由塑料管的弹性模量试验求得。塑料管式"传感器"构造见图1。

(2)在现场把这些管子接起来,从桩心下管至桩端止。

试验以宁波善高化学有限公司水泥搅拌桩试桩工程为背景进行。试验场地土层的物理力学指标见表1。测试的桩有3根,桩的情况见表2。

---

*本文刊于《岩土工程学报》,1994,16(4):1-8。

表 1　土的物理力学性质指标

层号	土层名称	层底埋深/m	天然含水量 w/%	天然重度 γ/(kN/m³)	孔隙比 e	液限 w_L/%	塑性指数 I_p/%	液性指数 I_L	压缩模量 $E_{s100-200}$/MPa	固结直剪 内摩擦角 φ	固结直剪 黏聚力 c/kPa	十字板强度 C_u/kPa	静力触探 锥尖阻力 Q_c/kPa	静力触探 侧壁摩阻力 f_a/kPa	标准贯入击数 N
I₂	黏土	1.63	33.02	19.06	0.91	46.96	23.22	0.45	4.44	10.73	18.91	36.42	566.3	33.9	3
I₃	淤泥质粉质黏土	3.79	41.70	18.09	1.14	35.31	13.28	1.31	2.50	13.33	4.92	22.72	270.4	7.6	1
II₁	淤泥	16.05	54.15	16.93	1.52	43.20	20.69	1.54	1.47	9.42	6.11	17.07	315.1	4.0	0

表 2　试验桩情况

桩号	桩长/m	桩径/mm	水泥掺和量 α_w/%	测点数
1#（单桩）	15	500	15	10
2#（单桩）	12.5	500	15	8
3#（单桩带台）	12.5	500	15	9

　　下管在成桩一个月后进行。下管前用钻机从桩心钻孔至桩端,成孔后用塑料焊机把管子焊接起来下管,下管完毕灌水泥浆。

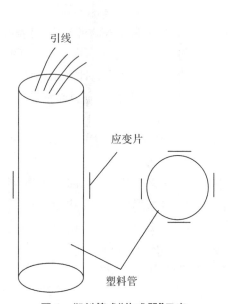

图 1　塑料管式"传感器"示意

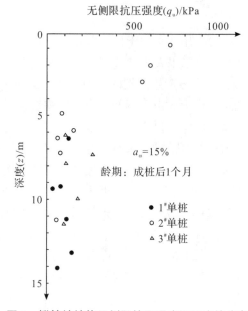

图 2　搅拌桩桩体无侧限抗压强度沿深度的分布

　　对从桩心取出来的水泥土,进行室内无侧限抗压强度试验。试验结果见图 2。从图中可以看出,q_u 值偏小,这主要是龄期短造成的。上层水泥土(在 $0\sim3$m 深度内)的 q_u 值明显比下层土(深度大于 3m)的大,这说明土质不同,土与水泥的反应程度也不同。因此,不同土质的层状分布,会导致水泥土强度的层状分布,这使水泥搅拌桩桩身弹性模量也呈层状分布。

　　(3)现场测试。

2 试验成果分析

2.1 水泥搅拌桩的荷载传递规律

（1）单桩的荷载传递特性

1#，2#桩和3#桩带台桩体实测应变沿深度的变化曲线见图3、图4。相应的P-S曲线见图5、图6。如图5(a)所示，当$P<96$kN时，P-S曲线有近似的线性关系。所以96kN可以近似看成1#单桩的荷载比例极限P_{u0}。同理由图5(b)和图6可确定2#桩和3#桩带台的P_0值分别为120kN和80kN。

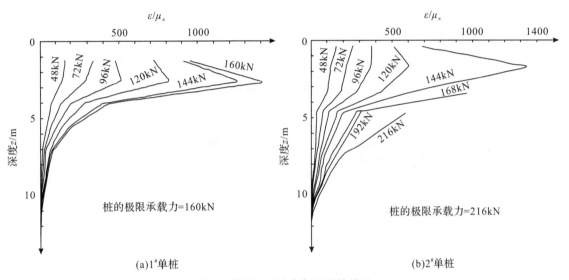

(a)1#单桩　　　　　　　　　　　　　(b)2#单桩

图3　单桩实测应变与深度的关系

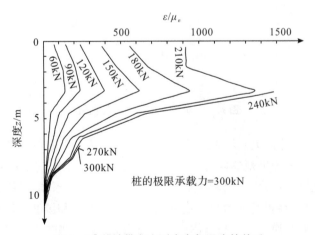

图4　3#单桩带台实测应变与深度的关系

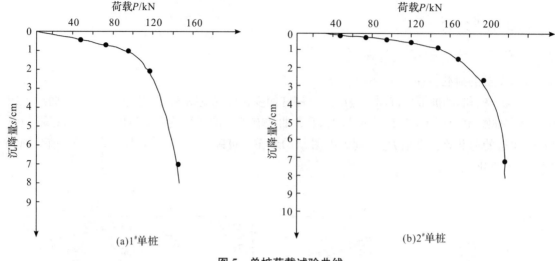

(a)1#单桩 　　　　　　　　　　　　　(b)2#单桩

图 5　单桩荷载试验曲线

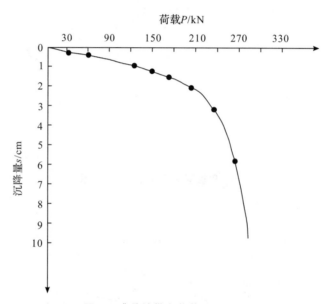

图 6　3# 单桩带台荷载试验曲线

　　从图 3 可以看出,当外荷 $P < P_0$ 时,桩体的最大应变发生在桩顶。桩身变形主要发生在 0 ～7m 深度范围内,在这一深度范围内的应变随外荷的增大而增大。当深度大于 7m 时,桩身应变随外荷的增大变化较小。此外,1# 单桩和 2# 单桩尽管桩长不一样,但传递曲线的形状相似。

　　2# 单桩和 3# 单桩带台桩身应力沿深度的变化曲线见图 7 和图 8。图中 P 须小于 P_0 才能保证桩身应力近似由桩体弹性模量与桩体应变相乘得到。桩体弹性模量近似确定方式如下。

　　(a)对 2# 单桩,用最靠近桩顶第 1 测点的应变近似代替桩顶应变。由桩顶外荷,可得 $E_P' =$ 1.3GPa。E_P' 的实际含义是塑料管与水泥浆形成的桩心模量,它沿桩身近似认为均匀分布,其数值要比桩心周围水泥土的模量大;但桩心与周围水泥土形成的复合模量,即桩体模量,要比 E_P' 值小。由于实测应变近似为塑料管与水泥浆形成的桩心应变,所以应该用 E_P' 与实测应变的乘积来表示桩心应力,这近似为 2# 单桩桩身应力。

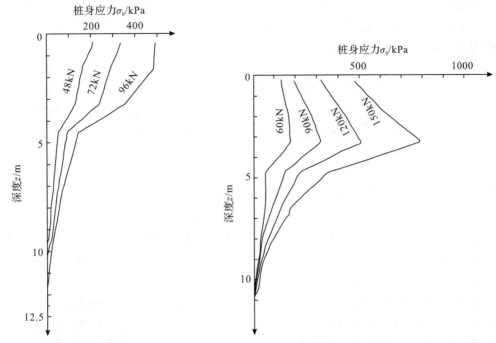

图7　2#单桩桩身应力沿深度的变化曲线　　　图8　3#单桩带台桩身应力沿深度的变化曲线

（b）对3#单桩带台，由于3#桩与2#桩的桩长和水泥掺和量一样，所以可用2#桩的E'_P值近似代替3#桩的E'_P值。

从图7可以看出，2#单桩桩身应力呈桩顶最大，沿深度逐渐变小的分布。桩底端荷载占总荷载的比例小于3％。随着外荷的增大，在0～7m深度范围内的桩身应力增大，而在深度大于7m的范围内，桩身应力随外荷的增大变化较小。这表明桩身应力的传递是有限的。

根据桩身应力沿深度的变化曲线，可近似算得桩侧摩阻力沿深度的传递曲线（见图9、图10）。如图9所示，2#单桩的摩阻力沿深度的变化曲线较复杂，大致规律如下：摩阻力的发挥主要在0～7m深度内，在这深度之外，摩阻力发挥较小。

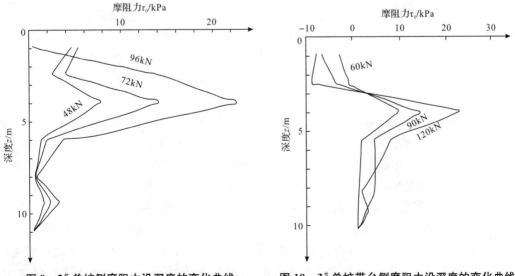

图9　2#单桩侧摩阻力沿深度的变化曲线　　　图10　3#单桩带台侧摩阻力沿深度的变化曲线

根据对柔性单桩带台的有限元数值分析和理论分析[3]可知,柔性单桩存在着临界桩长 l_c。当深度等于 l_c 时,桩身轴力占总荷载的比例约为 10%。由此可近似确定单桩的临界桩长 l_c。根据图 3 可确定 1# 单桩的临界桩长约为 7.18m 约 $14d$ $(d=0.5m)$;2# 单桩的临界桩长约为 8.54m,约 $17d$。

综上所述,单桩桩身变形、轴力和侧摩阻力主要集中在 $0 \sim l_c$ 深度内,当深度大于 l_c 时,桩体的变形、轴力和侧摩阻力变化较小。外荷的变化主要使桩体的变形、轴力和侧摩阻力在 $0 \sim l_c$ 深度内变化。而深度大于 l_c 的那部分桩体的变形、轴力和侧摩阻力随外荷的变化较小。

(2)单桩带台的荷载传递特性

从图 4 可以看出,当 $P < P_0$ 时,单桩带台的实测应变传递曲线与单桩的有所不同。其最大应变不发生在桩顶,而是发生在 3.2m 深度处。其原因是绝对刚性承台带动桩、土同时下沉,桩顶附近侧摩阻力来不及发挥。

根据对柔性单桩带台的有限元分析[3]可知,柔性单桩带台也存在着临界桩长 l_c。当桩身轴力占桩顶荷载的比例约为 10% 时,此时桩身长度近似为临界桩长。由图 4 可确定单桩带台的临界桩长近似为 8.81m,约 $17.7d$。于是,从图 4、图 8 和图 10 可以看出,单桩带台的变形、轴力和侧摩阻力,也集中在 $0 \sim l_c$ 深度内。在这一深度范围内,它们随外荷变化;在深度大于 l_c 时,它们随外荷变化较小。此外,从图 8 可以看出,最大桩身应力也不发生在桩顶,而是在 3.2m 深度处;桩端荷载占桩顶荷载的比例小于 6%。从图 10 可以看出,在靠近桩顶附近有负摩阻产生,最大摩阻力出现在深度约为 4m 处,这一现象正如前述,是承台、桩和土共同作用的结果。

2.2 水泥搅拌桩的破坏特点

通过对单桩的分析可知,当 $P > P_0$ 时,荷载传递规律是桩顶应力(轴力)最大,然后沿深度逐渐变小。当 $P > P_0$ 时,从图 3 可以看出,测点 2 的应变随 P 的增大迅速增大,破坏会在这里发生。根据土层地质情况(见表 1),从图 2 可以看出,水泥土强度的分布是上层土大,下层土小,因此在两层土的交界处,强度低的水泥土有可能被首先破坏。由表 1 可知,这个交界处深度在 $1.6 \sim 3.8m$,这也许是从图中看到的在 2.6m(1# 桩)和 1.6m(2# 桩)深度处应变最大的原因。

对单桩带台,$P < P_0$ 时的应变情况前面已讨论过;当 $P > P_0$ 时,3 测点应变随外荷的增大迅速增大,这点可能首先被破坏。

从图 2、图 3 可以看出,当荷载接近极限荷载时,在破坏区下面,还未破坏的地方,ε-z 曲线非常靠近。例如,在图 3(a) 中,$P = 144kN$ 和 $P = 160kN$ 的 ε-z 曲线靠近。在图 3(b) 中,$P = 192kN$ 和 $P = 216kN$ 的 ε-z 曲线在 $z > 7.3m$ 时较靠近。在图 4 中,$P = 240kN$,$P = 270kN$ 和 $P = 300kN$ 的 ε-z 曲线在 $z > 4.6m$ 时较为靠近。这表明当桩体某处破坏时,其他地方的强度还未充分发挥。

综上所述,桩的低模量使桩存在着所谓临界桩长,当施加在桩顶上的荷载增加时,并不能使桩的轴力和变形向更深的深度传递,而是使在 $0 \sim l_c$ 深度内的桩身变形增大,以抵抗外荷的增加,因此可以预计桩的破坏将在 $0 \sim l_c$ 深度内发生。由于桩的最大轴力主要发生在桩顶(单桩),或者在距桩顶下面较浅的地方(单桩带台),因此桩的破坏主要发生在浅层,即所谓浅层破坏。

由于水泥搅拌桩属低强度桩,桩体的抗拉强度小,桩体的轴向压缩会使其环向产生拉伸,因此其破坏形式是使桩沿径向开裂。1# 单桩桩头的破坏形式见图 11。该照片是挖去桩头 10cm 后拍摄的。裂纹深度约 68cm,宽 $0.5 \sim 2cm$,径向裂纹深 $10 \sim 19cm$。2# 单桩桩头的破坏形式与 1# 桩相似。3# 单桩带台的桩头未出现如照片所示的裂纹。试桩完毕,笔者挖桩观察发现,桩顶出现较细的裂纹,在1.5m深度处发现桩体压碎现象,这说明破坏发生在桩顶下。

图 11 1[#]单桩桩头破坏形式

2.3 桩身应力实测值与有限元计算值的比较

由前面的分析可知,当 $P<P_0$ 时,$P\text{-}S$ 曲线近似为线性关系,可用弹性理论进行分析。本文取第一级荷载 $P=48\text{kN}$ 来计算。采用有限元法,对桩取 14 个单元,桩端下土体竖向取 8 个单元,水平向取 7 个单元,共 154 个单元。

因为桩身强度沿深度呈层状分布,所以可用变弹性模量来描述桩体。桩身可分成两种模量 E_1 和 E_2。$E_1\approx E_p'=1.3\text{GPa}$,$E_2$ 为可调参数,h 定为 3.7m。

2[#]单桩桩身应力有限元计算值与实测值的比较见图 12,此时 $E_2=350\text{MPa}$。从图中可以看出,计算值与实测值吻合较好。

3[#]单桩带台桩身应力有限元计算值与实测值的比较见图 13。对单桩带台,E_1 和 E_2 值虽不能直接求得,但由于 2[#]桩和 3[#]桩桩长和水泥掺和量一样,所以 3[#]桩的 E_1 和 E_2 值可用 2[#]桩的来近似代替。从图 13 可以看出,计算值与实测值基本吻合,但在 0~4m 深度内,两者相差较大,这可能是由计算采用线弹性模型,实际土体为非线性,以及实测时土层和桩身模量分布复杂和实测误差等因素引起的。

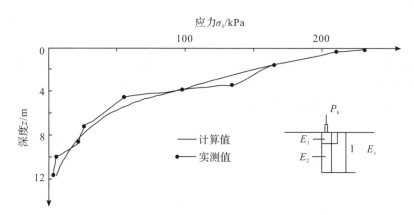

图 12 2[#]单桩桩身应力有限元计算值与实测值的比较

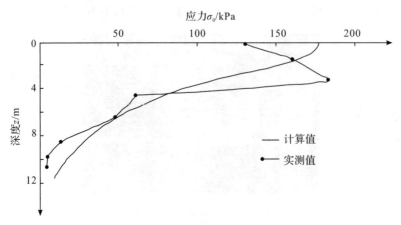

图13 3#单桩带台桩身应力有限元计算值与实测值的比较

3 结 论

(1)当荷载小于荷载比例极限时,单桩的最大轴力发生在桩顶;单桩带台的最大轴力出现在桩顶下3.2m处,侧摩阻力最大值也出现在该深度附近,在靠近桩顶附近摩阻力发挥较小。

(2)传到桩端的荷载占桩顶荷载的比例较小。

(3)桩体的变形、轴力和侧摩阻力主要集中在 $0 \sim l_c$ 深度内的这部分桩体上,对大于 l_c 深度的那部分桩体,桩体的变形、轴力和侧摩阻力发挥较小。

(4)外荷增大,会使 $0 \sim l_c$ 深度内桩体的变形增大,但当深度大于 l_c 时,桩体变形甚小。桩身轴力和侧摩阻力的情况也是如此。

(5)对于水泥掺和量为15%的水泥搅拌桩,单桩的临界桩长实测值为 $17d$（2#单桩）;单桩带台的临界桩长实测值为 $17.7d$。

(6)水泥搅拌桩的破坏发生在浅层,破坏形式为环向拉裂和桩体压碎。

(7)在弹性范围内,桩身应力有限元计算值与实测值较一致。

参考文献

[1] 陆贻杰,周国钧. 搅拌桩复台地基试验及三维有限元分析[J]. 岩土工程学报,1989,11(5):86.

[2] 林 彤. 粉体喷射搅拌法加固软土地基的应力及应变研究[D]. 上海:同济大学,1990.

[3] 段继伟. 柔性桩复台地基的数值分析[D]. 杭州:浙江大学,1993.

柔性桩的荷载传递特性[*]

龚晓南　段继伟

（浙江大学土木工程学系）

摘要　本文首先讨论了桩土相对刚度和柔性桩的定义,然后讨论了柔性桩临界桩长的概念,最后通过试验成果分析了柔性桩荷载传递特性。

1　引　言

竖向增强体复合地基可以分为三类:散体材料桩复合地基、柔性桩复合地基和刚性桩复合地基。散体材料桩本身桩体不能自立,需靠周围土体的围箍作用才能形成桩体。典型的散体材料桩有碎石桩。散体材料桩的承载力大小主要取决于周围土体所能提供的侧限力。刚性桩桩体的强度和刚度与地基土相差很大,如深厚软黏土地基中的钢筋混凝土桩。刚性桩在荷载作用下,桩体本身压缩量极小,作为摩擦桩,桩的侧限力从桩顶到桩底端得到全面的发挥。侧阻力达到极限,桩的承载力也到达极限。柔性桩是相对于刚性桩而言的,它的刚度和强度较小,也有人把它称为半刚性桩,如深厚软黏土地基中的水泥土桩。柔性桩在荷载作用下,桩体本身压缩量大,因此其荷载传递规律与刚性桩也不相同。散体材料桩、柔性桩和刚性桩三类桩的荷载传递规律不同,应分别加以研究,然而如何判别柔性桩和刚性桩尚无统一标准。下面首先讨论桩土相对刚度的定义,并提出柔性桩判别准则的建议,然后讨论柔性桩的临界长度,最后分析柔性桩的荷载传递规律。

2　桩土相对刚度和柔性桩

在荷载作用下,桩的位移及荷载传递特性不仅与桩体刚度有关,而且与地基土的模量,桩体的长细比等因素有关。是柔性桩还是刚性桩,可采用桩土相对刚度 K 值来判别。王启铜[3]建议采用下式表示桩土相对刚度:

$$K=\sqrt{\frac{E}{G_s}}\frac{r}{L}=\sqrt{\frac{2E(1+\nu_s)}{E_s}}\frac{r}{L} \tag{1}$$

式中,r 为桩体半径;L 为桩长;E 为桩体的模量;E_s、G_s、和 ν_s 分别为土体模量、土体剪切模量和土体泊松比。段继伟[2]对式(1)做了改进,并考虑了柔性桩临界桩的概念。他建议桩土相对刚度采用下式表示:

$$K=\sqrt{\frac{\xi E}{2G_s}}\frac{r}{L} \tag{2}$$

---

　* 本文刊于《中国土木工程学会第七届土力学及基础工程学术会议论文集》,1994:605.

式中，

$$\xi = \ln \frac{2.5l(1-\nu_s)}{r}$$

l_c为柔性桩临界桩长，当$l < l_c$时，l取桩长L；当$l \geqslant l_c$时，$l = l_c$。

桩土相对刚度(K)与无量纲刚度$[P/(E_s wr)]$的关系见图1，P为桩体荷载，w为桩的沉降。从图中曲线可以看出，当K值较小时，沉降随K值增大而迅速减小，当K值较大时，沉降基本不随K值增大而减小，几乎保持不变。因此可以大致把桩分为两类，当$K \leqslant 1$时，称为柔性类，当$K > 1$时称为刚性类。

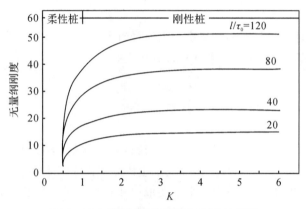

图1　桩土相对刚度与无量纲刚度的关系

3　柔性桩的临界长度

柔性桩在荷载作用下，由于桩体本身压缩性较大，桩侧摩阻力发挥度自上而下减小。当桩较长时，存在一临界长度l_c，超过l_c的那一部分桩体对减小桩的沉降，或提高桩的承载力贡献极小。合理确定桩的临界长度在工程上具有重要意义。

从不同角度来看，临界长度可以有下述几种定义。

(1)当桩侧最大摩阻力到达极限值τ_f时，临界长度为桩侧摩阻力等于零(或等于某一小比例数，如$\tau = 0.1\tau_f$)所对应的桩长。

(2)当单桩承载力达到极限状态时，临界长度为桩侧摩阻力等于零(或等于某一小数，如：$\tau = 0.1\tau_f$)所对应的桩长。

(3)在荷载作用下，桩长超过某长度后，增加桩长桩的沉降几乎不再减小，该长度即为临界长度。

段继伟[2]根据定义(3)，通过单桩有限元分析得到桩的长径比与沉降影响因子的关系(见图2)。建议临界桩长l_c取值范围：

(a)当$E/E_s = 10 \sim 50$时，$l_c = (8 \sim 20)d$；

(b)当$E/E_s = 50 \sim 100$时，$l_c = (20 \sim 25)d$；

(c)当$E/E_s = 100 \sim 200$时，$l_c = (25 \sim 33)d$。

段继伟[2]还推导了考虑临界桩长的柔性单桩沉降计算解析表达式，并建议在实际应用中取沉降随桩长的改变为5%时的桩长，作为临界桩长取值的标准，并提出下述表达式：

$$l_c = \sqrt{\frac{\xi' E}{2G_s}} d \qquad (3)$$

式中，$\xi' = \ln[2.5 l_c (1-\nu_s)/r]$，$d$ 为桩的直径。不能直接应用式(3)计算临界桩长，因为式(3)右边也隐含 l_c，需采用迭代法求解。临界桩长计算图见图3。

上述临界桩长都是对单桩而言的，对单桩带承台、对群桩临界桩长应用不同的计算方法。显然，单桩带承台的临界桩长要比不带承台的长。当承台为 1.0m×1.0m，桩径为50cm 时，段继伟[2]根据有限元分析建议的单桩带台临界桩长 l_c 取值范围：

(a)当 $E/E_s = 10 \sim 50$ 时，$l_c = (8 \sim 22) d$；

(b)当 $E/E_s = 50 \sim 100$ 时，$l_c = (22 \sim 28) d$；

(c)当 $E/E_s = 100 \sim 200$ 时，$l_c = (28 \sim 38) d$。

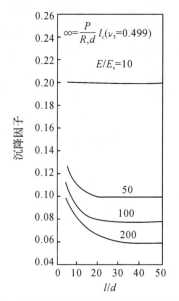

图2　桩的长径比与沉降影响因子的关系

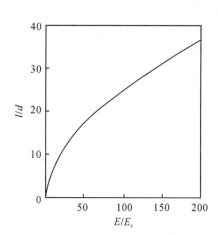

图3　临界桩长计算图

4　柔性桩的荷载传递规律

浙江宁波太平洋化学有限公司水泥搅拌桩试桩工程天然地基土层土的物理力学性质见表1。1# 桩(单桩)桩长为15m，2# 桩(单桩带承台)桩长为12.5m，承台为 1.0m×1.0m，桩径均为50cm，水泥掺和比 $a_w = 15\%$。1# 和 2# 桩的 P-S 曲线见图4和图5。1# 桩和 2# 桩桩身应变沿深度变化关系曲线见图6和图7。由图4和图5可以看出，当 $P < P_0$ 时，P-S 曲线有近似的线性关系。对 1# 桩，$P_0 = 96$kN，对 2# 桩，$P_0 = 180$kN，P_0 可认为是比例极限。从图6可以看出，对 1# 桩，当 $P < P_0$ 时，桩体的最大应变发生在桩顶，桩身变形主要在 0～7m 深度内。随着荷载增大，在 0～7m 深度内桩身应变增大，但向下传递并不深，桩身变形主要集中在这一深度内。当 $P > P_0$ 时，桩身最大应变处向下移动，从图7可以看出，对 2# 桩，当 $P > P_0$ 时，桩体最大应变不发生在桩顶，而是发生在 3.2m 深度处。这是由于承台带动桩土同时下沉，靠近桩顶附近桩侧摩阻力来不及发挥。在荷载作用下，桩身变形主要发生在 0～8.8m。土层平均模量为1875kPa，桩身模量取 60000kPa，$E/E_s = 32$，由上一节分析可知，1# 桩临界桩长约为 7.3m(14.6d)，2#

桩临界桩长约为 7.9m(15.7d)。上述估算临界桩长与图 6 和图 7 中实际测得的临界桩长差别不大。

表 1　土的物理力学性质

层号	土层名称	层底埋深/m	天然含水量 w/%	天然重力密度 γ/(kN/m³)	孔隙比 e	液限 w_L/%	塑性指数 I_P/%	液性指数 I_L	压缩模量 $E_{S100-200}$/MPa	固快直剪 内摩擦角 ψ	固快直剪 黏聚力 c/kPa	十字板强度 c_u/kPa	静力触探 锥尖阻力 Q_s/kPa	静力触探 侧壁摩阻力 f_c/kPa	标准贯入击数 N
I₂	黏土	1.63	33.02	19.06	0.91	46.96	23.22	0.45	4.44	10.73	18.9	36.42	566.3	33.9	3
I₃	淤泥质粉质黏土	3.79	41.70	18.09	1.14	35.31	15.28	1.31	2.50	13.33	4.92	22.72	270.4	7.5	1
I₁	淤泥	16.05	54.15	16.93	.52	43.20	20.69	1.54	1.47	9.42	6.11	17.07	315.1	4.0	0

$P<P_0$ 时，1# 桩和 2# 桩侧摩阻力沿深度的变化情况见图 8 和图 9。这是通过用实测桩身应变计算桩身轴力，再用轴力计算摩阻力而得到的，换算过程中的误差是不可避免的，但摩阻力分布特性是明显的。摩阻力主要在临界长度以内得到发挥。临近临界桩长处摩阻力的发挥度很小。带台单桩在桩顶附近出现了负摩阻力，1# 桩和 2# 桩最大摩阻力均不是发生在桩顶处。

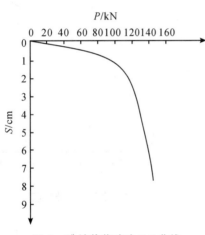

图 4　1# 桩载荷试验 $P\text{-}S$ 曲线

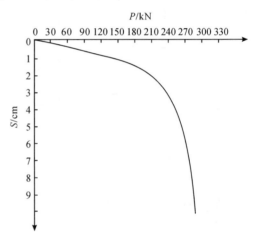

图 5　2# 桩载荷试验 $P\text{-}S$ 曲线

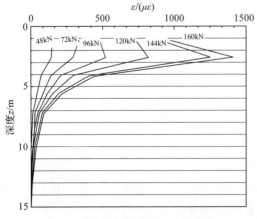

图 6　1# 桩桩身应变沿深度的变化

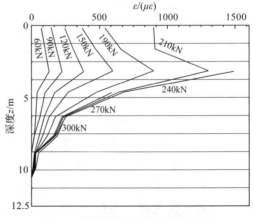

图 7　2# 桩桩身应变沿深度的变化

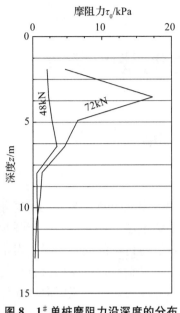

图 8　1# 单桩摩阻力沿深度的分布　　　　　图 9　2# 单桩带台摩阻力沿深度的分布

1# 桩和 2# 桩桩身应力有限元计算值和实测值的比较见图 10 和图 11,从图中可以看出,两者相当接近。

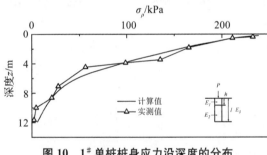
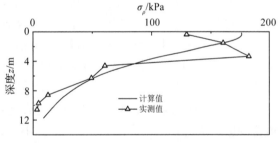

图 10　1# 单桩桩身应力沿深度的分布　　　　图 11　2# 单桩带台桩身应力沿深度的分布

5　结　论

(1)桩的荷载传递特性与桩土相对刚度有关。桩土相对刚度既与桩土模量比有关,也与桩的长细比有关。桩土相对刚度可以用文中式(2)表示。

(2)采用桩土相对刚度来判别柔性桩和刚性桩是合适的。若采用式(2)计算桩土相对刚度 K 值,文中建议当 $K \leqslant 1.0$ 时,桩为柔性桩。

(3)对柔性桩,存在临界桩长。当桩长大于临界桩长时,桩的沉降减少或承载力提高甚少。文中提出临界桩长的范围可供参考。

(4)通过现场试验探讨了单桩和单桩带台的荷载传递特性,从结果可以看出,桩身变形和桩侧摩阻力主要发生在临界桩长范围以内。实际测量得到的临界桩长与估算的临界桩长比较接近。

参考文献

[1] 龚晓南.复合地基[M].杭州:浙江大学出版社,1992.

[2] 段继伟.柔性桩复合地基的数值分析[D].杭州:浙江大学,1993.

[3] 王启铜.柔性桩的沉降(位移)特性及荷载传递规律[D].杭州:浙江大学,1991.

形成竖向增强体复合地基的条件[*]

形成竖向增强体复合地基的条件 *

龚晓南

（浙江大学土木工程学系）

在地基中设置竖向增强体形成复合地基可提高地基承载力和减小地基的沉降量。在多层地基中将竖向增强体穿透最软弱土层，落在压缩性较小的土层上，复合地基沉降较小，效果较好。但在土层模量相差很大时，如何设置竖向增强体是值得讨论的问题。图1表示一双层地基，$E_1 < E_2$，竖向增强体穿透 I 层。若 $E_1 \ll E_2$，$E_1 \ll E_p$，上部荷载通过基础会直接传递给竖向增强体，桩间土很难发挥作用。此时需要在竖向增强体上铺柔性垫层或竖向增强体不穿透 I 层，分别如图2(a)和(b)所示。这样通过增强体和桩间体变形协调可以很好发挥桩间土的作用。对于 E_1 和 E_2 相差不是很悬殊，或竖向增强体是由松散材料形成的情况，图1中桩间土可以很好地发挥作用。竖向增强体与桩间土是否能形成复合地基是有条件的。在荷载作用下，竖向增强体和桩间土变形协调，当桩间土竖向压缩量达到一定值时，桩间土才能发挥较大的作用。只有桩间土能发挥一定的作用，才算形成复合地基。

近闻某工程采用水泥土桩作为竖向增强体，基本形式见图1。设计设想是复合地基。在加载初期，荷载较小，沉降量很小，随荷载增大，沉降突然增大，以至发生整体失稳。该工况是否为未能形成竖向增强体复合地基，该问题值得深思。究竟 E_2/E_1 值大于多少时，采用图2(a)和(b)所示才能形成复合地基值得探讨。在地基中设置竖向增强体形成复合地基是有条件的，这一点理应予以重视。

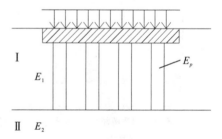

图1 双层地基

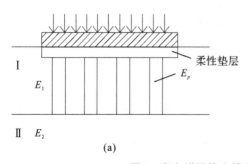

(a)

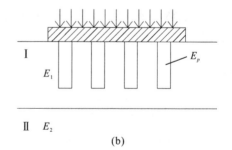

(b)

图2 竖向增强体上铺设柔性垫层或竖向增强体

---

* 本文刊于《地基处理》,1995,6(3):48.

关于复合地基沉降计算的一点看法[*]

龚晓南　陈明中

（浙江大学岩土工程研究所）

摘要　本文通过有限元计算分析复合地基加固范围、复合模量变化时地基中的应力分布情况，并与均质地基、双层地基的应力分布情况进行比较，说明了采用双层地基模式（当层法）计算复合地基沉降的不可靠性。

1　引　言

随着城市建设的迅猛发展，地基及基础工程的数量和重要性也日益增加。作为一种可以减少造价的地基处理形式，复合地基越来越受到建设单位和设计单位的重视。但是，由于土层本身的复杂性及复合材料与土相互作用关系的复杂性，人们对于复合地基在荷载作用下的应力场和位移场了解相对较少。目前复合地基的沉降理论还很不成熟，但在众多学者和专家的努力下，形成了不少实用沉降计算方法，通常这些计算方法都将复合地基沉降量分为加固区压缩量和下卧层沉降量两部分（$S=S_1+S_2$）。对于下卧层沉降量，至今提出的计算方法主要还是采用分层总和法。众所周知，用分层总和法计算沉降需知道土中的附加应力，而目前对于下卧层的应力分布却有两种截然不同的看法，一种认为复合地基情况类似于双层地基，下卧层中应力普遍小于未处理时的应力，沉降计算可采用双层地基模式；而另一种则认为在局部加固的情况下，下卧层中应力值比未处理时的应力要大一些，不宜采用双层地基模式。

本文通过有限元计算得到复合地基情况下的应力分布，以分析复合地基是否可简化成双层地基来计算沉降。

2　有限元分析说明

2.1　程序简介

本文所有计算结果均由 FLAC 程序得来。

FLAC 程序为二维有限元计算程序，运用该程序进行本文的数值计算时，采用以下假定：

(1)按平面应变问题考虑，利用对称性取一半截面进行分析；

(2)为简化计算，采用线弹性本构模型；

(3)加固区土体及未加固土体均采用四结点等参元形式。

2.2　计算模型

(1)计算区域宽 120m，深 60m，计算部分取对称的一半，即 60m×60m（宽×深，下同）。

＊本文刊于《地基处理》，1998,9(2)：10-18.

(2)复合地基加固区域宽度为 B，深度为 H_0，均布荷载施加宽度同加固区的宽度，载荷大小为 10kN/m，加固区复合压缩模量为 E_{cs}，泊松比 ν 取为 0.25，未加固土层压缩模量为 E_s，ν 取为 0.49（见图 1）；双层地基上层压缩模量为 E_{cs}，ν 取 0.25，厚度为 H_0，下层压缩模量为 E_s，ν 取 0.49（见图 2）；均质地基压缩模量为 E_s，ν 取 0.49（见图 3）。

（3）边界条件：上边界自由，下边界固定支承，左边界（即对称轴处）横向支承，右边界固定支承（见图 4）。

（4）网格划分：计算 E 域分为四个区域，每个区域 30m×30m，左上部分（1 区）每网格 1.5m×1.5m，右上部分（2 区）每网格 3m×1.5m，左下部分（3 区）每网格 1.5m×3m，右下部分（4 区）每网格 3m×3m。

2.3 结果说明

FLAC 程序计算结果为单元平均应力，本文应力计算结果中注明的"深度 Z 处应力"指的是该深度处单元的平均应力[Z 指的是单元上边界坐标，(x, z) 是单元左上角点的坐标，详见图 5]。

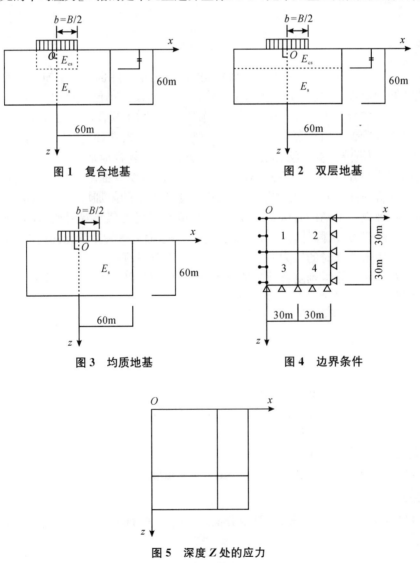

图 1 复合地基

图 2 双层地基

图 3 均质地基

图 4 边界条件

图 5 深度 Z 处的应力

3　有限元计算结果分析

本节分析了在加固区加固范围、加固区复合模量变化的情况下复合地基的应力分布,并与均质地基、双层地基的应力分布比较,从而定性地分析复合地基的应力场。

3.1　均质地基、复合地基和双层地基的应力分布比较

均质地基($E_s=3$MPa),复合地基($E_s=3$MPa,$E_{cs}=24$MPa,$B=9$m,$H_0/B=1$)和双层地基($E_s=3$MPa,$E_{cs}=24$MPa,$H_0=9$m)三者的应力分布比较见图6至图9,其中复合地基加固范围(H_0/B,下同)为1:1。图6是沿对称轴($x=0$)各单元的竖向应力分布比较图,图7至图9分别是$z=H_0/2$处(加固区深度范围内)、$z=H_0$处(加固区与下卧层交界面)、$z=1.5H_0$处(下卧层范围内)沿水平方向各单元的竖向应力分布比较图。

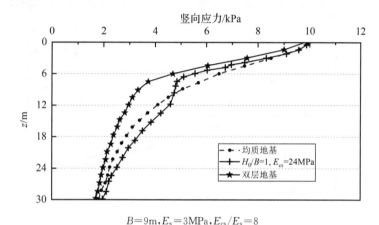

$B=9$m,$E_s=3$MPa,$E_{cs}/E_s=8$

图6　沿对称轴($x=0$)各单元的竖向应力分布比较

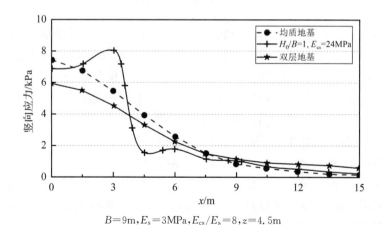

$B=9$m,$E_s=3$MPa,$E_{cs}/E_s=8$,$z=4.5$m

图7　$z=H_0/2$处(加固区深度范围内)沿水平方向各单元的竖向应力分布比较

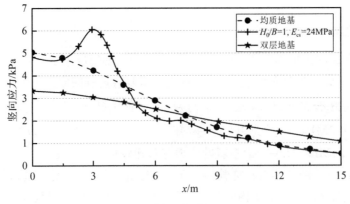

$B=9\text{m},E_\text{s}=3\text{MPa},E_\text{cs}/E_\text{s}=8,z=9\text{m}$

图 8 $z=H_0$ 处(加固区与下卧层交界面)沿水平方向各单元的竖向应力分布比较

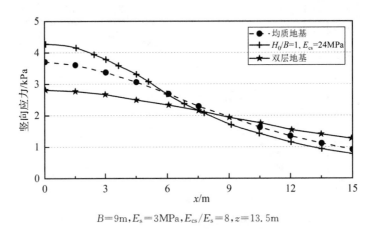

$B=9\text{m},E_\text{s}=3\text{MPa},E_\text{cs}/E_\text{s}=8,z=13.5\text{m}$

图 9 $z=1.5H_0$ 处(下卧层范围内)沿水平方向各单元的竖向应力分布比较

从图 6 至图 9 可以清楚地看到,复合地基应力分布呈现出与双层地基不同的趋势。在荷载作用宽度范围内,双层地基应力有较大扩散,而在该范围之外,竖向应力变化趋势渐由扩散转为集中;复合地基则不同,在加固区宽度范围内,加固区应力变化急剧,在加固区边缘应力达到最大,加固区外应力剧减;加固区与下卧层交界面应力呈马鞍形分布,类似于天然地基情况下深基础的基底反力;在加固区宽度范围内,下卧层应力有明显集中,在该范围外,竖向应力变化趋势由集中转为扩散,在复合地基中,应力向加固区宽度范围集中。

由以上分析可知,在加固范围为 1∶1,压缩模量比为 8∶1 的情况下,双层地基与复合地基在均布荷载作用下,下卧层的应力变化正好相反。因此若将复合地基简化成双层地基进行沉降计算显然存在问题;同时从图中可以看出,复合地基在加固区域外的浅层竖向应力较小,这说明复合地基对周围建筑沉降的影响相对较小。

3.2 复合压缩模量变化时复合地基的应力分布

复合地基($B=9\text{m},H_0/B=1,E_\text{s}=3\text{MPa}$)在复合压缩模量 E_cs 变化时的应力分布见图 10 至图 12,图 10 是沿对称轴($x=0$)各单元的竖向应力分布图,图 11、图 12 分别是 $z=H_0/2$ 处(加固区深度范围内)、$z=1.5H_0$ 处(下卧层范围内)沿水平方向各单元的竖向应力分布图。

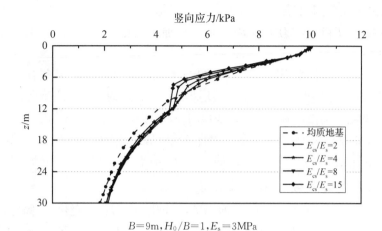

$B=9\mathrm{m}, H_0/B=1, E_\mathrm{s}=3\mathrm{MPa}$

图 10　沿对称轴($x=0$)各单元的竖向应力分布

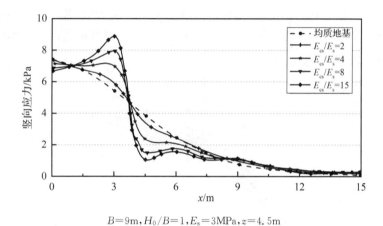

$B=9\mathrm{m}, H_0/B=1, E_\mathrm{s}=3\mathrm{MPa}, z=4.5\mathrm{m}$

图 11　$z=H_0/2$ 处(加固区深度范围内)沿水平方向各单元的竖向应力分布

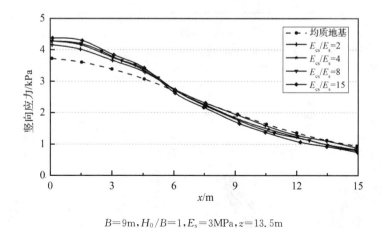

$B=9\mathrm{m}, H_0/B=1, E_\mathrm{s}=3\mathrm{MPa}, z=13.5\mathrm{m}$

图 12　$z=1.5H_0$ 处(下卧层范围内)沿水平方向各单元的竖向应力分布

　　比较图 6 至图 9、图 10 至图 12,可以发现在加固范围为 1∶1 的情况下,复合地基应力分布的规律类似,均与双层地基相对不同(如有限元计算结果分析,第 1 节中所述)。同时,随着 E_cs

的增加,在加固区宽度范围内,加固区应力变化幅度增大,加固区边缘应力逐步增加,而出加固区后,应力逐步减小;下卧层应力更为集中,而在出加固区宽度范围之后,竖向应力扩散的幅度更大一些。

从图中可以看出,在加固范围为1∶1的情况下,随 E_{cs}/E_s 的增加,复合地基在均布荷载作用下,下卧层的应力变化规律类似,且当 $E_{cs}/E_s \geqslant 4$ 时,下卧层的竖向应力变化已不大。加固区竖向应力随 E_{cs}/E_s 的增加渐由均质地基的锅底形向马鞍形发展,类似于浅基础在柔性荷载下的基底反力与刚性荷载下的基底反力,事实上本算例的均质地基情况即可被认作承受柔性荷载的地基形式,而在 E_{cs}/E_s 相当大的情况下,承受荷载的复合地基有点类似于刚性荷载下的地基形式。

3.3 加固范围变化时复合地基的应力分布

复合地基($E_s = 3$MPa, $E_{cs}/E_s = 8$)在加固范围变化(指 H_0/B 变化,B 固定,H_0 变化,以下同)时的应力分布见图13至图15。(为得到较可靠的结论,本文采用 $B = 6$m 和 $B = 9$m 两种荷载宽度进行试算),图13,图14 分别是 B 为 6m 和 9m 时沿对称轴($x = 0$)各单元的竖向应力分布图,图15、图16 分别是 B 为 6m 和 9m 时 $z = 13.5$m 处(下卧层范围内)沿水平方向各单元的竖向应力分布图,图17,图18 是 B 为 6m 和 9m 时 $z = 4.5$m 处(加固区深度范围内)沿水平方向各单元的竖向应力分布图。

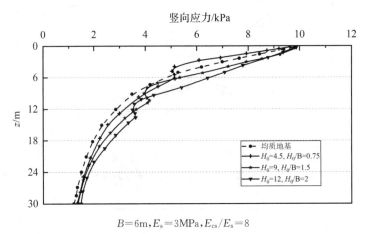

$$B = 6\text{m}, E_s = 3\text{MPa}, E_{cs}/E_s = 8$$

图 13 B 为 6m 时沿对称轴($x = 0$)各单元的竖向应力分布

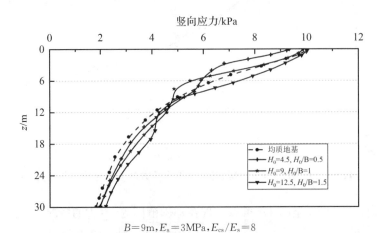

$$B = 9\text{m}, E_s = 3\text{MPa}, E_{cs}/E_s = 8$$

图 14 B 为 9m 时沿对称轴($x = 0$)各单元的竖向应力分布

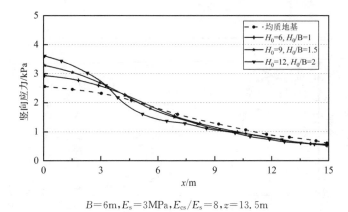

$B=6\text{m}, E_s=3\text{MPa}, E_{cs}/E_s=8, z=13.5\text{m}$

图 15 B 为 6m 时,$z=13.5$m 处(下卧层范围内)沿水平方向各单元的竖向应力分布

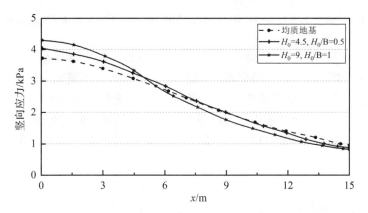

$B=9\text{m}, E_s=3\text{MPa}, E_{cs}/E_s=8, z=13.5\text{m}$

图 16 B 为 9m 时,$z=13.5$m 处(下卧层范围内)沿水平方向各单元的竖向应力分布

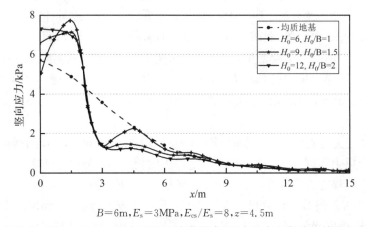

$B=6\text{m}, E_s=3\text{MPa}, E_{cs}/E_s=8, z=4.5\text{m}$

图 17 B 为 6m 时,$z=4.5$m 处(加固区深度范围内)沿水平方向各单元的竖向应力分布

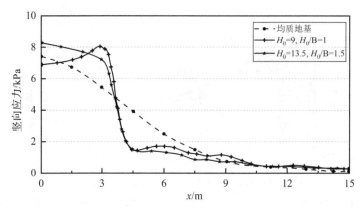

$B=9\mathrm{m}, E_s=3\mathrm{MPa}, E_{cs}/E_s=8, z=4.5\mathrm{m}$

图 18　B 为 9m 时，$z=4.5\mathrm{m}$ 处（加固区深度范围内）沿水平方向各单元的竖向应力分布

从图 13 至图 18 可以看出，随加固范围的变化，复合地基应力分布发生较大的变化，当加固范围增加时，加固区中轴附近应力显著增加，而加固区边缘应力则呈减少趋势；在加固区宽度范围内，下卧层应力愈加集中，而在该范围之外，下卧层应力则愈加减少。从图 13 至图 16 可以看出，当 $H_0/B=0.5$ 时，复合地基应力分布已呈现与双层地基相异的趋势，在加固区宽度范围内，下卧层应力较未加固时已出现明显集中现象，H_0/B 越大，应力集中现象越明显。

4　结　语

（1）在平面应变条件下，复合地基应力场随加固范围（H_0/B）、复合压缩模量（E_{cs}）变化而变化，可以预见，当 H_0/B 和 E_{cs} 小至某一定值时，即当加固区平面范围较大，加固区深度相对较浅，且加固用复合材料刚度较低（如碎石桩等柔性桩复合地基）时，复合地基应力场还是类似于双层地基的；但当 H_0/B 及 E_{cs} 大于一定值时，复合地基应力场已迥异于双层地基应力场，复合地基应力在下卧层有集中趋势，此时如采用当层法计算下卧层沉降，即将复合地基简化为双层地基来计算下卧层附加应力则会产生较大误差，而在工程实践中，其实际加固范围、复合压缩模量一般也将使下卧层应力集中（比如 $H_0/B>0.5, E_{cs}/E_s>2$），因此一般不宜采用当层法计算下卧层沉降，特别是在软土层深厚的地区采用复合地基形式，沉降的产生主要在下卧层，用当层法计算更不适宜。

（2）复合地基应力分布情况受加固范围（H_0/B）影响较大。随 H_0/B 的增加，在加固宽度范围内，下卧层应力集中程度显著增加；而其受复合压缩模量（E_{cs}）影响相对较小，随 E_{cs}/E_s 的增加，下卧层应力集中程度提高较小。由此可以预见当 E_{cs}/E_s 为一定值时，H_0/B 存在一个临界值，超过该值时，H_0/B 对减少沉降已不产生作用（下卧层应力增加，从而增加了下卧层压缩量，这抵消了由于加固深度增加而减少的沉降）。在工程实践中，如已满足承载力要求，再提高置换率（目前设计单位在进行该类设计时往往过于保守），不仅不能减少沉降，反而有可能导致沉降的增加。

（3）目前各种沉降计算方法计算得到的结果往往大于实际值，其原因是多方面的，比如天然地基压缩模量往往随深度呈增长趋势，再比如深处软土因在低应力状态下固结时间较长，实际观测沉降结果并非完全固结后的最终沉降，等等。如果直接以少量实际工程沉降观测结果与沉降计算方法计算结果进行对比来确定沉降计算方法的适用性,是不太可靠的,至少也是失之偏颇的。

(4)复合地基在 H_0 深度范围内,加固区外应力扩散显著,因此在用复合地基加固地基后,地基对周围建筑的沉降影响将减小。

(5)根据复合地基加固区应力渐趋马鞍形的分布特征,设计复合地基时可根据实际情况分析加固区应力,从而适当考虑复合材料的优化布置,以达到经济合理的目的。

参考文献

[1] 龚晓南. 复合地基[M]. 杭州:浙江大学出版社,1992.

[2] 周建民,丰定祥,郑宏. 深层搅拌桩复合地基的有限元分析[J]. 岩土力学,1997(2):44-50.

[3] 刘一林,谢康和,林琼,等. 水泥搅拌桩复合地基变形特性初探[C]//中国建筑学会全国复合地基学术会议,承德,1990.

桩体复合地基柔性垫层的效用研究[*]

毛 前[1] 龚晓南[2]

（1.浙江水电专科学校；2.浙江大学土木工程学系）

摘要 从阐述复合地基与桩基之间的区别入手，通过对桩体刺入垫层的研究，探究在桩头呈理想球形孔条件下，垫层、桩体、桩间土三者模量与刺入量之间的关系，进而讨论了刺入模式下的加固区复合模量计算问题。此外，还讨论了复合地基桩土材料最优发挥状态问题，力图寻找最佳的桩土荷载分担比。

1 引 言

近年来，随着我国地基处理技术的不断提高和发展，复合地基的应用越来越广，一些新的地基处理技术和施工方法被引进或创造。各地在材料选用、施工工艺和方法以及土质的针对性方面也积累了一些经验[1-4]。但复合地基理论研究领域的发展却相对落后，甚至对"什么是复合地基"，学术界和工程界尚无统一认识[5]，刚性桩怎样才能形成复合地基、复合地基桩土之间的荷载分担比例等问题仍在讨论中。

就受力来看，复合地基应至少有两种以上材料共同承担荷载，而此处材料的不同主要是指力学性质，如密度、变形模量、强度、泊松比等的不同。现今常见的复合地基宏观上均是两相，即看成由两种材料复合而成，将土体大体看作一种均质各向同性材料，而忽略其本身的成层、非均质等因素。同样对于嵌于土中的各种材料，也不考虑它们本身是否由多种材料复合，而简单看作一均质各向同性材料，由于加固土体的力学性质总是明显优于土体本身，故而称这些材料为增强体。根据增强体的位置形态不同，又可以将其分为竖向增强体和水平向增强体，习惯上将竖向增强体统称为桩[6]，故竖向增强体复合地基通常称为桩体复合地基。本文讨论范围限于竖向增强体复合地基。竖向增强体复合地基中的散体材料桩形式也因其传力机理不同而未在文中加以讨论。

2 复合地基及其刺入模式

根据作者此前研究[6]中的定义，复合地基至少须满足两个条件：①加固区由基体和增强体两部分组成，是非均质的，各向异性的；②在荷载作用下，基体和增强体共同承担荷载的作用。所以，复合地基与桩基的主要区别在于桩基是由桩来承担和传递上部荷载，而复合地基则是由桩和桩间土共同承担，也就是说复合地基通过柔性垫层直接将部分荷载传到土中。所以桩基设

* 本文刊于《岩土力学》，1998，19(2)：67-73.

计中一般应有刚性承台,而承台可以与基土脱离,即使不脱离也可因土的作用很小而不考虑通过它直接传递荷载。反之,复合地基必须使垫层与桩间土接触,从而保证荷载的传递。垫层的作用,一方面是防止桩的荷载分担过大,桩间土的承载能力得不到充分发挥,或形成单由桩承载的桩基。另一方面是能够使应力向桩集中,以充分发挥桩的承载能力。一般复合地基基础板刚度有限,使各桩顶受力趋向均匀,但若考虑上部结构刚度的共同作用,则应力又向刚性大的桩集中,复合地基的设计目的是充分发挥桩土的承载力,因此可以认为形成复合地基的必要条件是桩在柔性垫层或下卧层有一定的刺入变形。

文献[5]中已有复合地基具体形式的详细描述。可以将刚性、柔性桩复合地基分为两类:一类是有刚性承台的摩擦群桩,如疏桩地基等,一般有较软弱的下卧层,下部发生刺入变形,能保证承台与桩间土的接触;另一类是有柔性垫层的群桩,由于设有柔性垫层,桩体向上发生刺入变形,即使为端承桩,也可以使垫层与桩间土保持接触。

3 关于复合模量

将复合地基加固区中增强体和地基土两部分视为一个统一的复合整体,则可以用复合模量(E_c)来综合评价复合体的压缩性。复合模量通常按图1所示的桩土变位相等模型推导的面积加权公式来计算,该公式可以按材料力学方法,由桩土变形协调条件 $\varepsilon_c = \varepsilon_p = \varepsilon_s$ 推演为:

$$E_c = mE_p + (1-m)E_s \tag{1}$$

式中,m 为置换率,E_p 为桩体模量,E_s 为土体模量。张土乔采用弹性理论在同样桩土变位相等模型下将这一公式进一步演化,得到的结果比面积加权公式更接近同样基于桩土变位相等假设的室内试验结果[7],见图2。

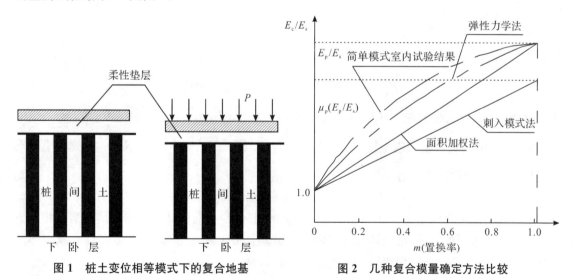

图1 桩土变位相等模式下的复合地基   图2 几种复合模量确定方法比较

但对于桩土模量相差较大的刚性桩,计算模型应有所不同。刚性桩复合地基因为总是有上下刺入变形量才能保持与土体的接触,而刺入变形量使得桩体的承载能力没有发挥到图1所反映的水平,见图3。

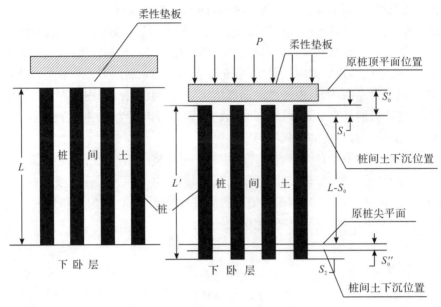

图 3　刺入模式下的复合地基

所以,考虑这一因素后复合模量计算公式的推导应为:

$$E_c \varepsilon_c = m E_p \varepsilon_p + (1-m) E_s \varepsilon_s$$

因为:

$$\varepsilon_c = \varepsilon_s = \frac{S_s}{L}$$

$$\varepsilon_p = \frac{[S_s - (S_1 - S_2)]}{L}$$

所以:

$$E_c = m\left[1 - \frac{(S_1 - S_2)}{S_s}\right] E_p + (1-m) E_s$$

式中,L 为桩长,同时也是加固区范围土的压缩层厚度;ε_s,ε_p 为土、桩的竖向应变;S_1,S_2 为桩的上下刺入量;S_s 为桩长范围内土层的压缩量。这里暂且将 $1 - \frac{(S_1 - S_2)}{S_s}$ 定义为 μ_p,称为模量发挥系数或模量发挥度,于是有:

$$E_c = \mu_p m E_p + (1-m) E_s \tag{2}$$

由此计算的复合模量比按面积加权公式计算的值还要小,与图 2 中的室内试验结果相差更远。造成这种情况的原因,可以认为是室内模拟试验是按无刺入考虑的,加载时没有模拟垫层的存在。因此,有必要开展加垫层的室内模型试验研究。

对于碎石桩、砂桩、石灰桩等具有排水或挤密等多种效用的复合地基,其复合体中土体的模量还会提高。设多种效用下土的模量提高系数为 μ_s,则复合模量计算式变为:

$$E_c = \mu_p m E_p + \mu_s (1-m) E_s \tag{3}$$

4　刺入变形量的计算

刺入变形的大小显然与桩、土、垫层(或下卧层)三者的模量比有关,也与桩径和置换率等有关。以往的研究不多，实测的资料也少。刘绪普等利用韦西奇（Vesic）小孔扩张理论对桩端刺入量进行了分析[8-9]。在此借用同样的分析方法对桩体刺入垫层量进行计算。首先做如下假设：

（1）桩间土和垫层都是理想弹塑性体，材料服从莫尔-库仑（Mohr-Coulomb）准则或特雷斯卡（Tresca）准则；

（2）垫层厚度足够厚，可以忽略垫层以上材料对垫层模量的影响；

（3）刺入变形只发生在垫层，而下卧层不可压缩，即 $S_2=0$；

（4）桩头为半球形，初始状态以均匀分布的内压力 p 向周围垫层材料扩张。

随着桩承担荷载 P_p 的增加，扩张压力 p 也增大，使球形孔周围区域由弹性状态逐步进入塑性状态，见图 4。

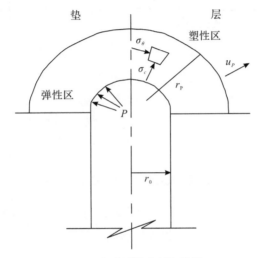

图 4　半球形桩头刺入垫层

则在 $P_p \leqslant P_e$ 时，刺入呈弹性状态，有：

$$S_1 = r_0(1+\nu)\frac{P_p}{E_d} \tag{4}$$

式中，E_d 为垫层变形模量，ν 为垫层材料泊松比。

在 $P_p > P_e$ 时，刺入呈塑性状态，有：

$$S_1 = \frac{r_0}{E_d}\left[3(1-\nu)\left(\frac{r_p}{r_0}\right)^3 P_e - 2(1-2\nu)P_p\right] \tag{5}$$

式中，P_e 为极限扩张力，r_p 为塑性区半径；大小为：

$$P_e = \frac{4(c\cos\varphi + \sigma_0\sin\varphi)}{3-\sin\varphi}$$

$$r_p = \left(\frac{p+\sigma_0+c\cot\varphi}{p_e+\sigma_0+c\cot\varphi}\right)^{\frac{4\sin\varphi}{1-\sin\varphi}} r_i \tag{6}$$

式中，r_i 为球形孔初始半径；σ_0 为垫层的初始应力。

假设桩体为弹性体，且不考虑桩侧的摩擦阻力，则有桩的受力见图 5，并由于

$$P_p = E_p\varepsilon_p = E_p\left(\varepsilon_s - \frac{S_1}{L}\right) \tag{7}$$

代入式（4）可得：

$$S_1 = \frac{(1+\nu)r_0\left(\dfrac{E_p}{E_d}\right)L\varepsilon_s}{L+(1+\nu)r_0\left(\dfrac{E_p}{E_d}\right)} \tag{8}$$

若代入式(5),则有:

$$S_1 = \frac{3r_0(1-\nu)\left(\dfrac{r_p}{r_0}\right)^3\left(\dfrac{L}{E_d}\right)P_e - 2r_0L(1-2\nu)\left(\dfrac{r_p}{r_0}\right)^3\left(\dfrac{E_p}{E_d}\right)\varepsilon_s}{L+2r_0(1-2\nu)\left(\dfrac{E_p}{E_d}\right)} \tag{9}$$

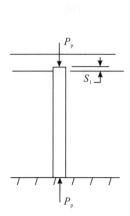

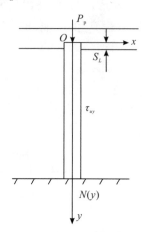

图 5   不考虑侧摩阻力时桩的受力简图　　　　**图 6   考虑侧摩阻力时桩的受力简图**

若考虑桩侧摩阻力,则问题会变得更加复杂,在假设无负摩阻力而且侧摩阻力沿桩长均布的情况下[10],桩的受力见图 6。设 ΔL 为桩受压后的变形量,圆桩周长 u 等于 $2\pi r_0$;则由平衡方程: $\sum y = 0, N(y) - P_p + \tau u y = 0$ 可得

$$\Delta L = \int_0^L \frac{N(y)}{E_p A_p}\mathrm{d}y = \int_0^L \frac{P_p - \tau 2\pi r_0 y}{E_p A_p}\mathrm{d}y = \frac{P_p L - \tau\pi r_0 L^2}{E_p A_p}$$

因此有

$$P_p = E_p\varepsilon_p + \frac{\pi L}{r_0} = E_p\left(\varepsilon_s - \frac{S_1}{L}\right) + \frac{\pi L}{r_0}$$

代入(4)式可得

$$S_1 = \frac{r_0 L(1+\mu)\left(\dfrac{E_p}{E_d}\right)L\varepsilon_s + (1+\mu)\left(\dfrac{\tau}{E_d}\right)L^2}{L+r_0(1+\mu)\left(\dfrac{E_p}{E_d}\right)} \tag{10}$$

代入式(5),得

$$S_1 = \frac{3r_0\dfrac{L}{E_d}(1-\nu)\left(\dfrac{r_p}{r_0}\right)^3 P_e - 2r_0 L(1-2\nu)\left(\dfrac{E_p}{E_d}\right)\varepsilon_s - 2\left(\dfrac{t}{E_d}\right)(1-2\nu)L^2}{L+2r_0(1-2\nu)\left(\dfrac{E_p}{E_d}\right)} \tag{11}$$

5   按刺入变形控制的复合地基设计初探

探索复合地基桩与桩间土所承受荷载的比例,实际上是一个涉及多种介质及其界面多种变

形间的反复协调过程。

5.1 复合地基桩土之间的协调过程

在建筑物荷载加于复合地基之初,较多部分荷载通过垫层传向刚度大的桩,较少部分传向桩间土,随着荷载的增加和桩间土的固结,传到桩上的荷载分量逐渐增大,传到土中的分量逐渐减少。若垫层和下卧层很硬,则接触底面有与土脱离的趋势,荷载更多地由桩承担,桩基接近形成;若垫层和下卧层不是很硬,或桩的使用荷载较大,则当桩间土固结下沉时,随着桩承担的荷载分量的增大,桩顶或桩尖势必产生刺入变形,这时桩间土所受的压力又会有所增大,迫使桩间土进一步压缩固结。桩的刺入变形与桩间土的压缩变形就这样经历着反复循环、协调的过程,这一过程同时还伴随着土体压密(饱和土则有孔隙水压力的消散)和强度增长。显然这种协调过程最终会达到平衡。对于桩土之间模量差距不大的情况,可以认为刺入量很小,可忽略不计,而直接采用不考虑刺入变形的模式。

5.2 桩土的荷载分担比例及影响因素

由以上分析可以看出,桩体的荷载能力并不是简单地与桩体材料本身的模量相关,确定桩体的荷载能力也不是仅仅考虑置换率即可,桩体的荷载能力与桩的上下刺入量有关。而桩的上刺入量又与垫层的模量(或承台的刚度)大小有直接关系,同样下刺入量的大小也与下卧层的模量大小有关。此外,刺入量还与桩土间的摩擦力大小有关。最优的受力情况是桩在受到它分担的荷载后所产生的压缩量与桩间土的压缩量相等,且此时两者的强度能得到充分的发挥。但工程实际情况往往不会这样理想。例如对实际群桩而言,各桩的刚度因施工等因素总不可能完全一致,这就造成荷载先向刚度大的桩转移,不可能出现群桩中各桩压缩量相同的情况,更不会出现桩土间的变位相等。所以在复合地基设计中要真正调动和发挥土的承载能力,必须使其具备上刺或下刺的条件,否则将难以形成真正的复合地基[11]。

若要充分发挥材料的强度,最优的形式是刺入量在满足桩间土承载力充分发挥的前提下尽量小。对于桩土模量相差不大的复合地基,变形处在弹性阶段内,于是有

$$P_p = E_p\left(\varepsilon_s - \frac{S_1}{L}\right)A_p = \frac{mE_pP_e}{(1-m)E_s} - \frac{E_pA_pS_1}{L} \tag{12}$$

式中,m 为置换率,A_p 为桩体横截面积。

将式(8)代入式(12)得

$$\lambda = \frac{P_p}{P_s} = \frac{mE_p}{(1-m)E_s}\left[1 - \frac{r_0(1+\nu)\left(\dfrac{E_p}{E_d}\right)}{L + r_0(1+\nu)\left(\dfrac{E_p}{E_d}\right)}\right] \tag{13}$$

式中,λ 为桩土荷载比。对于桩土模量相差较大的复合地基,桩端必定有较大的刺入量,若桩端应力超过极限扩张压力,则应将式(9)代入式(12),此时有

$$\lambda = \frac{mE_p}{(1-m)E_s}\left[1 + \frac{2r_0(1-2\nu)\left(\dfrac{E_p}{E_d}\right) - 3r_0(1-\nu)\left(\dfrac{r_p}{r_0}\right)^3\left(\dfrac{P_p}{P_s}\right)\left(\dfrac{L}{E_d}\right)}{L + 2r_0(1-2\nu)\left(\dfrac{E_p}{E_d}\right)}\right] \tag{14}$$

式(8)或式(13)中表达的关系与一些试验及理论分析结果一致。

5.3 优化方案的确定步骤

优化方案的确定可以按如下步骤进行:

(1)首先根据桩间土的性质得到土的地基承载力设计值 f；

(2)初拟一个布桩方案,得到 m 和 A；

(3)以 f 为依据计算桩间土容许承载力$[P_s]=f(1-m)A$；

(4)再计算相应时刻的承载力$[P_p]=P-[P_s]$,并计算相应的桩土荷载比$[\lambda]$,$[\lambda]$
$$=\frac{P-(1-m)fA}{(1-m)fA};$$

(5)采用垫层或下卧层的 c,φ 及 σ_0 计算极限扩张力 P_e,并有 $P_e=\pi r_0^2 P_s$；

(6)若 $P_p \leqslant P_e$,则根据 m,E_p,E_d 等参数,以式(13)计算 λ,若 $P_p>P_e$,则以式(14)计算,其中 P_s 以承载力设计值 f 代入；

(7)最后做如下判定：

若 $\lambda>[\lambda]$,则方案可行。不过 λ 和$[\lambda]$不宜相差太大,相差很大则说明方案不经济,材料的强度没有充分发挥,宜调整方案,并回到第一步；

若 $\lambda \leqslant [\lambda]$,则方案需重新调整,并回到第一步。

考虑桩侧摩擦力的情况,分别将式(10)或式(11)代入式(12)计算。

以上优化方案的确定是在许多假设条件下进行的,例如假设地基下部为不可压缩层,刺入只发生在柔性垫层,刺入垫层的桩端形状为半球形。因此,本方案离真正的工程应用尚有一定距离,还应根据室内模型试验获取一些不同桩头的修正系数。垫层的初始应力、模量等的取值也需进一步研究。

6 结论与建议

通过对复合地基荷载传递机理及有关问题的分析研究可以得到以下结论：

(1)为保证复合地基桩间土的受力,需保证桩顶或桩底有一定刺入变形；

(2)刺入量的大小与桩、桩间土以及垫层(或下卧层)三者的模量有关；

(3)通过小孔扩张理论可以计算半球形桩头的刺入量；

(4)考虑刺入变形时,复合地基加固区的复合模量比按桩土变位相同考虑的要低；

(5)刺入量对桩土的荷载分担比例有协调作用。

复合地基刺入量与垫层模量或下卧层间的关系在实际工程中并不像假设的那样理想。桩头的形状及桩内部的结构(如圆柱形桩头、钢筋混凝土桩的配筋情况、水泥搅拌桩上部是否复搅)等因素对刺入量的影响,是个值得进一步研究的问题。

许多情况下,为保证形成复合地基,需设置柔性垫层。垫层的做法、垫层的厚度、垫层材料的性质、垫层与桩头结合部的做法等对整个复合地基的影响都值得进一步研究。

参考文献

[1] 叶观宝. 水泥土桩复合地基在上海地区的应用与发展[M]//龚晓南. 复合地基理论与实践. 杭州:浙江大学出版社,1996:16-28.

[2] 白日升. 粉体喷射搅拌法的应用[M]//龚晓南. 深层搅拌法设计与施工. 北京:中国铁道出版社,1993:10-18.

[3] 韩杰. 碎石桩加固技术[C]//中国土木工程学会土力学及基础工程学会. 第三届全国地基处理学术讨论会论文集. 杭州:浙江大学出版社,1992:13-18.

［4］郭志业,詹佩耀. 深层搅拌桩复合地基沉降计算［M］//龚晓南. 深层搅拌法设计与施工. 北京:中国铁道出版社,1993:65-70.

［5］龚晓南. 复合地基理论框架及复合地基技术在我国的发展［C］//浙江省第七届土力学及基础工程学术讨论会论文集. 北京:原子能出版社,1996:1-15.

［6］龚晓南. 复合地基［M］. 杭州:浙江大学出版社,1992:2-3.

［7］张土乔. 水泥土的应力应变关系及搅拌桩破坏特性研究［D］. 杭州:浙江大学,1992.

［8］刘绪普,龚晓南,黎执长. 用弹性理论法和传递函数法联合求解单桩沉降［C］//中国土木工程学会土力学及基础工程学会. 第四届全国地基处理学术讨论会论文集. 杭州:浙江大学出版社,1995:484-488.

［9］龚晓南. 土塑性力学［M］. 杭州:浙江大学出版社,1990:203-212.

［10］孙训方,方孝淑,关来泰. 材料力学［M］. 2 版. 北京:高等教育出版社,1987:59-60.

［11］宰金珉,宰金璋. 高层建筑基础分析与设计［M］. 北京:中国建筑工业出版社,1994:378-379.

［12］刘金砺,袁振隆,群桩承台土反力性状和有关设计问题［C］//中国土木工程学会土力学及基础工程学会. 第五届土力学及基础工程学术会议论文集. 北京:中国建筑工业出版社,1990:85-89.

复合桩基与复合地基理论*

龚晓南

（浙江大学土木工程学系）

摘要 论文首先论述了常用地基形式可以分为三类：浅基础、桩基础和复合地基。接着介绍了复合地基的分类以及复合桩基与复合地基的关系，最后介绍了三个工程实例。

1 常用地基基础形式

当天然地基能满足建筑物对地基的要求时，采用天然地基，或称浅基础；当天然地基不能满足建筑物对地基的要求时，对地基进行处理或采用桩基础。地基处理方法不同，天然地基经过地基处理后形成的人工地基性状也不同。经过地基处理形成的人工地基多数可归属为两类。一类是天然地基土体的力学性质得到普遍改良，形成的均质地基；如通过预压法、强夯法、换填法等形成的土质改良地基。这类地基承载力与沉降计算基本上同浅基础，因此将其划归浅基础。另一类是在地基处理过程中部分土体得到增强，或被置换，或在天然地基中设有加筋材料，加固区由基体（天然地基土体）和增强体两部分组成的人工地基，从整体看加固区是非均质的。这类人工地基被称为复合地基。例如水泥土复合地基、碎石桩复合地基等。根据上述分析可知，浅基础、复合地基和桩基础是常见三种地基基础形式。浅基础的上部结构荷载是直接由地基土层承担的（见图 1）。桩基础的上部结构荷载是由桩通过桩端阻力和桩侧摩阻力传给地基土层的（见图 2）。端承桩和摩擦桩分别主要通过端阻力和桩侧摩阻力将荷载传给地基土层，而摩擦端承桩是通过两者将荷载传给地基土层的。复合地基的上部结构荷载是直接（或通过垫层）由增强体（或称桩体）和地基土体共同承担的（见图 3）。上述分类主要考虑了荷载传递路线。荷载传递路线也是上述三种地基形式的基本特征。

在复合地基加固区和基础底板之间设置垫层，可有效改善加固区上部的受力状态。设置垫层可以降低桩土应力比，可以使桩间土给增强体较大的侧限力，提高增强体承载力，垫层有利于地基土排水固结，也可提高桩间土的承载能力。

图 1 浅基础

---

* 本文刊于《地基处理》，1999，10(1)：1-15.

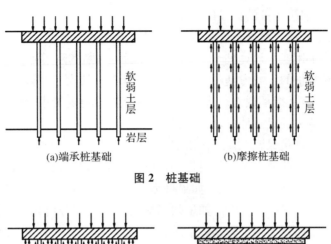

(a)端承桩基础　　　　　　　　(b)摩擦桩基础

图 2　桩基础

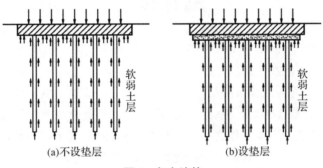

(a)不设垫层　　　　　　　　(b)设垫层

图 3　复合地基

2　复合地基和复合桩基

　　笔者于 1991 年建议根据地基中增强体方向,可以将复合地基分为竖向增强体复合地基和水平向增强体复合地基。竖向增强体复合地基习惯上被称为桩体复合地基。根据增强体性质又可分为散体材料桩复合地基、柔性桩复合地基和刚性桩复合地基。如下述所示:

$$\text{复合地基}\begin{cases}\text{纵向增强体复合地基}\begin{cases}\text{散体材料桩复合地基}\\\text{柔性桩复合地基}\\\text{刚性桩复合地基}\end{cases}\\\text{横向增强体复合地基}\end{cases}$$

　　散体材料桩的承载力主要取决于地基土体提供的侧限力。也就是说地基土体能够提供的侧限力大小,决定了散体材料桩极限承载力大小。它至少可以告诉我们两点:一是在满足一定的桩长条件后,增加桩长不会提高其极限承载力;二是天然地基承载力很小,散体材料桩复合地基承载力也不可能提高到较高水平。胶结材料桩的承载力主要取决于桩侧摩阻力和端阻力,以及桩体本身的强度。其荷载传递规律与桩土相对刚度有关。王启铜(1991)曾建议桩土相对刚度 K 采用下式表示:

$$K=\sqrt{\frac{E_{\mathrm{p}}}{G_{\mathrm{s}}}}\frac{r}{l} \tag{1}$$

式中,E_{p} 为桩体材料杨氏模量;G_{s} 为土体剪切模量;r 为桩体半径;l 为桩长。

　　根据桩土相对刚度大小,胶结材料桩可以分为柔性桩和刚性桩两类。严格定量区分是很困难的。定性地看,从承载力角度,柔性桩的承载力并不是随桩长增加而无限增加的,它存在有效桩长。实际桩长超过有效桩长后,承载力并不提高。桩的刚柔不只取决于桩体材料模量,它还取决于桩土模量比,也取决于桩的长径比。

碎石桩、砂桩属于散体材料桩。一般情况下,水泥土桩属于柔性桩,而钢筋混凝土可属于刚性桩。严格的区分应采用式1计算桩土相对刚度,然后再判断其刚柔程度。

前面提到散体材料桩的承载力基本与桩长无关,且当桩长大于有效桩长时,柔性桩承载力不再增加,请读者注意这是指承载力。从复合地基沉降量的角度考虑,增加桩长可有效减少沉降量。在复合地基承载力满足条件后,控制沉降是非常重要的。

复合地基的形成条件是保证在荷载作用桩土共同承担荷载。显然,散体材料桩和桩间土在任何情况下均可共同承担荷载。胶结材料桩和桩间土共同承担荷载需要满足一定条件。胶结材料桩为摩擦桩,桩土可共同承担荷载。如果桩为端承桩,桩间土很难参与直接承担荷载。土体固结,体积减小。而且土具有蠕变性,如果初期桩间土承担部分荷载,随着时间发展,桩间土上的荷载也会转移给桩体。如果桩为摩擦端承桩,则需具体分析。对于胶结材料桩,在基础底板和加固区之间铺设垫层(砂垫层或碎石垫层)可保证桩土共同承担荷载。

有人将按大桩距(一般在5倍桩径以上)稀疏布置的摩擦桩基称为疏桩基础;有人将用于减小沉降量为目的的桩基称为减少沉降量桩基。二者均考虑了桩土共同作用。又有人将考虑桩土共同作用的桩基称为复合桩基。桩(摩擦桩)筏基础也是复合桩基。复合桩基中桩与土共同直接承担荷载,复合桩基的形成条件之一是桩是摩擦桩,或是端承作用较小的端承摩擦桩。若桩是端承桩,桩间土是难以参与直接承担荷载的,不能形成复合桩基。

从以上分析看,复合桩基和复合地基均要求桩土直接承担荷载,它们的形成条件也是一样的。故可认为复合桩基是复合地基的一种形式,是不带垫层的刚性桩复合地基。

将同一桩(摩擦桩)筏基础中不考虑桩间土承担荷载作用的划归桩基础,考虑桩间土承担荷载作用的划归复合地基是否合适?从经典桩基础和复合地基的定义及计算模型和荷载传递模型来看,这样划分是可以的。事实上,浅基础、复合地基、桩基础是连续分布的。当复合地基置换率等于零时,复合地基成为浅基础,或称均质地基。复合地基置换率很小,或桩土模量比很小时,其性状同浅基础;当复合地基桩间土承担荷载很小时,其性状同桩基础。在均质地基中设置各类"桩体",形成各类复合地基;桩间土直接承担荷载作用的桩基称为复合桩基。复合地基和复合桩基都考虑桩土共同直接承担荷载,它们的形成条件是一致的。复合桩基属于桩基还是属于复合地基并不十分重要,重要的是弄清复合桩基的承载力和变形特性,复合桩基的形成条件,复合桩基与传统桩基理论的区别。

3 工程实例

3.1 低强度混凝土桩复合地基在北京慧忠北里C区高层住宅中的应用(耿林 李辉 北京市纺织设计院 100025)

(1)工程概况

北京慧忠北里居住区3区3、4、5号塔楼为三栋剪力墙结构住宅。地下2层,地上25层,局部27层,总高度76.4m,总面积67862m²。三栋塔楼之间夹有两栋商业楼,商业楼为地下一层地上两层的框架结构,面积6264m²。高塔采用箱形基础。箱基高度7.65m,埋深5.85m,每栋塔楼的基底面积约900m²。

该工程位于亚运村以北,清华北路和安定路交汇处的西北角。场地地形平坦,属于永定河大型冲洪积扇的中下部。地下水位浅，约－1.4m，属中软场地，可不考虑地基液化。根据地勘报告，箱基底板板底以下的土层性质如表1所示。

表1 箱基底板板底以下的土层性质

层号	土质	层厚/m	f_k/kPa	E_{s400}/MPa	q_s/kPa	q_p/kPa
4	粉质黏土	2.0	180	14.41	30	—
5	细中砂	4.0	210	32.00	40	—
6	粉质黏土	2.0	210	35.00	40	—
7	细中砂	0.7	220	35.00	45	—
8	粉质黏土	7.0	210	16.53	35	1800
9	细中砂	0.7	220	35.50	30	2200
10	粉质黏土	5.5	230	15.78	—	3200
11	细中砂	3.5	220	42.90	—	—
12	细中砂	3.0	240	26.82	—	—
13	中粗砂	2.1	230	44.70	—	—
以下略						

（2）方案选定

经计算，地基反力为442kPa，最终沉降为450mm。按北京地区规范，本场地允许变形量≤100mm。显然，天然地基不能满足承载力及变形要求。考虑到采用复合地基可充分发挥场地土的作用，尤其在北京地区场地土承载力较高的情况下，效果更显著。经比较决定采用低强度桩复合地基。低强度混凝土桩复合地基由低强度混凝土桩（以下简称桩体）、桩间土及褥垫层组成。低强度混凝土桩采用 CFG 桩，它是由碎石、石屑、粉煤灰掺适量水泥，用振动沉管打桩机或其他成桩机具制成的具有可变黏结强度的桩型。通过调整水泥掺量及配比，可使桩体强度在C5～C20变化。桩体骨料为碎石，石屑为中等粒径骨料，可使级配良好；粉煤灰具有细骨料和低标号水泥的作用。桩体一般不配筋，其模量及变形特性具有刚性桩的性状，可全桩长发挥桩的侧阻。桩落在好土上具有明显的端承作用，桩的置换作用明显。通过调整桩距、桩长，可调整复合地基承载力提高幅度。

褥垫层由级配砂石、碎石或中砂等散体材料组成。褥垫的设置是低强度混凝土桩复合地基技术的关键所在，它有如下作用：①桩体复合地基通过褥垫与基础连接，无论桩落在一般土层还是坚硬土层上，均可保证桩间土始终参与工作，达到桩、土共同承担荷载；②减小桩土应力比减少基础底面的应力集中；③通过改变褥垫层的厚度调整桩、土垂直荷载和水平荷载的分担，改善受力状态。

设置褥垫层把桩和基础断开，改变了过分依赖桩承担垂直荷载和水平荷载的传统设计思想。由于低强度混凝土桩复合地基置换率一般不大于10%，则有不低于90%的基底面积的桩间土承担了绝大部分水平荷载，而桩承担的水平荷载则占很小一部分。在承受垂直荷载时，首先利用土的承载能力，多余的荷载再由混凝土桩体承担。由于低强度混凝土桩复合地基置换率不高，基础下桩间土的面积与使用的桩间土承载力之积是一个可观的数值，这样桩的数量可大大减少。

（3）低强度混凝土桩复合地基的设计（以 4 号楼为例）

1）桩体的设计

（a）桩径（d）：取 400，可采用∅377 振动沉管打桩机或其他成桩设备实现。

（b）桩距（s）：一般取（3～6）d，本工程取 1.5m。

(c)桩长（L）

复合地基承载力标准值采用下式计算,本设计要求≥450kPa:

$$f_{sp,k}=k_1\lambda_1 m\frac{R_k^d}{A_p}+k_2\lambda_2(1-m)f_{s,k} \tag{1}$$

要求自由单桩承载力为:

$$R_k^d=[f_{sp,k}-k_2\lambda_2(1-m)f_{s,k}]A_p/(mk_1\lambda_1) \tag{2}$$

式中,m 为面积置换率,本设计为 5.6%；A_p 为桩的截面尺寸,$\pi/4\times0.4^2=0.1257\text{m}^2$；$k_1$ 为复合地基中应承载力提高系数,本设计取 1.0；λ_1 为桩强度发挥度,本设计取 1.0；k_2 为桩间土强度提高系数,本设计取 1.0；λ_2 为桩间土强度发挥度,本设计取 0.85；$f_{s,k}$ 为天然地基承载力标准值,本设计为 180kPa。

自由单桩承载力为

$$R_k^d=(U_p\sum q_s h_i+A_p q_p)/k$$

式中,U_p 为桩的周长,$\pi D=\pi\times0.4=1.257\text{m}$；$k$ 为安全系数,本设计取 1.7；q_s 为第 i 层土与土性和施工工艺有关的极限阻力,按建筑桩基技术规范取值；h_i 为第 i 层土厚度；q_p 为与土性和施工工艺有关的极限端阻力,按建筑桩基技术规范取值。

设桩持力层为 10 层土（见表1）,经试算,桩长为 16.9m,满足要求。考虑建筑物对沉降变形的要求及复合地基受力的不均匀性等综合因素后,取样长 18m。

(d)桩体强度

桩顶应力 $\sigma_p=\dfrac{R_k^d}{A_p}$

桩体标号 $R_{28}\geq3\sigma_p=16.38\text{MPa}$,所以桩的设计抗压强度应不小于 C20。

(e)桩数

理论布桩数

$$n_p=\frac{mA}{A_p} \tag{3}$$

式中,A 为基础面积。

$$n_p=\frac{0.0567\times900}{0.1257}=406$$

根实际布桩数为 412 根。

2)褥垫层的设计（合理厚度为 10～30cm）

本工程褥垫层厚度取 20cm,采用 5～20mm 粒径山碎石。

3)沉降计算（用复合模量法计算）总沉降量

$$S=S_1+S_2=\psi\left(\sum_{i=1}^{n_1}\frac{\Delta P_{oi}}{\xi E_{si}}h_i+\sum_{i=n_1+1}^{n_2}\frac{\Delta P_{oi}}{\xi E_{si}}h_i\right)=\psi S' \tag{4}$$

式中,S_1 为加固区压缩量；S_2 为下卧层沉降量；n_1 为加固区的分层数；n_2 为总的分层数；ΔP_{oi} 为荷载 P_o（基底附加应力）在第 i 层土产生平均附加应力,$P_o=344\text{kN/m}^2$；h_i 为第 i 层土的厚度；E_{si} 为第 i 层土的压缩模量；ξ 为模量提高系数,$\xi=a[1+m(n-1)]$,n 为桩土应力比；ψ 为沉降计算经验公式,参见《建筑地基设计规范》（GBJ7－89）表 5.2.5 取值。

根据前面的公式

$$f_{sp,k}=[1+m(n-1)]k_2\lambda_2 f_{s,k}$$

$$n=\left(\frac{f_{sp,k}}{k_2\lambda_2 f_{s,k}}-1\right)/m+1=35.2$$

$$\xi=2.94$$

按上式计算 $S'=195.26\text{mm}$

$$\text{压缩模量当量}\,\overline{E_s}=\frac{\sum A_i}{\sum\dfrac{A_i}{E_{si}}}=36.3MPa$$

其中 A_i 为第 i 层土附加应力系数的土层厚度的积分值。

由 $\overline{E_s}$ 及 P_o 可查得 $\psi=0.2$。所以 $S=\psi S'=0.2\times195.26=39\text{mm}$，小于设计要求 60mm。从观测沉降的资料可以看出：沉降量 $\leqslant31\text{mm}$，估计最终沉降量能满足设计要求（沉降量 $\leqslant$ 60mm）。

3.2 刚性桩复合地基在云南省金融保险综合大楼工程中的应用（刘岳东 云南省设计院 650032）

（1）工程概况

云南省金融保险综合大楼主楼基础初步设计已于 1994 年 2 月 17 日经省建设厅审查批准。主要内容为：主楼地面以上 28 层（局部 30 层），地下 2 层，建筑面积为 45360m²，地面以上估计重量 635690kN（标准值），采用 $\varnothing$ 450 振动沉管灌注桩 722 根，桩长 26m，估计单桩承载力 1000kN，理论混凝土总量 2984m³。

施工图设计阶段，设计人员考虑到地基整体情况较好，提出以控制地基沉降为目标的刚性桩复合地基方案，得到总工程师涂津同志大力支持，最终由云南帝豪岩土工程公司负责基础修改设计并指导施工。

（2）工程地质概况

本工程地质大体均匀，今以 111 号钻孔为代表揭示各土层主要物理力学指标（见表 2）。

表 2 各土层主要物理学指标

土层标高/m	土层名	容重/(kN/m³)	孔隙比 e	土的状态或含水量	E_{s1-2}/MPa	f_k/MPa
8.2（箱基底）	—	—	—	—	—	—
8.2～11.4	③₂ 圆砾	—	—	—	—	330
11.4～14.6	④₁ 粉土	19.5	0.76	软塑	5.9	151
14.6～20.5	④₂ 黏土	19.2	0.89	可塑	6.0	177
20.5～25.9	④₃ 粉土	19.7	0.71	24%	6.7	176
25.9～29.2	④₄ 黏土	19.3	0.90	可塑	5.7	171
29.2～31.9	④₅ 粉土	19.9	0.88	23%	7.1	188
31.9～46.8	④₆ 黏土	19.7	0.80	可塑	6.0	196
46.8～48.8	④₇ 粉土	19.8	—	—	9.2	184
48.8～59.3	④₈ 黏土	19.2	—	硬塑	8.7	168
59.3～61.0	④₉ 粉土	19.5	—	—	8.2	188
61.0～66.5	④₁₀ 黏土	19.4	—	可塑	8.2	186
66.5～71.4	④₁₁ 泥炭质土	14.1	—	硬塑	8.4	171
71.4～80.4	④₁₂ 黏土	19.6	—	可塑	8.4	197

注：设计桩长 24m，进入④₆ 层

（3）刚性桩复合地基试算

采用 $\varnothing 426$ 钢管成桩，桩直径 $\varnothing 450$，设桩长 24m，估计单桩极限承载力为 2000kN，采用 85% 的极限承载力（1700kN）作为平均使用荷载，算出桩数为 413 根，实用 424 根，各桩实用平均承载力 $p=\dfrac{702677}{424}=1657\text{kN}$。

（4）测试数据

打桩工程 1994 年下半年开始，1995 年 5 月 22 日地面二层完工后开始沉降观测，至 1997 年 12 月 20 日共观测 21 次，历时 943d。1997 年 4 月 8 日前观测 19 次，测量数据齐全；1997 年 10 月 12 日及 12 月 20 日的两次，因个别点被遮挡或其他原因数据不全，只得按平均沉降速度推算补齐，整体沉降结果基本可信，沉降发展过程如下：

1995 年 5 月 22 日至 1996 年 6 月 27 日，历时 402d，主体结构完成，平均沉降达到 32.75mm，平均沉降速率 0.081mm/d；

1996 年 6 月 27 日至同年 12 月 12 日，历时 168d，开始砌砖及外装修，平均沉降达 45.94mm，这期间平均降速率 0.785mm/d；

1996 年 12 月 12 日至 1997 年 10 月 12 日，历时 304d，继续外装修，平均沉降达 55.96mm，这期间平均沉降速率已减为 0.0336mm/d；

1997 年 10 月 12 日至 12 月 20 日，历时 69d，继续外装修，平均沉降达 56.32mm，这期间平均沉降速率再减至 0.0197mm/d，已接近一般沉降稳定标准（2 月沉降 1mm）的水平。

（5）采用刚性桩复合地基的经济效益

根据工程决算，424 根桩工程费用为 1778931 元。单根桩费用为 4195.6 元。较原设计减桩 298 根，共节省费用 125 万元，相当于节省 41%，如考虑原设计桩长 26m，现改为 24m，则节省费约 135 万元。其余因减少打桩工程量，缩短工期等产生的效益，均不包括在内。

3.3　刚性桩复合地基在浙医一院门诊综合楼工程中应用（倪士坎　杭州市建筑设计院　310001）

（1）工程概况及工程地质条件

浙江大学医学院附属第一医院（简称浙医一院）门诊综合楼由 X 形的门诊楼、一字形的医技楼及连接两者的连廊组成。门诊楼、医技楼及连廊间均以沉降缝完全断开，三者为相互独立的结构单元。X 形的门诊楼为五层建筑，建筑面积约 13600m²，医技楼为高层建筑，地面以上结构层数为 23 层，最高层屋面标高 79.20m，医技楼设地下室一层，地下室层高 5.9m，医技楼的建筑面积约为 22600m²。

医技楼的上部结构型式为全现浇框架-剪力墙结构体系，框架桩网尺寸为 5.1m×（7.0～7.6）m，大楼楼层平面呈等腰梯形，大楼的平面、立面均较简洁、匀称。建筑物轴线间最大宽度为 17.10m，最大长度为 66.40m，基底平均接触压力为 400kPa，最大单桩集中荷载约为 9000kN。

浙医一院位于杭州市庆春路中段，场地土属第四系全新世冲海相（Q4）和晚更新世湖河相（Q3）地层，下伏基岩为侏罗系火山岩。建筑场地较平坦，地面标高在黄海高程 7.90～9.12m，地下水位线约在地表下 1.50m 处。对场地地表下 15m 以内浅层土的剪切波速测试表明，剪切波加权平均波速 $V_{sm}=220\text{m/s}$，场地地面脉动卓越周期为 0.27 秒。经综合判定，场地属中软场地中的 II 类建筑场地。

场地地表下各土层均属正常沉积、正常固结土,各土层的层面标高起伏不大,其中 7 号土层的层底面绝对标高在 $-30.90\sim-32.34\mathrm{m}$,厚度约 $8\sim10\mathrm{m}$。地表下各土层的主要物理力学指标见表 3。

表 3 各土层的主要物理力学指标

层号	土质	层厚/m	含水量 $W/\%$	孔隙比 e	压缩模量 E_{s1-2}	f_k/kPa
1	填土	2.30—3.80	—	—	—	—
2	砂质粉土	3.35—4.80	30.5	0.85	12.3	150
3	粉砂	8.80—9.70	29.8	0.85	12.6	200
4	黏质粉土	0.75—1.40	31.5	0.9	4.6	100
5	粉质黏土	8.50—9.70	31.6	0.9	5.5	190
6	粉质黏土	3.30—5.20	35.1	0.95	5.5	170
7	粉质黏土	8.00—10.30	27.2	0.77	5.5	230
8	粉质黏土和混卵石	0.30—0.80	—	—	23	300
9-1	强风化安山玢岩	0.70—4.80	—	—	5.3	350
9-2	中风化安山玢岩	未钻穿	—	—	—	$5000(q_p^2)$

(2)方案比较及选用

在浙医一院医技楼的基础设计中,我们曾进行过两次完整的施工图设计,此前做过多方案的比较,出图前还邀请当地的高校、科研及设计单位的专家进行论证,最后才确定采用刚性桩复合地基(或称复合桩基)的基础型式。

根据医技楼上部结构型式、单桩荷重、体型以及工程地质条件,初步设计时考虑采用大直径钻孔灌注桩基础,以中等风化基岩为桩端持力层,桩尖进入持力层 $1.0\sim1.5\mathrm{m}$。计算并结合墙、桩位置进行调整后共需布桩 96 根,其桩径分别为 $0.8\mathrm{m}$、$1.0\mathrm{m}$ 及 $1.2\mathrm{m}$ 三种,平均有效桩长约为 $39.0\mathrm{m}$。这种设计传力明确、基础稳定性好,以往的设计经验及对已建高层建筑沉降观测资料的分析表明,采用桩端入岩桩基的高层建筑,只要能保证桩身施工质量并控制好桩端沉渣厚度,大楼的沉降量很小。

在浙医一院医技楼的施工设计中,原初步计算者在仔细研究了建筑物上部结构及工程地质条件后,认为本工程基础埋深较大,其筏板底部已处于粉砂层位置,这层粉砂层厚度为 $9.0\mathrm{m}$,且强度较高,压缩性较小,应该考虑利用这层土的承载作用。另外医技楼上部结构体型比较简单,为现浇钢筋混凝土框架-剪力墙结构,刚度较大,医技楼与周围建筑物之间已用沉降缝分开,即使医技楼有一定量的沉降,也不会对其他建筑物产生不利影响。同时经过对粉砂层的地基承载力进行深度和宽度修正后发现,其修正后的地基承载力约为 $380\mathrm{kPa}$,接近基底的接触应力,也就是说如果单纯从承载力的角度考虑,天然地基的承载力也已可以接受。但对其沉降计算分析表明,在大楼的荷重作用下,天然地基的沉降量将高达 $450\mathrm{mm}$,这在如此重要的高层建筑中,是难以接受的,何况过大的沉降必然导致较大的不均匀沉降。因此天然地基的设想是行不通的。

但在桩基和天然地基之间,能否找到一个方案,结合两者的优势,即能充分利用基底土的强度,又能减少建筑物的沉降量?经过对几个基础方案进行技术、经济对比分析后,笔者提出桩筏基础,或称刚性桩复合地基的设计方案:首先充分考虑筏板底下 3 号土层(粉砂土层)的承载作用,让其承担一部分的上部结构荷载,然后用控制建筑物最终沉降量的方法,来进行布桩设计。建议布置一定量的小直径钻孔灌注桩长桩,将桩尖位置上移至 7 号土层内,离 8 号层约 $1.0\sim2.0\mathrm{m}$,允许桩基有一定量的沉降位移。在这个设想中桩用以调整、控制大楼的绝对沉降量,使之处于能被接受的范围,同时还起到提高大楼整体稳定性,提高抗水平作用的能力。

(3)刚性桩复合地基设计

1)单桩承载力的取值

实测资料表明,桩周土与桩身间的相对位移值达到几毫米时,桩周的极限摩阻力就已全部发挥,而刚性桩复合地基的允许沉降量远大于以上数值。因此可以认为:在建筑物的使用阶段,复合地基中的桩是在极限状态下工作的,单桩的承载力应是桩周土提供的极限承载力值。但是由于承台的存在,承台下一定深度的范围内,桩和土之间的相对位移受到限制,桩侧这部分土的摩阻力不能充分发挥,因此在计算单桩承载力时,可不考虑承台下这部分桩侧的摩阻力作用。据设计者的经验,这部分深度取5～10倍桩径较为合适,则单桩的承载力可用下列公式计算:

$$P_p = A_p q_p + U_p \sum q_s l_i - U_p q_1 l_1 \tag{5}$$

式中,P_p 为桩的极限承载力,kN;A_p、U_p 分别为桩端的截面积和桩的周长;q_p 为桩端处土的极限端阻力,kPa;q_{si} 为桩周第 i 层土的极限侧摩阻力,kPa;q_1 为桩周承台下 5～10 倍桩径深度范围内土层的极限侧摩阻力,kPa;l_i 为第 i 层土的厚度;l_1 为承台下 5～10 倍桩径深度范围内的土层厚度。

2)承台下土的反力

由于在工作状态下,承台下土的反力与桩间土的沉降基本呈线性关系,故土的反力可简单地表示为

$$P_1 = k_s \delta \tag{6}$$

式中,P_1 为承台下土的反力,kPa;δ 为承台下土的沉降量,m;k_s 为承台下土体的竖向反力系数,kN/m³,可根据地基土的荷载板试验获得。

3)桩数的确定

在确定了桩间土的反力值后,就可以计算在上部荷重作用下所需的桩数。但在高层建筑中,除了要考虑竖向荷载的作用外,还必须考虑由风载、地震作用等水平作用力引起的基底反力。复合地基中的桩数可由下式计算决定

$$n = \frac{Q - A_s P_s}{\eta P_p} = \frac{Q - A_s k_s \delta}{\eta P_p} \tag{7}$$

式中,Q 为上部结构、基础及基础上的土重之和;A_s 为基础的底面积;η 为考虑水平力作用引起的偏心影响系数,其值可取 0.85 左右。

式(7)的意义在于认为复合桩基中地基土承担的荷载与沉降量直接发生关系,桩的数量取决于承台允许的沉降量,允许的沉降量大一些,就可用较少的桩数,反之就必须多布些桩。当不考虑桩间的承载作用时,式(7)就成为常规的布桩公式。从上式还可看出,复合地基的经济效益是以建筑物允许一定的沉降量为先决条件的。

4)复合地基的沉降计算

由摩擦桩与筏基组成的桩筏基础,在竖向荷载作用下,其沉降变形应是桩、筏板及地基土三者互相影响,互相协调的结果。影响其沉降的因素很多,不同的布桩方式,不同的桩长、桩数、桩间距以及不同的成桩工艺,都将对桩基的沉降产生影响。另外,地基土的性质,外荷载的大小,作用时间的长短以及桩长与基础宽度的比值变化均会对基础的沉降产生不同的影响。鉴于受力的复杂性及众多的影响因素,目前还没有一个计算方法能反映所有因素的影响。但从工程应用上来看,必须找出一个概念清楚,计算简便并具有一定准确度的计算公式,以便工程应用。

从沉降组成角度分析,刚性桩复合地基的沉降应该由三部分组成,桩端以下部分土复合地基沉降可用下式表示为

$$S=S_b+S_e+S_p \tag{8}$$

式中,桩端以下土体的压缩变形(S_b)可采用等代墩基深层分层总和法进行计算,桩身的压缩量(S_e)可采用弹性理论中杆件压缩公式计算:

$$S_e=\xi\eta\frac{Q_pL_p}{E_pA_p}$$

式中,Q_p为作用在桩顶的单树竖向荷载;L_p、E_p、A_p分别为桩长、桩身截面积及桩的变形模量;ξ为桩周摩阻力的分布系数,一般取 $1/2\sim1/3$;η为桩身塑性变形模量系数,根据桩身材料而定,对钢管桩可取 1,对混凝土桩可取 2。

桩尖位置处桩端的贯入变形,是桩端处桩周侧摩阻力达到极限值后出现的塑性滑移刺入变形。目前甚至还没有一个计算公式能全面表述贯入变形量的大小。但是分析及试验的结果均表明刚性桩复合地基中桩尖的贯入变形是确实存在的,也只有当桩尖有一定的贯入变形时,才能保证桩土间有相对位置量的产生,才能保证桩与土能共同发挥承载作用。

设计者在对单桩荷载试验中桩周荷载传递过程进行分析研究后,发现单桩周摩阻力全部发挥时,桩土间所需的相对位移量一般均小于 20mm。在单桩荷载试验中,若以沉降量作用判定单极极限承载力的标准,一般以 40~80mm 作为判定标准。在桩筏基础中,当桩土间的相对位移大于 40mm 时,桩筏基础的沉降变形主要发生在桩端以下的土体中。由于在刚性桩复合地基中,桩始终在极限状态下工作,其桩土间最大的相对位移就在桩尖处。设计者认为可以取单桩极限承载力所需的桩土间相对位移量作为刚性桩复合地基中桩尖的贯入变形量,即取 S_p 值为40~80mm。

5)桩及筏板的设计

在刚性桩复合地基中,单桩的设计包括桩长和桩断面的选择、桩端持力层的选取及桩身强度的复核。在选择桩长时可根据地基土层的情况,让桩穿过高压缩性土层,桩尖落在相对较好的土层中并接近硬土层。本工程中选择 7 号土层为桩尖持力层,并保持桩端离 8 号土层 1.5m左右。

在选择桩身断面时,考虑到小直径摩擦桩比大直径桩的比表面积大,在施工可行、质量有保证的情况下,宜优先考虑选用小直径的桩。在进行桩身强度设计时,应该注意的是,对于刚性桩复合地基中的桩,其单桩工作状态下的承载力是按极限值计算得到的,则在按桩身结构强度复核单桩承载力设计值时,应使二者之间的承载力相适应,并保证按桩身材料强度确定的单桩承载力设计值大于根据土的极限强度提供的单桩极限承载力标准值。

在筏板的设计中,除了要考虑桩的作用外,还要考虑土的反力作用。另外需要注意的是,筏板在受桩的冲切作用时,桩对底板的冲切力应是桩的极限承载力标准值,这一点必须引起设计人员的足够重视。除此之外,筏板的设计计算同常规的基础板计算完全一样。

(4)经济效益及比较

浙医一院在扩初设计及施工图前期计算中,均已按常规方法进行了嵌岩桩的布桩设计工作,在施工图后期计算工作中将改为刚性桩复合地基方案。这两种基础设计的结果及经济效益对比数据见表 4。

表 4　两种桩基方案的经济效益对比

桩型	桩径/m	桩长/m	桩混凝土用量/m³	单方综合造价/(万元/m²)	桩费用/万元
常规嵌岩桩	0.8～1.2	38.5	2896.74	0.11	318.64
刚性桩复合地基	0.6	31.5	943.94	0.11	103.83

从表 4 中可以看出,采用刚性桩复合地基的设计方案后,桩部分可节约费用近 215 万元。另外由于无需入岩施工,施工进度大大加快,成桩时间缩短,桩身混凝土质量容易得到保证,其综合社会、经济效益十分显著。

对浙医一院医技楼进行的沉降计算分析表明,复合地基的最终沉降量为 120mm,其中桩端贯入变形量为 50mm,桩身压缩变形量为 11.9mm,桩端下土层的压缩变形量为 58mm。

5　结　语

(1)考虑荷载传递路线,常用地基基础形式有三种:浅基础(或称均质地基)、复合地基和桩基础。

(2)考虑桩土共同作用的复合桩基,或疏桩基础,或减少沉降量桩基是复合地基的一种形式,或者说复合桩基是不带垫层的刚性桩复合地基。

(3)对三个工程实例的分析表明,如条件允许,考虑桩土共同作用,采用复合地基理论设计可取得良好的经济效益和社会效益。

参考文献

[1] 龚晓南.复合地基[M].杭州:浙江大学出版社,1992.

[2] 龚晓南.地基处理新技术[M].陕西:陕西科学技术出版社,1997.

有关复合地基的几个问题[*]

龚晓南

（浙江大学土木工程学系）

摘要 本文就复合地基定义，复合地基形成条件和形式，复合地基与双层地基、复合地基与复合桩基的区别与联系，复合地基与按沉降控制设计理论的联系，复合地基地位，以及复合地基研究方向等几个方面谈谈笔者的认识，抛砖引玉，以促进复合地基理论和实践的进一步发展。

1 引 言

不少地基处理方法是通过形成复合地基以达到提高地基承载力、减少沉降的目的。随着地基处理技术的不断发展和在土木工程建设中应用的推广，复合地基技术也在不断发展。不少专家学者从事复合地基理论和实践研究，1990 年中国建筑学会地基基础专业委员会在黄熙龄院士主持下在承德召开了我国第一次以复合地基为专题的学术讨论会。会上交流、总结了复合地基技术在我国的应用情况，有力促进了复合地基理论和实践的发展。1996 年中国土木工程学会土力学及基础工程学会在浙江大学召开了复合地基理论和实践学术讨论会，总结成绩、交流经验，共同探讨发展中的问题，促进了复合地基理论和实践水平进一步提高。如今，对土木工程师而言，复合地基已不是陌生的词汇，但是笔者觉得关于复合地基的定义、地位，无论在学术界还是工程界至今尚无比较统一的认识。这里就复合地基定义，复合地基形成条件和形式，复合地基与双层地基、复合地基与复合桩基的区别与联系，复合地基与按沉降控制设计理论的联系，复合地基地位，以及复合地基研究方向等几方面谈谈笔者的意见，抛砖引玉，望能得到指教，共同促进复合地基理论和实践的进一步发展。

2 关于复合地基的定义

复合地基的含义随着其实践的发展有一个发展过程。初期，复合地基主要是指碎石桩复合地基，人们主要将注意力集中在散体材料桩复合地基的应用和研究上。随着深层搅拌法的推广应用，人们开始重视水泥土桩复合地基的研究。复合地基的概念发生了变化，由散体材料桩复合地基逐步扩展到胶结材料桩复合地基。随着减少沉降桩和桩筏基础的研究，及土工合成材料在地基中的广泛应用，人们将复合地基概念进一步拓宽，提出刚性桩复合地基和水平向增强体复合地基的概念。笔者从文献学习和参与讨论中了解到，目前对什么是复合地基，或者说哪些

---

* 本文刊于《地基处理》，2000，11(3)：42-48.

地基基础形式可被称为复合地基,学术界和工程界看法是不一致的。

一种意见认为各类砂石桩复合地基和各类水泥土桩复合地基属于复合地基,其他各类形式就不包括在复合地基内;还有一种意见认为增强体与基础不相连接的地基是复合地基,相连接的地基就不是复合地基。复合地基的定义存在狭义和广义之分。上述前一种意见可认为是狭义的,更狭义的只承认砂石桩复合地基属于复合地基,其他形式均不应称为复合地基;后一种意见可认为是广义的。从发展趋势看,复合地基的概念在不断拓展。

笔者在 1991 年提出的复合地基定义是广义的。笔者认为:复合地基是指天然地基在地基处理过程中部分土体得到增强或被置换,或在天然地基中设置加筋材料,加固区由基体(天然地基土体)和增强体两部分组成的人工地基。

根据地基中增强体的方向,复合地基可分为竖向增强体复合地基和水平向增强体复合地基两大类。竖向增强体习惯上称为桩,因此竖向增强体复合地基通常称为桩体复合地基。根据桩体材料性质又可分为散体材料桩复合地基和胶结材料桩复合地基两类,后者视刚度大小又可分为柔性桩复合地基和刚性桩复合地基两类。

笔者认为对复合地基的定义是否统一并不重要,重要的是需要统一对复合地基本质的认识。对均质地基(或称浅基础),上部结构荷载是通过基础直接传递给天然地基的。对桩基础,上部结构荷载是通过基础先传递给桩体,再由桩体通过桩侧摩阻力和端承力传递给天然地基的。对复合地基,上部结构荷载是通过基础同时传递给天然地基土体和增强体的,或者说是天然地基土体和增强体(两者形成一复合加固区)共同承担上部结构通过基础传递来的荷载。符合这种荷载传递形式的就是复合地基,不符合的就不是复合地基,这样来认识、区分复合地基不知是否妥当。

3 复合地基形成条件与形式

增强体与天然地基土体通过变形协调共同承担荷载作用是形成复合地基的基本条件。复合地基形成条件见图 1。在图 1(a)和图 1(b)中,$E_p > E_{s1}$,$E_p > E_{s2}$,其中 E_p 为桩体模量,E_{s1} 为桩间土模量,E_{s2} 在图 1(a)中为复合地基加固区下卧层土体模量,在图 1(b)中为加固区垫层土体模量。在承台传递的荷载作用下,通过增强体和桩间土体变形协调可以实现增强体和桩间土体共同承担荷载作用,形成复合地基。在图 1(c)中,$E_p > E_{s1}$。在承台荷载作用下,增强体和桩间土体中竖向应力大小大致上按两者的模量比分配,随着土体蠕变,土中应力减小,而增强体中应力增大,荷载向增强体上转移。若 $E_p \gg E_{s1}$,桩间土承担的荷载比例极小,若遇地下水位下降等因素,桩间土体会进一步压缩,可能不再承担荷载。这样增强体与桩间土体难以形成复合地基共承担上部荷载。在工程实际中,为了有效减小沉降,增强体一般都穿透最薄弱土层,落在相对好的土层上,见图 1(d)。如何保证增强体与桩间土体形成复合地基共同承担上部荷载是设计工程师应该注意的。在图 1(d)中,$E_p > E_{s1}$,$E_{s2} > E_{s1}$。设计工程师应重视 E_p、E_{s1} 和 E_{s2} 之间的关系。当然,散体材料增强体在荷载作用下,主要产生侧向鼓胀变形,因此在图 1 中的各种情况下均可形成复合地基。也就是说,采用散体材料桩均可形成复合地基而不需要考虑形成条件;而在采用胶结材料桩,特别是刚性桩形成复合地基时,需要重视形成条件。若在不能形成复合地基时,采用复合地基理论设计,是偏不安全的,可能造成工程事故。

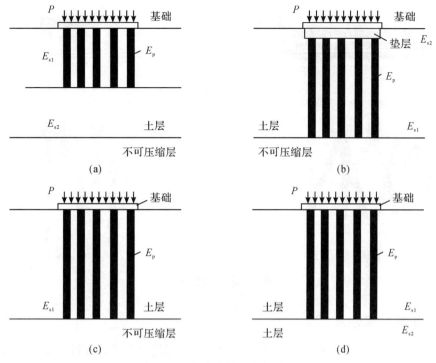

图 1　复合地基形成条件

理论研究和试验研究表明,在基础和复合地基加固区之间设置垫层[见图 1(b)]不仅可保证各类增强体与桩间土形成复合地基,共同承担上部荷载,而且可以有效改善复合地基中浅层的受力状态,如减小桩土荷载分担比,提高桩间土的抗剪强度和增强体承受竖向荷载的能力等。

复合地基中增强体除竖向设置[见图 2(a)]和水平向设置[见图 2(b)]外,还可斜向设置[见图 2(c)],如树根桩复合地基。水平向增强体多采用土工合成材料,如土工格栅、土工布等。竖向增强体可采用砂石桩、水泥土桩、低强度混凝土桩、土桩与灰土桩、钢筋混凝土桩等形式。在形成复合地基中,竖向增强体可以采用同一长度,也可采用长短桩形式[见图 2(d)],长短桩可采用同一材料制桩,也可采用不同材料制桩。例如短桩采用散体材料桩或柔性桩,长桩采用钢筋混凝土桩或低强度混凝土桩。在深厚软土地基中采用长短桩复合地基既可有效提高地基承载力,又可有效减小沉降,且具有较好的经济效益。

在建筑工程中桩体复合地基承担的荷载通常是通过承台或筏板传递来的,而在路堤工程中,荷载是由刚度比承台小得多的路堤直接传递给桩体复合地基的。理论研究和现场实测表明刚性基础和柔性基础下的复合地基性状具有较大的差异。柔性基础下复合地基的沉降量远比刚性基础下复合地基的沉降量大。为了减小沉降,应在桩体复合地基加固区上设置一层刚度较大的"基础",防止桩体刺入上层土体。

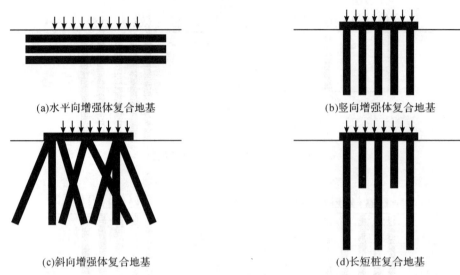

(a)水平向增强体复合地基   (b)竖向增强体复合地基

(c)斜向增强体复合地基   (d)长短桩复合地基

图 2   复合地基形式

4   复合地基与双层地基

在复合地基承载力和沉降计算中,不少人将其视作双层地基。如在计算复合地基加固区下卧层土体中应力时采用当层法,采用压力扩散法计算加固区下卧层中应力时扩散角采用双层地基中建议采用的扩散角等。研究表明将复合地基视作双层地层可能带来很大的误差。复合地基和双层地基的示意见图 3(a)和图 3(b)。图 3(c)为均质地基。E_1 表示复合地基加固区复合模量和双层地基上层土体模量,E_2 表示复合地基非加固区土体模量、双层地基下层土体模量和均质地基土体模量,$E_1 > E_2$。图 3(a)中点 A_1、图 3(b)中点 A_2 和图 3(c)中点 A_3 在同一深度,且均处在荷载作用中轴线上。计算表明,在 A_1、A_2 和 A_3 处由同一密度荷载作用引起的附加竖向应力大小顺序为 $\sigma_{A1} > \sigma_{A2} > \sigma_{A3}$。且随着 E_1/E_2 值增大,σ_{A1} 值增大,而 σ_{A2} 值减小。上述分析表明采用当层法计算复合地基加固区下卧层中的附加应力,将使计算结果大大减小,其结果是偏不安全的。数值分析表明[16],双层地基的扩散角大于复合地基的扩散角,扩散角大小与模量比(E_1/E_2)、加固区厚度与荷载作用范围宽度比等因素有关。在复合地基中采用双层地基扩散角计算也是偏不安全的。

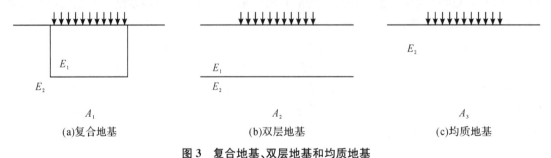

(a)复合地基   (b)双层地基   (c)均质地基

图 3   复合地基、双层地基和均质地基

5   复合桩基与复合地基

考虑桩土共同承担荷载的摩擦桩(包括桩间土)称为复合桩基。有人认为复合桩基是一种桩基础,将其纳入桩基础规范;也有人认为复合桩基是一种地基处理技术,将其纳入地基处理技

术规范;也有人认为复合桩基实质上是一种刚性桩复合地基。笔者认为复合桩基属于桩基础还是属于复合地基并不十分重要,重要的是弄清复合桩基的荷载传递特性、复合桩基的承载力和变形特性、复合桩基的形成条件,以及复合桩基与传统桩基理论的区别。

前些年有人将按大桩距(一般在 5 倍桩径以上)稀疏布置的摩擦桩基称为疏桩基础。疏桩基础中的桩是用于提高承载力和减小沉降的。有人将用于减小沉降量为目的的桩基称为减小沉降量桩基。二者均考虑了桩和桩间土共同承担荷载,称为复合桩基。桩(摩擦桩)筏基础有时也考虑桩和桩间土共同承担荷载,故此时桩筏基础也是复合桩基。复合桩基的基本特性是桩与土共同直接承担荷载。复合桩基的形成条件之一是桩是摩擦桩,或是端承作用较小的端承摩擦桩,且桩与桩间土共同承担荷载。若桩是端承桩,基础下没有垫层,桩间土是难以参与直接承担荷载的,因此不能形成复合桩基。

复合桩基与复合地基都考虑桩土共同直接承担荷载,它们的形成条件是相同的。

复合桩基承载力和沉降的计算思路及采用的方法与复合地基的也是相同的。笔者认为:复合桩基是复合地基的一种形式,是不带垫层的刚性桩复合地基。若将浅基础、复合地基和桩基础视作连续的,是否可以认为复合桩基刚好处于复合地基和桩基础之间?

6 复合地基与按沉降控制设计理论

在深厚软土地基地区采用复合地基往往能取得很好的经济效益。如何合理控制深厚软土地基上建(构)筑物的沉降量往往成为工程成败的关键。与桩基础相比,复合地基一般沉降较大。若不能合理控制沉降量,工后沉降过大很易造成上部结构出现裂缝或倾斜。在复合地基设计中采用按沉降控制设计理论特别重要。

深厚软土地基上建筑物的沉降量与工程投资大小密切相关。减小沉降量需要增加投资,因此,合理控制沉降量非常重要。不是工后沉降越小越好,而是应在确保安全,满足使用功能基础上控制合理的工后沉降量。在复合地基设计中采用按沉降控制设计既可保证建筑物安全又可合理控制工程投资。

采用按沉降控制设计对复合地基设计提出了更高要求。需要提高复合地基沉降计算精度,发展复合地基优化设计理论。

7 复合地基的地位

复合地基在地基基础型式中所处的地位如何?笔者曾提出随着复合地基技术的发展和推广应用,目前复合地基与浅基础和桩基础成为工程中常用的三种地基基础型式。

浅基础(或称均质地基)、复合地基、桩基础三者之间没有严格的界限,可以认为是连续分布的。当复合地基置换率等于零时,复合地基成为浅基础;当复合地基置换率很小时,或桩土模量比很小时,其性状同浅基础;当复合地基桩间土承担荷载很小时,其性状同桩基础。有时将复合地基中桩间土承担荷载的能力用作安全储备而不计算在内时,其计算式与桩基础计算式相同。

三种基本的地基基础型式中,浅基础和桩基础的承载力和沉降计算理论比较成熟,工程实践积累也较多,而复合地基承载力和沉降计算理论正在发展之中,还不成熟,研究人员需要加强工程实践积累和理论研究。

8　复合地基研究方向

随着地基处理技术的发展,近些年来,复合地基技术得到了广泛应用。目前,在我国应用的复合地基主要有由多种施工方法形成的各类砂石桩复合地基、水泥土桩复合地基、低强度桩复合地基、土桩灰土桩复合地基、钢筋混凝土桩复合地基、加筋土地基等。目前复合地基技术在房屋建筑(包括高层建筑)、高等级公路、铁路、堆场、机场、堤坝等土木工程建设中得到广泛应用。复合地基技术的推广应用产生了良好的社会效益和经济效益,但在推广应用过程中也产生了一些问题,如未能合理控制工后沉降量,工后沉降过大造成工程事故。复合地基理论的发展落后于实践,应加强复合地基设计计算理论的研究。笔者认为应对下述研究方向予以重视:

(1)各类复合地基荷载传递机理,荷载作用下应力场和位移场的分布特性;

(2)各类复合地基承载力计算方法及计算参数的确定;

(3)各类复合地基沉降计算方法及计算参数的确定;

(4)复合地基按沉降控制设计理论;

(5)复合地基优化设计理论;

(6)动力荷载作用下复合地基性状;

(7)复合地基与上部结构共同作用性状;

(8)各类复合地基承载力和沉降可靠性分析;

(9)复合地基测试技术等。

参考文献

[1] 龚晓南.复合地基引论(一)[J].地基处理,1991,2(3):36-42.

[2] 龚晓南.复合地基引论(二)[J].地基处理,1991,2(4):1-11.

[3] 龚晓南.复合地基引论(三)[J].地基处理,1992,3(1).

[4] 龚晓南.复合地基引论(四)[J].地基处理,1992,3(2).

[5] 龚晓南.复合地基[M].杭州:浙江大学出版社,1992.

[6] 龚晓南.复合地基理论框架,刊建筑环境与结构工程最新发展[M].杭州:浙江大学出版社,1995.

[7] 龚晓南.地基处理技术与复合地基理论[J].浙江建筑,1996(1):37-39.

[8] 龚晓南.复合桩基与复合地基理论[J].地基处理,1999,10(1):1-15.

[9] 龚晓南.复合地基发展概况及其在高层建筑中应用[J].土木工程学报,1999,32(6):3-10.

[10] 张龙海.圆形水池结构与复合地基共同作用分析[D].杭州:浙江大学,1992.

[11] 曾小强.水泥土力学特性和复合地基变形计算研究[D].杭州:浙江大学,1993.

[12] 段继伟.柔性桩复合地基数值分析[D].杭州:浙江大学,1993.

[13] 尚亨林.二灰混凝土桩复合地基性状试验研究[D].杭州:浙江大学,1995.

[14] 刘吉福.高填路堤复合地基稳定分析[D].杭州:浙江大学,1996.

[15] 毛前.复合地基压缩层厚度及垫层效用分析[D].杭州:浙江大学,1997.

[16] 黄明聪.复合地基振动反应与地震响应数值分析[D].杭州:浙江大学,1999.

[17] 温晓贵.复合地基三维性状数值分析[D].杭州:浙江大学,1999.

[18] 侯永蜂.循环荷载作用下复合土和复合地基性状研究[D].杭州:浙江大学,2000.

[19] 杨慧.双层地基和复合地基压力扩散角比较分析[D].杭州:浙江大学,2000.

[20] 洪昌华.搅拌桩复合地基承载力可靠性分析[D].杭州:浙江大学,2000.

[21] 马克生.柔性桩复合地基沉降可靠性分析[D].杭州:浙江大学,2000.

刚性基础与柔性基础下复合地基
模型试验对比研究[*]

吴慧明　龚晓南

（浙江大学）

摘要　通过设计和完成刚性基础与柔性基础下水泥搅拌桩复合地基模型对比试验，发现二者在桩体荷载集中系数、桩土荷载比、桩土应力比等方面的显著差异，并对二者的破坏机理等进行了研究。

1　前　言

对于钢筋混凝土承台基础或条形基础（刚性基础）下水泥搅拌桩复合地基，已有大量试验对其单桩承载力、沉降变形、桩土应力比等性状进行研究，并产生许多成果；但对于柔性基础（如公路路基）下复合地基的性状，试验难度大，研究成果甚少，一般会将刚性基础下的研究成果应用到柔性基础的设计中，但目前已暴露出许多问题。如将现有沉降变形理论应用到公路路基时，计算值与观测值的差异常有数倍之多。笔者通过模型试验对两者差异进行了研究，得出了许多有价值的结论。

2　试验概况

试桩施工：在挖除硬壳层的土层中，用$\varnothing 120$钢管静压入土 2m，取土成孔；在$\varnothing 10$钢筋下焊$\varnothing 120$厚 10mm 铁板，外套$\varnothing 20$PVC（聚氧乙烯）管，置入孔中；在烘干的黏土中掺入 18％水泥，等分倒入孔中，分层夯实。桩长范围内及以下为淤质黏土，压缩模量 $Es_{1~2}=3.56$MPa。

主要测试设备：①特制$\varnothing 120$、中孔$\varnothing 20$、高 100mm、量程为 0～50kN 荷重传感器一只，精度 0.001kN，外接 JC-H2 荷重显示仪；荷重传感器直接置于桩头测读桩所受的荷载，安装方便、精度高，远优于土压力计；②量程为 0～500kN 荷重传感器及 HC-J1 荷重显示仪两套，用于柔性基础试验；③量程为 0～50mm 百分表四只，15、30、60kg 钢锭若干。

主要测试内容：①原状土承载力试验，采用 275mm×275mm 刚性载荷板；②单桩竖向抗压承载力试验；刚性基础下复合地基承载力试验，置换率 $m=15$％，桩径<120，刚性载荷板采用 275mm×275mm 铁板，见图 1；④柔性基础下复合地基承载力试验，特制底宽 275mm、高 1500mm、顶宽 900mm 正台形木斗，试验安装方法见图 2；木斗中放砂，两者总重（磅秤先称量）减去木斗周侧摩阻力（由木斗下的荷重传感器测读），即为柔性基础所受荷载。以上试验均进行了两组。

＊本文刊于《土木工程学报》，2001，34(5)：81-84.

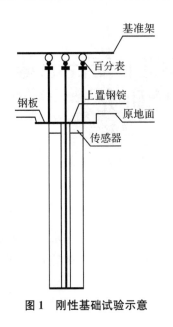

图 1　刚性基础试验示意　　　　图 2　柔性基础试验示意

3　试验结果

各试验的两组结果均较为接近,其结果平均值见表 1 至表 4,根据表 1 至表 4 绘成图 3 至图 6。由于模型试验荷载小,试验时用 kg 计量,以下分析中荷载仍采用 kg 为单位。

表 1　原状土静载荷试验结果

荷载/kg	80	160	240	280	300	320
沉降变形/mm	1.82	5.68	10.35	17.74	24.61	>40.00

表 2　单桩静载荷试验结果

荷载/kg	50	100	125	150	175	200
沉降变形/mm	0.17	0.37	0.59	0.85	1.27	>40.0

表 3　刚性基础下复合地基静载荷试验结果

总荷载/kg	160	320	480	640	660
桩承受的荷载/kg	107.8	231.7	351.8	395.2	341.9
土承受的荷载/kg	52.2	88.3	128.2	244.8	318.1
桩顶及基底土沉降/mm	0.72	1.25	1.95	5.89	>10.00
桩底沉降/mm	0.02	0.04	0.15	0.28	>5.00

表 4　柔性基础下复合地基静载荷试验结果

总荷载/kg	160	230	300	365	425	480
桩承受的荷载/kg	36.0	47.1	57.4	62.1	68.7	77.9
土承受的荷载/kg	124.0	182.9	242.6	302.9	356.3	402.1
桩顶沉降/mm	0.48	0.79	1.26	1.66	2.34	3.56
基底土沉降/mm	1.38	2.00	2.94	3.92	5.82	>10.00
桩底沉降/mm	0.30	0.47	0.61	0.74	1.06	1.72

3.1 桩体荷载集中系数

复合地基中的桩体荷载集中系数(μ_p)是指桩体所分担的荷载与作用在复合地基上的总荷载之比。从图3、图4可以看出,随着荷载增加,刚性基础下μ_p从0.674逐渐上升到0.733,随后逐渐下降至复合地基破坏时的0.518;柔性基础下μ_p从0.225持续下降到0.162,随后回升。可见,μ_p在刚性基础与柔性基础下发展趋势完全不同,大小也差异较大。根据以上分析,桩对复合地基承载力的贡献,在刚性基础下大于在柔性基础下。

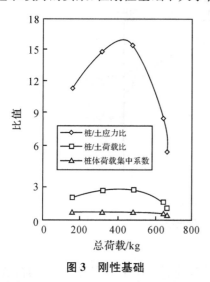

图3 刚性基础

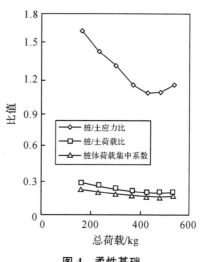

图4 柔性基础

μ_p可表示为:

$$\mu_p = P_p/P_t = nm/[1+m(n-1)]$$

式中,P_p为桩承受的荷载;P_t为复合地基总荷载;n为桩土应力比;m为置换率。

根据上述公式,可对桩土荷载比及桩土应力比进行进一步讨论。

3.2 桩土荷载比

桩土荷载比(μ_{ps})是指复合地基在荷载作用下桩承受的荷载与土承受的荷载之比。从图3、图4可以看出,随荷载增加,刚性基础下μ_{ps}从2.065上升至2.750,随后下降至复合地基破坏时的1.075;柔性基础下μ_{ps}从0.290下降至0.193,随后回升。可见,μ_{ps}值刚性基础与柔性基础下的发展趋势及大小差异较大。桩对复合地基承载力的贡献,在刚性基础下大于土的贡献,在柔性基础下小于土的贡献。

3.3 桩土应力比

桩土应力比(n)是指复合地基中桩顶上的平均应力和桩间土的平均应力之比。从图3、图4中可以看出,随着荷载的增加,刚性基础下n从11.708上升至15.592,随后又降至复合地基破坏时的6.095,柔性基础下n从1.644下降至1.094,随后回升。事实上n是μ_p、μ_{ps}的放大表示,它能更清楚地反映出桩应力的集中程度,刚性基础远高于柔性基础。

3.4 复合地基破坏形式

从表3可以看出,在刚性基础下,随着总荷载增加,桩首先进入极限状态,从而导致土荷载急剧增加,进入极限破坏状态,进而造成复合地基的破坏;从图4可以看出,在柔性基础下,土首先进入极限状态,导致桩体荷载集中系数增加,外荷载的增加值开始主要由桩承受。

3.5 桩间土性状分析

土荷载-土沉降曲线见图 5,从图中可以看出,刚性、柔性基础下基底土的极限承载力均比原状土的极限承载力高出较多,这主要是桩体对土体的挤密、侧限等作用引起的。该试验还显示,柔性基础下的基底土极限承载力较刚性基础下提高得更多。

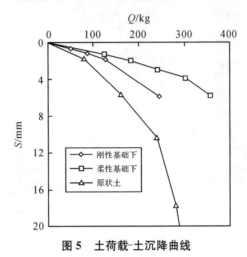

图 5 土荷载-土沉降曲线

3.6 单桩荷载-变形性状分析

桩荷载-变形曲线见图 6,从图中可以看出,刚性基础下由于土侧限提高,桩的荷载-变形关系优于单桩;柔性基础下尽管桩承载力贡献较小,且桩也未进入破坏状态,但由于桩侧土的沉降大于桩的沉降,相当于土对桩产生负摩阻力,所以其荷载-变形关系比单桩差。

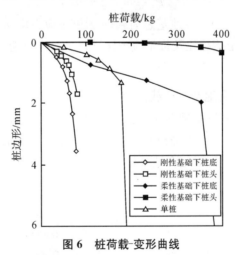

图 6 桩荷载-变形曲线

4 结 语

(1)对于桩荷载集中系数、桩土荷载比、桩土应力比等性状,无论是发展规律还是量值,刚性基础与柔性基础之间存在较大差异。

(2)复合地基破坏机理不同,刚性基础下桩土变形一致,在相同变形时,桩首先承受较大荷载,并进入极限状态,随总荷载增加桩土应力比呈现山峰状发展趋势;柔性基础下桩土变形可相对自由发展,土首先承担较大荷载,且随荷载增加土率先进入极限状态,故桩土应力比呈现先递减后上升的趋势。

(3)无论是刚性基础下的土还是柔性基础下的土,其极限承载力均高于原状土。

(4)由于桩侧土的作用,刚性基础下的桩荷载-变形关系优于单桩的荷载-变形关系,而柔性基础下的桩荷载-变形关系较单桩的差。

尽管这是小模型试验中得出的结论,但与已有的工程实例对比有很大的相似性,所以试验结果对不同刚度基础下复合地基的设计应有借鉴意义。

参考文献

[1] 龚晓南. 复合地基[M]. 杭州:浙江大学出版社,1992.

[2] 马时冬. 泉厦高速公路桥头软基综合处理研究[M]//龚晓南,徐日庆,郑尔康. 高速公路软弱地基处理理论与实践. 上海:上海大学出版社,1998.

[3] 秦建庆,叶观宝,费涵昌. 水泥土桩复合地基桩土分担荷载的试验研究[J]. 工程勘察,2000(1):32-34.

[4] 中华人民共和国建设部. 建筑地基基础设计规范:GBJ 7—89[S]. 北京:中国建筑工业出版社,1990.

[5] 中国建筑科学研究院. 建筑地基处理技术规范:JGJ 79—91[S]. 北京:中国计划出版社,1992.

[6] 中国建筑科学研究院. 建筑桩基技术规范:JGJ 94—94[S]. 北京:中国建筑工业出版社,1994.

[7] 吴慧明. 不同刚度基础下复合地基性状研究[D]. 杭州:浙江大学,2001.

长短桩复合地基设计计算方法的探讨[*]

葛忻声[1]　龚晓南[1]　张先明[2]

（1.浙江大学岩土工程研究所;2.杭州当代建筑设计院）

摘要　通过工程实例,对软土中由钢筋混凝土桩与水泥搅拌桩组合而成的长短桩复合地基进行了承载力和沉降的设计计算方法的探讨,并用实测沉降值与计算沉降值进行对比,说明文中所提的设计方法对这种新型的复合地基是简便可行的。

通常在桩体复合地基的设计中,桩长为定值,但在一定条件下,也可采用长桩与短桩组合的方法对地基进行综合处理,充分发挥其各自的特点,既可以减少浅层的应力集中,又可以减小深层的位移沉降,在保证处理效果的前提下,达到方案合理、节约资金、缩短时间的目的。本文就一具体工程来探讨长短桩复合地基的沉降计算。

1　工程概况

工程为位于杭州软土地基上的塔形商住楼,两侧塔楼为12层,中间为两层连接附房,平面布置见图1。上部为框架结构,商场与住宅之间设置转换层,基础为筏板。典型工程地质物理力学指标见表1。

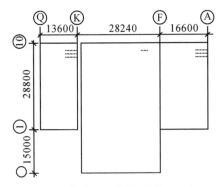

图1　塔楼平面布置(单位:mm)

---

*本文刊于《建筑结构》,2002,32(7):3-4.

表 1　典型工程地质物理力学指标

层数	土层名称	平均层厚/m	含水量/%	天然重度/(kN/m³)	E_s/MPa	地基承载力标准值/kPa	摩擦力标准值/kPa
①	杂填塘泥	2.0	—	—	—	—	—
②	粉质黏土	1.5	30.4	19.2	4.43	120	16
③-1	淤泥质黏土	4.2	42.1	18.4	2.48	70	8
③-2	淤泥粉质黏土	5.1	37.1	18.6	3.11	70	8
③-3	淤泥粉质黏土	11.5	42.5	17.8	2.65	70	10
③-4	淤泥粉质黏土	11.0	38.3	18.0	2.79	80	12
③-5	贝壳土	2.2	44.8	—	2.81	80	15
⑥-2	黏土(圆砾)	3.0	—	—	20.0	90(300)	44
⑦	强、中风化岩石	—	—	—	—	3000(中风化)	50

2　长短桩复合地基承载力计算

复合地基承载力计算公式[1]为:

$$f_{sp,k} = m_1 \frac{R_{k1}^d}{A_{p1}} + \beta_1 m_2 \frac{R_{k2}^d}{A_{p2}} + \beta_2 (1 - m_1 - m_2) f_{s,k} \tag{1}$$

式中,m_1,m_2 分别为长、短桩的置换率;R_{k1}^d,R_{k2}^d 分别为长、短桩单桩承载力标准值;A_{p1},A_{p2} 分别为长、短桩横截面面积;$f_{sp,k}$,f_{sk} 分别为复合地基、桩间土的承载力标准值;β_1,β_2 分别为短桩、桩间土的强度发挥系数。

短桩单桩承载力标准值可由载荷试验确定,或由式(2)、式(3)计算结果中的较小值确定:

$$R_k^d = \eta f_{cu,k} A_p \tag{2}$$

$$R_k^d = u_p \sum_i \bar{q}_{si} l_i + \zeta A_p q_p \tag{3}$$

式中,$f_{cu,k}$ 为与搅拌桩水泥土配方相同的立方体试块(边长为 70.7mm 或 50mm)在室内的无侧限抗压强度平均值;l_i,u_p 分别为桩在不同土层中的长度及桩周长;$\bar{q}_{si}$,q_p 分别为不同土层桩周土的摩阻力标准值、桩端土地基承载力标准值;η,ζ 均为折减系数,无资料时可参照现行地基处理规范中搅拌桩的相关内容选取。

应用式(1),可以通过调整长桩桩数(反映为 m_1 值)、短桩桩数(反映为 m_2 值)、桩长来进行优化设计。

本工程中,经过优化设计,钢筋混凝土桩的桩长取 40m,直径 500mm,桩端落在岩层上;水泥搅拌桩桩长取 9m,直径 600mm。整个左侧塔楼基础桩位平面布置见图 2,桩距均为 2618mm × 3400mm,共布置混凝土长桩 44 根,搅拌短桩 60 根,置换率分别为 0.0191,0.037。

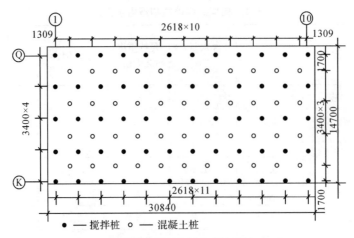

图2 左侧塔楼桩位平面布置(单位:mm)

单桩承载力标准值计算如下:

$$R_{k1}^d = u_p \sum_i \bar{q}_{si} l_i + \zeta A_p q_p$$

$$= 0.5\pi(8 \times 4.2 + 8 \times 5.1 + 10 \times 11.5 + 11 \times 12 + 2.2 \times 15 + 3 \times 44 + 50 \times 3) +$$

$$0.25^2\pi \times 3000$$

$$= 1587.8 \text{kN}$$

$$R_{k2}^d = u_p \sum_i \bar{q}_{si} l_i = 8 \times 0.6\pi \times 4.2 + 8 \times 0.6\pi \times 4.8 = 135 \text{kN}$$

长短桩复合地基的承载力为:

$$f_{sp,k} = m_1 \frac{R_{k1}^d}{A_{p1}} + \beta_1 m_2 \frac{R_{k2}^d}{A_{p2}} + \beta_2(1 - m_1 - m_2) f_{s,k}$$

$$= 0.0191 \times 1587.8/0.25^2\pi + 0.8 \times 0.037 \times 135/0.3^2\pi + 0.8 \times 0.9439 \times 70$$

$$= 221.4 \text{kPa}$$

而实际基础底面压力为212kPa,小于复合地基的承载力221.4kPa,故设计的承载力满足要求。

3 长短桩复合地基沉降计算

3.1 计算简图

沉降计算选取图2所示平面布置,剖面情况见图3。沿竖直方向的计算沉降区域分为三部分:长短桩复合区域、长桩区域、下卧层区域。

所计算的左塔楼基础平面尺寸为30.84m×14.7m,桩基采用∅600水泥搅拌短桩与∅500混凝土长桩,间隔布置。基础底面处的附加应力为163.6kPa。由于长桩底为强风化、中风化岩层,故下卧层区域的压缩量可忽略不计。因此,沉降计算公式就不包括长桩以下岩层的沉降计算。

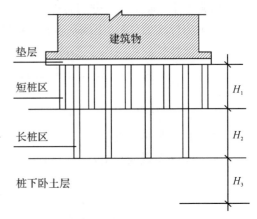

图3 长短桩复合地基剖面示意

3.2 沉降计算

每个区域的沉降计算均采用《建筑地基基础设计规范》(GB50007—2002)中的方法[2],计算公式为:

$$s_c = \psi(s_{H_1} + s_{H_2}) = \psi\left[\sum_{i=1}^{n_1}\frac{p_0}{E_{spi}}(z_i\,\bar{\alpha}_i - z_{i-1}\,\bar{\alpha}_{i-1}) + \sum_{i=n_1+1}^{n_2}\frac{p_0}{E_{spi}}(z_i\,\bar{\alpha}_i - z_{i-1}\,\bar{\alpha}_{i-1})\right] \quad (4)$$

式中,s_c 为计算沉降量;s_{H_1} 为区段 H_1 的计算沉降量;s_{H_2} 为区段 H_2 的计算沉降量;ψ 为沉降计算修正系数;p_0 为基础底面处的附加压力,kPa;E_{spi} 为天然土层与桩形成的复合模量,MPa;z_i,z_{i-1} 分别为基础底面至层 i,$i-1$ 土底面的距离,m;$\bar{\alpha}_i$,$\bar{\alpha}_{i-1}$ 分别为基础底面计算点至层 i,$i-1$ 土底面范围内平均附加应力系数;n_1,n_2 分别为区段 H_1,H_2 内的土层数。区段 H_1,H_2 内的复合模量公式[1]如下:

$$E_{sp1} = m_1 E_{p1} + m_2 E_{p2} + (1 - m_1 - m_2)E_s \quad (5)$$

$$E_{sp2} = m_1 E_{p1} + (1 - m_1)E_s \quad (6)$$

式中,E_{sp1},E_{sp2} 分别为区段 H_1,H_2 的复合模量;E_{p1},E_{p2},E_s 分别为长桩、短桩和天然土的压缩模量;m_1,m_2 分别为长桩、短桩的置换率。复合模量计算见表2,沉降计算汇总见表3。

表 2 天然土层复合模量的计算

土层	m_1	E_{p1}/MPa	m_2	E_{p2}/MPa	E_s/MPa	E_{sp1}/MPa	E_{sp2}/MPa
③-1	0.0191	30000	0.037	60	2.48	577.6	—
③-2	0.0191	30000	0.037	60	3.11	578.2	—
③-3	0.0191	30000	0.037	—	2.65	—	575.6
③-4	0.0191	30000	0.037	—	2.79	—	575.7
③-5	0.0191	30000	0.037	—	2.81	—	575.8
⑥-2	0.0191	30000	0.037	—	20	—	592.6

表 3 沉降计算汇总

土层	Z_i/m	$\dfrac{L}{B}$	$\dfrac{Z_i}{B}$	$4\bar{\alpha}_i$	$4z_i\,\bar{\alpha}_i$/m	$4z_i\,\bar{\alpha}_i - 4z_{i-1}\bar{\alpha}_{i-1}$/m	E_{spi}/MPa	P_0/kPa	Δs_i/mm	$\sum\Delta s_i$/mm
	0	2.098	0	1	—	—		163.6	0	
垫层	0.15	2.098	0.02	0.9999	0.1499	0.1499	35	163.6	0.7	0.7
③-1	4.2	2.098	0.57	0.9824	4.126	3.9761	577.6	163.6	1.126	1.826
③-2	9.3	2.098	1.265	0.8995	8.365	4.239	578.2	163.6	1.199	3.025
③-3	20.8	2.098	2.829	0.6679	13.89	5.525	575.6	163.6	1.57	4.595
③-4	31.8	2.098	4.326	0.5169	16.43	2.54	575.7	163.6	0.721	5.316
③-5	34	2.098	4.625	0.4940	16.796	0.366	575.8	163.6	0.104	5.420
⑥-2	37	2.098	5.034	0.4676	17.3	0.504	592.6	163.6	0.139	5.559

4 实测沉降值与理论计算值的比较

沿整个塔形商住楼的外墙均匀布置12个沉降观测点,除中间连接附房突出部分的2个观测点的观测值略小之外,其余测点的值基本均匀。实测沉降观测结果见表4。从表4可以看出,到整体结构完工,实测沉降值平均为 8.8mm,计算值比实测值稍小。这主要是计算中未考虑其余两部分对它的影响所致,同时也说明这种采用复合模量的沉降计算方法在软土区域是可用于长短桩复合地基的沉降计算的。但是,沉降经验系数还需以大量实际工程的验证为基础,才能得到较合适的值。

表 4   实测沉降观测结果

观测次数	工程区域	最小累计沉降/mm	最大累计沉降/mm	平均沉降/mm	观测次数	工程区域	最小累计沉降/mm	最大累计沉降/mm	平均沉降/mm
1	地下室	0	0	0	9	层 8	5	7	6.1
2	层 1	0	1	0.5	10	层 9	5	7	6.7
3	层 2	1	2	1.5	11	层 10	5	8	7.2
4	层 3	1	3	1.8	12	层 11	6	8	7.4
5	层 4	2	4	3.5	13	层 12	7	8	8.0
6	层 5	3	5	4.4	14	屋面	7	9	8.6
7	层 6	4	6	5.0	15	装修	7	9	8.8
8	层 7	5	7	6.0					

5   结   语

通过上述例子可看出,采用现有规范提倡的方法来计算软土地区的长短桩复合地基的沉降是简便可行的,但其中某些参数的选取还需大量工程实例的验证。

参考文献

[1] 龚晓南.复合地基[M].杭州:浙江大学出版社,1992.

[2] 中华人民共和国建设部.建筑地基基础设计规范:GB 50007—2002[S].北京:中国建筑工业出版社,2002.

基础刚度对复合地基性状的影响[*]

龚晓南　褚　航

（浙江大学）

摘要　复合地基由于具有良好的经济性和适用性,得到了越来越广泛的应用,目前复合地基的设计也逐渐由承载力控制转变为沉降控制。现有的复合地基理论,大都以刚性基础为前提,没有考虑基础刚度的影响。利用数值方法,研究了不同刚度基础下复合地基中应力场和位移场的差异。

1　前　言

对于当今的工程技术人员来说,复合地基已经是很熟悉的名词。复合地基具有良好的经济性和适用性,在实际工程中越来越受到重视,目前,已涌现出多种复合地基形式。与此同时,复合地基的理论也有了很大的发展。然而目前复合地基的承载力计算和沉降计算理论都是以刚性基础为前提,没有考虑基础刚度的影响,而工程实践和理论分析表明,基础刚度大小对荷载作用下复合地基性状有重要影响。在房屋建筑工程中,无论是条形基础,还是筏板基础,都有较大的刚度。在路堤和堤坝工程中,在填方荷载和交通荷载的作用下,桩体复合地基中的桩体会刺入填方路堤,桩体复合地基中的桩体和桩间土的沉降是不一致的。在工程实践中,人们已经发现在公路工程中应用在建筑工程逐步发展并得到验证的复合地基沉降计算方法计算沉降,计算值往往小于实测值。于是基础刚度对复合地基性状的影响开始为人们所重视、探讨。为了叙述方便,本文将钢筋混凝土基础称为刚性基础,而将路堤等称为柔性基础。

2　试验研究

为了探讨刚性基础的复合地基和柔性基础下复合地基性状的差异,吴慧明进行了刚性基础和柔性基础下复合地基模型试验[1]。

实验场地在宁波大学校园内,场地工程地质情况如下:表层为耕植土,然后是淤泥质黏土,约厚 0.6m,下面是淤泥,厚 20 多米。试验用桩为水泥土桩,设置步骤如下:挖除表层耕植土,采用静压钢管取土成孔;烘干黏土与水泥拌和、分层,倒入压实。桩长 2.0m,直径 200mm,水泥掺入量为 18%。试验时水泥土桩龄期 50 天,复合地基置换率取 15%,刚性基础采用刚性载荷板模拟,荷载采用钢锭施加。柔性基础采用砂和钢粒直接加载模拟,采用特制正方形木斗堆载,木斗中放砂及钢粒,作用荷载为两者总重减去木斗周侧摩阻力,试验规范采用《建筑地基处理技术

---

* 本文刊于《工程力学》,2003,20(4):67-73.

规范》(JBJ79-91)。

试验项目有原状土静载荷试验、水泥土桩静载荷试验、刚性基础下复合地基载荷试验和柔性基础下复合地基静载荷试验。测试项目有:地基沉降、水泥土桩桩底沉降、复合地基桩土荷载分担情况等。

由试验可得原状土的极限承载力为 3.20kN(275mm×275mm 载荷板)。单桩极限承载力为1.75kN($L=2.0$m,$\varnothing$120mm)。刚性基础和柔性基础下复合地基的试验结果见表1、表2。

表1 刚性基础下复合地基载荷试验结果

总荷载/kN	1.60	3.20	4.80	6.40	6.60
桩承受的荷载/kN	1.08	2.32	3.53	3.95	3.42
土承受的荷载/kN	0.52	0.88	1.28	2.45	3.18
桩头及土沉降/mm	0.72	1.25	1.95	5.89	>10.00
桩底沉降/mm	0.02	0.04	0.15	0.28	>5.00

表2 柔性基础下复合地基载荷试验结果

总荷载/kN	1.60	2.30	3.00	3.65	4.25	4.80
桩承受的荷载/kN	0.36	0.47	0.57	0.62	0.69	0.78
土承受的荷载/kN	1.24	1.83	2.43	3.03	3.56	4.02
桩头沉降/mm	0.48	0.79	1.26	1.66	2.34	3.56
土沉降/mm	1.38	2.00	2.94	3.92	5.82	>10.00
桩底沉降/mm	0.30	0.47	0.61	0.74	1.06	1.72

从表1可知,在刚性基础下复合地基静载荷试验中,单桩首先进入极限状态,极限承载力为3.95kN,大于单桩静载试验中的单桩极限承载力1.75kN,单桩进入极限状态后土也随即进入极限状态,此时荷载分担为3.18kN,极限承载力为4.94MPa,大于原状土静载荷试验所得的极限承载力4.23MPa。从表2可知,柔性基础下复合地基静载荷试验中,土首先进入极限状态,此时土分担的荷载为3.56kN,极限承载力为5.54MPa,大于原状土静载试验所得的极限承载力,此时桩的荷载分担为0.69kN,当荷载进一步增大至4.8kN时,桩的荷载分担为0.78kN,远远低于其单桩极限承载力,但此时基础沉降已很大。

刚性基础与柔性基础下复合地基模型对比试验表明:刚性基础下桩土变形一致,在相同变形时,正常条件下桩首先承受较大荷载,并首先进入极限状态,随后土进入极限状态;柔性基础下桩土变形可相对自由发展,正常条件下土首先承受较大荷载,并随荷载增加率先进入极限状态,而桩的承载力较难充分发挥。

3 数值分析

3.1 不同刚度基础下场性状研究

利用数值分析方法对不同刚度基础下复合地基中的附加应力场和位移场分布做了计算分析,计算简图见图1。桩长 10m,置换率 $m=14\%$,桩土均采用线弹性模型。土体模量 2MPa,泊松比取 0.3,桩体模量60MPa,泊松比取 0.15。基础板厚 0.5m,模量(E)分别取 5MPa,60MPa,600MPa,相应的刚度(EI)为 0.052MN·m^2,0.625MN·m^2,6.25MN·m^2。基础作用荷载 $p=10$kPa。把模型简化为平面应变问题进行计算。基础刚度取0.052MN·m^2,0.625MN·m^2,

6.25MN·m² 时地基中附加应力场和位移场的分布见图 2 至图 4，为了更好地说明土中的应力分布，应力场中的曲线是土中应力与分布荷载数值比的等值线。基础刚度与桩土应力比和地基中最大沉降的关系见图 5。

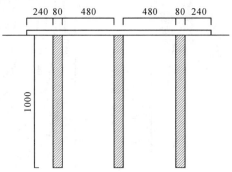

图 1　计算简图(单位:cm)

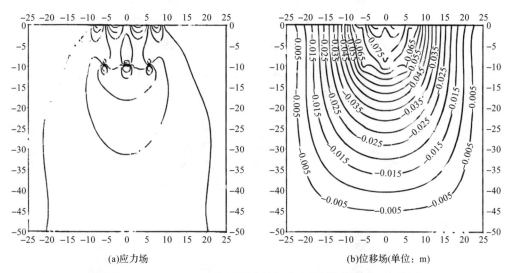

(a)应力场　　　　　　　　　　　(b)位移场(单位: m)

图 2　$EI = 0.052$MN·m² 地基中的场分布(计算范围 50m×50m)

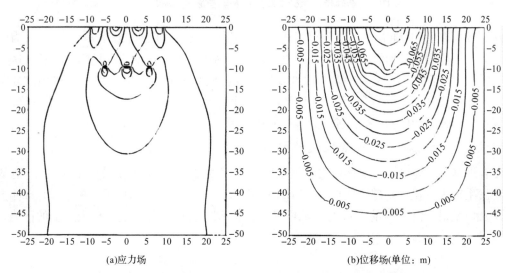

(a)应力场　　　　　　　　　　　(b)位移场(单位: m)

图 3　$EI = 0.625$MN·m² 地基中的场分布(计算范围 50m×50m)

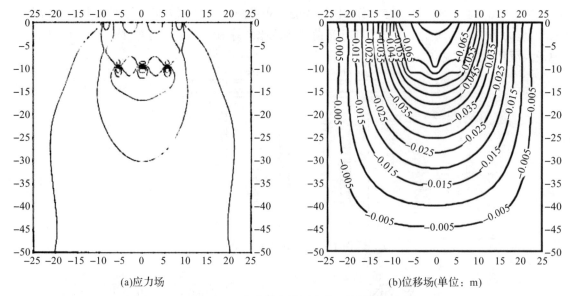

(a)应力场   (b)位移场(单位：m)

图 4　$EI=6.25$MN·m² 地基中的场分布(计算范围 50m×50m)

在本模型中基础板厚是不变的,基础刚度只随着模量变化而变化,桩土应力比(n)及地基最大沉降(S)与基础模量的关系见图 5。

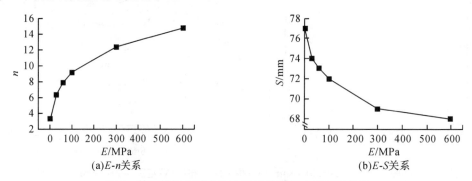

(a)E-n关系   (b)E-S关系

图 5　基础模量与桩土应力比及地基最大沉降的关系

从图 5 可以看出,随着基础刚度的增大,桩土应力比增加(桩土应力比 $n=\sigma_p/\sigma_s$,σ_p 为桩顶平均应力,σ_s 为土与基础接触面的平均应力),地基中的最大沉降减小,在超过某一值后,这种变化趋于平缓。刚性基础下复合地基与柔性基础下复合地基中的附加应力场和位移场的分布有较大不同。刚性基础由于自身刚度大,地基沉降比较一致。而柔性基础在荷载作用下,桩土变形出现不协调性,且其地基大于刚性基础的沉降。

3.2　桩土模量比对复合地基性状的影响

复合地基中桩体的模量是影响复合地基的主要因素之一,当桩体模量变化时,复合地基的变形将发生很大变化。基础刚度取 6.25MN·m² 和 0.052MN·m² 时,桩土模量比k与桩土应力比n及地基最大沉降S的关系见图 6、图 7。这里 k 为桩的长、径不变时桩土模量的比值。

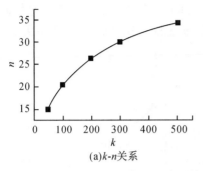 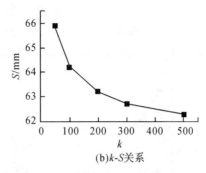

(a)k-n关系   (b)k-S关系

图 6 当 EI＝6.25MN·m² 时桩土模量比与桩土应力比及地基最大沉降的关系

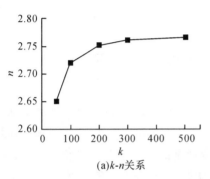 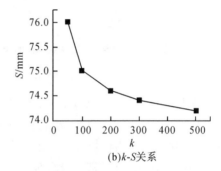

(a)k-n关系   (b)k-S关系

图 7 当 EI＝0.052MN·m² 时桩土模量比与桩土应力比及地基最大沉降的关系

从图中可以看出,复合地基的桩土应力比随着 k 的增大而增大,并且在 k 较小的时候变化幅度大,在 k 较大时变化幅度小。这说明在其他条件不变的情况下,存在着最佳桩土模量比,这在沉降控制设计时应加以考虑。

在柔性基础和刚性基础下,桩土模量比对地基中最大沉降的影响规律基本相同,只不过在相同条件下柔性基础的沉降比刚性基础的沉降大,且差值基本不变。

3.3 置换率对复合地基性状的影响

复合地基置换率与桩土应力比及地基中最大沉降的关系见图 8、图 9。承台长度不变,增强体宽度变化,置换率也随之变化。当宽度分别取 400、800、1200、1600mm 时,相应的置换率分别为 7.1%、14.3%、21.4%、28.6%。

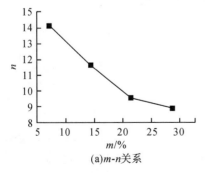 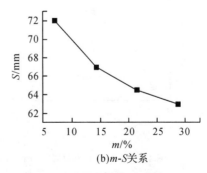

(a)m-n关系   (b)m-S关系

图 8 当 EI＝6.25MN·m² 时置换率与桩土应力比及地基最大沉降的关系

从图 8、图 9 可以看出,在刚性基础和柔性基础下,随着置换率的提高,桩土应力比和地基中最大沉降的变化规律基本相同。随着置换率的上升,桩土应力比降低,地基中最大沉降减少,并且都趋于稳定,这说明在一定条件下存在最佳置换率。

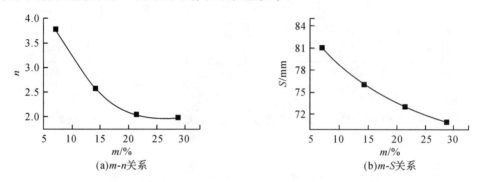

(a)m-n关系   (b)m-S关系

图 9 当 $EI=0.052MN \cdot m^2$ 时置换率与桩土应力比及地基最大沉降的关系

3.4 桩长对复合地基性状的影响

复合地基中桩体长度是影响其变形和承载力的一个非常重要的参数。算例中保持桩径80cm 不变,桩长取不同值时的计算结果见图 10、图 11。从图中可以看出,复合地基的沉降随着桩长的增加而减少,但当桩长达到一定的值以后,复合地基的沉降减少就变得不明显。所以对于承载力的作用来说存在临界桩长,对于复合地基的变形来说,在一定条件下也存在临界桩长。

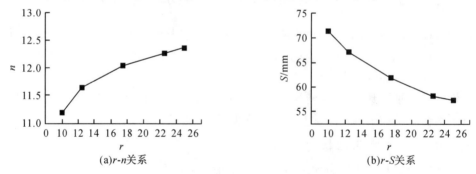

(a)r-n关系   (b)r-S关系

图 10 当 $EI=6.25MN \cdot m^2$ 时长径比与桩土应力比及地基最大沉降的关系

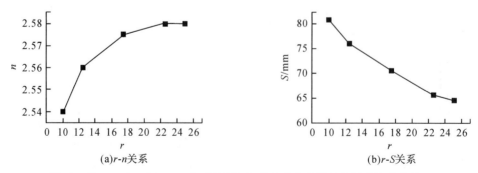

(a)r-n关系   (b)r-S关系

图 11 当 $EI=0.052MN \cdot m^2$ 时长径比与桩土应力比及地基最大沉降的关系

4 结 语

试验研究和数值分析表明,基础刚度对复合地基性状有较大的影响。随着基础刚度的增加,桩土应力比增大,复合地基总沉降减少。基础刚度不同,复合地基中桩体的长度、刚度和置换率对复合地基性状的影响程度不同,但规律是相似的。桩体长度和刚度的增大能提高桩土应力比,减少沉降。置换率的增大能减小桩土应力比,减少沉降。并且在一定条件下,桩体长度和刚度、复合地基置换率都存在一个临界值,超过这个值后,变化趋于平缓。复合地基中桩体的最佳长度、刚度和置换率不仅与基础的刚度、土的性质、桩的长径比等因素有关,它们之间也是相互影响,相互制约的。因此对于具体的工程,应该具体分析,进行优化设计。

参考文献

[1] 吴慧明.不同刚度基础下复合地基性状研究[D].浙江:浙江大学,2000.

[2] 龚晓南.复合地基[M].杭州:浙江大学出版社,1992.

按沉降控制的复合地基优化设计*

孙林娜　龚晓南

（浙江大学岩土工程研究所）

摘要　复合地基在工程中得到越来越广泛的应用。在处理深厚软弱地基时沉降控制显得格外重要，因此对复合地基按沉降控制的优化设计进行研究十分必要。本文在前人研究成果的基础上结合实际情况，对刚性基础下复合地基按沉降控制的优化设计进行了研究，并得出了一些有益的结论。

1 引　言

当采用浅基础不能满足承载力或沉降设计要求时，通常采用复合地基来提高承载力或减小地基沉降。采用复合地基的目的不同，其设计的思路也不同[1]。对于采用复合地基来减小沉降量的情况，按沉降控制设计显得更为重要。按沉降控制设计的思路是先按沉降控制要求进行设计，然后验算地基承载力是否满足要求。如承载力不能满足要求，可适当增加复合地基置换率或增加桩体长度，使承载力满足要求即可。

关于复合地基在按沉降控制的优化设计方面的研究相对较少[2-5]，目前仍然是根据已有的经验保守设计，使工程设计或多或少地出现一些不必要的浪费。因此，开展按沉降控制的优化设计理论研究，对于发展复合地基技术具有重要的意义。

2 复合地基优化设计

复合地基优化设计包括复合地基型式的合理选用，复合地基置换率、加固深度及增强体强度等的合理选用及组合。

2.1 复合地基型式的合理选用

选用地基处理方法的总原则是力求做到技术先进、经济合理、安全适用、质量可靠。地基处理的方法很多，评价一个地基处理设计方案的优劣，不仅要评估该方案是否安全可靠，同时还要分析其是否能兼顾节约能源、环境保护。由于地基处理工程的地区性特点突出，各地工程地质和水文地质条件千变万化、施工机械、技术水平、经验积累以及建筑材料品种、价格差异很大，所以制定地基处理设计方案时要因地制宜，充分发挥各地的优势，有效利用地方资源。另外，在考虑地基处理方案时，应同时考虑上部结构、基础和地基的共同作用，采用多因素分析法优选地基处理方案。

---

*本文刊于地基处理，2007，18(1)：3-8.

随着复合地基在实际工程中的应用,还出现了长短桩复合地基、组合复合地基及双向复合地基等优化型式的复合地基,这些复合地基或桩长不同,或桩体材料不同,通过不同的搭配,能使复合地基更好地发挥其承载潜力并有效减小地基沉降,达到良好的经济效益。

2.2 按沉降控制的优化设计模型

(1)设计变量

在优化设计过程中,有一部分变量是按照某些要求事先给定的,他们在优化设计过程中始终保持不变,称为预定参数;另一部分在优化设计过程中可视为变量,称为设计变量。设计变量可以是连续的,也可以是离散跳跃的。传统的复合地基设计主要需确定五个设计参数,分别为桩长、桩径、桩间距、桩体强度、褥垫层厚度及材料。在本文中,将桩长、置换率作为设计变量,通过调整桩长、置换率对方案进行优化。

(2)目标函数

目标函数有时称价值函数,它是设计变量的函数,有时设计变量本身是函数,则目标函数所表示的是泛函。目标函数是用来选择最佳设计的标准,所以应代表设计中某个重要的特征。在复合地基中,希望最终的设计方案在满足安全实用的条件下,经济效益更显著。在已确定复合地基型式的前提下,更经济即意味着用桩量更少。

(3)约束条件

在按沉降控制的复合地基优化设计中,最主要的约束条件是要将沉降值控制在一定范围内[6],不同等级的建筑物对沉降的要求也不同,通常设计等级为丙级的建筑物可不做变形要求,设计等级为甲级、乙级的建筑物,均应按地基变形设计。对体型简单的高层建筑物,基础的平均沉降量允许值为 200mm,对高耸结构建筑物,基础的沉降量允许值根据高度不同分别为 400mm($h \leqslant 100m$),300mm($100 < h \leqslant 200m$),200mm($200 < h \leqslant 250m$)。

2.3 复合地基参数的合理优化

优化设计必须与计算机联系在一起,否则优化方案只能被称为一种理论。以 Fortran 为运行环境,针对不同类型的复合地基,编制相应的程序进行优化设计,其设计流程如图1所示[7]。

3 工程实例分析

3.1 工程概况

宁波建龙钢铁有限公司堆煤场,整个场地平面长度达 72m,宽度达 45m,地基承载力设计要求为 150kPa。拟建场地属海积平原,场地内地形较为平坦,水系发达,土层软弱。

3.2 工程地质条件

勘探深度内地基土层(自上而下)如下。

第1层:素填土,主要由黏性土组成,含少量砂,可塑,湿。

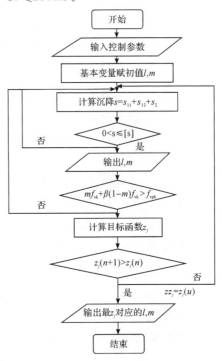

图1 参数优化设计流程图

第2层:粉质黏土,黄褐色、灰黄色,含少量铁锰质斑点,上部呈可塑,往下渐变为软塑,饱和。

第3层:淤泥质土,灰色,具层理构造,层间夹粉砂薄层,流塑,饱和。

第4层:粉质黏土,灰色,含少量粉砂,软塑至流塑,饱和。

第5-1层:黏土,灰色至黄褐色,含少量铁锰质结核,可塑,湿。

第5-2层:粉质黏土,灰绿色,含少量贝壳碎屑及粉细砂,软塑,湿至饱和。

第5-3层:粉质黏土,灰绿色,局部具层理结构,可塑,湿。

第6层:粉土,黄褐色,饱和,可塑。

场地范围内自上而下各土层物理力学性能指标见表1。

表1 各土层物理力学性能指标

土层编号	土层名称	土层厚度/m	压缩模量/MPa	桩周土摩擦力特征值/kPa	桩端土承载力特征值/kPa	地基承载力特征值/kPa
1	素填土	1.0	2.6	16	—	72
2	粉质黏土	1.1	3.7	19	—	80
3	淤泥质土	17.4	2.0	10	—	40
4	粉质黏土	1.2	6.0	28	—	130
5-1	黏土	0.9	7.5	34	1600	179
5-2	粉质黏土	0.7	7.3	33	1600	175
5-3	粉质黏土	0.6	8	34	1600	179
6	粉土	6.0	18.0	55	2000	220

由工程地质条件可以看出,该场地地基条件差,场地下卧层具有深厚的淤泥质黏土层,在荷载作用下,地基承载力低,地基沉降和不均匀沉降大,而且沉降稳定历时时间长。因此,必须对该场地进行地基处理,根据场地实际情况及经济性比较,拟采用水泥粉煤灰碎石(CFG)桩复合地基对场地进行地基处理。原设计中CFG桩桩径500mm,桩长21m,桩距2m,正三角形布桩,置换率5.67%,褥垫层厚300mm,采用有限元计算的沉降量为113.6mm。

3.3 按沉降控制的优化设计

(1)褥垫层的设置

设置一定厚度的褥垫层能够保证桩、土共同承担荷载,充分发挥桩间土的作用,提高复合地基承载能力。根据分析,垫层模量和厚度存在一个最佳值范围:垫层的最佳厚度为100～400mm,结合实际场地情况,设置300mm厚的褥垫层,褥垫层宜用中砂、粗砂、级配沙石或碎石等材料,最大粒径不宜大于30mm。

(2)桩径

取桩径为500mm,采用正三角形(梅花形)满堂布置。

(3)桩长范围

由于场地具有深厚的淤泥质黏土层,该层地基承载力低,压缩性高,因此桩长不应小于20.7m,宜进入第5层土层(黏土层),上限为24m。故桩长的约束条件为$20.7\text{m} \leqslant l \leqslant 24\text{m}$。

置换率的约束条件为$0.01 \leqslant m \leqslant 0.2$,且$m$应满足复合地基承载力标准值计算式:

$$m\frac{R_a}{A_P} + \beta(1-m)f_{sk} \geqslant f_{spk} \tag{1}$$

式中，$R_a = U_P \sum\limits_{i=1}^{n} q_{si} L_i + \alpha q_P A_P$

复合地基沉降量控制条件：本文取沉降控制范围为 $0.01 \leqslant s \leqslant 0.2\text{m}$，其中 s 的计算方法采用规范推荐法，即

$$s = \psi \left[\sum_{i=1}^{n} \frac{p}{\zeta E_{si}} (z_i \bar{\alpha}_i - z_{i-1} \bar{\alpha}_{i-1}) + \sum_{i=1}^{n_1} \frac{p}{E_{si}} (z_i \bar{\alpha}_i - z_{i-1} \bar{\alpha}_{i-1}) \right] \tag{2}$$

式中，n_1 为下卧层土的分层数；p 为对应于荷载效应准永久组合时的基础底面处的附加压力；E_{si} 为基础底面下第 i 层的压缩模量；z_i、z_{i-1} 为基础底面至第 i 层土、第 $i-1$ 层土底面的距离；$\bar{\alpha}_i$、$\bar{\alpha}_{i-1}$ 为基础底面计算点至第 i 层土、第 $i-1$ 层土底面范围内平均附加应力系数；ψ 为沉降计算修正系数，根据地区沉降观测资料及经验确定，也可采用表 2 的数值。

表 2　变形计算经验系数 ψ

基底附加压力	ψ				
	$\overline{E_s} = 2.5\text{MPa}$	$\overline{E_s} = 4\text{MPa}$	$\overline{E_s} = 7\text{MPa}$	$\overline{E_s} = 15\text{MPa}$	$\overline{E_s} = 20\text{MPa}$
$p_0 \geqslant f_{ak}$	1.4	1.3	1	0.4	0.2
$p_0 < 0.75 f_{ak}$	1.1	1	0.7	0.4	0.2

注：$\overline{E_s}$ 为变形计算深度范围内压缩模量的当量值。

$\overline{E_s}$ 应按下式计算：

$$\overline{E_s} = \frac{\sum A_i}{\sum \dfrac{A_i}{E_{si}}} \tag{3}$$

式中，A_i 为第 i 层土附加应力系数沿土层厚度的积分值；E_{si} 为基础底面下第 i 层土的压缩模量值，桩长范围内的复合土层按复合土层的压缩模量取值。

采用 Fortran 语言编制基于沉降控制理论的 CFG 桩复合地基设计程序，通过计算，得到桩长和置换率的最优组合为 20.7m，4.0%，沉降计算值为 199mm，在要求控制范围之内。此时单位面积用桩量为 0.828m³，与原设计中单位面积用桩量 1.1907m³ 相比，节省约 30%。

4　结　论

(1)复合地基优化设计可以分为两个层面，第一是复合地基型式的合理选用，第二是复合地基型式确定后，复合地基设计参数的优化。

(2)在合理选用复合地基时一定要因地制宜，充分发挥各地的优势，有效利用地方资源，具体工程具体分析，使复合地基能更好地发挥其承载潜力并有效减小地基沉降，达到良好的经济效益。

(3)当采用复合地基来减小沉降时，可采用按沉降控制设计的思路。影响复合地基沉降的两个主要因素为桩长和置换率，将桩长和置换率作为优化参数，沉降量作为约束变量，用桩量最省作为目标函数，对复合地基进行优化设计，结合具体的工程实例，编制相应的计算程序，与原设计相比，在满足设计要求的前提下，计算结果减少了工程造价，更经济合理。

参考文献

［1］龚晓南.复合地基理论及工程应用［M］.北京:中国建筑工业出版社,2002.

［2］熊辉.基于沉降控制理论的水泥搅拌桩复合地基设计［J］.岩土工程技术,2001,3:169-172.

［3］刘利民,程庆阳,张洪文.以沉降控制为标准的水泥土搅拌桩设计方法的研究［J］.工业建筑,1997,27(3):9-12.

［4］曾磊.以沉降为控制指标对粉喷桩复合地基的优化设计研究［J］.广东交通职业学院学报,2005,4(2):39-43.

［5］张世尧,陈涛等.以沉降控制的掺粉煤灰水泥粉喷桩优化设计方法［J］.结构工程师,2003,1:29-34.

［6］中华人民共和国建设部.建筑地基基础设计规范:GB 50007—2002［S］.北京:中国建筑工业出版社,2002.

［7］孙林娜.复合地基沉降及按沉降控制的优化设计研究［D］.杭州:浙江大学,2007.

广义复合地基理论及工程应用[*]

龚晓南

（浙江大学岩土工程研究所）

摘要 首先通过对复合地基技术发展过程的回顾，阐述了从狭义复合地基概念到广义复合地基概念的发展过程。通过分析浅基础、桩基础和复合地基三者在荷载作用下的荷载传递路线，指出复合地基的本质是桩和桩间土共同直接承担荷载，并讨论了三者之间的关系。接着分析了复合地基的形成条件以及满足形成条件的重要性。分析了复合地基与地基处理、复合地基与双层地基、复合地基与复合桩基之间的关系。讨论了基础刚度和垫层对桩体复合地基性状的影响、复合地基位移场的特点、复合地基优化设计思路和复合地基按沉降控制设计思路。介绍了工程中常用的复合地基型式、复合地基承载力和沉降计算实用方法。通过一个工程实例介绍了广义复合地基理论在高速公路工程中的应用。最后还对进一步应重视的研究方向提出建议。

1 前 言

20 世纪 60 年代国外将采用碎石桩加固的人工地基称为复合地基。改革开放以后，我国引进碎石桩等多种地基处理新技术，同时也引进了复合地基概念。随着复合地基技术在我国土木工程建设中的推广应用，复合地基概念和理论得到了很大的发展。随着深层搅拌桩加固技术在工程中的应用，水泥土桩复合地基的概念得以发展。碎石桩是散体材料桩，水泥搅拌桩是黏结材料桩。在荷载作用下，由碎石桩和水泥搅拌桩形成的两类复合地基的性状有较大的区别。水泥土桩复合地基的应用促进了复合地基理论的发展，该理论由散体材料桩复合地基扩展到柔性桩复合地基。随着低强度桩复合地基和长短桩复合地基等新技术的应用，复合地基概念得到了进一步的发展，形成了刚性桩复合地基概念。如果将由碎石桩等散体材料桩形成的复合地基称为狭义复合地基，则可将包括散体材料桩、各种刚度的黏结材料桩形成的复合地基，以及各种形式的长短桩复合地基称为广义复合地基[1]。

我国地域辽阔，工程地质复杂，改革开放后工程建设规模大，加上我国是发展中国家，建设资金短缺，这给复合地基理论和实践的发展提供了很好的机遇。1990 年，河北承德，在黄熙龄院士的主持下，中国建筑学会地基基础专业委员会召开了我国第一次以复合地基为专题的学术讨论会。会上，学者们交流、总结了复合地基技术在我国的应用情况，有力地促进了复合地基技术在我国的发展。笔者曾较系统总结了国内外复合地基理论和实践方面的研究成果，提出了基

---

* 本文刊于《岩土工程学报》，2007，29(1)：1-13.

于广义复合地基概念的复合地基定义和复合地基理论框架,总结了复合地基承载力和沉降计算思路及方法[2-6]。1996 年中国土木工程学会土力学及基础工程学会地基处理学术委员会在浙江大学召开了全国复合地基理论和实践学术讨论会,总结成绩、交流经验,共同探讨发展中的问题,促进了复合地基理论和实践水平的提高[7]。近年来复合地基理论研究和工程实践日益得到重视,复合地基技术在我国房屋建筑、高等级公路、铁路、堆场、机场和堤坝等土木工程中得到广泛应用,复合地基在我国已成为一种常用的地基基础型式,已取得良好的社会效益和经济效益[8-14]。

复合地基是指天然地基在地基处理过程中部分土体得到增强或被置换,或在天然地基中设置加筋材料,加固区由基体(天然地基土体)和增强体两部分组成的人工地基。

2 复合地基的本质

通过分析浅基础、桩基础和复合地基在荷载作用下的荷载传递路线和传递规律可以帮助认识复合地基的本质[15-16],并获得浅基础、桩基础和复合地基三者之间的关系。

对浅基础,荷载通过基础直接传递给地基土体(图 1)。桩基础可分为摩擦桩基础和端承桩基础两大类(图 2)。对摩擦桩基础,荷载通过基础传递给桩体,桩体主要通过桩侧摩阻力将荷载传递给地基土体;对端承桩基础,荷载通过基础传递给桩体,桩体主要通过桩端端承力将荷载传递给地基土体。因此对桩基础而言,荷载通过基础先传递给桩体,再通过桩体传递给地基土体。对桩体复合地基,荷载通过基础将一部分荷载直接传递给地基土体,另一部分通过桩体传递给地基土体(图 3)。由上面分析可以看出,浅基础、桩基础和复合地基三者的荷载传递路线是不同的。从荷载传递路线的比较分析可看出,复合地基的本质是桩和桩间土共同直接承担荷载。这也是复合地基与浅基础及桩基础之间的主要区别。

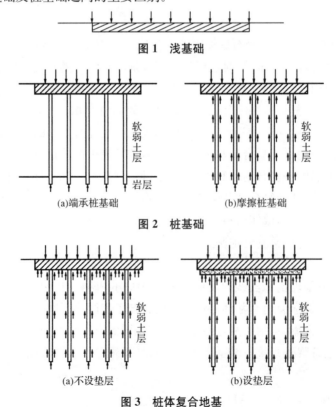

图 1 浅基础

(a)端承桩基础　　　　　(b)摩擦桩基础

图 2 桩基础

(a)不设垫层　　　　　(b)设垫层

图 3 桩体复合地基

浅基础,复合地基和桩基础三者之间的关系见图4。

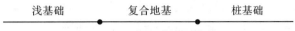

图 4　浅基础、复合地基和桩基础的关系

3　复合地基的形成条件

在荷载作用下,桩体和地基土体共同直接承担上部结构传来的荷载是有前提条件的,也就是说在地基中设置桩体与地基土体共同形成复合地基是有条件的。这在复合地基的应用中特别重要[17]。

复合地基形成条件示意见图5。在图5中,$E_p > E_{s1}$,$E_p > E_{s2}$,其中 E_p 为桩体模量,E_{s1} 为桩间土模量,图5(a)和(d)中 E_{s2} 为加固区下卧层土体模量,图5(b)中 E_{s2} 为加固区垫层土体模量。散体材料桩在荷载作用下产生侧向膨胀变形,能够保证增强体和地基土体共同直接承担上部结构传来的荷载。因此当增强体为散体材料桩时,图5中各种情况均可满足增强体和土体共同承担上部荷载。然而,当增强体为黏结材料桩时情况就不同了。在图5(a)中,在荷载作用下,刚性基础下的桩和桩间土沉降量相同,这可保证桩和土共同直接承担荷载。在图5(b)中,桩落在不可压缩层上,在刚性基础下设置一定厚度的柔性垫层。一般情况下,通过刚性基础下柔性垫层的协调,也可保证桩和桩间土两者共同承担荷载,但需要注意分析柔性垫层对桩和桩间土差异变形的协调能力与桩和桩间土之间可能产生的最大差异变形两者的关系。如果桩和桩间土之间可能产生的最大差异变形超过柔性垫层对桩和桩间土差异变形的协调能力,即便在刚性基础下设置了一定厚度的柔性垫层,也不能保证桩和桩间土始终能够共同直接承担荷载。在图5(c)中,桩落在不可压缩层上,而且未设置垫层,在刚性基础传递的荷载作用下,开始时增强体和桩间土体中的竖向应力大致上按两者的模量比分配,但是随着土体产生蠕变,土中应力不断减小,增强体中应力逐渐增大,荷载逐渐向增强体上转移。若 $E_p \gg E_{s1}$,桩间土承担的荷载比例极小。若遇地下水位下降等因素,桩间土体会进一步压缩,可能不再承担荷载。在这种情况下增强体与桩间土体两者难以始终共同直接承担荷载的作用,也就是说桩和桩间土不能形成复合地基以共同承担上部荷载。在图5(d)中,复合地基中增强体穿透最薄弱土层,落在相对好的土层上,$E_{s2} > E_{s1}$。在这种情况下,应重视 E_p、E_{s1} 和 E_{s2} 三者之间的关系,保证在荷载作用下通过桩体和桩间土变形协调来实现桩和桩间土共同承担荷载。因此对采用黏结材料的桩,特别是刚性桩形成的复合地基,需要重视复合地基形成条件的分析。

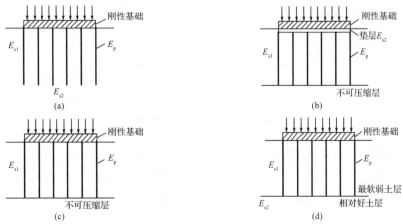

图 5　复合地基形成条件示意

在实际工程中,若设置的增强体和桩间土体不能满足形成复合地基的条件,而以复合地基理念进行设计是不安全的。把不能直接承担荷载的桩间土承载力计算在内,高估承载能力,降低了安全度,可能会造成工程事故,应引起设计人员的充分重视。

3 复合地基与地基处理

当天然地基不能满足建(构)筑物对地基的要求时,可采用物理的方法、化学的方法、生物的方法,或综合应用上述方法对天然地基进行处理以形成满足要求的人工地基称为地基处理。按照加固地基的机理,笔者常将地基处理技术分为六类:置换,排水固结,灌入固化物,振密和挤密,加筋,冷、热处理。

经各类地基处理方法处理形成的人工地基可以粗略分为两大类[18]:①通过改善地基土体的物理力学指标达到地基处理的目的所形成的人工地基;②在地基处理过程中部分土体得到增强,或被置换,或在天然地基中设置加筋材料,形成的复合地基。后一类在地基处理形成的人工地基中占有很大的比例,而且呈发展趋势。因此,复合地基技术在地基处理技术中有着非常重要的地位,复合地基理论和实践的发展将进一步促进地基处理水平的提高。

4 复合地基与双层地基

在荷载作用下,复合地基与双层地基的性状有较大区别,在复合地基计算中直接应用双层地基计算方法有时是偏不安全的,应予以重视[19]。

复合地基和双层地基的示意见图 6。为便于分析,讨论平面应变问题,设复合地基加固区和双层地基上层土体复合模量均为 E_1,复合地基其他区域土体模量和双层地基下层土体模量均为 E_2,$E_1 > E_2$。双层地基上层土体的厚度与复合地基加固区深度相同,记为 H。荷载作用面宽度均为 B,且荷载密度相同。现分析在荷载作用中心线下复合地基加固区下卧层中 A_1 点[图 6(a)]和双层地基中对应的 A_2 点[图 6(b)]处的竖向应力情况。不难判断复合地基中 A_1 点的竖向应力 σ_{A1} 比双层地基中 A_2 点的竖向应力 σ_{A2} 要大。如果增大 E_1/E_2 值,σ_{A1} 值增大,σ_{A2} 值减小。理论上当 E_1/E_2 趋向无穷大时,σ_{A2} 趋向零,而 σ_{A1} 是不断增大的。由上述分析可以看出,复合地基与双层地基在荷载作用下地基性状的差别是很大的。

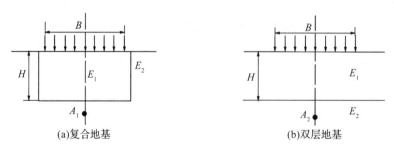

(a)复合地基　　　　　　　　　　(b)双层地基

图 6　复合地基与双层地基

荷载作用下均质地基中的附加应力可用布西内斯克(Boussinesq)方程求解,双层地基中的附加应力可用当层法计算。由上面分析可知,将复合地基视为双层地基,采用当层法计算地基中的附加应力可能带来很大的误差,而且是偏不安全的。

5 复合地基与复合桩基

在深厚软黏土地基上采用摩擦桩基础时,为了节省投资,管自立[20]采用稀疏布置的桩基础(桩距一般在 5 倍桩径以上),并称为疏桩基础。疏桩基础沉降量要比按传统桩基理论设计的桩基础沉降量要大,但疏桩基础考虑了桩间土对承载力的直接贡献,可以节省工程费用。事实上桩基础的主要功能有两个:提高承载力和减小沉降。以前人们往往重视前一功能而忽视后一功能。用于减小沉降量的桩基础可称为减少沉降量桩基。在减小沉降量桩基设计中考虑了桩土共同作用。桩土共同作用分析主要也考虑桩间土直接承担荷载。疏桩基础、减小沉降量桩基和考虑桩土共同作用都是主动考虑摩擦桩基础中一般存在的桩间土直接承担荷载的体现。考虑桩土共同直接承担荷载的桩基称为复合桩基。故复合桩基的本质也是考虑桩和桩间土共同直接承担荷载,而在经典桩基理论中,不考虑桩间土直接承担荷载。复合桩基也可以认为是一种广义的桩基础。

由上面的分析可知,复合桩基的本质与复合地基的本质是一样的,它们都是考虑桩间土和桩体共同直接承担荷载。可以认为复合桩基是复合地基的一种,是刚性基础下不带垫层的刚性桩复合地基[21]。

目前,学术界和工程界对复合桩基是属于复合地基还是桩基础是有争议的,笔者认为既可将复合桩基视作桩基础,也可将其视为复合地基的一种型式。复合桩基属于桩基还是属于复合地基并不十分重要,重要的是弄清复合桩基的本质、形成条件、承载力和变形特性,以及复合桩基理论与传统桩基理论的区别。

6 基础刚度和垫层对桩体复合地基性状影响

复合地基早期多用于刚度较大的条形基础或筏板基础下的地基加固。在荷载作用下,复合地基中的桩体和桩间土的沉降量是相等的。早期一些关于复合地基的设计计算方法和相应的计算参数都是基于对刚性基础下复合地基性状的研究得出的。

随着复合地基技术在高等级公路建设中的应用,人们发现将刚性基础下复合地基承载力和沉降计算方法应用到填土路堤下的复合地基承载力和沉降计算,得到的计算值与实测值相差较大,而且是偏不安全的。

为了探讨基础刚度对复合地基性状的影响,吴慧明[22]采用现场试验研究和数值分析方法分析了基础刚度对复合地基性状的影响。现场模型试验的示意图 7。试验内容包括:①原状土地基承载力试验;②单桩竖向承载力试验;③刚性基础下复合地基承载力试验(置换率 $m=15\%$);④柔性基础下复合地基承载力试验(置换率 $m=15\%$)。试验结果表明基础刚度对复合地基性状影响明显,主要结论如下。

(1)在荷载作用下,柔性基础下和刚性基础下桩体复合地基的破坏模式不同。当荷载不断增大时,柔性基础下桩体复合地基中土体先产生破坏,而刚性基础下桩体复合地基中桩体先产生破坏。

(2)在相同的条件下,柔性基础下复合地基的沉降量比刚性基础下复合地基沉降量要大,而承载力要小。

(3)在复合地基各种参数都相同的情况下,在荷载作用下,柔性基础下的复合地基桩土荷载

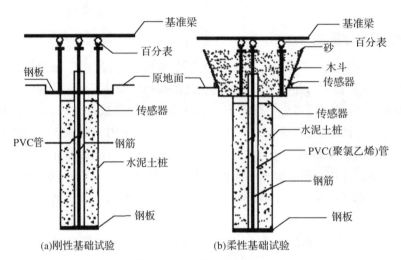

(a)刚性基础试验   (b)柔性基础试验

图7 现场模型试验的示意

分担比较刚性基础下的小,也就是说刚性基础下复合地基中桩体承担的荷载比例要比柔性基础下复合地基桩体承担的荷载比例大。

　　(4)为了提高柔性基础下复合地基桩土荷载分担比,提高复合地基承载力,减小复合地基沉降,可在复合地基和柔性基础之间设置刚度较大的垫层,如灰土垫层,土工格栅碎石垫层等。应慎用不设较大刚度垫层的柔性基础下桩体复合地基。

　　下面先分析设置柔性垫层对刚性基础下复合地基性状的影响[23],然后分析设置刚度较大的垫层对柔性基础下复合地基性状的影响。

　　刚性基础下复合地基设置垫层和不设置垫层两种情况的示意见图8。刚性基础下复合地基中柔性垫层一般为砂石垫层。由于砂石垫层的存在,图8(a)中桩间土体单元 A1 中的附加应力比图8(b)中相应的桩间土体单元 A2 中的要大,而图8(a)中桩体单元 B1 中的竖向应力比图8(b)中相应的桩体单元 B2 中的要小。也就是说设置柔性垫层可减小桩土荷载分担比。另外,由于砂垫层的存在,图8(a)中桩间土体单元 A1 中的水平向应力比图8(b)中相应的桩间土体单元 A2 中的要大,图8(a)中桩体单元 B1 中的水平向应力比图8(b)中相应的桩体单元 B2 中的也要大。由此可得:由于砂垫层的存在,图8(a)中桩体单元 B1 中的最大剪应力比图8(b)中相应的桩体单元 B2 中的要小得多。即柔性垫层的存在使桩体上端部分竖向应力减小,水平向应力增大,剪应力减小,这样就有效改善了桩体的受力状态。

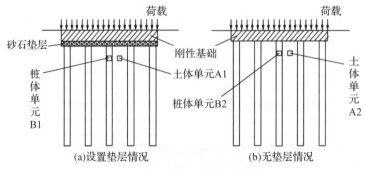

(a)设置垫层情况   (b)无垫层情况

图8 刚性基础下复合地基示意

从上面分析可知,在刚性基础下复合地基中设置柔性垫层,一方面可以增加桩间土承担荷载的比例,较充分地利用桩间土的承载潜能;另一方面可以改善桩体上端的受力状态,这对低强度桩复合地基是很有意义的。

设置柔性垫层对刚性基础下复合地基性状的影响程度与柔性垫层厚度有关。以桩土荷载分担比为例,垫层厚度愈厚,桩土荷载分担比愈小。但当垫层厚度达到一定数值后,继续增加垫层厚度,桩土荷载分担比并不会继续减小。在实际工程中,还需考虑工程费用。通常采用300~500mm厚度的砂石垫层。

路堤下复合地基中设置垫层和不设置垫层两种情况的示意见图9。路堤下复合地基中常设置有刚度较大的垫层,如灰土垫层,土工格栅加筋垫层。比较图9(a)和图9(b)在荷载作用下的性状可以发现,与刚性基础下设置砂石柔性垫层作用相反,在路堤下复合地基中设置刚度较大的垫层,可有效增加桩体承担荷载的比例,发挥桩的承载能力,提高复合地基承载力,有效减小复合地基的沉降。

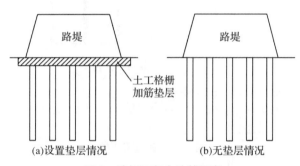

图9 路堤下复合地基示意

7 复合地基型式

目前在我国工程建设中应用的复合地基型式很多,可以从下述四个方面来分类:①增强体设置方向;②增强体材料;③基础刚度及是否设置垫层;④增强体长度。

复合地基中增强体除可以竖向设置和水平向设置外,还可斜向设置,如树根桩复合地基。在形成桩体复合地基中,竖向增强体可以采用同一长度,也可以采用不同长度,如长短桩复合地基[24]。长短桩复合地基中的长桩和短桩可以采用同一材料,也可以采用不同材料。通常短桩采用柔性桩或散体材料桩,长桩采用钢筋混凝土桩或低强度混凝土桩等。长短桩复合地基中长桩和短桩布置可以采用三种型式:长短桩相间布置,外长中短布置和外短中长布置。

对增强体材料,水平向增强体多采用土工合成材料,如土工格栅、土工布等;竖向增强体常采用砂石桩、水泥土桩、低强度混凝土桩、薄壁筒桩、土桩与灰土桩、渣土桩、钢筋混凝土桩等。

为了减小柔性基础复合地基的沉降,应在桩体复合地基加固区上面设置一层刚度较大的"垫层",防止桩体刺入上层土体,并充分发挥桩体的承载作用。对刚性基础下的桩体复合地基有时需设置一层柔性垫层以改善复合地基受力状态。

由以上分析可知在工程中应用的复合地基具有多种类型,应用时一定要因地制宜,结合具体工程实际情况进行精心设计。

8 复合地基位移场特点

曾小强[25]比较分析了宁波一工程采用浅基础和采用搅拌桩复合地基两种情况下的地基沉

降情况。场地位于宁波甬江南岸,属全新世晚期海相冲积平原,地势平坦,大多为耕地,土层自上而下分布如下:I_2层为黏土,层厚为 $1\sim1.2m$;I_3层为淤泥质粉质黏土,层厚为 $1.4\sim2m$;Π_{1-2}层为淤泥,层厚为 $12.6\sim15.2m$;Π_2层为淤泥质黏土,层厚为 $12.1\sim25m$;采用水泥搅拌桩复合地基加固,设计参数为:水泥掺入量 15%,搅拌桩直径 $500mm$,桩长 $15m$,复合地基置换率为 18.0%,桩体模量为 $120MPa$。

采用有限元分析得到的水泥土桩复合地基的沉降情况和相应的天然地基的沉降情况见图 10。

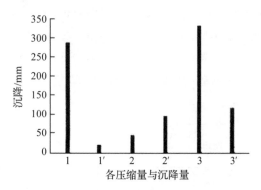

1—与复合地基加固区对应的天然地基土层的压缩量;2—与加固区下卧层对应的土层压缩量;3—与复合地基对应的天然地基总沉降量;$1'$—复合地基加固区的压缩量;$2'$—加固区下卧层土体的压缩量;$3'$—复合地基的总沉降量

图 10　加固效果比较

从图 10 中可以看出,经水泥土加固后加固区土层压缩量大幅度减小($1'<1$),而复合地基加固区下卧层的土层由于加固区存在,其压缩量比天然地基中相应的土层压缩量要大不少($2'>2$)。这与复合地基加固区使地基中附加应力影响范围向下移是一致的。复合地基沉降量($3'=1'+2'$)比浅基础沉降量($3=1+2$)明显减小,这说明采用复合地基加固对减小沉降是非常有效的。图 10 反映了均质地基中采用复合地基加固的位移场特性。

上面的分析表明,依靠提高复合地基置换率或提高桩体模量,增大复合地基加固区的复合土体模量以减小复合地基加固区压缩量($1'$)的潜力是很小的,因为该部分数值不大。增大复合地基加固区的复合土体模量,还会使加固下卧层土体中附加应力增大,增加加固区下卧层土体的压缩量。由此可知进一步减小复合地基沉降量的关键是减小复合地基加固区下卧层的压缩量。减小复合地基加固区下卧层部分的压缩量最有效的办法是增加加固区的厚度,减小加固区下卧层中软弱土层的厚度。这一结论为复合地基优化设计指明了方向。

9　复合地基承载力

桩体复合地基承载力的计算思路通常是先分别确定桩体的承载力和桩间土的承载力,然后根据一定的原则叠加这两部分承载力,得到复合地基的承载力。复合地基的极限承载力可表示为

$$p_{cf}=k_1\lambda_1mp_{pf}+k_2\lambda_2(1-m)p_{sf} \tag{1}$$

式中,p_{pf} 为单桩极限承载力,kPa;p_{sf} 为天然地基极限承载力,kPa;k_1 为反映复合地基中桩体实际极限承载力与单桩极限承载力不同的修正系数;k_2 为反映复合地基中桩间土实际极限承载

力与天然地基极限承载力不同的修正系数;λ_1 为复合地基破坏时,桩体发挥其极限强度的比例,称为桩体极限强度发挥度;λ_2 为复合地基破坏时,桩间土发挥其极限强度的比例,称为桩间土极限强度发挥度;m 为复合地基置换率,$m=A_p/A$,其中 A_p 为桩体面积,A 为对应的加固面积[6]。

复合地基的容许承载力(p_{cc})计算式为

$$p_{cc}=\frac{p_{cf}}{K} \tag{2}$$

式中,K 为安全系数。

当复合地基加固区下卧层为软弱土层时,在按复合地基加固区容许承载力计算基础的底面尺寸后,尚需对下卧层承载力进行验算。

式(1)中,桩体极限承载力可通过现场试验确定。如无试验资料,对刚性桩和柔性桩的桩体极限承载力可采用类似摩擦桩的极限承载力计算式估算。散体材料桩桩体的极限承载力主要取决于桩侧土体所能提供的最大侧限力。

散体材料桩在荷载作用下,桩体发生鼓胀,桩周土进入塑性状态,可通过计算桩间土侧向极限应力计算单桩极限承载力。其一般表达式为

$$p_{pf}=\sigma_{ru}K_p \tag{3}$$

式中,σ_{ru} 为桩侧土体所能提供的最大侧限力,kPa;K_p 为桩体材料的被动土压力系数。

计算桩侧土体所能提供的最大侧向力的常用方法有布劳恩斯(Brauns)计算式,圆筒形孔扩张理论计算式等[6]。

式(1)中,天然地基的极限承载力可以通过载荷试验确定,也可以采用斯肯普顿(Skempton)极限承载力公式计算得到。

水平向增强体复合地基主要包括在地基中铺设各种加筋材料,如土工织物、土工格栅等形成的复合地基。加筋土地基是最常见的形式。加筋土地基工作性状与加筋体长度、强度,加筋层数,以及加筋体与土体间的黏聚力和摩擦系数等因素有关。水平向增强体复合地基的破坏有多种形式,影响因素也很多。到目前为止,关于水平向增强体复合地基的计算理论尚不成熟,其承载力可通过载荷试验确定。

在复合地基设计时有时还需要进行稳定分析。如路堤下复合地基不仅要验算承载力,还需要验算稳定性。稳定性分析方法很多,一般可采用圆弧分析法计算。

10 复合地基沉降计算

各类实用计算方法通常把复合地基沉降量分为两部分,复合地基加固区压缩量和下卧层压缩量(见图11)。图 11 中 h 为复合地基加固区厚度,Z 为荷载作用下地基压缩层厚度;S_1 复合地基加固区的压缩量;$Z-h$ 为地基压缩层厚度内加固区下卧层厚度,其压缩量记为 S_2。在荷载作用下复合地基的总沉降量 S 可表示为这两部分之和,即:

$$S=S_1+S_2 \tag{4}$$

若复合地基设置有垫层,通常认为垫层压缩量较

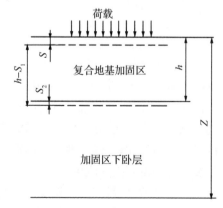

图 11　复合地基沉降

小,而且在施工过程中已基本完成,故可以忽略不计。

复合地基加固区土层的压缩量的计算方法主要有三种:复合模量法(E_{cs}法)、应力修正法(E_s法)和桩身压缩量法(E_p法)。三种方法中复合模量法应用较多。复合模量法将加固区中增强体和基体两部分视为一复合土体,采用复合压缩模量 E_{cs} 来评价复合土体的压缩性,并采用分层总和法计算加固区土层的压缩量[26]。

加固区下卧层土层压缩量 S_2 的计算常采用分层总和法。在工程应用中,作用在下卧层上的荷载常采用三种方法计算:压力扩散法、等效实体法和改进格迪斯(Geddes)法。在采用压力扩散法计算时,要注意复合地基中压力扩散角与双层地基中压力扩散角数值是不同的[27]。在采用等效实体法计算时,要重视对侧摩阻力(f)值的合理选用[28]。特别是当桩土相对刚度比较小时,f 值变化范围很大,选用比较困难。

复合地基的沉降计算也可采用有限单元法。在几何模型处理上有限单元法大致上可以分为两类:①把单元分为增强体单元和土体单元,增强体单元包括桩体单元、土工织物单元等,根据需要在增强体单元和土体单元之间设置或不设置界面单元;②把单元分为加固区复合土体单元和非加固区土体单元两类,复合土体单元采用复合体材料参数。

11 复合地基优化设计思路

复合地基优化设计分两个层面,一是复合地基型式的合理选用,二是复合地基型式确定后,复合地基设计参数的优化。复合地基型式的合理选用主要依据工程地质条件、荷载水平、上部结构及基础型式、加固地基机理,需通过综合分析确定。

加固地基的主要目的有三种:①提高地基承载力;②减小沉降量;③两者兼而有之。对上述不同目的,优化设计的思路是不同的。

由桩体复合地基承载力公式可知,提高复合地基中桩的承载力和提高置换率均可有效提高复合地基承载力。

对复合地基中应用的不同类型的桩,提高桩的承载力的机理是不同的。

对散体材料桩,桩的极限承载力主要取决于桩周土对它的极限侧限力。饱和黏性土地基中的散体材料桩桩体承载力基本上由地基土的不排水抗剪强度决定。对某一饱和黏性土地基,设置在地基中的散体材料桩的桩体承载力基本是定值,提高散体材料桩复合地基的承载力只能依靠增加置换率。在砂性土等可挤密性地基中设置散体材料桩,在设置桩的过程中桩间土得到振密挤密,桩间土抗剪强度提高,桩间土的承载力和散体材料桩的承载力均提高。

对黏结材料桩,桩的承载力主要取决于桩侧摩阻力和端阻力之和及桩体的材料强度。刚性桩的承载力主要取决于桩侧摩阻力和端阻力之和,因此增加桩长可有效提高桩的承载力。柔性桩的承载力往往受制于桩身强度,有时还与有效桩长有关,因此增加桩长不一定能有效提高桩的承载力。对上述黏结材料桩,如能使由摩阻力和端阻力之和确定的承载力和由桩身强度确定的承载力两者比较接近,则可取得较好的经济效益。基于这一思路,近年来各种类型的低强度桩复合地基得到推广应用。

在复合地基设计时,首先要充分利用天然地基的承载力,然后通过协调桩体承载力的提高和置换率的增大两者来达到既满足承载力的要求,又提高经济效益的目的。

当加固地基的主要目的是减小沉降量时,复合地基优化设计显得更为重要。从复合地基位移场特性可知,复合地基加固区使地基中附加应力高应力区应力水平降低,范围变大,向下伸展,影响深度变大。从对复合地基加固区和下卧层压缩量的分析可知,当下卧层为软弱土层而且较厚时,下卧层土体的压缩量占复合地基总沉降量的比例较大。因此,减小深厚软黏土地基上复合地基沉降量的最有效方法是减小软弱下卧层的压缩量。减小软弱下卧层压缩量的最有效方法是加大加固区深度,减小软弱下卧土层的厚度。当存在较厚软弱下卧层时,增加复合地基置换率和增加桩体刚度对减小沉降量效果不好,有时甚至会导致总沉降量变大。

考虑到荷载作用下复合地基中附加应力分布情况,复合地基加固区沿深度最好采用变刚度分布。这样不仅可有效减小压缩量,而且可减小工程投资,取得较好的经济效益。为了实现加固区的刚度沿深度呈变刚度分布,可以采用下述两个措施:①桩体采用变刚度设计,浅部采用较大刚度,深部采用较小刚度,例如采用深层搅拌法设置水泥土桩时,浅部采用较高的水泥掺和量,深部采用较低的水泥掺和量,或水泥土桩浅部采用较大的直径,深部采用较小的直径;②沿深度采用不同的置换率,例如采用由一部分长桩和一部分短桩相结合组成的长短桩复合地基。

当加固地基的目的是提高地基承载力和减小地基沉降量时,首先要满足地基承载力的要求,然后再考虑满足减小地基沉降量的要求,其优化设计思路应综合前面讨论的两种情况。

12 复合地基按沉降控制设计思路

无论按承载力控制设计还是按沉降控制设计都要同时满足承载力和沉降量的要求。按沉降控制设计和按承载力控制设计究竟有什么不同呢?下面从工程对象和设计思路两个方面来分析。

在浅基础设计中,通常先按满足承载力要求进行设计,然后再验算沉降量是否满足要求。如果地基承载力不能满足要求,或验算发现沉降量不能满足要求,通常要对天然地基进行处理,如:采用桩基础、采用复合地基,或对天然地基进行土质改良。在端承桩桩基础设计中,通常也按满足承载力要求进行设计,但对一般工程而言,端承桩桩基础沉降较小,通常认为沉降可以满足要求,很少进行沉降量验算。先按满足承载力要求进行设计,再验算沉降量是否满足要求,是目前多数设计人员的常规设计思路。与按沉降控制设计对应,该方案为按承载力控制设计。

下面通过一实例分析说明按沉降控制设计的思路。某工程采用浅基础时地基是稳定的,但沉降量达 500mm,不能满足要求。现采用 $250mm \times 250mm$ 方桩,桩长 15m。布桩 200 根时,沉降量为 50mm,布桩 150 根时,沉降量为 70mm,布桩 100 根时,沉降量为 120mm,布桩 50 根时,沉降量为 250mm,地基沉降量(s)与桩数(n)关系曲线见图 12。若设计要求的沉降量小于 150mm,则由图 12 可知,布桩大于 90 根即可满足要求。从该案例可看出按沉降量控制设计的实质及设计思路。

图 12 所示规律也反映了工程费用与相应的沉降量之间关系。减小沉降量意味着增加工程费用。于是按沉降控制设计可以合理控制工程费用。

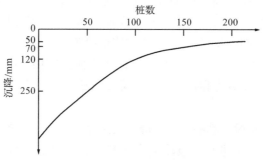

图 12 桩数 n-沉降 s 关系曲线

按沉降控制设计思路特别适用于深厚软弱地基上的复合地基设计。按沉降控制设计要求设计人员更好地掌握沉降计算理论,总结工程经验,提高沉降计算精度,并进行优化设计。按沉降控制设计理念使工程设计更为合理。

13 工程实例:杭宁高速公路一通道低强度混凝土桩复合地基[14]

(1)工程概况

杭宁高速公路浙江段跨越杭嘉湖平原,大部分地区为河相、湖相沉积,软土分布范围广,软土层厚度变化大。杭嘉湖平原河流分布广泛,人口密集。在高速公路建设中既要处理好地基稳定性问题,有效控制工后沉降和沉降差,还要尽量减小施工期间对当地交通的影响。该路段一般线路多采用砂井堆载预压法处理。若一般涵洞和通道地基也采用砂井堆载预压法处理,堆载预压和预压后再开挖耗费时间长,影响当地交通,给村民生产和生活造成困难。若一般涵洞和通道地基均采用桩基础,虽然缩短了施工周期,减小了施工期间对当地交通的影响,但工程费用较大,而且在涵洞和通道与填土路堤连接处容易产生沉降差,形成"跳车"现象。为了较好地处理上述一般涵洞和通道的地基处理问题,我们建议,对杭宁高速公路 K101+960 处的通道地基,由原砂井堆载预压法处理改用低强度混凝土桩复合地基处理。

该通道处淤泥质黏土层厚 19.3m,通道箱涵尺寸为 6.0m×3.5m,填土高度 2.5m。根据工程地质报告,通道场地地基土物理力学性质指标见表 1。下面对采用低强度混凝土桩复合地基处理通道地基的情况做简要介绍。

表 1　地基土物理力学性质指标

编号	土层名称	层厚/m	含水率 w/%	重度/(kN·m⁻³)	孔隙比	压缩模量/MPa	渗透系数/(cm·s⁻¹) K_h	K_v	压缩指数
Ⅰ₁	(亚)黏土	3.4	32.7	18.8	0.948	4.98	0.69×10⁻⁷	1.10×10⁻⁷	0.161
Ⅱ	淤泥质(亚)黏土	6.6	47.3	17.5	1.315	2.17	1.68×10⁻⁷	1.29×10⁻⁷	0.42
Ⅲ₃	淤泥质亚黏土	12.7	42.4	17.8	1.192	2.77	2.29×10⁻⁷	1.40×10⁻⁷	0.41
Ⅳ₁	亚黏土	13.1	28.3	19.4	0.794	8.42	1.02×10⁻⁷	3.32×10⁻⁸	0.18
Ⅴ₂	亚黏土	12.4	25.6	19.8	0.734	8.65	—	—	—
Ⅴ₄	含砂亚黏土	3.3	—	—	—	—	—	—	—

(2)设计

设计分两部分:一是涵洞和通道地基下的低强度混凝土桩复合地基设计;二是为减缓涵洞和通道与相邻采用其他处理方法(如砂井堆载预压法处理)的路段之间的沉降差异而设置的过渡段部分的低强度混凝土桩复合地基设计。复合地基设计除需要满足承载力及工后沉降的要求外,在过渡段部分,工后沉降还需满足纵坡率的要求。具体设计步骤如下。

1)全面了解和掌握设计要求、场地水文和工程地质条件、周围环境、构筑物的设计、邻近路段的地基处理设计、施工条件以及材料、设备的供应情况等。

2)确定低强度混凝土桩桩身材料强度等级和桩径,确定采用的施工设备和施工工艺。

3)根据场地土层条件、承载力和控制工后沉降要求确定桩长和桩间距,完成构筑物下复合地基设计。

4)根据构筑物与相邻路段地基的工后沉降量及道路纵坡率的要求,确定过渡段长度。

5)采用变桩长和变置换率进行过渡段复合地基设计,实现过渡段工后沉降由小到大的改变,做到平稳过渡。

6)选用垫层材料,确定垫层厚度。设计要求通道下复合地基容许承载力需达到100kPa以上。经计算分析,低强度混凝土桩身材料采用C10混凝土,桩径取$\varnothing 377mm$,桩长取18.0m,置换率取0.028,单桩容许承载力为217.8kN,复合地基容许承载力为108.9kPa,地基总沉降量为14.5cm,其中加固区沉降量3.0cm,下卧层沉降量11.5cm。垫层采用土工格栅加筋垫层,厚度取50cm。

由于低强度混凝土桩复合地基沉降量较小,而采用排水固结法处理的相邻路段沉降较大。为减缓交接处沉降差异,设置过渡段协调两者的沉降。过渡段仍采用低强度混凝土桩复合地基,通过改变桩长和置换率等参数来调整不同区域的工后沉降。过渡段中不同桩长条件下地基的总沉降量和工后沉降量见表2。

表2 不同桩长条件下地基的总沉降量和工后沉降量

桩长/m	15.0	16.0	17.0	18.0	19.0	20.0
总沉降/cm	19.5	17.7	15.9	14.1	12.3	10.5
工后沉降/cm	13.2	11.8	10.3	8.9	7.4	6.0

根据设计要求该通道两侧路线方向工后总沉降差不大于60mm,且纵坡率不大于0.4%,由此确定过渡段长度为15.0m。通过改变桩长和置换率等参数来调整过渡段不同区域的工后沉降以完成平稳过渡。具体设计参数为:低强度混凝土桩桩身材料采用C10低标号混凝土,桩径$\varnothing 377mm$,桩长15.5~18.0m(通道桩长18.0m,过渡段桩长15.5~17.5m),桩间距2.0~2.5m(通道桩间距2.0m,过渡段桩间距2.0m,2.5m),土工格栅加筋垫层为50cm厚碎石垫层,碎石粒径4~6cm。该通道及过渡段的桩长布置及工后沉降分布见图13。

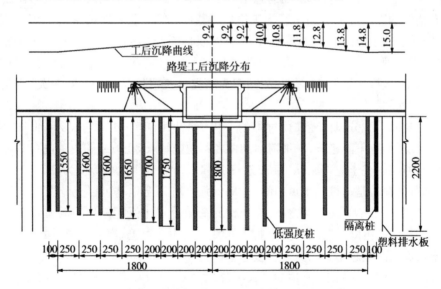

图13 过渡段的桩长、布置及工后沉降分布(单位:cm)

(3)测试

现场测试项目包括:①桩身和桩间土应力测试;②桩顶沉降、地基表面沉降与分层沉降测试;③地基土侧向变形观测;④桩身完整性和复合地基承载力检测。现场测试测点布置见图14。

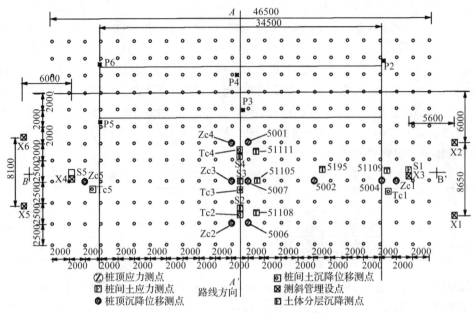

图 14　测试仪器平面布置(单位:mm)

低强度混凝土桩施工从 2000 年 11 月 20 日开始,到 2000 年 12 月 30 日结束,共历时 41d。2001 年 2 月 20 日完成桩身完整性检测,2001 年 2 月 27 日完成单桩静力载荷试验。2001 年 4 月 17 日至 4 月 27 日进行路堤填筑前的施工准备工作。4 月 29 日完成隔水土工膜敷设,5 月 2 日开始碎石垫层的铺设,7 月 8 日进行土工格栅的敷设。第一层宕渣填筑从 2001 年 7 月 11 日开始,7 月 27 日试验段填筑工作完毕。从 5 月 2 日碎石垫层铺设算起,路堤填筑施工工期共 87d。测试元件的埋设从 2001 年 5 月 22 日开始,6 月 2 日全部埋设完毕。6 月 7 日至 7 月 16 日观测两次以上,读取初始值。实际观测频率为路堤填筑期间 3～4d 观测一次,填筑期结束后 10～20d 观测一次。

桩土应力比和荷载分担比随加荷过程的变化情况见图 15。由图可见,在加荷初期两者均较小,并随荷载增加有下降趋势;在加荷后期两者都快速增长,在恒载期两者也有一定的波动变化。几个测点所得的桩土应力比(n)为 9.87～15.47,荷载分担比(N)值为 0.22～0.35。由此可知,绝大部分的荷载是由桩间土承担的,采用低强度桩复合地基可以充分发挥桩间土的承载能力。另外,现场测试结果还表明:桩土应力比和荷载分担比值随桩长的增加而有所增大。路中线处桩顶和桩间土沉降随时间的变化曲线见图 16。由图可见,离通道越近的测点,桩顶沉降量和桩间土表面沉降量越小。因为离通道越近,复合地基中的桩较长,置换率较高,所以桩顶和桩间土沉降较小。同时还发现:桩顶的最大沉降量为 6.3～14.1cm,桩间土表面的最大沉降量为 10.5～23.8cm,相同监测部位的桩间土表面沉降比桩顶沉降要大,说明桩顶产生了向上刺入,桩顶某一深度范围内存在一个负摩擦区。桩间土对桩壁产生的负摩擦力将使桩体承担的荷载增加,桩间土承担的荷载相应减少,这对减少复合地基加固区土体的压缩量起到有利的作用,但同时也会增加桩底端的贯入变形量。

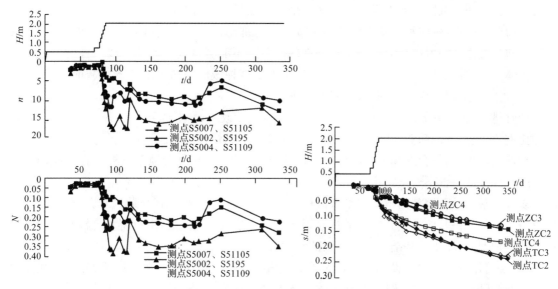

图 15　桩土应力比与荷载分担比变化曲线　　　图 16　桩顶沉降与桩间土表面沉降

　　根据道路中线三个测点 TC2、TC3 和 TC4 的实测值,采用双曲线法推算该三点的总沉降量分别为 39.5cm,31.7cm 和 23.9cm,该三点相应的工后沉降量分别为 15.7cm,8.6cm 和 3.80cm。推算相关系数在 0.987 以上。三个测点的工后沉降推算值均小于 20cm,符合高速公路的工后沉降控制标准,而且离通道越近,工后沉降值越小,这也与原设计意图一致。

　　根据相邻采用塑料排水板堆载预压处理路段的观测结果,桩号 K102+085 测点的沉降实测值为 1.730m。同样采用双曲线法推算,该测点的最终沉降为 1.897m,工后沉降为16.7cm。显然,邻近的排水固结处理路段的沉降量远大于通道过渡段的沉降量,但推算的过渡段测点 TC2 工后沉降量与推算的桩号 K102+085 测点工后沉降量比较接近,这说明在两种不同处理路段拼接处产生的工后沉降差异较小,过渡段对沉降变形起到了较好的平稳过渡作用,缓解了这两种不同处理路段的沉降差异。

　　(4)结语

　　测试成果和运营情况说明杭宁高速公路一通道地基采用低强度混凝土桩复合地基加固是成功的,取得了较好的效果。该方法施工速度快,工期短,比原设计的塑料排水板超载预压处理方案缩短工期 1 年左右,不需进行二次开挖,解决了施工期间当地的交通问题,且处理后路基工后沉降和不均匀沉降较小。与采用水泥搅拌桩加固相比,采用低强度混凝土桩加固具有桩身施工质量较易控制、处理深度较深(可达 20m 以上)、处理费用较低等优点。

14　结　论

　　(1)随着复合地基技术在我国工程建设中的推广应用,复合地基理论得到了很大的发展。最初由碎石桩复合地基形成的狭义复合地基概念已发展成包括散体材料桩、各种刚度的黏结材料桩以及各种形式的长短桩复合地基的广义复合地基概念。复合地基在我国已成为一种常用的地基基础型式。

　　(2)复合地基是指天然地基在地基处理过程中部分土体得到增强或被置换,或在天然地基中设置加筋材料,加固区由基体(天然地基土体)和增强体两部分组成的人工地基。复合地基的本质是桩及桩间土共同直接承担荷载。这也是复合地基与浅基础和桩基础之间的主要区别。

在荷载作用下,桩体和地基土体共同直接承担上部结构传来的荷载是有条件的,也就是说桩体与地基土体共同形成复合地基是有条件的。对于不能满足复合地基形成条件的增强体和桩间土体,以复合地基理念进行设计是偏不安全的。这种做法高估了地基的承载能力,降低了安全度,可能会造成工程事故,应该引起充分重视。

(3)可将各类地基处理方法粗略分为两大类:①土质改良;②形成复合地基。后一类占有很大的比例,而且呈发展趋势。因此复合地基在地基处理技术中有着非常重要的地位。

在荷载作用下,复合地基与双层地基的性状有较大区别,在复合地基计算中直接应用双层地基的计算方法是偏不安全的。

复合桩基与复合地基的本质都是考虑桩间土和桩体共同直接承担荷载。复合桩基的本质、形成条件及复合桩基的承载力和变形特性等与复合地基有类似之处,也可将复合桩基视为复合地基的一种型式,即刚性基础下不带垫层的刚性桩复合地基。

(4)目前在我国工程建设中应用的复合地基型式很多,可以从增强体设置方向、增强体材料、基础刚度以及是否设置垫层、增强体的长度四个方面来分类。在复合地基设计时一定要因地制宜,根据具体工程的具体情况进行设计。

(5)基础刚度和垫层对复合地基的性状有重要的影响。在荷载作用下,柔性基础下复合地基的桩土荷载分担比要比刚性基础下的小。当荷载不断增大时,柔性基础下桩体复合地基中土体先产生破坏,而刚性基础下桩体复合地基中桩体先产生破坏。基础刚度不同,桩体复合地基的破坏模式不同。在相同的条件下,柔性基础下复合地基的承载力比刚性基础下复合地基的承载力要小,前者的沉降比后者更大。

为了提高柔性基础下复合地基的桩土荷载分担比,提高承载力,减小复合地基沉降,可在复合地基和柔性基础之间设置刚度较大的垫层,如灰土垫层、土工格栅碎石垫层等。应慎用不设较大刚度垫层的柔性基础下桩体复合地基。

在刚性基础下复合地基中设置柔性垫层,一方面可增加桩间土承担荷载的比例,较充分地利用桩间土的承载潜能;另一方面可改善桩体上端的受力状态,这对低强度桩复合地基是很有意义的。

(6)对复合地基位移场的分析表明,复合地基加固区使地基中附加应力影响范围向下移。以均质地基为例,依靠提高复合地基置换率或提高桩体模量,增大复合地基加固区的复合土体模量以减小复合地基沉降的效果不好。进一步减小复合地基沉降量的关键是减小加固区下卧层土体的压缩量。而减小加固区下卧层土体压缩量最有效的办法是增加加固区的厚度,减小加固区下卧层中软弱土层的厚度。这一结论为复合地基优化设计指明了方向。

(7)桩体复合地基承载力的计算思路是先分别确定桩体和桩间土的承载力,然后根据一定的原则叠加这两部分承载力,得到复合地基的承载力。

各类实用的沉降计算方法通常把复合地基沉降量分为两部分:加固区压缩量和下卧层压缩量。加固区土层压缩量的计算方法主要有复合模量法(E_c法)、应力修正法(E_s法)和桩身压缩量法(E_p法)。上述三种方法中复合模量法应用较多。

加固区下卧层土层压缩量的计算常采用分层总和法。在工程应用中,作用在下卧层上的荷载常采用三种方法计算:压力扩散法、等效实体法和改进格迪斯法。

在进行复合地基承载力和沉降计算时,应根据具体工程情况,特别是根据采用的复合地基型式,合理选用相应的计算方法。

(8)复合地基优化设计分两个层面,一是复合地基型式的合理选用,二是复合地基型式确定后,复合地基设计参数的优化。在选用复合地基型式时一定要因地制宜,结合具体工程实际情况。在复合地基设计时可以采用按沉降控制设计的思路。按沉降控制设计理念使工程设计更为合理。

15 对进一步开展研究的建议

复合地基在土木工程中得到广泛应用,已与浅基础和桩基础成为地基基础工程中三种常用的形式。与浅基础和桩基础相比较,关于复合地基的研究更需加强,以满足工程应用的要求。笔者认为下述几个方面的问题应予以重视。

要继续重视复合地基荷载传递机理的研究,如成层地基中复合地基的荷载传递机理,各种类型长短桩复合地基荷载传递机理,垫层和基础刚度对复合地基荷载传递的影响,以及地基土体固结[29]和蠕变对复合地基的荷载传递的影响等。

在荷载传递机理研究的基础上,重视复合地基形成条件的研究,确保在荷载作用下,桩体和桩间土能够同时直接承担荷载。要加强成层地基中复合地基形成条件的研究,地基土体固结和蠕变以及地下水位下降等因素对复合地基形成条件的影响等。

在基础工程设计中,沉降计算是工程师们最为棘手的问题,复合地基的沉降计算更是如此。要加强各类复合地基沉降计算理论的研究,特别要重视加固区下卧层土体压缩量的计算精度。此外,要重视工程经验的积累,提高设计水平以满足要求。要进一步开展复合地基优化设计和按沉降控制设计的研究。

与竖向增强体复合地基相比较,水平向增强体复合地基的工程实践积累和理论研究相对较少。随着土工合成材料的发展,水平向增强体复合地基工程的应用肯定会得到越来越大的发展,要积极开展水平向增强体复合地基的承载力和沉降计算理论的研究。

最后,还要重视开展复合地基在动力荷载和周期荷载作用下的性状研究。

参考文献

[1] 龚晓南. 复合地基理论及工程应用[M]. 北京:中国建筑工业出版社,2002.

[2] 龚晓南. 复合地基引论(一)[J]. 地基处理,1991,2(3):36-42.

[3] 龚晓南. 复合地基引论(二)[J]. 地基处理,1991,2(4):1-11.

[4] 龚晓南. 复合地基引论(三)[J]. 地基处理,1992,3(1).

[5] 龚晓南. 复合地基引论(四)[J]. 地基处理,1992,3(2).

[6] 龚晓南. 复合地基[M]. 杭州:浙江大学出版社,1992.

[7] 龚晓南. 复合地基理论与实践[M]. 杭州:浙江大学出版社,1996.

[8] Gong X N. Development of composite foundation in china[M]//Soil Mechanics and Geotechnical Engineering. Boca Raton: 1999,1:201.

[9] Gong X N. Development and application to high-rise building of composite foundation[C]//中韩地盘工学讲演会论文集,2001.

[10] Gong X N, Zeng K H. On composite foundation[C]//Proceedings of International Conference on Innovation and Sustainable Development of Civil Engineering in the 21st Century, Beijing, 2002.

[11] 尚亨林. 二灰混凝土桩复合地基性状试验研究[D]. 杭州:浙江大学,1995.

[12] 葛忻声. 高层建筑刚性桩复合地基性状[D]. 杭州:浙江大学,2003.

[13] 陈志军. 路堤荷载下沉管灌注筒桩复合地基性状分析[D]. 杭州:浙江大学,2005.

[14] 龚晓南. 复合地基设计和施工指南[M]. 北京:人民交通出版社,2003.

[15] 王启铜. 柔性桩的沉降(位移)特性及荷载传递规律[D]. 杭州:浙江大学,1991.

[16] 段继伟. 柔性桩复合地基的数值分析[D]. 杭州:浙江大学,1993.

[17] 龚晓南. 形成竖向增强体复合地基的条件[J]. 地基处理,1995,6(3):48.

[18] 龚晓南. 地基处理技术与复合地基理论[J]. 浙江建筑,1996(1):35.

[19] 龚晓南,陈明中. 关于复合地基沉降计算的一点看法[J]. 基处理,1998,9(2):10.

[20] 管自立. 软土地基上"疏桩基础"应用实例[C]//城市改造中的岩土工程问题学术讨论会论文集. 杭州:浙江大学出版社,1990.

[21] 龚晓南. 复合桩基与复合地基理论[J]. 地基处理,1999,10(1):1-15.

[22] 吴慧明. 不同刚度基础下复合地基性状[D]. 杭州:浙江大学,2001.

[23] 毛　前,龚晓南. 桩体复合地基柔性垫层的效用研究[J]. 岩土力学,1998,19(2):67.

[24] 邓　超. 长短桩复合地基承载力与沉降计算[D]. 杭州:浙江大学,2002.

[25] 曾小强. 水泥土力学特性和复合地基变形计算研究[D]. 杭州:浙江大学,1993.

[26] 张土乔. 水泥土的应力应变关系及搅拌桩破坏特性研究[D]. 杭州:浙江大学,1993.

[27] 杨　慧. 双层地基和复合地基压力扩散角比较分析[D]. 杭州:浙江大学,2000.

[28] 张京京. 复合地基沉降计算等效实体法分析[D]. 杭州:浙江大学,2002.

[29] 邢皓枫. 复合地基固结分析[D]. 杭州:浙江大学,2006.

桩-网复合地基加固机理现场试验研究[*]

连　峰[1,2]　龚晓南[1]　赵有明[3]　顾问天[3]　刘吉福[4]

(1.浙江大学建筑工程学院;2.山东省建筑科学研究院;3.中国铁道科学研究院;
4.广东省航盛工程有限公司 岩土分公司)

摘要　通过在广东某环城高速公路深厚软土地基加固工程中设置桩-网复合地基试验段,研究路堤荷载下桩-网复合地基的工作机理,深入分析其沉降变形、荷载传递、桩土应力比、网的受力等性状。试验成果表明:桩-网复合地基可以有效减少沉降量,可以用于填土高、软土厚度大的路段;路堤荷载下管桩与桩间土沉降不协调,土工格栅调节桩土分荷比的作用非常明显;长桩区格栅上、下的桩土应力比相差较大,桩土应力比最大值接近80,未达到持力层上的短桩桩土应力在14~22;格栅兜提作用随桩土沉降差增大而得到发挥;在荷载传递方面,格栅的作用要强于土拱的作用,满载时各向桩顶传递30%左右的荷载,土工格栅应变最大仅为1‰,且桩帽边缘处应变最大,桩间应变最小。

1　引　言

　　桩-网复合地基是"桩-网-土"协同工作、桩土共同承担荷载的地基体系,它能充分调动桩、网、土三者的潜力。已有的研究及实践表明,桩-网复合地基特别适用于天然软土地基上路堤或堤坝类构筑物的快速修筑,与其他地基处理方法相比,技术优势非常明显[1-4]。近年来,国内沿海地区,如上海、浙江、广东等地在高标准公路建设中广泛采用桩-网复合地基处理方法,以解决软土路堤填筑、桥台跳车、新旧路段连接等技术难题,大都取得了较好的效果。在京沪高速铁路沪宁段深厚软弱地基处理中,为降低成本、加快工期,也采用了这一处理方法,布置疏桩并严格控制其工后沉降量,以确保行车安全[5]。桩-网复合地基因具有沉降变形小、工后沉降容易控制、稳定性高、取材方便、质量易控制、工期短、施工方便和便于现场管理等优点,受到设计和施工人员的青睐。但是,目前国内对这一处理方法的研究尚不成熟,设计方法也多偏于工程经验,个别地区曾经出现过桩间土沉降过大等一系列问题。因此,有必要对这一处理方法继续进行深入研究。

2　桩-网复合地基的两种模式

　　采用高强度刚性桩时应特别注意复合地基的形成条件。由于目前的复合地基理论研究多

＊本文刊于《中国铁道科学》,2008,29(3):7-12。

偏于建筑工程,对柔性荷载下刚性桩复合地基的研究尚不完善,各设计单位对其受力机理的认识也不同,这导致了设计方法的较大差异。

实际设计中,桩-网复合地基一般由六部分组成,即上部填土、加筋褥垫层、桩帽、桩体、桩间土、下卧层。

现场管桩施工一般以最后锤击三阵平均贯入度不大于设计值(20~40mm)为控制标准,贯入度控制不仅受到桩端阻力的影响,而且还受到桩侧摩擦阻力的影响,桩端不一定打穿软土进入坚硬持力层,所以现场一般分为两种模式(见图1)。

模式1适用于基岩埋藏较浅的地域,如深圳、东莞等地的海相软淤层厚度为10~15m,实际施工时,一般都将桩端打入基岩中。这种模式可以严格控制路堤的工后沉降量,但桩土相对位移量较大,不易达到变形协调,也就难以形成复合地基,故称其为"桩承堤模式"。但目前也有文献认为这种模式可以形成复合地基,故关于这一点还存在争论[5-6]。

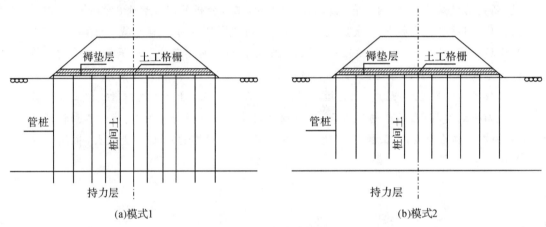

(a)模式1　　　　　　　　　　　　　　(b)模式2

图1　桩-网复合地基断面

模式2中管桩悬浮在软土层中,虽然桩间土受压固结下沉,但管桩桩端也有较大的刺入变形,因而两者易于达到变形协调形成复合地基;这种模式的缺点是总沉降量较大,不易控制。此模式适用于硬土层和基岩埋深较大的地域,如杭州萧山地区具有40m厚的上覆软土层,实际施工时多采用此模式。

在广东某环城高速公路深厚软基处理工程中设置了部分试验段,并按上述两种模式分为左、右区,以便了解桩-网复合地基在路堤荷载下的承载性状,同时还比较两种模式的不同之处,为理论研究和优化设计提供依据。

3　地质概况

试验段地处珠江三角洲腹地,路线呈东西走向。在地貌上属珠江三角洲冲积平原,地势较平坦,区内水系大多由北向南流,水网交错,鱼塘、水沟遍布。地层主要由第四系填土层、冲积层组成,地基土自上而下的地层分布如下。

(1)填筑土(Q^{ml}):灰黄至灰色。由碎石、砂及黏土组成,已压实;厚度1.00~2.80m,平均1.57m。

(2)耕填土(Q^{ml}):黄褐至灰褐色,由黏粒组成,含少量植物根茎,软至可塑;厚度0.60~

2.60m,平均0.99m。

(3)淤泥(Q^{al}):灰黑色,含少量腐殖质,下部含少量粉细砂,饱和,流至软塑;平均含水量47.7%,平均孔隙比1.318,平均压缩系数0.89MPa^{-1};厚度2.2~8.7m,平均5.13m;不排水抗剪强度5.3~13.01kPa,平均8.60kPa;灵敏度系数3.49~8.03,属高灵敏度、高压缩性软黏性土,本层是主要加固土层。

(4)淤泥质粉砂(Q^{al}):灰色,含淤泥质,由黏粒及粉粒组成,局部为粉细砂,稍密,很湿,软塑;厚度12.30~8.10m,平均10.3m。

(5)淤泥质土:土层呈灰色、浅灰色,流塑,含腐殖质味臭;分布范围广,为本区内另一主要软土层;厚度相差较大,为0.4~15.0m,平均5.62m,局部夹薄层粉砂。

(6)粉质黏土、亚砂土(Q^{al}):灰白、浅灰色、浅黄色,含较多粉细砂,粉质黏土硬塑,亚砂土中密至密实,很湿;局部夹厚薄不一的粉细砂及淤泥质土,土质不均一,厚度0.35~8.0m。

4　试验段设计

试验段设计填土高度为4.0m,边坡坡率1:1.5,施工时统一填筑细砂,每层压实厚度不超过50cm。按模式1,2布置为左、右两个区。

采用PHC-A400-95型预应力管桩,正方形布设,间距2.4m。左区采用32m长桩穿透两层软土进入粉质黏土层内1m,右区采用12m短桩,仅穿透第1层软土进入淤泥质粉砂层内2m。每根桩桩顶设置一块400mm×400mm×4mm的钢板,然后上面再设置一块1000mm×1000mm×350mm的钢筋混凝土托板,托板内设置一层∅10@100×100钢筋网,托板混凝土型号为C25,托板顶铺设一层CATT60-60土工格栅(见图2)。

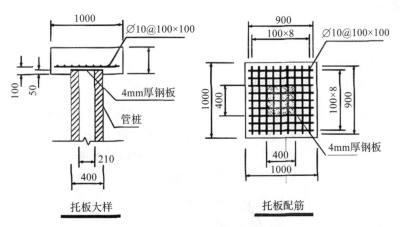

图2　托板设计(单位:mm)

5　监测仪器埋设

监测项目有表面沉降、土压力、土工格栅应变、孔隙水压力、侧向位移等。试验段两个分区各布置1~2个监测断面,监测断面仪器埋设见图3。

分别在路基左右分区中间的托板上布置四个土压力盒,在托板下布置一个土压力盒,在托板之间、土工格栅下面布置两个土压力盒,在托板之间、土工格栅上面布置一个土压力盒。在托板顶部、托板边缘、托板之间等处的土工格栅上粘贴六片KFR-02-C1-16型电阻式应变计。

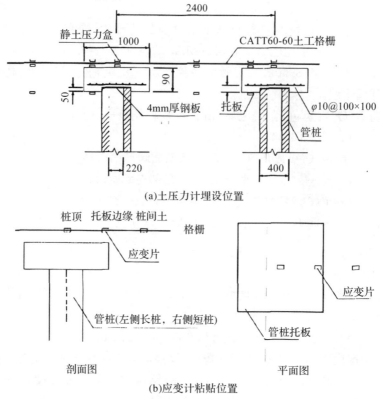

(a)土压力计埋设位置

剖面图

平面图

(b)应变计粘贴位置

图3　监测仪器埋设(单位:mm)

6　试验结果分析

6.1　表面沉降分析

管桩区桩土沉降曲线见图4。桩间土沉降范围为99～113mm,平均108mm,推算总沉降为124.3mm;桩顶沉降为48～77mm,平均63mm,推算总沉降为74.3mm;管桩桩顶沉降量约为桩间土沉降的60%,说明路堤下管桩复合地基不易达到变形协调,桩身存在负摩阻力,不能完全按照常规复合地基的理论进行设计。从图中可以看出,随着填土荷载的增加,沉降量不断增大。预压期沉降仍然在发展,在超载预压一个月后,桩顶及桩间土的沉降基本趋于稳定。由此可知,按照试验段桩-网复合地基的设计参数,管桩复合地基超载预压一个月,才能取得更好的加固效果。

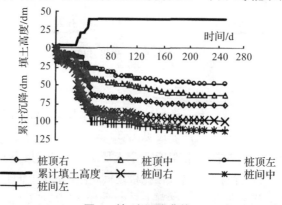

图4　桩、土沉降曲线

路基左侧的桩顶沉降和桩间土沉降分别小于和大于路基右侧的沉降。一方面是因为路基过宽，软土沿路基横向分布不均；另一方面是因为左区的管桩是长桩,长桩施工对第2层软土产生施工扰动，加大了第2层软土的压缩量，从而也加大了桩土之间的沉降差,使桩、土位移更加不协调。

6.2 桩、土压力变化规律

左、右两区静土压力变化过程曲线见图5。由图5(a)可知,随着填砂高度的增加,不同位置处的静土压力均有不同幅度的增长,其中不同位置处桩间土压力数值小,增幅也小,达到峰值后在等载期间均有不同幅度的下降;托板上的土压力随着填砂高度的增加而快速增长,在等载期间随着沉降的增大而缓慢增长,这表明随着沉降的发展,荷载进一步向桩顶转移。格栅上下桩顶土压力最大相差80kPa,而桩间土只有10kPa;桩帽下的土压力小于相同深度处的桩间土压力。格栅上托板边的土压力在等载后期逐渐下降,而其他位置处的土压力则没有相应的变化,这可能是由于随着等载时间的延长,桩土沉降差逐渐增大,该土压力盒的位置发生了偏转,造成测试数据不准。由图5(b)可知,右区静土压力的变化情况和左区基本一致,不同之处在于桩顶边缘的土压力远远要小于左区,原因在于短桩区的桩土沉降差远小于长桩区,托板边缘的土压力变化不如长桩区明显。两区托板中心土压力变化基本一致,长桩区在等载后期一直呈增长趋势,而短桩区变化逐渐趋于平稳。

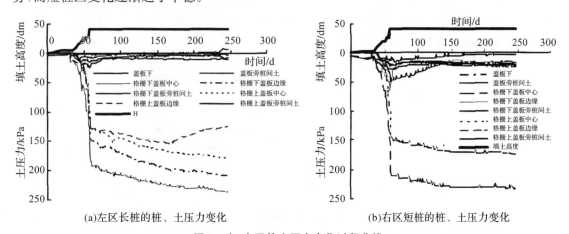

(a)左区长桩的桩、土压力变化   (b)右区短桩的桩、土压力变化

图5 左、右区静土压力变化过程曲线

格栅上桩、土压力变化曲线见图6。从图中可以看出,初期随着堆载的增大,桩、土压力均呈线性增长,堆载强度达到35kPa时,由于土拱作用,增加的荷载开始传递到桩上,而桩间土压力增幅很小,后期形成稳定的平台并有所下降。本例中,土拱形成时的填土高度大约是桩净间距的1.4倍。

在试验段设计中,桩顶格栅上下均埋设了土压力盒,经过数据处理,可以得到土拱与格栅分荷比的发展规律(见图7)。加载初期,大部分荷载由格栅传递到桩上,此时填土中的土拱还未形成;随着堆载的增加,土

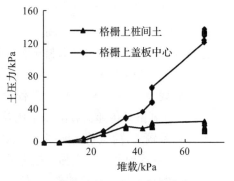

图6 格栅上桩、土压力变化曲线

工格栅分担的荷载比例逐渐下降;到了加载中期,由于桩间土的下沉,荷载比例略有上扬,然后荷载比例继续下降,最后降至31.46%。当堆载达到35kPa时,土拱开始发挥作用,随着堆载的增大和桩间土的下沉,分荷比例迅速增大,后期增幅变缓,最后升至34.17%。整个加载过程表明,土工格栅与土拱作用相互制约,土工格栅分荷作用更大一些。

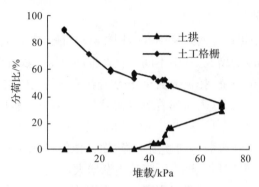

图7　土拱与土工格栅分荷比

6.3　桩土应力比分析

桩土应力比变化曲线图见图8。从图中可以看出,随着荷载的增加,不同位置桩土应力比均有不同程度的增大;两区格栅上的桩土应力比变化基本一致,而格栅下,左区桩土应力比远大于右区,并且左区应力比跳动较大,右区比较稳定。

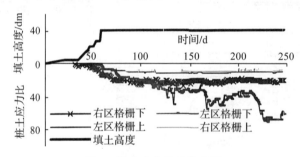

图8　桩土应力比变化曲线

管桩区的桩土应力比变化过程反映了桩土荷载分配的过程。在加载初期,上部荷载较小,管桩高承载力的特性还未显现出来,桩、土分担的荷载均较小,桩土应力也比较小;随着荷载的增加,由于管桩刚度远大于桩间土刚度,加上格栅的兜提作用,管桩分担的荷载越来越多,桩土应力比也越来越大;在等载期间,桩土沉降差不断调整,桩、土分担的荷载在此期间也有一些变化。

管桩区等载期间桩土应力见表1。由表1可知,桩顶荷载最大为227.18kN;左区格栅向桩顶转移荷载为59.83kN,占桩顶荷载的35.7%,右区格栅向桩顶转移荷为24.8kN,占桩顶荷载的14%,可见格栅传递荷载的作用比较明显。两区桩土应力比见表2。左区长桩格栅上下桩土应力比相差较大,荷载转移比率也较大,而右区短桩格栅上下相差较小,应力比变化范围为14~22,说明未达到底部粉质黏土层上的短桩的桩土位移更易于协调,形成复合地基。左区达到持力层上的长桩桩土沉降差较大,使土工格栅的兜提作用和土拱作用充分发挥,桩端间歇性刺入持力层,桩土应力比呈阶梯形增长,最大接近80,已超出一般复合地基的范围,因此不宜再视为复合地基。

表1　管桩区等载期间桩土应力

位置		桩顶土压力/kPa	桩间土压力/kPa	桩土应力比
左区长桩	格栅上	167.35	10.06	16.63
	格栅下	227.18	4.37	51.98
右区短桩	格栅上	167.27	11.91	14.05
	格栅下	192.07	8.56	22.43

表2　两区桩土应力比

分区		桩顶沉降量/mm	桩间土沉降量/mm	格栅下桩土应力比	格栅上桩土应力比
管桩	左区	48	112	51.98	16.63
	右区	77	98	22.43	14.05

6.4　桩间土工格栅变形分析

管桩区格栅应变的测试数据虽不稳定,但基本上能反映出格栅应变变化的一些情况。长桩区的格栅应变变化情况见图9。托板边缘处格栅延伸率较大,在10‰左右,桩间土处格栅延伸率在5‰左右,桩顶处格栅的延伸率处于两者之间,而短桩区格栅延伸率均在3‰以下。结合管桩区的沉降数据,长桩区桩顶与桩间土的差异沉降较大,接近70mm。正是桩顶与桩间土的差异沉降导致托板边缘格栅产生了较大的延伸率,使格栅的抗拉强度得到了发挥。

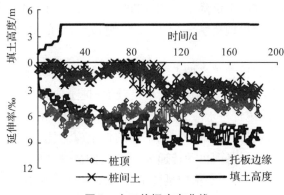

图9　土工格栅应变曲线

虽然沉降已经稳定,但管桩区土工格栅的延伸率仍不足10‰。因此,为充分发挥土工格栅的抗拉强度,协调地基土变形,应优先考虑采用在低应力条件下能较高程度发挥抗拉强度的格栅。

6.5　孔隙水压力分析

孔隙水压力的变化情况见图10。从图中可以看出,在填砂期间,左区长桩不同深度处孔隙水压力增长变化并不明显,右区不同深度处孔压均有增长,4.5m深处增幅最大,表明右区桩间土分担荷载较大;在后期等载预压期间,右区浅层孔隙水压力消散得很快,表明桩间打设的塑料排水板起到了较好排水作用。

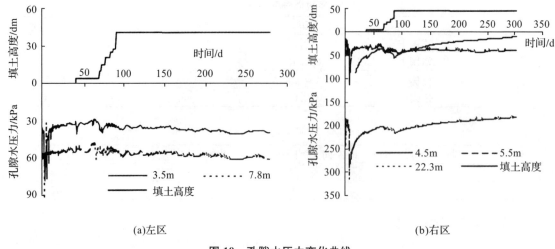

(a)左区　　　　　　　　　　　　　(b)右区

图10　孔隙水压力变化曲线

7　结　论

(1)试验成果表明,桩-网复合地基能有效减少沉降量,可以用于填土高、软土厚度大的路段。

(2)路堤荷载下管桩与桩间土沉降不协调,桩间土沉降远大于桩顶沉降,管桩加固区内桩间土不可忽略的压缩,桩身上部出现负摩擦,不可按照刚性承台下的复合地基理论进行桩-网复合地基设计。

(3)格栅下部的桩土应力比大于格栅上部的桩土应力比,说明加筋体调节桩土分荷比的作用非常明显。长桩区格栅上下的桩土应力比相差较大,桩土应力比接近80,不应视为复合地基。未达到坚硬持力层上的短桩桩土应力比较小,在14~22,可视为复合地基。格栅作用随桩土沉降差增大而得到发挥,设计时应采用格栅下部的桩土应力比。在荷载传递方面,格栅兜提作用要强于土拱的作用,满载时各向桩顶传递30%左右的荷载。

(4)在本试验段地质条件下,土工格栅延伸率最大仅为10‰左右,桩帽边缘处应变最大,桩间应变最小。因此,为充分发挥格栅的协调变形作用,建议采用低强度土工格栅。

参考文献

[1] Cortlever N G. Design of double t rack railway on AuGeo piling system[C]//Symposium 2001 on Soft Ground Improvement and Geosynthetic Applications,Bangkok,2001.

[2] Chris L. Basal reinforced piled embankments with steep reinforced side slopes[C]//Symposium 2001 on Soft Ground Improvement and Geosynthetic Applications,Bangkok,2001.

[3] Han J, Gabr M A. Numerical analysis of geosynthetic-reinforced and pile-supported earth platforms over soft soil[J]. Journal of Geotechnical and Geo-Environmental Engineering,2002,128(1):44-53.

[4] British Standard Institution. Code of Practice for Strengthened Reinforced Soils and Other Fills:BS8006[S]. London:British Standard Institution,1995.

[5] 饶为国. 桩-网复合地基原理及实践[M]. 北京:中国水利水电出版社,2004.

[6] 陈泽松,夏元友,芮瑞,等. 管桩加固软土路基的工作性状研究[J]. 岩石力学与工程学报,2005,24(2):5822-5826.

地基处理论文

深层搅拌法在我国的发展[*]

中文姓名

龚晓南

（浙江大学土木工程学系）

摘要　本文简要介绍深层搅拌法的发展历史、加固原理、工程应用、施工机械、质量检验、研究现状以及一步发展应着重研究的几个问题,供读者参考。

1　概　述

深层搅拌法是通过特制机械——各种深层搅拌机,沿深度将固化剂(水泥浆或水泥粉或石灰粉,外加一定的掺合剂)与地基土强制就地搅拌,形成水泥土桩或水泥土块体(与地基土相比较,水泥土强度高、模量大、渗流系数小)加固地基的方法。

二战后,美国首先研制成功水泥深层搅拌法,制成的水泥土桩称为就地搅拌桩(mixed-in-place pile)。1953 年,日本从美国引进水泥深层搅拌法。1967 年日本和瑞典开始研制喷石灰粉深层搅拌施工方法,并获得成功,于 70 年代应用于工程实践。日本水泥系称深层搅拌法为 CDM 工法或 MDM 工法,并于 1977 年成立 CDM 研究会。

我国于 1977 年由冶金部建筑研究总院和交通部水运规划设计院引进、开发水泥深层搅拌法;后制成双搅拌轴、中心管输浆陆上型深层搅拌机,于 1980 年正式将其应用于工程实践。1980 年,天津市机械化施工公司与交通部一航局引进、开发成功单搅拌轴、叶片输浆型深层搅拌机。1983 年,浙江大学土木工程学系会同联营单位开发成功 DSJ 型单轴喷浆水泥深层搅拌机。1983 年,铁道部第四勘测设计院开始进行喷石灰粉深层搅拌法的研究,并获得成功,不久后将其应用于喷水泥粉深层搅拌。1992 年,交通部一航局引进、开发海上深层搅拌机械并将其应用于工程实践。目前,深层搅拌法在我国可分为喷浆深层搅拌法和喷粉深层搅排法两种,而且喷粉深层搅拌法主要是喷水泥粉。该方法所用的施工机械型号很多,并且还在不断发展。

深层搅拌法适用于加固软土地基,可根据工程需要将地基土加固成块状、圆柱状、壁状和格子状等任意形状的水泥土。深层搅拌法施工工期短,无公害,施工过程无振动、无噪声、无地面隆起,不排污、不排土、不污染环境和对相邻建筑物不产生有害影响,具有较好的经济效益和社会效益。近十几年来,该方法在我国分布有软土地基的省份,如浙江、江苏、上海、天津、福建、广东、广西、云南、湖北、湖南、安徽、河南、陕西、山西以及台湾等得到广泛应用,发展很快;同样在国外,如美国、日本、西欧以及东南亚地区应用广泛、发展迅速。

在开发、推广深层搅拌法过程中,我国土木工程技术人员做了大量工作,发表了不少论文、

---

[*] 本文刊于《深层搅拌法设计、施工经验交流会论文集》,1993:1.

著作。笔者收集了部分相关论著,列在文后,供读者查阅。这些论著反映了深层搅拌法在我国的发展。

有关深层搅拌法的规程规范,已收集到的均已列于论文集附录内,供读者查阅。这些规程规范,多是初版,各有特色,作为初版,某些章节在个别问题的认识上不够深入,也在所难免。

2 工程应用

深层搅拌法适用于处理淤泥、淤泥质土、粉土和含水量较高且地基承载力标准值不大于120kPa的黏性土等地基。当处理泥炭土或地下水具有侵蚀性时,宜通过试验确定其适用性。

深层搅拌法目前在我国的工程应用主要有下述几个方面。

(1)形成水泥土桩复合地基,提高地基承载力和改善地基变形特性

水泥与土搅拌形成的水泥土,经物理、化学作用后,其强度是天然土体的几十倍至数百倍,其模量也为天然土体的几十倍至数百倍。水泥土桩与桩间土形成的复合地基可有效提高地基承载力和减少地基上建筑物的沉降。由于这一特性,水泥土桩复合地基广泛应用于下述工程。

①建(构)筑物地基,如5～9层民用住宅、办公楼、厂房、水池、油罐等建(构)筑物的地基;国内已有其应用于12层住宅地基的工程报道。

②堆场,包括室外、室内堆场。

③高速公路和机场,如应用于高速公路桥头引道地基以调整路基和桥基间的不均匀沉降;深圳机场将其应用于调整停机坪(排水固结法处理)和跑道(砂石置换处理)之间的不均匀沉降。

(2)形成水泥土支挡结构物

在软黏土地基中开挖深度为5～6m的基坑,应用深层搅拌法形成的水泥土排桩挡墙可以较充分利用水泥土的强度,凭借水泥土的防渗水性能,水泥土排桩挡墙同时可用作防渗帷幕,具有较好的经济效益和社会效益。水泥土排桩挡墙一般做成格构形式,按重力式挡墙计算。近几年来它被广泛用作5～7m深基坑开挖围护结构、管道沟支护结构,河道支护结构。

(3)形成水泥土防渗帷幕

水泥土的渗透系数比天然土的渗透系数小几个数量级,如某一黏土的渗透系数加固前为 1×10^{-3} cm/s,加固后(水泥掺量 140kg/m³)为 1×10^{-10} cm/s。水泥土渗透性很弱,具有很好的防渗水能力。近几年被广泛用于软黏土地基基坑开挖工程和其他工程的防渗帷幕。

(4)其他方面的应用

深层搅拌法的应用范围还在不断扩大,下述几个方面应用深层搅拌法都取得了良好的经济效益和社会效益。如与钢筋混凝土灌注桩联合形成拱形水泥土围护结构,应用于较深的深基坑围护结构;用于地下水平支撑,如应用于连续墙间的底部支撑;用于盾构施工地段地基土的加固以保证盾构稳定掘进;用于桥墩基础;用于桩侧面约束;用于板桩墙两侧土质改良,可有效增大被动土压力,或减小主动土压力。该方法可根据需要用于沟底、基坑底、河道底部封底等。

3 施工机械

深层搅拌机的生产厂家日益增多,机械型号不断增加,机械性能不断改进。深层搅拌机大致可分为动力头式(即喷浆型)和转盘式(即喷粉型)两大类型。我国主要厂家生产的深层搅拌机性能详见论文集施工机械部分。我国目前生产的深层搅拌机主要可分为下述几类。

深层搅拌机
├ 喷浆型
│ ├ 单搅拌轴
│ ├ 双搅拌轴
│ │   ├ 双轴间距固定（设专用输浆管）
│ │   └ 双轴间距可调整（搅拌杆送浆）
│ └ 多搅拌轴（目前国内未见报道）
├ 喷粉型
└ 喷浆喷粉两用型

另外还可分为陆上作业和水上作业两类。

上述各类深层搅拌机都具有一定的优势。水泥浆较水泥粉与地基土更易拌和均匀,在这方面喷浆型比喷粉型深层搅拌机更有优势。水泥粉较水泥浆与地基土拌和时可吸收的水分更多,因此在处理高含水量的淤泥地基(如暗浜、池塘)时喷粉型比喷浆性深层搅拌机更有优势。最近有资料报道,喷粉型水泥搅拌对一固定水泥掺合比存在一最佳含水量值,地基土含水量低于某一数值时,水泥水化不完善,效果欠佳。民用住宅多采用条基,单轴搅拌桩比双轴搅拌桩布桩灵活,而且桩测面积与桩体体积之比较大,因此这种情况下单轴搅拌比双轴搅拌深层搅拌机更有优势;而在应用于围护结构物时,双轴搅拌深层搅拌机施工速度快,显然比单轴搅拌有优势。工程师应该根据具体工程的地质条件和工程应用情况选用合适的施工机械以取得较好的经济效益和社会效益。

对深层搅拌水泥土的物理力学特性产生影响的因素很多,如水泥掺合比、天然地基土性质、有机质含量等,但水泥与土搅拌是否均匀是首要的。拌和不匀,水泥土力学性能极差,加固效果不好,往往造成工程事故。一台合格的深层搅拌机首先要能够将水泥和土拌和均匀,然后是搅拌深度,以及工效等。

4 质量检验

运用深层搅拌法加固地基是否能够成功取决于设计和施工两个环节,关键是施工质量。

在设计中,要根据工程地质条件和建(构)筑要求重视深层搅拌法的适用性和合理性。任何一种地基处理方法都有一定的适用范围,深层搅拌法也是如此。深层搅拌法有一定的应用范围。当其用于复合地基时,既要重视满足承载力的要求,又要重视满足控制沉降量的要求;用作支挡构筑物时,要注意水泥土的低强度以及难以承受拉应力的特性;用作防渗帷幕时,要重视保证水泥土的整体性等。

水泥土的施工质量是深层搅拌法能否成功的关键问题。影响水泥土施工质量的因素很多,主要有下述几个方面。

对于喷粉型深层搅拌,水泥粉质量、输送气粉混合体管道压力、灰罐压力、钻杆提升与下降速度、转速、复喷的深度和次数,以及钻杆的垂直度、钻进深度和喷灰深度等。

对于喷浆型深层搅拌,水泥浆质量、钻杆提升与下降速度、转速、复喷的深度和次数,以及钻杆的垂直度、钻进深度和喷浆深度等。

深层搅拌法形成的水泥土能否达到设计要求的一个关键问题在于水泥浆(或粉)与土是否搅拌均匀。除钻杆的升降速度和转速、复搅次数影响搅拌均匀程度外,搅拌叶片的形状对水泥与土搅拌均匀也有重要作用,应该重视。

在大面积施工前,应进行工艺性试验。根据设计要求,通过试验确定适用该场地的各种操作技术参数。工艺性试验一般可在工程桩上进行。

　　施工过程中要加强质量管理,现场要有监理。

　　质量检验主要方法如下。

　　①检查施工记录。包括桩长、水泥用量、复喷复搅情况、施工机具参数和施工日期等。

　　②检查桩位、桩数或水泥土结构尺寸及其定位情况。

　　③从已完成的工程桩中抽取 $2\%\sim5\%$ 的桩进行质量检验。一般可在成桩后 7 天内,使用轻便触探器钻取桩身水泥土样,观察搅拌均匀程度,同时根据轻便触探击数用对比法判断桩身强度。也可抽取 5% 以上桩采用动测法进行桩质量检验。

　　④采用单桩载荷试验检验水泥土桩承载力。也可采用复合地基载荷试验检验深层搅拌桩复合地基承载力。详细规定见建筑地基处理技术规范。

5　研究工作现状

　　关于深层搅拌法的研究工作主要集中在下述几个方面:施工机械、水泥土基本性质、水泥土桩复合地基计算理论、水泥土支挡结构,以及施工工艺及质量检测等。下面分别进行简要介绍。

　　(1)施工机械

　　为了满足在海上进行深层搅拌法的需要,交通部第一航务工程局引进、发展了海上作业深层搅拌船。深层搅拌船是由拌合船、制浆船和运灰船组成的一个船组,并配以海上自动定位系统。该举措结束了我国不能进行海上深层搅拌法施工的历史。

　　许多深层搅拌机厂家为了满足工程建设的需要,重视研制具有较深搅拌能力的新型号深层搅拌机械;重视在输浆或输粉的监控及自动记录方面的研究工作,并已取得初步成效;改进搅拌叶片形状、尺寸以及间距,提高水泥与土拌和的均匀性。

　　我国深层搅拌机械的生产无论在质量上还是在能力上都在向高一层次发展。一批具有较强科研能力、机械生产能力和工艺水平较高的专业厂家正在形成、发展。但在深层搅拌机方面,我国与国际水平相比还是比较落后的,在搅拌深度、搅拌半径以及场地适用性方面有较大的差距。

　　(2)水泥土基本性质

　　近几年来不少学者采用室内土工试验的方法系统地研究了水泥土强度和变形特性的影响因素,水泥土的破坏特性,还采用宏观和微观研究相结合的方法探讨了土中矿物成分和水泥成分对水泥土强度的影响。

　　三轴不排水剪切试验表明水泥土的破坏特性不仅与水泥土水泥掺合比有关,而且与水泥土的围压有关。三轴不排水剪切试验中水泥土土体破坏有三种形式。水泥掺合比高、围压低时,土体发生脆性拉裂破坏;水泥掺合比低、围压高时,土体发生塑性破坏,呈加工硬化性状;介于上述两种情况之间的,土体发生脆性剪切破坏。

　　试验研究表明,影响水泥土强度的主要因素有:水泥掺合比、水泥种类和标号、养护龄期、土样含水量、土中有机质含量以及有机质种类、外掺剂,以及土体围压等。

　　水泥土强度随水泥掺合比的增加而增大。水泥掺合比小于 5% 时,固化反应很弱,水泥土较原状土强度增强甚微。用于加固目的的水泥土最小水泥掺合比为 10%,一般取 $10\%\sim20\%$。水泥土强度随水泥掺合比增加而增大的速率在不同掺合量区域、不同龄期是不同的,而且原状土不同,该速率也不同。水泥土强度随龄期的增长而增大,其强度增长规律不同于混凝土。龄期超过 28 天,强度还有较大的增长,但增长幅度随龄期的增长有所减弱。水泥土设计强度的采用应考虑工程施工进度。通常选用 3 个月龄期强度为水泥土标准强度。一般情况下,7 天可达标准强度 30%～50%,30 天可达标准强度的 60%～75%,180 天以后水泥土强度增加仍未终止。

水泥土的水泥掺合比相同时,地基土含水量高,水泥土的密度减小,其强度随地基土的含水量提高而降低。近期研究表明,对于喷粉水泥搅拌,对一固定水泥掺合比,天然土体存在一最佳含水量,含水量过低时水泥水化不充分,加固效果也不好。

水泥土的强度随水泥标号提高而提高。水泥掺合比相同时,水泥标号每增加 100 号,水泥土的无侧限抗压强度 q_u 约增大 20%～30%。水泥种类对水泥土强度也有影响,且与土中矿物成分和有机质含量有关。

原状土中的有机质会阻碍水泥的水化反应,影响水泥土固化,降低水泥土强度。有机质含量越高,其阻碍水泥水化作用越大,水泥土强度降低越多。且有机质对水泥土的影响与有机质的成分有关,有机质成分不同影响程度也不同。由于忽视有机质含量的不良影响,而未达到预定加固效果的工程实例经常发生,这些实例应引起工程师的重视。

近年来,我国还研究了海水对水泥土的侵蚀作用。

(3)水泥土桩复合地基计算理论

由深层搅拌法在地基中形成的水泥土桩属于柔性桩。它与碎石桩等散体材料桩不同。散体材料桩依赖桩周土的围限作用才能形成桩体,其单桩承载力也主要取决于桩周土能提供的侧限力。它与钢筋混凝土等刚性桩不同。刚性桩在荷载作用下桩身压缩极小,桩顶端沉降与桩底端的竖向位移接近。水泥土桩承载力与桩周土围压也有关系,但主要取决于桩侧摩阻力的发挥。桩体的可压缩性使其荷载传递规律不同于钢筋混凝土桩。近几年来,我国对水泥土桩的荷载传递特性、沉降特性进行了系统研究,得出许多有益结论。例如,水泥土桩存在临界桩长,超过临界桩长,增加桩长并不提高单桩承载力;群桩的临界桩长比单桩的要大。水泥土桩最大轴力往往发生在距桩顶 3～5d(d 为水泥搅拌桩直径)处,桩体的破坏常常是沿径向拉开裂缝破坏。对于水泥土桩,桩体强度往往是制约单桩承载力的重要因素。

由水泥土桩与桩间土形成复合地基可以有效提高地基承载力,减少建筑物沉降。复合地基加固区压缩量很小,通常小于 3cm。复合地基沉降主要发生在加固区下卧层。与天然地基相比,加固区的压缩量比对应厚度的天然地基土层压缩量大大减小,而下卧层土层由于加固区存在,高应力区降低应力水平,扩大高应力区范围并向下位移,下卧层压缩量增加。综合两者复合地基沉降大为减小。若天然地基渗透性很小,则水泥土复合地基加固区渗透性更小,下卧层固结需较长时间,最终沉降需要很久,也许需要几年或更长时间才能完成,这也许是某些工程采用深层搅拌法处理后沉降很小的原因之一。

(4)水泥土支挡结构

对于软土地基中 4～6m,以及再深一点的沟、基坑围护工程,采用水泥土支挡结构具有较好的经济和社会效益。近几年我国重视水泥土支挡结构的设计计算理论研究以及推广应用。水泥土强度较低,特别是抗拉强度更低,按重力式挡土墙计算,挡墙宽度较大,且支护深度较小,不少工程师在设计中采取在墙两侧增设水泥模板改良土体以减小主动土压力,或增大被动土压力,达到增大支护深度的目的。并将平面设计成格构形状以节省水泥土搅拌体积,降低成本。为了充分利用水泥土的抗压性能,根据基坑的形状,如可能,可把水泥土挡墙设计成圆弧形。圆弧形水泥土挡墙与钢筋混凝土桩结合形成的组合体挡墙可望取得更好的效果。为克服水泥土抗拉强度低的弱点,有人在水泥土挡墙中插置竹筋,也取得了较好效果。在水泥土挡墙中插置型钢在国外应用较多,国内已开展试验性研究。国内外实践表明,如不能回收钢材,这种方法成本较高。但至今未解决回收钢材的难题。

(5)施工工艺及质量监测

质量检测越来越引起人们的重视。水泥土质量是深层搅拌法能否成功的关键。不少工程事故与施工质量有关。我们应重视合理的施工工艺以及必要的质量监测手段的研究。

搅拌钻杆提升及下沉速度和复搅次数事关水泥与土的拌和均匀程度和施工速度,一定要重视。深层搅拌法施工首先要保证水泥土搅拌质量,然后才能考虑提高工效。

要保证搅拌均匀,搅拌叶片的形状和间隔也很重要。如处理不好,在施工中会发生大团土体随轴转动的不良现象。

选择钻杆下沉时边搅边喷还是下沉时只搅不喷、提升时再边搅边喷,只要搅拌叶片和喷浆口(或喷粉口)设计合理都是可行的。前者水泥与土一起搅拌时间比后者长,更利于搅拌均匀。

除了规范规定的质量检测手段外,还常用动测法检查桩体质量。

6 进一步研究的几个问题

笔者认为下述几个方面的问题需进一步开展研究,以促进深层搅拌法进一步发展。

①目前我国深层搅拌法所用水泥是普通水泥,应该开展深层搅拌法专用水泥或专用搅拌材料研究,研制新的固化材料以降低成本。

②重视深层搅拌法适用性研究。任何一种地基处理方法都有一定的适用范围,深层搅拌法也是如此。加强对地基土有机质含量及有机质种类、地基土含水量对水泥土质量的影响的研究,从定性走向定量,用以指导工程实践。目前我国在暗浜、池塘处采用深层搅拌法加固时质量事故常有发生。

③重视施工过程中质量管理的研究。流量控制及自动记录对保证施工质量是很重要的。

④复合地基计算理论和支护结构设计计算理论尚需进一步发展。目前计算理论落后于工程实践,应努力发展理论,并将其用于指导工程实践,使其有更大的发展。

⑤重视施工机械的研究。

参考文献

[1] 寺师昌明.深层混合处理工法的概要[C]//第14回土质工学研究发表会,1979.

[2] 沙炳春,华国荣,刘允召等.深层搅拌法加固软粘土技术的现场试验和工程应用[J].水运工程,1981(5):29-34,47-57.

[3] 沙炳春,刘允召,周国钧.深层搅拌法加固软粘土的机械及施工[J].建筑技术通讯(施工技术),1981(2):6-9.

[4] 沙炳春,刘允召,周国钧.SJB-1型深层搅拌机械——加固软粘土的一种新型机械[J].建筑机械,1981(3):28-32.

[5] 周国钧,胡同安,沙炳春,等.深层搅拌法加固软粘土技术[J].岩土工程学报,1981(4):54-65.

[6] 杨国强.水泥系拌合法加固松软地基[J].港口工程,1982(1):7-17.

[7] 杨小刚,胡同安,周国钧.水泥土挡墙——软土地基中一种新型的地下挡土构筑物[J].建筑施工,1983(6):31-36,25.

[8] 胡同安.水泥加固土室内试验[C]//第四届全国土力学及基础工程学术讨论会论文集.北京:中国建筑工业出版社,1983.

[9] 白日升,王仁兴. 粉体喷搅法加固软土技术[J]. 路基工程,1985(4):1-8.

[10] 王仁兴. 粉体喷搅加固软土技术的理论与实践[C]//第一届全国地基处理学术讨论会,上海,1986.

[11] 陆贻杰. 搅拌桩复合地基承载力及变形性状的试验研究和三维有限元分析[D]. 北京:冶金部建筑研究总院,1986.

[12] 高有潮. 深层搅拌法加固高含水量软粘土的试验研究[C]//第一届全国地基处理学术讨论会,上海,1986.

[13] 周国钧. 搅拌桩复合地基模型试验研究[C]//第五届全国土力学及基础工程学术讨论会论文集. 北京:中国建筑工业出版社,1987.

[14] 李月健. 水泥土深层搅拌桩复合地基性状的有限元分析[D]. 福州:福州大学,1987.

[15] 周国钧,吕同庆,白日升. 深层搅拌法[M]//《地基处理手册》编写委员会. 地基处理手册. 北京:中国建筑工业出版社,1988.

[16] 叶书麟. 地基处理[M]. 北京:中国建筑工业出版社,1988.

[17] 陈绪录,黄洪聪,刘玉华. 深层搅拌法在市政开挖工程中的应用[C]//第二届全国地基处理学术讨论会,烟台,1989.

[18] 胡同安,周国钧. 软土地基深层搅拌法设计计算[C]//第二届全国地基处理学术讨论会,烟台,1989.

[19] 郭志业,俞志毅. 水泥土搅拌桩质量检测与分析[C]//第二届全国地基处理学术讨论会,烟台,1989.

[20] 易进栋,刘守华. 水泥土挡墙稳定性离心模型试验[C]//全国地基基础新技术学术会议,南京,1989.

[21] 陈观胜,曹建民. 水泥粉体搅拌法加固软基工程实践[C]//全国地基基础新技术学术会,南京,1989.

[22] 林琼. 水泥搅拌桩复合地基试验研究[D]. 杭州:浙江大学,1989.

[23] 卞守中,潘秋元,陈国良. 温州柑组团"8705"试验楼水泥搅拌桩工程,基础工程施工实例[M]. 杭州:浙江大学出版社,1990.

[24] 刘一林. 水泥搅拌桩复合地基变形特性研究[D]. 杭州:浙江大学,1990.

[25] 王仁兴,王道广,罗言芳,等. 水泥粉体喷射搅拌桩复合地基的设计、施工及试验研究[C]//复合地基学术讨论会,承德,1990.

[26] 林彤. 粉体喷射搅拌法加固软土地基的应力及应变研究[D]. 上海:同济大学,1990.

[27] 刘一林,谢康和,潘秋元. 水泥搅拌桩复合地基变形特性有限元分析[C]//中国土木工程学会第六届土力学及基础工程学术会议论文集. 北京:中国建筑工业出版社,1991.

[28] 林琼,潘秋元,卞守中. 水泥搅拌桩复合地基工程特性初探[C]//中国土木工程学会第六届土力学及基础工程学术会议论文集. 北京:中国建筑工业出版社,1991.

[29] 王启铜. 柔性桩的沉降(位移)特性及荷载传递规律[D]. 杭州:浙江大学,1991.

[30] 谢康和,刘一林,潘秋元,龚晓南. 搅拌桩复合地基变形分析微机程序开发与应用[C]//全国土木工程年轻科技工作者计算机应用学术会议论文集. 南京:东南大学出版社,1991.

[31] 施希. 水泥土搅拌法在华盛大厦基坑支护结构中的应用[J]. 地基处理,1991,4.

[32] 张土乔,龚晓南,曾国熙. 水泥土桩固结过程分析[J]. 水利学报 1991,10.

[33] 张土乔. 水泥土的应力应变关系及搅拌桩破坏特性研究[D]. 杭州:浙江大学,1992.

[34] 龚晓南. 复合地基[M]. 杭州:浙江大学出版社,1992.

[35] 周国钧,陆贻杰. 深圳机场联络道软土地基深层搅拌法加固工程[C]//第三届全国地基处理学术讨论会,秦皇岛,1992.

[36] 章胜南,卞守中,汪友平. 深层水泥搅拌桩复合地基沉降计算探讨[C]//第三届全国地基处理学术讨论会,秦皇岛,1992.

[37] 赖裕高等. 深层搅拌法在深圳市皇岗河改造工程中应用[C]//第三届全国地基处理学术讨论会,秦皇岛,1992.

[38] 胡同安. 上海地铁洞口引道增设槽底桩的深层搅拌支挡设计[C]//第三届全国地基处理学术讨论会,秦皇岛,1992.

[39] 杨伟方,陈冠发,方承德. 高桥炼油厂大油池区基坑开挖支护结构[C]//第三届全国地基处理学术讨论会,

秦皇岛,1992.

[40] 赖忠良.深层搅拌法在体型复杂荷载不均的建筑下软基处理工程中的应用[C]//第三届全国地基处理学术讨论会,秦皇岛,1992.

[41] 林彤,叶书麟,王仁兴.DJM法加固软土地基的现场试验研究[C]//第三届全国地基处理学术讨论会,秦皇岛,1992.

[42] 叶观宝,等.深层搅拌桩桩身荷载传递量测与分析[C]//第三届全国地基处理学术讨论会,秦皇岛,1992.

[43] 张土乔,龚晓南,曾国熙,裘慰伦.水泥土桩复合地基复合模量计算[C]//第三届全国地基处理学术讨论会,秦皇岛,1992.

[44] 刘毅,陆贻杰.加筋水泥土挡墙室内试验研究[C]//第三届全国地基处理学术讨论会,秦皇岛,1992.

[45] 曹正康,钱玉林.水泥加固上海软土工程性能的试验研究[C]//第三届全国地基处理学术讨论会,秦皇岛,1992.

[46] 张土乔,龚晓南,曾国熙.海水对水泥土侵蚀特性的试验研究[C]//第三届全国地基处理学术讨论会,秦皇岛,1992.

[47] 周芝英.岳阳电厂第二灰坝塌滑段坝基加固方案确定[C]//第三届全国地基处理学术讨论会,秦皇岛,1992.

[48] 张曙光等.条形荷载下搅拌桩复合地基的固结特性[C]//第三届全国地基处理学术讨论会,秦皇岛,1992.

[49] 马丽卿,王伟堂.单头水泥搅拌桩的设计计算[C]//第三届全国地基处理学术讨论会,秦皇岛,1992.

[50] 顾尧章.周焕桥.水泥搅拌桩承载力与临界桩长[C]//第三届全国地基处理学术讨论会,秦皇岛,1992.

[51] 邱正祥,叶观宝,杨德生.水泥土搅拌桩复合地基加、卸荷时的桩土应力比[C]//第三届全国地基处理学术讨论会,秦皇岛,1992.

[52] 郭志业.深层水泥搅拌复合地基的荷载桩土分担探讨[C]//第三届全国地基地基处理学术讨论会,秦皇岛,1992.

[53] 李静文.水泥搅拌桩复合地基的沉降计算[D].杭州:浙江大学,1992.

[54] 潘秋元.水泥搅拌桩复合地基的若干问题,岩土力学与工程的理论与实践[M].杭州:浙江大学出版社,1992.

[55] 曾小强.水泥土的力学特性和复合地基沉降计算研究[D].杭州:浙江大学,1993.

[56] 李丽庄.用深层搅拌法处理高层建筑软地基实例[C].中国建筑学会地基基础学术委员会1993年年会论文集:复杂条件下的地基与基础工程.沈阳:东北大学出版社,1993.

某工程水塔的纠偏[*]

龚晓南[1]　卞守中[1]　章胜南[2]

（1.浙江大学土木工程学系；2.浙江省电力设计院）

摘要　本文介绍了采用集"阻"与"纠"于一身的方法对某工程水塔纠偏的成功实例。本方法具有技术及经济上的优越性，可推广于类似工程的纠偏。

1　概　述

该工程水塔为钢筋砼结构，水塔总高为 29.5m，其筒体高 24m，水箱高 5.5m，容积 100m³，基础为钢筋砼圆形杯口基础，基础直径 7m，基础高度 0.35m；基础下地基采用深层水泥搅拌桩处理，搅拌桩直径 0.5m，长度 15m，桩体抗压强度为 2MPa。搅拌桩平面布置见图 1。

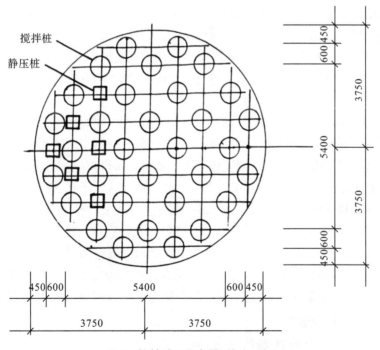

图1　搅拌桩平面布置(单位:mm)

水塔建成后，沉降稳定。后在水塔边建一六层住宅，住宅采用置于天然地基上的浅埋式平板基础，住宅基础边缘离水塔基础边缘仅 2m。受住宅荷载的影响，水塔逐步产生向住宅方面的

＊本文刊于《中国土木工程学会土力学及基础工程学会第五届地基处理学术讨论会论文集》，1997:433.

偏斜。根据对位于水塔 24m 高度处测点的观测,此测点于 1996 年 8 月的水平位移已达 157mm,水塔偏斜 6.8%。根据观测,水塔的偏斜仍在继续发展,并无收敛迹象。根据计算,水塔偏斜的进一步发展将影响水塔的稳定。根据水塔所有单位的要求,我们对水塔进行了纠偏。

水塔处工程地质情况见表 1。

表 1 水塔处工程地质情况

土层名称	土层编号	基础底部下土层深度/m	q_p/kPa	q_s/kPa
黏土	2b	0.25	—	14
淤泥质黏土	2c	0.55	—	9
粉土	2d	1.10	—	20
粉质黏土	3a	2.20	—	8
粉土	3 夹层	3.25	—	10
淤泥质黏土	3b	13.00	—	8
黏土	4a	15.00	—	24
粉质黏土	4b	—	4000	45

2 纠偏方案的确定及计算

2.1 纠偏方案的确定

目前工程上常用的纠偏方法有多种,但总的来说,可以归纳为两类。一为"阻",即通过适当的方法,阻止沉降侧发生进一步的沉降,使沉降差不再继续增大;一为"纠",即通过适当的方法,使沉降小的一侧增加一定的附加沉降,以达到减小沉降差的目的。两种方法在工程上一般都是分开实施的,两种方法各种存在一定的缺点。第一种方法虽然阻止了建(构)筑物的进一步沉降,但保留了原来的沉降差,对偏斜并未进行真正的纠正;第二种方法虽然纠正了建(构)筑物的偏斜,但却加大了建(构)筑物的总沉降。

根据水塔的自身特点,我们提出了一种集"阻"与"纠"于一体的纠偏方法。既可阻止水塔产生进一步的沉降,又可纠正水塔的偏斜,并使水塔恢复到原位,不使水塔产生附加沉降。这种方法与工程上目前常用的"阻"与"纠"分别实施的方法相比,同时具有技术上和经济上的优越性。

具体而言,首先在沉降侧基础底板上开凿六个孔。通过这六个孔,逐根压入边长为 200mm 的方形预制桩。六根桩全部压入地基后,在每一根桩上各安装一个抬升架,共计六个抬升架。抬升架通过锚杆与基础连接,通过千斤顶与桩头联结。然后在统一指挥下,同时顶升六个千斤顶;千斤顶的顶升带动抬升架的抬升,抬升架的顶升又通过锚杆带动沉降侧的基础向上抬升。当抬升量达到恢复水塔原位的要求时,即可停止抬升。在基础与地基的脱空段,灌注水泥浆使其充满脱空区域。当水泥浆硬化后,逐个拆除反力架,封好基础上所凿桩孔,以使桩头与基础连成一体,使基础的荷载传递给桩。

2.2 纠偏过程中各种受力状态的计算

(1)六根静压桩在基础中的布置见图 1,布置于基础的沉降侧。

(2)预制桩单桩承载力标准值 R_k。静压桩截面采用 200mm×200mm,桩长 15.4m。经计算,可得 R_k＝246kN。

(3)施工过程中,预制桩反力及搅拌桩反力的估算。

在抬升塔体之前,放空水箱中的水,以减轻塔体抬升过程中预制桩及搅拌桩的反力。

塔体抬升过程中,控制预制的反力均等,并近似假设受力搅拌桩的反力亦相等,而地基部分不受力。

随着桩架反力的施加,基础底板逐步抬升,搅拌桩将自抬升侧向未抬升侧逐排与基础产生脱离。设预制桩单桩反力为 P_1,搅拌桩单桩反力为 P_2。下面分别列出通过计算得出的各种状态下的 P_1 值及 P_2 值,见表2。

表2 各种状态下的 P_1 及 P_2 值

基础状态 (与基础接触的搅拌桩)	基础转动轴	P_1/kN	P_2/kN
A、B、C、D、E 排	E 排	101	55
A、B、C、D 排	D 排	117	62
A、B、C 排	C 排	136	87
A、B 排	B 排	143	141

以上各种状态均未超出预制桩单桩及搅拌桩单桩的承载力。

(4)基础底板的抗冲切及抗弯验算。

对单桩压入时及抬升过程中基础底板的抗冲切及抗弯进行验算,满足要求。本文略去此部分内容。

3 纠偏实施

首先挖除基础底板上的覆土,当露出基础后,就在基础上开凿上截面为 250mm×250mm、下截面为 300mm×300mm 的孔共六只,然后在六只孔中分别压入预制桩。

压桩全部结束后,在各压桩的两侧分别凿孔并埋没锚杆。然后在各桩上设抬升架,抬升架的两只支脚与桩两侧的锚杆相连。六只抬升架安装完毕后,在抬升架与桩顶间设千斤顶,随后启动千斤顶开始抬升。

为保证水塔的纠偏有较好的效果,水塔纠偏采用了超纠措施。即按理论计算,当抬升量达到 6.8‰×7500＝51mm 时,水塔的偏斜可完全纠正;但考虑到卸除抬升架的过程中及其后水塔可能恢复部分倾斜量,采取了适量的超纠。

对于因抬升基础而形成的基础与地基之间的脱空部分,采用灌注水泥浆的方法予以处理。采用注浆泵灌注水泥浆,当发现水泥浆冒出桩孔时即停止灌注。

水泥浆硬化后,开始封堵基础上开凿的桩孔;待封堵砼硬化后拆除反力架,回填基础到原地面,纠偏工作即告结束。水箱充水的试验表明,充水后水塔稳定,未产生偏斜,纠偏工作是成功的。

4 结　语

本工程根据偏斜水塔的具体特点,采用集"阻"与"纠"于一体的方法纠正偏斜的水塔,取得了良好的效果,这说明将"阻"与"纠"两种方法合于一体运用的思路是正确的。这种方法在类似的工程中可加以推广运用,同时也说明在纠偏的工程实践中,因地制宜有针对性地综合使用各种方法可获得良好的技术经济效果。

参考文献
[1]《地基处理手册》编写委员会. 地基处理手册[M]. 北京:中国建筑工业出版社,1988.

地基处理技术及其发展[*]

地基处理技术及其发展[*]

龚晓南

（浙江大学）

摘要 本文首先扼要介绍在我国应用的各种地基处理方法分类、基本原理和适用范围,然后结合具体工程介绍几种地基处理方法的应用情况,最后扼要介绍地基处理技术的最新发展情况。

1 引 言

自改革开放以来,我国土木工程发展很快,工程建设规模日益扩大,在工程建设中遇到的软弱地基或不良地基问题越来越多。软弱地基需要经过地基处理形成人工地基才能满足建（构）筑物对地基的要求。地基处理是否恰当,不仅影响建筑物的安全和使用,而且对建设速度、工程造价有不小的影响,不少时候甚至成为工程建设中的关键问题。

现在土木工程对地基提出了越来越高的要求,地基处理已经成为土木工程中极为活跃的领域之一。总结国内外地基处理方面的经验教训、推广和发展各种地基处理技术、提高地基处理水平,对加快基本建设速度、节约基本建设投资具有重大意义。

本文首先扼要介绍近年来我国引进、发展的地基处理方法的分类、基本原理和适应范围,然后结合具体工程介绍应用情况,最后介绍地基处理技术发展情况。

2 地基处理方法的分类、简要原理和适用范围

工业的发展、技术的进步促进了各种地基处理技术的发展。近年来为满足工程建设的需要,我国引进、发展了许多地基处理新技术。桩基础是应用最多的人工地基之一。但桩基础有较系统的理论,地基处理技术介绍一般不包括各类桩基础技术。考虑到低强度桩复合地基和钢筋混凝土桩复合地基技术发展较快,其计算理论也可归属复合地基理论,故本文在地基处理方法分类时也将其纳入。地基处理方法按照加固原理分类可分为八大类:置换、排水固结、灌入固化物、振密或挤密、加筋、冷热处理、托换和纠倾。每一类又含有多种处理方法。各种处理方法的简要原理和适用范围见表1。

事实上,对地基处理方法进行严格的分类是很困难的。不少地基处理方法具有多种效用,例如土桩和灰土桩法既有挤密作用又有置换作用;砂石桩法既有置换作用,在荷载作用下也有排水固结作用。另外,还有一些地基处理方法的加固机理和计算方法目前还不是十分明确,尚

---

* 本文刊于《土木工程学报》,1997,30(6):3-11.

需进一步探讨。地基处理方法不断发展,功能不断扩大,这也使对其分类变得更加困难。因此表1中的分类仅供读者参考。

表1 地基处理方法分类及其适用范围

类别	方法	简要原理	适用范围
置换法	换土垫层法	将软弱土或不良土开挖至一定深度,回填抗剪强度较大、压缩性较小的土,如砂、砾、石渣等,并分层夯实,形成双层地基。砂石垫层能有效扩散基底压力,提高地基承载力、减少沉降	各种软弱土地基
	挤淤置换法	通过抛石和夯实回填碎石置换淤泥达到加固地基目的	厚度较小的淤泥地基
	褥垫法	当建(构)筑物的地基一部分压缩性很小,而另一部分压缩性较大时,为了避免不均匀沉降,在压缩性很小的区域,通过换填法铺设一定厚度可压缩性的土料形成褥垫,以减少沉降差	建(构)筑物部分坐落在基岩上,部分坐落在土上,以及类似的情况
	振冲置换法	利用振冲器在高压水流作用下边振动边冲在地基中成孔,在孔内填入碎石、卵石等粗粒料且振密成碎石桩。碎石桩与桩间土形成复合地基,以提高承载力,减小沉降	不排水抗剪强度不小于20kPa的黏性土、粉土、饱和黄土和人工填土等地基
	强夯置换法	采用边填碎石边强夯的强夯置换法在地基中形成碎石墩体,由碎石墩、墩间土以及碎石垫层形成复合地基,以提高承载力,减小沉降	人工填土、砂土、黏性土和黄土、淤泥和淤泥质土地基
	砂石桩(置换)法	在软土地基中采用沉管法或其他方法设置密实的砂砖或砂石桩,以置换同体积的黏性土形成复合地基,以提高地基承载力。同时砂石桩还可以同砂井一样起排水作用,以加速地基土固结	软黏土地基
	石灰桩法	通过机械或人工成孔,在软弱地基中填入生石灰块或生石灰块并加入其他掺合料,通过石灰的吸水膨胀、放热以及离子交换作用改善桩周土的物理力学性质,并形成石灰桩复合地基,以提高地基承载力,减少沉降	杂填土、软黏土地基
	EPS超轻质量料填土法	发泡聚苯乙烯(EPS)重度只有土的1/50~1/100,并具有较好的强度和压缩性能,用作填料,可有效减少作用在地基上的荷载,需要时也可以置换部分地基土,以达到更好效果	软弱地基上的填方工程
	堆载预压法	天然地基在预压荷载作用下压密、固结,地基产生变形,地基土强度提高,卸去预压荷载后再建造建(构)筑物,工后沉降小,地基承载力也得到提高,堆载预压有时也利用建(构)筑物自重进行。当天然地基土体渗透性较小时,为了缩短土体排水固结的排水距离,加速土体固结,在地基中设置竖向排水通道,如砂井、袋装砂井或塑料排水带等	软黏土、粉土、杂填土、冲填土、泥浆土地基等
	超载预压法	预压荷载大于工作荷载,其他同堆载预压法。超载预压不仅可减少工后固结沉降还可消除部分次固结沉降	同上
	真空预压法	在饱和软黏土地基中设置竖向排水通道和砂垫层,在其上覆盖不透气密封膜,通过埋设于砂垫层的抽气管长时间不断抽气和抽水,在砂垫层和砂井中造成负气压,而使软黏土层排水固结。负气压形成的当量预压荷载可达85kPa	饱和软黏土地基

类别	方法	简要原理	适用范围
排水固结法	真空预压与堆载联合法	当真空预压达不到要求的预压荷载时,可与堆载预压联合使用,其堆载预压荷载和真空预压当量荷载可叠加计算	同上
	降低地下水位法	通过降低地下水位,改变地基土受力状态,其效果如堆载预压,使地基土固结。在基坑开挖支护设计中可减小围护结构上作用力	砂性土或透水性较好的软黏土层
	电渗法	在地基中设置阴极、阳极,通以直流电,形成电场。土中水流向阴极。采用抽水设备将水抽走,达到地基土体排水固结效果	软黏土地基
灌入固化物	深层搅拌法	利用深层搅拌机将水泥或石灰和地基土原位搅拌形成圆柱状、格栅状或连续水泥土增强体,形成复合地基以提高地基承载力,减小沉降,也可形成防渗帷幕。深层搅拌法又可以分为喷浆深层搅拌法和喷粉深层搅拌法两种	淤泥、淤泥质和含水量较高的地基承载力标准值小于120kPa的黏性土、粉土等软土地基。当用于处理泥炭土或地下水具有侵蚀性时宜通过试验确定其适用性
	高压喷射注浆法	利用钻机将带有喷嘴的注浆管钻进预定位置,然后用20MPa左右的浆液或水的高压流旋转冲切土体,形成水泥土增强体。加压喷射浆液的同时通过旋转、提升可形成定喷,摆喷和旋喷。高压喷射注浆法可形成复合地基以提高承载力、减少沉降,也常用它形成防渗帷幕	淤泥、淤泥质土、黏性土、粉土、黄土、砂土、人工填土和碎石土等地基。当土中含有较多的大块石,或有机质含量较高时应通过试验确定其适用性
	渗入性灌入法	在灌浆压力作用下,将浆液灌入土中填充天然孔隙,改善土体的物理力学性质	中砂、粗砂、砾石地基
	劈裂灌浆法	在灌浆压力作用下,浆液克服地基土中初始应力和抗拉强度,使地基中原有的孔隙或裂隙扩张,改善土体的物理力学性质。与渗入性灌浆相比,其所需灌浆压力较高	岩基,或砂、砂砾石黏性土地基
	挤密灌浆法	通过钻孔向土层中压入灌浆液,随着土体压密将在压降点周围形成浆泡,通过压密和置换改善地基性能。在灌浆过程中浆液的挤压作用可引起底面的局部隆起。可用以纠正建筑物不均匀沉降	常用于中砂地基,排水条件较好的黏性土地基
	电动化学灌浆	当在黏性土中插入金属电极并通交流电后,在土中引起电渗、电泳和离子交换等作用,使通电区含水量降低,从而在土中形成浆液"通道"。若在通电同时向土中灌注化学浆液,就能大大改善土体物理力学性质	黏性土地基
振密、挤密	表层原位压实法	采用人工或机械夯实、碾压或振动,使土密实,密实范围较浅	杂填土、疏松无黏性土、非饱和黏性土、湿陷性黄土等地基的浅层处理
	强夯法	采用重量为10~40kg的夯锤从高处自由落下,地基土在强夯的冲击力和振动力作用下密实,可提高承载力、减少沉降	碎石土、砂土、低饱和土与黏性土,湿陷性黄土、杂填土和素填土等地基
	振冲密实法	一方面依靠振冲器的强力振动使饱和砂层发生液化,砂颗粒重新排列孔隙减小,另一方面依靠振冲器的水平振动力,加回填料使砂层挤密,从而提高地基承载力、减小沉降,并提高地基土体抗液化能力	黏粒含量小于10%的疏松砂性土地基

类别	方法	简要原理	适用范围
振密、挤密	挤密砂石桩法	采用沉管法或其他方法在地基中设置砂桩、碎石桩,在成桩过程中对桩间土进行挤密,挤密桩间土和砂石桩形成复合地基,提高地基承载力和减少沉降。近年不少单位在制桩过程中采用较大能量重锤夯扩桩体,使挤密效果更好。桩体材料也有采用矿渣的。渣土形成矿渣桩、渣土桩等	疏松砂性土、杂填土、非饱和黏性土地基,黄土地基
	爆破挤密法	在地基中爆破产生挤压力和振动力使地基土密实以提高土体的抗剪强度,提高承载力和减少沉降	疏松砂性土、杂填土、非饱和黏性土地基,黄土地基
	土桩、灰土桩法	采用沉管法、爆扩法和冲击法在地基中设置土桩或灰土桩,在成桩过程中挤密桩间土,由挤密的桩间土和密实的土桩或灰土桩形成复合地基	地下水位以上的湿陷性黄土、杂填土、素填土等地基
加筋	加筋土法	在土体中埋置土工合成材料(土工织物、土工格栅等)、金属板条等形成加筋土垫层,增大压力扩散角,提高地基承载力,减少沉降,或形成加筋土挡墙	堤坝软土地基,挡土墙
	锚固法	锚杆一段锚固于地基土中(或岩石、其他构筑物),另一端与构筑物连结,以减少或承受构筑物受到的水平向作用力	有可以锚固的土层、岩层或构筑物的地基
	树根桩	在地基设置中树根状的微型桩(直径 70～250mm),提高地基或土坡的稳定性	各类地基
	低强度混凝土桩复合地基法	在地基中设置低强度混凝土桩,使其与桩间土形成复合地基,如水泥粉煤灰碎石桩复合地基、二灰混凝土桩复合地基	各类深厚软弱地基
	钢筋混凝土桩复合地基法	在地基中设置钢筋混凝土桩(摩擦桩),使其与桩间土形成复合地基	各类深厚软弱地基
冷热处理	冻结法	冻结土体,改善地基土截水性能,提高土体抗剪强度	饱和砂和软黏土,用作施工临时措施
	烧结法	钻孔加热或焙烧,减少土体含水量,减少压缩性,提高土体强度	软黏土、湿陷性黄土。适用于有富余热源的地基
托换法	基础加宽法	通过加宽原建筑物基础减小地基接触压力,使原地基满足要求,达到加固目的	原地基承载力较高
	墩式托换法	通过置换,在原基础下设置混凝土墩,使荷载传至较好土层,达到加固目的	地基不深处有较好持力层
	桩式托换法	在原建筑物基础下设置钢筋混凝土桩以提高承载力,减少沉降达到加固目的,按设置桩的方法分静压桩法、树根桩法和其他桩式托换法。静压桩法又可分为锚杆静压桩法和其他静压桩法	原地基承载力较低
	地基加固法	通过土质改良对原有建筑物地基进行处理,达到提高地基承载力的目的	同上
	综合托换法	将两种或两种以上托换方法综合应用达到加固目的	同上
纠倾	加载迫降法	通过堆载或其他加载形式使沉降较小的一侧产生沉降,使不均匀沉降减小,达到纠偏的目的	较适用于深厚软土地基
	掏土诱导法	在建筑物沉降较少的部位以下的地基中或在基础的两侧中掏取部分土体,迫使沉降较少的部位进一步产生沉降以达到纠倾的目的	各类不良地基
	顶升纠倾法	在墙体中设置顶升梁,通过千斤顶顶升整幢建筑物,不仅可以调整不均匀沉降,还可以将其整体顶升至要求标高	各类不良地基
	综合纠倾法	将加固地基与纠倾结合,或将几种方法综合应用。如综合应用静压锚杆法和顶升法、静压锚杆法和掏土法	同上

3 地基处理方法应用简介

为了满足现在土木工程建设对地基的要求,各类地基处理技术得到广泛应用。这里通过几个工程实例介绍几种地基处理方法的应用。

3.1 工程实例 1:深圳国际机场软土地基处理

深圳国际机场坐落在软土地基上,淤泥层含水量为 41.3%～99.4%,孔隙比为 1.11～2.67,最大厚度约 10m,一般为 6～7m。深圳机场一期工程的站坪和停机坪采用了塑料排水带超载预压排水固结法,飞行区的跑道和滑行道采用了换填置换法,联络道采用深层搅拌法,扩建停机坪采用强夯置换法,现做简略介绍[1]。

机场站坪和停机坪地基处理面积为 21.3 万 m²,站坪采用打入式袋装砂井、停机坪采用压入式塑料排水带,正三角形布置,间距 1.0～1.1m,插穿淤泥到下卧硬土层。堆载(包括工作垫层、排水砂层和堆载)120 万 m³,施工历时 578 天,满载预压 135 天。

站坪在预压期间最大沉降量为 116.3cm,最小为 68.5cm,平均为 83.2cm。淤泥层平均含水量由 75% 下降到 55.5%。孔隙比由 2.05 下降至 1.48,压缩系数 a_{1-2} 从 1.64MPa^{-1} 下降到 1.10MPa^{-1}。无侧限抗压强度由 8.6kPa 增大到 36.0kPa。站坪、停机坪软基处理费用为 141.1 元/m²。

飞行区跑道和滑行道等地基处理面积为 61.57 万 m²,采用换填置换法处理。采用抛石挤淤和强夯置换挤淤相结合,修筑 16.3km 长拦淤堤,然后挖除淤泥,回填块石、风化砾石等,挖填土石方约 1061 万 m³,历时 591 天。运行一年主跑道最大沉降量为 45.2mm,平均为 19.5mm,滑行道为 21.4mm。换填地基处理费用为 213.7 元/m²。

从滑行道的换填地基到站坪、停机坪的排水固结法处理地基之间的联络道采用深层搅拌法处理。平面布置为格栅状,置换率为 33.6%,深层搅拌深度平均为 5.5m,复合地基承载力大于 140kPa。加固总面积 1.57 万 m²,工期 279 天,竣工后两年半内沉降量为 10.2～24.0mm。深层搅拌法处理费用为 410 元/m²。

扩建停机坪采用强夯置换法处理,处理面积 28.53 万 m²。强夯锤重 150kN,高度为 17～18m,夯击能为 3440kN·m/m²。夯点布置为正方形,点距为 3～3.2m,形成的碎石墩深 6～7m。上铺鸡胚块石和风华石渣层约 30 万 m³,并在软弱地带铺土工布。载荷试验得复合地基承载力大于 140kPa,工后沉降量为 30.3～77.1mm。工期 270 天,处理费用为 203 元/m²。

3.2 工程实例 2:宁波北仑港区码头堆场地基强夯置换法处理(王新江,1993)

(1)工程地质情况

自上而下第一层有两个亚层,分别为灰黄色粉质黏土和灰色淤泥质粉质黏土,含水量分别为 33.2% 和 42.6%,厚度分别为 0～0.2m 和 1.3～5.1m;第二层为灰色淤泥质粉质黏土,含水量为 45%～47.5%,厚度为 2.4～7.4m;第三层为灰绿、棕黄色粉质黏土,含水量为 22.3%～28.7%,厚度为 9.1～22.7m;第四层为棕黄色粉质黏土,含水量为 22.3%～27.1%,未钻穿。

(2)强夯置换法施工要素

先铺石渣垫层 1.5m,并满夯一遍,夯锤重 220kN,落距 11m,形成石渣垫层。然后进行石渣桩施工。夯点布置分三角形和正方形布置两种,夯点距 3～4m。制桩夯击落距 18.2m,平均每点夯击 20 击,填石渣料(粒径小于 500mm)。每点击数控制最后两击的平均贯入度小于

200mm。制桩满足要求后再进行下一点制桩。

（3）强夯置换法加固效果检测

主要测试项目有跨孔地震成像测试、桩形钻探测试、钢丝绳贯入度估桩长、瑞利波测试、强夯振动测试和复合地基载荷试验。

根据跨孔地震成像测试，桩体最大直径 3m，最小直径 1.2m，桩底在 -9.04m 处，呈倒锥形，桩体波速 V_a 大多数在 300m/s 左右，有的高达 500m/s。载荷试验表明复合地基承载力为 180 $\sim$200kPa。

3.3 工程实例 3：秦皇岛港务局综合办公楼地基振冲碎石桩加固[4]

该工程地基基底标高为 -6m，场地地基土自上而下分为六层：第一层位杂填土，以黏性土为主，厚 0.60$\sim$1.20m；第二层位粉细砂，稍密到中密，厚度一般为 5m，承载力标准值 f_k = 150kPa；第三层分为两个亚层，分别为淤泥及淤泥质亚黏土和粉质黏土，一般厚度为 3m 左右，f_k=160kPa。第 4 层为粗砂，底部普遍有一层约 30cm 厚的亚黏土夹层，厚度一般为 4m；第五层为粗砂，厚度一般为 8m，f_k = 350kPa；第 6 层为风化花岗岩，中等风化到强风化，f_k= 500kPa，地下水位在地表以下 0.4$\sim$0.8m 处。

综合办公楼地基设计承载力为 350kPa。设计桩距主桩 2.1m，正方形布桩，桩长分别有 15.5m、15.0m、14.5m 三种，桩底处在第五层中，进入第四层。基础外缘布两排护桩，第一排护桩桩长 14m，第二排桩长 11m。主桩和副桩因开挖深度达 6.5m，故 5m 以上状态不加密，护桩加密到地表作为以后基桩开挖的护坡桩。

共布碎石桩 517 根，其中护桩 152 根。采用 75kW 大功率振冲器施工。实际施工 517 根桩，总进尺 6230m，总填料量 8365.5m^2，平均每延米用料量 1.34m^2，平均桩径大于 1.10m，满足设计要求。

大楼于 1994 年 5 月封顶，施工中实测沉降量 2cm 左右，最终沉降量为 4cm。

3.4 工程实例 4：宁波一竖井地基固结

宁波过江隧道竖井作为索道集水井与通风口，位于隧道沉管和北岸引道连接处。竖井上口尺寸为 15m×18m，下口尺寸为 16.2m×18m，深度为 28.5m。

竖井采用沉井法施工。竖井刃脚设计标高为 -23.25m，坐落在含淤泥粉细砂层或中细砂层上。竖井封底采用 M-250 的钢筋混凝土底板。但在抽出沉井内积水时，由于沉井封底没有成功，由抽水造成的沉井内外水头差使刃脚处砂层液化，在底板混凝土部位出现冒水涌砂现象，并使沉井产生不均匀沉降、倾斜与位移。停止抽水后，井内外水位趋于相同，沉井保持平衡稳定，但后期工程难以继续。超沉后的竖井刃脚东南、西南、西北和东北角标高分别为 -23.61m，-23.84m，-23.70m 和 -23.46m。比设计标高超沉了 0.21$\sim$0.59m，对角线最大不均匀沉降为 0.38m，相对沉降为 1.57%。井内水位为 2.5m，井内水下封底混凝土厚度各处不一，按实际刃脚标高计算，混凝土厚度为 3.26$\sim$4.87m，超过设计厚度 0.96$\sim$2.57m，混凝土顶面标高相差达 1.95m。

加固方案的基本思路是通过高压喷射注浆在竖井外围设置围封墙，然后在竖井封底混凝土底部通过静压注浆封底；注浆封底完成后抽水，然后凿去多余封底混凝土，并进行混凝土找平；最后再浇注混凝土底板。竖井四周地基中围封墙有两个作用：一是作为防渗墙，隔断河水与地下水渗入沉井底部，二是可以限制静压注浆的范围，保证注浆封底取得较好效果。为了使围封墙具有防渗墙的作用,要求围封墙插入相对不透水层中。完成钢筋混凝土底板后,再通过在深井底板底静压注浆进行竖井纠倾。

按照上述加固方案施工,基本上达到预期目的。在围封体施工过程中,竖井稍有超沉。在静压注浆封底过程中,竖井稍有抬升。沉井抽除积水一次成功,在抽水过程中竖井进一步抬升。找平原封底混凝土后,现浇钢筋混凝土底板。待底板达到一定强度,在竖井底部注浆纠倾,满足了后续过程的要求。甬江过江隧道已通车,使用情况良好。

4 地基处理技术最新发展情况

地基处理最新发展反映在地基处理机械、材料、地基处理设计计算理论、施工工艺、现场监测技术,以及地基处理新方法的不断发展和多种地基处理方法综合应用等各个方面。

为了满足日益发展的地基处理工程的需要,近几年来地基处理机械发展很快。例如,我国强夯机械向系列化、标准化发展。深层搅拌机型号增加,除前几年生产的单轴深层搅拌机和固定双轴深层搅拌机、浆液喷射和粉体喷射深层搅拌机,海上深层搅拌机也已投入使用,搅拌深度和成桩直径不断扩大。我国深层搅拌机拥有量近年来大幅度增加,高压喷射注浆机械发展也很快,出现不少新的高压喷射设备,如井口传动由液压代替机械,改进了气、水、浆液的疏松装置,提高了喷射压力,增加了设备对底层的冲、切、掺、搅能力,水平旋喷机械的成功,使高压喷射注浆法的应用范围进一步扩大。近年国外还将深层搅拌和喷射搅拌集于一机,如桩内圈为机械搅拌,外圈为喷射搅拌。注浆机械也在发展。应用于排水固结法的塑料排水带插带机的出现大大提高了工作效率。排水带施工长度自动记录仪的配置使插带机质量得到控制。振冲器的生产也已走向系列化、标准化。为了克服振冲过程中泥浆排放污染现场,成功研制干法振动成孔器,这使干法振动碎石桩技术得到应用。地基处理机械的发展使地基处理能力得到较大的提高。

地基处理材料的发展促进了地基处理水平的提高。新材料的应用,使地基处理效能提高,并产生了一些新的地基处理方法。土工合成材料在地基处理领域得到越来越多的应用。土工合成加筋材料的发展促进了加筋土法的发展。轻质土工合成材料 EPS(发泡聚苯乙烯)作为填土材料形成 EPS 超质量填土法。三维植被网的生产使土坡加固和绿化有机结合起来,取得了良好的经济和社会效益。塑料排水带的应用提高了排水固结法的施工质量和工效,且便于施工管理。灌浆材料的发展有效扩大了灌浆法的应用范围,满足了工程需要。在地基处理材料应用方面还值得一提的是,近年来地基处理同工业废渣的结合利用得到重视。粉煤灰垫层、粉煤灰石灰二灰桩复合地基,钢渣桩复合地基、渣土桩复合地基等取得了较好的社会经济效益。

地基处理的工程实践促进了地基处理计算理论的发展。随着地基处理技术的发展和各种地基处理方法的推广使用,复合地基在土木工程中得到越来越多的应用,不断发展,逐步形成复合地基承载力和沉降计算理论。在强夯法加固地基的机理、强夯法加固深度、砂井法非理想井计算理论、真空预压法计算理论方面都有不少新的研究成果。地基处理理论的发展反过来推动地基处理技术不断进步。

各项地基处理技术的施工工艺近年来也不断改进和提高,这不仅有效保证和提高了施工质量,提高了功效,而且扩大了工艺的应用范围。真空预空法施工工艺的改进使这项技术得到推广,高压喷射注浆法施工工艺的改进使之可用于第四系覆盖层的防渗,石灰桩施工工艺的改进使石灰桩法走向成熟,边填碎石边强夯形成强夯碎石桩的工艺扩大了强夯法的应用范围,孔内夯扩形成碎石桩、渣土桩、灰土桩的施工工艺近年在夯击能量、成桩深度等方面都有较大提高。

可以说,每一项地基处理方法的施工工艺都在不断提高。

地基处理的监测日益得到人们的重视,指在地基处理施工过程中和施工后进行测试,用以指导施工、检查处理效果、检验设计参数。监测手段愈来愈多,监测精度日益提高。地基处理逐步实行信息化施工,信息化施工有效保证了施工质量,取得了较好的经济效益。

近年来,各地因地制宜发展了许多新的地基处理方法。例如,将强夯法用以处理较软弱土层,边填边夯,形成强夯碎石桩复合地基以提高地基承载力、减少沉降。采用强夯法处理地基中,当因施工机械能力达不到要求或受到环保要求限制时,可先用碎石桩法处理深层地基,建立排水通道提高基层承载力(碎石桩可以只填料到距地面 4~5m 处),浅层用低能级强夯处理,根据工程实例其效果可由 120kPa 提高到 200kPa 以上,这是一种深浅结合、扬长避短、值得推广的地基处理方法。近年低强度混凝土桩复合地基得到发展,低强度桩包括水泥粉煤灰碎石桩、二灰混凝土桩、低标号混凝土桩等。低强度混凝土桩复合地基不仅能充分发挥桩体和桩间土的承载力潜能,而且使桩侧摩阻力决定的桩承载力与桩身强度决定承载力两者接近,从而可达到较好的经济效益。疏桩基础,或称刚性桩复合地基也可以认为是地基处理方法的新发展。这种方法利用复合地基的思路,充分发挥钢筋混凝土摩擦桩和桩间土的效用,减少用桩数量,可取得较好的经济效益。新的地基处理方法的不断发展提高了地基处理的整体水平和能力。

地基处理技术的发展还表现在多种地基方法综合应用水平的提高。例如:真空预压法和堆载预压法的综合应用可克服真空预压法预压荷载小于 80kPa 的缺点,扩大了它的应用范围;真空预压法与高压喷射注浆法结合可使真空预压法应用于水平渗透性较大的土层;高压喷射注浆法与灌浆法相结合可提高灌浆法的纠倾加固效果;土工织物垫层与砂井法结合可有效提高地基的稳定性;锚杆静压法与掏土法结合、锚杆静压法与顶升法结合使纠倾加固技术提高到一个新的水平。重视多种地基处理方法的综合应用可取得较好的社会经济效益。

地基处理领域是土木工程中非常活跃、非常有挑战性的领域。复杂的地基,现代土木工程对地基日益严格的要求,给我们土木工程师,特别是岩土工程师提出了一个又一个难题,让我们面对挑战,促进地基处理技术获得更大的发展。

参考文献

[1] 沈孝宇,黄岫峰.深圳机场软基处理回顾,1994.

[2] 龚晓南.地基处理新技术[M].太原:山西科学技术出版社,1997.

[3] 笪月稳.国外深层喷射搅拌法的发展[J].地基处理,1997,8(2).

[4] 尤立新,等.秦皇岛港务局综合办公楼地基振冲碎石桩加固[C]//第四届地基处理学术讨论会论文集.杭州:浙江大学出版社,1995.

生石膏在水泥系深层搅拌法中的试验研究[*]

童小东　龚晓南　邝健政　王启铜

（浙江大学）

摘要　目前在水泥系深层搅拌桩施工中,一般采用熟石膏,掺量为2%(占水泥重),但试验证明,在水泥土中掺加生石膏后,水泥土的早期、中期和后期强度均可提高,尤其可大幅度提高早期强度,生石膏的最佳掺量为3.6%～7.1%(占水泥重)。

1　引　言

水泥系深层搅拌法由于具有较多优点,近十几年来在我国分布有较多软土的地区得到了广泛应用,发展很快。在目前的规范和水泥系深层搅拌桩的施工中,一般采用的石膏掺量为2%(占水泥重),且使用的石膏为熟石膏(半水石膏)。本文通过一系列试验表明,掺加相对较大剂量的生石膏对水泥土强度的提高有显著作用,且不会对施工带来不便。

2　室内试验

2.1　采集土样

试验所用土样取自深圳某工地,为海相沉积的粉质黏土,深灰色,有臭味,软塑状,含有碎贝壳。土样的主要物理力学性质指标见表1。

表1　土样的主要物理力学性质指标

含水率 $\omega/\%$	重度 $\gamma/$ (kN/m³)	孔隙比 e	液限 $\omega_L/\%$	塑性指数 $I_p/\%$	液性指数 I_l	压缩系数 a_{vl-2}/MPa^{-1}	黏聚力 c/kPa	内摩擦角 φ	无侧限抗压强度 q_u/kPa
33.2	18.9	0.88	34.8	13.0	0.88	0.46	22.0	4.2°	58.1

2.2　确定所用试剂

(1)水泥:姬堂牌425号普通硅酸盐水泥。

(2)$CaSO_4 \cdot 2H_2O$:规格为化学纯。

(3)木钙(木质素磺酸钙)。

2.3　试验方案

由于全面试验的工作量太大,故试验方法采用正交设计。正交设计可以把试验安排和数据处理两者紧密地结合起来,既能减少试验次数,又可提供丰富的试验数据,以得到全面、正确的结论。正交设计因素水平表见表2。

＊本文刊于《建筑技术》,2000,31(3):162-163,171。

表2 正交设计因素水平表

因素	水泥掺入比(占土重)/% (A)	生石膏掺入比(占土重)/% (B)	水灰比 (C)	木钙掺入比(占水泥重)/% (D)
1	10	0.5	0.5	0.2
2	12	1.0	0.6	0.4
3	14	2.0	0.7	0.6

对因素水平可列出正交表,按正交表需做九组试样。考虑到7d、30d和90d三个龄期,每组试样又分为三个小组,每个小组做三个平行试样,共计81个试样。

为对比试验效果,做了水泥掺入比(占土重)分别为10%、12%、14%、16%、18%和20%,水灰比均为0.5,木钙掺入比(占水泥重)均为0.2%的六组共18个小组的试样。还做了水泥掺入比(占土重)为14%,木钙掺入比(占水泥重)为0.2%,水灰比分别为0.6、0.7和0.8的三组共九个小组的试样。

2.4 试样制备

试模采用70.7mm×70.7mm×70.7mm规格。按配方配制水泥浆液,然后加入对应量的土样,人工拌和均匀。试样采用手工压筑成型。静置24h后脱模编号,为保证其湿度,进行水下养护。

2.5 无侧限抗压强度试验

①采用压力试验机,量程可根据需要调节,分为0.5t、1t、2t、5t和10t共五个档次。量程选用依照能使试样的预计破坏荷载不小于全量程的20%、也不大于全量程的80%的标准。

②测定养护龄期分别为7d、30d和90d的试样的无侧限抗压强度。

③把试样放在试验机下压板中心。试样的承压面与成型时的顶面垂直,使承压面与压板接触均衡,避免使试样发生应力集中。

④以空载速率为(4±0.3)mm/min的速度连续而均匀地加荷,直至试样破坏,记录破坏荷载。试验时应绝对禁止使试样受冲击荷载。

2.6 X射线衍射试验和扫描电子显微镜试验

做以下两组试样在7d、30d和90d的X射线衍射和扫描电子显微镜试验。

①水泥掺入比(占土重)为14%,水灰比为0.7,木钙掺入比(占水泥重)为0.2%。

②水泥掺入比(占土重)为14%,水灰比为0.7,生石膏掺入比(占土重)为0.5%,木钙掺入比(占水泥重)为0.4%。

3 试验结果计算与整理

3.1 计算公式

水泥土无侧限抗压强度公式为

$$q_u = \frac{P}{A}$$

式中,q_u为试验龄期下的水泥土无侧限抗压强度,kPa;P为破坏荷载,kN;A为试样承压面积,m²。

3.2 数据整理

取三个平行试样测值的算术平均值作为该小组试样的无侧限抗压强度值。当单个试样的测值与平均值之差的绝对值超过平均值的 15％时,该试样的测值应剔除,按余下试样的测值计算平均值。若一组试样不足两个,则该组试验结果无效,须重做。

3.3 试验结果及分析

无侧限抗压强度试验结果见表3至表5。结合 X 射线衍射试验和扫描电子显微镜试验,对不同龄期掺生石膏水泥土无侧限抗压强度的试验结果做出以下分析。

①7d 和 30d 影响抗压强度的主要因素是生石膏掺入比,90d 则为水泥掺入比。

②7d 影响抗压强度的次要因素分别为木钙、水泥掺入比和水灰比,30d 分别为水泥、木钙掺入比和水灰比,90d 分别为生石膏、木钙掺入比和水灰比。

③最佳组合条件 7d 为 $A_2B_1C_1D_3$,30d 和 90d 均为 $A_3B_1C_1D_3$。

④如采用最佳组合,强度值均高于相同水泥掺入比、单掺水泥试样同龄期的强度值。7d、30d 和 90d 强度值分别提高 76％、25％和 29％以上,节约水泥分别为 40％、26％和 33％。

⑤强度提高的主要原因是生石膏与水化铝酸钙反应生成大量水化硫铝酸钙,并以针状结晶析出,结晶交错及不断膨胀使水泥土的结构不断密实。

表3 掺生石膏水泥土的无侧限抗压强度(龄期:7d)

因素	水泥掺入比 (占土重)/％ (A)	生石膏掺入比 (占土重)/％ (B)	水灰比 (C)	木钙掺入比 (占水泥重)/％ (D)	抗压强度/MPa	
					x_i	$y_i = x_i - 0.800$
1	10(A_1)	0.5(B_1)	0.5(C_1)	0.2(D_1)	1.127	0.327
2	10(A_1)	1.0(B_2)	0.6(C_2)	0.4(D_2)	0.710	−0.090
3	10(A_1)	2.0(B_3)	0.7(C_3)	0.6(D_3)	0.649	−0.151
4	12(A_2)	0.5(B_1)	0.6(C_2)	0.6(D_3)	1.325	0.525
5	12(A_2)	1.0(B_2)	0.7(C_3)	0.2(D_1)	1.059	0.259
6	12(A_2)	2.0(B_3)	0.5(C_1)	0.4(D_2)	0.769	−0.031
7	14(A_3)	0.5(B_1)	0.7(C_3)	0.4(D_2)	0.885	0.085
8	14(A_3)	1.0(B_2)	0.5(C_1)	0.6(D_3)	1.123	0.323
9	14(A_3)	2.0(B_3)	0.6(C_2)	0.2(D_1)	0.781	−0.019
K_1	0.086	0.937	0.619	0.567		
K_2	0.753	0.492	0.416	−0.036		
K_3	0.389	−0.201	0.193	0.697	$\sum y_i = 1.228$	
$\overline{K_1}$	0.029	0.312	0.206	0.189		
$\overline{K_2}$	0.251	0.164	0.139	−0.012		
$\overline{K_3}$	0.130	−0.067	0.064	0.232		
ω	0.222	0.379	0.142	0.244		

表4　掺生石膏水泥土的无侧限抗压强度(龄期:30d)

因素	水泥掺入比（占土重）/%	生石膏掺入比（占土重）/%	水灰比	木钙掺入比（占水泥重）/%	抗压强度/MPa	
	(A)	(B)	(C)	(D)	x_i	$y_i = x_i - 1.500$
1	10(A_1)	0.5(B_1)	0.5(C_1)	0.2(D_1)	1.710	0.210
2	10(A_1)	1.0(B_2)	0.6(C_2)	0.4(D_2)	1.401	−0.099
3	10(A_1)	2.0(B_3)	0.7(C_3)	0.6(D_3)	1.197	−0.303
4	12(A_2)	0.5(B_1)	0.6(C_2)	0.6(D_3)	2.297	0.797
5	12(A_2)	1.0(B_2)	0.7(C_3)	0.2(D_1)	1.527	0.027
6	12(A_2)	2.0(B_3)	0.5(C_1)	0.4(D_2)	1.527	0.027
7	14(A_3)	0.5(B_1)	0.7(C_3)	0.4(D_2)	1.801	0.301
8	14(A_3)	1.0(B_2)	0.5(C_1)	0.6(D_3)	2.354	0.854
9	14(A_3)	2.0(B_3)	0.6(C_2)	0.2(D_1)	1.407	−0.093
K_1	−0.192	1.308	1.091	0.144		
K_2	0.851	0.782	0.605	0.229	$\sum y_i = 1.721$	
K_3	1.062	−0.369	0.025	1.348		
$\overline{K_1}$	−0.064	0.436	0.364	0.048		
$\overline{K_2}$	0.284	0.261	0.202	0.076		
$\overline{K_3}$	0.354	−0.123	0.008	0.449		
ω	0.418	0.559	0.356	0.401		

表5　掺生石膏水泥土的无侧限抗压强度(龄期:90d)

因素	水泥掺入比（占土重）/%	生石膏掺入比（占土重）/%	水灰比	木钙掺入比（占水泥重）/%	抗压强度/MPa	
	(A)	(B)	(C)	(D)	x_i	$y_i = x_i - 2.500$
1	10(A_1)	0.5(B_1)	0.5(C_1)	0.2(D_1)	2.503	0.003
2	10(A_1)	1.0(B_2)	0.6(C_2)	0.4(D_2)	2.073	−0.427
3	10(A_1)	2.0(B_3)	0.7(C_3)	0.6(D_3)	1.797	−0.703
4	12(A_2)	0.5(B_1)	0.6(C_2)	0.6(D_3)	3.397	0.897
5	12(A_2)	1.0(B_2)	0.7(C_3)	0.2(D_1)	2.567	0.067
6	12(A_2)	2.0(B_3)	0.5(C_1)	0.4(D_2)	2.373	−0.127
7	14(A_3)	0.5(B_1)	0.7(C_3)	0.4(D_2)	2.873	0.373
8	14(A_3)	1.0(B_2)	0.5(C_1)	0.6(D_3)	3.347	0.847
9	14(A_3)	2.0(B_3)	0.6(C_2)	0.2(D_1)	2.427	−0.073
K_1	−1.127	1.273	0.723	−0.003		
K_2	0.837	0.487	0.397	−0.181	$\sum y_i = 0.857$	
K_3	1.147	−0.903	−0.263	1.041		
$\overline{K_1}$	−0.376	0.424	0.241	−0.001		
$\overline{K_2}$	0.279	0.162	0.132	−0.060		
$\overline{K_3}$	0.382	−0.301	−0.088	0.347		
ω	0.758	0.725	0.329	0.407		

4 结 论

以上试验结果证明,在水泥土中掺加生石膏,可使水泥土的早期、中期和后期强度都得到提高,尤其是可以大幅度提高其早期强度,从而达到节材增效的目的。

石膏按形态可分为硬石膏(无水石膏)、熟石膏(半水石膏)和生石膏(二水石膏)。硬石膏溶解速度最慢,从而会影响水化硫铝酸钙的生成,进而影响到水泥土的早期强度;熟石膏溶解速度最快,会导致石膏沉淀,引起假凝,而且水化硫铝酸钙的生成要消耗大量的水,这使得水泥浆液变稠,容易堵管,给施工造成困难;生石膏的溶解速度介于硬石膏及熟石膏之间,使用生石膏既可以达到提高水泥土强度的效果,又不会增加施工的难度,因此生石膏可作为一种较好的添加剂。

生石膏虽可对提高水泥土强度起到显著作用,但其掺量并不是越大越好。本次试验发现,生石膏的最佳掺量为3.6%~7.1%(占水泥重)。生石膏掺量过少,不能充分发挥其对强度的提高作用;生石膏掺量过多,大量水化硫铝酸钙的膨胀作用则会使水泥土发生膨胀破坏。

参考文献

[1] 童小东. 水泥土添加剂及其损伤模型试验研究[D]. 杭州:浙江大学,1998.

[2] 龚晓南. 地基处理新技术[M]. 西安:陕西科学技术出版社,1997.

[3] 陈嫣兮,顾德珍. 高性能混凝土外加剂的选择[J]. 混凝土,1997(5):28-30.

土工合成材料应用的新进展及展望[*]

土工合成材料应用的新进展及展望[*]

龚晓南 李海芳

（浙江大学建筑工程学院）

摘要 本文以柯纳（Koerner）的第 32 届太沙基讲座为基础，结合我国土工合成材料的实际应用情况，介绍了土工合成材料在工程中应用的最新进展及前景展望。

1 引 言

土工合成材料技术自 20 世纪 70 年代引入我国以后，在水利、土建、交通和港口等领域得到了普遍的应用。本文以 Koerner[1] 的第 32 届太沙基讲座为基础，结合我国土工合成材料的实际应用情况，介绍土工合成材料在工程中应用的最新进展及前景展望。他的讲座精选了土工合成材料应用的 17 个方面，他对土工合成材料应用领域的划分与我国有所不同，但这对土工合成材料在工程中应用最新进展的总结及前景展望没有影响。限于篇幅，本文略去讲座中的插图。

进入 20 世纪 90 年代，设计模型（方法）和试验得到了发展，这使得土工合成材料在许多应用实例中已经在技术上被接受。柯纳定义土工合成材料的安全系数为

$$FS = \frac{许可的性质}{要求的性质}$$

式中，许可的性质可以由模拟试验得到，或通过指标试验乘以折减系数得到；要求的性质可以通过合适的设计模型（方法）得到。

2 土工合成材料在土工技术中的应用

2.1 加筋土坡

在土坡中加入土工合成材料（土工格栅或土工织物）可以将土坡填筑得更陡一些。就加筋功能而言，同针刺土工织物相比，土工格栅和有纺土工织物可以在较小的应变下发挥作用。针刺土工织物则具有土工格栅和有纺土工织物所不具有的土工合成材料平面内的透水性。

因而，土工合成材料在加筋（低透水性土）土坡中的最新进展是：针刺土工织物与土工格栅叠合铺设，具有加筋和排水功能；针刺土工织物与有纺土工织物叠合铺设结合，具有加筋和排水功能；土工合成材料作为土坡内排水系统（竖向和水平向）和土工格栅结合；土工合成材料作为土坡内排水系统（竖向和水平向）和有纺土工织物结合。

土工合成材料在加筋（低透水性土）土坡中的应用前景是将土工合成材料作为含有活性炭

———————————

＊本文刊于《地基处理》，2002，13（1）：10-15.

纤维的载体,使土工合成材料成为具有导水性的填充聚合物或金属纤维。从而,通过电泳、离子转移和电渗改善加筋区内细粒土的性质。

内特尔顿(Nettleton)等 1998 年对以上概念进行了描述,目前正处于早期的研究和试验应用阶段。

2.2 加筋土挡墙

与加筋土坡类似,加筋土挡墙可以形成直立墙面。加筋体可以是土工织物,但更多的是土工格栅。近十年的主要进展是在墙面系统上的不断改进,包括:土工合成材料包绕墙面系统;木制墙面系统、焊接丝网墙面系统、堆叠筐笼墙面系统、预制混凝土板(全高)墙面系统、现浇混凝土面板墙面系统、预制混凝土(分单元)墙面系统、标准混凝土块(现称分块挡土墙)(segmental retaining walls,SRWs)墙面系统。

在以上所有的墙面系统中,分块加筋土挡墙的墙面一般采用干砌方式。经常会产生新型的面块、面块的细部设计和锚固方式。这种墙型现多用于较高的挡墙(达 15m),以承受较大的超载(如铁路),或者加筋土挡墙面向水流(如小溪、河流等)。这种挡墙在地震区也表现出良好的性能。

最有意义的是 SRWs 的新型面板块上设有向上的槽口,填土后,可以种植当地的植物。如果气候适宜,这种"活墙"可以遮挡干砌面板。

土工合成材料在加筋土挡墙中的应用前景是在锚固区设置聚合绳、条带和锚具(或土钉),将墙面单元通过加筋体锚固在锚固区。实质上,这一概念在 20 世纪 80 年代我国的加筋土挡墙上已经采用[2]。如果加筋土挡墙距岩体较近,也可以将锚具(或土钉)锚固在岩石上。

2.3 土堤地基加筋

20 世纪 70 年代,美国工程师兵团采用高强土工织物加固土堤地基。其最终目的是减少软土地基上土堤的沉降。荷兰也是将该技术用于大面积填土的较早的国家之一。

目前的进展是在土堤和地基之间设置加筋体以减少不均匀沉降。如果土堤需要跨过地基中的孔洞,就其所涉及的加筋抗拉强度而言,导致不均匀沉降的地基中孔洞的最大尺寸是最为关键的。

土工合成材料作为土堤地基加筋的应用前景是寻找现场安装预应力加筋的方法。如果取得成功,经过应力松弛,该预应力可以减少变位的发生。

2.4 混凝土坝防渗

许多已建成的混凝土坝存在严重的缺陷。除了钢筋剥落和裸露外,工程上最为关心的缺陷是结构渗漏的增加。现行的方法是放空水库后,在混凝土坝的上游面粘贴土工膜。沿垂直方向每隔 2 米设一水平不锈钢槽,以夹紧土工膜。该方法的改进之处是先在混凝土坝上游面设置土工网格,然后将土工膜粘贴在土工网格上。设置土工网格的目的是收集渗过土工膜的水。土工膜用于该目的已有 15 年。据报道,它最早应用于意大利,目前在全世界得到普遍的采用。

这方面的最新进展是粘贴区域的处理。例如,在不放空水库或部分放空水库的情况下,由潜水员完成粘贴。在土工膜下面设置气泡系统,以防水库上游面的冰将土工膜刺坏。

由于紫外线和氧化作用,土工膜的寿命受到限制。如遇高温,这些作用对大多数聚合材料的影响非常大。这方面的发展前景应是开发改善型的聚合材料,以制出寿命更长的土工膜。

2.5 土坝防渗

土工膜,以及土工合成材料和黏性土联合形成的衬砌(GCL),已被用在土坝或土坝的上游面作为防渗体。土工膜应妥善防护,防止刺破,并妥善锚固。

这方面最新的发展是将该项技术用于碾压混凝土坝。在这种情况下,土工膜及铺于土工膜下面的土工织物首先在工厂被粘贴在混凝土板上。然后在现场,随混凝土坝升高,逐步进行安装;并用土工膜条带对这种板进行粘贴。该项技术有效地减少了水平渗漏。

未来,土工膜可能会用于已建成的土坝的防渗处理上。利用膨润土泥浆护壁,在土坝内挖槽(如有必要,该槽应深入坝基)。土工膜置于槽的上游面。应小心地选择用于置换膨润土泥浆的回填土,使回填土本身能形成防渗层。

2.6 隧道防渗

现行的方法是将土工膜用于永久性混凝土里侧的防渗体,与针刺的、较厚的无纺土工织物一起,将水导至设在隧道底脚的排水出口,形成封闭的排水系统。

然而,土工膜及其下面的土工织物的布置是很困难的。土工合成材料会从临时的护顶下垂,在永久性混凝土衬砌施工时容易遭到破坏。因此,现在的进展集中在施工方法的改进上。土工合成材料应和永久性混凝土衬砌同时施工,以避免在永久性混凝土衬砌施工时损坏土工合成材料。

将来的发展方向是研发寿命在 100 年以上的土工合成材料,以抵抗隧道周围的不利环境。因而,施工方法的改进和材料的寿命是这方面最关键的问题。

3 土工合成材料在交通工程中的应用

3.1 改善道路

有许多方法将合成材料用于道路的断面上,其目的是使道路具有更好的性能或更长的使用期,或两者兼有。将土工织物和土工格栅用于道路的不同部位时,土工合成材料的功能为:

①土工织物用于路堤和路基的隔离和加筋;

②土工格栅用于路堤和路基的加筋;

③土工格栅用于路堤内部的侧向加筋。

这方面的最新进展是在路基施工过程中加入连续纤维。类似地,微网格也可以用于路面的铺设中。已有人进行过这方面的室内和现场试验。迄今,最大的成果是将分散的纤维(典型的有聚丙烯)应用于碎石路基中。

将来的发展方向是应用土工合成材料处理路基中的孔洞。具体过程为先在孔洞中设置灯芯排水,并在灯芯排水上铺设针刺无纺布,然后用纤维加筋土回填。该方法很有前景,有待现场试验。

3.2 无沟槽管道维修

城市的基础设施在不断地老化,建筑材料也只有数百年的寿命。无沟槽管道维修是正在兴起的行业,而且采用了聚合材料。

由于现行的方法都需要减小原有管网的尺寸,现在的进展是用高压的探头挤坏原有的管道,以扩大直径。然后,迅速插入新管道并衬砌。这样,原管道的性能不降低。有些情况下,还扩大了管道的直径。

现行的无沟槽管道维修面临的困难是不能形成侧向接触，形成了侧向自由渗漏点。将来，这一困难可能采用开切系统内遥控装置来解决，该装置不但能穿过新管道，还能通过跟随的机器人实现完善的侧向接触。

3.3　水土保持系统

水土流失影响土地和农田的使用，也是水污染的原因之一。为了控制、减轻和避免土的流失，许多与土工合成材料有关的水土流失控制方法被采用。

这方面现在进展是用长钉（长达 3 米）加固松软土坡。

将来可能的发展方向是用高强土工合成材料网格（高强土工织物或土工格栅）防止雪崩。问题的关键是估计网格和锚固材料的受力、位置和布置，以及在非常气候环境下的超载感应。

4　土工合成材料在水利工程方面的应用

4.1　渠道衬砌

美国垦务局从 20 世纪 50 年代开始试验用土工膜进行渠道防渗衬砌。他们取得了较大的进展，几乎在所有的渠道上都采用了土工膜衬砌。许多国家也采用该方法。然而，总是用土（在人口稀少的地区）或混凝土（在城镇地区）覆盖土工膜，再用沟槽或夹条将土工膜和渠道非淹没区连接、锚固。

这方面现在的进展是在流体通过的同时进行衬砌，在试验段上迅速铺设土工膜、土工织物和早强混凝土。该混凝土能很快获得初始强度而稳定，然后结硬。这种方法特别适用于水流无法改道或有害液体流过的渠道。

将来的发展方向是在无覆盖的条件下使用较强的土工膜。美国垦务局在 20 个不同的试验段对较厚的、有组织结构的土工膜进行了试验。然而，该试验需历时 10 年以上，对这种方法的优点、造价估计将是人们最为关注的。

4.2　土工织物管用于防止水土流失

土工织物管由高强纤维制成，是为海岸和内地水土流失提供防护方面的一项技术。现在已经有直径达 3 米的有纺或编织的土工织物管，其在长度上没有限制，只是充填和处理上的困难需要考虑。充填方法是通过泵将水砂混合体压入土工织物管。考虑到内壁阻力，一般每 10 米设置一个进口。工程中常采用一个小直径的土工织物管，在大土工织物管的上游侧将其锚固。一般情况下，需要用土将其覆盖，以防紫外线照射或人为破坏。

这方面现在的进展是寻求一种能暴露 20 天左右的高强纤维。它可能是一种组合纤维，能适应现场的不利环境，因为在现场有粗角砾和贝壳类的填料。

将来的发展方向是开发一种内壁阻力较小的管材，使水砂混合体能被输送得更远。但仅仅降低内壁阻力是不够的，因其可能阻碍纤维的排水，使水砂混合体中的水无法通过土工织物排出。因而，理想的内壁是低摩擦、多孔隙。这需要织物工程师和厂家来发明研制。考虑到排水，纤维的孔隙率是关键的一点，也是将来发展的一个课题。

4.3　弃置土的土工织物容器

土工织物容器相当于长度有限的土工管（如长度小于 15 米），可用来包裹、运输或存贮河道、港口和三角洲的沉积物。将高强土工织物铺在底部抛放的驳船上,充填弃置土后,用土工织物将弃置土包裹并缝织土工织物。到达抛放地点后,将驳船底部打开,使整个土工织物容器和充填弃置土一起沉入水底。这种方法很快被河道和港口当局采用。

可以想象,这方面最新的进展是将这些充满弃置土的土工织物容器堆积起来,在其上游一侧发展另外的存贮区域。甚至可以想象把堆积后的容器集中封闭起来,尤其是有害的弃置土。封闭物可以采用土工织物排。实质上,在地面正是这样处理的,在水下也完全可以这样做。

这项技术的将来发展方向是建立一个水下结构或水下活动场所。然而,上部结构需要进一步研究。

4.4　水产养殖区域衬砌

将土工膜作为池塘的衬砌,以便养殖贝类及其他水产品,这种处理方法已经司空见惯,现在正在不断地发展。

这方面现在的进展是,用于这种目的的土工膜有一坚固的保护面,可以防止使用和维修过程中的损坏。因而,土工膜应选择较厚的(比如,厚于 2.5 毫米)编织的土工膜。

这项技术将来的发展方向是开发土工膜新品种,其中使用的添加剂可以包括营养、防污染和防氧化等目的。

5　土工合成材料在环境土工中的应用

5.1　弃置场的衬砌系统

美国环保局于 1982 年规定的采用土工膜作为弃置场的衬砌系统得到了普遍的响应。自此,开发了三种方式的衬砌:

①双衬砌层,具有渗漏监测功能;

②组合衬砌(土工膜及其下部的黏土层);

③土工合成材料和黏性土联合形成的黏土衬砌(GCL)。

这些封闭系统对保护地下环境非常有效。

目前,在美国,100% 的有害垃圾弃置场和 24% 的城市垃圾弃置场要求双层衬砌系统;在世界上,58% 的有害垃圾弃置场和 14% 的城市垃圾弃置场要求双层衬砌系统。

尽管这种衬砌系统提供了长期的封闭(高密度聚乙烯土工膜半生期为数百年),但不是永久性的。渗漏循环的概念是填土技术方面的新进展。渗漏出的物质被重新导入弃置物,以加速弃置物的降解,提高气体的产生量。这方面的会议已开过一次。在美国至少有 30 个,在世界上有更多的弃置场,采用该技术。目的是在更短的时间内降解弃置物。还有一种方法是需氧降解,这需要在循环过程中加入空气。这样,降解的速度会加快,但没有气体产生。

将来的发展方向是在渗漏物循环的同时,对其进行开采处理。渗漏物可以通过土工合成材料排水系统(比如预制竖直排水)注入。提出这种概念的目的是创建永久性的弃置场。将整个弃置场划分为几个单元,逐个单元顺序充填。通过渗漏物循环(需氧或厌氧)降解,原来的弃置物就可以在一定的时间内被开采、制作成肥料和覆盖物等有益用料。这种方法允许衬砌系统的监测、修理,甚至更换。从而,如果弃置物的来量不变,可以创建一个永久性的弃置场。这一概念是非常有吸引力的,在土地奇缺的地区正在得到研究。

5.2 弃置场封盖系统

弃置场封盖系统通常采用组合防渗体(即土工膜和 GCL 或压实黏土衬砌),其上是排水系统,其下是气体收集系统。

这方面最近的进展是收集气体并转化为能源(在许多大型的弃置场已经采用)。这种能源一部分被用做现场设施的动力,其余转售给地方动力部门。气体的收集可以通过封盖系统下的收集系统或深井收集系统实现。

关于大型弃置场的最终封盖系统的用途,有以下方面值得探讨:长跑和自行车训练基地、运动会场所、高尔夫球场、仓库区和轻工业区、艺术品观赏区。

5.3 弃置场的垂直防渗

由于弃置场范围和性质的未知性,环保的策略往往是用垂直防渗体将弃置物包围起来。尽管大多数垂直防渗体是由回填土组成的,在其上游一侧增设土工膜可以作为附加的环保措施。即在沟槽的上游一侧铺设土工膜后,再回填透水性较低的土料(土和膨润土或土和粉煤灰)以形成组合防渗体。有许多方法铺设土工膜,可以采用板材或卷材的方式进行铺设。

这方面最新的进展是在土工膜上开设出口,收集渗漏物并予以处理。可以预先确定渗漏物的滞留时间,以便得到充分的处理。

将来的发展方向是附有渗漏检测功能的双层垂直防渗墙系统。可以将土工网或纱用于渗漏监测系统。后一种方法类似于维也纳的双墙系统。

5.4 弃置场的底部衬砌

弃置场的顶部和侧面系统建成后,另一个棘手的问题是弃置场的底部衬砌。这确实是一个需要解决但又很难解决的问题,因为弃置场可能产生侧向和向下的污染。如果垂直墙不能达不透水层,弃置场污染的深度是非常大的。目前还没有有效的方法来进行已建弃置场的底部衬砌。

这方面现在的进展是在弃置场下灌浆,但需钻透未知的弃置场,因此可能会带来负面效应。另一种方法是从侧面斜向灌浆。这两种方法产生的底部衬砌的连续性是令人怀疑的。

将来的发展方向是在弃置场的侧面开挖一长墙,再将弃置场底部水平挖空,以便水平铺设连续的土工膜层。这个建议已提交美国矿务局。该项技术是在弃置场的底部水平铺设组合土工膜或黏性土形成的衬砌(CCL),并允许上部弃置物塌落或用土工织物管支撑。这样,底部衬砌、垂直墙和顶盖系统将完全包裹弃置场,是最理想的结果,这也说明土工膜和 CCL 在特殊的弃置场能起到安全的环境保护作用。

参考文献

[1] Koerner R M. Emerging and future developments of selected geosynthetic applications[J]. Journal of Geotechnical & Geoenvironmental Engineering,2000,126(4):293-306.

[2] 李海芳. 对现有几种加筋土挡墙设计方法的评述及模型试验研究[D]. 郑州:华北水利水电学院,1988.

真空预压加固地基若干问题[*]

龚晓南　岑仰润

（浙江大学岩土工程研究所）

摘要　在回顾真空预压法在国内外发展历史的基础上，对现有真空预压加固软土地基研究和工程实践情况进行了总结。比较分析了真空预压法和堆载预压法的异同。在室内柔性膜和刚性膜真空排水压缩试验比较的基础上，分析了抽真空加固软黏土试样的机理，并进一步探讨了真空预压法加固软土地基的机理。最后列举了一些学术界和工程界在真空预压加固软土地基方面关心的问题，对真空预压加固软土地基的研究做了若干分析及展望。

1　真空预压法的发展

真空预压最早由瑞典皇家地质学院杰尔曼（W. Kjellman）于 1952 年提出，1958 年美国费城机场首次采用真空井点降水与砂井相结合的工法，处理飞机跑道扩建工程的地基问题，随后日本、芬兰、苏联、法国、美国、瑞典等都有该工法的应用报道，但由于抽真空设备效率问题，以及气水分离技术、密封技术等关键技术未能得到突破，很长一段时间该工法未能得到广泛应用。我国早在 20 世纪 50 年代就开始该工法的研究，但当时也没能使之成功用于现场地基的加固。

20 世纪 80 年代，我国交通部一航局、天津大学、南京水利科学院土工所等单位对真空预压加固软土地基在施工工艺和设计方法等方面做了不少工作，使其在工程应用中取得成功，此后该工法得到很大的发展。从单一的真空预压法加固软土地基发展到真空联合堆载、真空联合电渗、真空联合降水、真空联合碎石桩加固软土地基工法。特别是真空联合堆载加固软土地基工法，在软土地区高等级公路建设上具有相当优势，得到广泛应用。

在国外，原来制约该工法应用的关键问题也得到了相应的解决，形成了一些比较成熟的采用真空预压原理加固软土地基的技术，这些技术在工程实践中得到了广泛应用，如法国 Menard 公司的真空固结法（Menard vacuum consolidation method）和荷兰 IFCO 公司的 IFCO 真空强制固结法等。

目前，国内外真空预压加固软土地基应用日益增多，其在机理研究、施工工艺、设计理论等方面也得到了一些发展，但理论研究却远远落后于工程实践，当前理论对真空预压加固软土地基有效深度的大小、抽真空作用强度对真空预压加固效果的影响、场地条件对真空预压加固效果的影响等问题无法很好解答，这制约了该工法的进一步发展和工程应用，已引起学术界和工程界的普遍关注。

---

* 本文刊于《地基处理》，2002，13(4)：7-11。

2 真空预压与堆载预压的比较[1]

真空预压与堆载预压在地基处理技术分类中同属排水固结法,但两者加固地基机理不同,因此在很多方面存在差异。真空预压和堆载预压的比较见表1。

表 1 真空预压和堆载预压的比较

比较项目	堆载预压	真空预压
土中应力	总应力增加,随着超静孔隙水压力的消散而使有效应力增加	总应力不变,随着相对超静孔隙水压力的消散而使有效应力增加
剪切破坏	加载过程中剪应力增加,可能引起土体剪切破坏	抽真空过程中,剪应力不增加,不会引起土体剪切破坏
加载速率	需控制加载速率	不必控制加载速率
侧向变形	加载时预压区土体产生向外的侧向变形	预压区土体产生指向预压区中心的侧向变形
强度增长	土体固结,有效应力提高,土体强度增长,受剪切蠕变的影响	土体固结,有效应力提高,土体强度增长,无剪切蠕变影响
固结速度	与土的渗透系数、竖向排水体以及边界排水条件有关	与土的渗透系数、竖向排水体以及边界排水条件有关
处理深度	主要与堆载面积和荷载大小有关	与抽真空作用强度、竖向排水体、土体的孔隙分布情况以及相关边界条件有关
地下水位	地下水位不变化	降低地下水位,地下水位的降低将使相关土层产生排水固结

3 柔性膜和刚性膜下真空排水压缩试验研究和理论分析[2]

在室内模拟刚性膜和柔性膜下的真空预压,进行刚性膜和柔性膜下真空排水压缩试验研究及加载压缩试验研究,以探讨抽真空加固软黏土试样的机理,试验结果见表2。

表 2 刚性膜和柔性膜下真空排水压缩试验及加载压缩试验结果

试样编号		含水量/%		密度/(g/cm³)		饱和度/%		孔隙比		微型十字板抗剪强度/kPa	竖向变形/10⁻²mm
		固结前	固结后	固结前	固结后	固结前	固结后	固结前	固结后	固结后	固结后
刚性膜情况下	G1	46.6	43.5	1.76	1.78	100	99	1.28	1.21	6.3	65
	G2	46.6	43.6	1.78	1.81	100	100	1.26	1.17	8.1	72
	G3	46.6	43.5	1.78	1.79	100	100	1.26	1.20	8.7	50
	G4	46.6	42.7	1.78	1.77	100	97	1.26	1.21	7.2	42
柔性膜情况下	R1	46.6	31.4	1.80	1.88	100	94	1.24	0.92	26.0	28.5
	R2	46.6	38.3	1.79	1.87	100	100	1.25	1.03	22.0	194
	R3	46.6	30.8	1.78	1.89	100	94	1.25	0.90	27.0	313
	R4	46.6	31.7	1.77	1.83	100	89	1.27	0.97	23.0	259
加载情况下	L1	46.6	36.4	1.78	1.95	100	100	1.26	0.92	13.0	297
	L2	46.6	36.1	1.79	1.95	100	100	1.25	0.91	14.0	303
	L3	46.6	39.4	1.79	1.89	100	100	1.25	1.02	8.0	202
	L4	46.6	37.0	1.78	1.90	100	100	1.26	0.98	13.0	254

注:试验采用的试样为重塑萧山黏土,比重2.74;真空泵抽气功率为4L/s;加载压缩试验的荷载大小与真空排水压缩试验膜内外压差相同。

对试验过程进行分析,抽真空作用在四个方面对试样产生影响。

①抽真空作用会改变试样中孔隙水的毛细管势。大气与孔隙水表面存在的张力与膜下真空与孔隙水表面存在的张力有所不同,这导致试样中孔隙水的毛细管势发生变化。但一般来说,大气压力对孔隙水表面张力的影响很小,几乎可以忽略不计。

②抽真空作用可以吸出试样中的封闭气泡。封闭气泡的吸出使试样产生相应变形,并加速固结。由于试样基本上是饱和的,所以虽然不排除试样中仍存在少量的气泡,其影响也是非常小的。

③抽真空作用导致孔隙水汽化。在低压情况下,水的沸点降低,不同温度下水的蒸气压见表3。从表中可以看出,当真空度达到90kPa时,水完全汽化的温度需要40多摄氏度,仍远远高于常温。另外,水的蒸气压与液滴大小有关,液滴越小,相同温度下蒸气压越大,即越容易汽化。黏土中超微孔隙直径可在 10^{-8} m 以下,因此同样温度下,其蒸气压要比表3所列出的蒸气压要小。开尔文(Kelvin)公式可以定性地说明液滴大小对蒸气压的影响,但要对此进行定量的评价是困难的,而且其影响程度也是有限的。因此,一般情况下,真空预压过程中,孔隙水的完全汽化是不可能的。在室内真空排水压缩试验过程中,可以观察到两个现象:一个现象是真空泵出气口有较多的水珠凝结;另一个现象是压缩装置金属容器温度降低很多,大大低于室温,容器外壁有很多遇冷凝结的水珠。以上现象说明在抽真空过程中,虽然孔隙水的完全汽化是不可能的,但一定程度的孔隙水汽化现象是存在的。

表3 不同温度下水的蒸气压

水的沸点/℃	1	5	10	15	20	25	30	40	50	60	70	80	90	100
大气压力/kPa	0.66	0.87	1.23	1.70	2.34	3.17	4.24	7.38	12.3	19.9	31.2	47.3	70.1	101

④抽真空在试样中产生负压。抽真空作用使试样中的孔压低于外界大气压,外界大气压的存在要求土中总应力场与外界大气压保持平衡,为满足平衡条件,土体压密,有效应力相应增加。

在柔性膜下的真空排水压缩试验中,抽真空作用从以上四个方面对试样产生影响。在刚性膜下的真空预压中,抽真空作用仅从前三个方面对试样产生影响。从室内对比试验可以看出,柔性膜下的真空预压效果要远远好于刚性膜下的真空预压效果。所以说,真空预压下土体变形的最主要原因是抽真空作用使得试样中孔隙水压力低于大气压,而外界大气压的存在又要求试样总应力与外界大气压保持平衡,所以使土体压密,有效应力增加。

真空排水压缩试验中必须满足两个平衡条件:试样中孔压与负压边界的平衡,以及试样竖向总应力与大气压的平衡。刚性膜只需满足前一平衡条件,所以即使试样中孔压均为负值,也不会直接导致有效应力的增加。而柔性膜必须同时满足两个平衡条件,因此当试样中孔压为负值而竖向总应力又必须与大气压保持平衡时,必然导致试样有效应力的增加。显然,两者的加固效果是不大一样的。

4 真空预压加固软土地基机理探讨

真空预压加固软土地基,相当于柔性膜下的真空排水压缩试验。同样必须满足两个平衡条件:地基中孔压与负压边界的平衡及总应力与大气压的平衡。因此,由负压边界、抽真空作用强度、场地条件等因素共同决定的地基中最终稳定负压渗流场的大小和分布,决定了真空预压作用下地基中增加的有效应力。真空预压下有效应力的增加、土体的变形、孔压的消散是负压边界作用下的固结过程,该过程同样适用太沙基(Terzaghi)及比奥(Biot)固结理论,只是边界条件和初始条件不同。

真空预压加固软土地基,会导致场地内地下水位的下降,据大量工程实测显示,其下降值一般在 1~4m,下降值大小与抽真空作用强度、场地条件等因素有关。地下水位的下降对地基相关土层有加固作用,其加固效果与纯粹由抽真空引起的加固效果可以叠加。

5 真空预压加固软土地基的工程问题

5.1 真空预压加固地基的两个基本问题

堆载预压加固地基有两个最基本的问题:一是最终效果问题,堆载预压的最终效果由附加应力场决定,附加应力场的计算采用弹性力学的理论;二是预压时变形、孔压、有效应力、强度参数等随时间变化情况,这属于一般情况下的固结问题,可以以太沙基及比奥固结理论为基础进行分析。同样,真空预压也有这两个最基本的问题需要解决。

国外进行的机理研究,侧重于解决真空预压的最终效果问题,杰尔曼于 1952 年提出的一维问题最终效果,1973 年美国的威廉等人用流网解二维问题,1983 年苏联的费尔·梅尔季罗相(Fer-Mertirosyan)采用拉普拉斯方程求解,日本的小林正树用有限元解三维问题,他们所研究的都是最终效果问题,属于稳定渗流问题。国内在 20 世纪 80 年代以来对真空预压的研究,侧重于真空预压的固结问题,属于非稳定渗流问题,如负压下的固结理论。该理论认为,真空预压加固软土地基时,地基土的固结是在负压条件下进行的,它和在正压条件下即堆载预压固结问题基本相同,只是边界条件有差别,因此负压下的固结可以沿用原有固结理论的所有方程。国内工程界较多使用等效荷载理论,即假定真空预压加固软土地基,就相当于在地基上作用等于膜内外压差的等效荷载。

在最终效果和固结这两个基本问题上,国内外学者虽然对这两方面开展了研究,但并未完全解决这两个基本问题,而且单纯仅从最终效果角度和固结角度研究真空预压均无法完整揭示其加固机理。只有从最终效果和固结两方面出发才能系统阐述真空预压加固软土地基的机理,正确建立相应的分析模型和计算理论,解决目前工程应用中的问题,如真空预压的有效加固深度、真空预压加固地基沉降估计等问题。

5.2 真空预压的室内试验和现场监测

真空预压的试验研究必须同时以室内试验和现场监测为基础。

真空预压的现场监测可以指导工程施工,并为真空预压研究和设计提供第一手的资料,是真空预压工法的重要组成部分。真空预压的监测项目较多,主要有表面沉降观测、分层沉降观测、水平位移观测、真空度观测(膜下真空度观测、竖向排水体内真空度观测和淤泥内真空度观测)、孔隙水压力观测和地下水位观测等。为检验真空预压加固效果,通常还进行钻孔取土的室内试验分析、现场十字板剪切试验、静力触探试验和静载荷试验等。近年来,随着真空预压加固软土地基工程的增加,国内报道了许多真空预压现场监测数据,这为研究真空预压积累了一批资料。但现场监测资料大都缺乏系统性,往往难以说明问题。并且部分测试技术如深层真空度测试技术在测试原理上存在问题,这使得测试结果难以反映实际情况。

真空预压现场监测方面的研究,应包括两个方面的内容:一是结合真空预压机理的研究,开展新的监测项目;二是对现场实测资料进行系统的研究分析,总结经验规律,为真空预压的机理研究提供实测依据。

5.3 真空预压加固软土地基的数值分析

许多学者在真空预压加固软土地基数值分析方面做了研究,但仍有许多问题未很好得到解决。①竖向排水体的处理：是将竖向排水体视为稳定负压边界，或是按一定规律分布的负压边界，还是仅仅作为渗透系数很大的介质，在真空预压数值分析中并未形成共识，也没有有效的理论和试验验证。②地下水位下降的计算：现有数值分析方法均无法计算地下水位的下降，考虑地下水位下降在真空预压中的作用。③抽真空能量对真空预压效果的影响：工程实践表明，在膜下真空度基本保持不变的情况下，射流泵使用越多，真空预压效果越好，将抽真空表面视为恒定负压边界的数值分析方法无法反映这一现象。

真空预压加固软土地基基本控制方程与堆载预压相同，其数值分析的难点在于边界条件的界定和必须考虑地下水的影响。

5.4 实用设计方法的研究

在我国，指导工程实践的主要是各行业及地区编制的相关规范及规程。现行有关真空预压法的规范较多，如《建筑地基处理技术规范》(JGJ79—91)、《港口工程地基规范》(JTJ250—98)、《上海市标准地基处理技术规范》(DBJ08—40—94)等。现行规范主要偏重于施工要求，对真空预压法加固软土地基沉降及强度增长的计算，则基本上沿用了堆载预压法思路，或在其基础上用经验系数加以修正。对于真空预压的若干问题，如加固的有效影响深度、地下水对真空预压的影响等问题，均未能说明或未提及。工程实践表明，按照现有规范指导真空预压的设计和施工，在竖向排水体平面布置及深度、射流泵的配置、沉降的计算、施工时沉降速率的控制及真空预压施工终止的要求等方面，带有一定的盲目性和不易操作性。这些都是我们对真空预压机理认识不清而造成的，因此，在研究真空预压机理的基础上发展真空预压实用设计方法，对真空预压的发展具有十分重要的意义。

5.5 真空预压加固软土地基工法的改进

典型的真空预压工法是在软土地基中打设竖向排水体，在表面设置水平向排水系统，然后覆盖薄膜，用射流泵抽气抽水以加固地基。其他形式的真空预压工法包括真空井点法、真空联合堆载法(膜上堆土或覆水)、真空预压结合降低地下水位法、真空预压结合电渗法、真空预压结合碎石桩法及 IFCO 工法(用砂墙作为竖向排水体)等。在深入了解真空预压法加固软土地基机理的基础上，针对不同工程要求，改进真空预压工法，或将真空预压工法与其他工法结合起来使用，可增加该工法的适用性和有效性。

6 结 语

真空预压工法的发展方兴未艾。一般而言，在处理要求不是很高的情况下，真空预压法在大面积软土地基处理上相当具有优势。真空预压联合堆载预压法在高速公路软土地基处理上具有其优越性。随着真空预压机理研究的不断深入，真空预压设计水平和施工方法的不断提高，其适用范围会更广。

参考文献

[1] 龚晓南,岑仰润. 真空预压加固软土地基机理探讨[J]. 哈尔滨建筑大学学报,2002,35(2):7-10.

[2] 龚晓南,岑仰润,李昌宁. 真空排水预压加固软土地基的研究现状及展望[C]//中国土木工程学会土力学及岩土工程分会地基处理学术委员会. 地基处理理论与实践——第七届全国地基处理学术讨论会论文集. 北京:中国水利水电出版社,2002:16-20.

锚杆静压桩在建筑物加固纠偏中的应用[*]

孙林娜　龚晓南

（浙江大学岩土工程研究所）

摘要　某银行营业楼由临近地下管道施工引起不均匀沉降,造成倾斜超过国家规定标准,需进行加固纠偏处理。采用锚杆静压桩结合掏土法进行加固纠偏,加固效果可靠。此外,对由锚杆静压桩施工引起的附加沉降应给以足够的重视。

1　工程概况

某银行营业楼位于一国道南侧,建筑平面为矩形,占地面积约 $544m^2$,建筑面积约 $1344m^2$,建筑总高约 $14.5m$ 。该建筑物为四层框架结构,基础为片筏基础,筏板厚 $0.4m$,基础埋深 $0.8m$,外墙基础外扩 $2.0m$ 。该楼建于 1994 年,2001 年在装修过程中发现建筑物有不均匀沉降现象,并且沉降尚未稳定。建筑物总体向北倾斜,最大差异沉降量为 99mm,倾斜率为 $6.83‰$,需进行加固纠偏处理。场地土层分布情况见表 1。

表 1　场地土层的物理力学指标参数

层号	层厚/m	土层名称	P_s/MPa	$E_{s0.1-0.2}$/MPa	f_k/MPa
1	0.9	杂填土	—		
2	3.2	淤泥质土	0.55	2.50	70
3	2.1	粉质黏土	1.30	4.50	120
4	2.9	淤泥质土	0.55	2.80	75
5	2.4	粉质黏土	2.35	8.00	220
6	未钻穿	粉砂	8.00	11.00	170

建筑物沉降倾斜的原因是沿国道进行的污水管道顶管施工,施工扰动了建筑物筏板基础下的地基土层,引起地面不均匀沉降。靠近顶管施工处的建筑物北侧,地基土扰动程度大,沉降也大,远离顶管施工处的建筑物南侧,地基土扰动程度相对较小,沉降也较小,导致建筑物沉降不均匀。

2　加固纠偏设计方案

2.1　设计思路

纠偏加固应从两方面入手:首先是制止不均匀沉降,有效控制沉降量;其次是对已倾斜建筑物的矫正。经多种方案比较,最终选择锚杆静压桩结合掏土法进行加固纠偏处理。锚杆静压桩

---

* 本文刊于《低温建筑技术》,2006(1):62-63.

掘土法的工作原理是,对于倾斜较大的独立、条形钢筋混凝土基础及筏板基础建筑物,在原沉降量较大一侧设置锚杆静压桩,制止该建筑物的继续倾斜,同时在原沉降量较小的一侧基础下配合掘土,使其缓慢、均匀回倾。

2.2 基础加固

根据房屋沉降倾斜状况及场地工程地质条件,采用 250mm×250mm 预制锚杆静压桩,每节长 2~2.5m,有效桩长 10.0m,桩尖进入第六层。在沉降较大的北侧,按一墙二桩、中间加桩原则共布有 23 根托换静压桩加固,南侧和中间在掘土纠偏达到设计要求后布置 21 根辅助静压桩,以起到对房屋稳定、加固、止倾的作用,平面布置见图 1。

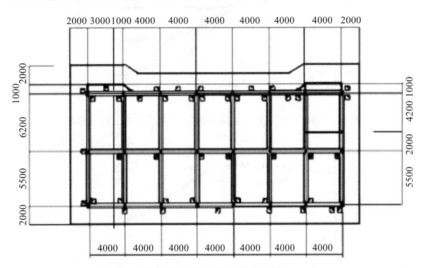

图 1 锚杆静压桩平面布置图(单位:mm)

2.3 纠偏

因房屋向北侧倾斜,在南侧布置掘土孔进行纠偏。取土采用 ⌀120 的麻花钻头,采取多向钻进取土,各掘土点含三孔,三叉形分布,中间孔长 8m,分叉孔长 10m。掘土顺序为先中间孔,再分叉孔,掘土点顺序均采取内插法,即掘土从房屋两侧开始,再掘中间掘土点,然后从两侧间隔掘土。

2.4 纠偏监测与控制

采用二等精度闭合导线水准测量,并用全站仪对房屋进行倾斜测量。掘土侧在掘土期间的沉降速率控制在 5mm/d 以内。同步监测,反馈信息,指导施工;施工如有异常,及时分析,适时调整,优化施工,做到信息化施工。

该建筑物设置了 9 个水准点(1#—9#)和 6 个倾斜测点(A1—A6),其具体布置见图 2。

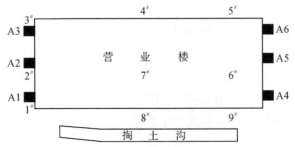

图 2 沉降及倾斜测点平面布置示意图

3 纠偏加固效果分析

通过纠偏加固施工,建筑物的倾斜得到了治理,倾斜量由纠偏前的最大 105mm 减小到 42mm,倾斜率也由纠偏前的 6.83‰减小至 2.90‰。同时,建筑物北侧的沉降也得到了有效的控制,沉降速率已小于 0.1mm/d,基本趋于稳定。5#、6#、9# 测点的沉降曲线见图 3,倾斜率变化曲线见图 4。

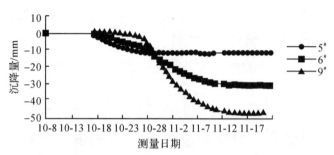

图 3　5#、6#、9# 测点的沉降曲线(x-y 表示 x 月 y 日,下同)

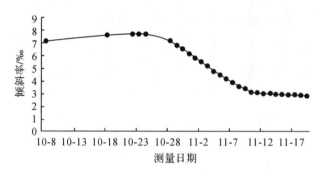

图 4　倾斜率变化曲线

从图 3 和图 4 可以看出,在北侧压桩施工期间,由于压桩施工会对基础土体产生一定的振动,破坏其原来的力学性质,加上房屋自重影响,房屋压桩处附近会产生一定量的附加沉降,南侧各测点的沉降基本没有变化。在南侧掏土及南部中部压桩施工期间,房屋南侧各测点的沉降速率明显增大,房屋开始向南回倾。此时,北侧的锚杆静压桩已封好,制止了房屋北侧的沉降。在房屋自然回倾及南部中部封桩、回土施工期间,由于掏土及压桩施工的停止,房屋基础下土体的扰动结束,房屋处于一种自然回倾的状态。到 11 月 17 日,沉降基本趋于稳定。其间房屋倾斜有一定的变化,但变化的量较掏土施工期间已大为降低。

4 锚杆静压桩加固时产生附加沉降的机理分析

由于挤土效应,锚杆静压桩压桩时会影响周围土体产生地面隆起现象,但是,在软土地区对倾斜建筑物采用锚杆静压桩加固地基时往往产生附加沉降,针对这一现象,分析其产生原因,主要有以下几方面:①压桩时桩端阻力及桩侧摩阻力产生的沉降;②压桩时桩体侧向挤土引起由于土体挤密产生的沉降;③压桩时在桩周产生塑性区使得土体强度降低,从而在竖向荷载不变的情况下产生的沉降。

减小附加沉降的主要措施有:①合理安排施工流程,一般情况是先在中部压桩,然后向两侧大间距进行跳压;②控制沉降速率,防止桩周孔隙水压力和桩端阻力过大,避免桩周土体强度降低过多以及桩端以下土层产生较大变形。

5 结 语

(1)目前房屋纠倾加固的方法较多,采用锚杆静压桩结合掏土法进行加固纠偏,能稳定房屋沉降,控制新的不均匀沉降,该方法具有加固效果可靠、施工简便、费用低等优点,适用于软土地基上的房屋纠偏加固。

(2)在用锚杆静压桩加固时,压桩过程中往往会引起沉降较大一侧的附加沉降。

(3)掏土应该分期进行,每次掏土量不宜过大,应间隔掏土,并加强变形测量和控制变形速率。竣工时应预留一定后期沉降量。

(4)在纠偏加固中,应进行沉降和倾斜监测,并根据监测信息反馈资料指导,调整施工方案,确保建筑物的安全。

参考文献

[1] 龚晓南.地基处理新技术[M].西安:陕西科学技术出版社,1997.

[2] 张永钧,叶书麟.既有建筑地基基础加固工程实例应用手册[M].北京:中国建筑工业出版社,2002.

[3]《地基处理手册》编写委员会.地基处理手册[M].北京:中国建筑工业出版社,1989.

[4] 黄翊兴,黄泽德.某10层综合楼组合纠倾技术[J].建筑技术,2000,31(6).

[5] 饶建中.软土地基房屋纠偏工程实例[J].地基处理,2000,11(1).

[6] 刘万兴,任臻.锚杆静压桩和掏土在房屋纠偏中的应用[J].土工基础,1999,12(3).

碎石桩加固双层地基固结简化分析[*]

邢皓枫[1] 龚晓南[2] 杨晓军[2]

(1.同济大学地下建筑与工程系;2.浙江大学建筑工程学院)

摘要 碎石桩复合地基在工程上的应用非常广泛,其应力应变性状的研究已很深入,固结问题也得到了不同程度的研究,但已有的解析式大多较复杂,工程中难以应用。将桩间土径向整体作为一个研究对象,从而避开单独考虑因施工造成的涂抹作用的影响,根据排水量与体变等效原理,用平均超孔隙水压力的概念推导出碎石桩加固双层地基简化的固结计算式。由该方法可直接得到碎石桩和桩间土不同深度的平均超孔隙水压力和平均固结度,也可计算复合地基整体固结度。所推得的解析式简洁,且实用性强。

1 前 言

在工程中碎石桩已广泛应用于处理软弱地基土,人们针对其变形和受力机理开展了广泛而深入的研究,而且对固结问题的研究越来越多。例如,1983 年 Charles 等[1]进行了刚性压板下大尺寸散体材料桩的室内三轴试验,观测了散体桩的应力应变和固结特性;1992 年韩杰等[2]得到了只有径向渗流情况下考虑井阻和涂抹作用的碎石桩复合地基固结度计算公式;1998 年 Tang[3]研究了理想竖向排水路径下双层地基的固结问题;2002 年王瑞春等[4]研究了应力集中效应的双层散体材料桩复合地基固结问题;2001 年 Han 等[5]提出了一种简化的碎石桩固结计算方法,等等。由于碎石桩复合地基中桩的长径比很大,碎石桩渗透性远大于桩间土渗透性,单桩影响下的桩间土范围远小于复合地基处理深度,故桩间土超孔隙水压力消散大多通过水平向渗透至碎石桩体而消散,竖向排水效应很小,甚至可以忽略不计[6-7]。笔者基于流量相等的原理,在忽略桩间土竖向排水的情况下得到了碎石桩加固双层地基固结的简化计算式,该解析式可简化为单层复合地基固结的解析式,也可简便地求得任意深度处超孔隙水压力值或整体平均固结度,与已有的碎石桩复合地基固结解析式相比本文碎石桩复合地基固结解析式更简洁。

2 计算模型的建立

碎石桩加固双层软弱地基(上层为土层①,下层为土层②)而形成的复合地基上部受无限均布荷载作用时,各桩体和桩周土体的性状相同,可任意选取一个环形复合体作为分析计算模型(图1),图中 E、V 和 k 分别为压缩模量、体积和渗透系数;下标 p 和 s 分别代表桩体和桩间土

*本文刊于《岩土力学》,2006,27(10):1739-1742,1753.

体;d_p 为碎石桩直径;D 为桩体影响范围,即桩间土体外径,为推导公式方便设 $\alpha=d_p/D$,根据《地基处理手册》[8],$D=1.05L$ 时,为等边三角形布置;$D=1.13L$ 时,为正方形布置,L 为桩心距。

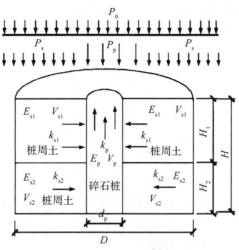

图 1 典型计算模型

3 固结方程的推导

考虑到碎石桩复合地基复杂的边界条件,为了建立可求解的固结方程,做如下假设:①复合地基是饱和的,桩和桩周土分别都是均质的,固体颗粒和水不可压缩;②渗流符合达西(Darcy)定律,渗透系数和压缩系数为常数,桩周土只发生径向渗流,桩为竖向渗流;③固结变形为小变形,且等应变成立;④外荷载一次性施加且固结过程中保持不变。

由以上假设可得到加固区 z 深度碎石桩和桩间土渗流和变形的关系,见图 2,图中 q 和 S 分别为排出水量和竖向变形量;下标 h 和 v 分别表示水平向和竖直向。根据图 2,由孔隙水流出量与体积变化关系[9]得

$$\begin{cases} \dfrac{\partial v_s}{\partial t}=-q_{hs} \\[2mm] \dfrac{\partial v_p}{\partial t}=-\dfrac{\partial q_{vp}}{\partial z}dz+q_{hs} \end{cases} \tag{1}$$

式中,v_s、v_p 分别为 t 时刻桩周土和碎石桩体积变化量;q_{hs}、q_{vp} 分别为 t 时刻桩周土径向和碎石桩竖向孔隙水流出的量。

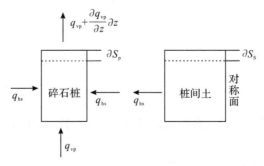

图 2 桩和桩间土的渗流关系

由式(1)得

$$\frac{\partial v_{\mathrm{p}}}{\partial t} = -\frac{\partial q_{\mathrm{vp}}}{\partial z}\mathrm{d}z - \frac{\partial v_{\mathrm{s}}}{\partial t} \tag{2}$$

同一时间增量 ∂t 内,单元体有效应力增量与单元体体积减小量的关系及有效应力的增量等于超孔隙水应力减小量(有效应力原理),则有

$$\frac{\partial u}{\partial t} = \frac{1}{m_{\mathrm{v}}v}\frac{\partial v_{\mathrm{s}}}{\partial t} \tag{3}$$

变换式(3)得

$$\frac{\partial v_{\mathrm{s}}}{\partial t} = \frac{\partial \bar{u}_{\mathrm{s}}}{\partial t}m_{\mathrm{vs}}A_{\mathrm{s}}\mathrm{d}z \tag{4}$$

根据达西定律得

$$\frac{\partial q_{\mathrm{vp}}}{\partial z}\mathrm{d}z = -\frac{k_{\mathrm{p}}}{\gamma_{\mathrm{w}}}\frac{\partial^{2}\bar{u}_{\mathrm{p}}}{\partial z^{2}}A_{\mathrm{p}}\mathrm{d}z \tag{5}$$

式中, $\bar{u}_{\mathrm{p}}$、$\bar{u}_{\mathrm{s}}$ 分别为 t 时间桩和桩周土平均超孔隙水压力;A_{p}、A_{s} 分别为桩的截面积和桩周土的截面积;k_{p}、γ_{w} 分别为桩体的渗透系数和水的重度;m_{v}、m_{vs} 分别为体积压缩系数和桩周土的体积压缩系数。将式(4)、式(5)代入式(2)得

$$\frac{\partial \bar{u}_{\mathrm{p}}}{\partial t}m_{\mathrm{vp}}A_{\mathrm{p}}\mathrm{d}z = \frac{k_{\mathrm{p}}}{\gamma_{\mathrm{w}}}\frac{\partial^{2}\bar{u}_{\mathrm{p}}}{\partial z^{2}}A_{\mathrm{p}}\mathrm{d}z - \frac{\partial \bar{u}_{\mathrm{s}}}{\partial t}m_{\mathrm{vs}}A_{\mathrm{s}}\mathrm{d}z \tag{6}$$

式中,m_{vp} 为碎石桩体积压缩系数。因 $\Delta V = \frac{\mathrm{d}e}{1+e_{1}}V = \frac{-a}{1+e_{1}}\frac{\partial \bar{u}}{\partial t}A\mathrm{d}z\mathrm{d}t = -m_{\mathrm{v}}\frac{\partial \bar{u}}{\partial t}A\mathrm{d}z\mathrm{d}t$,由等应变假设得 $\frac{\partial S_{\mathrm{p}}}{\partial z} = \frac{\partial S_{\mathrm{s}}}{\partial z}$,故将其代入式(3)得

$$\begin{cases} m_{\mathrm{vp}}\dfrac{\partial \bar{u}_{\mathrm{p}}}{\partial t} = m_{\mathrm{vs}}\dfrac{\partial \bar{u}_{\mathrm{s}}}{\partial t} \\ k_{\mathrm{p}}\dfrac{\partial^{2}\bar{u}_{\mathrm{p}}}{\partial z^{2}} = \dfrac{1}{\alpha^{2}}k_{\mathrm{s}}\dfrac{\partial^{2}\bar{u}_{\mathrm{s}}}{\partial z^{2}} \end{cases} \tag{7}$$

将式(7)代入式(6)得

$$\begin{cases} \dfrac{\partial \bar{u}_{\mathrm{p}}}{\partial t}m_{\mathrm{vp}}A_{\mathrm{p}}\mathrm{d}z = \dfrac{k_{\mathrm{p}}}{\gamma_{\mathrm{w}}}\dfrac{\partial^{2}\bar{u}_{\mathrm{p}}}{\partial z^{2}}A_{\mathrm{p}}\mathrm{d}z - \dfrac{\partial \bar{u}_{\mathrm{p}}}{\partial t}m_{\mathrm{vp}}A_{\mathrm{s}}\mathrm{d}z \\ \dfrac{\partial \bar{u}_{\mathrm{s}}}{\partial t}m_{\mathrm{vs}}A_{\mathrm{p}}\mathrm{d}z = \dfrac{1}{\alpha^{2}}\dfrac{k_{\mathrm{s}}}{\gamma_{\mathrm{w}}}\dfrac{\partial^{2}\bar{u}_{\mathrm{s}}}{\partial z^{2}}A_{\mathrm{p}}\mathrm{d}z - \dfrac{\partial \bar{u}_{\mathrm{s}}}{\partial t}m_{\mathrm{vs}}A_{\mathrm{s}}\mathrm{d}z \end{cases} \tag{8}$$

整理得

$$\frac{\partial \bar{u}_{x}}{\partial t} = \beta_{x}\frac{\partial^{2}\bar{u}_{x}}{\partial z^{2}} \tag{9}$$

其中

$$\begin{cases} \beta_{\mathrm{p}} = \dfrac{k_{\mathrm{p}}A_{\mathrm{p}}}{m_{\mathrm{vp}}\gamma_{\mathrm{w}}(A_{\mathrm{p}}+A_{\mathrm{s}})} = \alpha^{2}C_{\mathrm{vp}} \\ \beta_{\mathrm{s}} = \dfrac{k_{\mathrm{s}}A_{\mathrm{p}}}{\alpha^{2}m_{\mathrm{vs}}\gamma_{\mathrm{w}}(A_{\mathrm{p}}+A_{\mathrm{s}})} = C_{\mathrm{vs}} \end{cases} \tag{10}$$

上式即为所推导的加固区碎石桩复合地基桩体和桩间土的固结微分方程。x 分别代表碎石桩和桩周土(包括土层①和土层②)。

根据力的平衡及等应变假设有

$$\begin{cases} \sigma_{\mathrm{s}}A_{\mathrm{s}} + \sigma_{\mathrm{p}}A_{\mathrm{p}} = p_{0}A \\ \sigma'_{\mathrm{s}}m_{\mathrm{vs}} = \sigma'_{\mathrm{p}}m_{\mathrm{vp}} \end{cases} \tag{11}$$

式中，σ_x、σ'_x 分别为总应力和有效应力。当 $t=0$ 时，$\sigma_x=\sigma'_x=u_{x0}$，结合式(11)中的两式解得 $t=0$ 时桩与桩周土的超孔隙水压力分别为

$$\begin{cases} u_{p0}=\dfrac{m_{vs}p_0}{m_{vs}\alpha^2+m_{vp}(1-\alpha^2)} \\[3mm] u_{s0}=\dfrac{m_{vp}p_0}{m_{vs}\alpha^2+m_{vp}(1-\alpha^2)} \end{cases} \tag{12}$$

4 固结方程的边界条件及求解

当桩径比 $\alpha=1$ 时，即桩周土完全被碎石桩取代，复合地基固结问题变为碎石桩的太沙基(Terzaghi)一维固结问题。由图1可得上部排水底部不透水条件下(上下底面均排水时类同)固结的边界条件：

$$\begin{cases} t=0,0 \leqslant z \leqslant H \text{ 时}, u_0=u_{x0} \\ 0 < t < \infty, z=0 \text{ 时}, u=0 \\ t=\infty, 0 \leqslant z \leqslant H \text{ 时}, u=0 \end{cases} \tag{13}$$

上层与下层连续条件为

$$\begin{cases} \bar{u}_{s1}|_{z=H_1}=\bar{u}_{s2}|_{z=H_1}; k_{s1}\dfrac{\partial \bar{u}_{s1}}{\partial z}\Big|_{z=H_1}=k_{s2}\dfrac{\partial \bar{u}_{s2}}{\partial z}\Big|_{z=H_1} \\[3mm] 0 < t < \infty, \dfrac{\partial \bar{u}_p}{\partial z}\Big|_{z=H}=0 \end{cases} \tag{14}$$

桩体类似于太沙基一维固结方程的求解，采用分离变量法[10-12]，由边界条件及傅里叶(Fourier)级数得桩体固结方程的通解为

$$\bar{u}_p=\frac{2}{\pi}\sum_{m=1}^{\infty}\frac{1}{m}\left[\bar{u}_{p01}+\bar{u}_{p02}+(\bar{u}_{p01}-\bar{u}_{p02})\cos\left(\frac{m\pi H_1}{H}\right)\right]\sin\left(\frac{m\pi z}{H}\right)e^{-m^2\frac{\pi^2}{4}\beta_{vp}} \tag{15}$$

由分离变量法，桩周土体上下层固结方程化为

$$\frac{1}{\beta_{s1}}\frac{1}{T}\frac{\partial T}{\partial t}=\frac{1}{X_{s1}}\frac{\partial^2 X_{s1}}{\partial x^2}=\frac{\beta_{s2}}{\beta_{s1}}\frac{1}{X_{s2}}\frac{\partial^2 X_{s2}}{\partial x^2}=-\lambda^2 \tag{16}$$

令 $a=\sqrt{\dfrac{\beta_{s1}}{\beta_{s2}}}=\sqrt{\dfrac{k_{s1}m_{vs2}}{k_{s2}m_{vs1}}}$，$b=\dfrac{k_{s1}}{k_{s2}}$，$c=\dfrac{H_1}{H_2}$，式(16)则可解答为

$$\begin{cases} T=Ae^{(-\lambda^2\beta_{s1}t)} \\ X_{s1}=A_1\sin(\lambda z)+B_1\cos(\lambda z) \\ X_{s2}=A_2\sin(a\lambda z)+B_2\cos(a\lambda z) \end{cases} \tag{17}$$

式中 A 为非零的常数。

根据 $0 < t < \infty, z=0$ 时，$u_{s1}=0$ 得 $B_1=0$。由 $0 < t < \infty, \dfrac{\partial \bar{u}_p}{\partial z}\Big|_{z=H}=0$ 得

$$A_2\cos(a\lambda H)-B_2\sin(a\lambda H)=0 \tag{18}$$

根据 $0 < t < \infty, \bar{u}_{s1}|_{z=H_1}=\bar{u}_{s2}|_{z=H_1}$ 得

$$A_1\sin(\lambda H_1)=A_2\sin(a\lambda H_1)+B_2\cos(a\lambda H_1) \tag{19}$$

由 $0 < t < \infty, k_{s1}\dfrac{\partial \bar{u}_{s1}}{\partial z}\Big|_{z=H_1}=k_{s2}\dfrac{\partial \bar{u}_{s2}}{\partial z}\Big|_{z=H_1}$ 得

$$k_{s1}A_1\cos(\lambda H_1)=k_{s2}a[A_2\cos(a\lambda H_1)-B_2\sin(a\lambda H_1)] \tag{20}$$

由式(18)—(20)得到两个关于积分常数 A_1 与 A_2 的齐次代数方程组,为得到非平凡解,该齐次代数方程组的二阶系数矩阵的行列式值必为零,即

$$f(\lambda) = \begin{vmatrix} \sin(\lambda H_1) & \dfrac{1}{\sin(a\lambda H)}\cos(a\lambda H_2) \\ k_{s1}\cos(\lambda H_1) & \dfrac{k_{s2}a}{\sin(a\lambda H)}\sin(a\lambda H_2) \end{vmatrix} = 0 \tag{21}$$

整理得

$$\tan(\lambda H_1)\tan(a\lambda H_2) = \frac{b}{a} \tag{22}$$

$$\begin{cases} \bar{u}_{s1} = T_m X_{sim} = \sum_{m=1}^{\infty} C_m Z_{sim} \mathrm{e}^{(-\lambda_m^2 \beta_{s1} t)} \\ Z_{s1m} = \sin(\lambda_m z), 0 \leqslant z \leqslant H_1; \\ Z_{s2m} = \sin(\lambda_m H_1)\dfrac{\cos[a\lambda_m(H-z)]}{\cos(\lambda_m H_2)}, H_1 z \leqslant H \end{cases} \tag{23}$$

方程式(22)具有无穷多个根 $\lambda_m(m=1,2,\cdots)$。仅在特殊情况下可直接求解,一般条件下必须采用某种叠加方法确定这些特征值,进而可得到 A_1、A_2 和 B_2 之间的关系,于是双层土体超孔隙水压力的通解可表达为式(23)的级数形式。

根据 Schiffman 等[13]正交关系得 C_m 值,

$$C_m = \frac{\displaystyle\int_0^{H_1} m_{vs1}\bar{u}_{s10}Z_{s1m}\mathrm{d}z + \int_{H_1}^{H} m_{vs2}\bar{u}_{s20}Z_{s2m}\mathrm{d}z}{\displaystyle\int_0^{H_1} m_{vs1}Z_{s10}^2\mathrm{d}z + \int_{H_1}^{H} m_{vs2}Z_{s20}^2\mathrm{d}z} = \frac{2\bar{u}_{s10}\left[1 - \left(1 - \dfrac{\bar{u}_{s20}}{\bar{u}_{s10}}\right)\cos(\lambda_m H_1)\right]}{\lambda_m H_1\left(1 + \dfrac{a^2 c}{b}\dfrac{\sin^2(\lambda_m H_1)}{\cos^2(a\lambda_m H_2)}\right)} \tag{24}$$

将已知 C_m 值代入式(23),即可得到碎石桩加固的双层地基中桩周土体固结方程的通解:

$$\begin{cases} \bar{u}_{s1} = \sum_{m=1}^{\infty} C_m \sin(\lambda_m z)\mathrm{e}^{(-\lambda_m^2 \beta_{s1} t)} \\ \bar{u}_{s2} = \sum_{m=1}^{\infty} C_m \sin(\lambda_m H_1)\dfrac{\cos[a\lambda_m(H-z)]}{\cos(\lambda_m H_2)}\mathrm{e}^{(-\lambda_m^2 \beta_{s1} t)} \end{cases} \tag{25}$$

根据固结度的概念,由初始超孔隙水压力减去式(25)所得的值,除以初始超孔隙水压力即可得到不同深度处碎石桩及桩周土的平均固结度,见式(26)。此求解某深度截面平均固结度的方法较已有的解析式需沿径向积分的方法要简单得多。

$$\bar{U}_{z,t} = \frac{\bar{u}_0 - \bar{u}_t}{\bar{u}_0} = 1 - \frac{\bar{u}_t}{\bar{u}_0} \tag{26}$$

由于工程上常关心加固区平均固结度,碎石桩及桩周土的平均固结度公式为

$$\bar{U}_s = 1 - \frac{\displaystyle\int_0^{H_1} \bar{u}_{s1}\mathrm{d}z + \int_{H_1}^{H} \bar{u}_{s2}\mathrm{d}z}{\bar{u}_{s10}H_1 + \bar{u}_{s20}H_2} \tag{27}$$

根据式(26)得

$$\bar{U}_p = 1 - \frac{4H\displaystyle\sum_{m=1}^{\infty}\dfrac{1}{m^2}\left[\bar{u}_{p01} + \bar{u}_{p02} + (\bar{u}_{p02} - \bar{u}_{p01})\cos\dfrac{m\pi H_1}{H}\right]\mathrm{e}^{-m^2\frac{\pi^2}{4}T_{vp}}}{(H_1\bar{u}_{p01} + H_2\bar{u}_{p02})\pi^2} \tag{28}$$

$$\bar{U}_s = 1 - \frac{\displaystyle\sum_{m=1}^{\infty}\dfrac{C_m}{\lambda_m}(1-A)\mathrm{e}^{-\lambda_m^2 \beta_{s1} t}}{H_1\bar{u}_{s10} + H_2\bar{u}_{s20}}$$

$$= 1 - \frac{2}{\left(1+\dfrac{\overline{u}_{s20}}{\overline{u}_{s10}}c\right)H_1^2} \cdot \sum_{m=1}^{\infty} \frac{\left[1-\left(1-\dfrac{\overline{u}_{s20}}{\overline{u}_{s10}}\right)\cos(\lambda_m H_1)\right](1-A)}{\lambda_m^2\left[1+\dfrac{a^2}{b}\dfrac{c}{\sin^2(\lambda_m H_1)}{\cos^2(a\lambda_m H_2)}\right]}e^{-\lambda_m^2\beta_{s1}t} \tag{29}$$

式中,$A=\left(1-\dfrac{b}{a^2}\right)\cos(\lambda_m H_1)$。

加固区整体平均固结度计算式为

$$U=\alpha^2\overline{U}_s+(1-\alpha^2)\overline{U}_p \tag{30}$$

便可求得某一时刻碎石桩复合地基的固结沉降

$$S_t=\overline{U}S_\infty \tag{31}$$

式中,S_t、S_∞分别为复合地基 t 时间的固结沉降和复合地基的最终沉降。

5 结 语

碎石桩复合地基桩体长径比值较大,单桩水平向影响范围较复合地基加固深度小得多,桩周土固结基本上是通过超孔隙水的径向渗流至桩体内完成的,这就是说将桩周土简化为只有径向渗透是可行的。把整个桩截面和桩周土界面作为一个研究单元,用平均超孔隙水压力的概念,依据固结体积变化量和孔隙水排出量相等的关系,推导出了碎石桩加固双层地基固结简化的解析式,该式既能简便求得整体解,又能得到不同深度的解。

参考文献

[1] Charles J A, Watts K S. Compressibility of soft clay reinforced with granular columns[C]//8th European Conference of Soil Mechanics and Foundation Engineering, Helsinki, 1983.

[2] 韩杰,叶书麟. 考虑井阻和涂抹作用的碎石桩复合地基固结度计算[C]//第三届全国地基处理学术讨论全论文集. 杭州:浙江大学出版社,1992.

[3] Tang X W. A Study on Consolidation of Ground with Vertical Drain System[D]. Saga-ken: Philosophy of Saga University, 1998.

[4] 王瑞春,谢康和. 双层散体材料桩复合地基固结普遍解析解[J]. 中国公路学报,2002,15(3):33-37.

[5] Han J, Ye S L. A simplified solution for the consolidation rate of stone column reinforced foundations[J]. Journal of Geotechnical and Geoenvironmental Engineering ASCE, 2001,127(7):597-603.

[6] Gray H. Simultaneous consolidation of continuous layers of unlike compressible soils[J]. Transactions, American Society of Civil Engineers, 1945, 110: 1327-1356.

[7] Nogami T, Li M X. Consolidation of clay with a system of vertical and horizontal drains[J]. Journal of Geotechnical and Geoenvironmental Engineering ASCE,2003,129(9):838-848.

[8] 龚晓南. 地基处理手册[M]. 2 版. 北京:中国建筑工业出版社,2000. 64-69.

[9] 钱家欢,殷宗泽. 土工原理与计算[M]. 北京:中国水利水电出版社,1996. 199-201.

[10] Barron R A. Consolidation of fine grained soils by drain wells[J]. Transactions, American Society of Civil Engineers, 1948,113:718-754.

[11] 谢康和. 双层地基一维固结理论与应用[J]. 岩土工程学报,1994,16(5):24-35.

[12] 栾茂田,钱令希. 层状饱和土体一维固结分析[J]. 岩土力学,1992,13(4):45-56.

[13] Schiffman R L, Stein J R. One-dimensional consolidation of layered systems[J]. Journal of the Soil Mechanics and Foundations Division ASCE, 1970,96(4):1499-1504.

软黏土二维电渗固结性状的试验研究[*]

李 瑛 龚晓南 焦 丹 刘 振

(软弱土与环境土工教育部重点实验室)

摘要 利用自制的试验装置,进行轴对称条件下的饱和软黏土电渗固结试验,通过测量电渗过程中的电势、电流和排出的水量以及电渗结束后土体的沉降量和含水率分布,从电渗机制和能量消耗的角度研究土体的性状。结果表明:①土体中的电势不仅与到阴极的距离有关,而且与通电时间有关,轴对称条件下电势以折线形式分布,转折点在阴极附近;②土体中的电场强度并不是不变的,当忽略界面电阻的影响时,它随电渗时间线性减小;③在电渗的后期,土体电阻率和能量消耗急剧增加,并且存在突变点。试验证明,可以通过能耗系数曲线来控制电渗时间,减少能量消耗,提高电渗效益。

1 引 言

卡萨格兰德(Casagrande)于1939年首次将电渗排水法成功运用于铁路挖方工程。其后,苏联、美国学者也相继对电渗技术进行了理论研究[1-2],并尝试将其用于各种工程。20世纪50年代末,国内的同济大学、广东工学院等开始将电渗用于实际工程,先后解决了宝山钢厂铁水包基坑开挖、上海真北立交基础施工等难题,完成了海口市龙珠大厦地下室、珠江发电厂泵房和存渣池的开挖支护和软基加固的任务。汪闻韶等[3-4]进行了电渗的理论研究和室内试验。近年来,Zhuang等[5-8]从电极材料和界面电阻的角度研究了电渗固结,而房营光等[9-10]研究了电渗和真空预压的联合作用。

已有的研究结果表明,在渗透系数小于0.1m/d的以黏粒为主的流泥、淤泥或淤泥质土中,电渗排水法能够克服常规重力排水方法效果差、速度慢的缺点[11],且是通过产生负压进行固结,故不存在稳定问题。尽管优点明显,但是由于存在作用机制不完善、电极腐蚀严重、耗电量大等问题,电渗法并没有在工程中得到广泛应用,目前只在珠三角和江浙一带[12]有少量应用。

针对电渗法处理软基存在的问题,本文利用自制的试验仪器进行了饱和软黏土在轴对称边界条件下的电渗固结试验,得出了二维条件下的固结性状,并从电势分布、能量消耗等角度对试验数据进行了分析和讨论。

2 试验准备

2.1 试验装置

插入土中的电极通上直流电后,土体中除了电渗外,还存在电解、电泳、电迁移等作用[13]。

---

* 本文刊于《岩石力学与工程学报》,2009,28(S2):4034-4039.

但是在黏土中,只有电渗对排水固结的作用是最主要的。Curvers 等[14]的研究表明,只要试验土样和电极合适,其他作用的影响可以忽略不计。

黏土颗粒一般带负电,土颗粒带正电,在电场的作用下,水分子从阳极向阴极移动。根据此原理,并考虑实际工程情况,笔者研制了室内电渗排水固结试验装置。整套试验装置外观见图1(a),它由主体部分、电源和量测系统三部分组成。主体部分构造包括阴极、阳极、毛玻璃盖板和试验桶,见图1(b)。阴极是直径为2cm的密钻小孔并捆绑铁丝网和包裹反滤土工布的有机玻璃管;而阳极是由30根竖向钢丝和圆环焊接而成的"笼子",见图2,钢丝和圆环都是直径为2mm的不锈钢丝。顶部的圆环只起连接竖向钢丝的作用,不做电极,试验时不埋入土中。装土样的试验桶的内半径为14.5cm,高20.0cm,壁厚1.0cm,材料是有机玻璃。阴极、阳极和试验桶同轴布置。毛玻璃盖板上钻有小孔供电极、测针以及电线穿过。

(a)整套试验装置

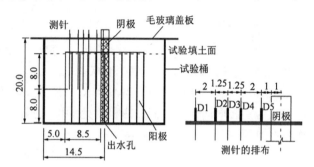
(b)主体部分以及测针布置(单位:cm)

图1　试验装置图

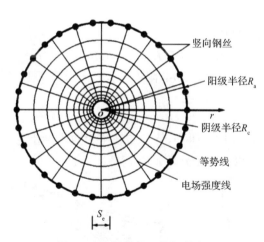

图2　电极排布及土体初始电场

试验采用的电源为固纬 SPD-3606 稳压直流电源,可提供最大120V的输出电压或最大6A的输出电流,并且能够实时显示电路中的电流。量测系统包括测针、电压表、锥形烧瓶和量筒等。测针共有5根,直径1mm,材料是不锈钢,入土8cm,它们到阴极管中心的距离见图1(b)。试验时,电压表的负极与阴极管相连,正极依次和每一个测针相连,以测量电渗过程中每一个测点的电势。此外,试验桶桶底中心钻有小孔,该孔与其下面放置的锥形烧瓶以导管相连,以收集和测量试验排出的水。

2.2 试验方案

为了使系统简单并可重复,本试验选用重塑土作为试样。黏土取自杭州西溪,塑限为22%,液限为52%,塑性指数为30。制作过程是将干粉加水调匀,密闭静置24h,以保证土样的均匀[15]。试验开始时重塑土的含水率为53.5%,密度为1.63g/cm³,相对密度为2.75。

桶内土样高16cm,分八层填入,并击实以排出气泡;自重疏干24h后,在阴阳两极上施加10V电压,试验开始,然后每隔1h测量电流和电势分布,每隔2h测量排出水的体积;当无水排出时,试验终止。断电后,分层分区域取样测定土体的含水率。为了消除外带离子对试验结果的影响,试验采用无离子水,并且所有相关的试验仪器都用无离子水进行了清洗。试验中各步骤都参照相关规程[16]。

3 试验结果和讨论

3.1 电势分布和变化

本试验中电极和土样都是圆柱体,故可简化为二维问题。设阳极半径为R_a,阴极半径为R_c,阳极竖向钢丝的间距为S_e,建立坐标系见图2。

Rittirong等[17]的研究表明,当$S_e < R_a - R_c$时,阳极可以看成一个连续的管。通电之前,土体可以认为是各向同性的。假设阴极管处的电场强度为E_c,半径r处的电场强度为E_r,根据电流连续性原理,有

$$E_r r = E_c R_c \tag{1}$$

根据电场强度的定义又有

$$E = \frac{\partial \varphi}{\partial r} \tag{2}$$

式中,φ为r处的电势。

联立式(1)和(2),分离变量后积分得

$$\varphi = E_c R_c (\ln r - \ln R_c) \tag{3}$$

代入边界条件$R_c = 1$cm和$R_a = 9.5$cm,阳极电势φ_a取10V,可求得$E_c R_c = 4.442$V,则输出电压为10V时,土体中任一点的电势为

$$\varphi = 4.442 \ln r \tag{4}$$

由式(4)可知,电渗刚开始时电极间电势分布在半对数坐标上为一条直线,见图3,这也是埃斯里希(Esrig)理论中所假设的电势分布。

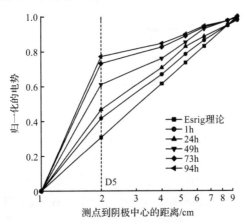

图3　两极间电势分布和变化

从图 3 还可以得出,试验刚开始时,土体只有少量的水排出,各处电阻率基本相等,电势分布基本上是线性的;然后随着土体中的水不断地从阳极流到阴极排出,土体的电势分布呈折线形式,并且曲线转折点 D5 处(实际的转折点在点 D5 到阴极管之间)的电势越来越大,这不但证实了土体和阴极的接触面上存在较大的界面电阻[5],而且说明了采用合适的电极形式可以减小乃至消除界面电阻。而界面电阻随时间不断增大,可能与阴极管不断积累的白色沉淀物有关。由于界面电阻只存在于与阴极接触的小部分土体中,故可将研究的重点放在电势呈线性分布的点 D5 到阳极范围的土体。同时为了表述二维条件下土体电场的大小和变化,引入等效电场强度 J,

$$J=\frac{\varphi_a-\varphi_1}{\ln R_a-\ln r_1}=0.642(\varphi_a-\varphi_1) \tag{5}$$

式中,r_1 为点 D5 到坐标原点的距离,φ_1 为点 D5 处的电势。图 4 是根据式(5)计算出来的等效电场强度随通电时间 t 变化的曲线,它们大致为线性关系:

$$J=3.70-0.026t \tag{6}$$

由于点 D5 到阳极范围内土体的电势以线性分布,故式(5)中的 φ_1、r_1 可以用其间任一点的电势和半径 φ、r 来代替,即

$$J=\frac{\varphi_a-\varphi}{\ln R_a-\ln r} \tag{7}$$

联立式(6)和(7),并考虑到 $R_a=9.5$cm,$\varphi_a=10$V,可得

$$\varphi=3.70\ln r+0.06t-0.026t\ln r+1.675 \tag{8}$$

式(8)说明,在轴对称的二维条件下,即使不考虑界面电阻的影响,电极间的电势仍然不是埃斯里希经典理论里面所假设的线性分布且不随时间变化。

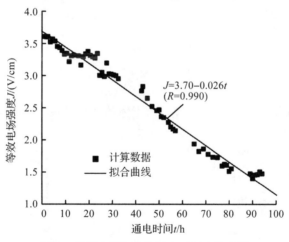

图 4　等效电场强度随通电时间变化曲线

3.2　电流及排水量

为了研究电渗的效率,本文引入能耗系数 C,它表示在电渗后期每排出 1mL 水所要消耗的电能,计算公式如下:

$$C=\frac{\int_0^{94}UI_t\mathrm{d}t-\int_0^t UI_t\mathrm{d}t}{V_{94}-V_t} \tag{9}$$

式中,I_t、V_t 分别为 t 时土体中的电流和累积排出的水量;U 为电源的输出电压,为 10V;V_{94} 为

排出的总水量。

图 5 是用式(9)计算出来的电渗能耗系数和通电时间的关系曲线。从图 5 可知,通电 65h 后,能耗系数突然增大,继续通电就变得不经济了。此时,电渗已经排出总水量 717mL 的 95.8%,消耗的能量占总能量的 73.4%。这意味着在接下来的 29h 里,电渗要以总能量的 26.6%去排出总水量的 4.2%。

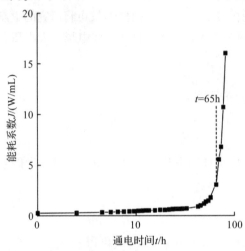

图 5 能耗系数和通电时间的关系

此规律同样显示在土体电阻和含水率的关系曲线上,见图 6。当土体的含水率低于突变点 (46.84%)时,电渗的无效电流比例增大,电渗变得不经济,而 46.84%所对应的电渗通电时间 又恰好是 65h。图中土体的电阻 R_t 和含水率 w_t 都是平均值,可分别利用下式计算得到:

$$R_t = \frac{U}{I_t} \tag{10}$$

$$w_t = w_0 - \frac{V_t(1+w_0)}{V\rho_0} \tag{11}$$

式中,w_0 为土体的初始含水率,为 53.5%;ρ_0 为土体的初始密度,为 1.63g/cm³;V 为土体的体积,假设在电渗过程中不变。

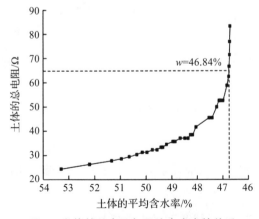

图 6 土体的总电阻与平均含水率的关系

上述试验结果表明,可以通过控制通电时间来达到减少电渗能耗的目的。

3.3 试验结束时的含水率分布

图7是试验后土体的含水率分布情况。从图中可以看出,从阳极到阴极含水率逐渐增大,这与曾国熙等[4,6]的试验结果一致。底部4号取样点含水率的异常是由于阴极管底部约1cm的长度和底板嵌固而没有透水小孔。电渗前后底部1号处的含水率基本没有变化,这碰巧给出了电渗作用的范围。阳极附近土体的含水率最低,故最先开裂,这点在试验现象记录和试验结束后裂缝的分布中得到了证实,见图8(a)。

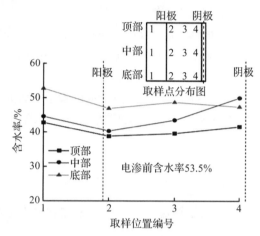

图7 试验结束后土体的含水率分布

(a)裂缝   (b)阴极管

图8 试验结束后的裂缝和阴极管

3.4 观测到的其他性状

试验结束后,电势测针和阳极的表面略有腐蚀,说明在本试验中确有电化学反应,但是量很小。在电渗的后期,接水瓶中会有白色的沉淀物,同时试验后阴极管外包的土工布上也有白色物质,见图8(b)。通过简单的分析和化学鉴别发现它们是同一物质,即电化学反应生成的$CaCO_3$。反应过程可能为土中的Ca^{2+}和电解水生成的OH^-反应得到$Ca(OH)_2$,$Ca(OH)_2$与空气中的CO_2结合生成$CaCO_3$,其化学方程式如下:

$$2H_2O+2e^- \longrightarrow 2OH^- +2H_2$$
$$Ca^{2+} +2OH^- \longrightarrow Ca(OH)_2$$
$$Ca(OH)_2 +CO_2 \longrightarrow CaCO_3 +H_2O$$

此外,在试验结束时测得土体的总沉降量为1cm,裂缝的最大深度为3cm。以上说明本文采用的一些设想是合理的。

3.5 对试验尺寸的讨论

本试验采用轴对称布置,阴极居中,阳极在外围。阴极兼具排水通道的作用。鉴于此种布置方式与砂井相同,阳极半径和阴极半径之比 n 也定义为井径比。Shield 等[18]在一系列的试验后推荐采用 $n>20$ 的试样,以减少土样和砂井之间的压缩性差异。但是试样越大,所需要的固结时间也越长。因此一般室内试验倾向于小尺寸试样。

目前工程实践采用的电极排布方式主要有矩形布置和正六边形布置两种。经过面积等效,它们可以转换成轴对称布置。转换后的阳极半径在 46cm 左右,阴极半径在 2cm 左右,即井径比 $n=23$。

综合以上因素,本文选用 $n=R_a/R_c=14.5$。由于本试验主要研究电渗固结的机制,并且进一步的研究会有现场试验,所以尽管这个比值只比实际的一半略大,但得出的结论仍然是合理的。

4 结 论

本文利用自制的试验装置,进行了轴对称条件下的饱和软黏土电渗固结试验,并得出以下结论。

(1)土体中的电势不仅与到阴极的距离有关,而且与通电时间有关。轴对称条件下电势以折线形式分布,转折点在阴极附近。传统的电渗理论忽略了土体和阴极接触面上界面电阻的影响,采用的电势梯度偏大。

(2)土体中的电场强度并不是不变的,忽略界面电阻的影响,它随电渗时间线性减小。

(3)在电渗的后期,土体电阻率和能量消耗急剧增加,并且存在突变点。突变点后,用总能量26.6%的能量却只能排出总排水量 4.2% 的水,电渗变得不经济。因此可以通过能耗系数曲线来控制电渗时间,减少能量消耗,提高电渗效益。

土体的电渗是多场耦合的复杂问题,本文只是从最基础的角度来研究问题,在试验中没有研究电极材料、电极布置形式对排水固结的影响。同时为了研究的简便,本文没有进行 pH 值和孔隙水压力的测量。进一步的研究可以考虑以上因素来进行。

参考文献

[1] Esrig M I. Pore pressures, consolidation and electro-osmosis[J]. Journal of Soil Mechanics and Foundation Division, ASCE, 1968, 94(4): 899-921.

[2] Wan T Y, Mitchell J K. Electro-osmotic consolidation of soil[J]. Journal of the Geotechnical Engineering Division, ASCE, 1976, 102(5): 473-491.

[3] 汪闻韶. 土力学中电渗问题综合报告[C]//《汪闻韶院士土工问题论文选集》编委会. 汪闻韶院士土工问题论文选集. 北京:中国建筑工业出版社, 1999: 1-6.

[4] 曾国熙, 高有潮. 软黏土的电化学加固[J]. 浙江大学学报, 1956(8): 12-35.

[5] Zhuang Y F, Wang Z. Interface electric resistance of electro-osmotic consolidation[J]. Journal of Geotechnical and Geoenvironmental Engineering, 2007, 133(12): 1617-1621.

[6] 王协群, 邹维列. 电渗排水法加固湖相软粘土的试验研究[J]. 武汉理工大学学报, 2007, 29(2): 95-99.

［7］ 邹维列,杨金鑫,王钊. 电动土工合成材料用于固结和加筋设计[J]. 岩土工程学报,2002,24(3):319-322.

［8］ 胡俞晨,王钊,庄艳峰. 电动土工合成材料加固软土地基试验研究[J]. 岩土工程学报,2005,27(5):582-586.

［9］ 房营光,徐敏,朱忠伟. 碱渣土的真空-电渗联合排水固结特性试验研究[J]. 华南理工大学学报(自然科学版),2006,34(11):70-75.

［10］ 高志义,张美燕,张健. 真空预压联合电渗法室内模型试验研究[J]. 中国港湾建设,2000(5):58-61.

［11］ 崔红军,吕小林,王孝明. 湖积软土地基的处理方法[J]. 岩石力学与工程学报,2004(17):2998-3002.

［12］ 罗炳生,黄安仁. 珠江三角洲电渗固结的理论与实践[M]. 北京:海洋出版社,1992.

［13］ Reddy K R, Urbanek A, Khodadoust A P. Electroosmotic dewatering of dredged sediments:bench-scale investigation[J]. Journal of Environmental Management,2006,78(2):200-208.

［14］ Curvers D, Maes K C, Saveyn H, et al. Modelling the electro-osmotically enhanced pressure dewatering of activated sludge[J]. Chemical Engineering Science,2007,62(8):2267-2276.

［15］ 李又云,刘保健,谢永利. 软土结构性对渗透及固结沉降的影响[J]. 岩石力学与工程学报,2006,25(增2):3587-3592.

［16］ 中华人民共和国水利部. 土工试验规程:SL/T 237—1999[S]. 北京:中国水利水电出版社,1999.

［17］ Rittirong A, Shang J Q, Mohamedelhassan E, et al. Effects of electrode configuration on electrokinetic stabilization for caisson anchors in calcareous sand[J]. Journal of Geotechnical and Geoenvironmental Engineering,2008,134(3):352-365.

［18］ Shields D H, Rowe P W. Radial drainage oedometer for laminated clays[J]. Journal of the Soil Mechanics and Foundation Division,ASCE,1965,91(1):15-24.

电渗法加固软基的现状及其展望[*]

李　瑛　龚晓南

（浙江大学岩土工程研究所）

摘要　总结了电渗在土木工程中应用的历史,从电渗机理、设计计算方法和能量效率等三方面对电渗法在软基处理中的现状进行了归纳,并指出已有研究的不足和需要进行进一步研究的地方。

1　引　言

电渗法是通过在插入土体中的电极上施加低压直流电来加速排水固结的一种地基处理方法。在直流电场的作用下,土体中的水从阳极流向阴极,并在阴极排出。不同于真空预压和堆载预压等传统力学加固方法,电渗法排水的速率与土体的水力渗透系数(即通常所说的渗透系数)无关,而与其电渗渗透系数有关。不同种类土的水力渗透系数相差很大,其值可以从细砂中的 10^{-4} cm/s 变化到黏土中的 10^{-8} cm/s;但是电渗渗透系数随土的性质变化很小,大致为 5.0×10^{-5} cm^2 · s^{-1} V^{-1}[1]。因此电渗法特别适合于处理低渗透性和高含水量的淤泥和黏土。近年来随着沿海吹填造陆工程和河道疏浚淤泥的增多[2],电渗法在地基处理工程中越来越受重视,也成为国内外岩土界的研究热点之一。

人类对电渗现象的认识和利用已经有很长一段历史。罗伊斯(Reuss)于 1809 年在试验中首次发现电渗现象:将一电位差施加在有孔介质上,其孔隙水将通过毛细管移向阴极;若切断电流,孔隙水的流动也立即停止[3]。1879 年,赫尔姆霍兹(Helmholtz)用双电层模型对电渗现象进行了理论解释,电渗流形成的本质原因是带负电的土颗粒周围的双电层扩散层中,水化阳离子的数目多于阴离子的数目[4]。Casagrande[5] 在 1939 年首次将电渗法引入土木工程,即将电渗法成功应用于德国某铁路挖方边坡工程中。此后,电渗法被尝试应用于不同种类软土的各种工程中,如地基加固、堤坝稳定、提高桩的承载力和环境岩土等,其中最著名的莫过于作为比萨斜塔纠偏方案的一种[6]。国内对电渗的研究开展得较早。汪闻韶[7]和曾国熙[8]在 20 世纪 50年代末就对电渗降水和加固进行了研究;浙江大学地基与基础教研组于 1959 年完成了软黏土的“电化学加固研究报告”,其中的某些结论对今天的湿软地基加固仍有借鉴作用;60—70 年代电渗陷于低谷;80 年代以后,上海和广东两地进行了若干电渗现场应用并取得满意效果,如上海铁道学院沉井工程[9]、宝钢铁水包基坑工程[10]、珠江电厂循环水泵房工程[11]和佛山一环路地基加固工程[12]等。

---

　　[*] 本文刊于《地基处理》,2010,21(6):3-11.

在成功解决各种工程难题的同时,电渗法也展现出了自身的复杂性和缺陷,这促使岩土工作者们从理论和试验方面对其展开研究。经过近七十年的研究,岩土工作者对电渗已经有了一定的认识,然而直至今日电渗还是没能成为常用的地基处理方法,其偶尔的出现也是作为最后的手段。究其原因,一方面是因为电渗是电场、渗流场、应力场和化学场等多场极端非线性耦合的过程,其机理和设计计算方法有许多待完善的地方;另一方面则是电渗消耗的能量一直过高,没有很好的经济效益。

2 研究现状

2.1 电渗机理

早期的研究者试图用各种模型来描述电渗过程[13]。由赫尔姆霍兹提出并经斯莫鲁霍夫斯基(Smoluchowski)修正的 H-S 模型是最早用于电渗过程描述的理论之一,并且至今仍在广泛应用。根据该理论可以得到电渗渗透系数与孔径无关的结论,此后若干年的试验也证实了这一点。但是 H-S 模型是建立在土体孔隙半径相对土颗粒周围扩散双电层的厚度很大的假设上,因此它只对被水或稀电解质溶液饱和的大孔隙土有效。针对 H-S 模型不适用的细粒物质,施密德(Schmid)提出另一种模型,该模型用于平衡带负电土颗粒的反离子被假定在孔隙横截面上均匀分布。根据双电层理论,越靠近土颗粒表面处的反离子密度越大,即关于反离子的假设是不对的。埃斯里希(Esrig)提出的模型兼顾了 H-S 模型和施密德模型,此两者是其特殊情况。其后施皮格斯(Spiegler)提出的模型虽能解释超滤现象,但是用于实际分析需要长时间的试验测量和计算。鉴于上述四个模型并不能提供电渗排水量和土体基本物理力学参数(如含水率、阳离子交换量、电解质浓度等),之间简单而实用的关系,格雷(Gray)基于不可逆热动力学原理和用于胶体系统离子分布的唐南(Donnan)理论推导出单位电荷排水量和土体含水率之间的关系,并且给出了单位电荷排水量和电渗能量消耗之间的关系。单位电荷排水量被证明对计算电渗能量效率和评估电渗排水的适宜性非常重要。

其后,对电渗机理的研究转向通过室内试验研究某个因素对电渗的影响。沃克哈特(Lockhart)以澳洲尾矿为试验对象开展了大量的试验,Vijh[14]对其成果进行了整理并归纳出电渗过程中的 13 个显著特征。Shang 等[15]在系统分析美国和澳大利亚尾矿处理资料的基础上,总结出影响电渗性状的七个因素:黏土粒径和矿物类型、孔隙水盐分、土体 pH 值、水力渗透系数、电流密度、电极材料和结构、电极排布形式等。Pugh[16]通过对已有工程实例和试验资料的研究给出了适宜使用电渗加固的土体的主要参数的范围,包括含水率、液塑限、抗剪强度、渗透性、电导率等;他未列举的化学因素随后得到了其他研究者的补充。Alshawabkeh 等[17]从电化学和力学的角度对电渗进行了详细的分析,并通过室内试验研究了电极附近酸碱环境对电渗的影响,表明了拟制阳极过度酸化的重要性。Reddy 等[18]通过在土样中添加不同浓度和种类的添加剂来研究土体 pH 值对电渗的影响。Beddiar 等[19]和周加祥等[20]也进行了类似的研究。

土体性质在影响电渗的同时,电渗也不断改变土体的性质。除了对土体含水率和不排水抗剪强度的明显改变外,电渗还会导致液塑限、压缩性和灵敏度等物理力学性质发生变化。Bjerrum等[21]报道,电渗的作用使得阳极附近土体的液限从初始的 21% 增大到 30%,塑限却没有太大变化;阴极附近土体的液限和塑限基本上都没变化;导致流黏土塑性增大的原因被认为是阳极附近的酸性环境导致黏土矿物类型发生变化,从钠-钙质转变为铝质。Lo 等[22]从更微观的角度解释了土体液限经电渗增大的原因:盐分的增大和阳离子交换能力(CEC)的降低导致双电层厚度变薄。他们的试验结果还显示土体的灵敏度在电渗后也会降低,而且初始灵敏度越大电渗后降低得越多。在 Bjerrum 等[21]的报道中,阳极附近土体的灵敏度更是从通电前的 100 减少到断电后的 2。Lo 等[22]的试验结果还表明电渗导致土体抗剪强度增大是因为先期固结压力的增大和有效应力包线的扩张,因而是永久的。曾国熙等[8]除了观测到先期固结压力的增大和土体压缩性的降低外,还用浸水试验证明了电渗加固效果的永久性。Milligan[23]对 16.5m 长 H 形钢桩的试验更能说明加固的永久性,钢桩的承载力历经 33 年而保持不变。

2.2 电渗设计计算方法

Esrig[24]建立了电渗一维固结理论,其求解出的孔压分布得到了文献中试验资料的验证。Wan 等[25]在电渗一维固结理论的基础上,考虑了加载和电极反转的影响,计算结果表明电极反转能够使得电极之间土体的处理效果更为均匀,而电渗和加载的联合应用可以加快加载产生的超静孔压的消散。Shang[26]推导出竖直方向的二维固结理论,虽然计算结果和 Bjerrum 的实测数据很吻合,但是他的土体水平渗透系数和竖直渗透系数相等的假设明显不适用于黏土。苏金强等[27]利用分块处理的办法建立了水平方向的二维固结理论,并给出了三种不同排水情况的解析解,计算结果表明电渗引起的超静孔压、电势的分布与边界条件有关,而与初始条件无关。此外苏金强的解能够退化到 Esrig 和 Wan 的解。

要注意,上述的固结理论都是建立在土体均匀各向同性和饱和的假设的基础上,并且忽略电化学反应的影响,不考虑浓度差和热差对水流的移动,假设土体的渗透性不随时间变化。实际情况却要复杂得多,电渗的不断进行使得电极之间土体的性质很不均匀。阳极附近的土体含水率低、电阻率大,处于非饱和状态;阴极附近的土体含水率高、电阻率小,且仍然处于饱和状态。土体性质的不均匀还会导致实际用于电渗的电压或电流只占电源输出值的一小部分,电极之间的电场杂乱无章。因此以上的固结理论只适用于电渗开始后的较短时间。电渗计算问题的复杂性使得部分研究者将目光投向数值计算。Lewis 等[28]比较早地将数值计算方法引入电渗领域,然而他们的工作主要集中在电渗井点上,对电渗加固帮助不大。Rittirong 等[29]用数值模型研究了软土地基中的电渗,有限差分法被用来计算电渗引起的沉降和抗剪强度的增长。他的模型考虑了电极尺寸、土-电极界面上的电阻和负孔压的非均布对电渗的影响,数值计算结果也得到了现场试验的验证,然而他在控制方程的建立中仍然使用了土体饱和的假设。为了摆脱对土体饱和假设的依赖,庄艳峰等[30]在对边坡电渗模型进行数值模拟时采用了能量分析方法。电渗过程中出现的非饱和状态限制了解析法和数值法的应用。只有当电渗土体上部有足够大的荷载作用时才可假设土体在电渗过程中一直处于饱和状态。李瑛等[31]以此为基础建立了堆载和电渗联合作用下的耦合固结理论,但是尚待试验验证。

解析理论和数值计算都是为了给电渗的设计提供帮助。考虑到这两种方法的局限性太大,有些研究者试图依靠经验和简单的估算来完成电渗的设计。Bjerrum 等[21]在用电渗加固挪威流黏土边坡上的基坑时提出了电渗设计计算方法和步骤。加固工程的成功充分肯定了其设计思想,因此该设计被后来的电渗设计者所效仿。Gray[32]认为当土体中的电流密度超过 $50A/m^2$ 时发热和电能损失会非常大。Casagrande[33]对电渗在现场应用的设计和施工细节(包括参数选定)进行了详细的总结,并认为电压过高时土中有效应力并不能相应地成比例增大,但电流损耗很大。侯学渊等[34]对电渗井点施工中的参数进行了详细总结,这些数据也可用于指导软基的电渗处理。邹维列等[35]将 Bjerrum 的方法推广到以电动土工合成材料为电极的电渗设计中。王甦达[36]在用电渗法处理云南某高速公路的过湿填料时也参照了此方法,同时也将庄艳峰等[37]的界面电阻理论融入其中。

无论是在固结理论,还是在数值计算和电渗设计,电极之间的电场分布始终是值得关注的内容,因为它是渗流场、应力场和化学场的驱动力。一般假设电极之间的电场是均匀的;一维情况下直接等于施加在电极上的电源电压和电极间距的商。但是平面上点电荷的分布特性和土一电极接触面上的界面电阻使得电极附近的电势降较大,实际用于电渗的电势要比预期的小。李瑛等[38]采用各向同性假设推导出电极长方形布置时的三维电场计算式,同性电极间距为异性电极间距的一半时的计算结果表明,刚通电时电极之间实际用于电渗的电势梯度只有电源电压和电极间距之商的 37%。鉴于电极的布设参数对电场分布有着重要影响,研究者希望能够通过各种方法了解不同电极排布形式下的电场分布特性,找出其中的规律,进而实现对电场的合理简化。王协群[39]用室内模型试验研究了电极长方形布置时同性电极间距和异性电极间距的相对大小对电场强度和电势分布的影响,结果表明缩小同性电极间距可以使电场分布更均匀,但是相邻异性电极的影响在试验中没有考虑。Alshawabkeh 等[40]在数值计算结果的基础上,提出了电极之间电场的简化方法,基本思想为相邻两对电极之间无效电场的区域大小为以同性电极间距为斜边的等腰直角三角形的面积。这说明电极间距越小,有效电场面积越大,电极之间的电场越接近匀强电场。

2.3 电渗能量效率

电渗的高能耗一度使得其在工程实践中销声匿迹。金属电极固有的不足是造成电渗能耗过大的主要原因。Kalumba 等[41]对传统金属电极的缺点进行了总结,主要有电解反应导致的阳极腐蚀、排气困难、电极和土体接触不良、电极的生产成本较高等。电极的这些缺点在 Bjerrum[21]报道的工程实例中得到了显现。电渗结束后阳极的腐蚀量高达 37%;电渗过程中有相当大比例的电势损失在阳极附近;6~8m 以下的土体因为气体排出不畅而没有得到加固;电极成本占电渗处理总费用的 40%左右。因此有相当一部分研究者将注意力集中在改善电极性能以降低能量消耗和提高电渗效率上。

传统金属电极的问题可以用耐腐蚀并且能够提供排水排气功能的材料来克服。Jones 等[42]提出电动土工合成材料(electro-kinetic geosynthetics,EKG)的概念,并将它定义为具备过滤、排水、加筋和导电功能的一类合成材料。EKG 可以采用完全导电的聚合物制成,也可以在有机聚合物中加入导电物质制成复合材料。导电材料主要有碳纤维、炭黑、导电的填充聚合物、金属纤维等。他进行了一系列的试验来评价 EKG 在电渗固结中使用的可能性,试验结果表明 EKG 充当电极的表现和铜相当。Nettleton 等[43]继续其工作,并且提出在路堤的固结、生物修复和含水率控制中带状形式的电极是最合适的。王协群等[44]对电动土工合成材料的特性和应用进行了总结。Chew 等[45]将铜丝插入塑料排水板后用作电极加固新加坡海相黏土,可惜土体盐分过高导致效果不佳。Glendining 等[46-47]将 EKG 的使用范围推广到处理污泥和填筑路堤,都取得了较好的效果。胡俞晨等[48]进行了 EKG 加固软土地基的试验研究,在探讨电渗有效的同时也指出了其不足。Kalumba 等[41]试验研究了 EKG 加固隧道开挖时形成的淤泥的性状,指出了电势梯度、电流密度和电极尺寸对电渗加固的影响。总的来说,对 EKG 的研究集中在探明其在电渗加固中的可能性和有效性,对其工程实用性和经济性鲜有研究。也正因为如此,理论上具有巨大潜力的 EKG 至今并未应用于实际工程。

在金属电极外面涂覆防腐层也是改善电极性能的一种方法。Mohamedelhassan 等[49]发现在金属表层涂抹碳层虽可抑制电极的腐蚀,但是也会导致较大的电势降出现在土-电极接触面上。Abiera 等[50]和 Bergado 等[51]都尝试将金属棒或碳棒插入塑料排水板来提高电极的表现,然而金属的腐蚀问题依然存在,碳电极开始表现较好,但是会随时间逐渐分解。此外,Lefebvre 等[52]和 Burnotte 等[53]通过在阳极注入化学溶液来增强土-电极的接触,室内试验和现场试验的结果都证实该方法能有效减小损失在阳极处的电势。

提高电渗的能量效率也可以通过改变通电方式和与其他加载方式联合加固来实现。可利用的通电方式主要有间断通电和电极反转两种。间断通电是指在电渗过程中在不断通电一段时间后关闭电源并连接阴极和阳极一段时间。曾国熙等[8]发现间断通电后再通电时电路中的电流明显增大,其在试验中采用的白天通电晚上断电的间断方式也被以后的研究者和工程人员效仿。但 Gopalakrishnan 等[54]发现每次通电时间和断电时间不宜太长,因为通电时间太长会导致阳极附近土体酸化明显,进而使得双电层厚度变薄;断电时间太长虽则有利于土体酸碱不平衡的中和,但是也会导致水因毛细作用向阳极回流。对斑脱土而言,他发现其最佳间断安排为通电 30s 间断 0.1s。Micic 等[55]用试验证明间断通电能够实现海相黏土电渗中能耗的降低和电极腐蚀的减少。

电渗过程中存在三种不利于排水固结的不平衡,即电解反应造成的酸碱不平衡、电荷定向聚集导致的反向电势、阳极附近负孔压导致的反向水力梯度。而且这三者会随着连续通电时间的加长而不断增大。间断通电正是通过不断停电和使电极短路来减弱或消除这三种不平衡,进而达到提高电渗能量效率的目的。电极反转的原理与此类似,而且它还可以使得电渗后电极之间土体的性质提高、均匀。Wan 等[25]通过理论分析和有限的试验数据证明了电极反转能增强电渗固结,并使得平均固结压力增大和电渗后电极之间土体的含水率和强度分布更为均匀。Gray 等[56]以稳流输出的电渗试验数据为基础,认为电极反转提高能量效率的原因是抑制了温度的升高和电压的增大。王协群等[57]在湖相软黏土中的电渗排水试验结果确认了 Wan 等[25]的理论分析结果,采用电极反转技术处理后土样的含水率分布更均匀和抗剪强度提高,而且他发现在试验中以较短的反转时间为好。

在近几年国内的软基电渗处理工程中,电渗一般不会单独使用,通常和真空预压或低能量强夯相结合。高志义等[58]的模型试验结果显示,相比于单独的真空预压,真空预压和电渗的联合能够使沉降量增大 30%,土体强度增大 2~5 倍,但是费用也要多 50%。房营光等[59]对于碱渣土的真空-电渗联合试验的结果表明,二者的结合可以提高排水速率和排水量。刘凤松等[60]和蔡羽[61]分别通过工程实例详细介绍了电渗真空法和电渗低能量强夯法加固软基的施工流程。目前对电渗和低能量强夯联合固结的研究较少。由于真空预压和加载对土体产生的效果相似,对电渗真空法的研究可以用实验室更方便操作的电渗和堆载的联合作用来替代。Nicholls 等[62]在改进的固结仪中研究了不同加载压力和电势梯度对电渗-加载联合作用的影响,并发现电渗排水导致的土样竖向应变的增大与施加的压力无关。洪何清[63]认为只有在合适的电压作用下,加载和电渗的联合才能有效加固固结和提高排水量。

3 展 望

通过对已有文献资料的总结分析,并结合自己近三年来对电渗的理论和试验研究,笔者认为用于软基处理中的电渗法尚有以下几点待研究。

(1)虽然影响电渗的因素众多,但可以归结为内因和外因两方面,即土体性质、电流密度或电势梯度。经过众多研究者的大量试验和理论研究,电流密度或电势梯度对电渗排水固结的影响已经基本探明。但是土体性质如何影响电渗尚未完全清楚。矿物类型、孔隙水盐分、土体pH值都是通过改变土颗粒周围双电层的性质来影响电渗的。因此对电渗机理的研究必须从微观层面的双电层入手。

(2)已有的电渗固结理论都是建立在土体在电渗过程中饱和的假设的基础上,并且忽略了电化学反应的影响,故只能应用于电渗刚开始后很短的一段时间内。随着土体水在直流电场作用下的不断排出,电极之间土体性质呈现不均匀分布,阳极附近土体含水量低,处于非饱和状态,而阴极附近土体含水率高,但是离子强度增大。土体性质引起的电阻率不均匀分布会导致电场分布复杂。此外,电极反应还使得相当大比例的电势损失在土-电极接触面上。这些已经使得用于电渗固结理论推导的假设变得不合理。能够用于实际计算和设计的电渗固结理论必须能够兼顾土体的饱和状态和非饱和状态,而且还要能考虑电场随时间和空间变化的特性。

(3)电渗和真空预压或低能量强夯联合加固相对于单独的电渗的优势已经被工程实践所证明。电渗和真空预压的联合加固已有部分研究资料,并且可以近似地用更方便操作的电渗联合堆载来替代。但是目前对电渗和低能量强夯联合固结的研究很少,只有少量的工程资料,几乎没有试验和理论方面的文献。考虑到电渗和低能量强夯联合排水速率更快、加固效果更好,对其开展研究具有较直接的经济效益。

(4)电动土工合成材料能够克服传统金属电极的诸多不足,在理论上具有巨大的发展潜力。目前其仅应用于室内试验的现状说明需进一步对其工程适用性和经济性进行评估。相应地,利用塑料排水板的资料,为其寻找合适有效的施工设备和施工方法也是应该重视的内容。

(5)电渗过程的复杂性使得精确的计算必须借助数值计算方法。现有的商业有限元软件既不能考虑电渗流和水流的叠加,也不能完全模拟电渗过程中主要参数的变化过程,这使得有必要为电渗专门编制程序。

参考文献

[1] Lee I K, White W, Ingles O G. 岩土工程[M]. 俞调梅,叶书麟,曹名葆,等译校. 北京:中国建筑工业出版社,1986.

[2] 韩选江. 大型围海造地吹填土地基处理技术原理及应用[M]. 北京:中国建筑工业出版社,2009.

[3] 赵成刚,白冰,王运霞. 土力学原理[M]. 北京:北京交通大学出版社,2004.

[4] Mitchell J K. Fundamentals of Soil Behavior[M]. New York: John Wiley & Sons Inc, 1997.

[5] Casagrande L. Electro-osmosis in soils[J]. Geotechnique, 1948,1:159-177.

[6] Mitchell J K. Conductive phenomena: from theory to geotechnical practice[J]. Geotechnique, 1991,41(3): 299-340.

[7] 汪闻韶. 汪闻韶院士土工问题论文选集[M]. 北京:中国建筑工业出版社,1999.

[8] 曾国熙,高有潮. 软粘土的电化学加固[J]. 浙江大学学报,1956,8:12-35.

[9] 奚正修. 电渗喷射井点对淤泥质粘土深层降水的作用[J]. 施工技术,1983,5:7-12.

[10] 陈幼雄. 对宝钢工程深层电渗井点降水的分析[C]//第四届全国土力学与基础工程学术会议论文集,1982.

[11] 郭典塔,吕文龙,石汉生,等. 广州南沙软基处理方法分析及改进探讨[J]. 广东土木与建筑,2007,9:26-28.

[12] 胡勇前. 高等级公路电渗法软基处理试验研究[J]. 城市道路与防洪,2004,7:127-129.

[13] Gray D H, Mitchell J K. Fundamental aspects of electro-osmosis in soils[J]. Journal of the Soil Mechanics

and Foundation Division ASCE, 1967,93(SM6):209-236.

[14] Vijh A K. Salient experimental observation on the electroosmotic dewatering (EOD) of clays and sludges and their interpretation[J]. Drying Technology,1999,17(3):575-584.

[15] Shang J Q, Lo K Y. Electrokinetic dewatering of a phosphate clay[J]. Journal of Harzadous Materials, 1997,55:117-133.

[16] Pugh R C. The Application of Electrokinetic Geosynthetic Material to Uses in the Construction Industry [D]. Newcastle upon Tyne: Newcastle University, 2002.

[17] Alshawabkeh A N, Sheahan T C, Wu X Z. Coupling of electrochemical and mechanics processes in soils under DC fields[J]. Mechanics of Material, 2004,36:453-465.

[18] Reddy K R, Urbanek A, Khodadoust A P. Electroosmotic dewatering of dredged sediments: bench-scale investigation[J]. Journal of Environmental Management, 2006,78:200-208.

[19] Beddiar K, Fen-Chong T, Dupas A, et al. Role of pH in electro-osmosis: experimental study on NaCl-water saturated kaolinite[J]. Transport in Porous Media, 2005,61:93-107.

[20] 周加祥,余鹏,刘铮,等. 水平电场污泥脱水过程[J]. 化工学报,2001,52(7):635-638.

[21] Bjerrum L, Moum J, Eide O. Application of electro-osmosis to a foundation problem in a Norwegian quick clay[J]. Geotechnique, 1967,17:214-235.

[22] Lo K Y, Ho K S. The effects of electroosmotic field treatment on the soil properties of a soft sensitive clay [J]. Canadian Geotechnical Journal, 1991,28:763-770.

[23] Milligan V. First application of electro-osmosis to improve friction capacity-three decades later[J]. Proceedings of the 13th International Conference on Soil Mechanism and Foundation Engineering, 1994,5: 1-5.

[24] Esrig M I. Pore pressure, consolidation and electrokinetics[J]. Journal of the Mechanics and Foundations Division, ASCE, 1968,94(SM4):899-921.

[25] Wan T Y, Mitchell J K. Electro-osmotic consolidation of soils[J]. Joumal of the Geotechnical Engineering Division, ASCE, 1976, GT5(5):473-491.

[26] Shang J Q. Electroosmosis-enhanced preloading consolidation via vertical drains[J]. Canadian Geotechnical Journal, 1998,35(3):491-499.

[27] 苏金强,王钊. 电渗的二维固结理论[J]. 岩土力学,2004,25(1):125-131.

[28] Lewis R W, Humpheson C. Numerical analysis of electro-osmotic flow in soils[J]. Journal of the Soil Mechanics and Foundation Division, ASCE, 1973,99(SM8):603-616.

[29] Rittirong A, Shang J Q. Numerical analysis for electro-osmotic consolidation in two-dimensional electric field[J]. Proceedings of the 18th (2008) International Offshore and Polar Engineering Conference, 566-572.

[30] 庄艳峰,王钊,陈轮. 边坡电渗模型试验及能量分析法数值模拟[J]. 岩土力学,2008,29(9):2409-2414.

[31] 李瑛,龚晓南,卢萌盟,郭彪. 堆载-电渗联合作用下的耦合固结理论[J]. 岩土工程学报,2010,32(1),77-82.

[32] Gray D H. Electrochemical hardening of clay soil[J]. Geotechnique, 1970,20(1):81-93.

[33] Casagrande L. Stabilization of soils by means of electroosmotic state-of-art[J]. Journal of Boston Society of Civil Engineering, ASCE, 1983,69(3):255-302.

[34] 侯学渊,钱达仁,杨林德. 软土工程施工新技术[M]. 合肥:安徽科学技术出版社,1999.

[35] 邹维列,杨金鑫,王钊. 电动土工合成材料用于固结和加筋设计[J]. 岩土工程学报,2002,24(3):319-322.

[36] 王甦达. 多雨潮湿地区电渗法处理过湿填料技术研究[D]. 昆明:昆明理工大学,2007.

[37] 庄艳峰,王钊. 电渗固结中的界面电阻问题[J]. 岩土力学,2004,25(1):117-720.

[38] 李瑛,龚晓南,郭彪. 电渗电极参数优化研究[J]. 工业建筑,2010,40(2):92-96.

［39］王协群. 电渗排水法加固软土的研究［D］. 武汉：武汉水力水电大学，1996.

［40］Alshawabkeh A N, Gale R J, Ozsu-Acar E, et al. Optimization of 2-D electrode configuration for electrokinetic remediation［J］. Journal of Soil Contamination, 1999,8(6):617-638.

［41］Kalumba D, Glendinning S, Rogers CDF, et al. Dewatering of tunneling slurry waste using electrokinetic geosynthetics［J］. Journal of Environmental Engineering, ASCE, 2009,135(11):1227-1236.

［42］Jones C J F P, Fakher A, Hamir R, et al. Geosynthetic material with improved reinforcement capabilities ［J］. Proceedings of the International Symposium on Earth Reinforcement, 1996. 2:865-883.

［43］Nettlton I M, Jones C J F P, Clarke B G, et al. Electrokinetic geosynthetic and their application［J］. Proceedings of the 16th International Conference on Geosynthetic, 1998,2:871-876.

［44］王协群,邹维列. 电动土工合成材料的特性及应用［J］. 武汉理工大学学报,2002,24(6):63-65.

［45］Chew S H, Karunaratne G E, Kuma V M, et al. A field trial for soft clay consolidation using electric vertical drains［J］. Geotextiles and Geomembranes, 2004,22:17-35.

［46］Glendinning S, Jones C J F R, Pugh R C. Reinforced soil using cohesive fill and electrokinetic geosynthetics［J］. International Journal of GeoMechanics ASCE, 2005,5(2):138-146.

［47］Glendinning S, Lamont-Black J, Jones C J F P. Treatment of sewage sludge using electrokinetic geosynthetics［J］. Journal of Hazardous Materials, 2007, A139:491-499.

［48］胡俞晨,王钊,庄艳峰. 电动土工合成材料加固软土地基实验研究［J］. 岩土工程学报,2005,27(5):582-586.

［49］Mohamedelhassan E, Shang J Q. Feasibility assessment of electroosmotic consolidation on marine sediment ［J］. Ground Improvement, 2002,6(4):145-152.

［50］Abiera H O, Miura N, Bergado D T, et al. Effects of using electroconductive PVD in the consolidation of reconstituted Ariake clay［J］. Geotechnical Engineering Journal, 1999,30(2):67-83.

［51］Bergado D, Sasanakul I, Horpibulsuk S. Electro-osmotic consolidation of soft Bangkok clay using copper and carbon electrodes with PVD［J］. ASTM Geotechnical Testing Journal, 2003,26(3):277-288.

［52］Lefebvre G, Burnotte E. Improvements of electroosmotic consolidation of soft clays by minimizing power loss at electrodes［J］. Canadian Geotechnical Journal, 2002, 39(2):399708.

［53］Burnotte F, Lefebvre G, Grondin G. A case record of electroosmotic consolidation of soft clay with improved soil-electrode contact［J］. Canadian Geotechnical Journal, 2004,41(6):1038-1053.

［54］Gopalakrishnan S, Mujundar A S, Weber M E. Optimal off-time in interrupted electroosmotic dewatering ［J］. Separations Technology, 1996,6:197-200.

［55］Micic S, Shang J Q, Lo K Y et al. Electrokinetic strengthening of a marine sediment using intermittent current［J］. Canadian Geotechnical Journal, 2001,38:287-302.

［56］Gray D H, Somogyi F. Electro-osmotic dewatering with polarity reversals［J］. Journal of the Geotechnical Engineering Division, 1977,103(1):51-54.

［57］王协群,邹维列. 电渗排水法加固湖相软粘土的试验研究［J］. 武汉理工大学学报,2007,29(2):95-99.

［58］高志义,张美燕,张健. 真空预压联合电渗法室内模型试验研究［J］. 中国港湾建设,2000,5:58-61.

［59］房营光,徐敏,朱忠伟. 碱渣土的真空-电渗联合排水固结特性试验研究［J］. 华南理工大学学报(自然科学版),2006,34(11):70-75.

［60］刘凤松,刘耘东. 真空-电渗降水-低能量强夯联合软弱地基加固技术在软土地基加固中的应用［J］. 中国港湾建设,2008,157(5):43-47.

［61］蔡羽. 软土地基处理的真空电渗法［J］. 土工基础,2009,23(2):35-37.

［62］Nicholls R L, Herbst R L. Consolidation under electrical-pressure gradient［J］. Journal of the Mechanics and Foundations Division, ASCE, 1967,93(SM5),139-151.

［63］洪何清,胡黎明,Glendinning S,等. 外荷载作用下的软粘土电渗试验［J］. 清华大学学报(自然科学版),2009,49(6):808-812.

堆载-电渗联合作用下的耦合固结理论[*]

李 瑛[1] 龚晓南[1] 卢萌盟[2] 郭 彪[1]

(1.软弱土与环境土工教育部重点实验室;2.中国矿业大学建筑工程学院)

摘要 该理论考虑了水流和电流的相互作用以及地基中孔隙水压力的发展过程,利用等应变等考虑堆载-电渗联合作用的假设,建立了轴对称模型的耦合固结方程,并给出了地基中平均孔压和径向固结度的解析解和工程中常用的电极梅花形排布向轴对称排布转化的方法。最后通过参数分析,研究了电源电压和土体的水力渗透系数对平均孔压消散和径向固结度的影响。结果表明:对于堆载-电渗联合作用而言,电源电压越大越好,电渗渗透系数和水力渗透系数比值合适的范围是 $10^2 \sim 10^3$。

1 前 言

为解决沿海地区饱和软黏土排水固结缓慢的问题,近年来有人将堆载预压和电渗联合应用于软黏土地基的加固处理,取得了良好的效果。实践证明,相较于真空预压法或单纯的堆载预压,堆载-电渗联合法不仅具有更快的固结速度,而且能产生更好的密实效果。堆载和电渗同时应用于工程实践时,先在软土地基中按一定的排布方式插入电渗管和井点管,然后在其上铺设一定厚度的填料用作堆载预压,最后接通电路进行堆载下的电渗排水固结。电渗管排布的方式主要有梅花形和排形两种。排形布置是指阳极和阴极成排插入土中。而梅花形布置则是在六边形的角点上插入钢筋并连接直流电源正极作为电渗阳极,中心插入预先处理过的钢管作为电渗阴极;阴极管同时也是排水的井点管,通过与真空泵相连,排出土体中的水。

目前,堆载-电渗联合法的施工主要靠工程技术人员的经验,而设计计算缺乏合适的理论。Esrig[1]最早进行了电渗固结理论的研究,但是他没有考虑上部荷载的影响。Wan 等[2]在他的基础上提出的固结理论,虽然考虑了堆载的影响,但是仅适用于一维固结情况。苏金强等[3]采用分块处理的方法建立的电渗二维固结理论,虽然可以用于电极排形排布的情况,但对梅花形排布的情况无能为力。利用电场等效的方法,电极以梅花形排布的情况可以转化为类似理想砂井的轴对称形式,即中轴处为兼作阴极和排水通道的有孔钢管,外围为环状阳极。综合已有的研究结果和笔者前期的试验结果,本文在采用了几点既不违反实际又便于理论推导和应用的假设后,建立了等应变条件下考虑堆载-电渗联合作用的耦合固结理论,以期能对工程建设有所裨益。

---

* 本文刊于《岩土工程学报》,2010,32(1):77-81.

2 堆载-电渗耦合固结理论的建立

2.1 模型的建立

图1即为堆载-电渗联合作用下耦合固结的轴对称模型。图中k_v、k_r分别为地基的竖向渗透系数和径向渗透系数;选取阴极管中心为坐标原点,r、z分别为径向和竖向坐标;r_w为阴极半径,r_e阳极半径;p_0为均布荷载;q为单位时间内堆载-电渗联合作用排出的水量。

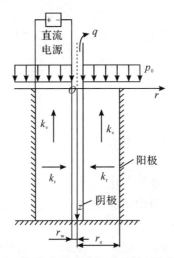

图1 堆载-电渗耦合固结的轴对称模型

2.2 基本假定

(1)土体均匀饱和,水平各向同性,土颗粒和水本身的压缩忽略不计;单位时间内从土体单元排出的水量等于土体体积的压缩量。

(2)等应变条件成立,即地基的侧向变形可以忽略不计,同一深度平面上的垂直变形相等。

(3)径向渗流和竖向渗流可以单独考虑,考虑竖向渗流时用太沙基(Terzaghi)一维固结理论,考虑径向渗流时$k_v=0$。径竖向组合渗流可以按Carillo[4]的方法考虑。

(4)土体的水力渗透系数k_v、k_r和电渗渗透系数k_e不随时间而改变。

(5)土中的电势分布不随时间变化,但是从接通电源到形成稳定的超静孔压分布需要时间t_0,在此时间内以线性变化。

(6)电极没有电压损耗,不考虑电化学反应以及各种浓度差和热差引起的水流移动。

(7)不考虑涂抹效应。

2.3 径向固结方程及其求解条件

Mitchell[5]的研究表明:只要水流的过程不改变土的形态,土体中诸如水、电、化学物和热量等流量或通量与其驱动力是线性关系,对于水流即达西(Darcy)定律$q_1=k_h i_h$。他的研究还发现一种类型的驱动力可以引起另一类型的流,例如电流引起的水流可以表示为$q_2=k_e i_e$。将水头引起的水流和电势引起的水流叠加即可以得到电渗过程中的总水流[3]:

$$q=k_h i_h+k_e i_e \tag{1}$$

式中,i_h为水头梯度,$i_h=\mathrm{grad}(u)/\gamma_w$;$i_e$为电势梯度,$i_e=\mathrm{grad}(\varphi)$,$\varphi$为土体中某一点的电势。式(1)即为堆载和电渗耦合固结下的总水流表达式。

根据假设(3)，本文可只考虑径向固结。同时由于排水过程中不存在井阻问题，等应变下的三维问题可以简化为二维平面问题。根据其他假设，可得到以下方程[6-7]：

$$\frac{\partial v}{\partial t} = -\frac{1}{E_s}\frac{\partial \bar{u}_r}{\partial t} \tag{2}$$

$$-\frac{k_r}{\gamma_w}\frac{1}{r}\frac{\partial}{\partial r}\left(r\frac{\partial \xi}{\partial r}\right) = \frac{\partial \varepsilon_v}{\partial t} \quad (r_w \leqslant r \leqslant r_e) \tag{3}$$

$$\xi = u_r + \frac{k_e \gamma_w}{k_r}\varphi(r)Q(t) \tag{4}$$

$$\varphi(r) = \frac{\varphi_a}{\ln r_e - \ln r_w}\ln\frac{r}{r_w} \quad (r_w \leqslant r \leqslant r_e) \tag{5}$$

$$Q(t) = \begin{cases} \dfrac{t}{t_0} & (0 \leqslant t \leqslant t_0) \\ 1 & (t_0 \leqslant t) \end{cases} \tag{6}$$

式中，ε_v 为仅考虑径向渗流时影响区内任一点的体积应变(与垂直应变相等)，$\varepsilon_v = \varepsilon_v(t)$；$E_s$ 为地基压缩模量；u_r 为仅考虑径向渗流时影响区内任一点的孔压，$u_r = u_r(r,t)$；$\overline{u_r}$ 为仅考虑径向渗流时影响区内任一深度的平均孔压，$\overline{u_r} = \overline{u_r}(t)$；$\gamma_w$ 为水的重度；t 为时间；φ_a 为电源电压；$Q(t)$ 定义为在电势作用下地基中超静孔压的变化函数；t_0 为从接通电源到土中形成稳定的负超静孔压所需时间，它取决于土体的性质，可由试验确定。而表示电势分布的式(5)的具体推导过程见文献[8]。

式(2)—(6)即为等应变条件下堆载—电渗耦合固结的控制方程。其边界条件和初始条件为：

$$\xi\big|_{r=r_w} = 0 \tag{7}$$

$$\frac{\partial \xi}{\partial r}\Big|_{r=r_e} = 0 \tag{8}$$

$$\xi\big|_{t=0} = u_0 = p_0 \tag{9}$$

2.4 方程的求解

将式(3)简单变形后左右两边同时对 r 积分，并利用求解条件式(7)，可得：

$$-\frac{k_r}{\gamma_w}\frac{\partial}{\partial r}\left(r\frac{\partial \xi}{\partial r}\right) = r\frac{\partial \varepsilon_v}{\partial t} \tag{10}$$

$$\frac{\partial \xi}{\partial r} = \frac{\gamma_w}{2k_r}\left(\frac{r_e^2}{r} - r\right)\frac{\partial \varepsilon_v}{\partial t} \tag{11}$$

式(11)两边再次对 r 积分，并利用求解条件式(8)，可得：

$$\xi = \frac{\gamma_w}{2k_r}\left(r_e^2\ln\frac{r}{r_w} - \frac{r^2 - r_w^2}{2}\right)\frac{\partial \varepsilon_v}{\partial t} \tag{12}$$

根据方程(4)，某一点的孔压为

$$u_r = \frac{\gamma_w}{2k_r}\left(r_e^2\ln\frac{r}{r_w} - \frac{r^2 - r_w^2}{2}\right)\frac{\partial \varepsilon_v}{\partial t} - \frac{k_e \gamma_w}{k_r}\varphi(r)Q(t) \tag{13}$$

而地基内的平均孔压可表示为

$$\bar{u}_r = \frac{1}{\pi(r_e^2 - r_w^2)}\int_{r_w}^{r_e} 2\pi r u_r \, \mathrm{d}r \tag{14}$$

将式(13)代入式(14)并经适当的变形得：

$$\bar{u}_r = \frac{\gamma_w r_e^2}{2k_r}F_i\frac{\partial \varepsilon_v}{\partial t} - \frac{2k_e \gamma_w Q(t)}{(r_e^2 - r_w^2)k_r}\int_{r_w}^{r_e} \varphi(r) r \, \mathrm{d}r \tag{15}$$

式中，

$$F_i = \frac{n^2}{n^2-1}\left(\ln n - \frac{3}{4}\right) + \frac{1}{n^2-1}\left(1 - \frac{1}{4n^2}\right) \tag{16}$$

式中，n 为井径比 $n = \dfrac{r_e}{r_w}$。

将式(2)(5)(6)代入式(15)，有

$$\bar{u}_r = \begin{cases} -B\dfrac{\partial \bar{u}_r}{\partial t} - M\varphi_a\dfrac{t}{t_0} & (0 \leqslant t \leqslant t_0) \\[3mm] -B\dfrac{\partial \bar{u}_r}{\partial t} - M\varphi_a & (t \geqslant t_0) \end{cases} \tag{17}$$

式中，

$$B = \frac{\gamma_w d_e^2 F_i}{8k_r E_s} \tag{18}$$

$$M = \frac{k_e \gamma_w}{k_r} F_j \tag{19}$$

$$F_j = \frac{n^2}{n^2-1} - \frac{1}{2\ln n} \tag{20}$$

利用初始条件式(9)，并考虑到 t_0 前后孔压连续，可得地基中某一时间的平均孔隙水压力的表达式为

$$\overline{u_r} = \begin{cases} \left(u_0 - \dfrac{MB}{t_0}\varphi_a\right)e^{-\frac{t}{B}} - \dfrac{M}{t_0}\varphi_a(t-B) & (0 \leqslant t \leqslant t_0) \\[3mm] \left[u_0 - \dfrac{MB}{t_0}\varphi_a\left(1 - e^{\frac{t_0}{B}}\right)\right]e^{-\frac{t}{B}} - M\varphi_a & (t \geqslant t_0) \end{cases} \tag{21}$$

重力固结完成后土体中的超静孔压消散为 0，而对于堆载-电渗耦合固结，固结完成后的超静孔压并不等于 0，而是一个取决于土体性质和电源电压的负值，故必须将径向固结度的公式重新定义[2]为

$$U_r = 1 - \frac{\overline{u_r} - \overline{u_f}}{u_0 - \overline{u_f}} = 1 - \frac{\overline{u_r} + M\varphi_a}{u_0 + M\varphi_a} \tag{22}$$

式中，$\overline{u_f}$ 为土体中最终的平均孔压，为一负值，即 $\overline{u_f} = -M\varphi_a$。

将式(21)代入式(22)即可得到堆载-电渗联合作用下地基中某点的径向固结度表达式为

$$U_r = \begin{cases} 1 - \dfrac{\left(\dfrac{u_0}{M} - \dfrac{B}{t_0}\varphi_a\right)e^{-\frac{t}{B}} - \dfrac{\varphi_a}{t_0}(t-B) + \varphi_a}{\dfrac{u_0}{M} + \varphi_a} & (0 \leqslant t \leqslant t_0) \\[5mm] 1 - \dfrac{\left[\dfrac{u_0}{M} - \dfrac{B}{t_0}\varphi_a\left(1 - e^{\frac{t_0}{B}}\right)\right]e^{-\frac{t}{B}}}{\dfrac{u_0}{M} + \varphi_a} & (t \geqslant t_0) \end{cases} \tag{23}$$

当电源电压 $\varphi_a = 0$ 时，式(23)便变成了等应变条件下理想井径向固结度表达式：

$$U'_r = 1 - e^{-\frac{t}{B}} = 1 - e^{-\frac{8}{F_i}T_r} \tag{24}$$

式中，T_r 为径向固结时间因子，$T_r = \dfrac{\gamma_w d_e^2}{k_r E_s}$。

式(24)与谢康和等[6]推导出的等应变条件下砂井理想井的径向固结度公式完全一致。

2.5　梅花形排布和轴对称排布之间的转换

室内试验中采用的阳极是环状的,而在工程现场则是在正六边形角点上插入角钢或铁管。为了使本文建立的轴对称条件下的固结理论能够适用于工程实际的梅花形排布形式,可以采用图 2 的方法进行变换[9]。以阳极到中心点的距离为半径在电纸上画一个圆,然后以圆心作为正六边形的中心,以半径的 1.1 倍(根据面积相等计算得)为边长画出正六边形。一个正六边形可以分解成 12 个直角三角形,任选其中一个,在两个锐角顶点上接通直流电源,测量电场强度分布。Nicholls 等[10]的结果表明正六边形排布电极的电流强度和排水速率只有轴对称形式的 60%,并且这个数字基本上和井径比无关。即若要求正六边形排布下的孔压和固结度,可通过把本文推导出的公式中的 φ_a 用 $0.6\varphi_a$ 取代得到。

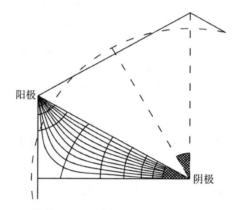

图 2　梅花形排布和轴对称排布的转换计算简图

3　对解的分析

为了研究和评价本文建立的固结理论以及了解堆载-电渗耦合固结的性状,选取饱和软黏土的典型物理力学指标和工程常见的电极排布参数: $k_r=5.0\times10^{-7}$ cm/s, $E_s=4.0$ MPa, $k_e=5.0\times10^{-5}$ cm$^2\cdot$V$^{-1}\cdot$s^{-1}, $t_0=10.0$ h, $p_0=100$ kPa, $d_w=3.5$ cm, $d_e=91$ cm, $n=26$, $F_i=2.51$, $F_j=0.85$, $B=36.1$ h, $M=8.5$ kPa/V, $\varphi=0$、6、12、24 V。φ 表示电极以梅花形排布时施加的电源电压。

将参数代入式(21)(23),计算出的平均孔压消散曲线和固结度曲线见图 3 至图 5。$\varphi=0$ 的情况即等应变条件下理想砂井的平均孔压消散曲线。

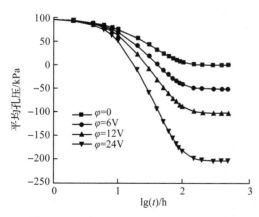

图 3　不同电压作用下平均孔压消散曲线

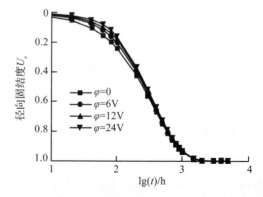

图 4　不同电压作用下土体的径向固结度变化曲线

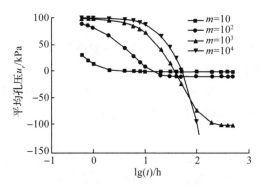

图5 m值对平均孔压消散的影响

图3是施加不同的电源电压时地基中平均孔压随通电时间t消散的过程。从图中可以看出,电压越大,超静孔压消散的速度越快,最终在地基中形成的负超静孔压也越大,相应土体的固结沉降也会越大。而图4显示的是径向固结度随时间变化的曲线。值得注意的是,施加的电压高时,孔压虽然消散快,径向固结度反而小。这是由于在电渗-堆载联合作用下,土体的固结度不同于单纯重力固结下的固结度定义,见式(22)。如果不从孔压的角度而是从沉降的角度来理解,这样的径向固结度曲线也是合情合理的。施加的电源电压大,超静孔压消散快,相同时间产生的固结沉降也大,但是最终的固结沉降也大。其次,对比图3、图4还可以发现,电源电压对径向固结度的影响要比其对平均孔压的影响小得多。

黏土的电渗渗透系数与构成土颗粒的矿物、化学成分和粒径、电解质、酸碱度(pH)、温度和通电方式等有关。但由于土的粒径不同,k_e并未出现多大的差别,卡萨格兰德(Casagrande)等发现,对于适合电渗处理的土,在常用的电压梯度下k_e的代表性的数值约为$10^{-5}\ \text{cm}^2/(\text{V}\cdot\text{s})$[5,11]。而土的水力渗透系数$k_r$则在$10^{-9}\sim10^{-5}\ \text{cm/s}$变化。为研究土体水力渗透系数对电渗固结效果的影响,以电渗渗透系数和水力渗透系数的比值$m=k_e/k_r$为横坐标,平均孔压为纵坐标,绘制了图5。图5显示的结果并不支持一般的理论:"m值越大,电动排水相对于水力排水的优势越大"[11]。究其原因,以往的看法只看到了这个比值对电渗排水速率的提高,而没有注意到水力渗透系数对土体孔压消散的影响,水力渗透系数越小,土体的固结就越慢,见图6。图6显示的是m值对径向平均固结度的影响,可以看出,在电渗渗透系数相等的情况下,水力渗透系数越小,固结越慢。此外,还必须注意到土体的水力渗透系数过大,会有相当大的比例的电流随着水流散失,变成对排水固结无效的电流,使得电渗变得不经济[9]。这两点说明,对于堆载-电渗联合法而言,电渗渗透系数与水力渗透系数的比值m既不是越大越好,也不是越小越好,而是在$100\sim1000$的范围内才能使堆载-电渗联合法既快速又经济合理。

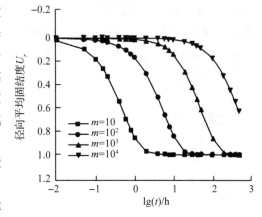

图6 m值对径向固结度的影响

4 讨 论

本文理论的建立是基于以上七点假设的,而这些假设与室内试验结果以及现场实测结果并不完全一致,故以下内容有必要进行讨论。

(1)单纯电渗作用的后期,土体实际上已经是非饱和土,压缩的体积等于排出水的体积的假设是不成立的。而堆载的压密作用能够保证这一条件一直成立,这也是堆载-电渗联合法的优点之一。

(2)上部堆载的作用可以使等应变条件成立,Bjerrum 等[12]的工程实测已经证实了这一点,室内电渗—加载联合固结试验更加能说明。室内试验结果表明电渗作用最终形成的负超静孔压大小与施加的电压成正比,即靠近阳极的越大,靠近阴极的越小,相应地,阳极部分的土体的固结程度会比阴极部分的要大。但是在现场的地基处理中,并不是只有一套阳极和阴极,而是许多套阳极和阴极交替排布,对整个工程认为孔压平均分布是可以接受的。

(3)在电渗作用的同时,土体中肯定会有电化学反应,一个明显的例子是阳极的腐蚀,也会有浓度差和热差,但是这些作用不仅规模很小而且速度缓慢[1],只要电渗作用排出的水量没有达到一般固结排水方法的好几倍[13],它们对土体固结的影响都可以忽略。同样,在电渗过程中认为土体的电渗渗透系数 k_e 不变也是合理的。

(4)本文假设从电源接通到稳定孔隙水压力分布的形成需要时间 t_0,并且在此时间内孔压的变化是线性的,而笔者的试验结果显示这个变化更接近于反正切曲线,但是为了公式的简洁,本文采取了近似。t_0 与土体本身的性质有关,具体是离子浓度、含水率等,对于某一种土可以认为是不变的。

5 结 语

本文采用等应变等假设,建立了堆载和电渗联合作用下的耦合固结理论,推导出了平均孔压和径向固结度的计算公式。利用典型参数进行分析后得出以下结论:施加的电源电压越大,地基中的孔压消散越快,但是径向固结度却越小;并且电压的大小对孔压消散的影响大于它对径向固结度的影响。对于堆载—电渗联合法而言,电渗渗透系数 k_e 和水力渗透系数 k_r 的比值既不是越大越好,也不是越小越好,它的合适范围是 $10^2 \sim 10^3$。此外,本文的工作是建立在大量文献阅读和前期少量试验的基础上的,尚需要室内试验和现场试验的验证。这些内容将是进一步研究的主要部分。

参考文献

[1] Esrig M I. Pore pressure, consolidation and electrokinetics[J]. Journal of the SMFD, American Society of Civil Engineers, 1968, 94(SM4): 899-921.

[2] Wan T Y, Mitchell J K. Electro-osmotic consolidation of soils[J]. Journal of the Geotechnical Engineering Division, 1976, GT5(5): 473-491.

[3] 苏金强, 王钊. 电渗的二维固结理论[J]. 岩土力学, 2004, 25(1): 125-131.

[4] Carrillo N. Simple two and three-dimensional cases in the theory of consolidation of soils[J]. Journal of Mathematical Physics, 1942, 21: 1-5.

[5] Mitchell J K. Conductive phenomena: from theory to geotechnical practice[J]. Geotechnique, 1941, 41(3):

299-340.

［6］谢康和,曾国熙. 等应变条件下的砂井地基固结解析理论[J]. 岩土工程学报,1989,11(2):3-16.

［7］Barron R A. Consolidation of fine-grained soils by drain wells[J]. Transactions, 1948,113:718.

［8］Rittirong A, Shang J Q, Mohamedelhassan E. Effects of electrode configuration on electrokinetic stabilization for caisson anchors in calcareous sand[J]. Journal of Geotechnical and Geoenvironmental Engineering, 2008,134(3):352-365.

［9］Moom P H, Spence D E. Field Theory for Engineers[M]. New York: D Van Nostrand Inc, 1961.

［10］Nicholls R L, Herbst R L. Consolidation under electrical-pressure gradient[J]. Journal of the Soil Mechanics & Foundations Division, ASCE, 1967,93(SM5):139-151.

［11］Glendinning S, Black J L, Jones C J F P. Treatment of sewage sludge using electrokinetic geosynthetics [J]. Journal of Hazardous Materials, 2007,A139:491-499.

［12］Bjerrum L, Moum J, Eide O. Application of electro-osmosis to a foundation problem in a Norwegian quick clay[J]. Geotechnique, 1967,17:214-235.

［13］Rollins R L. Effect of calcium on the continuity of electroosmotic flow rate[J]. Bulletin 108, Highway Research Board, National Research Council, 1955:120.

软黏土地基电渗加固的设计方法研究[*]

李　瑛　龚晓南

（浙江大学建筑工程学院；软弱土与环境土工教育部重点实验室）

摘要　土地紧张促进了电渗近年来在软黏土地基加固中的大量应用，但是对其设计方法的研究却很少。本文从电渗的机理入手，研究了电渗过程及其电极电解反应；接着分析了土体性质、电极、电源输出和通电方式等四方面因素对电渗固结的影响，并列表总结；随后，综合已有的电渗实例，提出了软黏土电渗加固的设计计算方法；最后举例说明方法的使用。该方法主要面对常见的金属电极长方形布置的电渗处理，经简单改变也能适用其他情况。其优点是能够评价场地的电渗处理适宜性，可以考虑场地地质条件的影响，并且能够通过控制参数取值范围的方法来提高电渗效率。

1　引　言

为解决沿海地区城市用地的不足，近 20 年来世界各国大力开展围海吹填造陆[1]。吹填材料多为航道港池疏浚淤泥，具有含水率高、渗透系数低和抗剪强度低等不利工程性质，因此有必要在工程建设前对其进行处理加固。传统的方法（如加载预压、真空预压等）不仅费时长，而且不一定能达到预期效果。大量的新工艺和新方法应运而生，电渗排水与土体水力渗透系数 k_h 无关的特点也被再次提起。

自 1939 年首次被卡萨格兰德（Casagrande）引入到土木工程以来，电渗出现在世界各国不同的工程实践中。其中不乏成功的案例，但也有失败的情况[2]。已有资料表明：电渗并非对所有的土都有效，它只能够在某些黏土中才能达到令人满意的效果。电渗加固的主要问题是能量消耗过大，这既有电渗加固方法自身的不足[3]，更有对电渗加固机理认识不足而导致的设计问题。

在直流电场作用下，土体中阳离子向阴极移动，阴离子向阳极移动，离子在定向移动的同时拖曳其周围的水分子一起运动。黏土颗粒一般带负电，由于颗粒附近阳离子数量多于阴离子，故在直流电场的作用下形成从阳极到阴极的定向渗流，即电渗。电渗的方向和大小都与阴、阳离子之间的关系有关，用于形成直流电场的外部设备参数也会对电渗产生影响。Shang 等[4]通过对美国和澳大利亚尾矿处理资料的系统分析，对影响电渗性状的因素进行了总结。Pugh[5]给出了适宜使用电渗加固的土体的主要参数的范围。

现有电渗固结理论和设计方法只能对理想状态下土体的电渗加固进行可靠的分析和设

---

　*本文刊于《岩土工程学报》，2011，33（6）：955-959.

计[6-7]。然而土体只是在电渗开始的很短一段时间内勉强满足理想状态的假设。随着水的不断排出,土体的均匀性和各项性质均发生变化[8]。在这个过程中,电化学反应起着很重要的作用,电泳、流动电位等使得情况更加复杂[9]。电化学反应导致的硬化可以提高土体的抗剪强度,但是它会降低电渗排水固结的效果和效率,且成本较高。因此在软黏土地基的加固中应充分发挥排水固结的作用,尽量减小电化学反应量。电动土工合成材料充当电极基本能够杜绝电化学反应[10-11],但目前仍停留在室内试验阶段,工程中使用较多的还是金属电极。

软黏土地基的电渗加固牵涉到电场、应力场、离子场和渗流场等的多场耦合。现有的设计计算理论是建立在一系列假设的基础上,与实际相差很远。多场非线性耦合的特点使求得更接近实际的解非常困难。有限元模拟可以取得更精确的结果,但分析过程烦琐、复杂,而且也不能考虑所有因素,不适合工程实践。如果能够通过控制电渗过程中各项参数的范围来使得土体基本满足理想状态的假设,那么现有设计计算方法仍然能够应用到软黏土地基电渗加固的设计中。同时,由于土体接近于理想情况,电渗的效果和经济性也能得到保证。因此有必要研究如何通过控制电渗过程中各项参数的范围来提高电渗的经济性。本文的研究思路是,以电渗加固机理为基础列出影响电渗的各个因素,分析总结各因素的适宜范围,提出电渗设计计算方法。

2 影响软黏土电渗的因素

2.1 土体性质

电渗在粒径小于 $2\mu m$ 的颗粒所占比例大于 30% 的土体中是比较有效的,颗粒过细会导致能量消耗过高。电渗在中等塑性粉质黏土(高岭土、伊利土)的效果要强于包含膨胀黏土矿物的高塑性黏土(蒙脱土)[12]。矿物类型的影响可用土体的液塑限和电导率来评估,因为它们在一定程度上受黏土矿物的类型和含量的影响。电渗不宜用于电导率超过 0.25S/m 的土体,成功的电渗实例都是实施在孔隙水含盐量(NaCl)低于 2g/L 的土中[13-14]。高含盐量会使得电渗消耗的能量过大,也会增加阳极的腐蚀量。双电层的 ζ 电势对孔隙水中阴、阳离子之间的关系有决定性的影响,pH 值能改变 ζ 电势的大小,进而影响电渗流量的大小,甚至方向。电渗在低 pH 值环境(pH<6)中不是很有效;而在高 pH 值环境(pH>9)中十分有效,即使孔隙水含盐量很高[14]。此外,水力渗透系数 k_h 决定电渗固结的速率[6],k_e 与 k_h 的比值应控制在一定范围[4,11]。

2.2 电极

电极材料常为铁、铝或铜。电极的结构形式比较成熟,阳极多为金属管或棒,阴极多为打孔金属管。需要注意的是,要根据场地地质条件对电极结构进行适当调整,如穿过透水土层部分的外侧要进行绝缘处理。在平面布置上,阳极的数量宜多于阴极,常见的布置方式为长方形和梅花形,见图1。长方形布置中同极性电极的间距 b 应该小于异极性的 L,这是因为均匀电场能够带来更好

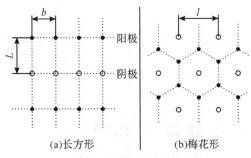

(a)长方形　　(b)梅花形

图1 电极的常见平面布置方式

的排水效果[15]。L 为1~3m。梅花形布置时相邻两阴极的距离 l 和 L 差不多。在竖直方向上,电极长度 h 应不小于待处理土层的厚度 H,而且电极顶端要露出地面 0.2~0.4m,阳极底端要比阴极的深 0.5m 左右[16]。

2.3 电源输出

较大的电势梯度有利于电渗排水,但是在两极之间施加较大的电压会使得电极和土体接触面上的电势损失较大[15]。小电极间距和低电压能够兼顾两者,可是这样会增加成本。在高含盐量地基中要适当降低电势梯度。此外,出于安全考虑,现场施加的电压不宜大于60V[16]。有的电渗以电流密度来控制输出。较大的电流密度自然有利电渗排水,但是也会导致较大的发热量,故电流密度应控制在 $50A/m^2$ 以内[17]。在选择电流密度时还要考虑阳极的腐蚀[9]。

2.4 通电方式

持续通电会形成三种不利于电渗的梯度,即酸碱不平衡、反向电势和反向水力梯度。前两者可以通过间断通电来消除。间断通电的优越性已经被广泛证明[18-19],但是对如何间断却少有研究。间断前的通电时间不宜太长。断电时间的长短要合适,太短起不到明显的恢复作用,太长则阴极的水在毛细作用下向阳极回流。断电时间可通过试验确定,如斑脱土为每通电30s后断电 0.1s[19]。这也表明白天通电晚上断电并不能取得最好的效果。电极转换技术除了具有电极反转的作用外,还能使得电渗后电极之间土体性质均匀,并可降低阳极附近土体的干燥开裂程度和电极的腐蚀量[7]。但是电极转换要求阳极和阴极的结构相同。此外电极转换的频率需进一步研究。

表1对影响软黏土电渗加固的因素进行了总结。

表1　电渗过程中各影响因素

因素		特征
土体性质	粒径	在粒径小于 $2\mu m$ 的颗粒占比多于30%的土中有效
	矿物类型	在中等塑性的粉质黏土中比高塑性黏土更有效
	含盐量	高含盐量不利,应小于2g/L
	pH值	低pH值(pH<6)时效果不大 高pH值(pH>9)时有效
	水力渗透系数	与电渗渗透系数的比在0.01~0.001为宜
电极	电极材料	铜、铁、铝
	电极结构	阳极用金属管或棒,阴极一般为将预先穿孔的金属管管包裹反滤层或插入砂井中;用绝缘层与透水性较好的土层隔开
	电极间距	L 和 l 为1~3m;b 应比 L 小,大概是 $0.5L$ 到 $0.67L$。
	电极布置	阳极数量应比阴极多,梅花形布置比长方形好;电极长度应比待处理土层深度大,阳极底端比阴极深0.5m左右,电极的顶端比地面高0.2~0.4m
电源输出	电势梯度	尽可能低的电势梯度,一般不超过0.5V/cm;电压应小于60V
	电流密度	不能超过 $50A/m^2$,并注意电腐蚀
通电方式	间断通电	通电几分钟后间断几秒,不推荐白天通电晚上断电
	电极转换	电极反转的周期不宜过长,阴极和阳极的结构要相同

3　电渗加固设计的主要内容

3.1　评估电渗加固的适宜性

如前所述,并非所有类型的场地土都适合电渗处理,如粉砂、盐渍土等,故有必要在加固设计前用土体的各项参数对场地的适宜性进行评估。评估的基本步骤为:进行工程地质勘查确定地层分布情况;进行室内土工试验,测量土体的液塑限、含水率 w_0、水力渗透系数 k_h、电导率 σ、

孔隙水含盐量 S 和体积压缩系数 m_V，并确定土体的主要矿物类型；利用矿物类型、w_0 和 S 估算电渗运移量 k_i；测量土体的电渗渗透系数 k_e；利用表 2 评价场地的电渗适宜性。

表 2　土体主要参数及其适宜范围

主要参数	适宜范围	实测值
初始含水率 w_0/%	$(0.6\sim1)w_L$	31
液限 w_L/%	—	19
塑限 w_P/%	—	14
塑性指数 I_P	$5\sim30$	5
水力渗透系数 k_h/(m·s^{-1})	$<10^{-8}$	2×10^{-8}
体积压缩系数 m_V/(MPa^{-1})	$0.3\sim1.5$	0.4
孔隙水含盐量 S/(g·L^{-1})	<2	0.9
电导率 σ/(S·m^{-1})	$0.005\sim0.05$	0.02
粒径小于 $2\mu m$ 的黏粒含量/%	>30	37
电渗运移量 k_i/(m^3·A^{-1}h^{-1})	$>2\times10^{-4}$	$(1\sim2)\times10^{-4}$
电渗渗透系数 k_e/(cm^2·s^{-1}V^{-1})	—	$(1\sim2)\times10^{-5}$

表 2 中用于评价电渗适宜性的参数及其范围是在分析总结已有电渗实例和试验数据的基础上得出的。表中给出的范围只是参数的推荐值，并非强制规定，它基本上可以完成定性分析，而精确地定量分析必须借助室内模型试验。k_h 和 m_V 这两个指标反映的实际是土体的固结系数 c_V。因为决定电渗固结速率的是 c_V，而 k_e 决定的是电渗流速的大小。大部分黏土的 k_e 值都在 5×10^{-5}cm^2·V^{-1}s^{-1} 左右，故表 2 中无电渗渗透系数一项。电渗运移量 k_i 的定义为单位电荷移动时拖曳的水的体积，用于评估电渗排水的能量消耗效率。k_i 可以根据黏土矿物类型、孔隙水含盐量 S 和土体含水率 w_0 通过图 2 估算出来。图 2 是依据 Gray 等[12]的试验数据绘制的，给出了常见矿物类型的黏土在不同孔隙水含盐量下的电渗运移量 k_i 和含水率 w_0 的关系。试验中并没考虑电解、离子矿化等不利于电渗的次生反应，估算出的 k_i 是上限值。知道 k_i 后，可用式(1)计算电渗排出单位体积水所消耗的能量。

$$W=\frac{\Delta\varphi}{k_i}\times10^{-3} \qquad (1)$$

式中，W 为电渗排出单位体积水的耗能，kWh；$\Delta\varphi$ 为作用在两极上的电势差，V；k_i 为电渗运移量，m^3·A^{-1}h^{-1}。不同于 k_e，k_i 因土的种类不同而变化很大，范围大致为 $2\times10^{-5}\sim2\times10^{-3}$ m^3·A^{-1}h^{-1}。由式(1)可看出，在施加的电源电压一定时，电渗消耗的能量和电渗运移量成反比，k_i 越小，W 就越大。

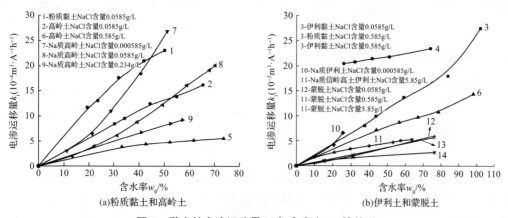

图 2　黏土的电渗运移量 k_i 与含水率 w_0 的关系

3.2 根据抗剪强度提高值计算排出水的体积

通过试验确定土体不排水抗剪强度 s_u 与有效固结压力 p_0 的关系曲线 s_u-p_0，超固结土中用先期固结压力代替有效固结压力；用室内常规固结试验确定有效固结压力 p_0 与含水率 w 的关系曲线 p_0-w；由 s_u-p_0 曲线和 p_0-w 曲线确定 s_u 和 w 之间的关系曲线 s_u-w；以现场确定的不排水抗剪强度的平均值 s_{u0} 作为电渗处理前的强度值，以设计要求的抗剪强度值 s_{ut} 为电渗处理后的强度值，在 s_u-w 上求取为满足设计土体需要降低的含水率平均值 Δw；用式(2)计算需要用电渗从土体中排出水的体积 Q[9]。如果是新近吹填土，由于没有固结历史，可以用重塑土直接测量不排水抗剪强度和含水率之间的关系。

$$Q = \frac{V_0 \gamma_0}{1 + w_0} \Delta w \tag{2}$$

式中，V_0 为待处理土体的体积，等于待处理地基的面积 A 和处理深度 H 之积，m^3；γ_0 为土体处理前的重度，kN/m^3；w_0 为土体的初始平均含水率，%。根据 Q 可以估计电渗导致的土体体积变化率 ε_V 和处理区域的平均沉降量 s：

$$\varepsilon_V = \frac{Q}{V_0} \tag{3}$$

$$s = \frac{Q}{A} \tag{4}$$

3.3 选择电渗系统

选择电极材料；选用电源设备，确定电源输出；根据地质条件设计电极，并确定电极长度 h；确定电极平面布置方式和电极间距；用式(5)[20]计算处理区域总电阻 R，并根据表1优化电极参数和电源输出。

$$R = \alpha \frac{\rho}{nh} \lg \frac{2L}{d} \tag{5}$$

式中，R 为电渗区土体总电阻，Ω；α 为电极常数，在 $L/d = 40 \sim 80$ 的范围内，α 一般取 1；ρ 为土体的电阻率，$\Omega \cdot m$；n 为电极对的数目；h 为电极长度（不包括绝缘段的，多层土时要叠加计算），m；L 为两极之间的距离，m；d 为电极直径（当阴阳两极直径不等时，取两极直径之积的二次方根，如为非圆截面电极则用周长相等折算成当量直径的电极），m。电极和土体之间的接触电阻使得电阻的计算值要小于实际值。总电阻 R 可用于判断电源输出是否合适，如果计算出来的电势梯度和电流密度不在表1推荐的范围内，须重新设置电极间距，直至满足要求为止。

3.4 计算电渗处理时间，安排施工进度

用式(6)计算电渗处理需要的时间 t；安排电渗施工进度。

$$t = \frac{Q}{(k_e \rho I)} （稳流输出）$$
$$t = \frac{Q}{(k_e VA)} （稳压输出） \tag{6}$$

式中，I 和 V 分别为电源的输出电流和输出电压。要注意的是，无论是稳流输出还是稳压输出，计算得到的电渗处理时间 t 都比实际需要的短，原因是式(6)没有考虑 k_e 和实际用于电渗的电压随时间不断变小以及土体电阻率 ρ 随时间不断变大的事实，得出的时间是电渗处理的下限

值。而真正的时间要通过不断监测沉降量和抗剪强度值来控制。另外在安排施工进度时要注意避免雨天施工。

4 工程实例

某污水处理厂泵房的矩形基坑坐落在高灵敏度的滨海相流黏土地基上,基坑平面尺寸为 10m×20m。地质条件为:基岩在地面以下 25m 处,地表以下约 2m 为坚硬的风化壳。为了安全开挖,地面以下约 10m 深范围内土体的不排水抗剪强度必须为 20kPa 以上。而土体的不排水抗剪强度平均值 s_{u0} 只有 9kPa。现测得土体不排水抗剪强度和有效固结压力的比值约等于 0.14。综合考虑各方面因素后,电渗被选用进行地基处理。场地土体的主要参数见表 2 实测值。现场可用的电源设备是输出为 200A 和 50V 的直流电焊发电机,方便得到的电极材料为直径 19mm 的铁棒。

电渗设计的主要内容如下。从表 2 中场地土体的主要参数来看,该场地可以用电渗进行处理。土体的不排水抗剪强度由 9kPa 提高到 20kPa 以上,即土体要经受的先期固结压力必须增加到 140kPa 以上,由室内固结试验得出的有效固结压力 p_0 与含水率 w 的关系曲线 p_0-w 可以推算出土体的平均含水率必须下降 3.4%。电渗要排出的水量可用式(2)计算,约为 100m³,接着用式(3)和式(4)估算待处理土体的平均沉降量 s 和体积压缩率 ε_V,分别为 50cm 和 5%。电极材料和电源的选择往往会受到施工地点的限制,根据方便得到的材料和设备,电源是输出为 200A 和 50V 的直流电焊发电机,电极为直径 19mm 的铁棒。根据处理要求,电极长度为 10m;根据场地地质条件,电极必须与硬壳层隔开,故在电极上部 2m 长度上涂刷绝缘漆,即真正工作的电极只有 8m。考虑到处理场地处于平缓的斜坡上,电渗过程中不准备使用抽水设备,只是沿着阴极开挖导水沟。选择以长方形排列布置电极,同极间距 b 取 0.5m,异极间距 L 取 2m,利用经验公式式(5)估算出电渗场地的总电阻 $R=0.148\Omega$,将两个电焊机串联在一起可满足电源输出要求,故实际用于电渗的电压和电流分别为 50V 和 400A。利用式(6)估算电渗排水时间 $t=29$d。考虑到电阻随通电时间的不断变大,此数值为最理想的情况。但是采用间歇通电和电极转换等技术手段可延缓电阻的增大;而电渗之外的其他电化学反应也会加快土体抗剪强度的提高。故按 30d 的电渗时间设计施工进度,并定期观测地表沉降和土体不排水抗剪强度,控制电渗处理。处理后不排水抗剪强度和含水率的监测结果表明了设计方法的可靠,不排水抗剪强度平均提高 3 倍,含水率平均降低 5%。经过电渗加固,工程顺利完成,而且成本可以接受。

5 结 语

本文从电渗固结的机理入手,指出了双电层 ζ 电势对电渗流的重要性,并总结了电极的电解反应。随后将影响软黏土电渗固结的因素分为土体性质、电极、电源输出和通电方式等四大类,分别阐述了不同变量对电渗的影响过程,并给出了每种变量的适宜范围。在此基础上,综合已成功的电渗实例,提出了软黏土电渗固结的设计方法,并举例说明。该方法加入了对场地电渗处理适宜性的评价,考虑了场地地质条件对电极结构的影响,各步骤的计算公式合理可靠,同时给出了电渗中各参数的取值范围。该方法主要面对工程常用以长方形布置的金属电极的电渗处理,未能考虑新型电动土工合成材料的特殊性,以及电极转换、间断通电等技术手段对设计计算带来的改变。

参考文献

[1] 韩选江. 大型围海造地吹填土地基处理技术原理及应用[M]. 北京：中国建筑工业出版社，2009.

[2] Gray D H，Mitchell J K. Fundamental aspects of electro-osmosis in soils：closure discussion[J]. Journal of the Soil Mechanics and Foundations Division，ASCE，1969，95(S3)：875-879.

[3] Kalumba D，Glendinning S，Rogers C D F，et al. Dewatering of tunneling slurry waste using electrokinetic geosynthetics[J]. Journal of Environmental Engineering ASCE，2009，135(11)：1227-1236.

[4] Shang J Q，Lo K Y. Electrokinetic dewatering of a phosphate clay[J]. Journal of Harzadous Materials，1997，55(1-3)：117-133.

[5] Pugh R C. The Application of Electrokinetic Geosynthetic Material to Uses in the Construction Industry [D]. Newcastle upon Tyne：Newcastle University，2002.

[6] Esrig M I. Pore pressure，consolidation and electrokinetics[J]. Journal of the Mechanics and Foundations Division ASCE，1968，94(4)：899-921.

[7] Wan T Y，Mitchell J K. Electro-osmotic consolidation of soils[J]. Journal of the Geotechnical Engineering Division，ASCE，1976，102(5)：473-491.

[8] Lo K Y，Inculet I I，Ho K S. Electroosmotic strengthening of soft sensitive clays[J]. Canadian Geotechnical Journal，1991，28(1)：62-73.

[9] Bjerrum L，Moum J，Eide O. Application of electro-osmosis to a foundation problem in a Norwegian quick clay[J]. Geotechnique，1967，17：214-235.

[10] Hamir R B，Jones C J F P，Clarke B G. Electrically conductive geosynthetics for consolidation and reinforced soil[J]. Geotextiles and Geomembranes，2001，19(8)：455-482.

[11] Fourie A B，Johns D G，Jones C J F P. Dewatering of mine tailings using electrokinetic geosynthetics[J]. Canadian Geotechnical Journal，2007，44(2)：160-172.

[12] Gray D H，Mitchell J K. Fundamental aspects of electro-osmosis in soils[J]. Journal of the Soil Mechanics and Foundation Division ASCE，1967，93(S6)：209-236.

[13] Mitchell J K. Conductive phenomena：from theory to geotechnical practice[J]. Geotechnique，1991，41(3)：299-340.

[14] Micic S，Shang J Q，Lo K Y，et al. Electrokinetic strengthening of a marine sediment using intermittent current[J]. Canadian Geotechnical Journal，2001，38(2)：287-302.

[15] Buddhima I，Jian C. Ground Improvement：Case History[M]. Amsterdam：Elsevier，2005：3.

[16] 侯学渊，钱达仁，杨林德. 软土工程施工新技术[M]. 合肥：安徽科学技术出版社，1999.

[17] Gray D H. Electrochemical hardening of clay soil[J]. Geotechnique，1970，20(1)：81-93.

[18] Lo K Y，Ho K S，Inculet I I. Field test of electroosmotic strengthening of soft sensitive clays[J]. Canadian Geotechnical Journal，1991，28(1)：74-83.

[19] Gopalakrishnan S，Mujundar A S，Weber M E. Optimal off-time in interrupted electroosmotic dewatering [J]. Separations Technology，1996，6(3)：197-200.

[20] 松尾新一郎. 土质加固方法手册[M]. 孙明漳，梁清彦，译. 北京：中国铁道出版社，1983.

基坑工程论文

基坑围护体系选用原则及设计程序[*]

龚晓南

（浙江大学土木工程学系）

摘要 本文首先简要介绍基坑围护体系主要型式及适用条件,然后介绍基坑围护体系的选用原则及设计程序,供读者参考。

1 基坑围护体系型式及适用条件

基坑围护体系一般包括两部分,挡土体系和止水体系,止水也包括降低地下水位和排水。下面分别加以介绍。

1.1 挡土体系

基坑工程中挡土体系主要型式包括下述几类:

①放坡开挖及简易围护;

②悬臂式围护结构;

③重力式围护结构;

④内撑式围护结构;

⑤拉锚式围护结构;

⑥其他型式围护结构,主要有门架式围护结构、拱式组合型围护结构、土钉墙围护、喷锚网围护结构、沉井围护结构、加筋水泥土墙围护结构和冻结法围护等。

下面分类简要介绍主要特点及适用条件。

(1)放坡开挖及简易围护

放坡开挖是选择合理的基坑边坡以保证在开挖过程中边坡的稳定性,包括坡面的自立性和边坡整体稳定性,见图1。放坡开挖适用于地基土质较好,开挖深度不深,以及施工现场有足够放坡场所的工程。放坡开挖一般所需费用较低,能采用放坡开挖尽量采用放坡开挖。有时虽有足够放坡的场所,但挖土及回填土方量大,考虑工期、工程费用并不合理,也不宜采用放坡开挖。

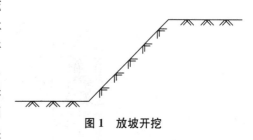

图1 放坡开挖

---

* 本文刊于《浙江省第七届土力学及基础工程学术讨论会论文集》,1996:157-165.

在放坡开挖过程中,为了增加边坡稳定性,减少挖土土方量,常采用简易围护。如在坡脚采用草袋装土或块石堆砌挡土或在坡脚采用短桩隔板挡土等。

(2)悬臂式围护结构

悬臂式围护结构见图2。悬臂式围护结构常采用钢筋混凝土桩排桩墙、钢板桩、钢筋混凝土板桩和地下连续墙等型式。钢筋混凝土桩常采用钻孔灌注桩和沉管灌注桩。悬臂式围护结构依靠足够的入土深度和结构的抗弯能力来维持整体稳定和结构的安全。悬臂结构所受土压力分布是开挖深度的一次函数,其剪力是深度的二次函数,弯矩是深度的三次函数。悬臂式结构对开挖深度很敏感。悬臂式围护结构容易产生较大的变形,对相邻建(构)筑物产生不良影响。悬臂式围护结构适用于土质较好、开挖深度较浅的基坑工程。

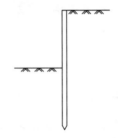

图2　悬壁式围护结构

(3)重力式围护结构

重力式围护结构见图3。目前在工程中用得较多的是水泥土重力式围护结构,常采用深层搅拌法形成,有时也采用高压喷射注浆法形成。为了节省成本,常采用格构体系(图4)。水泥土与其包括的天然土形成重力式挡墙,支挡周围土体保持边坡稳定。深层搅拌桩重力式围护结构常用于软黏土地区,开挖深度在6.0m以内的基坑工程。若采用高压喷射注浆法施工该结构还可应用于砂类土地基等。

图3　重力式围护结构

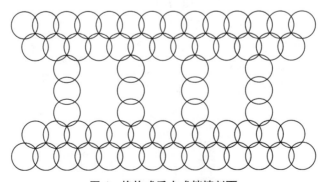

图4　格构式重力式挡墙剖面

（4）内撑式围护结构

内撑式围护结构由围护结构体系和内撑体系两部分组成。围护结构体系常采用钢筋混凝土桩排桩墙和地下连续墙型式。内撑体系可采用水平支撑和斜支撑。随开挖深度的不同，又可采用单层水平支撑、二层水平支撑及多层水平支撑。内撑式围护结构见图5。

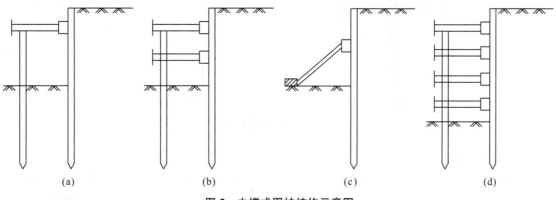

(a)   (b)   (c)   (d)

图 5　内撑式围护结构示意图

内撑常采用钢筋混凝土支撑和钢管（或型钢）支撑两种。钢筋混凝土支撑体系刚度好、变形小，钢管支撑可回收，且加预压力方便。对于面积很大的基坑，除采用斜支撑外，支撑体系常采用空间结构体系，见图6。

图 6　空间结构内撑体系

内撑式围护结构适用范围广，可适用各种土层和基坑深度。

（5）拉锚式围护结构

拉锚式围护结构由围护结构体系和锚固体系两部分组成。围护结构体系同内撑式围护结构。锚固体系可分为锚杆式和锚桩式两种。锚杆式又可分为单层锚杆、二层锚杆和多层锚杆。

锚桩式围护结构和双层锚杆式围护结构见图7。锚桩式需要有足够的场地设置锚桩或锚固物。锚杆式需要地基土能提供给锚杆较大的锚固力。故锚杆式较适用于砂土地基或黏土地基。对于软黏土地基，由于地基不能提供给锚杆较大的锚固力，所以很少使用。

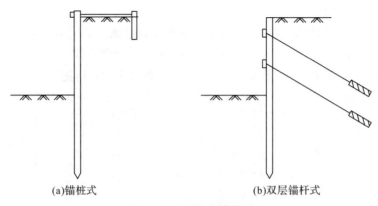

(a)锚桩式　　　　　　　　　　　(b)双层锚杆式

图7　空间结构内撑体系

（6）门架式围护结构

门架式围护结构见图8。目前在工程中常用钢筋混凝土灌注桩,压顶梁和联系梁形成空间门架式围护结构体系。它的围护深度比悬臂式围护结构深。研究表明:前后排桩桩距 $B<4d$（d 为桩径)时,门架空间效应差;$B>8d$ 时,门架空间效应也差,连系梁成拉杆作用在软黏土地基中,门架式围护结构变形较大。门架式围护结构常用于开挖深度已超过悬臂式围护结构的合理围护深度,但深度也不是很大的情况。

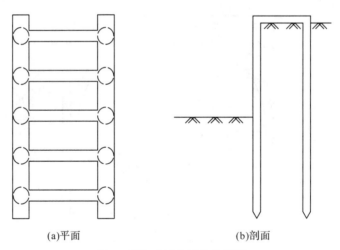

(a)平面　　　　　　　　　　　(b)剖面

图8　门架式围护结构示意图

（7）拱式组合型围护结构

钢筋混凝土桩同深层搅拌桩水泥土拱组合形成的围护结构见图9。水泥土抗拉强度很小,抗压强度较大,形成水泥土拱可有效利用材料性能。拱脚采用钢筋混凝土桩,接受水泥土拱传递的土压力。采用内撑式围护结构围护。合理应用拱式组合型围护结构可取得较好效果。

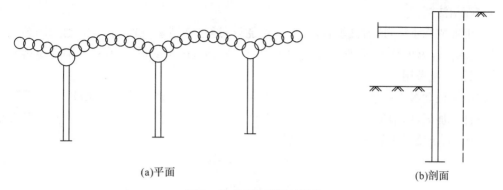

(a)平面 (b)剖面

图9 拱式组合型围护结构

(8)土钉墙围护

土钉墙围护见图10。土钉一般通过钻孔、插筋、注浆来设置,传统上叫砂浆锚杆。边开挖,边在土坡中设置土钉,形成土钉墙重力式挡土体系。在坡面铺钢筋网,并喷混凝土形成混凝土面板。土钉墙围护不适用于深厚软黏土地基的基坑工程。

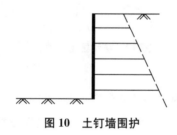

图10 土钉墙围护

(9)加筋水泥土墙围护结构

由于水泥土抗拉强度低,水泥土墙围护结构围护深度小,为了克服这一缺点,在水泥土中设置型钢,形成加筋水泥土墙围护结构,见图11。在重力式围护结构中,为了提高深层搅拌桩水泥土墙的抗拉强度,人们常在水泥土墙中插入毛竹或钢筋。

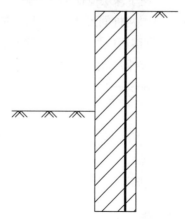

图11 加筋水泥土墙围护结构

(10)沉井围护结构

采用沉井结构形成围护体系。

(11)冻结法围护

地基土形成冻土后，抗剪强度提高，止水性能好，通过冻结基坑四周土体，利用冻结土抗剪强度高、止水性能好的特点，可保持基坑边坡稳定。冻结法围护的适用范围广，但应重视其对周围影响，以及工程费用。

围护结构被动区土质情况对围护结构的稳定影响较大，若被动区土质很软弱，可采用被动区土质改良来加固，以增加被动区土压力。被动区土质改良见图12。被动区土质改良常采用深层搅拌法、高压喷射注浆法和压力注浆法。

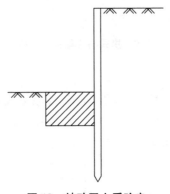

图 12　被动区土质改良

1.2　止水体系

止水体系包括降低地下水位和设置止水帷幕两类，见图13。对于渗透性很小的地基，可既不降低地下水位也不设止水帷幕，对于基坑开挖过程中产生少量积水的，采用明沟排水处理即可。水泥土围护结构、地下连续墙、钢板桩围护结构都具有较好的止水作用，它们即是挡土结构，同时又是止水帷幕。对于排桩墙结构，需单独设置止水帷幕。目前，在工程中应用较多的止水帷幕有三种：深层搅拌桩水泥土止水帷幕、高压喷射注浆法水泥土止水帷幕和素混凝土地下连续墙止水帷幕。深层搅拌桩水泥土止水帷幕适用于软黏土地基；高压喷射注浆法水泥土止水帷幕和素混凝土地下连续墙止水帷幕成本较高，常应用于深层搅拌法难于施工的砂土地基等。为减少止水帷幕水泥土体积，高压喷射注浆常在排桩墙中两桩间形成旋喷桩，共同组成止水帷幕，见图14(c)。深层搅拌桩水泥土止水帷幕对围护结构位移适应性较强，素混凝土地下连续墙和旋喷桩与钢筋混凝土组合形成止水帷幕使围护结构位移适应性差。围护结构位移增大，止水帷幕常产生裂缝而漏水。

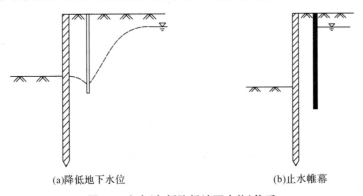

(a)降低地下水位　　　　　　　　　　　(b)止水帷幕

图 13　止水(包括降低地下水位)体系

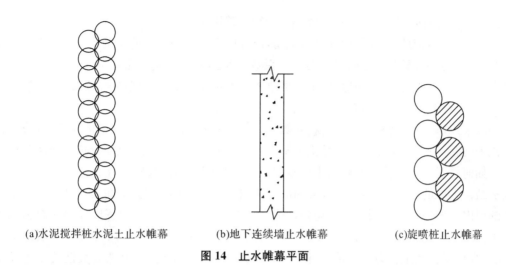

(a)水泥搅拌桩水泥土止水帷幕　　(b)地下连续墙止水帷幕　　(c)旋喷桩止水帷幕

图14　止水帷幕平面

　　有时不仅在基坑四周设置止水帷幕,而且还要在基坑底面进行封底止水,见图15。对于渗透性较大的地基,或具有承压水层的地基可根据情况采用。水平向止水层常采用高压喷射注浆法或深层搅拌法形成。

图15　基坑底面水平向止水层

　　降低地下水位常采用井点降水,若基坑开挖深度深,井点降水可分级进行。在围护结构外侧降水,可减少作用在围护结构上的土压力,又能提高土体的强度,有利于围护结构的稳定,但在围护结构外侧降水会引起地面沉降。对限制周围地面沉降要求较高的工况,要求设置止水帷幕,并只在围护结构内侧,即在基坑内降水。

　　除井点降水外,有时也采用大口径深井降水。

2　围护体系的选用原则

　　围护体系的选用原则是安全、经济、方便施工,选用围护体系要因地制宜。

　　安全不仅指围护体系本身安全,能保证基坑开挖顺利完成,而且要保证邻近建(构)筑物的安全使用。

　　一个优秀的围护体系设计,要做到因地制宜,工程师应根据基坑工程周围建(构)筑物对围护体系变位的适应能力,选用合理的围护体系,进行围护结构设计。相同地质条件,同一深度,允许围护结构变位量不同,围护体系的费用相差很大。优秀的设计,应能较好把握围护体系安全变位量,使围护体系安全、周围建筑物不受影响、费用又低。

围护体系一般为施工过程中临时构筑物,设计中不宜采用较大的安全系数。有人主张安全系数取 1.0 就够了,笔者认为适当大的安全系数还是需要的。安全系数取 1.0,对一个工程不一定出问题,但宏观地看,对一地区,工程事故数量就可能不少。当然,安全系数不宜过大,若安全系数小,则对施工过程必须有应急措施。

一般来说,软黏土地基中基坑工程要侧重处理围护体系围护结构的稳定性问题,或者说处理好挡土问题;地下水位较高的砂性土地基中基坑工程要侧重处理好水的问题,如何降低地下水位? 如何设置好止水帷幕? 软黏土地基中基坑工程围护体系失败往往是围护结构失稳。引起围护结构失稳的原因很多,有设计方面的原因,也有施工方面的原因,也有对地质条件了解不清楚的原因。但原理性错误也经常遇到。图 16(a)中,计算土压力时取深度 h 显然是低估了作用在围护结构上的主动土压力。图 16(b)中,当 d 值较小时,按挖深 5.0m 计算上层围护结构时,显然高估了被动土压力值。按挖深 5.0m 计算下层围护结构时,显然大大低估了主动土压力值。渗透性较大的地基中,基坑工程围护体系失败往往是水的问题未处理好。

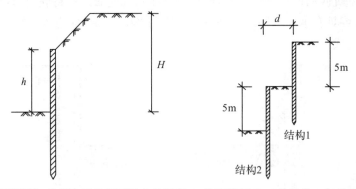

图 16　计算简图举例(h 为围护结构顶到坑底的距离; H 为开挖深度; d 为结构 1 与结构 2 间的中心距)

要根据地基土质情况合理选用围护体系。如对深厚软黏土地基中的基坑工程,浅于 6.0m 左右的可采用重力式围护结构,深于 6.0m 左右的可采用内撑式围护结构。

3　围护体系设计程序

首先介绍围护体系设计前的准备工作,然后介绍围护体系设计程序。围护体系设计前的准备工作主要包括下述几方面。

(1)工程地质勘察

工程地质勘察报告应包括土层分布、各土层土物理力学性质,主要是土的强度指标、渗透系数和压缩性指标等。

(2)建筑物设计施工图

主要是基础施工图、建筑红线图。基础施工图主要用于了解基础平面、基础埋深,以及基础型式、基础构造等。

(3)建筑物相邻建(构)筑物位置及有关资料

要详细了解清楚周围建(构)筑物位置,包括道路、已有房屋、地下管道和地下电缆等。与基坑工程相近者,要了解其详细构造。根据上述资料,确定围护结构容许的位移值。

围护体系设计程序如下。

（1）根据基坑开挖深度、地基土层条件和相邻建（构）筑物情况确定围护体系型式。必要时可通过方案比较选择合理的围护体系型式。

（2）对围护体系进行优化设计

围护体系型式确定后，对围护结构要进行优化设计，例如内撑式围护结构内撑位置的合理确定。在设计计算分析中，要考虑施工过程中各种工况下的受力情况。

（3）施工组织设计和监测方案设计

除围护结构和止水体系设计外，围护体系设计还应包括施工组织设计和监测方案设计，并提出应急措施。

基坑开挖中考虑水压力的土压力计算[*]

杨晓军 龚晓南

（浙江大学）

摘要 本文从土的有效应力原理出发,分析了软黏土中深基坑开挖的土压力计算问题,着重讨论了孔隙水压力对土压力的影响。经过分析,笔者认为当采用总应力法计算时,原则上应采用卸载强度指标。笔者认为以下两个原因使得"水土压力合算法"在软黏土地区的临时性开挖工程中土压力计算值与实测值较接近:一是卸载引起负超孔压,卸载总应力强度指标大于常规三轴加载总应力强度指标;二是渗流引起主动区孔压减小,被动区孔压增大。最后,笔者强调不要拖延基坑开挖的进度。

1 前 言

目前,深基坑开挖在国内相当普遍,在工程中遇到的问题也不少,在设计支护结构时首先就面临土压力的确定问题。对于水土压力这一关键性问题,目前工程界认识还不一致,下面仅就我们所考虑到的几个方面提几点粗浅的看法,与各位同行商榷。

2 关于孔隙水压力

按照有效应力原理,土体某截面上的抗剪强度由该截面上的法向有效应力决定。所以从严格意义上说,土骨架应力和孔隙水压力应分别考虑,临界破坏时土骨架水平向应力仅由有效应力强度指标和竖向有效应力决定,即:

$$\begin{cases} p_a = \sigma'_v \cdot k'_a - 2c' \cdot \sqrt{k'_a} + u \\ p_p = \sigma'_v \cdot k'_p - 2c' \cdot \sqrt{k'_p} + u \end{cases} \tag{1}$$

式中,p_a、p_p 分别为主动、被动土压力;σ'_v 为竖向有效应力;k'_a、k'_p 分别为用有效应力强度指标计算的主动、被动土压力系数,$k'_a = \tan^2(\pi/4 - \varphi'/2)$,$k'_p = \tan^2(\pi/4 + \varphi'/2)$;$u$ 为孔隙水压力,$u = u_0 + \bar{u}$,u_0 为静水压力,$\bar{u}$ 为超静水压力。而 $\sigma'_v = \gamma_s \cdot z - u = \gamma_s \cdot z - (u_0 + \bar{u}) = (\gamma_s \cdot z - \gamma_w \cdot z) - (u_0 - \gamma_w \cdot z + \bar{u}) = \gamma'_s \cdot z - (u_0 - \gamma_w \cdot z + \bar{u})$,$\gamma_w$ 为水的重度。

将 σ'_v 代入式(1),得:

$$\begin{cases} p_a = [\gamma'_s \cdot z - (u_0 - \gamma_w \cdot z + \bar{u})] \cdot k'_a - 2c' \cdot \sqrt{k'_p} + u_0 + \bar{u} \\ p_p = [\gamma'_s \cdot z - (u_0 - \gamma_w \cdot z + \bar{u})] \cdot k'_p + 2c' \cdot \sqrt{k'_a} + u_0 + \bar{u} \end{cases} \tag{2}$$

---

[*] 本文刊于《土木工程学报》,1997,30(4):58-62.

可进一步简化为

$$\begin{cases} p_a = \gamma'_s \cdot z \cdot k'_a - 2c' \cdot \sqrt{k'_a} + [u_0 - (u_0 - \gamma_w \cdot z) \cdot k'_p] + \bar{u} \cdot (1 - k'_a) \\ p_p = \gamma'_s \cdot z \cdot k'_p + 2c' \cdot \sqrt{k'_p} + [u_0 - (u_0 - \gamma_w \cdot z) \cdot k'_a] + \bar{u} \cdot (1 - k'_p) \end{cases} \quad (3)$$

假如不考虑水的渗流,则 $u_0 = \gamma_w \cdot z$,式(3)转化为如下形式:

$$\begin{cases} p_a = \gamma'_s \cdot z \cdot k'_a - 2c' \cdot \sqrt{k'_a} + \gamma_w \cdot z + \bar{u} \cdot (1 - k'_a) \\ p_p = \gamma'_s \cdot z \cdot k'_p + 2c' \cdot \sqrt{k'_p} + \gamma_w \cdot z + \bar{u} \cdot (1 - k'_p) \end{cases} \quad (3)$$

上式中包含了反映超静孔压影响的一项 $(1 - k'_a) \cdot \bar{u}$ 或 $(1 - k'_p) \cdot \bar{u}$。当地基土为砂性土时,可以认为超静孔压能够立即消散,或者当计算黏性土的长期土压力时,可以认为超静孔压已完全消散,在以上两种情况下,上式最后一项为零。另外,主动区和被动区深度不同,为区别起见,将式(4)中的 z 分别用 H、h 代替,式(4)简化为

$$\begin{cases} p_a = \gamma'_s \cdot H \cdot k'_a - 2c' \cdot \sqrt{k'_a} + \gamma_w \cdot H \\ p_p = \gamma'_s \cdot h \cdot k'_p + 2c' \cdot \sqrt{k'_p} + \gamma_w \cdot h \end{cases} \quad (5)$$

由以上的推导过程可知,式(5)的成立是有条件的,针对一些永久性支挡结构长期土压力(或砂土中的临时土压力)的计算是可行的,但不能如实反映目前普遍遇到的软黏土中临时性开挖土压力状况。

深基坑开挖中,开挖效应可以分解成两个相对独立的方面:位移边界条件的改变和渗流边界条件的改变。我们设想假如在开挖前将开挖区边界的土骨架固定,然后挖去开挖区土体,则剩余土体位移边界不变,而只是引起了水压力的不平衡,产生渗流。由于渗流造成沿渗透方向水头损失,显然已不能按 $u_0 = \gamma_w \cdot z$ 计算水压力,否则就会出现在墙底同一点处水压力值既为 $\gamma_w \cdot h$ 又为 $\gamma_w \cdot H$ 的谬误(图1)。若土体是均匀的,由渗流而造成的真实水压力应是图1虚线表示的情况。虽然实际流场并非恒定流场,但对于渗透性极差的软黏土而言,在开挖初期相当长时间内,可以看成是恒定流问题。

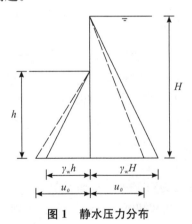

图1 静水压力分布

另外,我们可以假想预先在开挖区底面铺上一层薄膜,该薄膜只能阻止静水头下的渗流而不阻碍超静水压力消散,然后挖除开挖区土体,这样,我们就只改变了剩余土体的位移边界条件,使土体中产生了超静孔压,而静水压力不发生改变。

从而,我们就可以将深基坑开挖的复杂问题简化成两个相对简单的过程。如果假定土是线弹性体,土中渗流是达西(Darcy)渗流,那么土中实际有效应力、水压力的增量是以上两种情况

的叠加。第一种情况是纯流体力学问题；第二种情况是典型的卸载问题，卸载引起土中应力和变形，卸载引起的超静水压力随渗透过程而消散。

3　关于总应力法及总应力强度指标

在以下的讨论中，为使问题简化，我们均采用上面提到的第二个假设前提。即不考虑水在自重作用下的渗流。

虽然上述有效应力法从理论上来讲是较严格的，但离实用却有很大的距离。首先是超静水压力难以确定，其次是有效应力强度指标较难获得（一般地质报告不提供）。因此在工程中习惯用总应力法。所谓总应力法是指将土骨架应力和超静孔隙水压力综合在一起考虑，而将静水压力单独考虑。

如果在工程现场具体条件下，假定在静水压力下不产生渗流，且固结不排水强度指标 c_{cu}、φ_{cu} 能够代表实际应力路径下的土体总应力强度指标，用总应力法计算水土压力的式子如下：

$$\begin{cases}(p_a)_{cu}=(p_{sa})_{cu}+u_0\\(p_p)_{cu}=(p_{sp})_{cu}+u_0\end{cases} \tag{6}$$

即把静水压力看成是独立作用在挡墙上的，若 $u_0=\gamma_w \cdot z$（不计渗流），且

$$\begin{cases}(p_{sa})_{cu}=\gamma'_s \cdot z \cdot k_a-2c_{cu}\cdot\sqrt{k_a}\\(p_{sp})_{cu}=\gamma'_s \cdot z \cdot k_p+2c_{cu}\cdot\sqrt{k_p}\end{cases} \tag{7}$$

式中，k_a、k_p 为用总应力强度指标计算得到的土压力系数。而 $\gamma'_s \cdot z$ 其实并不是竖向有效应力，而是竖向有效应力和超静水压力的合应力，即通常意义上的总应力。同样，为了区分主动区和被动区的深度不同，分别用 H、h 表示深度 z，则有

$$\begin{cases}(p_a)_{cu}=\gamma'_s \cdot H \cdot k_a-2c_{cu}\cdot\sqrt{k_a}+\gamma_w \cdot H\\(p_p)_{cu}=\gamma'_s \cdot h \cdot k_p+2c_{cu}\cdot\sqrt{k_p}+\gamma_w \cdot h\end{cases} \tag{8}$$

式中，$\gamma'_s \cdot H$、$\gamma'_s \cdot h$ 为土体单元竖向总应力（不包含静水压力），而 k_a、k_p 也用的是总应力强度指标算得的土压力系数。

式（8）即用总应力法计算水土压力的算式，在应用此式时，要注意土的总应力强度指标的选取。在总应力强度指标的选取问题上，工程界众说纷纭，分歧很大。笔者认为，应根据具体工程的实际应力路径采用合适的总应力指标。在用于深基坑开挖时，式（8）中的总应力强度指标不能简单选用常规三轴固结不排水竖向加载破坏强度指标。我们知道，土体抗剪强度严格来说是取决于有效应力，在简单加载条件下，用常规总应力指标来计算才是可行的。然而，基坑开挖是一个卸载过程，与简单加载情况相去甚远，国内外已有不少学者将开挖过程作为卸载来分析[2-5]。卸载产生负超静孔隙水压力（即 $\bar{u}<0$），而常规三轴固结不排水加载破坏时孔压是正的，这两个孔压之间的差异使得加载和卸载强度有很大的区别，极限土压力也就反映出明显的不同。

以主动土压力为例，见图 2，σ_1、σ_3 为土体单元竖向和水平向总应力（不包括静水压，其中 $\sigma_1=\gamma \cdot z$）。图中圆①为总应力圆，若该应力状态是三轴固结不排水加载过程得到的，则 $\bar{u}_{加}>0$，有效应力圆为总应力圆向左平移 $\bar{u}_{加}$ 距离，见图中圆②。若此时有效应力圆刚好与有效应力强度包线相切，即土体单元处于临界破坏状态，则总应力圆与总应力强度包线相切，而此时 σ_3 就是水平向土压力的最小值，即主动土压力。然而，如果虽然总应力状态仍是 σ_1、σ_3，但这个应

力状态是由 k_0 固结通过 σ_1 不变、σ_3 卸载达到的,这时卸载产生负孔隙水压力,有效应力圆见图中圆③,为总应力圆向右平移 $\bar{u}_{卸}$ 距离。显然,此时虽然总应力也是 σ_1、σ_3,但土体还远未达到破坏极限,σ_3 还可以继续减小。可见,固结卸载不排水总应力强度指标要明显大于固结加载不排水总应力强度指标。胡一峰[2]模拟开挖现场应力路径测得杭州友好饭店地基软黏土的固结卸载不排水内摩擦角 $\varphi_{cu卸}$ 为 $24.2°\sim26.5°$。文中未提及地质报告中提供的三轴固结不排水加载指标,但熟悉杭州地区条件的人很容易看出,这个数值明显要大于当地软黏土的固结不排水三轴加载强度指标。

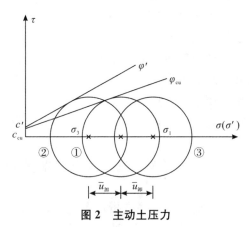

图 2   主动土压力

4   关于"水土压力合算"

由于一般地质报告很少提供三轴固结不排水卸载指标,上述式(8)在实际应用中存在不少困难。在许多情况下,人们仍不得不利用地质报告提供的常规三轴固结不排水加载试验强度指标。但若直接将常规试验指标用于式(8),在工程上往往是难以接受的,计算得到的主动土压力过大,被动土压力过小。参与过软土地区深基坑支护设计的人都能深刻体会到,经常遇到的困难是用等值梁法计算时,净土压力零点变得非常的深,使得等值梁跨度非常大,弯矩也很大,围护桩的插入深度也非常大。这也许正是上海地区(如今在其他软土地区也相当普遍的)广泛使用的"水土压力合算法"产生的背景。根据上海的经验,"水土压力合算法"还是适用的。即便如此,这种算法终归有些勉强。有许多工程师虽然在工程中运用它,但总是心存疑虑,凭什么要对静水压力乘以 k_a 或 k_p 呢?

笔者认为,"水土合算法"充其量只能看成是一种经验方法,它并没有什么严格的理论依据。但作为经验公式,它的计算较接近实测的原因恐怕有两个。一是当用式(8)计算时本应该用 k_0 固结不排水卸载试验强度指标,如今用的三轴固结不排水加载强度指标偏小,造成 p_a 计算值偏大,p_p 计算值偏小;所以一个弥补的方法是折减主动区静水压力,夸大被动区静水压力。二是静水压力下渗流的存在使得主动区动水压力小于 $\gamma_w \cdot z$,被动区动水压力大于 $\gamma_w \cdot z$;所以现行的"水土压力合算法"对主、被动区静水压力看似毫无道理的折减和夸大,倒使计算所得水土压力有可能更接近实际压力。

5   结   语

综上所述,土压力问题是一个比较复杂的问题,要根据具体工程条件分别对待。既有填土挡墙的土压力,又有开挖支护的土压力;既有临时开挖的土压力,又有长期支挡的土压力;既有不存在渗流的土压力(比如地下室外墙侧壁土压力),又有必须考虑渗流的土压力。另外,土质条件甚至土层分布也在很大程度上影响着水土压力的特性。以上笔者所讨论的主要是针对软黏土中单一土层临时开挖支护的水土压力。笔者对该问题持以下观点。

(1)忽略超静孔压影响的式(5)适用于不考虑渗流条件下的长期土压力,对于砂性土中的临时开挖土压力,如果认为超静孔压立即消散,则该式也是适用的。在软黏土中的临时性开挖,超静孔压对土压力有显著的影响,不能仍沿用式(5)。

(2)土中水在重力作用下产生渗流,渗流造成沿水流方向的水头损失,使得主动区动水压力小于 $\gamma_w \cdot z$,被动区动水压力大于 $\gamma_w \cdot z$。

(3)开挖时土体实际应力路径与普通固结不排水竖向加载三轴试验应力路径完全不同,卸载要引起负超静孔压,使得卸载总应力强度指标要明显大于普通三轴固结不排水强度指标。在用总应力法计算时,不能简单套用常规三轴指标。

(4)总应力法实际上是将有效应力与超静孔压综合在一起作为"总应力"来考虑,而将静水压力排除在外单独考虑。

(5)虽然上海地区流行的"水土压力合算法"缺乏理论依据,但以上(2)(3)两条因素使得该法计算结果有可能接近实际土压力情况。

(6)固结不排水卸载强度指标要比加载强度指标大,负超静孔压的消散对土压力状况是不利的,随着负超静孔压的消散,主动土压力增大,被动土压力减小,这对工程上来说是很不利的,曾有多次在开挖现场实测到土压力随时间增长的报道[6-8],因此有必要建议工程中尽量不要拖延软黏土临时开挖的工程进度。

以上是笔者对软黏土地基临时性开挖中土压力计算问题的一点浅见,谨以此与各位岩土界同行探讨。

参考文献

[1] 魏汝龙. 总应力法计算土压力的几个问题[J]. 岩土工程学报,1995(6):120-125.

[2] 胡一峰. 软土地基基坑开挖性状的研究[D]. 杭州:浙江大学,1986.

[3] 苏世灼. 应力路径试验及软基开挖分析[D]. 杭州:浙江大学,1989.

[4] 刘国彬. 软粘土深开挖的弹塑性分析[D]. 上海:同济大学,1990.

[5] 刘国彬. 软土卸荷变形特性的试验研究[D]. 上海:同济大学,1993.

[6] 顾尧章,魏道垛,等. 高层建筑的岩土工程问题[C]//高层建筑的岩土工程问题学术讨论会论文集. 杭州:浙江大学出版社,1994.

[7] 冯广第,等. 浅谈基坑支护的若干问题[C]//高层建筑的岩土工程问题学术讨论会论文集. 杭州:浙江大学出版社,1994.

[8] 陈绪禄. 基坑围护体土压力计算探讨[C]//高层建筑的岩土工程问题学术讨论会论文集. 杭州:浙江大学出版社,1994.

基坑周围地表沉降量的空间性状分析[*]

俞建霖　龚晓南　徐日庆

（浙江大学土木工程学系）

摘要　本文用空间有限单元法研究了基坑开挖过程中周围地表沉降量的分布型式、分步开挖效应及空间效应,并与按二维平面问题分析的结果进行了比较分析,得出了一些有益的结论,供工程实践参考。

1　引　言

近年来,随着城市建设的发展,高层建筑不断兴起,产生了大量的基坑开挖工程。基坑工程作为一个系统工程,它不仅要保证围护结构本身的安全,还要保证周围建筑物和地下管道的安全和正常使用,也就是说,基坑开挖会产生一系列的环境问题。因此,有必要对基坑开挖引起的周围地表沉降量进行系统的分析和研究。

实际中大量的基坑工程,其长度与宽度处于同一数量级,属于三维问题;但在以往的设计和研究中,人们常常将其简化为二维平面应变问题进行计算。本文采用空间有限元分析方法,用三维无限元来满足真实的边界条件,用接触面单元来模拟土与围护结构的相互作用,对围护结构采用11/8结点非协调元来克服线性等参元的"过刚"现象,并按照施工顺序模拟计算基坑开挖过程中土体应力场和位移场的变化过程,对基坑开挖引起的周围地表沉降量的分布型式、分步开挖效应和空间效应进行了分析研究,并与二维计算结果进行对比,得出了一些有益的结论,可供工程实践参考。

2　有限元分析的模式

(1)基坑开挖一般属临时性工程,工期较短,故按不排水条件分析。如基坑平面形状为矩形,则可利用其对称性,取四分之一进行计算。

(2)围护结构、支撑均按弹性材料考虑。土体可采用线弹性模型或邓肯-张(Duncan-Chang)非线弹性模型。

(3)为了模拟围护结构与土之间的共同作用,在两者之间设置接触面单元。二维分析中常采用古得曼(Goodman)单元,现将其推广到三维。设接触面单元应力和位移之间的关系为:

$$\{\sigma\} = [\sigma_x, \tau_{xy}, \tau_{xz}]^{\mathrm{T}} = [K]\{W\} \tag{1}$$

式中,$\{W\}$为接触面上左右两片的相对位移(图1),其表达式为

---

* 本文刊于《工程力学》,1998(A3):565-571.

$$\{W\}=\left\{\begin{matrix}\Delta u \\ \Delta v \\ \Delta w\end{matrix}\right\}=\left\{\begin{matrix}u \\ v \\ w\end{matrix}\right\}_{左}-\left\{\begin{matrix}u \\ v \\ w\end{matrix}\right\}_{右} \tag{2}$$

$$\left\{\begin{matrix}u_{左} \\ v_{左} \\ w_{左}\end{matrix}\right\}=N_1\left\{\begin{matrix}u_1 \\ v_1 \\ w_1\end{matrix}\right\}+N_4\left\{\begin{matrix}u_4 \\ v_4 \\ w_4\end{matrix}\right\}+N_5\left\{\begin{matrix}u_5 \\ v_5 \\ w_5\end{matrix}\right\}+N_8\left\{\begin{matrix}u_8 \\ v_8 \\ w_8\end{matrix}\right\} \tag{3}$$

$$\left\{\begin{matrix}u_{右} \\ v_{右} \\ w_{右}\end{matrix}\right\}=N_2\left\{\begin{matrix}u_2 \\ v_2 \\ w_2\end{matrix}\right\}+N_3\left\{\begin{matrix}u_3 \\ v_3 \\ w_3\end{matrix}\right\}+N_6\left\{\begin{matrix}u_6 \\ v_6 \\ w_6\end{matrix}\right\}+N_7\left\{\begin{matrix}u_7 \\ v_7 \\ w_7\end{matrix}\right\} \tag{4}$$

式(1)中的劲度矩阵$[K]$为

$$[K]=\begin{bmatrix}K_x & 0 & 0 \\ 0 & K_{xy} & 0 \\ 0 & 0 & K_{xz}\end{bmatrix} \tag{5}$$

式中,K_x,K_{xy},K_{xz}分别为接触面的法向、y向和z向切向劲度系数。K_x,K_{xy},K_{xz}及N_i表达式见文献[3]。由式(1),根据虚功原理,即可推得三维接触面单元的劲度矩阵。

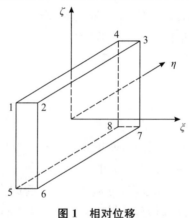

图1 相对位移

(4)对于基坑开挖问题,其真实的边界条件应是无穷远的位移为零,采用常规有限元分析方法难以实现这一点,而无限元可通过取有限的甚至很小的计算范围,实现无穷远处位移为零的真实边界条件。本文采用空间八结点无限元(图2),其形函数如下:

①当$\xi \geqslant 0$时

$$\left\{\begin{matrix}N_i=\dfrac{\xi(1+\eta_i\eta)(1+\zeta_i\zeta)}{4} & i=2,3,6,7 \\ \\ N_i=\dfrac{(1-\xi)(1+\eta_i\eta)(1+\zeta_i\zeta)}{4} & i=1,4,5,8\end{matrix}\right. \tag{6}$$

②当$\xi<0$时

$$\left\{\begin{matrix}N_i=\dfrac{\xi(1+\eta_i\eta)(1+\zeta_1\zeta)}{4(1+\xi)} & i=2,3,6,7 \\ \\ N_i=\dfrac{(1+\eta_i\eta)(1+\zeta_i\zeta)}{4(1+\xi)} & i=1,4,5,8\end{matrix}\right. \tag{7}$$

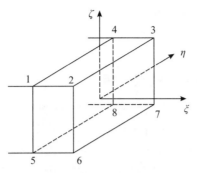

图 2　空间八结点无限元

上述形函数满足当 ξ 趋向 -1 时,实际单元中与它对应的界面趋向负无穷远。

空间八结点无限元位移函数为

$$\begin{cases} u = \sum_{i=1}^{8} M_i u_i \\[2mm] v = \sum_{i=1}^{8} M_i v_i \\[2mm] w = \sum_{i=1}^{8} M_i w_i \end{cases} \tag{8}$$

式中,M_i 为位移函数,可选为 $M_i = M_i^0 \left(\dfrac{r_1}{r}\right)^a$,$M_i^0$ 取 $\xi \geqslant 0$ 时的 N_i 表达式;常数 $a \geqslant 1$,通常取 $a=1$ 或 2;r 为衰减半径,指计算点到衰减中心的距离;r_1 为结点 i 的衰减半径。假设衰减中心坐标为 (x_0, y_0, z_0),计算点坐标为 (x, y, z),则

$$r = \sqrt{(x-x_0)^2 + (y-y_0)^2 + (z-z_0)^2} \tag{9}$$

这样选择的位移函数既能满足连续条件,也满足当趋向正无穷时,位移分量 u、v、w 趋向零的边界条件。由此可推导出无限元的单元刚度矩阵,详见文献[2]。

(5)空间八结点线性等参元在计算具有弯曲变形一类问题是"过刚"的,也就是说,在相同力偶作用下,计算模型的变形比实际结构的变形要小,如果单元的长宽比很大就可能使计算结果失真。采用非协调元在每个单元中引入九个附加自由度来改善线性等参元的精度是很有效的,但相应增加了计算量。由于围护结构单元的模量较大,易产生过刚现象,可采用非协调元;而对于土体单元,因模量较小,可采用线性等参元。这样既可减小计算,又不失精度。非协调元未凝聚的位移场可取为式(10),附加自由度的凝聚和恢复过程详见文献[1]。

$$\begin{cases} u = \sum_{i=1}^{8} N_i u_i + (1-\xi^2)u_9 + (1-\eta^2)u_{10} + (1-\zeta^2)u_{11} = \sum_{i=1}^{11} N_i u_i \\[2mm] v = \sum_{i=1}^{8} N_i v_i + (1-\xi^2)v_9 + (1-\eta^2)v_{10} + (1-\zeta^2)v_{11} = \sum_{i=1}^{11} N_i v_i \\[2mm] w = \sum_{i=1}^{8} N_i w_i + (1-\xi^2)w_9 + (1-\eta^2)w_{10} + (1-\zeta^2)w_{11} = \sum_{i=1}^{11} N_i w_i \end{cases} \tag{10}$$

(6)计算步骤:先计算土体在自重状态下的初始应力场,并将初始位移置零;再计算每级开挖面上各结点的等效结点力,将其反作用在开挖面上,并将开挖面以上的单元置换为空气单元;接着计算变化后的位移场与应力场;然后进行下一级开挖,直至坑底。

基于以上模式,笔者编制了考虑基坑开挖的空间效应、土与结构物相互作用及施工过程的深基坑工程三维有限元分析程序。

3 基坑周围地表沉降量的空间性状分析

本节主要讨论基坑开挖过程中周围地面沉降的分布型式、分步开挖效应及其空间效应,并将其结果同按平面问题分析的结果进行比较分析。参考算例取基坑长度 $2A=40m$,宽度 $2B=40m$,开挖深度 $H=10m$;围护结构厚度 $D=0.8m$,插入深度为 $10m$,弹性模量折减后取 $E=25000MPa$,泊松比 $\nu=0.17$。支撑弹性模量为 $23000MPa$,共设有两层支撑,第一层支撑位于地表下 $3.3m$,断面为 $0.4m\times0.4m$,第二层支撑位于地表下 $6.7m$,断面为 $0.6m\times0.6m$。为了便于寻找定性规律,土体采用线弹性模型,$\gamma=17kN/m$,$E=4MPa$,$\nu=0.49$。基坑分三次开挖,分别挖至地表下 $3.3m$、$6.6m$、$10m$。

3.1 地表沉降量的分布型式

地表沉降量的分布型式可分为"三角形"和"抛物线"两种,前者的最大沉降点位于基坑边,后者的最大沉降点离基坑边有一定距离。但两种型式的产生条件目前众说纷纭,本文根据数值计算的结果对这一问题进行讨论。各算例的计算参数见表1。不同算例下基坑中部剖面地表沉降量的分布曲线见图3。

表1 各算例计算参数

算例	开挖深度/m	插入深度/m	围护结构厚度/m	第一层支撑高度/m	第二层支撑高度/m
参考算例	10	10	0.8	3.3	6.6
算例2	10	10	0.8	0	6.6
算例3	4	6	0.6	—	—

注:表中支撑高度为该层支撑到地表的距离。

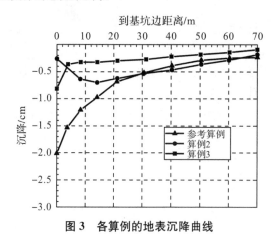

图3 各算例的地表沉降曲线

从图中可见:①用悬臂式围护结构的基坑周围地表沉降分布曲线为"三角形";②采用内撑式围护结构的基坑周围地表沉降分布曲线可能为"抛物线",也可能为"三角形"。这主要与悬臂开挖部分的深度有关:悬臂开挖时,沉降曲线呈"三角形"状;随着支撑的设置和基坑的不断开挖,新增的沉降分布曲线为"抛物线",因此当悬臂开挖部分深度较小时,最大沉降点逐步外移,沉降曲线为"抛物线";反之,如新增的沉降叠加后还不能引起最大沉降点外移,则沉降曲线为"三角形"。

3.2　地表沉降量的分步开挖效应

基坑中部剖面上地表沉降量随开挖过程的变化曲线见图4。由图可得以下结论。

(1)随着基坑开挖深度的不断增加,基坑周围地表沉降量不断增加。

(2)开挖部分所引起的周围地表沉降量在总沉降量中占有相当大的比重,因此要控制周围地面的沉降量,应减少基坑悬臂开挖部分的深度,亦即提高第一层支撑的位置。

(3)按分步开挖模式的计算结果比一步开挖模式(即不考虑施工步骤,直接计算基坑挖至10m,设两层支撑的情形)的计算结果要大得多。其原因主要在于:①分步开挖模式的第一阶段(即开挖阶段)造成了地表沉降的急剧增加,而一步开挖模式未能反映出这一阶段;②分步开挖模式由于支撑设置的滞后性,围护结构的水平位移大于一步开挖模式的结果,因此沉降量也较大。

(4)按一步开挖模式计算时,未能模拟出悬臂开挖的过程,因此其沉降曲线呈"抛物线"状,与分步开挖的结果有明显差异。

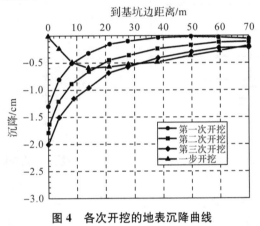

图4　各次开挖的地表沉降曲线

3.3　地表沉降量的空间分布规律

不同剖面上的地表沉降分布图见图5,X为该剖面到基坑中剖面的距离,m。从图中可见:①基坑中部($X=0$)附近剖面的地表沉降远大于基坑角点($X=20$)附近剖面的地表沉降量;②如前所述,基坑中部附近剖面上地表沉降量分布型式可能为"三角形"或"抛物线",而基坑角点附近剖面由于自始至终受到另一侧围护结构的支撑作用其沉降分布型式为"抛物线";③中部剖面的沉降分布曲线较大,即不均匀沉降较大。

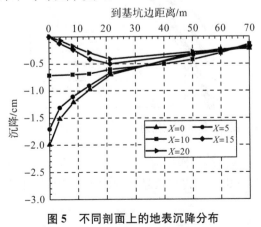

图5　不同剖面上的地表沉降分布

3.4 基坑几何尺寸对地表沉降的影响

在本节的各例中,保持基坑的宽度$(2B=40\text{m})$不变,分别改变基坑的长度$(2A)$和深度(H)。

(1)对悬臂式围护结构地表沉降的影响

不同开挖深度下悬臂式围护结构横剖面和纵剖面的最大地表沉降量与基坑长宽比的关系见图6、图7。由图可见:①随着基坑长宽比的增大,基坑周围地表最大沉降量也随之增大,当基坑长宽比超过一定范围(称为临界长宽比)后,纵、横剖面的地表最大沉降量均逐步趋于一稳定值;②因悬臂式围护结构适用的开挖深度较浅,临界长宽比变化不大。

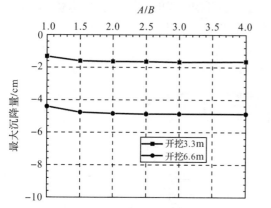

图6 基坑长宽比对横剖面最大沉降量的影响

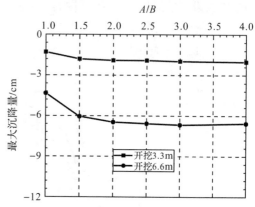

图7 基坑长宽比对纵剖面最大沉降量的影响

(2)对内撑式围护结构周围地表沉降量的影响

不同基坑长宽比下内撑式围护结构横向中剖面$(X=0)$地表沉降量分布图。从图中可见:①随着基坑长宽比的增大,地表沉降量亦随之增大,并逐步接近于按二维平面问题计算的结果;②基坑长宽比的增大,对周围地面不均沉降量的影响较小。

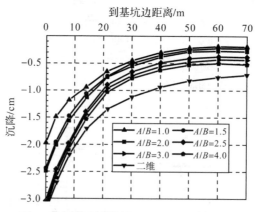

图8 基坑长宽比对横剖面沉降曲线的影响

不同开挖深度下内撑式围护结构横剖面上的最大地表沉降量与基坑长宽比的关系,图中各算例的计算参数见表2。从图中可以得出与悬臂式围护结构周围地表沉降量相似的规律。

表2　各算例计算参数

算例	开挖深度/m	插入深度/m	第一层支撑高度/m	第二层支撑高度/m
算例4	5	5	1.3	—
参考算例	10	10	3.3	6.6
算例5	15	15	0	10

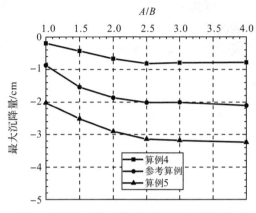

图9　基坑长宽比对横剖面最大沉降量的影响

不同开挖深度下内撑式围护结构纵剖面上的最大地表沉降量与基坑长宽比的关系见图10。从图可见:①随着基坑长宽比的增大,基坑周围地表最大沉降量也随之增大;②当基坑长宽比超过临界长宽比(约为2.5)后,纵剖面上的最大沉降量与长宽比近似成线性增长关系。

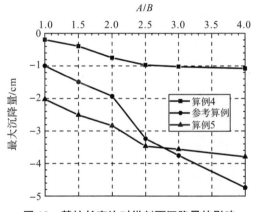

图10　基坑长宽比对纵剖面沉降量的影响

4　结　论

(1)基坑周围地表沉降量的分布型式有"三角形"和"抛物线"两种,主要与开挖部分的深度有关。悬臂开挖引起的沉降曲线始终为"三角形",随着支撑的设置和基坑的不断开挖,新增的沉降分布曲线为"抛物线",最终的沉降量分布型式由叠加后的总沉降曲线决定。

(2)基坑开挖具有较强的分步开挖效应,按分步开挖模式的计算结果比按一步开挖模式的计算结果要大得多;分步开挖效应的大小与悬臂开挖部分的深度有较大关系,悬臂开挖部分所引起的周围地表沉降量在总沉降量中占有相当大的比重,因此要控制周围地面的沉降量,应提高第一层支撑的高度。

（3）基坑开挖具有较强的空间效应：基坑中部附近剖面的地表沉降量远大于基坑角点附近剖面的地表沉降量；基坑中部附近剖面上地表沉降量分布型式可能为"三角形"或"抛物线"，而基坑角点附近剖面，其沉降分布型式为"抛物线"；基坑中部附近剖面的沉降分布曲线曲率较大，即不均匀沉降较大。

（4）随着基坑长度的增大，悬臂式和内撑式围护结构的地表沉降量均不断增大。悬臂式围护结构纵剖面和横剖面的地表沉降量逐步趋近于稳定值，而内撑式围护结构纵剖面的最大地表沉降量与基坑长宽比近似成线性增长关系，横剖面的最大地表沉降曲线逐步趋近于按二维平面问题计算的结果。

参考文献

［1］俞建霖. 软土地基深基坑工程数值分析研究［D］. 杭州：浙江大学，1997.

［2］朱百里，沈珠江. 计算土力学［M］. 上海：上海科学技术出版社，1990.

［3］顾淦臣，董爱农. 钢筋混凝土面板堆石坝的三维有限元分析［C］//第三届全国岩土力学数值分析与解析方法讨论会，珠海，1988.

基坑围护设计若干问题[*]

龚晓南　杨晓军　俞建霖

（浙江大学土木工程学系）

基坑开挖是目前工程建设中的热点问题，各地工程已积累了不少经验，学术界也开展了多年的研究，然而关于基坑开挖还有许多问题没能得到解决，工程界、学术界对一些相关问题的认识还很不全面，对同一问题的认识也不统一。

笔者结合近年来的研究和思考、总结，在本文中主要阐述了对基坑围护设计若干问题的认识，内容包括：基坑工程特点、围护结构型式及其适用范围、土压力计算、围护设计原则、优化设计、围护设计与信息化施工、基坑开挖引起地面沉降估计，以及基坑工程中土质改良的应用等。

1　基坑工程特点

基坑工程具有下述特点。

（1）临时结构

一般情况下，基坑围护是临时措施，与永久结构相比围护结构的安全储备要求可小一些。基坑工程施工过程中应进行监测，并应有应急措施。

（2）区域性（工程地质和水文地质条件）

岩土工程区域性强，岩土工程中的基坑工程区域性更强。如软黏土地基、砂土地基、黄土地基等工程地质和水文地质条件不同的地基中基坑工程的差异性很大。同一城市不同区域也有差异。基坑工程的围护体系设计及施工和土方开挖要因地制宜，外地经验可以借鉴，但不能简单搬用。

（3）个性

基坑工程的围护体系设计及施工和土方开挖不仅与工程地质和水文地质条件有关，还与基坑相邻建筑物、构筑物及市政地下管线的位置、抵御变形的能力、重要性等条件有关。有时，保护相邻建（构）筑物和市政设施的安全是基坑工程设计与施工的控制因素。这就决定了基坑工程具有很强的个性。

（4）综合性

基坑工程设计者不仅需要丰富的岩土工程的知识，也需要结构工程的知识和结构设计经验，同时还必须非常熟悉施工工艺。一个围护体系的设计者必须同时满足这几方面的要求。

基坑工程包括土力学中稳定、变形和渗流三个基本课题，设计者需要将其综合处理。有的基坑工程中土压力引起的围护结构稳定性是主要矛盾，有的土中渗流稳定是主要矛盾，有的基

---

* 本文刊于《基坑支护技术进展》专题报告，1998，建筑技术增刊：94-101.

坑周围土体变形量是主要矛盾。

（5）土压力的复杂性

基坑工程中，作用在挡土结构上土压力的确定是个很复杂的问题。土压力具有空间效应，作用在挡土结构上的土压力与挡土结构的位移直接相关，基坑围护结构承受的土压力一般介于主动土压力和静止土压力之间，或介于被动土压力和静止土压力之间。

目前土压力理论还很不完善，静止土压力按经验确定或半经验公式计算，主动土压力和被动土压力按库仑（Coulomb）土压力理论或兰金（Rankine）土压力理论计算，这些都出现在太沙基（Terzaghi）有效应力原理问世之前。在考虑地下水对土压力的影响时，是采用水土压力分算，还是水土压力合算较符合实际情况，这在学术界和工程界认识还不一致，各地制定的技术规范中的规定也有差异。

另外，土体在卸载作用下超静孔压要消散，土又具有较明显的蠕变特性，这使得作用在围护体系上的土压力具有明显的时间效应。

（6）时空效应

基坑的深度和平面形状对基坑围护体系的稳定性和变形有较大影响，设计者在基坑围护体系设计中要注意基坑工程的空间效应。土体是多相介质，基坑开挖卸载引起的超静孔压的消散与时间有关，而土骨架又具有蠕变性，这些因素都使得基坑工程具有很强的时间效应。

（7）系统工程

基坑工程主要包括围护体系设计及施工和土方开挖两部分。围护结构设计应考虑是否方便施工，而土方开挖的施工组织是否合理将对围护工程是否成功产生重要影响。不合理的土方开挖方式、步骤和速度可能导致主体结构桩基变位、围护结构变形过大，甚至引起围护体系失稳破坏。基坑工程是系统工程，在施工过程中应加强监测，力求实行信息化施工。

（8）环境效应

基坑开挖势必引起周围地基中地下水位的变化和应力场的改变，导致周围地基土体变形，对相邻建（构）筑物及地下管线产生不良影响，严重危及相邻建（构）筑物及地下管线的安全或影响其正常使用。

2 围护结构型式及其适用范围

（1）放坡开挖及简易围护

地基土质较好、开挖深度不深，以及施工现场有足够放坡场地的工程可首先考虑放坡开挖。放坡开挖一般费用较低。在放坡开挖工程中，为了增加边坡稳定性，减少挖土方量，常采用简易围护。如在坡脚采用沙包草袋、块石等堆砌挡土，或在坡脚采用短桩隔板挡土等。放坡开挖常辅以降低地下水位措施，以提高边坡稳定性。

（2）悬臂式

悬臂式围护结构常采用钢筋混凝土排桩墙、钢板桩、钢筋混凝土板桩、地下连续墙等型式。悬臂式围护结构依靠足够的入土深度及结构的抗弯能力来维持整体稳定和结构安全，容易产生较大的变形，对相邻建（构）筑物产生不良影响。它适用于土质较好、开挖深度较浅的基坑工程。

（3）重力式

目前在工程中应用较多的是水泥土重力式围护结构，它常采用深层搅拌法形成，有时也采用高压喷射注浆法形成。为了节省投资，还常采用格构体系。深层搅拌桩重力式围护结构常用于软黏土地区,开挖深度在 6.0m 以内的基坑工程。采用高压喷射注浆法施工的重力式围护结构可应用于砂性土地基。

(4)内撑式

内撑式围护结构由围护结构体系和内支撑体系两部分组成。围护结构体系常采用钢筋混凝土排桩墙和地下连续墙,内支撑体系可采用水平支撑和斜支撑。

内支撑常采用钢筋混凝土支撑和钢管(或型钢)支撑两种。钢筋混凝土支撑体系的优点是刚度好、变形小、结点构造简单、整体性好,而钢管(或型钢)支撑的优点是钢材可以回收,且加预应力方便。内撑式围护可适用于各种地质条件和较深的基坑。

(5)拉锚式

拉锚式围护结构由围护结构体系和锚固体系两部分组成。围护结构体系同内撑式的围护结构体系,锚固体系可分为锚杆式和地面拉锚式两种。软黏土地基难以提供足够的锚固力,对其应慎用。

(6)土钉墙

土钉一般通过钻孔、插筋和注浆来设置,传统上称砂浆锚杆。有时也采用打入或射入方式设置土钉。具体过程为边开挖基坑,边在土坡中设置土钉,在坡面上铺设钢筋网,并通过喷射混凝土形成混凝土面板,形成土钉墙围护结构。土钉墙围护结构的机理可理解为形成了加筋土重力式挡墙来起到挡土作用。土钉墙围护结构适用于地下水位以上或人工降水后的黏性土、粉土、杂填土及非松散砂土、卵石等,不适用于淤泥质土及未经降水处理的地下水位以下的土层地基中的基坑。

(7)门架式

目前在工程中常用钢筋混凝土灌注桩、压顶梁和联系梁形成空间门架式围护结构体系。它的围护深度比悬臂式围护结构深。研究表明:当前后排桩桩距 $B<4d(d$ 为桩径)时,刚架空间效差;当 $B>8d$ 时,联系梁只起到拉杆作用,刚架空间效应也差。

(8)拱式组合型

典型的是由钢筋混凝土桩与深层搅拌桩水泥土拱组合形成的围护结构。水泥土抗拉强度很小,抗压强度较大,形成水泥土拱可有效利用材料性能。拱脚采用钢筋混凝土桩,接受水泥土拱传递的土压力。采用内支撑式围护型式。合理应用拱式组合型围护结构可取得较好经济效益。

(9)沉井

指采用沉井结构形成围护体系。一般用于平面尺寸较小而深度很大的特殊基坑。

(10)加筋水泥土墙

由于水泥土抗拉强度低,水泥土重力式挡墙围护结构围护深度小,为了克服这一缺点,在水泥土中插入型钢,形成加筋水泥土墙围护结构。在重力式围护结构中,为了提高深层搅拌桩水泥土墙的抗拉强度,人们常在水泥土墙中插入毛竹或钢筋。

(11)冻结法围护

通过冻结基坑四周土体,利用冻结土抗剪强度高、止水性能好的特征,保持基坑边坡稳定。冻结法围护对地基土类适用范围广,但应考虑其冻融过程对周围的影响、电源不能中断,以及工程费用等问题。

3 土压力计算

3.1 水土分算与水土合算

目前,对于作用在围护结构上的土压力的计算,一直存在着水土合算与水土分算两种意见,水土合算的公式如下:

$$p_a = \gamma_{sat} \cdot z \cdot K_a - 2c \cdot \sqrt{K_a} = (\gamma_s' + \gamma_w) \cdot z \cdot K_a - 2c \cdot \sqrt{K_a}$$
$$= \gamma_s' \cdot z \cdot K_a - 2c \cdot \sqrt{K_a} + \gamma_w \cdot z \cdot K_a \tag{1}$$

$$p_p = \gamma_{sat} \cdot z \cdot K_p + 2c \cdot \sqrt{K_p} = (\gamma_s' + \gamma_w) \cdot z \cdot K_p + 2c \cdot \sqrt{K_p}$$
$$= \gamma_s' \cdot z \cdot K_p + 2c \cdot \sqrt{K_p} + \gamma_w \cdot z \cdot K_p \tag{2}$$

水土分算的公式如下:

$$p_a = \gamma_s' \cdot z \cdot K_a - 2c \cdot \sqrt{K_a} + \gamma_w \cdot z \tag{3}$$

$$p_p = \gamma_s' \cdot z \cdot K_p + 2c \cdot \sqrt{K_p} + \gamma_w \cdot z \tag{4}$$

以上均未考渗流影响,且假设地下水位在地表。

工程界一般认为,在砂性土中应按水土分算,而在黏性土中则按水土合算比较合适。也有人认为,在黏性土中,主动土压力按水土合算,被动土压力按水土分算。根据有效应力原理,水土合算是缺乏依据的,但考虑到渗流及黏性土中的超静孔压等因素使得黏性土中主动区水压力减小,被动区水压力增大,其外在表现的结果可能类似于按水土合算的结果。

3.2 考虑渗流土压力计算

毫无疑问,在地下水位较高的场地从事深基坑开挖施工,必然存在地下水的渗流,无论土质是砂性土或是黏性土。在常规的基坑开挖设计计算中,一般对渗流的考虑只局限于对管涌的验算,但实际上,渗流对基坑的影响远甚于此。光就土压力来讲,渗流就能带来土压力明显的变化。

一般概念上的土压力包括地下水压力和土骨架侧压力,渗流带来的地下水压力的变化是显而易见的。见图 1,如果不考虑地下水的渗流,那么 C 点右侧的水压力为 $p_{CE} = \gamma_w \cdot (H_1 + H_2)$,$C$ 点左侧水压力为 $p_{CD} = \gamma_w \cdot H_2$。当地基土中有渗流时,比如考虑均质地基中的渗流情况,见图 2,则显然 C 点两侧水压力应该相等,也就是说,由于渗流中的水头坡降,造成 C 点左侧的水压力升高,同时 C 点右侧的水压力降低,使得实际上 C 点左右两侧的水压力是一致的。

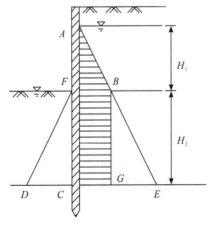

图 1 不考虑渗流影响的特殊情况

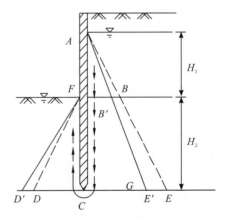

图 2 有渗流情况

土中渗流在造成水压力变化的同时,也相应地改变了土骨架的侧压力。水压力之所以会发生变化,是由于水在渗流过程中受到土骨架的阻力,这个力的反作用力就是土骨架受到的水在渗流中对土骨架的渗透力。事实上,人们在进行管涌稳定分析时就是在验算被动区土在渗透力作用下的稳定性。渗透力是一种体积力,单位体积内受到的渗透力为 $j = \gamma_w \cdot i$,其中 i 为水头梯度。

严格地说,渗流应该采用流网来分析。假如坑外地下水位在地表,且能得到地表水的充足的补给,那么不妨近似地认为沿渗流路径水头梯度相同,见图 3,即近似地有

$$i = \frac{H_1}{H_1 + 2H_2} \quad (5)$$

则有,墙后(主动区)水压力

$$p_{w1} = \gamma_w \cdot z - \frac{H_1}{H_1 + 2H_2} \cdot \gamma_w \cdot z = \frac{2H_2}{H_1 + 2H_2} \cdot \gamma_w \cdot z \quad (6)$$

墙后主动土压力

$$p_a = K_a \cdot \left(\gamma_s' + \frac{H_1}{H_1 + 2H_2} \cdot \gamma_w \right) \cdot z \quad (7)$$

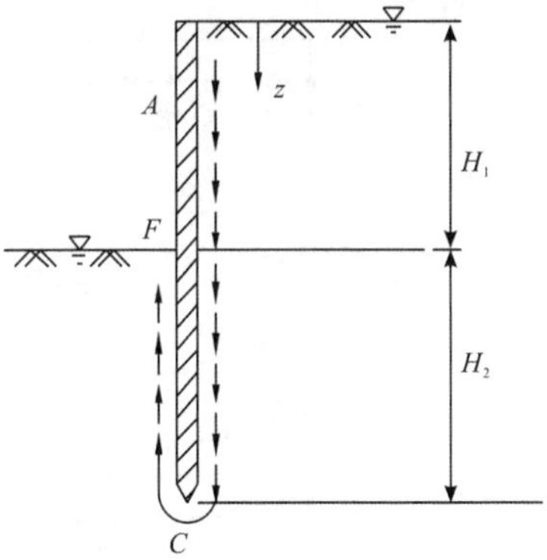

图 3　均质地基中渗流

墙前(被动区)水压力

$$p_{w2} = \gamma_w \cdot (z - H_1) + \frac{H_1}{H_1 + 2H_2} \cdot \gamma_w \cdot (z - H_1) = \frac{2H_1 + 2H_2}{H_1 + 2H_2} \cdot \gamma_w \cdot (z - H_1) \quad (8)$$

墙前被动土压力

$$p_p = K_p \cdot \left(\gamma_s' - \frac{H_1}{H_1 + 2H_2} \cdot \gamma_w \right) \cdot (z - H_1) \quad (9)$$

由上例可以看出,在考虑渗流造成的主动区水压力减小、被动区水压力增大这一有利方面的同时,必须考虑到由此造成的主动区土骨架侧压力的增大和被动区土骨架侧压力的减小这个不利的方面。

3.3　土压力的空间效应

土压力的空间效应从本质上来说是土压力与土体位移关系的一种表现。从表观上看,土压力的空间效应表现在两个方面:一是在随深度由支护结构的形变而产生的土压力的调整;二是在平面上,同一深度处的土压力随平面位置不同而存在的差异。

土力学界很早就开始研究土压力在深度上的土拱效应这个问题。应用较多的考虑土压力深度效应的三种模式:丹麦规则、奥德(Ohde)1938 年提出的方法、鲁瓦森(Roisin)1953 年提出的方法,见图 4。罗韦(Rowe)在 1952 年指出当锚固板桩墙的锚杆发生塑性形变时,可不考虑土压力在深度上的调整,而当支撑相对刚性和墙体相对柔性时,考虑土压力深度上的土拱效应将是合适的。

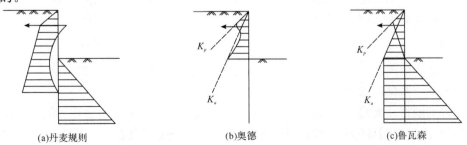

(a)丹麦规则　　　　　　　　(b)奥德　　　　　　　　(c)鲁瓦森

图 4　几种考虑深度上土拱效应的土压力模式

受分析手段限制,早期的土压力分析只能简化为在竖向剖面内的平面应变问题,而无法考虑土压力在水平面内的土拱效应。显然,对于开挖长度和宽度相差不大的基坑,考虑平面土拱效应是合适的。如今,利用计算机就可以方便地对基坑开挖问题进行三维有限元分析,图5可以在一定程度上反映基坑开挖土压力随平面位置的分布特性。

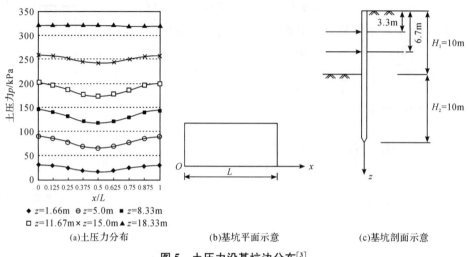

(a)土压力分布 (b)基坑平面示意 (c)基坑剖面示意

图5 土压力沿基坑边分布[3]

3.4 位移对土压力值的影响

位移对土压力的影响是显而易见的,一般地,相对于不同的位移情况,可以将土压力区分为静止土压力、主动土压力和被动土压力。静止土压力是指挡土结构物静止不动,土体处于弹性平衡状态时的土压力;主动土压力是指挡土结构物向离开土体方向偏移至土体达到极限平衡状态时的土压力;被动土压力是指挡土结构物向土体方向偏移至土体达到极限平衡状态时的土压力。基坑围护结构承受的土压力一般介于主动土压力与静止土压力之间,或介于被动土压力与静止土压力之间。

目前土压力与位移之间的关系尚缺乏理论上的定量表达。一般地,根据工程经验认为,在砂土中当挡土结构物偏离土体位移达到 $0.001H$(H 为开挖深度)时,或在黏土中当挡土结构物偏离土体位移达到 $0.004H$ 时,达到主动土压力;在砂土中当挡土结构物向土体方向位移达到 $0.05H$ 时,土压力达到被动土压力,对于黏性土来说,达到被动土压力所需的位移值还要大得多。

而且挡土结构物本身是可变形的,即挡土结构物的位移并不是一个单一的数值。而土压力与位移的关系的复杂性还表现在,一点的土压力的大小并不仅仅与该点的位移一一对应,而是与整个位移状态有关,这个特性在宏观上就表现为上述的土压力的空间效应。

3.5 其他

除了上述影响因素之外,还有许多其他因素能对土压力大小产生直接影响。如时间因素、周围建(构)筑物基础形式、基坑施工对土体的扰动、天气等条件。

其中特别值得一提的是土压力的时间效应。卸载引起地基土中超静孔压的消散需要一个过程,而且软土具有明显的蠕变特性,这些都使得基坑工程土压力表现出明显的时间效应。

4　围护设计原则

要创造基坑工程土方开挖的作业条件和地下室施工条件,这要求基坑围护体系起到挡土和降低基坑内水位的作用。对基坑围护体系的要求可以分为以下三个方面。

①保证基坑围护四周边坡的稳定性,并满足地下室施工有足够的空间也就是说基坑围护体系要起到挡土的作用。这是土方开挖和地下室施工的必要条件。

②保证基坑四周相邻建(构)筑物和地下管线在基坑工程施工期间不受损害,确保其安全及正常使用。这要求在围护体系施工、降低地下水位、土方开挖及地下室施工过程中控制围护体系和周围土体的变形,使基坑周围地面沉降和水平位移处在容许范围以内。

③保证基坑工程施工作业面在地下水位以上。这要求围护体系能通过截水、降低地下水位、排水等措施保证基坑工程施工作业面在地下水位的 0.5m 以上。

对围护体系的三方面要求,应视具体工程确定。一般来说,任一基坑围护体系都要满足以上①、③两方面的要求,对于②方面,则视周围建(构)筑物和地下管线的位置、承受变形的能力、重要性及受损害可能发生的后果确定具体要求。有时还需要确定应控制的形变量,按此进行设计。

围护体系设计的原则是安全、经济、方便施工,选择围护方案时要做到因地制宜。

5　优化设计

对于同一个基坑工程,可供选择的围护方案很多,这就存在一个优化设计的问题。基坑围护体系的优化设计,首先就是围护型式的优选,然后才是特定围护型式的设计参数的优选。

各种不同的围护型式有其各自最适用的范围,对某种特定的场地地质条件、开挖深度、周围环境要求及场地施工条件等具体条件,必定存在一种或几种相对适用的围护型式,然后可通过造价比较来决定最优方案。

目前国内对基坑开挖的优化设计问题的研究,主要集中在针对某种特定的围护型式(如地下连续墙、单排桩内支撑式等)的设计参数的优化[6-9]。

一般地,围护结构的安全性是首先必须满足的,各种围护型式的方案一般都是首先从满足安全性的角度来设计的。而进行优化设计的目标函数一般可以用围护工程造价来表示。同时,围护方案还必须满足一系列的约束条件,比如周围环境对围护结构位移的控制要求、现场施工条件等。

6　围护设计与信息化施工

6.1　围护设计的内容

基坑工程围护体系设计一般包括下述内容:
①围护体系的选型,包括围护结构型式和止水体系;
②围护结构的强度和变形计算(对锚撑结构,包括锚固体系或支撑体系);
③止水体系的设计计算;
④基坑内外土体的稳定性验算;
⑤基坑挖土施工组织设计;
⑥监测设计及应急措施的制定。

6.2 信息化施工

基坑工程监测是基坑工程施工中的一个重要环节,组织良好的监测能够将施工中各方面信息及时反馈给基坑开挖设计方和施工方,便于二者根据对信息的分析对基坑工程围护体系形变及稳定状态加以评价,并预测进一步挖土施工后的形变及稳定状态的发展,以及根据预测判定施工对周围环境造成影响的程度,以制定进一步施工策略,实现信息化施工。

信息化施工不仅仅是简单的信息采集过程,而是集信息采集、数据分析、预测及决策于一体的完整的系统。信息化施工的基础是实施完善的监测方案,一般地,监测方案设计包括下述几个方面。

(1)确定监测目的

根据场地工程地质和水文地质情况、基坑工程围护体系设计、周围环境情况确定监测目的。监测目的主要有三类:①通过监测成果分析预估基坑工程围护体系本身的安全度,保证施工过程中围护体系的安全,并确定和优化下一步施工参数;②通过监测成果分析预估基坑开挖工程对相邻建(构)筑物的影响,确保相邻建(构)筑物和各种市政设施的安全和正常工作;③通过监测成果分析检验围护体系设计计算理论和方法的可靠性,为进一步改进设计计算方法提供依据。

(2)确定监测内容

在基坑工程中需进行的现场测试主要项目及测试方法见表1,在制定监测方案时可根据监测目的选定。

表1 监测项目及测试方法

监测项目	测试方法
地表、围护结构及深层土体分层沉降	水准仪及分层沉降标
地表、围护结构及深层土体水平位移	经纬仪及测斜仪
建(构)筑物的沉降及水平位移	水准仪及经纬仪
各立柱沉降量及水平位移	水准仪及经纬仪
孔隙水压力	孔压传感器
地下水位	地下水位观察孔
支撑轴力及锚固力	钢筋应力计或应变仪
围护结构上土压力	土压力计

(3)确定监测点布置和监测频率

根据监测目的确定各项监测项目的测点数量和布置。根据基坑开挖进度确定监测频率,原则上在开挖初期可为几天一次,随着开挖深度发展,提高监测频率,必要时可一天测数次。

(4)确定监测项目的警戒值

一般情况下,每个项目的警戒值包括总允许变化量和单位时间内允许变化量(及变化速率)两个控制指标。

(5)建立监测成果反馈制度

应及时将监测成果报告给现场监理、设计和施工单位。当达到或超过监测项目报警控制值时各单位应及时研究、及时处理,确保基坑工程安全。

（6）制定监测点的保护措施

由于基坑开挖施工现场条件复杂，测试点极易受到破坏，因此，所有测点务必做得牢固，配以醒目标志，并且监测方应与施工方密切配合，确保测点在使用期不受破坏。

7 基坑开挖引起地面沉降估计

基坑开挖引起周围的地表沉降可能由下述五部分组成：围护结构变形引起的沉降、基坑底面隆起造成的沉降、墙外地层固结沉降、抽水引起土砂损失造成的沉降、土砂通过不连续的围护结构挤出造成沉降。其中前三者是主要的，后两者引起的地表沉降应从施工技术、施工管理上加以控制和消除。

长期工程实践的测定发现，地表沉降量的分布型式主要有两种，见图 6，其中（a）（b）为三角形分布型式，即最大沉降点位于基坑边；（c）（d）为抛物线分布型式，即最大沉降点离基坑边尚有一段距离。（a）的情况发生在悬臂式围护结构；（b）发生在土层较软弱而且墙体的入土深度又不大时，墙底处显示较大的水平位移，靠近基坑的地表出现较大沉降；（c）（d）则发生在设有良好的支撑，而且围护结构插入较好地层或围护结构足够长时，这时地表最大沉降发生在离基坑边一定距离处。

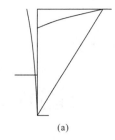  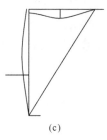 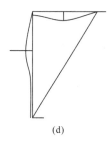

(a)　　　　　　　(b)　　　　　　　(c)　　　　　　　(d)

图 6　基坑变形模式图

基坑开挖引起地面沉降的估算方法大致有三种：经验公式、试验方法、数值分析。

对于三角形分布型式，佩克（Peck）1969 年建议采用地面沉降量与离基坑的距离的关系来估算基坑开挖引起的地面沉降量，见图 7。地面沉降影响范围为 4 倍开挖深度。

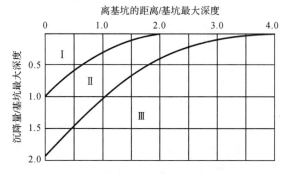

注：Ⅰ区为砂土或硬黏土，一般的施工工艺和施工质量。Ⅱ区：a. 软至非常软的黏土，包括开挖面以下存在有限厚度的黏土和开挖面以下黏土厚度较厚但 $N_b < N_{cb}$ 的黏土；b. 由于施工困难而造成施工质量较差。Ⅲ区为开挖面以下有相当厚的软黏土层，且 $N_b > N_{cb}$；式中，$N_b = \gamma h S_{ub}$，$N_{cb} = 5.14$。

图 7　地面沉降量与离基坑的距离关系

根据工程实践对佩克关系曲线法的修正和完善，建议采用下式计算地面沉降。

$$\delta = 10K_1 aH \tag{10}$$

式中，K_1 为修正系数，壁式地下墙 $K_1=0.3$，柱列式地下墙 $K_1=0.7$，板桩墙 $K_1=1.0$，对于壁式地下墙，当采取大规模降水时，$K_1=1.0$；H 为基坑开挖深度，m；a 为地表沉降量与基坑开挖深度之比，以百分比形式表示，具体数值见图 8。

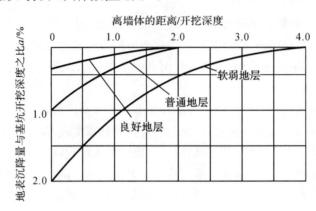

图 8 地表沉降量与离基坑的距离关系

对于凹槽形分布型式，可借用佩克的估算隧道地面沉降的指数函数，计算公式为

$$\delta_{\varpi(x)} = a\left[1 - \exp\left(\frac{x + x_m}{x_0} - 1\right)\right] \tag{11}$$

式中，a 为待定的位移常数，x_m 为最大地表沉降点与基坑边缘的距离。a 和 x_m 通过下列条件确定。

（1）条件 1

$\delta_{\varpi(x)}|_{x=x_m} = \Delta\delta$，$\Delta\delta$ 由图 9 假定取值。

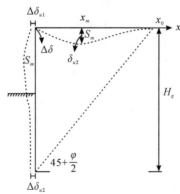

注：$x_0 = H_g \tan\left(45° - \dfrac{\varphi}{2}\right)$，$\Delta\delta = \dfrac{1}{2}(\Delta\delta_{u1} + \Delta\delta_{u2})$。

图 9 地表沉降的预估

（2）条件 2

$$\int_0^{x_m} \delta_{\varpi(x)}\,\mathrm{d}x + \int_0^{x_0 - x_m} \delta_{\varpi(x)}\,\mathrm{d}x = S_w$$

令 $m=S_w-x_0\Delta\delta$，解得

$$a=\frac{\dfrac{4x_0^2\Delta\delta}{e}+2mx_0}{2x_0^2\left(\dfrac{4}{e}-1\right)}+\frac{\sqrt{\left(\dfrac{4x_0^2\Delta\delta}{e}+2mx_0\right)^2+4m^2x_0^2\left(\dfrac{4}{e}-1\right)}}{2x_0^2\left(\dfrac{4}{e}-1\right)}$$

在对基坑开挖引起的位移场的研究中，广泛应用的试验方法主要有两种：模型试验和原位试验。

最近几年来，离心模型试验在国内研究基坑开挖问题中得到了广泛的应用，它可模拟土的性状、结构性状及重力场等因素对开挖性状的影响。

与模型试验相比，原位试验可以克服尺寸效应因素对试验结构的不利影响，但是其成本相对较高，试验周期长，难度大，易受各种难以预料的因素的干扰。但是它所提供的结果一般还是可信的。这方面的成果在国内外的专业文献上的介绍较多，但由于这种试验结果是从某个特定的工程中得到的，所以要想得到一个普遍的结论还要经过众多试验的总结。

岩土工程数值分析方法很多，其中有限元法是最灵活、实用和有效的方法，对求解基坑开挖问题，它更是有着其他方法无可比拟的优势，它可以考虑基坑土体与围护结构之间的相互作用，选择不同的材料本构模型还可以模拟土或结构的非线性、黏性以及各向异性等性状，建立在比奥(Biot)固结基础上的有限元分析还能模拟开挖中的固结作用以及渗流情况，同时它还可以模拟基坑开挖的施工过程，全面了解基坑开挖过程中土体及围护结构的应力和位移。

8　基坑工程中土质改良的应用

围护结构被动区土质情况对围护结构的稳定性影响很大，若被动区土质很软弱，可采用被动区土质改良来加固，以增大被动区土压力。被动区土质改良范围一般深度取 3~6m，宽度取 5~9m，可对该区域软土进行全面改良，也可部分改良。被动区土质改良常采用深层搅拌桩法、高压喷射注浆法和压力注浆法。

被动区加固对基坑围护体系位移的影响见图 10[10]。由图可见，随被动区加固深度的增加，加固的效果越来越不明显；随加固宽度增加，加固效果一直明显增加。这就是说，增加加固宽度要比增加加固深度效果好，在实际工程中应优先考虑增加加固宽度，在狭长形的沟槽开挖中最好能在坑底形成满堂的整体加固层，相当于在坑底形成一道水平支撑，这将取得很好的效果。

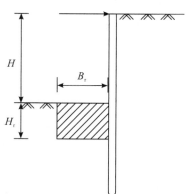 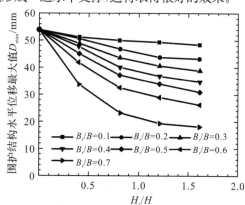

图 10　被动区加固的影响

当然,被动区加固将在一定程度上提高基坑围护工程造价,最终具体工程是否采取被动区加固,设计者须根据具体工程的土质条件、周围环境对围护结构位移的控制条件,以及工程造价控制的因素综合考虑。

参考文献

[1] 龚晓南.深基坑工程设计施工手册[M].北京:中国建筑工业出版社,1998.

[2] 杨晓军,龚晓南.基坑开挖中考虑水压力的土压力计算[J].土木工程学报,1997,30(4):58-62.

[3] 俞建霖.基坑开挖性状三维有限元分析[D].杭州:浙江大学,1997.

[4] 魏汝龙.总应力法计算土压力的几个问题[J].岩土工程学报,1995,17(6):120-125.

[5] 李广信.关于有渗流情况下的土压力计算[J].地基处理,1998,9(1):57-58.

[6] 袁勇,田毅.离散变量优化方法及在地下墙围护设计中的应用[J].同济大学学报(自然科学版),1996,24(4):369-373.

[7] 袁勇,刘亚芹.单排灌注桩基坑围护结构优化设计[J].建筑结构,1996(4):13-19.

[8] 吴凯华.多撑式地下连续墙优化设计初探[J].岩土工程学报,1988,10(4):28-38.

[9] 徐扬青.深基坑支护结构的优化设计计算[J].岩土力学,1997,18(2):57-61.

[10] 王欣.挡土结构被动区加固性状有限元分析[D].杭州:浙江大学,1998.

深基坑工程的空间性状分析[*]

俞建霖　龚晓南

（浙江大学土木工程学系）

摘要　用三维空间有限单元法研究了基坑开挖过程中围护结构变形、土压力的空间分布及基坑的几何尺寸效应并与按二维平面问题分析的结果进行了比较。通过对杭州市某基坑工程的实例分析，验证了对基坑工程进行三维分析的必要性以及计算模式的合理性。

1　引　言

近年来，随着城市建设的发展，高层建筑不断兴起，大量的基坑开挖工程产生了。由于基坑工程的复杂性，采用常规分析方法很难反映出诸多的影响因素。因此，目前多采用数值方法来研究基坑工程的整体性状。深基坑是一个具有长、宽、深的三维空间结构，且长度与宽度往往处于同一数量级；但在以往的设计和研究中，人们常常将其简化为二维平面应变问题进行分析计算。随着人们对基坑空间效应认识的不断深入以及计算机容量和运算速度的不断提高，基坑工程的三维空间性状日益得到人们的关注[1]。

本文采用空间有限元分析方法，利用无限元来满足边界条件，用接触面单元来模拟土与围护结构的共同作用，开发了能考虑土与围护结构的相互作用及施工过程的深基坑工程三维有限元分析程序。并对基坑开挖引起的围护结构变形、土压力的空间分布和基坑的几何尺寸效应进行了分析研究，将其结果与按二维平面应变问题计算的结果进行了对比。

2　有限元分析的模式

（1）基坑开挖一般属临时性工程，工期较短，故按不排水条件进行总应力分析，且不考虑围护结构施工对土体扰动的影响。

（2）围护结构及支撑均按弹性材料考虑。土体采用空间八结点等参元，本构关系可采用线弹性模型或邓肯-张（Duncan-Chang）非线弹性模型，支撑采用梁单元。

（3）对于基坑开挖问题，其真实的边界条件应是无

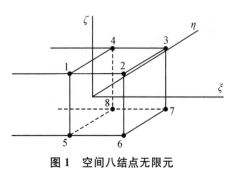

图1　空间八结点无限元

──────────

＊本文刊于《岩土工程学报》，1999，21(1)：21-25.

穷远处的位移为零,采用常规有限元分析方法难以实现这一点,而无限元可通过取有限的甚至很小的计算范围,实现无穷远处位移为零的边界条件;同时采用无限元可以减少划分网格的数量,从而节约用时,这在提高计算精度和速度方面有明显的优越性,这种优越性对于分析三维问题尤为突出。本文采用空间八结点无限元,其形函数为:

① 当 $\xi \geqslant 0$ 时

$$
\begin{cases}
N_i = \dfrac{\xi(1+\eta_i\eta)(1+\zeta_i\zeta)}{4} & i=2,3,6,7 \\[3mm]
N_i = \dfrac{(1-\xi)(1+\eta_i\eta)(1+\zeta_i\zeta)}{4} & i=1,4,5,8
\end{cases}
\tag{1}
$$

② 当 $\xi < 0$ 时

$$
\begin{cases}
N_i = \dfrac{\xi(1+\eta_i\eta)(1+\zeta_i\zeta)}{4(1+\xi)} & i=2,3,6,7 \\[3mm]
N_i = \dfrac{(1+\eta_i\eta)(1+\zeta_i\zeta)}{4(1+\xi)} & i=1,4,5,8
\end{cases}
\tag{2}
$$

上述形函数满足当 ξ 趋于 -1 时,实际单元中与它对应的界面趋于负无穷远。

空间八结点无限元的位移函数为

$$
\begin{cases}
u = \displaystyle\sum_{i=1}^{8} M_i u_i \\[3mm]
v = \displaystyle\sum_{i=1}^{8} M_i v_i \\[3mm]
w = \displaystyle\sum_{i=1}^{8} M_i w_i
\end{cases}
\tag{3}
$$

式中,M_i 为位移函数,可选为:$M_i = M_i^0 \left(\dfrac{r_i}{r}\right)^{\alpha}$,$M_i^0$ 取 $\xi \geqslant 0$ 时 N_i 的表达式;常数 $\alpha \geqslant 1$ 通常取 $\alpha = 1$ 或 2;r 为衰减半径,指计算点到衰减中心的距离;r_i 为结点 i 的衰减半径。假设衰减中心坐标为 (x_0, y_0, z_0),计算点坐标为 (x, y, z),则

$$
r = \sqrt{(x-x_0)^2 + (y-y_0)^2 + (z-z_0)^2}
\tag{4}
$$

这样选择的位移函数既能满足连续条件,也满足当 r 趋于无穷时,位移分量 u, v, w 趋于 0 的边界条件,由此可推导出无限元的单元刚度矩阵[2]。

(4)由于混凝土和土体的变形模量有很大的差异,为了模拟围护结构与土之间的共同作用,必须在两者之间设置接触面单元。二维分析中常采用古得曼(Goodman)单元,可将其推广到三维。设接触面单元应力和位移之间的关系为

$$
\{\sigma\} = [\sigma_x, \tau_{xy}, \tau_{xz}]^{\mathrm{T}} = [K]\{W\}
\tag{5}
$$

式中,$\{W\}$ 为接触面上左右两片的相对位移(图 2),其表达式为

$$
\{W\} =
\begin{Bmatrix} \Delta\mu \\ \Delta v \\ \Delta w \end{Bmatrix} =
\begin{Bmatrix} u \\ v \\ w \end{Bmatrix}_{左} -
\begin{Bmatrix} u \\ v \\ w \end{Bmatrix}_{右}
\tag{6}
$$

$$
\begin{Bmatrix} u_{左} \\ v_{左} \\ w_{左} \end{Bmatrix} =
N_1 \begin{Bmatrix} u_1 \\ v_1 \\ w_1 \end{Bmatrix} +
N_4 \begin{Bmatrix} u_4 \\ v_4 \\ w_4 \end{Bmatrix} +
N_5 \begin{Bmatrix} u_5 \\ v_5 \\ w_5 \end{Bmatrix} +
N_8 \begin{Bmatrix} u_8 \\ v_8 \\ w_8 \end{Bmatrix}
\tag{7}
$$

$$\begin{Bmatrix} u_{右} \\ v_{右} \\ w_{右} \end{Bmatrix} = N_2 \begin{Bmatrix} u_2 \\ v_2 \\ w_2 \end{Bmatrix} + N_3 \begin{Bmatrix} u_3 \\ v_3 \\ w_3 \end{Bmatrix} + N_6 \begin{Bmatrix} u_6 \\ v_6 \\ w_6 \end{Bmatrix} + N_7 \begin{Bmatrix} u_7 \\ v_7 \\ w_7 \end{Bmatrix} \tag{8}$$

式(5)中的劲度矩阵$[K]$为

$$[K] = \begin{bmatrix} K_x & 0 & 0 \\ 0 & K_{xy} & 0 \\ 0 & 0 & K_{xz} \end{bmatrix} \tag{9}$$

式中,K_x,K_{xy},K_{xz}分别为接触面的法向、y向和z向切向劲度系数。

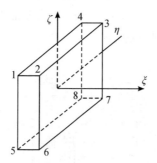

图2　接触面单元

K_x,K_{xy},K_{xz}及N_i表达式见文献[3]。由式(5),根据虚功原理,即可推得三维接触面单元的劲度矩阵。

(5)空间八结点线性等参元在计算具有弯曲变形一类问题时是"过刚"的,也就是说,在相同力偶作用下,计算模型的变形比实际结构的变形要小,如果单元的长宽比很大就可能使计算结果失真。采用非协调元在每个单元中引入9个附加自由度来改善线性等参元的精度是很有效的,但这相应增加了计算量。由于围护结构单元的模量较大,易产生过刚现象,可采用非协调元;而对于土体单元,因模量较小,可采用线性等参元。这样既可减小计算量,又不失精度。非协调元未凝聚的位移场可取为下式:

$$\begin{cases} u = \sum\limits_{i=1}^{8} N_i u_i + (1-\xi^2)u_9 + (1-\eta^2)u_{10} + (1-\zeta^2)u_{11} = \sum\limits_{i=1}^{11} N_i u_i \\ v = \sum\limits_{i=1}^{8} N_i v_i + (1-\xi^2)u_9 + (1-\eta^2)v_{10} + (1-\zeta^2)v_{11} = \sum\limits_{i=1}^{11} N_i v_i \\ w = \sum\limits_{i=1}^{8} N_i w_i + (1-\xi^2)w_9 + (1-\eta^2)w_{10} + (1-\zeta^2)w_{11} = \sum\limits_{i=1}^{11} N_i w_i \end{cases} \tag{10}$$

(6)计算步骤:①计算土体在自重状态下的初始应力场,并将初始位置置零;②将相应部位的土单元置换成围护结构单元、接触面单元和无限元;③计算每级开挖面上各结点的等效结点力,将其反作用在开挖面上,并将开挖面以上的单元置换为空气单元;④计算变化后的位移场与应力场;⑤进行下一级开挖,重复③和④步骤直至坑底。

基于以上模式,笔者开发了考虑基坑开挖的空间效应、土与结构物相互作用及施工过程的深基坑工程三维有限元分析程序[4]。

3 基坑工程的空间性状分析

本节主要讨论基坑开挖过程中围护结构位移和土压力的空间分布效应,并将其结果与按平面问题分析的结果进行比较。标准算例取基坑长度 $2L=40\text{m}$,宽度 $2B=40\text{m}$,开挖深度 $H=10\text{m}$,围护结构厚度 $D=0.8\text{m}$,插入深度为 10m,弹性模量折减后取 $E=25000\text{MPa}$,泊松比 $\nu=0.17$。支撑弹性模量 23000MPa,共设有两层支撑,第一层支撑中心位于地表下 3.3m,截面为 $0.4\text{m}\times0.4\text{m}$,第二层支撑中心位于地表下 6.7m,截面为 $0.6\text{m}\times0.6\text{m}$,支撑水平间距均为 10m。为了便于寻找定性规律,土体采用线弹性模型,$\gamma=17.5\text{kN/m}^3$,$E=4\text{MPa}$,$\nu=0.49$。基坑分三次开挖,分别挖至地表下 3.3m、6.7m、10m。因基坑平面形状为矩形,利用对称性,取其四分之一进行计算。三维有限元网格划分见图 3。

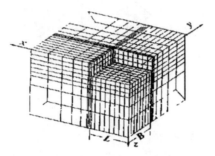

图 3 有限元网格划分图

3.1 围护结构位移的空间分布

围护结构的水平位移放大 100 倍后的空间分布见图 4。由图可见:在基坑深度方向上,围护结构的最大水平位移发生在基坑底部附近,这与二维分析的结果是一致的;在沿基坑边方向上,基坑边角处围护结构的水平位移较小,随后逐步增大,至基坑中部达到最大值。但位移的变化率有明显的差异:在基坑边角附近约 5m($L/4$)处,由于另一侧围护结构的约束作用,水平位移增长较慢;在 5~15m($L/4$~$3L/4$)处,约束作用减弱,位移急剧增长;在 15~20m($3L/4$~L)处,位移增长到一定值后逐渐趋于稳定。

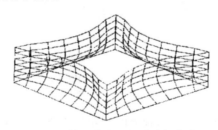

图 4 围护结构水平位移空间分布

3.2 土压力的空间分布

表 1 说明主动土压力的分布与水平位移呈现出相反的规律。由表 1 可见:基坑边角($X=20\text{m}$)附近的主动土压力最大,然后逐步减小,到基坑中部达到最小值,但均大于按二维平面问题分析的结果。主动土压力的变化率亦呈现与水平位移相反的规律。

表1　主动土压力的空间分布

深度/m	主动土压力/kN					
	X=0m	X=5m	X=10m	X=15m	X=20m	按二维
1.67	16.8	19.8	25.1	29.8	31.9	16.2
5.00	65.9	70.0	77.9	86.0	90.0	54.8
8.33	116.5	121.2	131.0	141.0	146.2	106.3
11.67	173.5	178	187.5	197.2	201.8	162.7
15.00	241.5	244.0	251.5	256.5	258.0	226.4
18.33	322.0	321.5	320.0	321.2	320.5	281.7

表2说明了被动土压力的分布规律与水平位移相似,在基坑边角附近的被动土压力最小,然后逐步增大,在基坑中部达到最大值,但均小于按二维平面问题分析的结果。

表2　被动土压力的空间分布

距坑底深度/m	被动土压力/kN					
	X=0m	X=5m	X=10m	X=15m	X=20m	按二维
1.67	124.5	121.2	102.3	85.3	80.5	127.8
5.00	164	156.8	145.9	137	135.9	171.7
8.33	201.2	195.0	187.3	166.4	160.3	221.8

在以下的研究中,保持基坑的宽度(2B=40m)和支撑的水平间距不变,分别改变基坑的长度(2L)和深度(H),以研究基坑几何尺寸对围护结构的水平位移和土压力的影响。

3.3　基坑几何尺寸对土压力的影响

表3反映了基坑中部剖面(X=0m)的主动土压力与基坑长宽比(L/B)关系。由表3可见,随着基坑长宽比的增大,主动土压力不断减小,并逐步趋近于按二维平面问题分析的结果。由于位移、主动土压力和被动土压力之间存在着对应关系,可以预见,随着基坑长宽比的增大,被动土压力也将逐步增大,并接近于按二维问题计算的结果。

表3　X=0剖面主动土压力与基坑几何尺寸的关系

深度/m	主动土压力/kN						
	L/B=1.0	L/B=1.5	L/B=2.0	L/B=2.5	L/B=3.0	L/B=4.0	按二维
1.67	16.8	16.6	16.5	16.4	16.3	16.3	16.2
5.00	65.9	65.5	64.2	63.3	63.0	62.6	54.8
8.33	116.5	115.0	114.1	110.5	109.8	109.5	106.3
11.67	173.5	169.4	169.2	167.9	167.9	167.5	162.7
15.00	241.5	234.0	230.5	228.7	227.9	226.7	226.4
18.33	322.0	307.5	307.5	305.5	304.8	299.5	281.7

3.4　基坑几何尺寸对围护结构水平位移的影响

图5表示了不同开挖深度下,围护结构长边最大水平位移与基坑长宽比的关系。图中各算例的计算参数见表4,图中虚线表示各算例按二维平面问题分析(基坑宽度相同)时围护结构的最大水平位移。

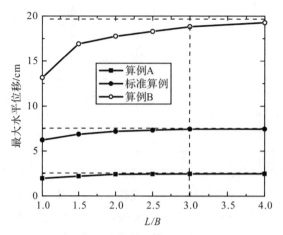

图 5　基坑长宽比与长边最大水平位移的关系

表 4　各算例计算参数

算例	基坑开挖深度/m	围护结构插入深度/m	第一层支撑到地表距离/m	第二层支撑到地表距离/m
算例 A	5	5	1.3	0
标准算例	10	10	3.3	6.6
算例 B	15	15	0	10

由图 5 可见,由于基坑的空间作用,按三维问题分析的围护结构最大水平位移小于按二维平面应变问题分析的结果,且前者随着基坑长宽比的增大而不断增大,并逐步趋近于后者。若将图 5 中两者相接近时基坑的长宽比称为临界长宽比,则相对于上述三个算例,临界长宽比分别为 1、2、3。由此可见,在基坑宽度相同的情况下,随着开挖深度的增加,基坑的临界长宽比(或临界长度)也不断增加,两者存在着近似线性的关系。

图 6 表示不同开挖深度下围护结构短边的最大水平位移与基坑长宽比的关系。从图可见,随着基坑长宽比的增大,围护结构短边的最大水平位移也不断增大,两者成线性增长关系。这与长边最大水平位移的变化趋势截然不同。

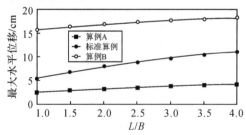

图 6　基坑长宽比与短边最大水平位移的关系

4　工程实例分析

本节采用笔者开发的程序对杭州市某高层公寓基坑进行非线弹性分析,并将其结果与实测结果进行对比。

该基坑平面为 173.3m×29m 的狭长矩形(图 7),开挖深度 7.1m。围护结构主要采用 $\varnothing$426 沉管灌注桩排桩墙加现浇钢筋混凝土支撑体系。沉管灌注桩中心距为 1.0m,桩长 13.0m,

桩顶位于地表下 1.5m。钢筋混凝土支撑中心位于地表下 3.5m,水平间距约 9m,截面为 600mm ×600mm。在基坑底部局部土体采用水泥搅拌桩进行改良,加固区宽度为 3.5m,深度为 4.0m。

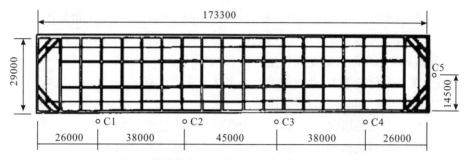

图 7　基坑围护结构体系平面布置(单位:mm)

土体模型采用邓肯-张非线弹性模型,对处于卸荷状态的土体采用卸荷模量。地基各土层分布及模型计算参数见表 5。∅426 沉管灌注桩排桩墙按等刚度原则转化为地下连续墙,弹性模量 $E=24000$MPa,$\nu=0.20$。水泥搅拌桩取弹性模量 $E=40$MPa,$\nu=0.25$。基坑开挖分三步进行,分别开挖至地表下 1.5m,3.5m,7.1m。在计算边界设置无限元,具体有限元网格划分限于篇幅从略。

表 5　各土层分布及邓肯-张模型计算参数

土层	厚度/m	γ/(kN/m³)	c/kPa	φ/°	R_f	K	K_{ur}	N	ν_0	ν_f
②粉质黏土	2	19.2	24	24.8	0.85	200	350	0.7	0.3	0.495
③淤泥质粉质黏土	25	18.0	17.7	11.4	0.8	50	150	0.6	0.3	0.495
④粉质黏土	6	18.2	29	12.8	0.85	100	300	0.6	0.3	0.495

注:γ 为土体重度,c 为土体黏聚力,φ 为土体内摩擦角,R_f 为破坏比,K、K_{ur} 为无量纲模量系数,N 为无量纲模量指数,ν_0 为 K_0 状态下的泊松比,ν_f 为破坏时的泊松比。

在基坑开挖过程中进行深层土体水平位移的监测,共埋设了 5 根测斜管(C1—C5 孔处),测斜管的平面布置见图 7。

图 8、图 9 分别为 C3、C5 孔的水平位移曲线。从图中可以发现:①两孔按三维问题分析的水平位移计算值与实测值均吻合得较好;②由于基坑属狭长条形,长宽比为 6,因此此 C3 孔按二维和三维问题分析的结果与实测值都较接近,而 C5 孔按二维问题分析的水平位移比按三维问题分析的结果和实测值都要大得多,由此说明基坑工程进行三维分析是很有必要的;③此工程实例也验证了本程序有限元分析模式的合理性。

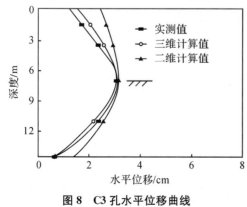

图 8　C3 孔水平位移曲线

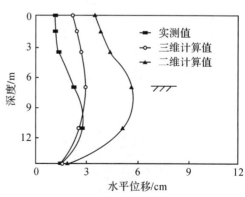

图 9　C5 孔水平位移曲线

5 结　论

（1）围护结构的水平位移和土压力分布具有明显的空间效应：基坑边角处围护结构的水平位移和被动土压力较小，随后逐步增大，至基坑中部达到最大值。而主动土压力的变化规律则相反。由此说明基坑边角附近的空间作用较强，而中部较弱。

（2）随着基坑长宽比的增大，基坑中剖面的主动土压力不断减小，被动土压力不断增大并逐步趋近于按二维平面应变问题分析的结果。

（3）随着基坑长宽比的增大，围护结构长边的最大水平位移不断增大，空间效应减弱。其间存在一临界长宽比，当基坑长宽比超过临界长宽比后，其最大水平位移已接近于按二维平面应变问题分析的结果。在基坑宽度相同的情况下，临界长宽比（或临界长度）与开挖深度近似成线性增长关系。

（4）随着基坑长宽比的增大，围护结构短边的最大水平位移与基坑长宽比亦为线性增长关系。

（5）通过对杭州市某基坑的工程实例分析证明了基坑工程进行三维分析是很有必要的，同时该实例分析也证明了作者所采用计算模式的合理性。

参考文献

［1］Ou C Y，Chiou D C，Wu T S. Three-dimensional finite element analysis of deep excavations［J］. Journal of Geotechnical Engineering，1996，122（5）：337-345.

［2］朱百里，沈珠江. 计算土力学［M］. 上海：上海科学技术出版社，1990.

［3］顾淦臣，董爱农. 钢筋混凝土面板堆石坝的三维有限元分析［C］//第3届全国岩土力学数值分析与解析方法讨论会，珠海，1988.

［4］俞建霖. 软土地基深基坑工程数值分析研究［D］. 杭州：浙江大学，1997.

［5］俞建霖. 基坑周围地表沉降量的性状分析［C］//第5届全国地基处理学术讨论会论文集. 北京：中国建筑工业出版社，1997：596-601.

测斜仪自动数据采集及处理系统的研制[*]

龚晓南　赵荣欣　李永葆　董益群

（浙江大学土木工程学系）

摘要　介绍了在普通数显测斜仪的基础上发展起来的、设计上采用了一系列独具特色测斜仪的自动数据采集及处理系统。经大量实际工程试用，该系统被证实具有多功能、低功耗、高可靠性、使用方便和便携特性，可大幅提高工作效率和质量。

1　前　言

　　城市用地日益紧张，在城市建设中人们已经越来越重视地下空间的利用，由此引出了深基坑开挖这一很具挑战性的课题。这一课题不仅涉及土力学中经典的强度与稳定问题，同时也包含了变形及环境效应问题，其综合性是很强的。虽然，通过技术人员多年来不断的实践与探索，这一学科有了长足的发展与进步。但由于其非常复杂，存在的问题仍然很多，其中比较突出的问题是开挖的环境效应。所谓环境效应就是指基坑开挖打破了土体本来受力的平衡，引起周围土体侧移及沉降，危害了邻产的安全。由于基坑开挖后土体受力非常复杂，现行的计算理论很难准确地预估开挖引起的位移大小，从而制定合理的防护措施。因此，目前施工中对位移的监测成了研究环境影响的主要手段。为了有效保护邻产不受损害，最重要的是要提供准确及时的位移监测数据。但是目前测试土体水平位移的主要手段——测斜仪还不具备数据自动处理功能，每次测试均需工作人员记录大量的读数，然后再统一计算处理，这样测试的缺点是读数、记录及计算环节很容易出错，而且工作人员工作量大，工作效率低，测试结果反馈慢，容易造成险情的漏报或误报。为此，笔者研制了智能型水平位移测试及分析系统，该系统是在普通测斜仪的基础上发展起来的。整套系统可分为自动数据采集器和适于计算机的数据处理软件部分。前者是一块智能板，附加在原测斜仪的数据接收端上，可完成数据的自动记录、保存与处理，并可与计算机进行数据传送，以备份测试数据，配合袖珍打印机，可实现现场打印测试结果；后者可以进行测试结果的曲线拟合、分析曲线特征及位移指标，并生成存档文件。

2　自动数据采集器

2.1　硬件设计

　　自动数据采集器是由 CX-01A 型测斜仪的数据接收器改造而成的。该接收器为便携式，由内置的四节一号充电电池供电，其四位 LED 数码管显示倾斜度传感器测到的数据，然后由人工

＊本文刊于《浙江大学学报（自然科学版）》,1999,33(3):237-242.

进行读数和记录。接收器所有的器件都集成在一个 16cm×13cm×10cm 的外壳内,使用和携带起来比较方便。为了保证仪器改造后仍保持原来的便携特性,笔者在设计时考虑尽量缩小附加部件的尺寸,使其能够放入原仪器外壳内。原仪器的核心是 ICL7135 芯片,此芯片集模数转换和数码管显示控制于一体,功能较强。模拟信号由它转换成 4 位半的 BCD 码数据并在 5 个数码管上以动态扫描模式显示出来。电路及扫描时序见图 1 和图 2。

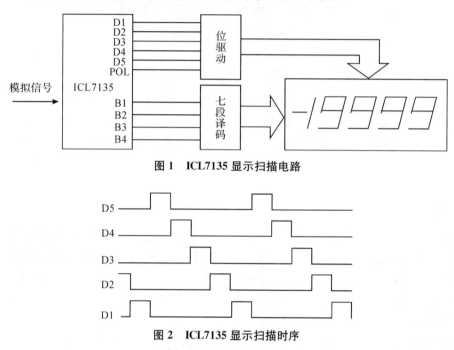

图 1　ICL7135 显示扫描电路

图 2　ICL7135 显示扫描时序

　　笔者在原接收器内附加了一块以 80C31 为控制核心的智能板,以实现数据的自动采集与处理,该智能板由两块 70mm×40mm 的小电路板组成,上面布有 CPU(central processing unit,中央处理器)、RAM(random access memory,随机存取存储器)、显示器件、键盘、打印接口和通信口等,其硬件结构见图 3。

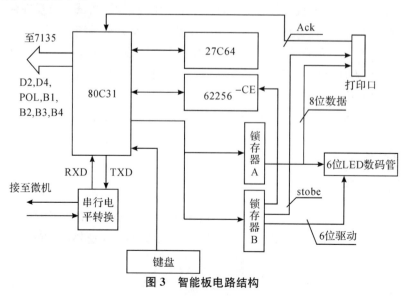

图 3　智能板电路结构

考虑到该测斜仪原电路部分工作性能比较稳定,因此,笔者在加装智能板时对其未进行任何改动,附加部分完全独立于原结构工作,仅在原 ICL 7135 显示时截获其显示数据。其原理是在一个显示扫描周期内,ICL 7135 从 D5—D1 脚上顺序输出高电平脉冲,驱动相应的数码管工作,同时在 B1—B4 脚输出该位的 BCD 码供 7 段译码器译码。收集起一个扫描周期内的五个 BCD 码就可以得到当前显示的数值。由于该仪器只使用了低 4 位 LED 数码管显示,所以笔者将此芯片的 B1—B4 脚、POL 脚、D4 和 D2 脚接至 80C31 的 P1 口来获取当前显示值。具体过程如下。

通过 P1 口检测到 D4 位为高时,从 B1—B4 上得到 D4 位的值;在 D4 位变低后,输入 D3 位的值。当 D2 位为高时得到 D2 位的值,并从 POL 得到当前数值的正负;在 D2 位变低后,获取 D1 位的值。将此四个值组成的十进制数转化成二进制数保存在智能板上,使用总容量为 32KByte 的 SRAM 62256 芯片内就可以了。

由于是在原有的仪器内部添加智能板,空间上受限制,所以该测斜仪不能有太多的按键,笔者在其上只布了四个键,即 Reset(复位键)及 Enter、Esc、Arrow 三个功能键。笔者在设计中对全部功能的选择采用以数码管显示的菜单式,成功地解决了该测斜仪功能多与按键少的矛盾。

附加的显示器件采用 LED 数码管,共 6 个,动态扫描显示。锁存器 A 和 B 分别锁存段码和位码。打印接口的数据锁存器也使用显示电路中的段码锁存器 A,这样可以减少器件数量,但该测斜仪在打印时将熄灭 LED 数码显示,打印完成后自动恢复显示。

串行接口用于与 PC 进行数据传输,在附加板上它与打印接口合一,其电路采用分离器件实现,完成 TTL 逻辑电平和 RS232 逻辑电平之间的转换,以实现与 PC 的串行数据通信。

在该测斜仪的工作过程中,由于需要安全保存记录下的数据以便处理或输入微机存档,所以要求工作可行,即使程序偶尔"跑飞"时也不会把数据冲掉。为此笔者在设计中采取了两个措施。首先,将 SRAM 芯片的片选引脚 CE 接至位码锁存器的一个输出脚上,只有 80C31 将该脚置为低时,才可对 SRAM 62256 芯片读写;平时该脚为高电平,"跑飞"的程序需先将其置为低,然后再对 SRAM 62256 进行写操作才能破坏数据,而发生此种情况的概率较之 CE 始终有效要小得多,从而在一定程度上起到了安全保护数据的作用。其次,CPU 及外围电路供电采用了良好的滤波处理,绝大多数的干扰脉冲可被滤掉,以此保证 CPU 的稳定工作。

由于附加智能板使用原仪器中的电池供电,为减小电池供电压力,延长其工作时间,该板的功耗要小,所以如何减小附加器件的功耗成为笔者在硬件设计中遇到的比较突出的问题。为此,笔者将电路中使用的芯片全部采用低功耗的 CMOS 器件,另外在供电电路上也有相应措施,即在工作(测量、记录、计算、打印等)过程中,整个电路正常供电,此时其功耗低于 20mA,而在不工作时,除了 SRAM 芯片保持供电以保存数据外,其他电路切断供电,此时其功耗低于 1mA,该措施有效地保证了减小功耗而又不丢失数据。

2.2 软件设计

该测斜仪的众多功能可在菜单中进行选择。因此程序的主要部分是一个工作菜单的显示、选择、执行过程。系统的菜单级别和利用按键的切换关系见图 4(括号内的符号为该功能在数码管上显示的提示符)。

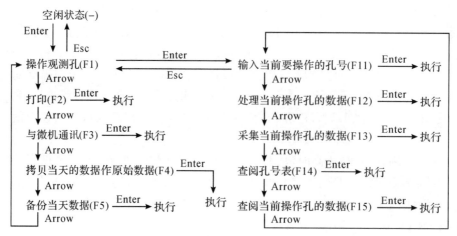

图 4　工作菜单选项

由于在硬件的设计中采用了不工作时只给 RAM 供电的节电方案,因此要求 CPU 在每次开机后检查 RAM 内的数据是否完好,并继续上次关机时的工作状态;同时,为了在"跑飞"的程序被捕获后能尽量恢复"跑飞"前的工作现场,也需要 CPU 检查数据的工作状态,所以需要有相应的程序来支持这一功能,这部分程序的流程见图 5。

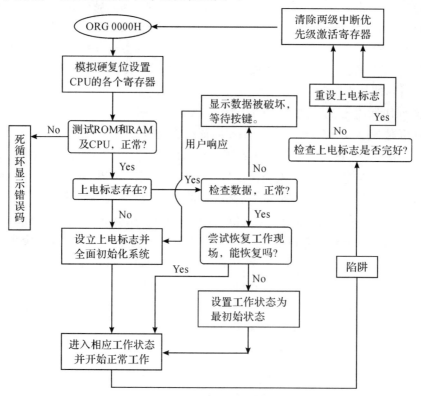

图 5　初始化及纠错程序

(1)程序正常运行的过程中,CPU 使用的工作现场的参数保存在内部 RAM 中,同时,在外部 RAM 中还有三个备份。在程序进入新的工作状态时,CPU 除了改变内部 RAM 中的参数,还会刷新外部 RAM 芯片中的三个备份。这样在关机后再开机或程序"跑飞"后被捕获的情况下,CPU 都能通过外部 RAM 中三个备份的"举手表决"确定是否能恢复以前的状态,然后进行相应处理。

（2）程序中使用了一个上电标志来表示是否为第一次开机工作。该上电标志保存在内部 RAM 中,在外部 RAM 也有三个备份。仪器第一次开机时设立这个标志并对系统进行全面初始化。由于此标志被长期保存,以后每次开机 CPU 都会检查到这个标志,所以 CPU 只进行局部的初始化,然后继续上次关机时的工作状态。

（3）程序"跑飞"虽然少见,但是也要防备。为此,程序中设置了很多陷阱。程序在进入新的工作状态时会设立入口条件,并在其后的运行中随时检查入口条件是否成立,如果是"跑飞"的程序从中间插入执行,则入口条件不成立,"跑飞"的程序随即被捕获,程序转到错误处理部分。

智能板上功耗最大的器件是 LED 数码管,为了有效控制其功耗,延长电池工作时间,除在硬件上采用电路分块供电措施外,在软件上笔者针对显示的控制采用了如下的方案:将显示控制和检测按键结合在一起组成一个子程序,显示数据时就调用此子程序;进入该子程序后显示开始并计时,如果 1min 内没有将键按下,则熄灭,显示进入休眠状态（这个功能的实现基于80C31 的待机工作状态）;此时只有先按下 Esc 键唤醒仪器才能继续操作;唤醒后,程序继续进行 1min 计时,重复上述过程;若在显示时有键按下则程序读出键值并携带返回,由相应程序响应按键。

3 PC 机数据分析软件

由测斜仪测得的土体位移曲线因工种条件的不同而具有各种不同的形态,不同的位移模式对周围环境造成影响的机理也不尽相同,因此我们要对位移进行详细的分析。根据大量工程实践可知,正常位移曲线可划分为弓形、反 S 形、前倾形和踢脚形等,描述曲线的指标大致有桩顶位移、桩底位移、桩身最大位移及发生点、桩身位移发展速率等[1],为了能够准确快速地对位移曲线进行评价,笔者编制了运行于 PC 机的测斜仪数据分析软件。

该软件使用全汉化图形界面,下拉式菜单操作,可运行于 MS-DOS 3.0 及以后版本的 DOS 操作系统。软件的主菜单共有六项,分别是通讯、文件、制图、打印、DOS 和退出,各项完成的功能如下。

（1）通讯。该功能配合数据采集器使用,通过串行口,可以将采集器中所存数据读入 PC 机,并以二进制文件形式存储于磁盘上,也可以将每个测点的计算初始化数据从 PC 机送至采集器的存储器中,以供用户在现场进行处理时使用,在数据传输时支持串行口 COM1 及 COM2 选择。

（2）文件。该功能下设文件选择、数据文件格式转换、数据文件修改及存档等子菜单。文件选择子菜单允许用户一次选择多个数据文件来绘图处理,以便将同一测点不同时间的测试曲线绘于同一坐标内加以比较;由采集器输入的数据以特定格式按二进制形式存储于磁盘上,这些数据一般无法直接查看,故设置文件格式转换功能,将其转换为字符形式;若在数据处理过程中用户发现数据有明显错误时,可调用数据文件修改功能,该功能将以 ASCII 字符形式显示采集的数据,并允许用户修改。存档子菜单则自动生成 ASCII 形式的报表文件,以供用户日后查询。

（3）绘图。绘图功能将测试结果经曲线拟合后绘于屏幕上,并同时在图面上给出工程名称、日期、测点号、最大位移数值、近日位移速率、最大位移发生点等特征指标（图 6）。

(4)打印。该功能支持 LQ1600K 针式打印机及 HP 激光打印机,将位移曲线图形打印出来。

(5)DOS。该功能允许用户暂时退出处理系统,进入 DOS 进行其他操作。

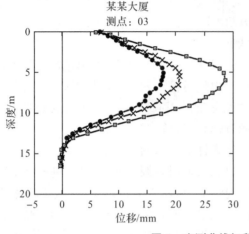

日期	文件名
6月10日	某某.013
6月12日	某某.014
6月15日	某某.015

本次最大位移:	28.7mm
地面位移:	6.01mm
近日位移发展速率:	2.7mm/d
最大位移发生深度:	6.0m

报告日期:1996年6月15日
浙江大学岩土工程研究所

图6　实测曲线打印结果

4　结　论

测斜仪自动数据采集及处理系统已经在实际工程中应用近两年时间了,经过不断的改进和发展,现已比较成熟,克服了一系列的难点并形成了自己的特色。

(1)功能非常齐备。现场可独立完成数据自动采集、处理、打印等,无须与 PC 配合,附加简单机械装置还可实现测斜仪的自动提拉。

(2)解决附加电路耗电问题。通过电路分块供电及仪器自动休眠功能,使该测斜仪功耗降至最低,原仪器中的四节一号电池完全可以正常供电并保证该测斜仪全天的工作,免除了户外作业电源不足之忧。

(3)解决该测斜仪的可靠性问题。该测斜仪用于施工工地现场测试,所处工作环境恶劣,设计不好易造成数据错误或丢失,因此,笔者在设计时设置了多级保护措施,除 RAM 在任何时候均不允许断电外,对 RAM 的写操作也作了严格控制。另外,万一仪器受到意外打击而出现程序"跑飞"现象,它会在按下复位键后自动检测状态,并尽量恢复原工作现场。

(4)该测斜仪十分便携。该测斜仪采用器件共用和减少按键等措施,提高了使用效率,缩小了电路板尺寸,智能板的全部器件集成在原仪器的外壳内,不另附加电源,携带和使用起来同原仪器一样方便。

(5)PC 软件。该软件使用简单,数据处理准确,数据管理便捷笔者,现正对其进行进一步发展,使之与数据库软件接口,以进行更深入的分析。

参考文献

[1] 高有潮.深基坑支护结构的设计与监测[C]//第四届全国地基处理学术讨论会论文集.杭州:浙江大学出版社,1995:1-7.

基坑工程地下水回灌系统的设计与应用技术研究[*]

俞建霖　龚晓南

（浙江大学建筑工程学院）

摘要　采用地下水回灌系统来消除基坑降水对周围环境的影响具有施工方便、经济性好等优点,但目前回灌系统的设计基本上还处于经验摸索状态。本文提出了一种回灌系统的设计方法及程序,并成功地将其应用于杭州市四堡污水厂扩建工程中消化池基坑开挖的实践中,取得了很好的经济效益和社会效益。从该工程的实践中,笔者得到了一些结论,可供类似工程实践参考。

1　前　言

在基坑工程中,为保证土方开挖及基础施工处于干燥状态或提高基坑边坡的稳定性,常采用降水方法将坑内或坑内外地下水位降低至开挖面以下。但随着地下水位的降低,地基中原水位以下土体的有效自重应力增加,这导致地基土体固结,进而造成降水影响范围内的地面和建(构)筑物产生不均匀沉降、倾斜、开裂等现象,这些现象严重时可能危及其安全和正常使用。

为了消除基坑降水对周围环境的影响,通常采用设置止水帷幕(如深层搅拌桩、注浆帷幕、旋喷桩、素混凝土墙和素混凝土排桩墙等),将降水影响范围基本限制在基坑以内。但止水帷幕造价较高(尤其是后三种),施工难度大,易发生渗漏现象。另外由于旋喷桩、素混凝土桩、素混凝土墙等止水帷幕刚度大,抗拉强度低,对地基土体位移的适应能力较差,当地基土体位移增大时,止水帷幕易产生裂缝而发生渗漏。

鉴于止水帷幕的上述不足,笔者认为采用回灌法来消除基坑降水对周围环境的影响是比较经济、简便、可行的方法。该法借助工程措施,将水引渗于地下含水层,补给地下水,从而稳定和抬高局部因基坑降水而降低的地下水位,防止由于地下水位降低而产生的不均匀沉降。回灌法的工作原理决定了它只能适用于渗透性较好的填土、粉性土、砂性土、碎石土等地基。回灌方法可分为地表入渗补给法和井点灌注法。前者包括沟渠补给和坑井入渗补给,其优点是施工简单、便于管理且费用低廉,但该法占地面积大,单位面积的入渗率低,且入渗量总是随时间而渐减少。因此,目前在工程中大量使用的是井点灌注法。该法中,回灌井点与回灌总管、回灌支管、流量计、水箱、水源组成回灌系统,补给水源从水箱先后经回灌总管、流量计、回灌支管进入回灌井点管,对地下水进行补给。目前采用回灌系统来消除基坑降水对周围环境的影响已有不少成功的例子[3]。但这些例子所采用的回灌系统设计方法多是根据经验选择、摸索,具体设计

---

* 本文刊于《建筑结构学报》,2001,34(2):74-78.

方法尚未见报道。本文从流体力学的渗流基本方程出发,提出了一种回灌系统的设计方法及程序,且其已成功地应用于杭州市四堡污水厂消化池基坑开挖的实践中,取得了很好的经济效益和社会效益。

2 回灌系统设计方法

回灌系统的设计内容主要包括:回灌井点的深度、布置、回灌水量,以及回灌水箱水位。设计步骤分五步。

2.1 确定回灌井点的深度(第一步)

回灌井点的深度应根据井点降水水位曲线和土层渗透性来确定,通常可控制在降水水位曲线 1m 以下。具体步骤:先求解井点抽水后(未回灌)基坑周围的降水水位曲线,然后计算各保护对象在降水后的地下水位标高,由此确定回灌井点滤管顶标高,该标高要求至少在降水水位曲线下 1.0m。回灌井点滤管长度应大于抽水井点滤管的长度,通常为 2~2.5m。

2.2 回灌井点布置(第二步)

回灌井点间距通常为 1.0~3.0m。先根据相关工程经验布置回灌井点,然后按下述第三、四步验算回灌后的地下水位,再根据计算结果进行调整。

2.3 回灌水量设计(第三步)

(1)回灌群井的水位曲线方程

在计算回灌水量之前应确定回灌井点的水位曲线方程。将每根井点管作为一口井,为简便起见,近似按潜水完全井考虑,采用圆形补给边界条件。由流体力学可知,抽水群井的水位曲线[图 1(a)]方程为

$$z^2 = H^2 - \frac{0.73Q}{k}\left[\lg R - \frac{1}{n}\lg(r_1 r_2 \cdots r_i \cdots r_n)\right] \tag{1}$$

式中,z 为计算点的水位,m;H 为含水层厚度,m;Q 为群井单位时间总抽水量,$\mathrm{m^3/s}$;k 为地基土体渗透系数,m/s;R 为群井降水影响半径,m;r_i 为计算点到第 i 个井的距离;n 为群井个数。

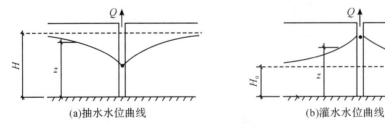

(a)抽水水位曲线　　　　　　　　　(b)灌水水位曲线

图 1　抽水及灌水水位曲线

则灌水群井的水位曲线[图 1(b)]方程为

$$z^2 = H_0^2 + \frac{0.73Q}{k}\left[\lg R - \frac{1}{n}\lg(r_1 r_2 \cdots r_i \cdots r_n)\right] \tag{2}$$

式中,H_0 为灌水影响半径以外的地下水位,m;其余参数同式(1)。

(2)回灌水量计算

回灌水量可通过联立方程组求解得到。首先根据降水水位曲线,在保护对象中选出水位最

高点和最低点(假设降水后水位分别为 z_1' 和 z_2')。假设此两点在回灌群井作用下的水位分别为 z_1 和 z_2(尚未与降水后的地下水位叠加),回灌井滤管顶水位为 z_3,则由式(2)有

$$z_1^2 = H_0^2 + \frac{0.73Q}{k}\left[\lg R - \frac{1}{n}\lg(r_{11}r_{12}\cdots r_{1i}\cdots r_{1n})\right] \tag{3}$$

$$z_2^2 = H_0^2 + \frac{0.73Q}{k}\left[\lg R - \frac{1}{n}\lg(r_{21}r_{22}\cdots r_{2i}\cdots r_{2n})\right] \tag{4}$$

$$z_3^2 = H_0^2 + \frac{0.73Q}{k}\left[\lg R - \frac{1}{n}\lg(r_{31}r_{32}\cdots r_{3i}\cdots r_{3n})\right] \tag{5}$$

式中,r_{1i}、r_{2i} 分别为水位最高点和最低点到第 i 个回灌井的距离,m;r_{3i} 为滤管到第 i 个回灌井的距离,m。

水位最高点和最低点在回灌后要求地下水位相同(以保证保护对象在回灌后地下水位基本均匀),可得

$$z_1 + z_1' = z_2 + z_2' \tag{6}$$

回灌井点的灌水影响半径 R 可按库萨金公式计算,即

$$R = 3000(z_3 - H_0)\sqrt{k} \tag{7}$$

式(3)—(7)五个方程共有 z_1、z_2、H_0、Q、R 五个未知数,通过求解联立方程组可得回灌水量 Q。

2.4 水位验算(第四步)

根据第三步计算结果,利用式(2)分别计算保护对象上各特征点由回灌引起的水位上升值,并将其与降水后(回灌前)的地下水位叠加,可求得采取回灌措施后各特征点的地下水位。若地下水位低于天然水位(或设计水位),则可调整回灌井点的深度和间距等参数,并重复第三、四步,直至满足设计水位要求。

2.5 回灌水箱水位计算(第五步)

回灌水箱水位必须保证出水量大于回灌水量,且需要考虑水力沿程损失,可按流体力学公式确定。

3 工程应用

3.1 工程概况

杭州市四堡污水处理厂扩建工程是浙江省重点市政工程,位于杭州市四堡污水厂内、钱塘江畔,厂区平面布置见图2。消化池单体工程位于整个扩建工程的东南部,由三个蛋形壳体钢筋混凝土构筑物(图2中A、B、C)组成,每个消化池高44.5m,其规模较大。

在拟建消化池(A、B、C池)周围已建有6个直径24m的圆柱形消化池(1#—6#),基本呈左右对称,与拟建消化池的最小距离为17.5m。其中1#—3#消化池的基础为预制桩基础,4#—6#消化池为天然地基上的浅基础。场地自然地面标高为8.2m,基坑实际开挖深度为13.6m。要求基坑开挖过程中必须保证原有消化池的安全及正常运行。

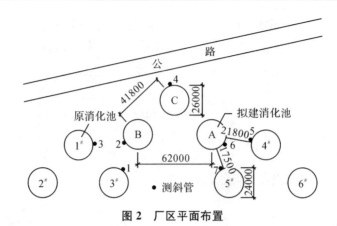

图 2　厂区平面布置

根据勘察报告,厂区各主要土层物理力学性质指标见表 1。地下水位在地表下约 2.2m,平时主要接受大气降水补给。

表 1　各土层物理力学性质指标

层次	土层名称	厚度/m	含水量/%	重度/(kN/m³)	孔隙比	压缩系数/(MPa)⁻¹	压缩模量/MPa	固结快剪	
								内摩擦角 φ	黏聚力 C/kPa
①	填土	4.8	—	—	—	—	—	—	—
②	砂质粉土	8.7	21.4	20.6	0.89	0.25	7.6	34°	3.0
③	粉砂	7.2	29.3	19.1	0.836	0.20	10.0	34°	6.4
④	淤泥质黏土	8.0	40.8	18.2	1.115	0.54	3.94	16°	16.5

3.2　基坑开挖、降水方案

消化池基坑采用四级放坡开挖。第一级挖深 1.5m,第二级挖深 3.6m,第三级挖深 3.8m,第四级挖深 4.7m。另外对坡面采用挂网喷浆工艺进行加固。

由于基坑降水深度近 12.0m 且处于砂性土地基中,降水方案采用三级轻型井点结合深井降水。每级轻型井点均布置成闭合的环形回路,井点管长度为 8.0m,间距为 1.0m,在每个消化池基坑的中央布置一个深井井点。

3.3　回灌系统的设计

该基坑降水深度达 11.9m,在拟建消化池周围有 6 个原有消化池需保护(放坡后最小净距离仅 12m),不允许原有消化池出现较大的沉降和不均匀沉降。根据基坑周围的保护对象(即原有消化池)比较集中的特点,我们决定取消止水帷幕,而针对保护对象采取回灌措施。

(1)回灌系统设计参数

将④层淤泥质黏土(埋深约 21m)近似作为不透水层,含水层厚度为 18.8m。降水至基坑底面下 0.5m,降水深度为 11.9m,渗透系数为 8×10^{-4} cm/s。

(2)回灌井点布置

将拟建消化池基坑视为三个"大井",按群井理论计算。经计算抽水影响半径 $R = 102$m,总涌水量 $Q = 631$m³/d,降水曲线方程为

$$z = \sqrt{169 \lg(r_1 r_2 r_3) - 658.6} \tag{8}$$

式中,r_1,r_2,r_3 为计算点到三个基坑中心的距离。

降水后原有消化池上各特征点的地下水位标高(天然地下水位标高为 6.0m)见图 3。2#、6# 消化池所受的影响相对较小,而其余四个消化池水位产生了较大幅度的下降,且消化池两侧产生了明显的地下水位差,最大值达到 4.0m,必须采取回灌措施。使回灌井点滤管顶位于降水曲线下 2.0m,与抽水井点的最近距离约 10m,回灌井点间距取 2.0m。由于整个场地近似呈左右对称,原消化池周围回灌井点亦采用对称布置,3#、5# 消化池周围的回灌井点管长 10m,其中滤管长 2.5m;1#、4# 消化池周围的回灌井点管长 9m,其中滤管长 2.5m。2#、6# 消化池因所受影响较小,未采取回灌措施。4#、5# 消化池周围回灌井点布置见图 4,1#、3# 消化池的回灌井点与其对称布置。

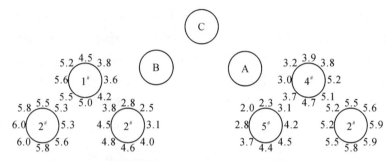

图 3　降水后原有消化池各特征点地下水位标高(单位:m)

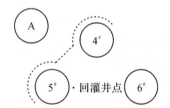

图 4　4#、5# 消化池回灌井点布置

(3)回灌后地下水位分布

为简化计算和安全起见,在水力计算中仅考虑同消化池周围回灌井点的群井作用,而忽略其他消化池周围的回灌井点对其影响。设计要求回灌后地下水位保持在原天然地下水位。

根据前述设计方法和步骤,可得回灌后原有消化池上各特征点的地下水位标高,见图 5。由图 5 可见,4#、5# 消化池回灌后地下水位基本与原天然地下水位(标高 6.0m)一致,且地下水位分布比较均匀。图 5 中未考虑 4#、5# 消化池周围回灌井点对 6# 消化池的影响,事实上由于回灌井点的作用,6# 消化池地下水位也将出现抬升。

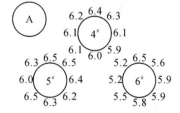

图 5　回灌后消化池地下水位标高(单位:m)

(4)水箱水位计算

根据流体力学公式可推得,回灌水箱的水位必须保持在地表 4.0m 以上,且 1# 和 3#、4# 和

5#消化池分别共用一个回灌水箱,以减少水力沿程损失。

3.4 回灌系统的实施

回灌系统由水源、水箱、流量计、回灌总管、回灌支管和回灌井点构成。该工程回灌水源采用自来水,回灌水箱系采用散装水泥罐改装而成,在回灌水箱与总管间设置流量计以控制水量。回灌井点管的构造及埋设方法与普通轻型抽水井点管相同,只是回灌井点管的滤管较长,为2.5m,而后者一般仅为1.0~1.5m。另外为促使回灌水量在回灌井点上均匀分布,由回灌总管引出多根支管,每根支管上布置回灌井点3~4根,以保证每根回灌井点上分摊到的回灌水量比较均匀。

回灌系统启用后,对原有消化池的地下水位控制得较好,基本能维持在原天然地下水位。但由于基坑降水后基坑与回灌井点间的水头差和回灌水量不断增大,部分回灌水流入基坑,造成基坑靠近回灌井点的坡面出现渗水,威胁到基坑的安全。而基坑因平面尺寸限制,很难再增加井点降水系统。因此,在对原消化池加强沉降和水位观测的基础上,我们决定适当降低回灌后地下水水位,以缓解对基坑降水的压力。经反复试验观测后,确定回灌后地下水位控制在标高3.50m处。

3.5 施工监测

在基坑开挖及回灌过程中对地下水位、沉降和深层土体水平位移进行观测,信息化施工,以保证基坑和周围消化池的安全。

(1)地下水位观测

通过水位观测对回灌井点的回灌水量进行动态控制,这是回灌法成功的关键。一方面,应避免回灌量过小导致地下水位下降而引起地表沉降;另一方面,若回灌量过大则使水头差增加,将加速地下水的流动,也会带来不利影响。另外,考虑到回灌井点的施工质量、土体渗透系数各向异性等各种因素的影响,实际的水位曲线与计算曲线可能存在一定差异,必须通过地下水位观测对回灌井点进行调控。

该工程回灌地段的水位观测管长5m,其余地段管长8m,共设69根。图6为4#、5#消化池回灌后地下水位标高与时间关系曲线,由图6可见,在施工前期,地下水位被控制在天然水位(标高6.00m)附近,后因其对基坑安全及降水带来影响,经调整后地下水位均控制在标高3.50m左右,达到了预期目标。

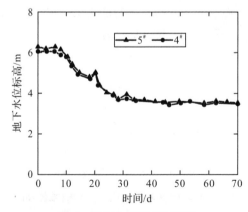

图6 地下水位与时间关系

（2）沉降观测

沉降观测主要针对原有六个（1#—6#）消化池，各消化池的最大沉降量见表2。由表2可见，各消化池的沉降量较小，最大仅9.1mm。

表2　各消化池的最大沉降量

消化池编号	1#	2#	3#	4#	5#	6#
最大沉降量/mm	5.3	3.6	8.2	8.0	9.1	5.7

（3）深层土体水平位移观测

由于新建消化池基坑开挖深度大，与原有消化池距离近，在基坑开挖过程中，即使保证了原有消化池地下水位的稳定，仍可能发生基坑开挖的卸载作用导致原消化池产生不均匀沉降。因此必须对基坑和原有消化池的深层土体水平位移进行监测，以及时反馈结构物的变形，指导下一步施工，共布置测斜管7根（图2中的点1—7）。各测斜管情况见表3。由表3可见，土体水平位移较小，说明基坑开挖方案是成功的。

表3　各测斜管基本情况

测斜管编号	1#	2#	3#	4#	5#	6#	7#
有效深度/m	28.0	27.0	27.0	24.5	28.5	27.5	28.0
最大位移/mm	30.1	25.6	17.4	25.6	19.3	21.8	24.9

（4）地下水位与沉降量的关系

4#池在施工过程中，地下水位与最大沉降量的关系曲线见图7。由图7可见：当地下水位标高控制在4.0m以上时，消化池的沉降量小于4mm；而当地下水位标高介于3.5m和4.0m之间时，消化池沉降量增长相对加快，最大达到8.0mm。如果能将地下水位标高控制在4.0m左右则回灌的效果更为理想。

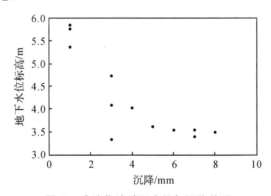

图7　4#消化池地下水位与沉降关系

3.6　经济比较分析

该工程采用回灌法费用约为70万元（含测试费），仅为高压旋喷桩止水帷幕的1/7，同时缩短工期2个月。

4　结　论

（1）在砂性土地基中采用止水帷幕，造价高、施工难度较大且效果不一定理想。当基坑周围保护对象比较集中时,采用回灌法进行保护,而省去止水帷幕不失为一种比较经济、有效的方法。

(2)杭州四堡污水厂消化池基坑回灌系统应用的实践证明了本文所提出的回灌系统设计方法是可行的、合理的。

(3)从该工程的实践来看,在砂性土地基中,适当降低地下水位1~2m,尚不会引起建(构)筑物的较大沉降,但如超出此范围,沉降量会大大增加。

参考文献

[1] 俞建霖. 软土地基深基坑工程数值分析研究[D]. 杭州:浙江大学,1997.

[2] 俞建霖,龚晓南. 深基坑工程的空间性状分析[J]. 岩土工程学报,1999,21(1):24-28.

[3] 马荣华. 苏州伊莎中心大厦二级轻型井点回灌施工技术[J]. 施工技术,1997(1):28-29.

[4] 郝中堂,周均长. 应用流体力学[M]. 杭州:浙江大学出版社,1991.

[5] 杭州四堡污水处理厂扩建工程消化池基坑开挖监测总结报告[R]. 杭州:浙江大学岩土工程研究所,1989.

软土地基深基坑周围地下管线
保护措施的数值模拟[*]

李大勇[1] 龚晓南[2] 张土乔[2]

(1.山东科技大学土木建筑学院;2.浙江大学土木工程学系)

摘要 建立了同时考虑基坑围护结构、土体与地下管线变形拟合作用的三维有限元分析模型,对地下管线保护措施的几种方法进行了数值分析,得出了对设计、施工有一定指导意义的结论。

1 前 言

改革开放以来,由于经济建设的快速发展,城市建设规模不断扩大。据统计,上海高层建筑(14层以上)93%是80年代以后建造的[1]。这些高层建筑的大量兴建,带动了深基坑工程的发展,如上海金茂大厦主楼基坑深度达19.5m,北京京城大厦基坑开挖深度达23.5m等。同时,由于深基坑工程向着深、大方向发展,且这些工程往往处于建筑物、道路和地下管线等设施的密集区,会对其周围环境产生较大的影响,若处理不当还会导致以下严重后果:建筑物倾斜、开裂甚至破坏,最终无法使用;道路下沉开裂,影响车辆交通;地下管线(给排水管道、煤气管道、电缆管及通信管等)严重变形,引起较大的应力而破坏,严重影响居民日常生活等等。此外,由基坑开挖引起邻产的法律纠纷,在数量上已呈上升趋势,引起人们的高度重视。基坑工程对周围环境的影响是该领域的重点和难点课题,它的一个突出特点是:若仅把基坑工程作为个孤立的问题来考虑——侧重于基坑围护结构强度控制,是难于达到保护周围环境目的的,故应把基坑工程与周围环境作为一个整体系统加以分析,这就要求人们实现从强度控制到变形控制的思想转变[2]。

深基坑开挖工程对邻近地下管线的影响规律研究,是基坑环境工程中的重要课题,文献[3]采用三维有限元法考虑了基坑围护结构、土体与地下管线变形的耦合作用,成功地计算了基坑开挖引起的邻近地下管线的位移,通过与工程实例比较,该方法能够准确预测基坑开挖引起的地下管线位移。本文在此基础上,较细致地分析了加固措施对减少地下管线位移程度的影响,为工程实际应用提供了理论依据。

2 计算理论与方法

2.1 基坑开挖模拟

在采用有限元法模拟基坑开挖过程中,开挖荷载计算是分析的关键。开挖前土体处于平衡

---

*本文刊于《岩土工程学报》,2001,32(6):736-740.

状态,在开挖面上的应力完全释放,开挖面成为应力自由面。所谓开挖等效荷载实际上就是被挖除土体与剩余土体之间的相互作用力。对于开挖荷载,许多学者提出了计算方法,例如:应用较广的 Mana[4] 计算方法、单元应力内差法[库尔哈维(Kulhawy)法]、由位移直接求得结点力方法[钱德拉塞克兰(Chandrasekaran)于 1974 年提出]等。由于 Mana 计算方法没有计入体力对开挖荷载的影响,实际上是不合理的,Ghaboussi[5] 和 Brown[6] 对该法进一步研究发展,提出了不排水情况下较为合理的开挖荷载一般计算方法,其计算公式为

$$\{f\} = \int_v [B]^T \{\sigma\} \mathrm{d}v - \int_v [N]^T \{\gamma\} \mathrm{d}v \tag{1}$$

式中,$\{f\}$ 为基坑等效开挖荷载列向量;$[B]$ 为应变矩阵;$\{\sigma\}$ 为土体应力列向量;$[N]$ 为形函数矩阵;$\{\gamma\}$ 为单位土体自重列向量;v 为开挖区域。$\{f\}$ 与开挖区域的土体应力状态以及自重有关。

2.2　围护结构与土体接触面的模拟

因钢筋混凝土与土的变形模量存在较大差异,故围护结构与土体的接触具有特殊的性质。用有限元分析土体与围护结构的相互作用时,必须对此特别注意。

以往分析土体与围护结构的相互作用时,往往采用下列两种极端化的假定之一[7]:①接触面十分粗糙,土体与围护结构之间无相对滑动可能;②接触面十分光滑,不可能产生剪应力以阻止土体与围护结构之间的相对滑动。显然,这两种假定都是绝对理想化的,不符合实际情况。为了充分反映围护结构与土体的相对滑动,目前古德曼(Goodman)接触面单元是较常用的一种单元。

设接触面单元应力和位移之间的关系为

$$\{\sigma\} = [\sigma_x, \tau_{xy}, \tau_{xz}]^T = [K]\{W\} \tag{2}$$

式中,$\{W\}$ 为接触面上左右两片的相对位移,其表达式为

$$\{W\} = \begin{Bmatrix} \Delta_u \\ \Delta_v \\ \Delta_w \end{Bmatrix} = \begin{Bmatrix} u \\ v \\ w \end{Bmatrix}_{左} - \begin{Bmatrix} u \\ v \\ w \end{Bmatrix}_{右} = [D]\{\delta\}^e \tag{3}$$

取位移模式为线性函数,可把每一接触面上任意一点的位移表示为结点位移,即

$$\begin{Bmatrix} u_{左} \\ v_{左} \\ w_{左} \end{Bmatrix} = N_1 \begin{Bmatrix} u_1 \\ v_1 \\ w_1 \end{Bmatrix} + N_4 \begin{Bmatrix} u_4 \\ v_4 \\ w_4 \end{Bmatrix} + N_5 \begin{Bmatrix} u_5 \\ v_5 \\ w_5 \end{Bmatrix} + N_8 \begin{Bmatrix} u_8 \\ v_8 \\ w_8 \end{Bmatrix} \tag{4}$$

$$\begin{Bmatrix} u_{右} \\ v_{右} \\ w_{右} \end{Bmatrix} = N_2 \begin{Bmatrix} u_2 \\ v_2 \\ w_2 \end{Bmatrix} + N_3 \begin{Bmatrix} u_3 \\ v_3 \\ w_3 \end{Bmatrix} + N_6 \begin{Bmatrix} u_6 \\ v_6 \\ w_6 \end{Bmatrix} + N_7 \begin{Bmatrix} u_7 \\ v_7 \\ w_7 \end{Bmatrix} \tag{5}$$

形函数 N_i 的值分别为

$$\begin{cases} N_1 = \dfrac{1}{4}(1-\eta)(1+\xi) & N_2 = \dfrac{1}{4}(1-\eta)(1+\xi) \\[2mm] N_3 = \dfrac{1}{4}(1+\eta)(1+\xi) & N_4 = \dfrac{1}{4}(1+\eta)(1+\xi) \\[2mm] N_5 = \dfrac{1}{4}(1-\eta)(1-\xi) & N_6 = \dfrac{1}{4}(1-\eta)(1-\xi) \\[2mm] N_7 = \dfrac{1}{4}(1+\eta)(1-\xi) & N_8 = \dfrac{1}{4}(1+\eta)(1-\xi) \end{cases} \tag{6}$$

2.3 地下管线的模拟

用有限单元法分析弹性薄壳,有两种不同的途径一是用薄单元组成的折板系统代替原来的薄壳,将平面应力状态和板弯曲应力状态加以组合而得到薄壳的应力状态;二是直接采用曲面单元,根据壳体理论推导单元刚度矩阵。本文采用了后一种方法。

3 保护措施的数值分析

3.1 算例参数

某悬臂式基坑,平面尺寸为 $30m \times 30m$,基坑开挖深度为 5m,围护结构宽度为 0.6m,插入深度为 10m。根据工程经验及有限元计算结果,基坑开挖影响宽度为基坑开挖深度的 $3 \sim 4$ 倍,影响深度为开挖深度的 $2 \sim 4$ 倍。根据结构对称性,沿基坑中部取一半进行分析,计算范围取为 $60.6m \times 121.2m \times 35m$,即影响宽度和深度分别取 9 倍、6 倍的开挖深度,基坑平面见图 1,剖面见图 2。土层①中土体的弹性模量 $E=2MPa$,泊松比 $\mu=0.49$,层厚 5m;土层②中土体的弹性模量 $E=4MPa$,泊松比 $\mu=0.45$,层厚 10m;土层③中土体的弹性模量 $E=16MPa$,泊松比 $\mu=0.40$,层厚 20m。管道为混凝土管,其弹性模量为 25000MPa,泊松比为 0.17。

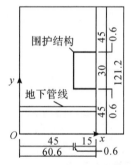

图 1　算例基坑平面(单位:m)

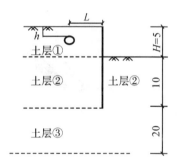

图 2　算例基坑剖面(单位:m)

3.2 基坑内被动区土体加固对地下管线位移的影响

基坑内土体被动区加固是减少围护结构位移的常用施工方法。王欣[8]利用平面有限元方法研究了基坑内被动区土体加固对围护结构的影响。Ou 等[9]提出了基坑内被动区土体加固的三种方案——块体型、柱型和墙型。这三种类型的方案中,块体类型的加固效果一般较其他两种类型的加固效果要好,但由于其加固的体积较大,费用较高。为了计算方便,本文采用了块体类型方案进行分析,见图 3。

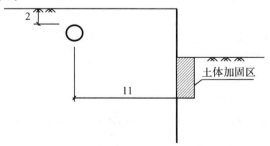

图 3　基坑内被动区加固(单位:m)

图 4 和图 5 是在混凝土管外径 $D=1m$,埋深 $h=2m$,距离基坑边 $L=11m$,基坑内被动区加固宽度 $B_j=6m$ 和加固深度 $H_j=10m$ 的情况下得到的。以被动区初始弹性模量 $E_s=4MPa$ 为基准,对被动区加固土体弹性模量取 $10E_s$、$20E_s$ 和 $40E_s$ 的情况分别进行计算,以分析被动区土体加固对地下管线影响效果。从图中可知,基坑内被动区土体弹性模量提高到初始值的 10 倍时,地下管线水平位移将减少 56%,竖向位移减少 57%。可见基坑内被动区土体加固对减少基坑相应范围内地下管线位移作用非常大,但对基坑相应范围以外地下管线位移影响甚小。另外,被动区土体加固对地下管线水平位移和竖向位移影响的程度相当。图 5 是地下管线最大位移和土体加固深度与加固宽度比值 H_j/B_j 的关系曲线($B_j=6m$ 保持不变),从图中可知,地下管线最大位移随 H_j/B_j 增大而减小,当其减小到一定程度($H_j/B_j=1.67$)时数值基本保持不变,这在水平位移上反映较为突出,而竖向位移不太明显(但也可以取 $H_j/B_j=1.67$)。这说明,被动区土体在一定的加固宽度下,加固深度有一加固效果最佳值,当超过这一最佳值时,不但加固效果不理想,还造成施工上的浪费。

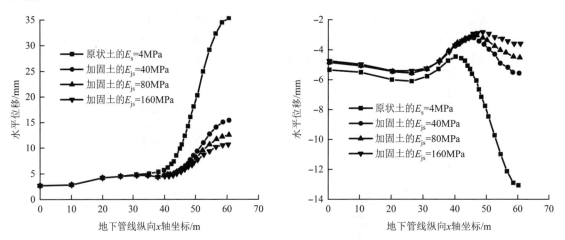

图 4 基坑被动区加固前后的地下管线位移对比

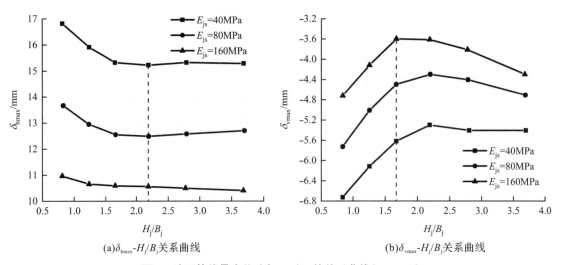

(a)δ_{hmax}-H_j/B_j关系曲线   (b)δ_{vmax}-H_j/B_j关系曲线

图 5 地下管线最大位移与 H_j/B_j 的关系曲线($B_j=6m$)

图 6 是在混凝土管外径 $D=1\mathrm{m}$，埋深 $h=2\mathrm{m}$，距离基坑边 $L=11\mathrm{m}$，基坑内被动区加固宽度 $B_{\mathrm{j}}=3\mathrm{m}$ 的情况下得到的。比较图 6 和图 5，发现它们的曲线规律基本一致，不同的是，在相同 $H_{\mathrm{j}}/B_{\mathrm{j}}$ 条件下，图 5 的加固效果明显优于图 6。图 6 中 $H_{\mathrm{j}}/B_{\mathrm{j}}$ 的最优取值为 3.3。以最佳 $H_{\mathrm{j}}/B_{\mathrm{j}}$ 为例，加固体的横断面积在图 5 为 60.12m^2，在图 6 为 29.7m^2，前者是后者的 2 倍。实际工程中，我们应根据管线变形控制条件，选择完全、经济、合理的加固方案。

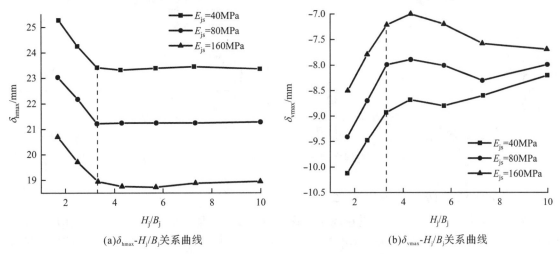

(a)δ_{hmax}-$H_{\mathrm{j}}/B_{\mathrm{j}}$关系曲线   (b)$\delta_{\mathrm{vmax}}$-$H_{\mathrm{j}}/B_{\mathrm{j}}$关系曲线

图 6　基坑被动区加固情况下地下管线最大位移与 $H_{\mathrm{j}}/B_{\mathrm{j}}$ 的关系曲线($B_{\mathrm{j}}=3\mathrm{m}$)

3.3　地下管线底部土体加固对地下管线位移的影响

管线底部土体加固见图 7，图 8 是在混凝土管外径 $D=1\mathrm{m}$，埋深 $h=2\mathrm{m}$，距离基坑边 $L=11\mathrm{m}$，管线底部土体加固宽度 $B_{\mathrm{j}}=2\mathrm{m}$ 及加固土体弹性模量 $E_{\mathrm{js}}=40\mathrm{MPa}$ 的情况下得到的。从图 8 可以看出，管线底部土体加固对管线水平位移几乎没有作用(图中曲线几乎重叠为一条)，而对地下管线竖向位移有明显影响，当加固深度 $H_{\mathrm{j}}=3.5\mathrm{m}$ 时最大竖向位移可减少 18%，加固深度为 $H_{\mathrm{j}}=11\mathrm{m}$ 时最大竖向位移减少 35%。另外，从图 8(b)还可得出随加固深度增加，竖向位移并不是随之有大幅度减少，而是存在一个临界深度，本例中取为 8.5m。

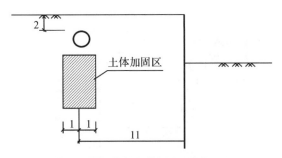

图 7　管线底部土体加固(单位:m)

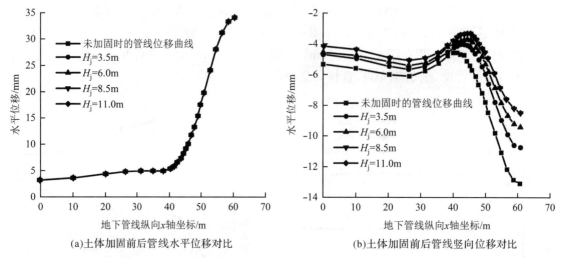

(a)土体加固前后管线水平位移对比　　　　(b)土体加固前后管线竖向位移对比

图 8　地下管线底部土体加固对其位移的影响($B_j=2m$)

3.4　地下管线侧向土体加固对地下管线位移的影响

　　管线侧向加固见图 9,图 10 是在混凝土管外径 $D=1m$,埋深 $h=2m$,距离基坑边 $L=11m$,管线侧向土体加固宽度 $B_j=1m$,距离基坑边 $L_j=9m$ 及加固土体弹性模量 $E_s=40MPa$ 的情况下得到的。从图 10 可以看出,该方案对地下管线水平位移影响效果不十分明显,然而对其竖向位移影响显著,这说明侧向加固效果与加固土体的宽度 B_j、深度 H_j 和距离基坑边距离 L_j 密切相关。当土体加固区距离基坑边越远且加固宽度较小时,加固土体犹如处于地基中的"悬挂体",故其对地下管线的水平位移影响较小,然而对竖向位移却起到了较大的阻碍作用,导致了上述结果。这在图 11 中也有所反映,当 $L_j=0m$ 即加固区与围护结构紧密相连时,加固效果最好,可同时有效地减小地下管线水平和竖向位移。这是因为此种情况下,围护结构的整体刚度增强了,从而大大地减少了围护结构位移。针对一定的加固宽度,土体侧向加固也存在最优加固深度问题(如本例最优 H_j/B_j 为 5)。当加固体深度超过这一界限值,再增大加固深度已无效果,反而会造成不必要的浪费。综上可知,保护基坑周边环境安全,减少围护结构位移是最有效的途径。

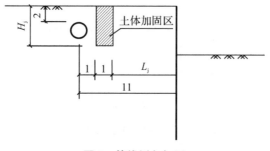

图 9　管线侧向加固

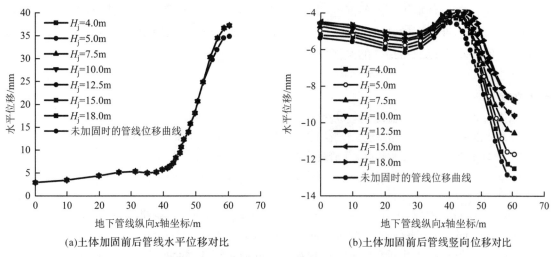

(a)土体加固前后管线水平位移对比　　　　(b)土体加固前后管线竖向位移对比

图 10　地下管线侧向土体加固对其位移的影响

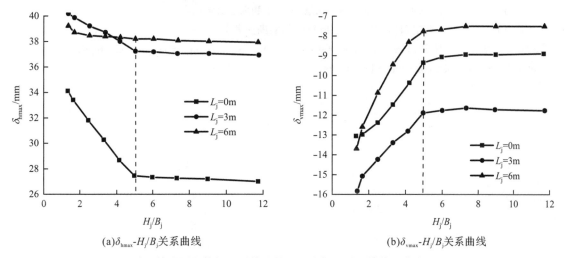

(a)δ_{hmax}-H_j/B_j关系曲线　　　　(b)δ_{vmax}-H_j/B_j关系曲线

图 11　地下管线侧向体加固时管线最大位移与 H_j/B_j 的关系曲线($B_j = 3m$)

4　结　论

(1)传统意义的地下管线底部注浆加固,能有效控制地下管线竖向位移,但对其水平位移的影响较小。

(2)侧向加固效果与加固土体的加固宽度 B_j、加固深度 H_j 和距离基坑边距离 L_j 密切相关。在土体加固区距离基坑边越远且加固宽度较小的情况下,侧向加固可有效控制地下管线竖向位移,然而对其水平位移影响甚小。加固体距离基坑越近,总体加固效果就越好。当加固宽度一定时,土体侧向加固存在着最优加固深度问题,当加固体深度超过这一界限值时,再继续增加加固深度已没有效果,反而会造成工程浪费。

(3)最有效的控制地下管线位移并达到对其安全保护的措施是采用基坑内被动区土体加固的方案。坑内土体被动区加固可以同时大幅度地减少地下管线水平、竖向位移量,加固效果与加固区的宽度、深度有关。同一加固深度条件下,加固宽度越大加固效果越好;然而,在同一加固宽度下,存在着最佳加固深度的问题,即当加固深度超过这一值继续增加时,加固效果的增长已不明显。因此,在采用被动区加固方案时,应根据管线变形控制要求进行合理分析后,确定最优加固宽度和深度,以取得最佳的经济效益。

参考文献

[1] 李永盛. 城市基坑工程施工监控及其环境监测(一)[J]. 建筑施工,1999,21(1):59-63.

[2] 侯学渊,刘国彬,黄院雄. 城市基坑工程发展的几点看法[J]. 施工技术,2000,29(1):5-7.

[3] 李大勇. 软土地基深基坑工程邻近地下管线的性状研究[D]. 杭州:浙江大学,2001.

[4] Mana A I. Finite Element Analysis of Deep Excavation Behaviour [D]. Standford: Standford University, 1976.

[5] Ghaboussi J, Pecknold D A. Incremental finite element analysis of geometrically altered structures[J]. International Journal for Numerical Methods in Engineering, 1984,20(11):2051-2064.

[6] Brown P T, Booker J R. Finite element analysis of excavation[J]. Computers and Geotechnics, 1985,1(3):207-220.

[7] 朱伯芳. 有限单元法原理与应用[M]. 2 版. 北京:中国水利水电出版社,1998.

[8] 王欣. 挡土结构被动区加固性状有限元分析[D]. 杭州:浙江大学,1998.

[9] Ou C Y, Wu T S, Hsieh H S. Analysis of deep excavation with column type of ground improvement in soft clay[J]. Journal of Geotechnical Engineering, 1996,122(9):709-716.

岩土流变模型的比较研究[*]

袁 静[1]   龚晓南[1]   益德清[2]

（1.浙江大学岩土工程研究所；2.浙江省建筑设计研究院）

摘要   基于岩土流变模型的研究现状,把各种流变模型分成四类:元件模型、屈服面模型、内时模型和经验模型。从横向和纵向两个方面对各类模型进行了比较研究;各类模型都有其自身的特点,元件模型较适用于岩石,屈服面模型适用于软土,内时模型适用于循环与振动加载,经验模型适用于实际工程。同时各类模型也有其限制,有待进一步研究。

1 前 言

流变指物体受力变形中存在与时间有关的变形性质。在工程实践中,岩土的流变现象包括蠕变、松弛、流动、应变率效应和长期强度效应。岩土工程中存在许多随时间变化的问题,为了保证岩土工程的长期安全,岩土的流变研究越来越被人们重视。

岩土流变性质的研究主要集中于软土基于一维竖向压缩条件下的流变现象,例如对次固结、压缩蠕变等的研究。虽然近期有些文献阐述了砂土的流变性质,但相关研究较少,深度不够。除此之外,挡土墙位移、隧道施工时的沉降、基坑开挖过程中的水平和竖向位移等都随时间的发展而变化,斜坡和边坡随时间也会产生失稳破坏,而关于这一类流变的研究目前还较少。

流变学研究对岩石力学的实际问题同样非常重要:一方面是岩石和岩体本身的结构及组成反映出明显的流变性质;另一方面是岩体的受力条件使流变性质更为突出。矿山和地下工程中的力学现象,包括地压、变形、破坏等都与时间有关,解决岩石力学实际问题不能离开流变学的分析研究。

流变学研究分微观和宏观两方面。前者着重从岩土的微观结构研究岩土具有流变性质的原因和影响岩土流变性质的因素,只能定性分析。后者则假定岩土是均一体,采用直观的物理流变模型来模拟土的结构,通过对模型的数学、力学分析,建立有关的公式,定量分析岩土的流变性质及其对工程的影响。各国学者所做的大部分工作属于宏观流变学的范畴。

经过数十年的研究,岩土工程界已经积累了大量的流变模型资料,我们只有对现有的模型进行分类比较,搞清各类模型的特点和适用性,做到有的放矢,才能更好地进行下一步的研究,这也是本文的目的所在。经过比较分析,本文将众多的流变模型分为元件模型、屈服面模型、内时模型和经验模型四类。各类模型依据各自的特点适用于不同的岩土类型。

 ﹡本文刊于《岩石力学与工程学报》,2001,20(6):772-779.

2 元件流变模型

元件模型是用模型元件(牛顿黏性体 N、虎克弹性体 H、圣维南塑性体 S)的组合来模拟岩土的流变行为。通过室内蠕变、松弛试验得到应力-应变-时间曲线,分析时间对应力-应变曲线的弹性阶段、弹塑性阶段的影响,建立由各个元件串联或并联而成的模型,模拟实际岩土的应力-应变关系,调整模型的参数和组合元件的个数,使得模型的应力-应变曲线和试验结果相一致。这样建立起来的模型属于一维流变模型[1-7]。

元件模型中较著名的有三元件模型[马克斯韦尔(Maxwell)体和宾哈姆(Bingham)体]、村山流变模型、修正的考马母拉-黄模型、西源流变模型、伯吉斯(Burges)模型、开尔文体、理想粘塑性体、中村体、刘宝琛模型、马明军模型、索费尔德模型等。Geuze-Chen(戈兹-陈)模型标志了系统岩土流变学研究的开始。苏联学者也就流变做了大量的研究,提出了很多的流变元件模型。这些模型有些呈现瞬态响应,有些却没有;有些在常应力下应变最终达到某一有限值,因而呈现出固体特性,而有些材料在常应力下出现常应变蠕变,因而呈现出流体性质。

元件模型由模型元件线性组合而成,力学性质单一,通过调整参数有时仍无法定量模拟实测的应力-应变-时间曲线,因此,有些学者便将 N 个相同模型串联或并联构成更复杂的广义模型。然而,自然界的岩土更多地表现出非线性特性,于是学界发展出了非线性理论,将弹性元件用非线性弹性元件代替,由于公式复杂,这类模型还很少用于工程实际。文献[8-11]就非线性流变理论在基坑及地下工程中的应用做了许多工作。

模型的选择、相应参数的确定、简洁而又全面地描述岩土的流变性态是元件模型研究中的重要课题,且由此引申出了拟合技术和本构模型辨识的研究。岩体本构模型的辨识是岩石力学中的一个前沿问题,我国学者已开始涉足这一领域。文献[12]介绍了用最小二乘法确定流变参数的曲线拟合方法,文献[13]对从各种黏弹性模型中如何确定最佳模型进行了探讨,文献[14][15]则对辨识理论和应用进行了研究。

研究物质的流变特性时,采用流变元件模型是为了把复杂的性质用直观的方法表现出来。因为流变元件模型有助于从概念上认识变形的弹性分量和塑性分量,并且其数学表达式能直接地描述蠕变、应力松弛及稳定变形,所以很多学者用流变元件模型解释岩土的各种特性。然而,元件模型只能说明某些现象,不能反映实质。实际岩土材料具有各种不同的流变性质,例如,岩土的松弛现象,表明它与马克斯韦尔体类似;弹性后效性质与开尔文体相似;从岩土的极限强度特性来看它又具有宾哈姆体的特性。因此,用流变元件模型说明岩土的复杂性质显然有困难,它只适用于一定的范围。文献[11]认为仅由上述元件的组合还无法反映岩土复杂的流变特性,由此提出一个适合当地岩土性质的经验模型,这进一步说明仅用单一的元件理论,通过积分方程或微分方程无法全面描述岩土的工程性质。

从元件模型理论的建立过程可以看出,在整个研究过程中,岩土的内部流变机理自始至终是一个黑箱,人们仅仅通过一个表观现象去模拟另一个表观现象,仅仅知道某个地区某种岩土在一定应力路径下随时间的变化特性,却无法解释岩土弹塑性参数随时间的变化规律,无法推知另一应力路径下的应力-应变关系。元件模型虽然较直观,但参数确定和模型辨识的困难反而又增加了模型的复杂程度,并且元件模型都是在单轴应力状态下建立起来的一维流变模型,只有一维流变微分模型才能用具体的物理元件组合而成。自然界的受力情况是复杂的三轴应力状态,三维流变微分模型很难用元件表述,现在主要是通过文献[16]的原理,用类比的方法,将一维流变分析推广到三维,这必然导致与实际现象的差异。

3 屈服面流变模型

屈服面流变模型研究弹塑性理论的三要素(屈服面、关联准则和硬化规律)随时间的变化规律。该类模型结合流变机制的研究,根据文献[16]的原理,构筑了符合实际的三维流变规律,是真正意义上的三维模型。流变机制的研究可分为体积蠕变和偏态蠕变规律、应力松弛规律、应力松弛和蠕变耦合四个方面。

体积蠕变规律研究体积变形速率 $\dot{\varepsilon}_v^c$ 随时间的变化特性,认为先期固结应力随时间的增长具有等时性[17-18]。

偏态蠕变规律最初认为,当偏应力水平 D 固定时 $\ln \dot{\varepsilon}_v^c$ 和 $\ln t$,当时间固定时 $\ln \dot{\varepsilon}_v^c$ 和 D 都成直线关系,但这一规律仅在 $30\% < D < 90\%$ 时才适用,后来各国学者在此基础上,拓展了 D 的适用范围,并提出考虑超固结因素的新的方程式[19-22]。应力松弛规律则认为偏应力松弛的速率与应力松弛时间成正比。

基于维亚洛夫为确定土长期强度所做的试验,文献[23]做了进一步的改进,进行了耦合试验的研究。文献[24]—[27]通过蠕变和应力松弛合的理论研究,得到包含偏应力率的蠕变率公式,但仅适用于 $\dot{\varepsilon}_a = 0$ 和 $\dot{D} = 0$ 的情况,仅是对变和应力松弛的合并,不是真正意义上的耦合。文献[27]结合上述两者的研究成果,得到一个反映耦合效应的微分本构方程。

文献[28]基于体积蠕变规律推导出一维弹粘塑性等时模型。文献[29]第一次整合体积蠕变和偏态蠕变规律,认为蠕变变形由体积蠕变和偏态蠕变组成,体积蠕变和偏态蠕变各自又可分为瞬时蠕变和延迟蠕变,延迟体积变形采用体积蠕变规律,延迟偏态变形采用偏态蠕变规律,瞬时偏态变形采用康纳(Kondner)的双曲线模型,该理论较全面地反映了蠕变性状,成为建立屈服面流变模型的基础。

因为实际中大多数黏土在塑性部分才表现出显著的黏性,所以屈服面流变模型理论认为弹性部分与时间无关,为弹黏塑性模型。各模型见图 1,下面根据屈服面的多少对其进行分类论述。

3.1 单屈服面模型

文献[30]认为,修正剑桥屈服面中硬化参数——等向固结应力 p_c 不仅是塑性应变也是时间的函数,时间相关的塑性部分用时间比例系数 φ 通过体积蠕变规律或偏态蠕变规律求取,这体现了塑性变形与黏塑性变形的合作用,充分显示了(虽然也是采用)文献[16]的原理,但屈服面流变模型已经把它和材料自身的流变特性结合起来,比元件流变模型的三维形式更符合实际。该模型揭示了蠕变过程中屈服面随时间的变化规律,适用于压缩区的任意应力路径。但模型中的求取既可用体积蠕变规律又可用偏态蠕变规律,使人产生两种流变机制等同的模糊概念。

图 1(a)把时间比例系数的求取分为两部分,同时采用体积蠕变和偏态蠕变规律,应力也分为体积应力和偏应力两部分,把应力松弛作为延迟变形的驱动因子,建立蠕变和松弛的合并方程,得到体积应力、偏应力与硬化参数的关系。该模型采用了应力形式,更适宜进行数值计算。

文献[31]引用波吉亚(Borja)模型的流变机制,结合魏汝龙修正剑桥屈服面,使得变形更接近于实际,但该模型和前两个模型一样无法解释应力强度随应变率降低而降低的效应。

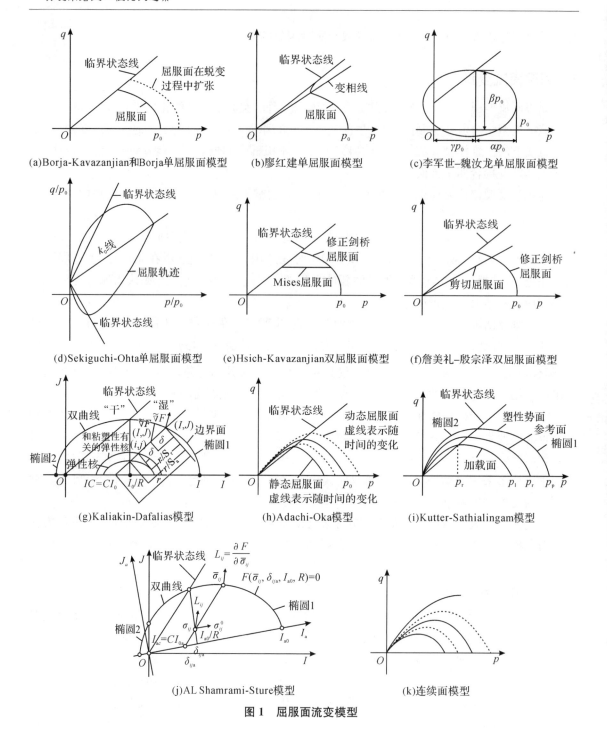

图 1　屈服面流变模型

文献[32]采用非关联准则,屈服面 F 和塑性势面 Q 都为修正剑桥模型形式,提出了考虑时间效应、剪胀性的弹黏塑性模型,见图 1(b),反映了变试验中应力点接近临界状态线时体应变的剪胀现象。

文献[33−35]建立了以体积应变为硬化参数,可考虑应力各向异性和主应力轴的旋转的流变模型,见图 1(d),根据蠕变过程中应力与时间具有唯一关系的特性,推出一定偏应力下的蠕变破坏时间以及最小蠕变速率-时间关系的表达式,得出结论:当时间相同时,k_0 固结的蠕变变形远小于等向固结的蠕变变形,固结条件对蠕变破坏时间产生重大影响。

3.2 双屈服面模型

文献[36]提出米赛斯屈服面 $G=q-q_c$ 和修正剑桥屈服面相交的双屈服面模型,见图 1(e)。此时硬化参数为 p_c、q_c。p_c 变化规律和文献[36]的模型一样,q_c 则是塑性剪应变 r^p、p_c 和偏态时间 t_d 三个变量的函数,表明米赛斯屈服面随时间的变化规律求取。时间比例系数根据不同屈服面分别用体积蠕变规律和偏态蠕变规律求取。该模型的两个屈服面解释了体积蠕变和偏态蠕变存在的原因,能够很好地阐述应变率效应,比单屈服面模型更真实地反映实际状况。

文献[37]直接将文献[38-39]体变硬化参数 ε_v^p 和塑性剪应变 ε_s^p 置换成黏塑性体积变形 ε_v^{vp} 和黏塑性切变形 ε_s^{vp},得到一个弹黏塑性双屈服面模型[见图 1(f)]。这个模型既反映了土体剪胀、剪缩特性,又反映了流变性质。

3.3 边界面流变模型

文献[40]首次建立了边界面流变模型,文献[41-44]对此进行了全面解释,构筑了等向固结三维边界面流变模型,论证了黏塑性阶段塑性变形与黏塑性变形耦合的必要性。边界面流变模型的边界面、映射准则形式不变,主要通过过应力函数将时间因子引入硬化规律中,过应力随时间变化,说明弹性核直径不仅与弹塑性变形相关,也与 ε_{ij}^{vp} 边界面现状的变化相关,见图 1(g)。通过映射规则,可以求出加载函数,得到塑性变形与黏塑性变形耦合的一般本构方程。根据该模型可以获得高偏应力和低偏应力下的不排水蠕变规律,该模型较合理地解释蠕变稳定和蠕变持续发展的机理。

边界面模型在边界面内也可产生塑性变形,故而能够描述各种超固结比的土与时间相关或无关的特性,时间特性由过应力函数隐式给出,该模型避开了零有效应力问题(当有效应力为零时,仍然有蠕变变形发生),但无法描述加速蠕变和蠕变破坏现象。

文献[45]对此进行了修正,引入损伤函数描述黏性土的蠕变破坏,建立了考虑主应力轴旋转的各向异性弹黏塑性边界面模型。边界面形状为两个椭圆夹一条双曲线,见图 1(j),硬化规律由旋转硬化、等向硬化和扭转硬化组成,分别用 δ_{ij}^*、I_0^*、R 表示。该模型因过应力函数包含损伤因子 w,不仅可以描述超固结土的蠕变,还可以描述加速蠕变和蠕变破坏;但是对于同样的土,不同的应力水平有不同的初始损伤因子 w_0,该模型不便于实际应用,还有待进一步改进。

几乎和文献[40]提出边界面流变模型同时,文献[46]根据文献[16],对材料动态和静态进行划分,认为屈服面有静态和动态两个,分别对应瞬时变形和黏塑性变形,动态屈服面 f_d 包含静态屈服面 f_s,见图 1(h)。当 $f=f_s$ 时,材料变为无黏性塑性,塑性应变率根据塑性理论按静态屈服面求取;黏塑性应变率采用过应力形式,按动态屈服面求取,过应力函数 φ 由试验获得。该模型塑性应变率和黏塑性应变率的求取采用不同的屈服面函数,既不同于非关联准则,也不是边界面模型。从形式上看该模型属于双屈服面模型,但隐含着边界面的思想,静态屈服面相当于弹性核,动态屈服面相当于边界面,只是没有映射规则,没有在两个屈服面之间建立硬化规律而已,故仅适用于正常固结土。

文献[47]把足立-冈(Adachi-Oka)模型和文献[35]非过应力模型进行了理论结构的比较,认为描述常应变率试验时两者结果是一致的,但对不排水蠕变试验,过应力模型无法描述加速蠕变现象。原因在于过应力模型中的粘塑性参数 C 是常数,将常数变为变数后,过应力模型就可以解释加速蠕变过程和不排水破坏现象。

因为高应变率时前面所述各个模型的应力-应变-时间关系仍保持不变,与试验结果相矛盾。文献[48]建议模型没有瞬时塑性变形。该模型由加载面、参考面和塑性势面构成,见图1(i)。三个面的形状相似,由两个椭圆面组成。参考面对应参考时间 t_i 的正常固结面,相当于静态屈服面。应力点无论在参考面内、参考面外或参考面上,都有塑性变形发生。塑性势面一定包含加载面,只有采用相关联准则时,塑性势面才与参考面重合;塑性势面不固定,随时间而变化。加载面相当于动态屈服面,可以在塑性势面内的任何位置,既能在静态屈服面外,又能在静态屈服面内。加载面上 (p, q) 的方向采用边界面模型中的中心映射规则,由塑性势面 $(\hat{p}, \hat{q})$ 来确定。过应力函数是应力差函数,在 $f_d > f_s$ 或 $f_d \leq f_s$ 时都有定义,由试验确定。该模型除硬化规律与边界面模型不同外,实际上为零弹域的边界面模型,不仅适用于超固结土,而且可以描述高应变率下土体的变形性状,较边界面模型更简单,且参数少,易确定。

3.4 连续面模型

文献[49]提出的连续面模型为

$$J_{2D} = -\left(-\frac{\alpha}{\alpha_0^{n-2}}J_1^n + \bar{r}J_1^2\right)\left[\exp(\beta_1 J_1) - \beta \mathbf{S}_r\right]^m$$

式中,$\alpha = \frac{\alpha_1}{\xi_\phi^n}$;$S_r$ 为应力比,$S_r = \frac{J_{3D}^{1/3}}{J_{2D}^{1/3}}$;$J_1$ 为第一不变量;其余参数为响应函数,见图1(k)。该模型根据文献[16]的原理,加进黏塑性因子,成为弹黏塑性模型。这一模型为单一的连续屈服面模型,避免了使用两个或更多的屈服面的不连续性问题,适用于黏性土和软岩,特别是软岩。

3.5 总 结

许多学者经过潜心研究提出了众多的流变模型,表1对其进行了简单分类。屈服面流变模型经历了从简单到复杂的发展过程,最初为单屈服面流变模型,但单屈服面流变模型用体积蠕变规律描述任意应力路径的蠕变过于武断,尽管有过一系列的修正,仍无法解释应力强度随时间而降低的现象,并且在低应力情况下,其计算结果易产生过刚现象,因此出现了双屈服面流变模型。虽然双屈服面流变模型能较好地解决单屈服面模型的不合理之处,但只要采用辛格-米切尔(Singh-Mitchell)偏态蠕变规律,它就和单屈服面模型一样存在零有效应力问题,并且无法正确模拟超固结土的流变现象,于是边界面流变模型应运而生,而为了能模拟加速蠕变和蠕变破坏,又引入了损伤机制。各类模型也经历了由等向模型向各向异性模型、由关联准则向非关联准则(边界面模型除外)的发展过程(边界面模型中一点的塑性模量和边界面塑性模量的关系可以看成关联准则与非关联准则的过渡)。其中,瞬时塑性变形与黏塑性变形的耦合真正把屈服面模型同三维元件模型区别开来;非过应力模型在有效应力为零时仍然有蠕变变形产生,与实际不符;过应力模型虽没有这一不足但它无法描述加速蠕变现象,虽然文献[45]对此进行了修正,但其理论结构没有变化。

虽然流变模型的涵盖面越来越广,可描述的土性状越来越全面,蠕变与应力松弛的耦合等都有相应的模型可以模拟,但就流变机制来看,流变规律多由简单的压缩蠕变或应力松弛试验得到,蠕变或应力松弛的耦合研究刚刚开始,无论试验还是理论都不成熟。常规应力路径的流变研究较多,压缩区其他应力路径的流变研究则较少,拉伸试验下各种应力路径的流变研究更是寥寥无几,而土坡开挖、基坑围护、隧道施工等都属于这一范畴;应变不变时并不只是发生应力松弛,也有随时间而增长的现象,例如挡土墙主动区侧的土体应力状态;另外,不同的加载速度、不排水条件对流变现象都有影响,仍然用基于压缩试验得到的模型描述所有的流变现象是值得商榷的。尽管根据现有的流变机制的研究建立起来的流变模型可以描述许多流变现象,但其毕竟与实际存在差距。同时,上述模型往往仅能描述流变现象的一个或几个方面。迄今为止还没有一个屈服面模型能够描述上述的各种流变现象。

表 1 屈服面流变模型分类

特点或适用条件		模型名称
固结类型	正常固结土	Adachi-Okano、Oka、Nova、Faruquc、Adachi-Oka、Sekiguchi
	超固结土	Dafalias、Kaliakin-Dafalias、Kutter、AL Shamrani-Sture
变形假设	有瞬时塑性变形	Borja-Kavazanjian、Borja、李军世-魏汝龙模型、Hsich-Kavazanjian、Adachi-Oka、Sekiguchi-Ohta-Sekizuchi、廖红建模型、Yin-Graham 等时模型、Dafalias、Kaliakin-Dafalias、AL Shamrani-Sture
	无瞬时塑性变形	詹美礼-殷宗泽模型、Kutter
流动准则	关联准则	Borja-Kavazanjian、Bona、李军世-魏汝龙模型、Hich-Kavazanjian、Adachi-Oka、Sekiguchi-Ohta、Sekiguchi
	非关联准则	詹美礼-殷宗泽模型、廖红建模型、连续面模型
	映射准则	Dafalias、Kalakin-Dafalias、AL Shamrani-Sture、Kutter
结构类型	各向同性	Borja-Kavazanjian、Bora、李军世-魏汝龙模型、廖红建模型、连续面模型、詹美礼-殷宗泽模型、Hsich-Kavazanjian、Adachi-Oka、Dafalias、Kaliakin-Dafalias、Kutter
	各向异性	Sekiguchi-Ohta、Sekiguchi、AL Shamraniture-Sture
屈服面类型	单屈服面	Nova、Sekiguchi、Borja-Kavazanjian、Borja、李军世-魏汝龙模型、廖红建模型、连续面模型
	双屈服面	詹美礼-殷宗泽模型、Hsieh-Kavazanjian、Adachi-Oka
	边界面	Adachi-Oka、Dafalias、Kaliakin-Dafalias、AL Shamrani-Srure、Kutter
理论结构	非过应力模式	Nova、Sekiguchi、Bora-Kavazanjian、Boria、Kutier、Yin-Graham 等时模型、李军世-魏汝龙模型、Hsich-Kavazanian
	过应力模式	Adachi-Okano、Oka、Adachi-Oka、Dafalias、Kaliakin-Dafalias、AL Shamrani-Sture、詹美礼-殷宗泽模型、廖红建模型、连续面模型

4 内时理论与经验模型

4.1 内时理论

内时理论最初由文献[50]提出,其最基本的概念为:塑性和黏塑性材料内任一点的现时应力状态是该点邻域内整个变形和温度历史的泛涵;变形历史用取决于变形中材料特性和变形程度的内蕴时间;通过对由内变量表征的材料内部组织的不可逆变化必须满足热力学约束条件的研究,得出内变量的变化规律,从而给出显式的本构方程。内时理论不以屈服面的概念作为其发展的基本前提,也不把确定屈服面作为计算的依据,屈服面概念及运动硬化和等向硬化规则可以作为内时理论的特殊情况,通过理想化和简化得到。

文献[51]将内时理论用于冻砂土上,构筑了一个本构模型,描述应变软化现象。文献[52]进一步修正上述模型,加入应变软化因子,使之不仅适用于软岩应变软化现象,而且可以描述蠕变、应力松弛和应变率效应。

内时理论大多数应用于循环加卸载和振动的研究,尤其是砂土的液化和动本构特性,在相对静止的流变现象上的应用较少,且就现状来看,其在土的动本构特性研究还只是初步的。

4.2 经验模型

基于对上海地区大量深基坑流变现象的研究,文献[53]提出了经验流变模型——时空理论,通过对不同的施工、地质和支护条件下的基坑施工现场的观测,对 100 多个有关基坑变形的观测数据进行统计、分析,推导出被动土压力的弹性基床系数与各施工参数和土体参数的相关数学方程式,此时的弹性基床系数已成为考虑时空效应的等效基床系数 k_h,它是基坑开挖时间、空间、开挖深度、土质参数支护结构、施工工序和施工参数的函数,是由大规模的现场试验、室内试验并结合程序反分析及理论研究得到的半理论、半经验的参数。因为采用 k_h,该模型将通用的弹性杆系有限元计算法改为考虑软土流变性和基坑开挖及支撑施工中时空效应实际影响的计算方法。

同时,文献[54]认为,在实际施工中,不是采用了 k_h 就可以一劳永逸,由于地层的各向异性和不均一性以及地层在施工时受扰动发生的难以预测的不确定因素,施工过程的各个阶段还会发生偏离预测值的现象,我们必须在施工中进行实时监测和实时控制,不断调整 k_h,保证地下工程能克险制胜。该理论不仅能描述时间效应,还兼顾空间效应,特别是在模型中嵌入了施工参数,为理论和应用的结合开辟了一条简便的新思路。

5 结 语

各个流变理论都在朝着完备和尽可能多地模拟实际流变现象的方向发展。元件理论直观形象,但它仅是一维流变模型,现在多用来描述岩石的流变现象,其三维形式的屈服面是静态的,不随时间而变化;模型元件的合理组合形式、模型的辨识和参数的确定将继续成为学者们的研究对象。屈服面流变理论在软土中发展得较完备,其屈服面是动态的,随时间而变化;尽管它还不能涵盖自然界各种土的流变现象,但就其现在的发展而言,它在描述土的流变现象时比元件理论合理,比内时理论更易于利用程序实现;该模型的理论基础虽然能适合多种应力路径,但模型的建立大多依赖蠕变试验,各种应力路径和不同流变现象的研究将成为趋势。内时理论在理论上不仅可以描述元件理论和屈服面理论模拟的静态流变现象,而且可以模拟循环加卸载、振动等,但是目前应用较少。

在流变理论完备化的同时,复杂的本构方程给工程应用带来了困难。施工的扰动、施工期季节气候的改变会导致岩土材料流变参数的变化。因此,认为只要建立了完备的模型便可一劳永逸,而不顾及具体的工程和施工状况,是不可取的(特别是在对变形有严格要求的工程中)。文献[53]的经验模型虽然没有理论模型完备,但提供了理论与实际相结合并最大程度地指导工程实践的新途径,其首次把施工参数纳入到模型中的思路无疑是具有开拓意义的。

参考文献

[1] 郑雨天. 岩石力学的弹塑性理论基础[M]. 北京:煤炭工业出版社,1985.

[2] 欧阳邕. 粘弹塑性理论[M]. 长沙:湖南科技出版社,1985.

[3] 杨绪灿,杨桂通. 粘塑性力学概论[M]. 北京:中国铁道出版社,1985.

[4] 穆霞英. 蠕变力学[M]. 西安:西安交通大学出版社,1990.

[5] 维亚诺夫. 土力学的流变原理[M]. 杜余培,译. 北京:科学出版社,1987.

[6] 周光泉,刘孝敏. 粘弹性理论[M]. 北京:中国科技大学出版社,1996.

[7] Л. M. 卡恰洛夫. 塑性理论基础[M]. 周承洞,译. 北京:人民教育出版社,1983.

［8］孙钧. 岩石非线性流变特性及其在地下结构工程中的应用研究［R］. 上海：同济大学，1990.

［9］李希元. 土体三维非线性流变原理及其在深大基坑开挖中的应用［D］. 上海：同济大学，1996.

［10］谢宁，孙钧. 上海地区饱和软粘土流变特性［J］. 同济大学学报，1996，24(3)：233-237.

［11］郑榕明，陆浩亮，孙钧. 软土工程中的非线性流变分析［J］. 岩土工程学报，1996，18(5)：1-13.

［12］李青麒. 软岩蠕变参数的曲线拟合计算方法［J］. 岩石力学与工程学报，1998，17(5)：559-564.

［13］刘保国，孙钧. 岩体粘弹性本构模型辨识的一种方法［J］. 工程力学，1999，16(1)：18-25.

［14］袁勇，孙钧. 岩体本构模型反演识别理论及其工程应用［J］. 岩石力学与工程学报，1993，12(3)：232-239.

［15］薛琳. 岩体粘弹性力学模型的判定定理及应用［J］. 岩土工程学报，1994，16(5)：1-10.

［16］Perzyna P. Fundamental problems in viscoplasticity［J］. Advances in Applied Mechanics，1966，9：243-377.

［17］Taylor D W. Fundamentals of Soil Mechanics［M］. New York：Wiley and Sons，1948.

［18］Bjerrum L. Seventh Rankine lecture：engineering geology of Norwegian normally-consolidated marine clays as related to the settlement of buildings［J］. Geotechnique，1967，17(2)：81-118.

［19］Singh A，Mitchell J K. General stress-strain-tie functions for soils［J］. Journal of the Soil Mechanics and Foundations Division，1968，94(SM1)：21-46.

［20］Semple R M. The effect of time-dependent properties of altered rock on the tunnel support requirements［D］. Chicago：University of Illinois，1973.

［21］Mesri G，Febres-Cordero E，Shields D R，et al. Shear stress-strain-time behavior of clays［J］. Geotechnique，1981，31(4)：537-552.

［22］Lin H D，Wang C C. Stress-strain-time function of clay［J］. Journal of Geotechnical and Geoenvironmental Engineering，1998，124(GT4)：289-296.

［23］熊军民，李作勤. 粘土的蠕变-松弛耦合试验研究［J］. 岩土力学，1993，14(4)：17-24.

［24］Akai K，Adachi T，Ando N. Existence of a unique stress-strain-time relation of clays［J］. Soils & Foundations，Japanese Society of Soil Mechanics and Foundation Engineering，1999，15(1)：1-16.

［25］Lacerda W A. Stress-relaxation and creep effects on soil deformation［D］. Berkeley：University of California，1976.

［26］Lacerda W A，Houston W N. Stress relaxation in soils［C］//8th International Conference Soil Mechanics and Foundation Engineering，Moscow，1973.

［27］Borja R I. Generalized creep and stress relaxation model for clays［J］. J. Geotech. Engrg.，1992，118(11)：1765-1786.

［28］殷建华. 等效时间和岩土材料的弹粘塑性模型［J］. 岩石力学与工程学报，1999，18(2)：124-128.

［29］Kavazanjian Jr E，Mitchell J K. Time-dependent deformation behavior of clays［J］. Journal of Geotechnical and Geoenvironmental Engineering，1980，106(GT6)：611-631.

［30］Borja R I，Kavanzanjian Jr E. A constitutive model for the stress-strain-time behavior of 'wet' clays［J］. Geotechnique，1985，35(3)：283-298.

［31］李军世. 上海淤泥质粘土的非线性流变行为分析［D］. 上海：同济大学，1997.

［32］廖红建，俞茂宏. 粘性土的弹粘塑性本构方程及其应用［J］. 岩土工程学报，1998，20(2)：41-44.

［33］Sekiguchi H. Rheological characteristics of clays［C］//9th International Conference on Soil Mechanics and Foundation Engineering，Tokyo，1997.

［34］Sekiguchi H，Ohta H. Induced anisotropy and time dependency in clays［C］//9th International Conference on Soil Mechanics and Foundation Engineering，Tokyo，1977.

［35］Sckiguchi H. Theory of undrained creep rupture of normally consolidated clay based on elastic-viscoplasticity［J］. Soils and Foundations，1984，24(1)：129-147.

［36］Hsich H S，Kavanzanjian Jr E，Borja R I. Double-yield-surface model I：theory［J］. Journal of Geotechnical Engineering，1990,116(9):1381-1401.

[37] 詹美礼,钱家欢,陈绪禄. 软土流变特性及流变模型[J]. 岩土工程学报,1993,15(5):70-75.

[38] 殷宗泽,J. M. 邓肯. 剪胀土与非剪胀土的应力-应变关系[J]. 岩土工程学报,1984,6(4):24-40.

[39] 殷宗泽. 一个土体的双屈服面应力-应变模型[J]. 岩土工程学报,1988,10(4):63-71.

[40] Dafalias Y F. Bounding surface elastoplasticity viscoplasticity for 40 particulate cohesive media[C]// IUTAM Symposium on Deformation and Failure of Granular Materials, Rotterdam, 1982.

[41] Dafalias Y F, Herrmann L R. Bounding surface plasiticity Ⅱ: application to isotropic cohesive solid[J]. Journal of Engineering Mechanics, 1986,112(EM12):1263-1291.

[42] Kaliakin V N. Bouding-Surface Elastoplasticity Viscoplasticity for Clays[D]. Berkeley: University of California, 1985.

[43] Kaliakin V N, Dafalias Y F. Theoretical aspects of the elastoplastic-viscoplastic bounding surface model for cohesive soils[J]. Soils and Foundations, 1990,30(3):11-24.

[44] Kaliakin V N, Dafalias Y F. Verification of the elastoplastic-viscoplastic bounding surface model for cohesive soils[J]. Soils and Foundations, 1990,30(3):25-36.

[45] AL Shamrami M, Sture S. A time-dependent bounding surface model for anisotropic cohesive soils[J]. Soils and Foundations, 1998,38(1):61-76.

[46] Adachi T, Oka F. Constitutive equations for normally consolidated clay based on elasto-viscoplasticity[J]. Soils and Foundations, 1982,22(4):57-70.

[47] Adachi T, Oka F. Mathematical structure of an overstress elasto-viscoplastic model for clay[J]. Soils and Foundations, 1982,22(3):31-42.

[48] Kutter B L, Sathialingam N. Elastic-viscoplastic modelling of the rate-dependent behavior of clays[J]. Geotechnique, 1992,42(3):427-441.

[49] Desai C S, Zhang D. Viscoplastic model for geologic materials with generalized flow rule[J]. International Journal for Numerical and Analytical Methods in Geomechanics, 1987,11(5):603-620.

[50] Valanis K C, Read H E. A new endochronic plasticity model for soils[C]//Soil Mechanics Transient and Cyclic Loads. New Jersey:Wiley, 1982.

[51] Adachi T, Oka F, Mimura M. Descriptive accuracy of several existing constitutive models for normally consolidated clays[C]//Proceedings of 5th International Conference Numerical Methods in Geomechanics, 1985:259-266.

[52] Adachi T, Oka F, Zhang F. An elasto-viscoplastic constitutive model with strain softening[J]. Soils and Foundations, 1998,38(2):27-35.

[53] 刘建航,侯学渊. 基坑工程手册[M]. 北京:中国建筑工业出版社,1997.

[54] 刘建航. 软土基坑过程中时空效应理论与实践[R]. 上海:上海市地铁总公司,1999.

几种桩墙合一的施工工艺*

左人宇 严 平 龚晓南

（浙江大学）

摘要 我国目前的城市建设,尤其是旧城改造工程,由于城市地价不断上涨,施工用地日趋紧张,高层建筑也逐渐增多。在我国沿海软土地区,对高层建筑地下室的开挖围护是一项重要的工程内容。通常基坑围护工程与地下室外墙之间留有一定的间距,利于地下室外墙的支模及绑扎钢筋。将围护桩与地下室外墙结合成一体,可以充分合理地利用建筑红线内的面积。在一些特殊的场地条件下,当建筑物边缘有管线或需保护的重要建筑物,无较大空间进行基坑围护工程时,这种情况也要求将围护结构与地下室外墙结为一体。本文介绍桩墙合一的几种施工方案。

1 桩内预埋连接钢筋方案

在进行围护桩的设计时,将桩位与地下室的顶梁和外墙边柱的位置相互错开,使顶梁和边柱嵌入桩间一定距离。为加强围护桩与地下室外墙结合的整体性,设计时使地下室外墙包住围护桩的一部分,同时在围护桩与地下室外墙的结合部分内竖向埋设一排U形拉结筋,方向与地下室外墙面垂直。在开挖基坑土的同时,边清理桩间土边将预埋的拉结筋剔出、调直,并将桩体的裸露面全部凿毛,以使两者结合更加牢固。具体构造见图1。

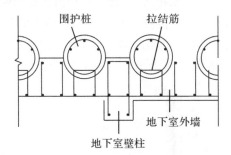

图1 预埋连接钢筋方案构造

2 沿桩外表面砌筑砖墙方案

基础垫层施工后,将围护桩桩间空隙及围护桩与地下室外墙之间的空隙用砖或半砖填实,抹灰找平后再施工防水层,随即施工基础底板及地下室外墙(单侧模板)。具体构造见图2。采用该方法时,围护桩与地下室外墙的连接并不紧密。

---

*本文刊于《建筑技术》,2002,33(3):197.

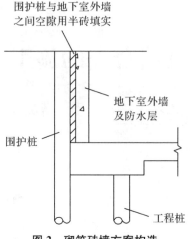

图2　砌筑砖墙方案构造

3　插筋方案

在围护桩中预留孔洞,待开挖结束后将孔洞凿出,插入短钢筋,用胶黏剂将钢筋与围护桩牢固地粘结为一体,再用砖或半砖填实围护桩间的空隙,以及围护桩与地下室外墙之间的空隙,抹灰找平后施工防水层,再施工基础底板和地下室外墙。地下室外墙的钢筋与插筋焊接在一起。这样围护桩与地下室外墙可紧密连接为一体。具体构造见图3。

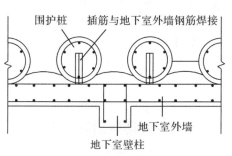

图3　插筋方案构造示意图

4　后期焊接方案

考虑到围护工程中围护桩经常采用沉管桩,在打桩过程中很难控制钢筋笼的方向,若在围护桩中预留孔洞或钢筋,当发生钢筋笼转向时,很难将预留的孔洞或钢筋凿出。因此,将地下室外墙钢筋与围护桩钢筋焊接是一种更合适的施工方案,具体步骤是待基坑开挖完成、垫层施工结束后,将围护桩靠近地下室外墙部分的钢筋保护层凿除,露出箍筋,用细钢筋与墙板钢筋焊成一体,然后浇筑墙板混凝土,围护桩之间由于开挖形成的空隙用土和半砖填实,见图4。

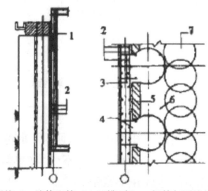

1—∅8@200mm 钢筋与围护筋焊接;2—墙体配筋;3—三排∅8mm 钢筋与围护桩箍筋电焊,竖向间距 200mm;4—此处桩身混凝土保护层打掉,与墙体混凝土同时浇筑;5—砖胎模;6—该部分用土填实;7—水泥搅拌桩止水

图4　后期焊接方案

5 工程实例

浙江萧山众安花园 10 号楼(6 层)、11 号楼(12 层)及两栋楼之间地下车库的桩墙合一的连接采用的是本文中第二种施工方案。至今主体结构工程已完成,经观测无不良现象,地下室外墙干燥,止水效果良好。

浙江杭州景湖苑工程位于杭州市中心武林广场附近,东楼与西楼分别为 18 层和 17 层,其地下室部分设计过程中采用了本文中第四种桩墙合一的施工方案。

参考文献

[1] 刘引兰,康忠山,张家骥. 护坡排桩兼作地下室外墙承重结构的设计与施工[J]. 施工技术,1998(9):26.

[2] 张祖荣,张卫,马春香. 基础施工中采用桩墙连接方案的作法[J]. 建筑技术,1993,20(3):138-139.

基坑工程变形性状研究 [*]

俞建霖　龚晓南

（浙江大学）

摘要　用空间有限单元法研究了基坑开挖过程中围护结构变形、周围地表沉降、基坑底部隆起的空间分布，以及影响围护结构变形的主要因素，并通过杭州市某基坑开挖的工程实例验证了有限元分析模式的合理性。

1　前　言

　　基坑工程是一个古老而又有时代特点的岩土工程课题。随着我国高层、超高层建筑的发展，以及人们对地下空间开发和利用的日益增多，基坑工程不仅数量增多，而且向着更大、更深的方向发展。由于大量的基坑工程集中在市区，施工场地狭小，周围环境条件复杂，基坑工程不仅要保证围护结构本身的安全，而且要保证周围建（构）筑物的安全和正常使用。因此开展基坑工程变形性状研究、对基坑开挖可能造成的环境影响（主要指位移场）进行预测具有重要意义。

　　基坑工程的变形主要由围护结构位移、周围地表沉降和基坑底部隆起三部分组成。这三者之间存在耦合关系，采用常规分析方法（如等值梁法、弹性地基梁法和山肩邦男法等）很难反映诸多因素的影响，目前多采用数值方法来进行研究。在早期的设计和研究中，人们常常将其简化为二维平面应变问题进行分析[1-2]，而实际工程中的基坑是一个具有长、宽、深的三维空间结构，且其长度与宽度往往处于同一数量级；近年来，随着人们对基坑工程认识的不断深入，其三维空间性状日益受到关注[3-5]。

　　本文研制了能考虑土与围护结构的相互作用和施工过程的基坑工程三维有限元分析程序，并利用无限元来满足边界条件。同时本文对基坑开挖引起的围护结构位移、地表沉降、基坑底部隆起等变形性状进行了研究，以推动基坑工程设计理论的发展。

2　有限元分析模式

　　（1）基坑开挖一般属临时性工程，工期较短，故按不排水条件分析，且不考虑围护结构施工对土体扰动的影响

　　（2）围护结构及支撑均按弹性材料考虑。围护结构和土体均采用空间八结点等参元，土体本构关系可采用线弹性模型或邓肯-张（Duncan-Chang）非线弹性模型，支撑采用杆单元。

　　（3）采用无限元来满足边界条件。对于基坑开挖问题，其真实的边界条件应是无穷远的位

---

　　* 本文刊于《土木工程学报》，2002，35(4)：86-90.

移为零,采用常规有限元分析方法难以实现这一点。而采用无限元可通过取有限的甚至很小的计算范围,实现无穷远处位移为零的边界条件;同时可以减少划分网格的数量,从而节约机时,这在提高计算精度和速度方面有明显的优越性,这种优越性对分析三维问题尤为突出

（4）由于混凝土和土体的变形模量有很大的差异,为了考虑围护结构与土体之间的共同作用,应在两者之间设置接触面单元。本文采用古德曼(Goodman)单元,并将其推广到三维问题。

（5）空间八结点线性等参元在计算具有弯曲变形类问题是"过刚"的,也就是说,在相同力偶作用下,计算模型的变形比实际结构的变形要小,如果单元长宽比很大就可能使计算结果失真。若采用非协调元,在每个单元中引入9个附加自由度来改善线性等参元的精度是很有效的,但相应增加了计算量。所以对于围护结构单元,其长宽比和模量较大,易产生过刚现象,可采用非协调元;而对于土体单元,则可采用线性等参元。这样既可减小计算量,又不失精度。

本文所采用的无限元、三维古德曼接触面单元、非协调元的表达式详见文献[4-5],此处从略。基于以上模式,笔者研制了考虑基坑开挖的空间效应、围护结构与土体相互作用,以及施工过程的基坑工程三维有限元分析程序。

3 基坑工程的三维变形性状分析

本节主要讨论基坑开挖过程中围护结构位移、地表沉降、基坑底部隆起的空间分布效应,探讨基坑周围地表沉降曲线的形式,以及影响围护结构位移的主要因素。

标准算例取基坑长度 $2L=40\text{m}$,宽度 $2B=40\text{m}$,开挖深度 $H=10\text{m}$;围护结构采用地下连续墙(不考虑竖向接缝),厚度 $D=0.8\text{m}$,插入深度为 10m,弹性模量折减后取 $E=25000\text{MPa}$,泊松比 $\nu=0.17$。支撑弹性模量为 23000MPa,共设有两层支撑,第一层支撑中心位于地表下 3.3m,截面为 $0.4\text{m}\times0.4\text{m}$,第二层支撑中心位于地表下 6.7m,截面为 $0.6\text{m}\times0.6\text{m}$,支撑水平间距均为 10m,暂不考虑围图的作用。为了便于寻找定性规律,土体采用线弹性模型,$\gamma=17.5\text{kN/m}^3$,$E=4\text{MPa}$,$\nu=0.49$。基坑分三次开挖进行:第一步悬臂开挖至地表下 3.3m,设置第一层支撑后进行第二步开挖至地表下 6.7m,接着设置第二层支撑进行第三步开挖至坑底。因基坑平面形状为矩形,利用对称性,取其四分之一进行计算。三维有限元网格划分见图1。

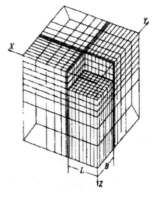

图1　有限元网格划分

3.1 围护结构位移的空间分布

围护结构的水平位移放大100倍后的空间分布见图2。由图中可见:在基坑深度方向上,围护结构的最大水平位移发生在基坑底部附近;在沿基坑边方向上,基坑边角处围护结构的水平位移较小,随后逐步增大,至基坑中部达到最大值。但位移的变化率有明显的差异:在基坑边角附近约5m($L/4$)处,由于另一侧围护结构的约束作用,水平位移增长较慢,在5~15m($L/4$~$3L/4$)处,约束作用减弱,位移急剧增长;在15~20m($3L/4$~L)处,位移增长到一定值后逐渐趋于稳定。

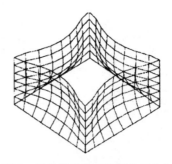

图2　围护结构水平位移空间分布

3.2　周围地表沉降的空间分布

基坑周围的地表沉降曲线可分为"三角形"(即最大沉降点位于基坑边)和"凹槽形"(即最大沉降点离基坑边尚有一定距离)。大量的工程实测资料和数值分析[4]均表明:对于基坑中部的沉降曲线而言,悬臂开挖时地表沉降曲线为"三角形",而随着支撑的设置和基坑的开挖,新增的地表沉降曲线为"凹槽形",最终的地表沉降曲线即为两者的叠加。前者占主导地位,则最终沉降曲线为"三角形",反之则为"凹槽形"。

周围地表最终沉降空间分布见图 3(图中 SX 为该点到基坑边的距离),由于本算例第一步悬臂开挖的深度较大,基坑中部($Y=0$)附近的最终地表沉降曲线为"三角形",而在基坑角点附近($Y=20m$)由于另一侧围护结构和土体的约束作用,其地表沉降曲线为"凹槽形"。如采用悬臂式围护结构进行分析,其角点附近的沉降曲线仍为"凹槽形"[4]。由图 3 还可见,基坑中部剖面的地表沉降量最大,而角点处的地表沉降量较小。

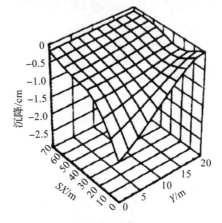

图 3　周围地表最终沉降空间分布

3.3　基坑底部隆起的空间分布

基坑底部隆起的空间分布见图 4。由图 4 可见:由于围护结构的约束作用,基坑围护结构附近的隆起值小于基坑中部的隆起值,但前者的增长速率大于后者。

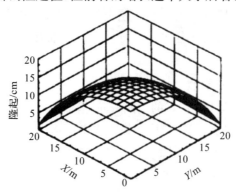

图 4　基坑底部隆起分布

3.4　影响围护结构水平位移的主要因素

对于一个基坑工程,其地质条件和几何尺寸是已知的,影响围护结构水平位移的因素主要包括围护结构刚度、支撑刚度、压顶梁和围图刚度、支撑高度及层数、支撑水平间距等。

3.4.1 围护结构刚度的影响

围护结构刚度变化对围护结构最大水平位移的影响见图5,图中横坐标表示所取算例与标准算例围护结构刚度之比。由图5可见:增大围护结构刚度可以有效地减小围护结构的水平位移,但其作用随着刚度的增大逐渐减弱,且大大增加了工程费用。

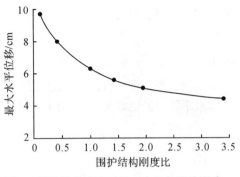

图5 围护结构刚度对最大水平位移的影响

3.4.2 支撑刚度的影响

支撑刚度对围护结构最大水平位移的影响见图6,图中横坐标表示所取算例与标准算例支撑刚度之比,由图6可见:在一定范围内增大支撑刚度可以有效地减小围护结构的水平位移,但随着支撑刚度的增大,位移的变化率减小,并逐步趋近于零,其间存在一临界刚度比(图中临界刚度比为4,与之对应的支撑截面尺寸为1.0m×1.0m)。

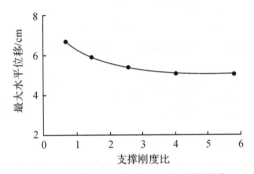

图6 支撑刚度对最大水平位移的影响

3.4.3 压顶梁和围图刚度的影响

为简化起见,取压顶梁和两道围图截面尺寸相同。压顶梁和围图刚度变化对围护结构最大水平位移的影响见图7,图中横坐标 K 表示所取算例的压顶梁、围图刚度与标准算例中单位高度围护结构刚度之比。由图7可见:增大压顶梁、围图刚度可减小围护结构水平位移,但其作用随着刚度的增大而逐渐减弱。

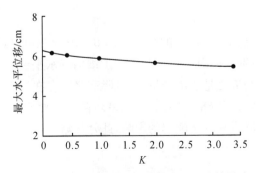

图7 压顶梁、围图刚度对最大水平位移的影响

对比图 5—图 7 可以发现:增大支撑、压顶梁、围囹刚度以减少围护结构位移的效果不如增大围护结构刚度显著,但由于前三者工程量小,造价低,其经济性比后者要好得多。在实际工程中可优先考虑前三者。

3.4.4 支撑的高度及层数

不同支撑高度(支撑高度用支撑中心到地表距离表示)及层数对基坑中剖面($X=0$m)围护结构水平位移的影响见图 8,图中各算例支撑高度及层数见表 1。

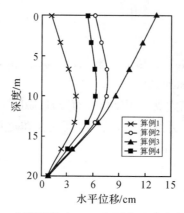

图 8 支撑设置对 $X=0$ 剖面水平位移的影响

表 1 各算例支撑高度及层数

算例	算例 1	算例 2	算例 3	算例 4
第一层支撑高度/m	0	3.3	6.6	3.3
第二层支撑高度/m	6.6	6.6	—	—

由图 8 可见:①支撑布置的高度及层数对围护结构水平位移有显著影响,其影响程度比围护结构刚度、支撑刚度、压顶梁和围囹刚度要大得多,因此在工程中应当慎重决策;②算例 1 与算例 2 同为两层支撑,但算例 1 的水平位移小于算例 2,这说明在多层支撑围护体系中,要有效地控制围护结构的水平位移应提高第一层支撑的高度,减少悬臂开挖部分的深度;③算例 3 和算例 4 均为一层支撑,但两者的位移曲线截然不同,算例 3 支撑设置较低,位移曲线呈上大下小,类似于悬臂式围护结构的位移曲线,算例 4 支撑设置较高,最大水平位移发生在开挖面附近,属比较典型的带撑围护结构位移曲线。

3.4.5 支撑水平间距 L_b 的影响

支撑水平间距对围护结构水平位移的影响见图 9。由图 9 可见,减小支撑的水平间距,相当于提高了整个围护体系的整体刚度,可以减小围护结构的水平位移。

由于围护结构的位移与周围地表沉降量、基坑隆起之间存在一定的耦合关系——随着围护结构位移增大,基坑周围地表沉降量不断增大,而基坑隆起则略有增加。因此通过上述分析也可推断出各因素对地表沉降量和基坑隆起的影响,此处从略。

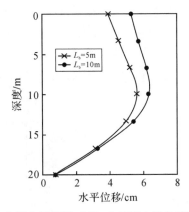

图9 支撑水平间距对 $X=0$ 剖面水平位移的影响

4 工程实例分析

杭州市某高层公寓基坑平面为 173.3m×29m 的狭长矩形,见图10,开挖深度为7.1m。围护结构主要采用 $\varnothing$426 沉管灌注桩排桩墙加现浇钢筋混凝土支撑体系。钢筋混凝土支撑中心位于地表下3.5m,水平间距约9m,截面为600mm×600mm。在基坑底部局部土体采用水泥搅拌桩进行改良,加固区宽度为3.5m,深度为4.0m。

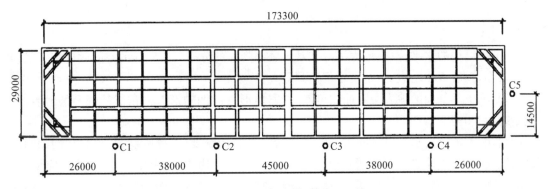

图10 基坑平面布置(单位:mm)

土体模型采用邓肯-张(Duncan-Chang)非线弹性模型,地基各土层分布及模型计算参数见表2。$\varnothing$426 沉管灌注桩排桩墙按等刚度原则转化为地下连续墙,弹性模量 $E=24000$MPa,$\nu=0.20$。水泥搅拌桩加固区弹性模量 $E=40$MPa,$\nu=0.25$。

表2 各土层分布及邓肯-张模型计算参数

土层	厚度/m	$\gamma/(\text{kN/m}^3)$	c/kPa	φ	R_f	K	K_{ur}	N	ν_0	ν_f
②粉质黏土	2	19.2	24	24.8°	0.85	200	350	0.7	0.3	0.495
③淤泥质粉质黏土	25	18.0	17.7	11.4°	0.8	50	150	0.6	0.3	0.495
④粉质黏土	6	18.2	29	12.8°	0.85	100	300	0.6	0.3	0.495

注:γ 为土体重度,c 为土体黏聚力,φ 为土体内摩擦角,R_f 为破坏比,K、K_{ur} 为无量纲模量系数,N 为无量纲模量指数,ν_0 为 K_0 状态下的泊松比,ν_f 为破坏时的泊松比。

为在基坑开挖过程中监测深层土体水平位移,共埋设了5根测斜管(C1—C5孔处),测斜管的平面布置见图10。

C3、C5 孔的水平位移曲线分别见图 11、图 12。从图中可以发现：①两孔按三维问题分析的水平位移计算值与实测值均吻合得较好；②由于基坑属狭长条形，因此 C3 孔按二维和三维问题分析的结果与实测值都较接近，而 C5 孔按二维问题分析的水平位移比按三维问题分析的结果和实测值都要大得多，这说明基坑工程进行三维分析是很有必要的；③通过此工程实例也验证了本程序有限元分析模式的合理性。

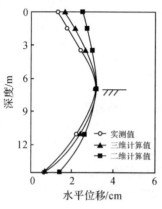

图 11　C3 孔水平位移曲线

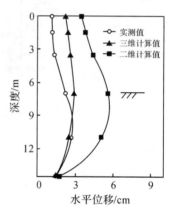

图 12　C5 孔水平位移曲线

5　结　论

（1）围护结构的水平位移、地表沉降和基坑底部隆起的分布具有明显的空间效应：基坑边角处变形较小，随后逐步增大，至基坑中部达到最大值。

（2）基坑中部剖面的地表沉降曲线可能为"三角形"或"凹槽形"，而角点处剖面的地表沉降曲线始终为"凹槽形"。

（3）影响围护结构水平位移的主要因素包括围护结构刚度、支撑刚度、压顶梁和围囹刚度、支撑高度及层数、支撑水平间距等，其中支撑高度及层数的影响最为显著，在工程中应慎重决策。增大围护结构刚度、支撑刚度、压顶梁和围囹刚度均可减小围护结构的水平位移，前者效果最好，但经济性差，设计施工中可优先考虑后三者；减小支撑水平间距可以有效减小围护结构的水平位移。

（4）杭州市某基坑的工程实例分析证明了对基坑工程进行三维分析是很有必要的，同时也证明了笔者所采用计算模式的合理性。

参考文献

[1] 曾国熙,潘秋元,胡一峰.软粘土地基基坑开挖性状的研究[J].岩土工程学报,1988,10(3):13-22.

[2] 俞建霖,赵荣欣,龚晓南.软土地基基坑开挖地表沉降量的数值研究[J].浙江大学学报,1998,32(1):95-101.

[3] Ou C Y, Chiou D C, Wu T S. Three-dimensional finite element analysis of deep excavations[J]. Journal of Geotechnical Engineering,1996,122(5):337-345.

[4] 俞建霖.软土地基深基坑工程数值分析研究[D].杭州:浙江大学,1997.

[5] 俞建霖,龚晓南.深基坑工程的空间性状分析[J].岩土工程学报,1999,21(1):21-25.

土钉和复合土钉支护若干问题[*]

龚晓南

（浙江大学岩土工程研究所）

摘要 调查表明学术界和工程界对土钉和复合土钉支护定义、支护机理认识差别很大。本文就土钉支护定义、计算模型、地下水处理、土钉支护适用范围、环境效应、设计中应注意的几个问题，以及复合土钉支护等问题介绍了笔者的看法，希望通过讨论，逐步统一认识，提高土钉和复合土钉支护的工程应用水平。

1 引 言

近年来，土钉和复合土钉支护在我国基坑围护中应用日益增多，土钉和复合土钉支护理论研究发展也很快[1-2]。中国建筑学会基坑工程专业委员会于 2001 年 11 月 21 日在南京召开了复合土钉支护学术讨论会，会议期间笔者采用问卷形式向会议代表请教土钉、锚杆和复合土钉的名词解释，收回 19 份意见，意见均来自教授、教授级高工、总工程师、博士。各代表所述意见差别较大。事实上会议论文报告和讨论会上的发言均也反映了这一状态。笔者近年在土钉和复合土钉支护领域也有一些探讨，结合在会议期间的学习心得，就土钉支护的定义、计算模型、地下水处理、适用范围、环境效应、设计中应注意的几个问题，以及复合土钉支护等问题谈谈看法。

2 土钉支护

19 份意见对锚杆的定义基本类似，认为锚杆通常由锚固段、非锚固段和锚头三部分组成，锚固段处于稳定土层，一般对锚杆施加预应力。锚杆通过提供较大的锚固力，维持边坡稳定。不同于锚杆，19 份意见对土钉的定义中类似的极少。主要意见如下：长的叫锚杆，短的叫土钉；布置疏的叫锚杆，布置密的叫土钉；有的认为土钉是没有非锚固段的锚杆；锚杆是受力杆件，土钉是加固土体；有的认为进入稳定土层称锚杆，不进入稳定土层称土钉；锚杆锚头锚在挡墙上，土钉支护没有挡墙；加预应力的称锚杆，不加预应力的称土钉；也有的认为注浆叫锚杆，不注浆才叫土钉。人们对土钉看法分歧很大，笔者认为有必要通过讨论逐步统一认识。上述一些看法并不能说明土钉与锚杆的差别，笔者认为将土钉和锚杆截然分开是困难的，也没必要。笔者认为可将土钉视为一种特殊形式的锚杆，通常采用钻孔、插筋、注浆法在土层中设置，或直接将杆件插入土层中。土钉一般布置较密，类似加筋，通过提高复合土体抗剪强度，以维持和提高土坡的稳定性。典型的锚杆和土钉支护见图 1。

---

[*] 本文刊于《土木工程学报》，2003，36(10)：80-83.

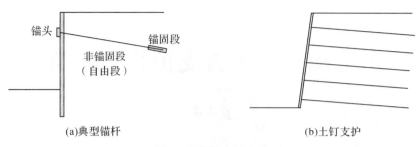

(a)典型锚杆　　　　　　　　　(b)土钉支护

图 1　锚杆和土钉支护

3　土钉支护计算模型

土钉支护计算模型大致可以分为两类:土钉墙计算模型和边坡锚固稳定计算模型。下面结合土钉支护机理分析,谈谈两类计算模型的本质以及两者的差别。

为了说明土钉支护机理,现以一基坑开挖工程为例并做下述假设:基坑分六层开挖,每挖一层土基坑边坡接近极限平衡状态,设潜在剪切滑移面为圆形,且通过坡趾,见图 2。为了维持土坡稳定,每挖一层土,在边坡土层中设置一层土钉,土钉长度能保证开挖下一层土时土坡稳定。土钉设置见图 2(a)。同时在土坡表面挂钢筋网,喷混凝土面层。

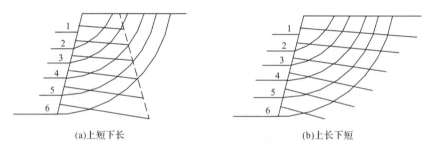

(a)上短下长　　　　　　　　　(b)上长下短

图 2　土钉支护形式

在图 2(a)中,可将土钉设置区视为一加筋土重力式挡墙。面层和加筋土体形成的重力式挡墙的稳定维持了边坡稳定。这样就形成了土钉墙计算模型。土钉墙模型要求,土钉设置应满足加筋土重力式挡墙墙体部分自身不会产生破坏,这就是内部稳定性分析要求;土钉设置还应满足在挡墙外侧土压力作用下重力式挡墙的整体稳定,这就是外部稳定性分析要求。该计算模型中重力式挡墙的界定有一定虚拟成分,图中用虚线划分,实际工程应用中很难严格界定。

另一类计算模型——边坡锚固稳定计算模型,则将土钉视为是通过加强滑移土体与稳定土体间的联系来维持土坡稳定的。土钉设置从满足土坡稳定分析要求出发。土钉设置满足土坡稳定分析要求是土钉支护设计的要求。从这一思路出发,也有人将土钉支护称为喷锚网支护。

在图 2(a)中,土钉设置若能满足土钉墙计算模型的分析要求,则也能满足边坡锚固稳定计算模型的分析要求。反过来,土钉设置能满足边坡锚固稳定计算模型的分析要求,一般情况下也能满足土钉墙计算模型的分析要求,但在某些情况下可能不能满足要求。如基坑坑底处在非常软弱的土层上,其承载力不能满足要求,但理论上可通过加长加密土钉来满足土坡稳定分析。另外,边坡锚固稳定计算模型不要求验算土钉加固体与未加固区界面上的抗滑移是否满足要求。对这种情况,采用土钉墙模型分析可得到不安全的结论,而采用边坡锚固稳定模型分析结论是安全的。在这种情况下,仅采用土坡锚固稳定计算模型分析可能得到不安全的结论。关于这一点将在土钉支护适用范围部分进一步讨论。按照边坡锚固稳定计算模型，土钉设置可以上短下长，也可以上长下短，见图2(b)。采用边坡锚固稳定分析模型的，有时常将土钉支护称为喷锚支护。

单纯从维持土坡稳定考虑，比较图2(a)和(b)可知，上短下长设置土钉用量比上长下短设置所用土钉总量少。若从土坡变形角度考虑，则上长下短设置比上短下长设置土坡坡顶水平位移小。

4 地下水处理

土钉支护不能止水，因此要求不能有渗流通过边坡土体。下述情况可采用土钉支护：

①地下水位低于基坑底部；

②通过降水措施(如井点降水、管井降水等)将地下水位降至基坑底部以下；

③地下水位虽然较高，但土体渗透系数很小，开挖过程中土坡表面基本没有渗水现象，也可采用土钉支护，但要控制开挖深度和开挖历时；

④在地下水位较高时，设置止水帷幕，也可采用土钉支护，但当土层渗透系数较大，地下水较丰富时，通过止水帷幕设置土钉常常遇到困难，应予以重视。

若地下水渗流问题不能有效解决，土钉支护往往会失效，应引起充分重视。

5 土钉支护适用范围

上一节分析了地下水处理的各种情况，实际上已从地下水处理角度讨论了土钉支护的适用范围，这里不再重复。

下面讨论土钉支护的适用土层。多数规程和参考书均注明土钉支护不适用于软黏土地基中基坑支护[1,3-5]。但在福州、温州等地，土钉支护的软黏土地基土成功应用工程实例已经不少[6-7]。笔者认为，土钉支护是否适用不在于土体类别，而在于对各类土的支护极限高度的限制。一土钉支护见图3。可以通过加密加长土钉设置防止基坑边坡产生滑弧破坏，但是当B区土体不能承受A区土体的重量而产生破坏时，再加密加长土钉也是无济于事的。因此，土钉支护的极限高度是由基坑底部土层的承载力决定的。按照这一思路可以得到各类土层土钉支护的极限高度。这样就亦回答了软黏土地基中能否采用土钉支护的争论。

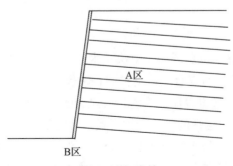

图3 土钉支护

土钉支护极限高度可以通过土钉墙计算模型分析得到。但边坡锚固稳定计算模型难以得到土钉支护的极限高度。

在分析土钉支护适用范围时,还要注意不能忽略土钉支护的位移对周围环境的影响。至今尚没有较好的理论能较好地预估土钉支护的位移,特别是在软土地基中的土钉支护。因此在周围环境对位移要求较严时,应重视对土钉支护位移的分析和评价。

6 土钉支护设计中应注意的几个问题

土钉支护设计中应注意下述几个问题。

①土钉支护设计中要重视地下水的处理,前面已有较多分析,这里不再重复。

②土钉设置是上长下短,还是上短下长,应视土层情况和对位移要求而定。上短下长,土钉总用量较小,而上长下短利于减小土钉支护坡顶水平位移。

③土钉设置宜细而密。在土钉用量相同情况下,一层较长,一层较短,错落设置,有利于土坡稳定。

④土钉设置的倾斜度应逐层增加向下倾角较好,见图4。这是因为土钉与潜在滑弧面相交角度较大更有利于土钉强度的发挥,有益于提高土坡的稳定性。

⑤在土钉支护设计中要重视土钉支护的极限高度。超过支护极限高度在软土地基中往往会引起基坑隆起,导致深层整体失稳破坏。在软土地基中土钉支护破坏大多数属于这种情况,只考虑土钉锚固力进行设计是不合理的。

⑥采用边坡锚固稳定计算模型进行土钉支护设计,应验算基坑底部土层的承载力是否满足要求。

图 4 土钉设置倾角

7 复合土钉支护

为了提高土钉支护的极限高度,或为了解决止水问题,或为了提高土钉墙的整体稳定性,常采用复合土钉支护。19 份意见对复合土钉支护的看法也是很分散的。笔者认为复合土钉支护是一个比较笼统的概念,其定义也应比较笼统,如:复合土钉支护是以土钉支护为主,辅以其他补强措施以保持和提高土坡稳定性的复合支护形式。常用复合土钉支护形式见图5。

图 5(a)表示一水泥土挡墙与土钉支护相结合。水泥土挡墙可采用深层搅拌法施工,也可采用高压喷射注浆法施工。其中水泥土挡墙也可换成木桩组成的排桩墙,或槽钢组成的排桩墙,或微型桩组成的排桩墙。水泥土桩具有较好的止水性能,而上述排桩墙一般不能止水。为了增加水泥土墙的抗弯强度,还可在水泥土中插筋。图 5(b)表示土钉墙和预应力锚杆相结合。图 5(c)和图 5(d)表示微型桩与土钉支护相结合,前者分层设置微型桩,后者一次性设置微型

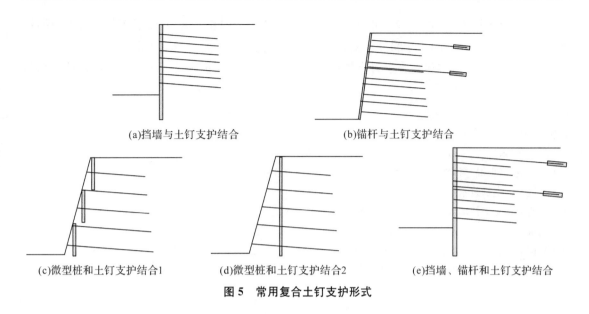

(a)挡墙与土钉支护结合   (b)锚杆与土钉支护结合

(c)微型桩和土钉支护结合1   (d)微型桩和土钉支护结合2   (e)挡墙、锚杆和土钉支护结合

图5   常用复合土钉支护形式

桩。图5(e)表示水泥土挡墙、预应力锚杆与土钉支护相结合。复合土钉支护形式很多,很难一一归纳总结。

复合土钉支护形式很多,笔者认为要制订复合土钉支护规程有较大的难度。同时,基坑工程区域性、个性很强,很难用规程规范去统一。基坑工程围护设计是一门艺术,规程规定、软件计算只能给设计者一些思路和指导性意见,设计者一定要根据具体工程的工程地质和水文地质条件、周围环境条件,结合工程经验,采用概念设计方法,给出合理设计。

8   结论和建议

(1)笔者认为无需将土钉与锚杆截然分开,可视土钉为一种特殊形式的锚杆。土钉通常采用钻孔、插筋、注浆在土层中设置,或直接将杆件插入土层中。土钉一般设置较密,类似于加筋,它通过提高复合土体抗剪强度来维持和提高土坡的稳定性。

(2)复合土钉支护是以土钉支护为主,辅以其他补强措施以维持和提高土坡稳定性的复合支护形式。

(3)采用土钉墙计算模型和边坡锚固稳定计算模型分析土钉支护,在一般情况下分析结果是一致的。若存在软弱土层,土钉支护存在极限高度时,采用土钉墙计算模型可得到支护极限高度,而采用边坡锚固稳定计算模型难以得到支护极限高度,在应用时应予注意。采用边坡锚固稳定计算模型进行土钉支护设计,应验算基坑底部土层的承载力是否满足要求,土钉加固土层和非加固土层界面上的抗滑移是否满足要求。

(4)土钉支护设计中一定要重视地下水处理。很多土钉支护失败的工程实例是设计者未能有效处理地下水造成的。

(5)土钉支护适用范围应从规定各种土层支护极限高度考虑,而不宜规定土类。在满足小于支护极限高度条件下,软黏土地基可采用土钉支护。

(6)土钉支护设计应采用概念设计方法。设计者应根据具体工程的工程地质和水文地质条件、周边环境情况、工程经验,因地制宜,进行合理设计。文中提出一些设计中应注意的问题,供参考。

（7）复合土钉支护形式很多，可根据具体工程的情况选用和发展，它既发挥了土钉支护的长处，又可回避土钉支护的一些弱处。复合土钉支护是值得发展的一类支护形式。

建议加强土钉支护和复合土钉支护机理研究，加强土钉支护和复合土钉支护位移计算和预估的研究。

参考文献

［1］陈肇元，崔京浩.土钉支护在基坑工程中的应用［M］.2版.北京：中国建筑工业出版社，2000.

［2］李象范，徐水根.复合型土钉挡墙的研究［J］.上海地质，1999(3)：1-11.

［3］基坑土钉支护技术规程：CECS96－97［S］.北京：中国计划出版社，1997.

［4］建筑基坑支护技术规程：JGJ120－99［S］.北京：中国建筑工业出版社，1999.

［5］建筑基坑工程技术规范：YB9258－97［S］.北京：冶金工业出版社，1997.

［6］吴铭炳.软土基坑土钉支护的理论与实践［J］.工程勘察，2000(3)：40-43.

［7］张旭辉，龚晓南.锚管桩复合土钉支护的应用研究［J］.建筑施工，2001，23(6)：436-437.

关于基坑工程的几点思考[*]

龚晓南

（浙江大学）

摘要 文中讨论了基坑围护设计中土压力的合理选用、坑外卸土和坑中坑对基坑围护稳定和变形的影响、基坑围护的主要矛盾和围护型式的合理选用、土钉支护的临界高度和复合土钉支护有关问题、基坑工程设计与施工组织设计、基坑工程环境效应与按变形控制设计，以及基坑工程规范和基坑工程设计计算机软件相关问题等。

1 引 言

基坑工程具有很强的区域性、个别性。基坑工程是系统工程，且涉及岩土工程三个基本问题：稳定、变形和渗流，因此其综合性极强。基坑大小和形状对基坑稳定和变形影响较大，基坑工程具有较强的空间效应。基坑围护体系是临时结构，安全储备一般较小，而基坑变形对周围环境影响较大。太沙基的论述"Geotechnology is an art rather than a science."（岩土工程与其说是一门科学，不如说是一门艺术）对基坑工程特别适用。岩土工程分析在很大程度上取决于工程师的判断，具有很强的艺术性。岩土工程设计具有概念设计的特性，基坑围护设计概念设计的特性更为明显。笔者结合自己十几年来从事基坑工程围护设计、基坑围护设计审查、基坑工程事故处理的经验，以及在对基坑工程设计计算理论和实践不断学习、探索以提高认识的过程中得到的点滴体会，谈几点关于基坑工程的思考，抛砖引玉，不妥之处，望指正。

2 土压力的合理选用

土压力值的合理选用是基坑围护设计中首先要解决的关键问题。土压力值的选用要考虑多种复杂因素，笔者认为主要有以下几个方面。

通常采用库仑土压力理论或兰金（Rankine）土压力理论计算作用在基坑围护结构上的土压力值。这两个计算式都是建立在极限平衡理论基础上的。根据库仑或兰金土压力理论计算得到的主动土压力值和被动土压力值都是指挡墙达到一定位移值时的土压力值。实际上基坑工程中围护结构往往达不到理论计算要求的位移值。当位移偏小时，计算得到的主动土压力值比实际作用在围护结构上的土压力值要小，而计算得到的被动土压力值比实际作用在围护结构上的土压力值要大。若不进行修正，计算结果是偏不安全的；而对其的修正又往往带有较大的盲目性。因此，应关注围护结构实际位移值的大小对实际作用的土压力值的影响。

---

* 本文刊于《土木工程学报》，2005，38（9）：99-102.

土压力计算中采用水土分算或水土合算的合理性,理论上的讨论分析已经很多。土中水的形态很复杂,通常因土的组成成份和土体结构不同而异。目前在设计计算中,土压力计算通常采用下述原则:对黏性土采用水土合算,对砂性土采用水土分算。而实际工程中遇到的土层是比较复杂的,水土分算和水土合算的计算结果往往是不一样的。所以,在进行土压力计算时如何把握采用水土分算 水土合算对不同工程带来的影响也应受到重视。

在采用库仑和兰金土压力理论计算土压力时,都需要应用土体的抗剪强度指标。众所周知,土的抗剪强度指标值与采用的土工试验测定的方法有关。如何合理选用土的抗剪强度指标值,是土压力计算中又一个重要的问题。

除此之外,基坑工程中影响土压力值选用的因素还有很多。如基坑降水引起地下水位的变化,基坑工程的空间效应,土体蠕变引起的时间效应等等。这些影响因素有些是不利的,而有些则是有利的,还有的影响因素是否有利还与具体工程有关。

由以上分析可见基坑工程围护设计中合理选用土压力值的难度,土压力值选用的人为性,合理选用土压力值的重要性。任何"本本"都很难对土压力值的合理选用做出具体的规定,在基坑工程围护设计中土压力值能否合理选用很大程度取决于该地区工程经验的积累,同时亦取决于工程师的综合判断能力。

3 坑外卸土和坑中坑对基坑围护稳定和变形的影响

坑外卸土和坑中坑分别见图1、图2。工程师未能合理考虑坑外卸土和坑中坑对围护结构稳定性及变形的影响而造成基坑工程事故的案例屡见不鲜。不少工程师在进行围护结构计算分析时,对坑外卸土的作用往往高估,而对坑中坑的影响往往低估,甚至不考虑。以悬臂式基坑围护结构为例,作用在围护结构上的土压力与开挖深度基本上是线性关系,而围护结构中的剪力则是开挖深度的二次方,弯矩是开挖深度的三次方。图1中,若因坑外有少量卸土就认为基坑计算开挖深度从 H 降为 h,肯定铸成错误。当 d 较小时,可通过减短围护桩桩长来减少围护桩工程费用,但其对减小围护桩的受力作用甚小。十多年前结合上海一基坑工程事故,笔者在《地基处理》杂志上撰文呼吁重视基坑坑中坑对基坑围护稳定的影响。十多年来,几乎每年都可见到由坑中坑影响造成的基坑工程事故。关于基坑坑外卸土和坑中坑对基坑围护稳定和变形影响的研究至今尚少,希望学界能重视其影响,并开展系统深入的研究,加深对它的认识。

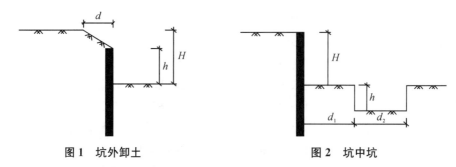

图1　坑外卸土　　　　　　　　　　　图2　坑中坑

4 基坑围护的主要矛盾和围护型式的合理选用

基坑工程区域性、个性很强。根据工程地质和水文地质条件,基坑开挖深度和周边环境条件,选用合理的围护型式非常重要。对于如何合理选用,笔者认为应抓住该基坑工程围护中的主要矛盾。要认真分析基坑围护的主要矛盾是什么；主要矛盾是稳定问题，还是控制变形问题；产生稳定和变形问题的主要原因是土压力问题，还是水的问题。

下面以杭州城区为例说明抓住主要矛盾是合理选用围护型式的关键。杭州城区工程地质情况基本可分为二大区，饱和软黏土地基和粉砂、粉土地基。

饱和软黏土地基一般需采用排桩加内支撑的围护型式，主要解决土压力引起的稳定和变形问题。若基坑较浅（一般小于 5m），且周边可允许基坑有较大的变形，也可采用土钉或复合土钉支护。

对于粉砂和粉土地基，主要应处理好水的问题。处理地下水有两种思路：止水和降水。止水施工成本高，且比较困难，特别当坑内外水位差较大时，止水帷幕的止水效果难以保证。实际工程通常采用降水的方法，其关键是要做好降水设计和施工。当采用坑外降水时，坑外地基中地下水位的下降引起的影响也应重视，如需要可通过回灌减小影响。若有条件采用土钉支护，则应尽量采用土钉支护。在杭州粉砂、粉土地基地区，某工程基坑深 9m 左右，三个单位投标基坑围护设计。一个围护方案为钻孔灌注桩排桩墙加二道内支撑，外加旋喷桩止水帷幕；另一个围护方案为上部土钉支护，下部为钻孔灌注桩排桩墙外加旋喷桩止水帷幕；第三个围护方案为井点降水加管井降水，采用土钉墙支护。三个围护方案的工程费用分别为 1200 万、800 万和 350 万左右。专家评审认为第三个方案不仅成本低而且安全可靠。实施后观测的最大水平位移仅有 3cm 左右。在粉砂、粉土地基地区，如需要采用止水加排桩型内支撑围护，也要重视尽量降低坑内外水位差，并且当止水帷幕漏水时，应有应付漏水的对策。

基坑围护型式很多，每一种基坑围护型式都有合理的适用范围，都有其各自的优点和缺点。一定要因地制宜，根据基坑的个性，具体问题具体分析，选用合理的围护型式。基坑的个性主要指工程地质和水文地质条件、基坑深度和形状，以及周围环境；具体问题具体分析主要指处理好该基坑工程围护中的主要矛盾。只有这样才能合理选用围护型式。

5　土钉支护的临界高度与复合土钉支护有关问题

由于土钉施工简便，土钉围护成本低，近年来土钉支护在我国各地应用发展很快，但土钉支护基坑工程事故也时有发生。

对土钉支护的适用性，不少手册、规范都指出支钉支护不适用于软黏土地基中的基坑围护。对土钉支护的适用高度，不少手册、规范给出的土钉支护的参考值也不相同。

笔者认为对土钉支护的适用性不能只看地基土类别。土钉支护存在的临界高度除与地基土类别有关外，还主要与土体的抗剪强度有关。在临界高度以内，采用土钉支护可满足基坑稳定要求，因此在软黏土地基中，基坑较浅且位移对周边环境不会产生不良影响时，采用土钉支护是可行的，但基坑深度一定要小于土钉支护临界高度。土钉支护的临界高度主要与土的抗剪强度和边坡坡度有关。因此，应根据不同土类，结合边坡坡度给出土钉支护的临界高度值。不宜笼统地提出土钉支护不适用于软土地基，或笼统地不分土类给出土钉支护的临界高度值。

在采用土钉支护发生基坑围护工程事故中，有不少工程事故与土钉支护设计超越临界高度有关，在软黏土地基中尤其明显。

岩土工程中采用两项复合处理措施能否达到"1＋1＝2"的效果，或者说"1＋1"等于多少是岩土工程设计应重视的一个问题。这里"1＋1＝2"是指两种处理措施效果的简单叠加。

笔者曾根据一高速公路采用砂井排水固结和土工布加筋复合处理路基路段而产生滑坡的

原因分析,在《地基处理》撰文指出,"1+1=2"的情况很少,多数情况下大于 1 小于 2,但有时甚至可能小于 1。

在复合土钉支护中也存在这一现象。如采用水泥土挡墙和土钉相结合的复合土钉支护时,在某种不利条件下也可能产生"1+1<1"的情况。

在复合土钉支护设计中,不分条件按"1+1=2"设计或不重视避免"1+1<1"的情况,就可能导致工程事故。笔者最近在分析浙江某地一基坑工程事故时认为该例就属于这种情况。该工程地基土层自上而下为:第 1-1 层素填土、第 1-2 层粉质黏土、第 2-1 层粉质黏土、第 2-2 层淤泥质粉质黏土、第 2-3 层黏质粉土、第 3 层淤泥质黏土、第 4 层粉质黏土等。基坑坑底面处第 3 层,第 3 层层厚 12.90～16.60m,含水量 50.8%。第 2-1 层和第 2-3 层土的渗透系数较高。基坑采用 $\varnothing600$ 一排搅拌桩与土钉形成的复合土钉支护。基坑开挖正处雨期,当开挖至 5m 左右时,土钉已施工 4 道。由于连日下雨,基坑边坡失稳破坏。笔者认为该复合土钉支护中的单排搅拌桩排桩墙对提高复合土钉支护整体稳定性的贡献不是很大。因搅拌桩排桩墙的隔水性好,所以当地基土体渗透系数较高,且下有不透水层时,在未设排水孔情况下,就必然会大大增加作用在围护结构上的水压力,这对围护结构整体稳定是不利的。在连续雨天条件下,未设排水孔或排水孔不畅的单排搅拌桩排桩对提高基坑的整体稳定性可能会弊多利少。根据咨询组的复算,如只采用土钉支护,开挖至 5m 左右时应不会产生稳定破坏。因此,采用复合土钉支护要特别重视两项处理措施的复合条件、两者相互间的影响,以及对复合效果的评估。复合土钉支护形式很多,很难逐一评价复合效果,设计人员应根据具体工程条件重视复合效果的评估,合理评价"1+1"等于多少。

6 基坑工程设计与施工组织设计

笔者根据十几年来参与的浙江地区发生的基坑工程事故原因分析,发现基坑挖土施工不当引发的基坑工程事故比例很高。要解决施工不当引发的基坑工程事故问题,就要提高施工单位素质、加强施工管理。除此之外,基坑工程围护设计也应重视采用施工简便的围护设计方案。基坑工程是系统工程,基坑围护设计应考虑挖土程序对基坑稳定和变形的影响。基坑围护设计应对基坑挖土施工提出合理要求。只有设计、施工、监测三者密切配合,实现信息化施工,才能有效减少基坑工程事故。

7 基坑工程环境效应与按变形控制设计

基坑变形可能对周围市政道路、管线、周围建(构)筑物产生不良作用而影响其正常使用;同时过大的基坑变形会导致基坑失稳甚至造成特大工程事故。在基坑围护设计和施工过程中,为了确保基坑稳定,控制基坑变形非常重要。控制基坑变形不是要求基坑围护变形越小越好,也不宜简单地规定一个变形允许值。若周边环境可允许基坑围护产生较大的变形,则应允许基坑围护产生较大的变形,这样可降低基坑工程投资。按变形控制设计中的变形控制量应根据基坑周围环境条件确定,应以基坑变形对周围建(构)筑物不会产生不良影响、不会影响其正常使用为标准。

一个优秀的基坑围护设计一定要根据周边环境按变形控制设计。按变形控制设计对工程师提出了更高的要求。因此,应加强基坑围护变形计算理论和计算方法的研究,加强基坑围护按变形控制设计的研究。

基坑工程降水可能会引起周边地基中地下水位下降，由其造成的环境效应也应引起重视。如何评价地下水位下降造成的地面沉降量值得进一步研究。地下水位下降造成的地面沉降除与地基土层工程性质有关外，还与该地区地下水位的变动历史有关。对于地下水位下降造成的地面沉降，我们除了应加强理论研究外更应重视地区经验的积累。

8　关于基坑工程规范

前面已经提到岩土工程中基坑工程是比较典型的。关于岩土工程规范近年来已有很多很好的讨论，一些对岩土工程规范的意见对基坑工程规范也是适用的。

基坑工程个性很强，影响因素很多，很复杂，设计要求也不一样，制定一本适用于每个基坑围护设计的规范是很难的；而规定每个基坑土压力应该具体怎么算，位移应不超过多少值，仔细想想道理也不多。对个性强的工程，较好的对策应是具体问题具体分析，需要规定的是一般原则。

规范是什么？包承纲[6]在《也谈工程规范》一文中讨论规范时，首先讨论了这个问题，笔者认为他提得很好。在我国各级管理部门，许多设计人员都将规范视为必须遵守的规定，视为"法规"。笔者认为将规范视为"法规"的合理性值得商榷。如将规范作为"法规"，那么笔者认为目前的基坑工程规范主要问题是规定太细、太具体。张在明院士[7]在《对我国现行岩土工程规范的几点看法》一文中谈道："一本岩土工程规范，大体由三方面的元素构成，即基本原理（fundamental principles）、应用规则（application rules）和工程数据（engineering parameters）。"先进国家或者经济联合体的规范，基本上都是强调对基本原理的把握，应用规则是对基本原则的实施性说明，很少向规范使用者提供具体的工程参数的取值。张在明院士认为：第一，现行规范过于具体细致的规定不能反映岩土工程的客观规则；第二，规范作为技术法规，应该是工程活动的原则指导，而不是供工程师查表使用的工具书或者"拐棍"，过于具体细致的规定，不仅不一定符合工程实际，也不利于工程师的进取和技术进步。笔者认为张在明院士分析得非常好。事实上在规范中过于具体细致的规定，不仅难以合理，而且也不利于工程师进一步探讨问题，不利于发挥工程师的聪明才智，不利于技术进步。基坑工程规范规定应该原则一些，规定基坑工程围护设计应该满足哪些要求、进行哪些计算就可以了。至于如何进行计算，如何满足要求，是设计单位和工程师应该把握和完成的。

9　关于基坑工程设计计算机软件

评价设计软件在基坑围护设计中的作用是很困难的。目前状态可以这么说：基坑工程设计离开设计软件不行，只依靠设计软件进行设计也不行。前半句主要说的是土工计算机应用发展到今天，总应该以计算机计算取代烦琐的手工计算。在这里笔者要强调的是后半句，只依靠设计软件进行设计也不行。目前基坑围护设计商业软件很多，人们发现采用不同的软件进行计算，计算结果是不同的，这本身说明不能只依靠设计软件进行设计。基坑工程个性很强，编制基坑围护设计软件都要做些简化和假设，不可能全面反映各种情况，如文中提到的坑中坑的影响不少设计软件就未能反映。影响基坑工程的稳定性和变形的因素很多，很复杂，设计软件也难全面反映。因此说只依靠设计软件进行设计也不行。在应用计算机软件进行设计计算分析时，应结合工程师的综合判断。只有这样才能做好一个基坑围护设计。

10 结 语

通过上述分析可以看到基坑工程个性很强，影响基坑稳定和变形的因素很多，很复杂。在土压力的合理选用、围护型式的合理选用，以及基坑围护变形的控制的每一个环节，都不能简单地套用"本本"上的条条，不能依靠"精细而复杂的计算"，都需要工程师的综合判断。

基坑工程规范作为"法规"，应该更"原则"一些；而目前（其）主要问题是规定太细、太具体。基坑工程规范过于具体细致的规定，不仅不一定符合工程实际，也不利于工程师的进取和技术进步。

在应用基坑围护软件进行设计时，应结合工程师的综合判断。不能单凭软件进行围护设计。工程师要重视案例的分析，重视经验的积累，只有在实践中不断学习，不断探索，才能不断提高认识，不断提高设计水平。

参考文献

[1] 刘建航,侯学渊. 基坑工程手册[M]. 北京:中国建筑工业出版社,1997.

[2] 龚晓南. 深基坑工程设计施工手册[M]. 北京:中国建筑工业出版社,1998.

[3] 龚晓南. 墙后卸载与土压力计算[J]. 地基处理,1995,6(2):42-43.

[4] 龚晓南. 土钉和复合土钉支护若干问题[J]. 土木工程学报,2003,36(10):80-83.

[5] 龚晓南. 基坑工程设计中应注意的几个问题[J]. 工业建筑,2004(z2):1-4.

[6] 包承纲. 也谈工程规范[J]. 岩土工程界,2004,7(8):17-19.

[7] 张在明. 对我国岩土工程规范现状的几点看法[M]//陈肇元. 土建结构工程的安全性与耐久性. 北京:中国建筑出版社,2003.

基坑工程发展中应重视的几个问题[*]

龚晓南

（浙江大学岩土工程研究所）

摘要 分析了基坑工程发展中存在的主要问题。为了促进基坑工程技术水平的进一步提高,分析了基坑工程发展中笔者认为应重视的几个问题:基坑工程设计管理、按稳定控制设计和按变形控制设计、围护型式的合理选用、优化设计、基坑工程施工管理、基坑工程规范、基坑工程围护设计软件的合理评价等。

1 引 言

改革开放以来,随着城市化和地下空间开发利用的发展,我国基坑工程发展很快。二十多年来我国基坑工程设计和施工水平有了很大的提高,在发展过程中也有许多问题值得我们思考。一方面,基坑工程领域的工程事故率还是比较高的。不少地区在发展初期大约有三分之一的基坑工程发生不同程度的事故,即使在比较成熟阶段,一个地区也常有基坑工程事故发生。另一方面,围护设计不合理造成的工程费用偏大也是常有的。笔者曾报道一基坑工程设计投标实例,三个围护方案的工程费用分别为 1200 万元、800 万元和 350 万元左右。专家评审一致认为第三个方案不仅成本低而且安全可靠。实施后观测的最大水平位移仅有 3cm 左右。岩土工程设计具有概念设计的特性,基坑围护设计的概念设计特性更为明显。太沙基的论述"Geotechnology is an art rather than a science."(岩土工程与其说是一门科学,不如说是一门艺术)对基坑工程特别适用。岩土工程分析在很大程度上取决于工程师的判断,具有很强的艺术性。根据笔者的切身体会,就基坑工程发展中应重视的几个问题谈几点思考,以抛砖引玉。不妥之处,望指正。

2 基坑工程特点

在讨论基坑工程发展中应重视的几个问题之前,先谈谈基坑工程的特点。笔者曾在《深基坑工程设计施工手册》[1]一书中指出基坑工程具有以下八个方面的特点:①基坑围护体系是临时结构,安全储备较小,具有较大的风险性;②基坑工程具有很强的区域性;③基坑工程具有很强的个性,不仅与工程地质条件和水文地质条件有关,还与周围环境条件有关;④基坑工程综合性强,既需要岩土工程知识,也需要结构工程知识,基坑工程涉及土力学中稳定、变形和渗流三个基本课题,需要综合处理;⑤土压力的复杂性;⑥基坑工程具有较强的时空效应;⑦基坑工程

---

*本文刊于《岩土工程学报》,2006,28(B11):1321-1324.

是系统工程,应进行动态管理,实行信息化工;⑧基坑工程的环境效应。人们不难发现,在基坑工程发展中出现的一些问题通常都与缺乏对上述基坑工程特点的深刻认识、未能采取有效措施有关。

3 基坑工程设计管理

对基坑工程事故的分析表明:由设计造成的事故占大部分,剩下的由施工组织管理方面问题造成的事故占多数,也有极少数中基坑工程复杂性造成事故,属偶然性原因。基坑围护体系是临时结构,工程师对围护设计的重要性重视不够;由于对基坑工程区域性强、个性强、综合性强以及土压力的复杂性等特点缺乏足够认识,工程师对围护设计的技术要求重视不够。不少基坑围护工程师缺乏必要的基础知识或专业训练。有的缺乏结构工程的基础知识,有的缺乏岩土工程基础知识,甚至有人认为依靠设计软件就可以进行基坑围护设计了。加强基坑工程设计管理既有利于提高基坑围护设计人员的技术水平,也有利于提高其对基坑工程重要性的认识。不少地区的经验均表明:加强基坑工程设计管理是减少基坑工程事故非常有效的措施。

基坑工程设计管理主要有二项:建立及完善审查制度和招投标制度。审查制度包括设计资格审查和设计图审查。设计图审查专家组应由从事设计、施工和教学科研,以及管理工作的专家组成。实行基坑工程设计招投标制度可形成竞争,促进技术进步,优化设计方案,从而使社会和经济效益最大化。

4 按稳定控制设计与按变形控制设计

基坑工程对环境的影响反映在下述两方面:挖土卸载和地下水位降低造成周围地基土体的变形。基坑周围地基土体的变形可能对周围的市政道路、地下管线或建(构)筑物产生不良作用,严重的则会影响其正常使用。评价基坑工程对环境的影响程度,要考虑基坑周围环境条件。有的基坑周围空旷,市政道路、地下管线、周围建(构)筑物在基坑工程影响范围以外,可以允许基坑周围地基土体产生较大的变形;而有的基坑紧邻市政道路、管线、周围建(构)筑物,所以不允许基坑周围地基土体产生较大的变形。前者可以按稳定控制设计,后者则必须按变形控制设计。在按变形控制设计中,变形控制量应根据基坑周围环境条件确定,不是要求基坑围护变形越小越好,也不宜简单地规定一个变形允许值,应以基坑变形对周围市政道路、地下管线、建(构)筑物不会产生不良影响、不会影响其正常使用为标准。

笔者在这里强调两点:①基坑工程中按稳定控制设计和按变形控制设计的概念,较基础工程设计中按承载力控制设计和按沉降控制设计的概念有新的内容,后者在按承载力控制设计和按沉降控制设计中,荷载和设计计算方法是不变的,而前者在按稳定控制设计和按变形控制设计中,由于土压力与位移有关,作为荷载的土压力大小变化很大;②应加强基坑围护变形计算理论和计算方法的研究,加强基坑围护按变形控制设计的研究。

要想做一个优秀的基坑围护设计,一定要根据周边环境条件决定采用按稳定控制设计还是按变形控制设计,这对工程师提出了更高的要求。

5 围护型式的合理选用和优化设计

基坑工程区域性和个性很强,综合性强,具有较强的时空效应,工程师应根据工程地质和水文地质条件,基坑开挖深度和周边环境条件,选用合理的围护型式。基坑围护型式很多,每一种基坑围护型式都有其优点和缺点,都有一定的适用范围。一定要因地制宜,具体工程具体分析,选用合理的围护型式。

对于如何合理选用,笔者认为应抓住该基坑围护中的主要矛盾。认真分析基坑围护的主要矛盾是稳定问题,还是控制变形问题。基坑工程产生稳定和变形问题的主要原因是土压力问题,还是处理地下水的问题。

一般来说,饱和软黏土地基中的基坑需采用排桩加内支撑的围护型式以解决土压力引起的稳定和变形问题。若基坑较浅(一般小于5m),且周边可允许基坑有较大的变形,亦可采用土钉或复合土钉支护,或水泥土重力式挡墙支护。采用土钉或复合土钉支护,基坑深度一定要小于其临界支护高度。土钉支护的临界支护高度主要取决于地基土体的抗剪强度。

对于粉砂和粉土地基的基坑围护,主要是地下水处理的问题。地下水处理有两种思路:止水和降水。止水帷幕施工成本较高,有时施工还比较困难,特别当坑内外水位差较大时,止水帷幕的止水效果往往难以保证。有条件降水时应首先考虑采用降水的方法。在降水设计时要合理评估地下水位下降对周围环境的影响。为了减小基坑降水对周围的影响,如需要也可通过回灌提高地下水位。在粉砂、粉土地基地区,有条件采用土钉支护时应首先考虑采用土钉支护。如基坑较深,可采用浅层土钉支护,深部采用排桩墙加锚或加撑支护。如需要采用止水帷幕和排桩加内支撑或锚杆围护,也要采取措施尽量降低基坑内外水位差,并且当止水帷幕漏水时,应有应付漏水的对策

不少基坑工程事故是地下水的问题未处理好导致的。笔者认为在处理水的问题时,能降水就尽量不用止水,一定要用止水时也要尽量降低基坑内外的水头差。止水帷幕设计容易,而保质保量施工好则比较困难。

基坑围护方案合理选用是第一层面的优化设计,第二层面的优化设计是指选定基坑围护方案后,对具体设计方案的优化。因此除应重视基坑围护方案的合理选用外,还应重视具体设计方案的优化。通常在具体设计方案的优化设计方面还有较大的发展空间。

6 基坑工程施工

前面已经谈到,除设计方面的原因外,不少基坑工程事故的原因是施工方面的。基坑挖土施工不当引发的基坑工程事故占比很高。要解决施工不当引发的基坑工程事故问题,就要提高施工单位素质,加强施工管理是关键。基坑工程是系统工程,基坑围护设计应考虑挖土程序对基坑稳定和变形的影响。基坑围护设计应对基坑挖土施工提出合理要求。基坑挖土施工单位要根据设计要求制定挖土施工组织实施方案,要严格按照设计要求进行挖土施工,并根据基坑监测调整施工进度和采取必要的措施。

影响基坑工程性状的因素很多,不确定因素也多,基坑工程施工中一定要实行信息化施工。要重视基坑监测工作,要认真进行基坑工程监测设计,因地制宜确定预警值。在施工过程中,要认真做好监测工作。设计、施工、监测三方要密切配合,进行动态管理,实现信息化施工,有效减少基坑工程事故。

7 基坑工程规范

张在明院士[2]在《对我国现行岩土工程规范的几点看法》一文中谈道:"一本岩土工程规范,

大体由三方面的元素构成,即基本原理(fundamental principles)、应用规则(application rules)和工程数据(engineering parameters)。"先进国家或者经济联合体的规范,基本上都是强调对基本原理的把握,应用规则是对基本原则的实施性说明,很少向规范使用者提供具体的工程参数的取值。张在明院士认为:第一、现行规范过于具体细致的规定不能反映岩土工程的客观规则;第二、规范作为技术法规,应该是工程活动的原则指导,而不是供工程师查表使用的工具书,过于具体细致的规定,不仅不一定符合工程实际,也不利于工程师的进取和技术进步。笔者认为张院士分析得非常深入,事实上在规范中过于具体细致的规定,不仅难以合理,而且也不利于工程师进一步探讨问题,不利于发挥工程师的聪明才智,不利于技术进步。

笔者十几年前在北京应邀参加冶金部基坑工程规范审定会时,有两点印象至今还是很深刻。第一点是一位专家介绍国外有关基坑工程规范的情况。国外基坑工程规范规定都很简单,很原则,只规定基坑工程围护设计应该满足哪些要求,应该进行哪些计算,至于如何进行计算,如何满足要求,很少有具体的规定。第二点是有好几位著名资深专家在会上谈到基坑工程影响因素多,很复杂,制定一本全国性规范是很困难的。这次审定会过去几年后,许多国标、部标、省标、市标的基坑工程规范、规程相继发布和实施。纵观这些基坑工程规范或规程,都没能避免制定过于具体细致的规定。这些过于具体、过于细致的规定很难反映基坑工程的客观规则,作为技术法规也很难严格执行。

在前面文中笔者强调对基坑围护设计的审查工作,在这里还要强调的是在基坑围护设计的审查工作中要避免"本本主义",对基坑工程规范、规程中过于具体、细致的规定不应过分认真,而设计是否符合基本原理、是否偏不安全则是需要认真把关的,同时在基坑围护设计的审查工作中亦要重视地区性经验。

8 基坑围护设计软件

评价设计软件在基坑围护设计中的作用是很困难的,但这个问题又很重要。可以这样评价目前的状况:基坑工程围护设计离开设计软件不行,但只依靠设计软件进行设计也不行。前半句笔者的意思是计算机在土木工程中的应用发展到今天,总应该以计算机运算取代烦琐的手工计算。这里的设计软件包括自编的设计软件和已积累丰富的分析经验的设计软件。在这里笔者要强调的是后半句,只依靠设计软件进行设计也不行。

目前基坑围护设计商业软件很多,工程师在设计时常常发现当采用不同的软件进行计算时,计算结果往往不同。这本身说明不能只依靠设计软件进行设计。基坑工程区域性、个性很强,基坑工程时空效应强,编制基坑围护设计软件都要做些简化和假设,不可能全面反映各种情况。影响基坑工程的稳定性和变形的因素很多,很复杂,设计软件也难以全面反映。而目前大部分设计软件是按稳定控制设计编制的,当需要采用按变形控制设计时,采用按稳定控制设计编制的设计软件进行设计可能出现许多不确定因素。

在岩土工程中要重视工程经验,要重视各种分析方法的适用条件。如在稳定分析中,所采用的稳定分析方法、分析中所采用的土工参数、土工参数的测定方法、分析中采用的安全系数应是相互配套的。若采用的稳定分析方法不同,则采用的安全系数值也应不同;在应用同一稳定分析方法时,若采用不同的方法测定的土工参数,采用安全系数亦应不同。岩土工程的许多分析方法都是来自工程经验的积累和案例分析,而不是来自精确的理论推导。因此,具体问题具体分析在基坑工程中更为重要。

综上所述，只依靠设计软件进行设计是不妥的。因此，在应用计算机软件进行设计计算分析时，应结合工程师的综合判断，只有这样才能做好一个基坑围护设计。

9 结 语

基坑工程事故率较高和围护设计不合理造成的工程费用偏大是目前基坑工程发展中存在的主要问题[3-4]。为了促进基坑工程技术水平的进一步提高，笔者建议应重视下述几方面的工作。

(1)加强基坑工程设计管理，建立设计图的审查制度和招投标制度。这样看利于促进技术进步，优化设计方案，从而达到减少基坑工程事故和获得较好的社会和经济效益的目的。

(2)一个优秀的基坑围护设计一定是根据周边环境来决定采用按稳定控制设计或按变形控制设计，因此要加强基坑围护变形计算理论和方法以及基坑围护按变形控制设计理论的研究。

(3)在设计时应抓住基坑围护中的主要矛盾，合理选用围护型式。不少基坑工程事故是地下水未处理好导致的。在处理地下水的问题时，能降水就尽量不用止水，实在需要止水时也要尽可能降低基坑内外的水头差。

(4)基坑围护方案合理选用是第一层面的优化设计，第二层面的优化设计是指基坑围护方案确定后，对具体设计方案的优化。目前在具体设计方案的优化设计方面还有较大的发展空间。

(5)影响基坑工程性状的因素很多，而某些因素尚具有很强的不确定性，因此要重视基坑监测工作，因地制宜确定预警值。在施工过程中，一定要实行动态管理，实现信息化施工。

(6)基坑工程规范或规程中过于具体细致的规定很难反映基坑工程的客观原则。基坑围护设计一定要十分重视地区性经验。

(7)合理利用基坑工程围护设计软件，在应用设计软件进行设计计算分析时，应结合工程师的综合判断，只有这样才能做好一个基坑围护设计。

(8)基坑工程发展中出现的一些问题都与对基坑工程特点缺乏深刻认识、未能采取有效措施有关。因此深刻认识基坑工程特点对提高基坑工程设计和施工水平具有非常重要的意义。

参考文献

[1] 龚晓南.深基坑工程设计施工手册[M].北京:中国建筑工业出版社,1998.
[2] 张在明.对我国岩土工程规范现状的几点看法[M]//陈肇元.土建结构工程的安全性与耐久性.北京:中国建筑出版社,2003.
[3] 龚晓南.土钉和复合土钉支护若干问题[J].土木工程学报,2003,36(10):80-83.
[4] 龚晓南.关于基坑工程的几点思考[J].土木工程学报,2005,38(9):99-102.

基坑放坡开挖过程中如何控制地下水[*]

龚晓南

（浙江大学岩土工程研究所）

近日参加基坑围护设计审查,两个不同单位分别在两个围护工程设计中,于放坡开挖或土钉支护坡面上设置水泥搅拌桩止水帷幕,笔者认为设计思路不妥,现提出讨论。

某基坑坐落的土层情况如下:杂填土,粉质黏土,粉质黏土,淤泥质粉质黏土。地下水埋深在0.6m至1.9m。基坑挖深5m左右,周边条件尚好。基坑围护采用放坡开挖,见图1。两单位设计人员认为:粉质黏土透水性较好,为防止出现坍塌事故,设置水泥土止水帷幕,以隔断坑内外渗水。基坑内侧设置简易集水井进行疏干。

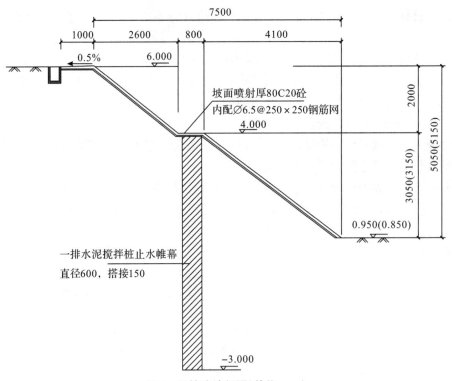

图1 开挖边坡剖面(单位:mm)

设置的水泥土止水帷幕对基坑边坡稳定性主要影响有两点:水泥土抗剪强度高,提高了边坡稳定性;水泥土止水帷幕止水,将形成较大的水压力,降低了边坡稳定性。前者影响程度小,

---

*本文刊于《地基处理》,2009,3(1):61.

后者影响程度大。综合两种影响，设置水泥土止水帷幕降低了基坑边坡的稳定性。稳定分析见图2。从图2中可看出：在稳定分析中上述设置水泥土止水帷幕的两种影响均未考虑。图中安全系数1.32不能反映实际情况。

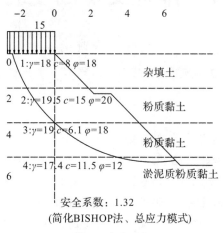

图 2　稳定分析

另外，采用深层搅拌法形成长为数百米的水泥土止水帷幕，做到完全不漏水，特别是在暴雨条件下帷幕两侧水头差较大情况下做到完全不漏水是很困难的。伴随帷幕漏水将产生坍塌。设置水泥土止水帷幕的效用刚好与设计意图相反。

笔者认为较好的处理方法是在坑外侧也进行降水处理，不需要设置止水帷幕。另外在边坡稳定分析中应考虑渗流的影响。

以上想法不知妥否，请读者批评指正。

深基坑悬臂双排桩支护的受力性状研究[*]

史海莹　龚晓南

（浙江大学岩土工程研究所；软弱土与环境土工教育部重点实验室）

摘要　采用大型有限元通用软件 ABAQUS 对双排支护的深基坑开挖进行模拟。研究地基土模量随深度增加的情况下，不同排距时的桩身侧移和土压力的分布，分析排距、桩长、系梁高度、桩间土以及被动区土体模量对桩顶侧移的影响。在各因素中，被动区土体模量的影响最为显著，而桩长、系梁高度的影响较弱。同时通过梁单元嵌固的方法考察桩身弯矩分布，并将其与平面单元模拟的结果进行对比，分析考虑和不考虑接触对桩顶侧移的影响。

1　引　言

悬臂双排桩支护结构具有无需内支撑、围护深度较单排悬臂桩大等优点，在不少地区的基坑工程中得到广泛应用。许多研究人员通过室内试验、理论推导以及数值模拟等方法相应开展了一些研究[1-8]，但仍存在许多问题，尤其是桩间土压力的计算，许多研究人员提出了不同的方法，目前尚无定论。另一方面，对于变形要求严格的基坑，悬臂双排桩变形值偏大，需通过对其进行性状分析，寻求有效的改善措施。

本文针对上述问题，通过 ABAQUS 软件模拟了土体模量沿深度增加的情况下，采用悬臂双排桩支护的基坑开挖全过程，并考虑桩土接触的影响，分析了双排桩结构的支护性状和影响因素，为经济合理的设计提供计算依据。

2　平面问题分析

2.1　计算模型

计算模型根据某工程简化而来，基坑平面尺寸为 50m×50m，挖深 10m。基坑开挖的影响范围约为 4 倍开挖深度，故本模型中沿深度方向取 40m，宽度方向取 50m。取基坑剖面的一半进行模拟，计算模型见图 1，围护体系的几何尺寸见表 1。

表 1　基坑围护体系几何尺寸

桩径/mm	桩长/m	桩间距/m	排距/m	系梁截面/(mm×mm)
800	20	2	2	800×750

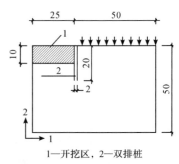

1—开挖区，2—双排桩

图 1　计算模型(单位:m)

＊本文刊于《工业建筑》，2009,39(10):67-71.

2.2 基本假设和参数选择

(1)桩和土均采用平面应变四结点单元 CPE4；桩为线弹性体，土为非线性弹性体；接触面摩擦作用满足库仑定律。材料的物理力学参数取值见表 2。

表 2　材料物理力学参数

桩		土		接触摩擦系数 μ
密度 $\rho/(\mathrm{kg \cdot m^{-3}})$	弹性模量 E/MPa	泊松比 ν	密度 $\rho/(\mathrm{kg \cdot m^{-3}})$	
2500	3×10^4	0.25	1900	0.5

2)土体采用邓肯-张(Duncan-Chang)本构模型。模型中所需的切线模量 E_t、E_ur，以及切线体积模量 K_t，计算方法如下：

$$E_\mathrm{t}=(1-R_\mathrm{f}s)^2 k_i p_\mathrm{a}\left(\frac{\sigma_{30}}{p_\mathrm{a}}\right)^n \tag{1a}$$

$$K_\mathrm{t}=k_\mathrm{b} p_\mathrm{a}\left(\frac{\sigma_{30}}{p_\mathrm{a}}\right)^m \tag{1b}$$

$$E_\mathrm{ur}=k_\mathrm{ur} p_\mathrm{a}\left(\frac{\sigma_{30}}{p_\mathrm{a}}\right)^n \tag{1c}$$

$$s=\frac{(1-\sin\varphi)(\sigma_1-\sigma_3)}{2c\cos\varphi+2\sigma_3\sin\varphi} \tag{1d}$$

式中，R_f 为破坏比；s 为应力水平；k_i、k_b、k_ur 为无量纲模量系数；m、n 为无量纲模量指数；c 为土体黏聚力；φ 为土体内摩擦角；p_a 为大气压力；σ_{30} 为历史上土体所受的最大围压值，σ_1、σ_3 为当前最大、最小主应力。当 $(\sigma_1-\sigma_3)<(\sigma_1-\sigma_3)_0$ 且 $s<s_0$ 时，判定为卸载，切线模量采用式(1c)；其他情况采用式(1a)，$(\sigma_1-\sigma_3)_0$ 和 s_0 分别为历史上达到的最大偏应力和最大应力水平[9]。各参数取值见表 3。

表 3　邓肯-张模型参数

k_i	n	k_b	m	R_f	$p_\mathrm{a}/\mathrm{kPa}$	k_ur	c/kPa	φ
270	0.8	300	0.8	0.9	101	$2k_i$	20	$20°$

(3)不考虑渗流影响，按总应力法进行计算。

(4)双排桩平面布置为前后正对的格栅形，为将空间问题转化成平面问题，用等效截面抗弯刚度法把排桩折算成 500mm 厚的连续墙，连系梁换算成 300mm 高的板。不考虑圈梁的作用。

(5)对称轴处采用 XSYMM 约束(x 方向对称)，即 $u_1=u_2=u_3=0$；底部铰支，$u_1=u_2=0$；远处边界水平方向约束，$u_1=0$。

2.3 分析步说明

本模型计算分八个分析步骤：第一步至第三步，为对计算域施加重力及坑后超载；第四步至第八步为，通过 REMOVE 命令使开挖单元失效的方法，分五步对基坑进行开挖，每次挖深 2m。因模型中包含有非线弹性材料、接触面计算，以及边界条件变化等非线性问题，所以增量步长直接影响计算的收敛和精度，经试算后，将每个分析步的初始步长设为 0.01。

3 计算结果分析

3.1 土体切线模量分布

地基土的模量分布特性是影响围护结构性状的重要因素。状态变量的输出结果显示,按表3参数取值,在地应力平衡时,切线模量随深度增加约从 1.5MPa 增长到 11MPa,见图 2。图中另给出了用归一化方法[10]可确定的切线模量来进行比较,其中 $E_i = 150\text{kPa}$[11],可以看到,两者随深度变化趋势相似,在开挖范围内,数值相近,开挖面以下,本文模量较小。因此可以认为,表3 的参数取值是合理的。

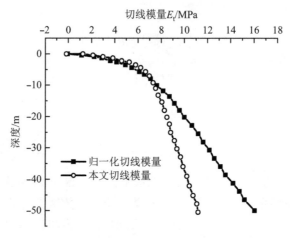

图 2 地应力平衡时切线模量沿深度的分布

3.2 桩身侧向位移

开挖至 10m 时的身侧移见图 3。由图 3 可见,桩身侧移以刚体位移为主,变形位移非常小,说明双排桩整体刚度较大,其最大值位于桩顶,约 13cm。同一深度处,前后排侧移差异不大,开挖面以上前排桩略大于后排桩,但最大值不足 5mm。

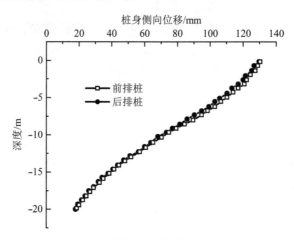

图 3 双排桩桩身侧向位移

不同开挖深度时开挖面处的土体模量见图 4,横轴为各节点至基坑壁的距离。由图 4 可见,桩前一定范围内为加荷区,该处应采用加荷切线模量,只有在离开坑壁一定距离后,土体模量才上升为卸载回弹模量。上述加荷区域的薄弱抗力不能为桩身提供良好的嵌固条件,这将造成支护结构发生较大的整体转动。

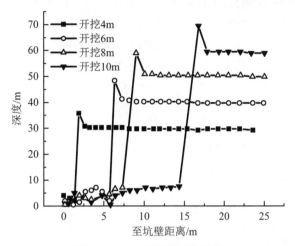

图 4　各工况开挖面土体模量

3.3　桩土接触压力

开挖至 10m 时各桩侧压力沿深度分布见图 5,同时图 5 中给出了兰金主动土压力和静止土压力 σ_0 以进行比较。开挖面以上,后排桩后侧土压力近似于 σ_a,浅层有桩土脱开现象,深度约 1.5m;前桩所受土压力约为 $(0.6 \sim 0.9)\sigma_a$,这说明后排桩的存在分担了前排桩的部分土压力。开挖面以下,桩间土压力随深度增加,至开挖面以下 5m 处趋近于静止土压力,而后排桩后侧土压力略小。考察不同开挖深度时的桩间土压力可以发现,即使在开挖深度较浅,前后排桩位移差很小时,由于开挖引起的应力释放,桩间土压力仍远低于静止土压力 σ_a。

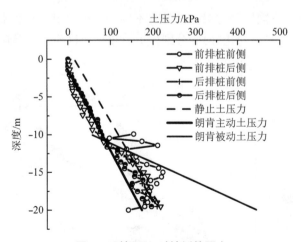

图 5　开挖 10m 时桩侧的压力

桩前被动区从开挖面至其以下 5m 范围内可达到兰金被动土压力 σ_p,再往下桩间土压力逐渐减小,桩端处接近于按未开挖深度计算的静止土压力。

3.4 影响因素分析

3.4.1 排距

在其他参数不变的情况下,改变排距 S,研究其对桩顶侧移及土压力的影响。

基坑开挖至 10m 时桩顶侧移随排距变化见图 6。$S=D$ 时(D 为等效桩径,本例中 $D=0.5m$),双排桩变为 1m 厚的连续墙。由图 6 可见:当 $S=2D$ 时,侧移只减小 5%;当 $2D<S\leq6D$ 时,排距每增加 $2D$,侧移可减少 15%,说明此时前后桩协同工作,空间效应最为显著;当 $6D<S\leq16D$ 时,侧移减小幅度减缓;当 $S>16D$ 后,桩顶侧移接近稳定,后排桩只起到拉锚作用。退化为拉锚作用的临界排距可根据文献[2]提出的方法估算:

$$S_0=H\tan\left(45°-\frac{\varphi}{2}\right) \tag{2}$$

式中,H 为开挖深度;φ 为体内摩擦角。

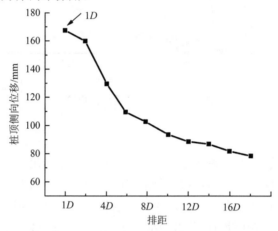

图6 桩顶侧向位移与排距关系

按本例参数计算,$S_0\approx7m$。

根据上述分析可见,不同排距时双排桩具有不同的工作性状,为此,选取 $S=2m$ 和 $S=9m$ 的桩身侧移曲线和土压力进行对比,两者分别代表双排桩协同作用以及后排桩只起拉锚作用的情况,见图 7。

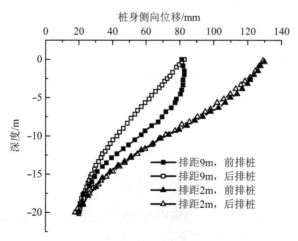

图7 不同排距下桩身侧移

对比图 7 的两组曲线可见,$S=9m$ 时,系梁对前排桩桩顶侧移的抑制作用明显,前排桩变形位移显著,前、后排桩位移差最大值增至 15mm。不同排距下开挖面以上后排桩两侧所受土压力见图 8。由图 8 可以看到,前侧土压力随排距增加而明显增大,但仍小于静止土压力 σ_0;而前桩所受土压力受排距影响非常小,在开挖面以下前排桩所受土压力随排距增加而减小,后桩后侧则略有增加。

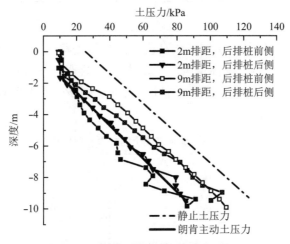

图 8　不同排距下后排桩前后侧土压力

3.4.2　桩　长

不同桩长时的桩顶侧向位移见表 4。在保持前排桩长不变的情况下,改变后排桩长,可以发现:当 $S \leqslant 3m$ 时,桩顶侧移随后排桩长度增加而减小;当 $S>3m$ 时,桩顶侧移随后排桩长变化非常小,说明此时后排桩长不是影响桩顶侧移的敏感因素。对比分别将前、后排桩长度增加 8m 的效果可发现,此时桩长增加对桩顶侧移的抑制作用非常有限,后排桩长前排桩短的效果略好;当 $S>3m$ 时,已无差别。

表 4　不同桩长时的桩顶侧向位移

桩长/m		桩顶侧向位移/mm			
前排	后排	$S=2m$	$S=3m$	$S=4m$	$S=6m$
20	8	158	120	100	85
20	12	149	119	105	84
20	16	140	116	107	78
20	20	130	110	103	89
20	28	120	106	100	89
28	20	123	110	100	88

3.4.3　土体模量

工程中常用加固桩间土体或被动区土体的办法来改善双排桩的抗侧移效果。为此在开挖到 8m 时对被动区 5m×5m 范围内的土体进行加固,具体操作为在最后一个分析步中将土体变形模量提高至 100MPa。计算结果见表 5,可见不同排距下的桩顶侧移均可减少 30% 以上。如将桩间土体模量提高至相同程度,在排距较小时,桩顶侧移降低程度不超过 10%,只有当排距达到 9m 时,其降低程度才与加固被动区相近,但此时已非常不经济。

表5 土体加固后的桩顶侧向位移

排距/m	加固前的侧移/mm	加固桩间土		加固被动区	
		侧移/mm	降低程度/%	侧移/mm	降低程度/%
2	130	129	1	82	37
4	103	96	7	70	32
9	79	48	39	55	30

3.4.4 系梁高度

即系梁截面抗弯刚度的影响,不同系梁高度下的桩顶侧移见表6。由表6可见:系梁高度对桩顶侧移的影响并不明显,当梁高增至0.9m时,不同排距下的桩顶侧移约减小10%左右。在梁高增至3m的极端状态下,对$S=2m$的情况,其桩顶侧移也不受影响,只有在排距增大后,系梁高度的影响才逐步显现。

表6 不同系梁高度下的桩顶侧向位移

排距/m	梁高0.3m	梁高0.9m		梁高3m	
	侧移/mm	侧移/mm	降低程度/%	侧移/mm	降低程度/%
2	130	117	10	119	8
4	103	93	10	82	20
9	79	67	15	60	23

从上述讨论可以看出,当排距较小时,对被动区土体进行加固或适当增加排距是控制桩顶侧移的有效方法,相对控制其他因素的方法而言也较为经济。实际上,小排距双排桩整体刚度大,但由于被动区浅层土体刚度小,不能使开挖面以下的桩处于理想嵌固状态,所以桩顶侧移主要是由整体转动引起的刚体位移。如将双排桩视为一受分布荷载的悬臂梁,若要限制悬臂端位移,改善支座条件限制转角位移的效果要胜于增加桩身刚度或加强悬臂端刚度的效果,这就是加固被动区土体效果优于增加系梁刚度以及加固桩间土的原因。

4 梁单元模拟对比

桩身弯矩是工程设计的计算依据,为能从有限元模拟结果直接取得弯矩分布,改用梁单元嵌固(embedded element)模拟的方法。由于该计算方法中无法考虑接触面摩擦作用,所以首先需要对比两者的计算结果,分析考虑和不考虑接触问题对桩顶侧移的影响。

桩身用平面单元和梁单元嵌固模拟的桩顶侧移比较见图9。由图9可见:随着排距的增大,两曲线逐渐接近。当$S=6D$(D为等效直径,本例中$D=0.5m$)时,差值缩小到5%以内。因此,若桩顶侧移较小,采用梁单元嵌固方法计算,可在确保精度的前提下降低建模和计算的时间成本。

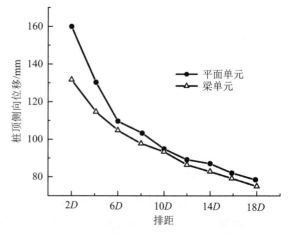

图9 平面单元和梁单元的桩顶侧移

$S=2m$ 和 $S=9m$ 时开挖至 10m 的桩身弯矩见图 10。由图 10 可见,前排桩桩身弯矩大于后排桩,后排桩桩身弯矩随排距增大明显降低,前排桩变化不大。

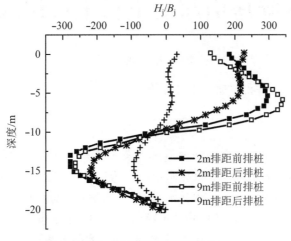

图 10　双排桩桩身弯矩分布

5　结　论

(1)悬臂双排桩在不同排距时具有不同的桩身侧移特征:当 $S \leqslant 6D$ 时,双排桩桩身侧移显现出刚体转动的位移特征,这一结论与已有模型试验[1]和工程实测[6]结果相符;$S>6D$ 时,前排桩显现出变形位移特征,空间效应减弱;当 $S \geqslant H\tan(45°-\varphi/2)$ 时,后桩只起拉锚作用。

(2)在各种影响因素中,被动区土体模量对桩顶侧移的影响最为明显,排距次之,桩长和系梁刚度的影响很小。因此加固被动区土体或适当增加排距是提高悬臂双排桩抗侧移性能的有效方法。

(3)前排桩桩身弯矩大于后排桩,后排桩桩身弯矩随排距增大明显降低,而前排桩变化不大;当 $S>6D$ 时,可以用梁单元嵌固的方法进行模拟,这样可降低运算规模且不损失精度。

参考文献

[1] 谭永坚,何顾华. 黏性土中悬臂双排护坡桩的受力性能研究[J]. 建筑科学,1993,9(4):28-34.

[2] 何顾华,杨斌,金宝森,等. 双排护坡桩的试验与计算的研究[J]. 建筑结构学报,1996,17(2):58-66.

[3] 刘钊. 双排支护桩结构的分析及试验研究[J]. 岩土工程学报,1992,14(5):76-80.

[4] 张弘. 深基坑开挖中双排桩支护结构的应用与分析[J]. 地基处理,1993,4(3):42-47.

[5] 郑刚,李欣,刘畅,等. 考虑桩土相互作用的双排桩分析[J]. 建筑结构学报,2004,25(1):99-106.

[6] 俞建霖,曾开华,温晓贵,等. 深埋重力-门架式围护结构性状研究与应用[J]. 岩石力学与工程学报,2004,23(9):1578-1584.

[7] 应宏伟,初振环,李冰河,等. 双排桩支护结构的计算方法研究及工程应用[J]. 岩土力学,2007,28(6):1145-1150.

[8] 龚晓南. 深基坑工程设计施工手册[M]. 北京:中国建筑工业出版社,1998.

[9] 钱家欢,殷宗泽. 土工原理与计算[M]. 2版. 北京:中国水利水电出版社,1996.

[10] 曾国熙. 正常固结黏土不排水剪归一化性状[C]//软土地基学术讨论会论文集. 北京:水利出版社,1980:13-26.

[11] 曾国熙,潘秋元,胡一峰. 软黏土地基基坑开挖性状的研究[J]. 岩土工程学报,1988,10(3):13-22.

承压水降压引起的上覆土层沉降分析[*]

承压水降压引起的上覆土层沉降分析[*]

龚晓南　张　杰

（浙江大学软弱土与环境土工教育部重点实验室）

摘要　如何评估承压水降压引起的地面沉降是工程界十分关心的问题。深基坑开挖前及开挖过程中所进行的降压导致深层承压水头下降，从而使地层应力重新分布产生地面沉降。针对顶板完全隔水的承压水层，运用完整井理论提出了反映承压水降压作用的附加分布力公式，在明德林（Mindlin）解的基础上，推导出了承压水降压附加分布力作用下的地面沉降公式。讨论了上覆土层厚度、上覆土层弹性模量、承压水水头降深和承压层导水系数对沉降的影响。工程实例表明，根据本文方法得到的承压水降压引起的地面沉降较小，且该结果与工程基坑开挖后的实际表现一致。

1　引　言

随着超深基坑的出现，基坑底板逼近承压含水层，承压水对基坑工程的影响凸显。为了预防承压水引起的坑底隆起、底板突涌等问题，往往对承压水采用降压措施。降压会导致承压水水头降低，使得承压层和上覆土层发生变形，从而发生地面沉降。承压含水层一般为沙砾层，具有良好的透水性，变形可在短时间完成，不需要考虑滞后效应，可采用一维固结公式计算沉降量[1]。上覆非抽水层一般由潜水含水层和隔水层组成，目前已有许多学者深入研究了潜水降水引起的潜水含水层沉降变形[2]，仅骆冠勇等[3]进行了承压水降压引起的上覆土层沉降研究。

本文则根据工程中遇到的具体问题，分析了当承压层顶板为相对不透水层时，降压使承压水对上覆土层的顶托力减小而引起的上覆土层沉降。结合承压含水层完整井的稳定渗流计算，引入明德林位移解，借助 Mathematic 软件，求解上覆土层因承压水降压而产生的附加作用力导致的沉降量，同时借助算例分析了土层各参数对上覆土层沉降量的影响。

2　工程背景

杭州市庆春路钱塘江隧道是钱塘江下的首个过江隧道，该工程由过江隧道、隧道工作井、暗埋段、引道段等组成。其盾构工作井基坑位于钱江两岸，其中江南工作井基坑开挖深度 25～30m。基坑下承压层为钱塘江古河道承压含水层，水头标高为 -3.80m 左右，承压层由⑧-1 圆砾层和⑧-2 卵石层构成，顶板由相对隔水的黏土构成，见图 1。

＊本文刊于《岩土工程学报》，2011，33(1)：145-149.

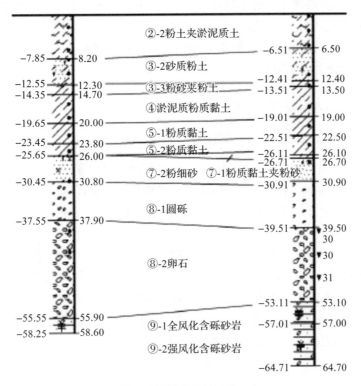

图1 地质剖面图(单位:m)

根据地质勘察资料,承压顶板黏土层渗透系数为 7×10^{-7} cm/s。现场抽水实验水位变化见图2,由图2可知,抽取下层承压水时,上层潜水位变化不明显,两者没有直接水力联系。

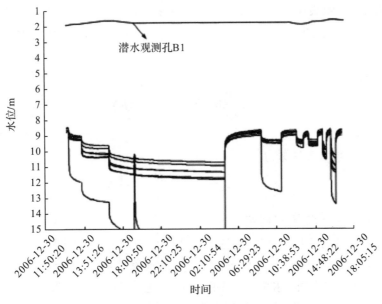

图2 抽水实验水位变化

文献[3]分析了承压层顶板弱透水时,减压使弱透水层和承压层存在水头差,因此上覆土层产生了向承压层的渗流,引起上覆土层固结;并推导了渗流引起的上覆土层沉降公式,推导结果与常规双向排水固结公式相同。该工程中承压层顶板渗透系数很小,可将其视为隔水层,此时承压水降压引起的沉降尚无文献研究。

3 承压水降压引起的附加力

3.1 承压含水层完整井的稳定渗流计算

承压水是充满在两个隔水层之间的重力水,当承压含水层的顶、底板均为严格的隔水层,工程降压过程不受边界影响时,单个完整降压井适用经典的裘布依(Dupuit)公式。根据地下水均衡原理,一个原先稳定的含水层在抽水后如需达到稳定,前提条件是抽水后能得到稳定的、等量的补给[4]。

对承压水降压做如下假定:①承压含水层均质各向同性,水平等厚,侧向无限延伸;②含水层抽水时地下水流服从达西(Darcy)定律,即承压含水层的顶、底板均为严格的隔水层,不考虑越流和竖向补给;③抽水井为完整井,流量恒定,井径无限小。

设有一圆形岛状含水层,在边界($r=R$)上地下水位高度保持不变,抽水井位于含水层中心,抽水后含水层能达到稳定,采用极坐标时有如下数学模型:

$$\frac{\partial^2 H}{\partial r^2}+\frac{1}{r}\frac{\partial H}{\partial r}+\frac{1}{r^2}\frac{\partial^2 H}{\partial \theta^2}=0 \quad (r_w \leqslant r \leqslant R) \tag{1}$$

$$H(R)=H_0 \tag{2}$$

$$H(r_w)=h_w \tag{3}$$

$$\left.\frac{\partial H}{\partial r}\right|_{r=r_w}=\frac{Q}{2\pi T r_w} \tag{4}$$

式中,H 为承压含水层水头;Q 为抽水井流量;R 为影响半径;r 为计算点至抽水井轴线的径向距离;r_w 为井径;T 为承压含水层导水系数,它等于渗透系数 k 和含水层厚度 M 的乘积,$T=kM$。

根据对称性解得

$$s_s=\frac{Q}{2\pi T}\ln\frac{R}{r} \quad (r_w \leqslant r \leqslant R) \tag{5}$$

式中,s_s 为承压含水层中水头降深。

抽水井处的承压水水头降深为

$$s_w=\frac{Q}{2\pi T}\ln\frac{R}{r_w} \tag{6}$$

3.2 降压对上覆土层产生的附加力

采用完整井对承压含水层降压时,由于将隔水顶底板视为完全隔水,承压水和潜水之间不存在水力联系,因此潜水含水层水头无变化;承压水水头降低,抽水稳定后的水头曲线见图 3。

承压层降压前充满承压水,水头高度见图 3(b)。此时承压水对上覆土层存在顶托力,其大小与承压水头高度成正比。降压后承压层水头降低,但承压层内依然充满承压水,此时水头高度以抽水井为中心呈漏斗状降落。承压水对上覆土层的顶托力大幅下降,下降值与水头降落高度成正比。对于上覆土层,降压前上覆土层处于平衡状态,而抽水降压打破了这个平衡,使得地层应力重新分布。此时承压水减压相当于在上覆土层和承压层的界面处产生了一个向下的附加作用力 f,该作用力的分布和承压层水头下降分布相同,呈轴对称漏斗状,见图4,其表达式为

$$f = \gamma_w \frac{Q}{2\pi T} \ln \frac{R}{r} \quad (r_w \leqslant r \leqslant R) \tag{7}$$

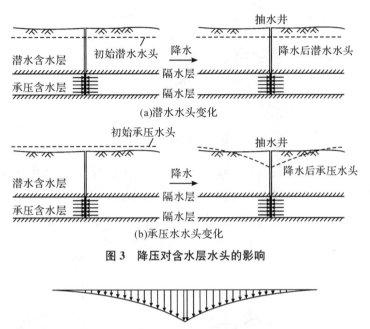

(a)潜水水头变化

(b)承压水水头变化

图3 降压对含水层水头的影响

图4 降压在上覆土层中产生的作用力

4 上覆土层沉降计算

由前可知,降压前后上覆土层潜水水位无变化,因此不考虑潜水渗流引起的上覆土层固结沉降,只考虑上覆土层底面处分布的附加作用力 f 引起的地面沉降。明德林位移解针对均质半无限空间,本文引入明德林位移解对上述作用力产生的位移进行的求解是一种近似。图5为半无限体内某一深度 h 处受一集中竖向力 F 作用,Mindlin[5]给出任一点 $M(x,y,z)$ 处的竖向位移为

$$w = \frac{F(1+\nu)}{8\pi E(1-\nu)}\left[\frac{3-4\nu}{R_1} + \frac{8(1-\nu)^2-(3-4\nu)}{R_2} + \frac{(z-h)^2}{R_1^3} + \frac{(3-4\nu)(z+h)^2-2hz}{R_2^3} + \frac{6hz(z+h)^2}{R_2^5}\right] \tag{8}$$

式中,$R_1 = \sqrt{x^2+y^2+(z-h)^2}$,$R_2 = \sqrt{x^2+y^2+(z+h)^2}$,$\nu$ 为土的泊松比,h 为集中力作用点的深度。

降压对上覆土层产生的附加作用力 f 的作用深度为 h,它轴对称分布在半径为 R 的圆内。由对称性可知,在中心点$(0,0,0)$处产生的地面沉降量最大。中心点沉降 S_0 可由对 f 在中心点产生的位移积分求得,采用极坐标时,中心点沉降为

$$S_0 = \iint_D w'r\,\mathrm{d}r\mathrm{d}\theta = \int_0^{2\pi}\mathrm{d}\theta\int_0^R w'r\,\mathrm{d}r \tag{9}$$

式中,w' 为 f 在中心点$(0,0,0)$处产生的位移。

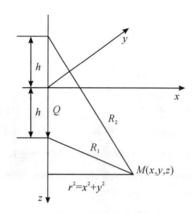

图5 明德林问题

式(8)给出了集中力 $F(0,0,h)$ 在半空间任一点产生的位移公式,为求解集中力 $F(a,b,h)$ 在 $(0,0,0)$ 处产生的位移,做移轴变换见图 6(a),变成求解集中力 $F(0,0,h)$ 在点 $D(r,0,0)$ 产生的竖向位移。此时 $R_1 = R_2 = \sqrt{r^2+h^2}$,见图 6(b),根据式(8)可求得位移为

$$w' = \frac{F(1+\nu)}{2\pi E}\left[\frac{2(1-\nu)}{(r^2+h^2)^{\frac{1}{2}}} + \frac{h^2}{(r^2+h^2)^{\frac{3}{2}}}\right] \tag{10}$$

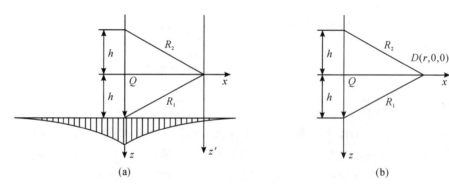

| (a) | (b) |

图6 移轴计算

将式(7)和式(10)代入式(9),由于作用力 f 轴对称并且产生的位移轴对称,因此对径向距离 r 进行积分,可解得附加力 f 作用下地面处中心点的沉降量为

$$S_0 = \gamma_w \frac{(1+\nu)Q}{2\pi ET}\int_0^R \ln\frac{R}{r}\left[\frac{2(1-\nu)}{(r^2+h^2)^{\frac{1}{2}}} + \frac{h^2}{(r^2+h^2)^{\frac{3}{2}}}\right]r\,dr \tag{11}$$

式(11)无法直接积分为表达式,因此借助 Mathematic 软件进行积分。由式(11)可见,中心点位移与上覆土层的厚度、上覆土层弹性模量和承压含水层的导水系数等因素有关。

本文对江南工作井降压进行计算,采用土层参数如下:上覆土层厚度 $h=30m$,上覆土层模量 $E=1MPa$,上覆土层泊松比 $\nu=0.4$;承压含水层厚度 $M=20m$,渗透系数 $k=20m/d$,导水系数 $T=1600m^2/d$,单井抽水流量 $Q=3600m^3/d$;承压水初始水头高度与地面齐平,承压水水位降深 $s_w=15m$。将上述参数代入式(11),用 Mathematic 软件编程计算得 $S_0=0.015m$,现场踏勘也表明抽水期沉降甚微。

5 参数影响分析

下面以江南工作井为算例进行参数影响分析,基本参数见上文。影响半径 R 按裘布依公式假定为圆形定水头边界。当将裘布依公式应用到其他含水层中时,影响半径 R 值是代表抽水的实际影响范围,即在距离抽水井 R 处有一个实际的定水头补给,R 处水位下降值为零。影响半径 R 采用吉哈尔特(Siechardt)公式确定,

$$R = 10s_w \sqrt{k} \tag{12}$$

上覆土层模量 $E=1\text{MPa}\sim5\text{MPa}$ 时,固定其他参数,中心点位移 S_0 随上覆土层厚度 h 的变化曲线见图 7。由图中可以看出,弹性模量一定,S_0 随 h 的增大而减小。说明承压水埋藏越深,减压时产生的附加力越深,其在地面产生的位移越小。E 对 S_0 有很大的影响,h 一定时,E 越大,中心点位移 S_0 迅速减小。

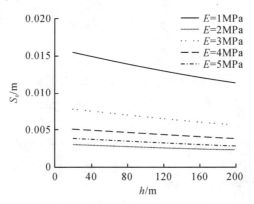

图 7 S_0 随上覆土层厚度的变化

上覆土层弹性模量 E 从 1MPa 变化至 5MPa 时,中心点位移 S_0 的变化曲线见图 8,考虑了 $h=30\text{m}$、40m 两种情况。由图中可以看出,中心点位移 S_0 随着 E 的增大迅速减小,E 从 1MPa 变化至 2MPa,S_0 减小了 50% 左右,当 E 继续增大时,曲线趋于平缓。由式(11)也可知,上覆土层弹性模量独立于积分变量,当其他参数固定时,上覆土层刚度越大,降压时产生的沉降量越小。

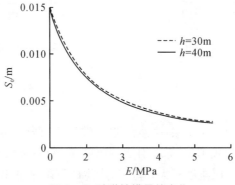

图 8 S_0 随弹性模量的变化

抽水井处的水位降深 s_w 从 5m 变化至 25m 时,中心点位移 S_0 的变化曲线见图 9。由图可

以看出,中心点位移 S_0 与 s_w 基本呈线性增加关系,且增加的速率与泊松比 ν 相关。ν 越小,S_0 随 s_w 增长速度也越快。由图中还可以看出,当 s_w 一定时,ν 越小,S_0 也越大。水位降深越大,中心点沉降越大。

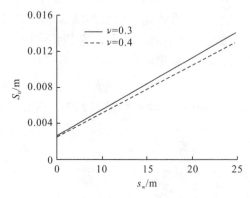

图 9 S_0 随水位降深的变化

导水系数 T 从 $320\mathrm{m^2/d}$ 变化至 $4000\mathrm{m^2/d}$ 时,中心点位移的变化曲线见图 10 和图 11。导水系数 T 的大小同时受承压含水层渗透系数 k 和含水层厚度 M 的影响,当含水层厚度 $M=20\mathrm{m}$,渗透系数 k 从 $16\mathrm{m/d}$ 变化至 $200\mathrm{m/d}$ 时,中心点位移 S_0 的变化曲线见图 10。当渗透系数 $k=80\mathrm{m/d}$,含水层厚度从 $4\mathrm{m}$ 变化至 $50\mathrm{m}$ 时,中心点位移 S_0 的变化曲线见图 11。由图 10 和图 11 可见,S_0 随着 k 和 M 的增大而减小,即导水系数 T 越大 S_0 越小;当 T 继续增大,S_0 降幅减缓。M 的变化对 S_0 的影响更大,T 从 $320\mathrm{m^2/d}$ 变化至 $4000\mathrm{m^2/d}$ 时,M 的变化引起 S_0 的变幅为 $0.02\mathrm{m}$,远大于 k 变化引起的 S_0 变化幅度。

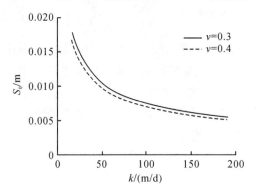

图 10 S_0 随渗透系数的变化

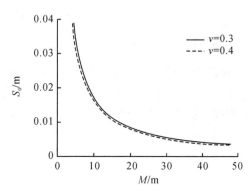

图 11 S_0 随含水层厚度的变化

6   结 论

(1)对于顶板隔水良好的承压水层,抽水过程中的地面沉降主要来自承压水头的下降。上覆土层厚度越大,即承压水埋藏越深,降压引起的沉降量越小;随着上覆土层弹性模量的增大,地面沉降迅速减小,即上覆土层刚度越大,降压时产生的沉降量越小;地面抽水井点沉降与水位降深成正比,承压含水层导水系数越大,降压引起的沉降量越小。

(2)工程实例说明,如果承压顶板隔水性较好,短期内开采深层承压水,降压引起的沉降量不至于对地面上的建筑物的安全产生显著影响,可以不予考虑。

参考文献

[1] 吴林高. 工程降水设计施工与基坑渗流理论[M]. 北京：人民交通出版社，2003.

[2] 金小荣，俞建霖，祝晓晨，等. 基坑降水引起周围土体沉降性状分析[J]. 岩土力学，2005，26(10)：1575-1581.

[3] 骆冠勇，潘泓，曹洪，等. 承压水减压引起的沉降分析[J]. 岩土力学，2004，25(2)：196-200.

[4] Bear J. 多孔介质流体动力学[M]. 李竞生，陈崇希，译. 北京：中国建筑工业出版社，1983.

[5] Mindlin R D. Force at a point in the interior of a semi-infinite solid[C]//Proceedings First Midwestern Conference State of Maryland：American Institute of Physics，1953：56-59.

[6] 戴斌，王卫东. 受承压水影响深基坑工程的若干技术措施探讨[J]. 岩土工程学报，2006，28(增刊 1)：1659-1663.

可回收锚杆技术发展与展望*

龚晓南　俞建霖

（浙江大学；浙江省城市地下空间开发工程技术研究中心）

摘要　可回收锚杆技术避免了锚杆主筋不回收带来的地下障碍物和侵权问题，近年来在基坑工程中得到快速发展和推广应用。本文回顾和总结了可回收锚杆技术的应用背景以及国内外可回收锚杆技术、相关标准的发展过程，对可回收锚杆类型进行归纳分类，详细阐述了当前常用的可回收锚杆构造及其回收机理，提出在可回收锚杆技术应用中需要重视的一些问题。最后针对可回收锚杆技术应用的现状，对其研究和发展方向给出建议。

1　引　言

随着我国工程建设的发展和地下空间的开发利用，基坑工程的数量和规模不断扩大。拉锚式围护结构通过设置锚杆对挡土结构提供支点，为后续基坑开挖和地下室施工提供相对宽裕的空间，该结构可提高施工速度和施工效率，同时具有较好的经济性，目前已在基坑支护工程中得到大量应用[1]。但是由于地下空间开发用地紧张，预应力锚杆常常会超越用地红线，产生侵权问题；同时传统的预应力锚杆主筋不可回收，形成了长期的地下障碍物，严重影响了场地的二次开发利用，给后续工程建设留下了隐患，后期处理难度大且费用高。据1999年4月8日《中国建设报》报道，仅广州地区地下遗留锚杆就达20万～30万米。我国深圳、厦门、石家庄、昆明、太原等地在地铁盾构隧道施工中，为清理地基中遗留的锚杆都付出了高昂的代价。

21世纪是人类开发利用地下空间的世纪[2]。随着土地要素市场化和人们对地下空间产权意识的提高，超越用地红线范围之外的常规锚杆应用将会受到限制。可回收锚杆为解决这一工程问题提供了有效手段。与常规锚杆相比，可回收锚杆通过主筋回收避免了永久超越用地红线的问题，不影响场地的二次开发利用，节约资源且环境友好，因此具有比较广阔的工程应用前景。

锚杆回收的最初构想始于20世纪60年代，但在20世纪80年代以前只能简单地完成锚杆自由段部分的杆体回收[3]。20世纪80年代英国Barley等[4]根据登山绳原理，开发出单孔复合锚固系统，该系统在同一钻孔中安装若干个锚杆单元，采用无黏结钢绞线和U型承载体，实现了主筋的完全回收。20世纪90年代中期开始，英国、德国、瑞典等欧洲国家和日本、韩国等亚洲国家先后开发了多种可回收锚杆，包括：英国的SBMA[5]，德国的DYWIDAG，瑞典的扩大头可回收锚杆，韩国的SW-RCD，日本的KTB、GCE、JCE[6]、IH[7]和日特[8]等型号的可回收锚杆。

与其他国家相比，我国可回收锚杆技术的应用和研究起步较晚但发展较快[9-14]。1997年

＊本文刊于《土木工程学报》，2021，54(10)：90-96.

原冶金部建筑研究总院程良奎研发了压力分散型可回收锚杆[15],它采用 U 型结构的聚纤维承载体,首次在国内成功应用于北京中银大厦基坑工程,回收率达 96%。2003 年总参工程兵科研三所也研制出了一种压力分散型可回收预应力锚杆[16]。陈肇元院士对土钉墙的工作性状开展了系统研究,主编了《基坑土钉支护技术规程》(CECS 96:97)[17],首次提出了挡土桩、土钉及预应力锚杆相结合的复合土钉墙支护形式[18]。他还在 1997 年创立了中国建筑学会建筑施工分会基坑工程专业委员会,极大促进了我国基坑工程技术的健康发展。2006 年之后我国可回收锚杆技术得到了快速的发展,在基坑工程中大量推广应用,授权专利和专业施工队伍数量大幅增加。2018 年 9 月,第十届全国基坑工程研讨会暨第一届全国可回收锚杆技术研讨会在兰州召开。2019 年 5 月,第二届全国可回收锚杆技术研讨会在杭州召开,并在浙江大学龚晓南发起下成立了全国回收锚杆技术与产业联盟(筹)。2020 年 11 月,第十一届全国基坑工程研讨会暨第三届全国可回收锚杆技术研讨会在成都召开。一系列的技术交流与研讨会推动了我国可回收锚杆技术的发展,目前我国自有可回收锚杆技术的厂家包括:北京力川、浙江浙峰、杭州钜力、苏州能工、浙江中桥、厦门金海明、杭州科盾等 20 余家。

在可回收锚杆技术标准和指南方面,2001 年日本建筑学会《建筑地基锚杆设计施工指南》将可回收锚杆列为专门一章;2005 年《岩土锚杆(索)技术规程》(CECS 22:2005)[19]第 4.5 节也专门列入了 U 型锚筋回转可回收锚杆;2015 年《岩土锚杆与喷射混凝土支护工程技术规范》(GB 50086-2015)[20]将可拆芯锚杆作为一种临时锚杆类型;2016 年北京市标准《可拆除锚杆技术规程》(DB11/T 1366)颁布,将可拆除锚杆分为 U 型及端部锁止型两种类型;2018 年广西标准《可拆芯式锚索技术规范》(DBJ/T45-077)颁布,将可拆芯锚杆分为机械式、力学式、化学式三种主要类型;2020 年 10 月由浙江大学和上海勘察设计研究院(集团)有限公司共同主编的中国工程建设标准化协会《可回收锚杆技术规程》通过审查。

2 可回收锚杆的分类

可回收锚杆通常采用压力集中型或压力分散型锚杆,其中压力分散型锚杆通过设置多个承载头改善了锚杆主筋、锚固体和侧壁土体的受力状态,有利于提供更大的承载力。

根据可回收锚杆锚固体的形状,可将其分为常规的等直径形和旋喷扩体形,见图 1;根据锚固体材料,可将其分为常规的水泥浆型和旋喷扩体之后的水泥土型。旋喷扩体形锚杆比普通锚杆锚固段的直径扩大 2~4 倍,有利于解决普通锚杆与土体间抗拔承载力低的问题;但由于可回收锚杆为压力型锚杆,其承载力又受到水泥土锚固体端部承载力偏低的制约,故旋喷扩体形可回收锚杆宜采用压力分散型锚杆。也可通过二次注浆或囊袋注浆对水泥土锚固体进行加强,见图 2。

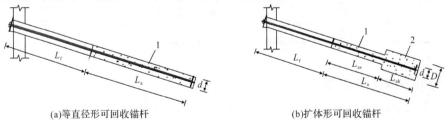

(a)等直径形可回收锚杆　　　　　　　　　　(b)扩体形可回收锚杆

1—原孔锚固段, 2—扩体锚固段, d—原孔锚固体直径, D—扩体锚固体直径, L_f—锚杆自由段长度,
L_a—锚杆锚固段长度, L_{as}—原孔锚固段长度, L_{ak}—扩体锚固段长度

图 1　等直径和扩体形可回收锚杆

图2　采用囊袋注浆之后的水泥土锚固体

根据锚杆的回收机理,可将可回收锚杆分成五大类,见表1。

表1　可回收锚杆分类及代表性产品

序号	一级分类	二级分类	三级分类	代表产品或厂家
1	自解锁类	螺栓螺母型		
		机械锁型	辅索拉拔解锁型	日本 JCE、浙江中桥
			顶进解锁型	浙江浙峰、北京力川
			旋转解锁型	厦门金海明
			顶进旋转解锁型	韩国 SW-RCD、杭州钜力、杭州科盾
		自切断型	—	日本日特
		熔解型	热熔型	德国 DYWIDAG、苏州能工
			电磁型	日本 IH
			铝热剂型	—
2	锚筋回转类	U型	—	英国 SBMA、冶建院、总参三所
		合页型	—	深圳钜联
3	自钻自锁类	全长连续型	—	—
		部分连续型	—	—
		断续型	—	—
4	半拆筋类	全金属型	—	—
		半金属型	—	—
5	强力拉拔类	焊接型	—	—
		挤压套型	—	—
		砂浆型	—	—
		黏结型	麻花头黏结型	—
			涨壳黏结型	—
		气囊型	—	—

3　常用的可回收锚杆类型

目前工程应用较广、技术较为成熟的可回收锚杆主要包括机械锁型、热熔型和锚筋回转型三种。下面简要介绍其回收机理。

3.1 机械锁型可回收锚杆

机械锁型可回收锚杆是目前工程应用最多的可回收锚杆类型,其主筋(通常采用钢绞线)预先通过楔块、螺纹、插销等机械连接方式与解锁装置锚固,回收时通过顶进、拉拔辅索、旋转等单一或复合行为使主筋与锚固件解锁脱开,从而实现主筋回收。机械锁型可回收锚杆又可分为辅索拉拔解锁型、顶进解锁型、旋转解锁型、顶进旋转解锁型四小类。

(1)辅索拉拔解锁型可回收锚杆构造及机理

锚杆杆体端头的解锁装置(图 3)中单独设置一条钢绞线作为辅助回收索(简称辅索)。辅索专用于回收,不承担工作拉力。工作索、辅索及承载体之间,通过套筒、插销(或夹片)、楔形体相互约束。拆除时,先将辅索用千斤顶拔出,解除工作索和副索与插销(或夹片)及承载体之间的相互约束,再依次拔出工作索。

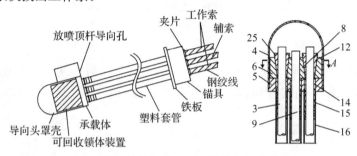

图 3 辅索拉拔解锁型可回收锚杆解锁装置

(2)顶进解锁型可回收锚杆构造及机理

顶进解锁型可回收锚杆解锁装置见图 4。该解锁装置内设置挤压套等夹紧机构锁定钢绞线主筋,在挤压套内将钢绞线"中丝"预先割断。回收时,在锚头处用冲击锤推进钢绞线,然后在钢绞线末端的啮合机构辅助下截断的中丝被抽出,挤压套与钢绞线分离,之后张拉回收钢绞线。

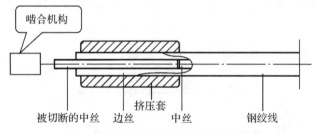

图 4 顶进解锁型可回收锚杆解锁装置

(3)旋转解锁型可回收锚杆构造及机理

旋转解锁型可回收锚杆解锁装置见图 5。该解锁装置内设有啮合机构,解锁时顺时针旋转钢绞线,带动传动块及螺旋套转动,使得夹片逐渐脱离锚具锥体内孔腔,从而实现解锁和钢绞线主筋回收。

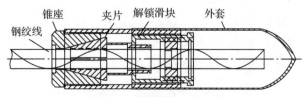

图 5 旋转解锁型可回收锚杆解锁装置

(4)顶进旋转解锁型可回收锚杆构造与机理

顶进旋转解锁型可回收锚杆解锁装置见图6,该解锁装置内设有啮合机构,解锁时先逐个推进并旋转钢绞线,然后在啮合机构辅助下钢绞线与锚具分离再拆除回收钢绞线。

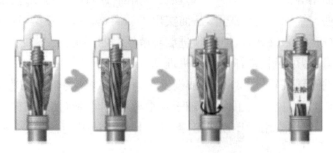

图6 顶进旋转解锁型可回收锚杆解锁装置

3.2 热熔型可回收锚杆

热熔型可回收锚杆解锁装置见图7,其锚具内装有热熔材料。拆筋时通电加热使热熔材料熔化,无黏结钢绞线主筋与锚具内的夹片解锁脱开,即可拉出拆除回收钢绞线。

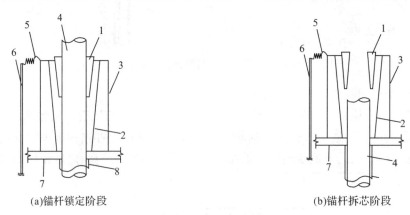

(a)锚杆锁定阶段　　　　　　　　　　(b)锚杆拆芯阶段

1—金属夹片,2—内嵌热熔材料的锚具,3—电加热环,4—预应力筋,5—导线,6—护线管,
7—压板,8—护套管。

图7 热熔型可回收锚杆解锁装置

3.3 锚筋回转型可回收锚杆

锚筋回转型可回收锚杆分为U型和合页型,其端头设置带有弧形槽或合页的承载体,无黏结钢绞线锚筋绕承载体回转180°。由于承载体末端转弯半径较小,拆除回收钢绞线时需要较大的拉力,且回收后的钢绞线损伤较严重,不宜重复使用,因此目前锚筋回转型可回收锚杆正逐步被回收效率更高的机械解锁型和热熔型可回收锚杆取代。

(1)U型锚筋回转可回收锚杆构造与机理

U型锚筋回转可回收锚杆见图8(a),它是国内工程应用最早的一种可回收锚杆。锚筋采用无黏结钢绞线,杆体内端头设置带有弧形槽的承载体,钢绞线绕承载体回转180°弯曲成U型后成对张拉锁定,拆除时夹住一端将钢绞线拉出。

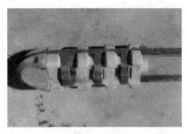

(a)U型　　　　　　　　　　　　　　(b)合页型

图8　锚筋回转型可回收锚杆

（2）合页型锚筋回转可回收锚杆构造与机理

合页型锚筋回转可回收锚杆见图8(b)，它与U型构造及机理基本相同，但承载体为合页，置入钻孔前为闭合状态，置入后张开，拆除时也是夹住一端将钢绞线拉出。

4　可回收锚杆应用中应注意的问题

可回收锚杆基本为压力型锚杆，杆体带有解锁装置或承载头，在设计和施工中以下问题应引起重视。

4.1　可回收锚杆锚固体的强度问题

可回收锚杆的主要破坏模式之一即锚固体局部受压破坏，因此必须对各单元锚杆锚固段注浆体的抗压强度进行验算。传统的钻机成孔后，采用纯水泥浆注浆的施工工艺形成的锚固体强度相对较高。但在工程实践中为了提高锚杆的承载力，常采用旋喷扩孔工艺，其锚固体为水泥浆与土体混合后形成的水泥土，抗压强度较低，且其抗压强度随着养护龄期增加增长得较慢，容易产生锚固体局部受压破坏导致锚杆承载能力丧失。因此对于旋喷扩孔形锚杆，宜采取水泥浆二次注浆来替换水泥土，或在扩孔段设置囊袋并向囊袋中注入纯水泥浆等工艺来提高锚固体的抗压强度，同时应有足够的养护龄期来保证锚固体的抗压强度，这对软土地基中的可回收锚杆尤为重要。

4.2　旋喷扩体形可回收锚杆的杆体对中问题

旋喷扩体后可回收锚杆杆体无法采用传统的对中支架进行对中，同时由于杆体带有解锁装置或承载头后自重较大，在杆体置入钻孔后容易下沉产生偏心受压，见图9，从而使锚杆的承载力降低。

图9　可回收锚杆杆体下沉

为解决旋喷扩体形可回收锚杆的杆体对中问题,可考虑采用以下两种方法。

①在锚固段采用囊袋注浆。旋喷扩孔后在可回收锚杆的锚固段置入囊袋(囊袋预先隔一定间距采用钢丝绑扎),在囊袋内注入水泥浆后即形成了自动对中的糖葫芦状锚固体,见图10,从而解决杆体对中的问题。

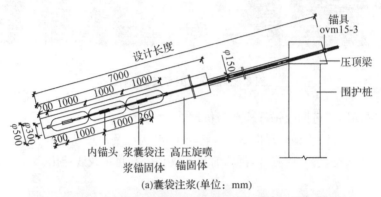

(a)囊袋注浆(单位：mm)

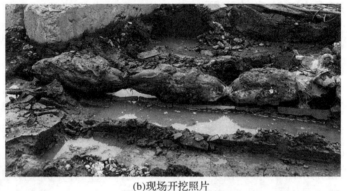

(b)现场开挖照片

图10 囊袋注浆后的可回收锚杆

②在杆体末端设置对中钢管。在锚杆杆体的末端设置一段对中钢管,见图11,成孔后将对中钢管插入孔底的原状土中,从而避免旋喷扩孔引起的杆体下沉,保证杆体对中。

图11 可回收锚杆杆体末端的对中钢管

4.3 可回收锚杆的预应力损失问题

在锚杆施工过程中,由于围图处钢绞线弯折和成孔过程中孔道弯曲、钢绞线与隔离套管之间的摩擦,以及钢绞线松弛等原因,作用在杆体末端承压板上的预应力要小于外部锚头张拉时的钢绞线预应力,从而增大了基坑支护结构的位移,降低了安全度。因此在施工中应尽量避免前述问题引起的预应力损失,同时还可以采用数字测力锚具直接量测实际作用在承压板上的预应力值。

4.4 可回收锚杆回收失败的补救措施

可回收锚杆主筋的回收受锚杆产品性能、加工制造、成孔工艺、注浆工艺、地质条件、回收期限锚头保护以及回收施工空间等诸多因素的影响,可能存在以下部分锚杆主筋无法正常回收的情况:

①施工过程中注浆浆液进入钢绞线外侧的 PE 隔离套管,导致钢绞线与套管黏结后难以回收;

②解锁装置失效或通电导线断线无法进行热熔解锁;

③外露出围图的钢绞线弯折导致锚具无法卸除;

④预留回收作业面不足等。

当锚杆主筋无法正常回收时,可采用或综合采用以下补救措施:

①当仅有少量筋体无法回收且锚杆承载力不高时,可用千斤顶强行拉拔钢绞线,直至抽出筋体;

②用锚杆钻机全套管跟进钻孔,使锚固段与周边土体黏结力丧失后再拔除筋体;

③在锚杆周边钻孔,或采用旋喷工艺对锚固段周围土体进行软化处理,降低锚杆锚固力后,再拔除筋体。

在采取上述补救措施过程中,应及时进行注浆回灌处理,并加强周边环境监测,发现问题及时调整施工方案,以减小对周边环境的影响。

5 可回收锚杆技术发展展望

当前可回收锚杆技术在我国蓬勃发展,涌现了一批专业化施工队伍和产品厂家。在可回收锚杆技术发展和研究中,应重视以下几方面工作。

(1)发展完全回收的可回收锚杆

目前可回收锚杆技术已解决锚杆杆体钢绞线的回收问题,但锚杆承载头仍不可回收。金属承载头留置于地下仍有一定环境污染问题,因此应进一步研发可完全回收的锚杆技术。短期内可考虑研发采用非金属材料或可降解材料制作的承载头,以缓解环境污染问题。

(2)进一步发展便捷高效的锚杆回收技术

研发回收可靠、高效的可回收锚杆技术,提高锚杆回收的效率,发展免千斤顶回收技术,缩短锚杆回收操作时间,减小锚杆回收对施工工期的影响,以利可回收锚杆技术的进一步推广应用。

(3)进一步研发高承载力的可回收锚杆技术

压力分散型锚杆改善了锚杆的工作性状,但采用旋喷扩孔技术后水泥土锚固体强度低易产生局部受压破坏,从而限制了可回收锚杆承载力的提高,因此还需要进一步研发高承载力的可回收锚杆技术。拉压分散型可回收锚杆技术可为此提供了一种解决方案,其受压段仍采用现行成熟的可回收构造,在受拉段将不回收的玻璃纤维筋或玄武岩纤维筋作为主筋。玻璃纤维筋和玄武岩纤维筋抗剪强度较低,对后期场地二次开发的影响较小。

(4)加强可回收锚杆工作机理和设计理论研究

进一步加强对压力分散型可回收锚杆工作机理、锚固体局部受压破坏机理及验算方法、锚固段长度对承载力的影响、锚杆承载力和变形的蠕变效应等方面的研究,完善可回收锚杆设计计算方法。

参考文献

[1] 龚晓南,侯伟生.深基坑工程设计施工手册[M].第二版.北京:中国建筑工业出版社,2018.

[2] 钱七虎,陈志龙.21世纪地下空间开发利用展望[C]//中国土木工程学会第八届年会.北京,1998.

[3] Herbst T F. Removable ground anchors-answer for urban excavations[C]//Ground Anchorages and Anchored Structures. London:ICE Publishing,1997:197-205.

[4] Barley A D,Payne W D,BcBarron P L. Six rows of high capacity removable anchors support soil mix cofferdam[C]//Proceedings of the 12th European Conference on Soil Mechanics and Geotechnical Engineering. Amsterdam:AABalkema,1999:1465-1471.

[5] Barley A D,Windsor C R. Recent advances in ground anchor and ground reinforcement technology with reference to the development of the art[C]//ISRM International Symposium 2000. Melbourne:International Society for Rock Mechanics,2000.

[6] 常波,李钟.JCE回收式锚索在北京地区的试验研究[M]//徐被祥,国莫明,苏自约.岩土锚固技术与西部开发.北京:人民交通出版社,2002.

[7] Oka T,Mukaidani T,Horisaki T,et al. Development of removable ground anchor using high-frequency induction heating method[C]//Proceedings of the 4th Annual Meeting of Particle Accelerator Society of Japan and the 32nd Linear Accelerator Meeting in Japan. Wako:Particle Accelerator Society of Japan,2007:173-175.

[8] 伏屋行雄.先端に切断機構を備えた新型除去式アンカー工法の開発[J].地盤工学ジャーナル,2009,4(4):307-315.

[9] 陆观宏,倪光乐,莫海鸿.一种新型的可回收锚索技术[J].地基基础工程,2006,9(5):38-39.

[10] 李锡银.定阈式可回收锚索在基坑支护中的应用[J].中国水运,2008,8(9):187-188.

[11] 李保国,宁锐,林建平,等.直列无级调压式速卸锚索施工技术[J].施工技术,2007,36(9):37-39.

[12] 赵红玲.可回收式预应力锚索(杆)的试验研究[D].西安:西安建筑科技大学,2009.

[13] 王建.可回收式预应力锚索作用机理及施工力学分析[D].北京:北京交通大学,2009.

[14] 张为.新型预应力锚索技术研究及应用[D].重庆:重庆交通大学,2016.

[15] 程良奎,范景伦,周彦清,等.压力分散型(可拆芯式)锚杆的研究与应用[J].冶金工业部建筑研究总院院刊,2000(2):1-8.

[16] 盛宏光,聂德新,傅荣华.可回收式锚索试验研究[J].地质灾害与环境保护,2003,14(4):68-72.

[17] 清华大学土木工程系,总参工程兵科研三所.基坑土钉支护技术规程:CECS 96:97[S].北京:中国计划出版社,1997.

[18] 陈肇元,崔京浩.土钉支护在基坑工程中的应用[M].2版.北京:中国建筑工业出版社,2000.

[19] 中冶集团建筑研究总院.岩土锚杆(索)技术规程:CECS 22:2005[S].北京:中国计划出版社,2005.

[20] 岩土锚杆与喷射混凝土支护工程技术规范:GB 50086—2015[S].北京:中国计划出版社,2016.

其他论文

软黏土地基上圆形贮罐上部结构和地基共同作用分析[*]

龚晓南

（浙江大学土木工程学系）

摘要 本文采用有限单元法探讨了软黏土地基上圆形贮罐上部结构、垫层和地基共同作用对贮罐沉组和基底反力分布的效应，以及对在地基固结过程中贮罐沉降的发展过程和地基中孔隙水压力分布的影响。本文以一油罐为例，将计算结果与实测结果进行了比较分析，说明考虑上部结构、垫层和地基共同作用是必要的。

1 前 言

近年来，上部结构和地基的共同作用对这两者工作性状的影响越来越受到人们的重视，考虑上部结构、基础和地基共同作用的设计已被称为"合理设计"[1]。国内外许多学者从事这方面的研究，至目前已取得了许多成果。尤其是数值计算方法（如有限单元法）和计算机的发展及应用为分析上部结构和地基土体的共同作用提供了有力的工具，使得求解非均质材料的、非线性应力-应变关系的，以及复杂的边界条件的边值问题成为可能。上部结构和地基土体的刚度是根据它们的应力-应变关系确定的。一般说来，上部结构的材料强度要比地基土体的强度大得多。因此，上部结构经常被假定为线弹性体，而地基土体可根据需要采取恰当的应力-应变模型，例如非线性弹性模型、弹塑性模型等。在上部结构和地基共同作用过程中，如果它们的接触面处不会产生滑动和脱开，可假定上部结构和地基土体在变形过程中保持接触；如果在接触面处可能发生相对滑动、脱离接触，或周期性闭合和张开，则可在接触面设置界面单元[2]。在较大的荷载作用下，地基中或界面上的某些单元可能会出现超过抗拉强度的拉应力，或出现强度发挥度大于1的不合理应力状态，采用应力转移法可以消除这种状况[3]。为了了解软黏土地基固结过程中上部结构和地基土体共同作用的工作性状，在共同作用分析中，要考虑地基的固结问题。

现以圆形贮罐为例，采用有限单元法探讨轴对称条件下上部结构、垫层和地基共同作用，对贮罐沉降，以及对地基固结过程中贮罐沉降发展和地基中孔隙水压力分布的影响。

2 有限单元法基本方程

工程建设中经常碰到在软黏土地基上建造油罐、筒仓和水池等钢制或钢筋混凝土制的圆形

---

[*] 本文原标题为《软粘土地基上圆形贮罐上部结构和地基共同作用分析》，刊于《浙江大学学报》，1986，20(1)：108-116.

贮罐构筑物。一般情况下,圆形贮罐构筑物包括罐体、环基和地基(包括垫层)等部分。为了探讨各部分在荷载作用下的工作性状,比较合理的方法是分析在荷载作用下,它们是怎样共同作用的。在考虑共同作用的分析中,为了简化计算,贮罐壁和环基的作用简化为其对贮罐底板周边的刚接作用,即贮罐底板周边的径向转角为零。

在考虑上部结构和地基的共同作用分析中,对贮罐底板采用轴对称条件下薄板的有限单元法分析。计算中采用的单元为圆环形薄板单元,位移模式为挠度是径向坐标的三次函数。地基固结过程根据比奥(Biot)固结理论有限单元法分析,对空间取有限单元法近似,对时间取差分近似[4]。由于环基的围箍作用,环基内土体的径向位移很小,并考虑到贮罐底板与地基间的摩擦力,假定贮罐底板与地基土体之间不产生相对滑动。在荷载作用下,上部结构和地基的接触面上的节点在变形过程中保持接触,也就是说两者的位移相等。在这种变形协调条件下,接触面上可不设界面单元。于是,通过变形协调条件,可把薄板的有限单元法与地基固结有限单元法结合在一起,这样就可得到考虑上部结构和地基共同作用的有限单元法方程,其增量形式如下:

$$
\left\{
\begin{array}{ccc|c}
K_{bii} & K_{bic} & 0 & 0 \\
K_{bci} & K_{scc}+K_{bcc} & K_{sci} & K_p \\
0 & K_{sic} & K_{sii} & \\
\hline
0 & K_v & & \dfrac{-\Delta t}{2}K_q
\end{array}
\right\}
\left\{
\begin{array}{c}
\Delta \delta_{bi} \\
\Delta \delta_{sc} \\
\Delta \delta_{si} \\
\Delta P_w
\end{array}
\right\}
=
\left\{
\begin{array}{c}
\Delta F_{bi} \\
\Delta F_c \\
\Delta F_{si} \\
\Delta R
\end{array}
\right\}
\tag{1}
$$

式中,$[K_{bii}]$为上部结构关于非接触面上节点的刚度矩阵;$[K_{bic}]$为上部结构关于非接触面上节点由于接触面位移的刚度矩阵;$[K_{bci}]$为上部结构关于接触面上节点由于非接触面上的位移的刚度矩阵;$[K_{scc}]$为地基关于接触面上节点刚度矩阵;$[K_{bcc}]$为上部结构关于接触面上节点刚度矩阵;$[K_{sic}]$为地基关于非接触面上的节点由于接触面位移的刚度矩阵;$[K_{sci}]$为地基关于接触面上的节点由于非接触面上的位移的刚度矩阵;$[K_{sii}]$为地基关于非接触面上节点的刚度矩阵;$[K_v]$为地基土体体变矩阵;$[K_p]$为地基中由于孔隙水压力的刚度矩阵;$[K_q]$为地基渗透流量矩阵;$\{\Delta \delta_{bi}\}$为上部结构在非接触面上节点位移矢量增量;$\{\Delta \delta_{sc}\}$为地基在接触面上的节点位移矢量增量。

3 贮罐、垫层和地基共同作用分析

3.1 计算参数和计算上层范围

在有限单元法分析中,计算土层深度为 H,半径为 L,贮罐底板半径和均布荷载半径为 R。计算土层底面边界为支座,四周边界为滚轴支座。根据对称性,轴线处为滚轴支座。计算土层上、下两边界面和四周边界均为排水面,根据对称性,轴线处为不排水边界。贮罐底板的约束条件为:四周边界节点径向转角为零,根据对称性,贮罐底板的圆心处径向转角也为零。

为便于分析比较,采用线性弹性分析。地基土计算参数为:杨氏模量 $E_s=30\,\mathrm{kg^2/cm^2}$、泊松比 $\nu_s=0.35$、渗透系数为 $5\times10^{-7}\,\mathrm{cm/s}$,相应的土体固结系数 $C_v=1.67\times10^{-2}\,\mathrm{cm^2/s}$。贮罐底板与地基的相对刚度 K 用下式计算:

$$
K=\frac{E(1-\nu_s^2)}{E_s}\left(\frac{h}{R}\right)^3
\tag{2}
$$

式中,E 为贮罐底板的杨氏模量;h 为贮罐底板厚度。

计算土层厚度和宽度对贮罐沉降的影响分别见图 1、图 2。图中纵坐标 $S_0E_s/(1-\nu_s^2)qR$、$\Delta SE_s/(1-\nu_s^2)qR$ 分别为贮罐中心点相对沉降和贮罐中心点与贮罐边缘点相对沉降差。S_0 和 ΔS 分别为贮罐中心点沉降和贮罐中心点与贮罐边缘点沉降差,q 为荷载密度。由图 1 可见,当 $H/R>4.5$ 时,增加计算土层厚度,贮罐沉降变化很小,罐边缘和罐中心点沉降差变化则更小。见图 2 可见,当 $L/R>4.0$ 时,增加计算土层宽度对计算结果影响很小。可以认为上述范围就是圆形荷载在半无限空间均质地基上作用影响范围。本文在计算中,计算土层厚度取 $L/R=4.5$,在分析半无限空间土层时,计算土层厚度取 $H/R=5.0$。

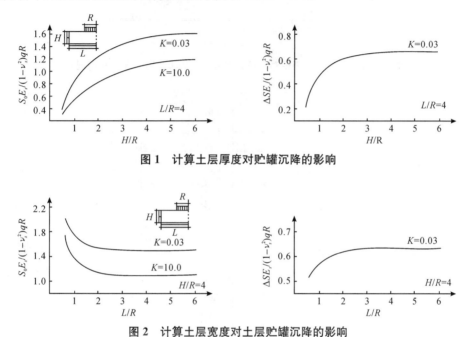

图 1　计算土层厚度对贮罐沉降的影响

图 2　计算土层宽度对土层贮罐沉降的影响

3.2　上部结构与地基相对刚度的影响

通过研究上部结构与地基的相对刚度对这两者工作性状的影响来分析上部结构和地基的共同作用是方便的。这里先讨论地基为半无限空间的情况,然后在第 4 节讨论地基黏土层为有限厚的情况。

相对刚度对贮罐中心点和贮罐边缘点相对沉降差的影响情况见图 3。从图 3 中可以看到:当 $K<0.03$ 时,上部结构可以认为是完全柔性的;当 $K>10$ 时,上部结构可以认为是完全刚性的;当 $0.03<K<10$ 时,相对刚度的变化对沉降差的影响比较大。于是,在实际工程设计中,首先需要确定的是上部结构与地基的相对刚度值。根据相对刚度的大小,就能估计出上部结构和地基共同作用所可能产生的影响。圆形贮罐相对刚度对基底反力分布的效应见图 4。当 $K<0.03$ 或 $K>10$ 时,相对刚度的变化对基底反力分布的影响不大。对于前者,上部结构可视为柔性结构,基底反力基本上均匀分布;对于后者,上部结构可认为是刚性结构,除在罐周边附近有较大的应力集中外,从离开圆心不远处开始,基底反力随着其到圆心距离增大而增大。当 $0.03<K<10$ 时,相对刚度的变化对基底反力分布的影响较大。这里应该指出的是,当上部结构与地基的相对刚度较大时,在罐周附近发生的应力集中会在地基中形成局部塑性区,并引起应力重分布。这种效应会使罐周附近应力集中区域的应力值大为减小,基底反力分布曲线的形状变为

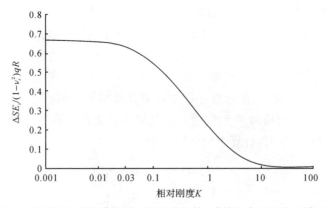

图3　相对刚度对贮罐相对沉降差的影响(地基为半无限空间情况)

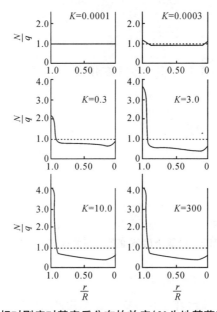

图4　相对刚度对基底反分布的效应(N 为地基荷载密度)

比较平缓的抛物线形或马鞍形。进一步的分析需要把土体视作为非线性弹性体或弹塑性体。

在地基固结过程中上部结构相对刚度对贮罐中心点与贮罐边缘点沉降差发展情况的影响见图5。沉降差在地基固结过程中发展情况的一般规律为:沉降差大部分在加荷初期完成,随着地基的固结继续增加,在固结完成时趋于稳定。若上部结构相对刚度较小,则加荷初期完成的沉降差占最终沉降差的比例减小,当相对刚度增大,加荷初期完成的比例提高。

当相对刚度分别等于 0.03、0.5 和 10 时,加荷初期($t=5$ 天)贮罐地基中深度 2 米处孔隙水压力的分布情况见图6。从图6中可以看到:随着上部结构相对刚度的增大,贮罐中心点地基中孔隙水压力减小,而边缘点地基中孔隙水压力增大。其规律与贮罐相对刚度对基底反力分布的影响是类似的。

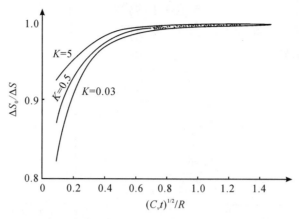

图 5　在固结过程中相对刚度对沉降差发展情况的影响

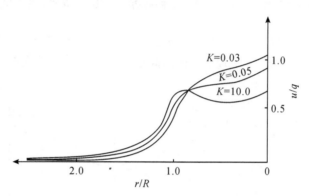

图 6　地基中孔隙水压力沿径向分布($t=5$ 天,深度 2 米)

3.3　贮罐环基、垫层对地基性状的影响

贮罐环基的作用一为与贮罐壁共同限制贮罐底板周边的径向转动,二为限制被它围箍的土体的侧向位移。环基高度 h_c 对贮罐中心点与边缘点的沉降差的影响见图 7。增加环基高度贮罐沉降差有所减小,但幅度甚小。

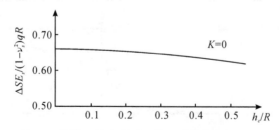

图 7　贮罐环基高度对贮罐相对沉降差的影响

在实际工程中,贮罐罐体和环基一般通过垫层置于软黏土地基上。垫层材料的杨氏模量一般要比软黏土地基本身的杨氏模量大,下面讨论垫层厚度 h_f 和垫层材料的杨氏模量 E_f 对贮罐中心点与贮罐边缘点沉降差以及对地基荷载分布的影响。

垫层弹性模量 E_f 和垫层厚度 h_f 对贮罐中心点和边缘点沉降差的影响分别见图 8、图 9。从图中可看出,采用弹性模量较高的材料做垫层或增加垫层的厚度均可降低贮罐中心点与边缘点的沉降差。但应注意到：当垫层材料与地基土的弹性模量比大于 8 以后，继续提高垫层材料的弹性模量对降低沉降降差效果已不明显；垫层厚度与贮罐半径之比小于 0.5 时，增大垫层厚度对降低沉降差效果明显。

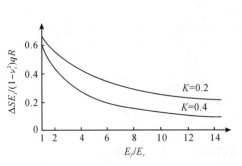
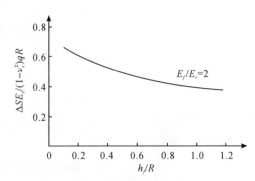

图 8　垫层与地基的弹性模量比对贮罐相对沉降差的影响　　图 9　垫层厚度对贮罐相对沉降差的影响

　　垫层厚度、垫层材料弹性模量和垫层范围对作用在地基上的竖直向荷载分布的影响分别见图 10(a)(b)和(c)。增加垫层材料的厚度和提高垫层材料的弹性模量都可减小作用在地基上的荷载密度。

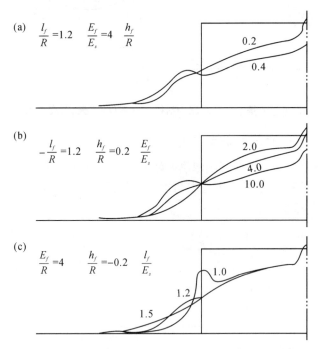

图 10　垫层厚度弹性模量和范围对地基上竖直荷载分布的影响($K=0$)

　　对于钢制大型油罐，贮罐底板的刚度很小，为了减小贮罐中心点和边缘点的沉降差，可增加垫层厚度和提高垫层材料的弹性模量，增大贮罐环基高度的效果并不明显。这一分析结果也表明了曾国熙教授[5]提出的建议——在软黏土地基上建造大型油罐时，采用低环基、厚垫层加反压的地基加固方案是合理的。

3.4　软黏土地基为有限厚情况下上部结构和地基共同作用分析

在实际工程中,常常会遇到需将贮罐建在位于岩基或较硬土层上方的有限厚度的软弱土层上。若荷载作用半径 R 和软弱土层厚度 H 之比大于 4.5,可作为半无限空间地基处理。若荷载作用半径 R 和软弱土层 H 之比小于 4.5,则上部结构和地基共同作用对地基沉降及对贮罐基底反力分布等方面的效应,都将与地基为半无限空间情况时不同,可作为地基为有限厚的情况处理。在分析中其边界条件与半无限空间地基分析时相同。

在地基为有限厚的情况下,上部结构的相对刚度对贮罐中心点与边缘点的沉降差的影响见图 11。与地基为半无限空间的情况相类似,当相对刚度在 0.03 至 10 时,随着上部结构相对刚度的增大,贮罐中心点与边缘点的沉降差迅速减小;当相对刚度小于 0.03 时,上部结构相对刚度的变化对沉降差影响不大,上部结构可视为柔性结构;当相对刚度大于 10 时,上部结构相对刚度的变化对沉降差的影响也很小,上部结构可以认为是刚性结构。从图 11 中还可看到,若上部结构刚度相同,沉降差随有限厚地基的厚度增大而增大。

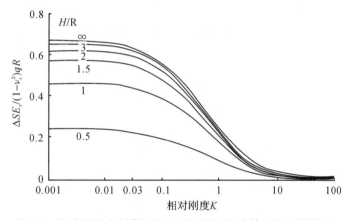

图 11　相对刚度对贮罐相对沉降差的影响(地基为有限厚情况)

4　一个工程实例

笔者曾用比奥(Biot)固结理论有限单元法分析了某厂一容量为一万立方米的油罐(♯7201)地基固结问题[4-5]。该厂油罐区位于杭州湾滨海围滩地上,软土层属于河口滨海相沉积。

该油罐直径 31.4 米,基础构造见图 12。该油罐为试验罐,首先进行充水预压试验,并埋设沉降位移,孔隙压力等项观测仪器进行现场观测[6]。

为了考虑上部结构刚度可能产生的影响,首先计算上部结构与地基的相对刚度。该油罐与地基的相对刚度约为 0.0001,根据前面的分析,可视为柔性结构。这样,在计算中可不考虑罐体的刚度,而只考虑砂垫层和环基的作用。该油罐在试水阶段的加荷情况见图 13(a),其沉降-时间曲线见图 13(b)。实线和虚线分别为实测和计算沉降过程线。图 13(b)中计算沉降线Ⅰ为未考虑环基及砂垫层刚度的计算结果,油罐中心点沉降计算值大于实测值,而边缘点沉降计算值小于实测值。计算沉降线Ⅱ是考虑了环基及砂垫层刚度的计算结果。理论计算与实际接近的程度得到改善。

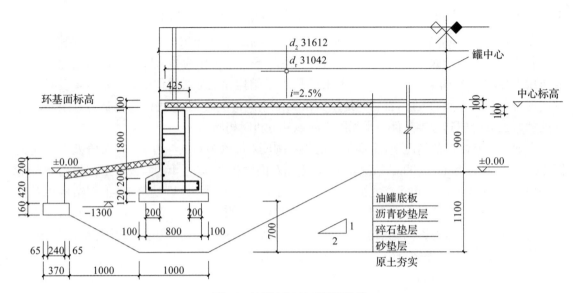

图 12　油罐(♯7201)基础构造

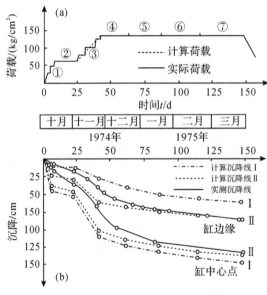

图 13　油罐(♯7201)沉降-时间曲线

5　结　语

　　数值计算方法和计算机的应用及发展,为上部结构和地基共同作用分析提供了有力的工具。通过上述分析可以得到以下几点结论。

　　(1)当圆形贮罐与地基的相对刚度小于 0.03 时,它可被视为柔性结构;当相对刚度大于 10 时,它可被认为刚性结构;当相对刚度介于 0.03 和 10 之间时,其变化对地基上的荷载分布,以及对贮罐中心点和边缘点的沉降差的影响较大。

　　(2)当计算土层相对厚度(H/R)大于 4.5,相对宽度(L/R)大于 4.0 时,可视为半无限空间;当相对厚度小于 4.5 时,地基上的荷载分布和贮罐沉降差不仅与上部结构的相对刚度有关;

也与地基厚度有关。当相对厚度小于 3 时,地基厚度对沉降差的效应显著。

（3）在软黏土地基固结过程中,贮罐中心点和贮罐边缘点的沉降差大部分在加荷初期完成,并随着地基的固结而逐步增大,固结完成则沉降差稳定。随着上部结构相对刚度的增加,在贮罐中心点下的地基中孔隙水压力减小,贮罐边缘地基中则有所增大。

（4）增加软黏土地基上垫层的厚度和垫层材料的弹性模量可以减小贮罐中心点与边缘点的沉降差,也可以减小作用在软土层上的荷载密度。

（5）从一个工程实例的计算分析可以看出,考虑上部结构、垫层和地基共同作用,可使理论计算与实际接近的程度得到改善。这说明在实际工程分析中,考虑上部结构和地基共同作用的影响是必要的。

致谢:本文是在导师曾国熙教授指导下关于油罐软黏土地基性状研究的部分内容。对导师的精心指导,对唐锦春副教授、李明逵讲师的热心帮助,笔者表示衷心的感谢。

参考文献

[1] Hain S J, Lee I K. Rational analysis of raft foundation[J]. Journal of the Geotechnical Engineering Division, 1974, 100(7): 843-860.

[2] Goodman R E, Taylor R L, Brekke T L. A model for the mechanics of jointed rock[J]. Journal of the Soil Mechanics and Foundations Division, 1968, 94(3): 637-659.

[3] Zkenkiewicz O C, Valliappan S, King I P. Stress analysis of rock as a 'no tension' material[J]. Géotechnique, 1968, 18(1): 56-66.

[4] 曾国熙,龚晓南. 软土地基固结有限元法分析[J]. 浙江大学学报,1983,1(1):1-14.

[5] 曾国熙,龚晓南. 软粘土地基上一种油罐基础的构造及地基固结分析[C]//中国土木工程学会. 中国土木工程学会第四届土力学及基础工程学术会议论文选集. 北京:中国建筑工业出版社,1983:11.

[6] 曾国熙,潘秋元. 贮罐软土地基的稳定性与变形[J]. 浙江大学学报,1978(2):94.

沉降浅议[*]

龚晓南

（浙江大学土木工程学系）

工程师们常说沉降难以正确估计。确实，正确预估沉降很难。地基上层土性离散、所提供参数的可靠性、计算理论欠完善等均影响正确预估沉降，客观原因很多。本文不准备讨论这些客观原因带来的影响。工程师在主观上没有把握住所要预估的和实际计算得到的沉降量是否同一含义，也是使沉降难以正确估计的一大原因。

教科书上介绍，在荷载作用下，地基沉降可以分为三部分：瞬时沉降、固结沉降和次固结沉降。这对沉降机理分析是很清楚的，对各类沉降计算也是可行的，三项相加后可得到总沉降。工程师们在设计中往往要回答工后沉降是多少，而且是在一定时间内的工后沉降。于是，构筑物的沉降又可分为施工期沉降、工后沉降两部分。工后沉降又往往分为竣工后一定时间内的沉降和竣工后一定时间后的沉降。业主较关心前者，很少有人注意后者。施工期沉降与工后沉降之和，是否等于瞬时沉降、固结沉降和次固结沉降三者之和呢？看来也不一定需要满足一定的条件。

深厚软黏土地基上构筑物的沉降预估更为困难。在时间上区分瞬时沉降、固结沉降和次固结沉降是很困难的。瞬时沉降和固结沉降、固结沉降和次固结沉降往往重叠在一起。施工期沉降和工后沉降各占多少，不仅与施工期长短有关，而且与地基土层的渗透性有关。若对这些问题缺乏具体工程具体分析，想要正确预估工后沉降是困难的。

如何正确预估深层搅拌桩复合地基工后沉降？这是人们广泛关注的问题。不少报道（非全部）均指出实际沉降小于计算沉降。这里的实际沉降多数是指竣工后一定时间内的沉降，计算沉降往往是指固结沉降、或由固结沉降量修正后的总沉降量（包括瞬时沉降、固结沉降和次固结沉降）。两者含义不同，数值差较多也是正常的。天然地基设置了水泥土桩，形成复合地基。在荷载作用下，复合地基和天然地基中的应力场分布相差颇大。由于加固区的存在，浅层地基中的高应力区应力水平降低、扩大、下移，由于水泥土渗透性比天然地基土更小，高应力区下移，深层搅拌桩复合地基固结沉降不仅减小，而且固结完成时间延长。对于渗透性很差的地基（无水平砂层的软土地基），水泥土复合地基固结完成时间很长，其深部土层中超孔隙水压力也许长期不会消散。通常在设计中，加固区压缩量约取 $S_1 = 30mm$，下卧层土层压缩量取 $S_2 = 90 \sim 150mm$。在计算 S_2 时，所用参数是压缩试验（排水固结条件）提供的参数，是固结完成的压缩。通过上述分析，笔者认为可以解释为何会出现计算沉降大于实际沉降的情况。若下卧层土层中有水平砂层，或土体渗透系数大，计算沉降和实际沉降会接近一些。

沉降难以正确估计的影响因素很多，正确理解各种沉降的含义是很重要的，是正确预估沉降的前提条件。

＊本文刊于《地基处理》，1996，7（1）：41.

某路槽滑坍事故及整体稳定分析*

余绍锋[1]　龚晓南[2]　曾国熙[2]　沈文诚[3]

(1.上海铁道大学土木工程系;2.浙江大学土木工程学系;3.浙江省宁波市交通局)

摘要　本文介绍了某路槽工程概况、滑坍状况及滑坍以后地质勘察揭示的水文、地质情况和滑体形状。还就带撑地下连续墙支挡结构进行了整体稳定性理论分析,理论分析与工程实际相符。

1　工程概况和滑坍状况介绍

1.1　工程概况

某路槽工程采用地下连续墙挡土结构,全长 2×268m,槽宽约 10.5m,共分 10 大墙段,共计 2×67 个单元槽段,每单元长 4m,墙厚 0.8m。其结构布置见图 1。详细尺寸见表 1。第 1 至第 8 墙段设钢筋混凝土现浇支撑,支撑横断面尺寸为 80cm×80cm。表 1 中,路槽以上墙高 h 指建设完工后路表面以上墙的高度;施工时最不利工况墙高 h_1,指路槽开挖至路基底面时开挖面以上墙的高度。

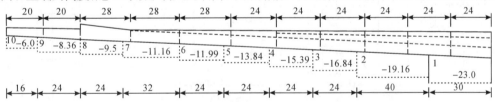

图 1　地下连续墙路槽纵向布置(单位:m)

表 1　地下连续墙设计一览

| 墙段编号 | 墙段尺寸/m | | | 路槽以上墙高 h/m | 墙体插入深度 d/m | d/h | 单元槽段支撑 | | 施工时最不利工况墙高 h_1/m | 施工时最不利工况墙插入深度 d_1/m | d_1/h_1 |
	长	宽	高				数量	面积/(cm×cm)			
1	36	0.8	27.00	12.64~13.97	14.36~13.03	1.14~0.93	2	80×80	14.807~16.247	12.183~10.853	0.82~0.67
2	40	0.8	23.59	11.16~12.64	12.43~10.95	1.13~0.87	2	80×80	13.337~14.817	10.253~8.773	0.77~0.59
3	24	0.8	20.69	10.27~11.16	10.42~9.53	1.01~0.85	2	80×80	12.447~13.337	8.243~7.353	0.66~0.55
4	24	0.8	19.19	9.38~10.27	9.81~8.92	1.05~0.87	2	80×80	11.557~12.447	7.633~6.743	0.66~0.54
5	24	0.8	15.69	8.49~9.38	9.10~8.21	1.07~0.88	2	80×80	10.667~11.557	6.923~6.033	0.65~0.52
6	24	0.8	15.69	7.61~8.49	8.08~7.20	1.06~0.85	2	80×80	9.787~10.667	5.903~5.023	0.60~0.47
7	32	0.8	14.70	6.57~7.61	8.13~7.09	1.24~0.93	2	80×80	8.747~9.787	5.953~4.913	0.68~0.50
8	24	0.8	13.1~15.5	7.91~6.57	7.59~6.53	0.96~0.99	2	80×80	7.687~8.747	5.413~4.333	0.70~0.50
9	24	0.8	11.90	4.49~5.45	7.41~6.45	1.65~1.18	—	—	6.667~7.627	5.233~4.273	0.79~0.56
10	16	0.8	10.39	3.85~4.49	6.54~5.90	1.70~1.31	—	—	6.027~6.667	4.363~3.723	0.72~0.56

*本文刊于《岩土工程学报》,1997,19(1):8-14.

1.2 施工状况

多支撑地下连续墙路槽的开挖是"开挖—支撑—开挖—支撑"的重复过程,土方开挖从挖深较浅向较深方向进行。每单元槽段设两根临时钢支撑,临时钢支撑设置在路面标高位置,其断面尺寸见图2,临时钢支撑的组合焊缝大约相隔18cm,失焊15cm,焊缝高度约5mm。临时钢支撑是采用人工安装就位的,即用两只50t千斤顶施加一定预加力后,用钢板楔块挤紧。滑坍前除44号槽幅未安装临时钢支撑和46号槽幅一根临时钢支撑未安装外,其余槽均按设计标高安装了临时钢支撑。

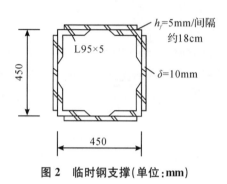

图2 临时钢支撑(单位:mm)

滑坍前地下连续墙路槽土方开挖的形势见图3,开挖的泥面标高为设计的路面标高,自然地面标高约为4.5~5.1m。

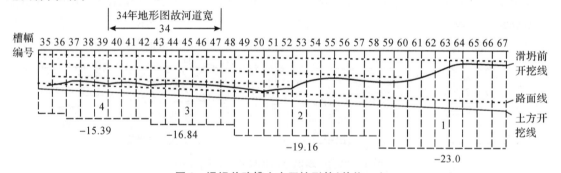

图3 滑坍前路槽土方开挖形势(单位:m)

1.3 滑坍状况

滑坍以后路槽内土体隆起,槽壁墙体出现不同程度下沉、倾斜,钢筋混凝支撑有些受弯折断斜塌或被拉脱。其中44槽墙幅顶沉降量最大达2.10m,墙体倾斜达14°15′。滑坍以后的平面形势见图4,滑体周界平面呈弓形,滑坍土体南北向长50m,东西最宽处达18.6m,滑坍处地面明显下沉,最低处与原地面相差4m多,滑坍壁形成陡坎或陡坡。沿滑坍壁有地下水溢出,封闭洼地处形成水池。后缘地面产生多条张拉裂缝,裂缝最长达28m,裂缝宽度一般为2~10cm,有的为30~50cm,可见深度50~70cm。

滑坍范围内墙体、支撑变化情况见表2。滑坍地段地形变化见图5,上下层钢筋混凝土支撑拉脱倾斜和剪断的状况见图6、图7,46号槽幅临时钢支撑端部卷曲状况见图8。

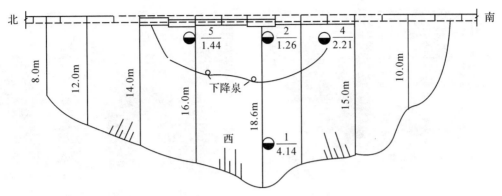

图 4　地下连续墙滑坍后平面图

表 2　滑坍墙段变化一览

槽壁编号	墙体变化	固定支撑变化	临时支撑变化	基坑变化	备注
37	墙体下沉 1.7m,少量踢脚。钢筋网片拉脱,临撑底网片踢出	稍西倾	稍西倾	无变化	—
38	下沉 1.7m,少量踢脚,上支撑钢筋网片拉脱	上支撑东倾,搁于下撑上,下撑西倾	西侧,端部卷曲	东侧上升 40cm,西侧无变化	—
39	下沉 1.8m,少量踢脚。上支撑处一水平裂缝	西倾	西倾	东侧上升 1.0m,西侧无变化	—
40	下沉 1.8m,少许踢脚。顶部成 45° 裂缝,钢筋网片拉脱	西倾,上支撑搁于下支撑上	稍西倾,基坑土与临撑接触	东侧上升 1.1m,西侧不变	—
41	下沉约 2.5m,少许踢脚,钢筋网片拉出	西倾,上撑搁于下撑上	稍西倾,基坑涌土与临撑相触	东侧上升 1.2m,西侧无变化	—
42	下沉 2.0m,少许踢脚,两侧有液态泥,并不断增加	西倾,上撑搁于下撑上	稍西倾,涌土与临撑相触	东侧上升 1.2m,西侧无变化	搁三角短支撑一根
43	下沉约 1.8m,明显踢脚倾斜网片拉出。两侧有液态泥	西倾,破坏,跌落.成折线状	西倾,涌土与临撑相平	东侧上升 1.1m,西侧无变化	—
44	下沉 1.5m,明显踢脚倾斜	西倾,错位 80cm,钢筋卷曲	未支撑	搅拌土坍落,东上升 1.6m 与 43 幅间成一沟	44、45、46 号上撑搁一根临撑
45	下沉 1.3m,同 44	西倾,下撑东颈部破坏,错位 60cm,钢筋卷曲	西倾,与涌土持平	搅拌土坍落,东侧上升 2.0m,西侧基本不变	—
46	下沉 1.3m,同 44。顶部局部破坏	西倾,下撑颈部破坏,错位 50cm	东侧端部卷曲,与涌土持平	东侧上升 1.7m,西侧无变化	46、47 号上撑搁一根临撑
47	下沉 1.1m,少许踢脚。临撑底破坏,钢筋踢出	西倾	一根。西端与涌土持平	东侧上升 1.3m,西侧变化不大	—
48	下沉约 60cm,少许踢脚。底部混凝土破坏。钢筋踢出	西倾	东侧端部卷曲,与涌土持平	东侧上升.1.0m,西侧无变化	46、47、48 号下撑搁一根临撑
49	下沉约 10cm,少量踢脚,底部混凝土破坏,网片踢出	稍西倾,上撑东侧稍拉离	基本无变化	基本无变化	—

图 5　滑坍全貌

图 6　钢筋混凝土支撑破坏情况

图 7　下层钢筋混凝土支撑被剪断

图 8　46 号槽幅临时钢支撑西端翻卷

2　水文地质勘察结果

该工程位于浙江省沿海地区,曾多次进行勘察场区的地质情况。发生滑坍事故以后,对滑坍地段又重新进行了地质勘察,其中滑体内钻探孔布置见图 4,孔号为 1,2,4,5。

复勘并查明了滑坍部位有一故河道,见图 3。故河道宽约 34m,深约 5.2m,在建设隧道时已淤积成宽约 2m,深约 1m 的小沟,其走向与路槽垂直,故河道中岩性:①杂填土,厚度 1.40～3.40m;②淤泥质粉质黏土,灰色,流塑,饱和,厚度 1.90～3.40m;③粉质黏土,厚度 1～2.3m;故河道中缺失④淤泥质黏土;其下的⑤层为粉质黏土,受故河道河水冲刷厚度变薄,为 5.2～8.8m。

经现场钻探查明,滑体上部滑动面的倾角约 70°,滑动面往下渐变缓,从地下连续墙墙底通过,滑体内外地层界线被错交,地面土体下沉的体积与坑内土体隆起的体积基本相等。地质勘探证实的地下连续墙倾斜、地层错交的状况见图 9。

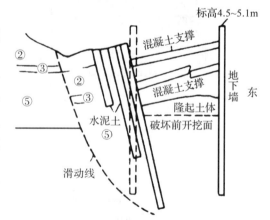

图 9　地质勘探查明的滑坍形状

3　路槽滑坍的整体稳定性分析

地下连续墙支挡结构在路槽开挖中既要挡土又要挡水,它是由支挡墙体、支撑系统、止水结构以及墙前墙后土体组成的共同受力体系。它的受力变形状态与墙体刚度、支撑刚度、止水结构刚度、墙体插入土体深度,以及基坑形状、基坑尺寸、土体力学性能、地下水状况、施工顺序和开挖方式等因素有关。因此,支挡结构的破坏形式可分为失稳破坏和强度不足破坏。其中,失稳破坏又包括整体失稳、基坑隆起、支撑失稳和管涌,强度不足破坏包括墙体折断和平面变形过大。以下仅讨论整体失稳破坏。

所谓整体失稳破坏就是支挡结构及坑外土体向坑内整体滑动。悬臂式支挡结构整体失稳破坏,即被动区土体难以抵挡主动区土压力的作用,产生向坑内方向整体滑动。该问题可采用毕肖普(Bishop)圆弧滑动法验算。对于多支撑支挡结构,由于其本身为静定或超静定结构,只要支撑可靠,从理论上来说,即使支挡结构无插入深度也不会产生整体失稳破坏。为了满足基坑抵抗隆起的要求,支挡墙应插入坑底以下一定深度。当插入端土体软弱、插入深度较小、被动区土体和部分支撑又难以抵抗主动区土压力作用时,就会发生整体失稳破坏。这种整体失稳破坏,实际上是以支撑压屈或松脱为前导,从而使支挡结构系统内力增加,导致坑外土体大滑坡。

根据工程实例,带撑支挡结构在黏性土中发生整体滑动带有转动倾向。所以可假定多支撑支挡结构发生整体滑动时的破坏模式,见图10,基坑底面以下的滑动面为圆柱面,坑底以上的滑动面为与圆柱面相切的平面,滑体和支挡墙是绕支挡墙上某一点转动。由于支撑的刚度较支挡墙的刚度小得多,可假定发生整体滑动时,支挡墙是刚性转动。以上假设土体沿 $ABCG$ 面滑动,产生滑动的力为 $ABFE$ 土体重量及地表超载 q。在坑底以下由于假定圆弧滑动,则圆弧滑动面以上支挡墙两侧土体重量相等,滑动力可认为相互抵消。抵抗滑动的力则为 $ABCG$ 土体的抗剪力,以及由支撑和支挡墙系统产生的抵抗力。抗滑动能力为最小且滑动能力为最大时的 β 角值决定了转动中心 O 点的位置,同时也求得了整体稳定的安全性。显然,转动中心 O 点在支挡墙上最为合理。当 O 点向坑内移动时,滑动力减小;当 O 点向坑外侧移动时,墙体至 O 点之间的土体将起抗滑力的作用。

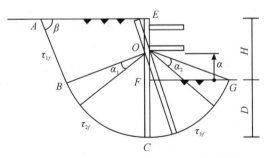

图10　多支撑支挡结构整体失稳破坏模式

对于黏性土,由于 $\varphi \neq 0$,因此在计算滑动面上抗剪强度时应采用 $\tau_f = \sigma \tan\varphi + c$ 的公式。将滑动面分成三部分,分别为 AB、BC、CG,考虑到 β 角与 $\pi/2$ 接近,并且当土体发生滑动时,支挡结构主动侧土压力应该介于主动土压力与静止土压力之间,因此 AB 面上 σ 近似取水平侧压力在滑动面的分力,$\sigma = \gamma z \tan^2\left(45° - \dfrac{\varphi}{2}\right)\sin\beta$。而滑动面 BC、CG 上的 σ 考虑两部分,即土体自重在滑动面上的法向分力和该处水平侧压力在滑动面上的法向分力,其中 BC、CG 上的水平侧压

力近似取为 $\sigma = \gamma z \tan^2\left(45° - \dfrac{\varphi}{2}\right)$。这样可得各滑动面上抗剪强度公式如下：

$$\tau_{1f} = (\gamma x \sin\beta + q)\sin\beta\tan\varphi\zeta_a + c \tag{1}$$

$$\tau_{2f} = (qf + \gamma R\sin\alpha_1 - a\gamma)\tan\varphi\sin^2\alpha + (qf + \gamma R\sin\alpha_1 - a\gamma)\sin\alpha_1\cos\alpha_1\tan\varphi\zeta_a + c \tag{2}$$

$$\tau_{3f} = (\gamma R\sin\alpha_2 - a\gamma)\sin^2\alpha_2\tan\varphi - (\gamma R\sin\alpha_2 - a\gamma)\sin\alpha_2\cos\alpha_2\tan\varphi\zeta_a + c \tag{3}$$

式中，$\zeta_a = \tan^2\left(45° - \dfrac{\varphi}{2}\right)$，$q_f = \gamma H + q$，$R = \dfrac{D}{1 - \cos\beta}$，$a = R\sin\beta$。

定义整体稳定安全系数 K_s 为绕 O 点的抗滑力矩 M_r 与绕 O 点的滑动力 M_s 的比值。

$$K_s = \frac{M_r}{M_s} \tag{4}$$

可求得滑动力矩 M_r，为

$$M_r = \int_0^{H/\sin\beta} R\tau_{1f}\,dx + \int_{\frac{\pi}{2}-\beta}^{\frac{\pi}{2}} \tau_{2f}R^2\,d\alpha_1 + \int_{\frac{\pi}{2}-\beta}^{\frac{\pi}{2}} \tau_{3f}R^2\,d\alpha_2 + M_h$$

$$= A\zeta_a\tan\varphi + B\tan\varphi + cF + M_h \tag{5}$$

$$A = \left(\frac{1}{2} - \frac{\cos^2\beta}{2}\right)(R^2 q_f - 2R^2 a\gamma) + 2vR^3\left(1 - \frac{\cos^3\beta}{3}\right) + \frac{R\gamma H^2}{2} + RHq \tag{6}$$

$$B = 2\gamma R^3\left(\sin\beta - \frac{\sin^3\beta}{3}\right) + \left(\frac{\beta}{2} + \frac{\sin^2\beta}{4}\right)(R^2 q_f - 2R^2 a\gamma) \tag{7}$$

$$F = 2R^2\beta + \frac{RH}{\sin\beta} \tag{8}$$

滑动力矩 M_s 为

$$M_s = \frac{1}{2}q_f b^2 + \frac{1}{2}H^2\cot\beta\left(R - \frac{1}{3}H\cot\beta\right) + q\cot\beta H\left(R - \frac{1}{2}\cos\beta H\right) \tag{9}$$

式中，$b = R\sin\beta$。

式(5)和式(6)中，γ 为土体容重，kN/m^3；c 为土体黏聚力，kPa；φ 为土体内摩擦角，可采用加权平均值求得；H 为开挖深度，m；D 为插入深度，m；q 为地面荷载，kPa；R 为滑动圆弧半径，m。

M_h 为支挡结构极限抗弯力矩，在二者中取小值：一是支撑极限轴力对 O 点的力矩，可不考虑受拉支撑的作用；二是支挡墙极限弯矩。

按以上方法计算软黏土不同的 c、φ 值的 K_s-β 曲线见图 11，从图中可以看到 K_s 最小值的 β 角一般在 $65°\sim80°$。确定 β 角后也就确定了转动中心 O 点的位置。当支撑设置在 O 点或 O 点以上时，则可认为支撑对整体稳定不起作用；当支撑设在 O 点以下时，则应分别取不同的 β 值计算 M_h 和 K_s，直至求得 K_s 最小值时为止。当 $\beta = 90°$ 时，即转变成为支撑完全可靠、支撑点设在坑底时的常用整体稳定分析方法。

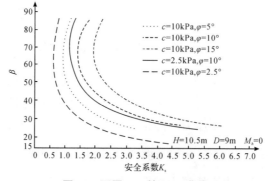

图 11　不同 c、φ 的 β-K_s 曲线

本文介绍的路槽滑坍工程实例,地面标高 4.8m,危险槽幅开挖深度 12.18m,插入深度 9.5m,计入故河道土体抗剪强度较低的实际情况,经整体稳定性分析,可得稳定性安全系数 $K_s=0.9168,\beta=70°$,计算得到的 β 角与实际情况较一致。

4 结 论

本文介绍了软土地基中地下连续墙支挡结构滑坍的工程实例,从支挡结构整体稳定分析结果来看,地下连续墙插入深度不足、临时钢支撑不可靠是引起滑坍的主要原因。

路槽滑坍事故实例表明,进行支挡结构设计时,首先应做好详细的地质勘察和环境调查。地质勘察不详,土体力学参数不准或无代表性,场地内有暗浜、故河道和地下故水沟等原因,经常引起支挡结构不同程度的失效。其次在施工过程中应抓住关键性的施工细节,如适时设置可靠的支撑。

参考文献

[1] 高大钊.软土地基理论与实践[M].北京:中国建筑工业出版社,1992.
[2] 潘家铮.建筑物的抗滑稳定和滑坡分析[M].北京:水利出版社,1980.
[3] 余绍锋.带撑支挡结构的计算和监测[D].杭州:浙江大学,1995.

对几个问题的看法*

龚晓南

（浙江大学土木工程学系）

在无锡交通宾馆召开的全国高速公路软土地基处理学术讨论会（1998.12）论文报告讨论期间，笔者就大会论文报告和专题讨论时一些代表的提问谈了一些看法，现择主要点整理如下。

1 关于高速公路工后沉降的控制值

我国区域辽阔，存在各类软弱地基，高速公路工后沉降的控制值应根据工程地质条件确定，应允许其有较大的变动范围。如果要求将其严格控制在 15cm 以内，有的路段需要付出很高的经济代价，有的路段则可能即使付出较高成本也难以控制得住。全国范围不宜一个标准。对于深厚软弱地基地段，应具体问题具体分析。允许某些地段通过工后修补，经过几年运行后达到设计标准。工后沉降控制值的确定应考虑社会经济综合效益，视工程地质条件确定。规范给出的工后沉降控制值应是设计人员的参考值，而不应是不可逾越的规定。

2 关于主固结和次固结阶段的区分

有人问如何区分高速公路软土地基的主固结阶段和次固结阶段？笔者认为在荷载作用下，软土地基土体主固结和次固结变形产生的两部分沉降是很难区分的，不宜在时间上划分主固结变形阶段和次固结变形阶段。软土地基在荷载作用下完成固结少则几个月，长的达数年，对深厚软黏土地基来说，也许需要几十年，甚至地基深处的超孔隙水压力永远不能消散。土是黏弹塑性体，由土体蠕变形成的次固结变形产生很快。在压缩试验中，土样很薄，且排水条件好，卡萨格兰德（Casagrande）采用作图法将其变形区分为二个阶段，主固结变形阶段和次固结变形阶段，应该说是合理的。但不能将这一区分搬到软土地基的变形随时间变化的分析中。

3 关于瞬时沉降

华侨大学马时冬教授报道在福建某高速公路软土地基路段，土体侧向位移持续两年多，土体侧向位移不断引起路面沉降。该沉降不应是固结沉降，也不是次固结沉降。教科书上将软土地基沉降分为三部分：瞬时沉降、固结沉降和次固结沉降。学界对瞬时沉降有不同的解释：有的认为是荷载作用后，地基立即产生的沉降；有的认为是荷载作用下，土体体积不变，侧向位移引起的沉降。笔者认为瞬时沉降的提法应该废弃。事实上瞬时沉降的描述是非常不确切的，且会

＊本文刊于《地基处理》，1999，10（2）：60-61.

引起误会。软黏土地基沉降三部分应这样描述更合适：不排水条件下土体侧向位移引起的沉降、固结沉降和次固结沉降。

4 关于复合地基桩土应力比

在讨论水泥土桩复合地基桩土应力比的测定时，笔者建议将复合地基桩土应力比作为定性概念来应用，定量分析建议不再使用，理由如下。

影响复合地基桩土应力比的因素很多，除桩土相对模量外，还有桩的长细比、荷载水平（或称复合地基承载能力发挥度）、荷载作用时间等，另外桩土应力比的正确测定也是非常困难的。桩断面中部与边缘应力值不同，桩间土中不同部位土的应力值也不同。桩土应力比应是平均的概念，实际测定很困难。实际上很难给设计人员提供桩土应力比设计值。故笔者建议桩土应力比不宜用于定量分析，只适用于定性分析。

5 关于塑料排水带有效长度

在排水固结法中，近年常采用塑料排水带作为竖向排水通道。塑料排水带当量直径小，考虑井阻作用，塑料排水带存在有效长度问题。当超过一定的长度时，塑料排水带难以起好竖向排水通道作用。但有效长度的确定应与塑料排水带的通水量有关。不同构造、质量的塑料排水带的有效长度不同。

6 关于数值分析

土工问题数值分析的精度不仅与数值分析方法有关，并且与采用的本构模型、选用的参数以及计算域的合理选用有关。名为三维分析，但计算域取为接近一维条件就很难反映三维的性状。初始条件的合理选用也很重要，特别是对非线性分析。上述几个方面，只要一个方面与实际情况差距较大，计算结果就失去意义。以上意见，抛砖引玉，不妥之处请读者批评指正。

水泥土的渗透特性 *

侯永峰　龚晓南

（浙江大学土木工程学系）

摘要　为了提高水泥土的应用水平,通过室内试验研究了水泥土的渗透性与水泥掺入比、时间及外掺材料间的关系:满足工程应用的最佳水泥掺入比为 10%,外掺材料可有效改善水泥土的渗透性。

土的渗透性同强度和变形特性一样,是土的主要力学性质之一。它表征在各种势能作用下,土孔隙中的流体的流动过程及其规律性。影响渗透性因素很多,主要包括:①渗透流体的影响;②颗粒大小和级配的影响;③密度的影响;④封闭气泡和细颗粒移动的影响;⑤固体颗粒的影响;⑥孔隙大小及分布-组构(fabric)的影响[1]。

近年来,水泥土桩在基坑开挖工程中广泛作为止水帷幕使用,坑底的渗流稳定性验算采用渗流路径通过桩底的计算模型,但此种模型只有当桩身渗透系数小于土体本身渗透系数的十分之一时才是比较准确的[2]。本文通过实验研究了水泥土的渗透特性。

1　试样制备及养护方法

试验所用土样分别为萧山黏土和采自沟通工程的粉土土样,其物理性质见表 1。水泥采用 425# 普通硅酸盐水泥,经安定性试验合格,水泥胶砂强度试验合格,强度富余系数为 1.08;粉煤灰采用山东邹县电厂的原状干排粉煤灰,其中 SiO_2、CaO 的质量分数分别为 65.2% 和 4.0%;石灰采用磨细生石灰,有效 CaO、MgO 的质量分数为 79.2%,残渣为 14.9%,符合钙质生石灰的三等要求。试样配合比:有水泥掺入比(掺加的水泥质量/被拌和土质量)为 5%、7%、10%、15%、20% 的五组,掺加粉煤灰的试样中的粉煤灰掺入量与水泥掺入量相同,掺加石灰的试样中石灰掺入量为粉煤灰掺入量的 25%。水灰比(水质量/水泥质量)为 0.6,水粉比(水质量/粉煤灰质量)为 0.319。

表 1　土样的物理指标

土样	含水量 $w/\%$	容重 γ /(g/cm³)	相对体积质量 G	孔隙比 e	液限 $w_L/\%$	塑限 $w_P/\%$	塑性指数 I_P	渗透系数 $k/(cm/s)$
萧山黏土	45.0	1.75	2.73	1.26	40.5	22.0	18.5	1.01×10^{-5}
沟通粉土	19.8	1.95	2.75	0.69	22.2	14.5	7.7	7.54×10^{-5}

---

* 本文刊于《浙江大学学报》,2000,34(2):189-193.

在试样制备过程中,首先将土样烘干粉碎,过 2mm 筛以除去未粉碎的大颗粒,然后根据试验确定的配合比,将土、水泥、粉煤灰、石灰等掺和在一起,搅拌均匀,加入所需用水量(土中水＋水泥用水量＋粉煤灰用水量)的水,搅拌,使土与水及掺入材料均匀混合,然后开始制备试样。本次试验采用的是南 55 型变水头渗透试验仪,由于没有专用的模具,故采用南 55 型渗透仪的环刀作为试模。环刀尺寸:内径 $D=6.18$cm,高度 $H=4.0$cm。将水泥料分两次装入环刀内,第一次装入约占环刀体积三分之二的水泥土料,用手轻轻压实,然后将 300g 的击锤从 25cm 高处自由落下,以将上样击实,击打 5 次后装入第二部分土料,使土料高出环刀顶面 2cm 左右,再击打 5 次。由于环刀的尺寸大于击锤的底面积,所以每层水泥土料需分多次击实。最后用钢丝锯和刮土刀将试样两端修平即完成一个试样的制作,工作试样制成后,在室内自然条件下养护 24h 后脱模,然后用塑料袋封装后置于 (20 ± 5)℃的清水中养护,至规定龄期后进行试验[3]。

2 水泥土的渗透特性与龄期的关系

CC(萧山黏土加水泥)、CCF(萧山黏土加水泥和粉煤灰)、CCFG(萧山黏土加水泥、粉煤灰和石灰)所拌制的水泥土试样的渗透系数与时间关系曲线(渗透系数为对数坐标)分别见图 1 (a)(b)(c)。由图 1 可见,CC、CCF、CCFG 水泥的渗透系数随时间的增长逐渐减小,抗渗能力逐渐增强,特别是在最初的 28d 以内,其渗透系数降低较快。对于 CC 和 CCF 水泥土,当水泥掺入比小于 10％时,其渗透系数在 28d 以后降低幅度较小,曲线存在一个较明显的转折点;而当水泥掺入比大于 10％时,水泥土的渗透系数在 28d 后仍有较大幅度的降低。CCFG 水泥土不同水泥掺入比的各条曲线的形状相近,说明其变化规律基本相同。由此可见:①水泥掺入比对水泥土的渗透系数在初期有明显的影响,28d 以后,这种影响逐渐降低;②用黏性控制的水泥土的渗透系数在一般工程应用的水泥掺入比范围内(水泥土桩作为防渗帷幕使用,其水泥掺入比一般介于 12％~15％)存在一个极限值,根据本次试验,此值可取为 1.0×10^{-9}cm/s,原状土的渗透系数为 1.01×10^{-5}cm/s,两者相差达 10^4 倍,满足将水泥搅拌桩作为防渗帷幕使用时对其渗透系数的要求。

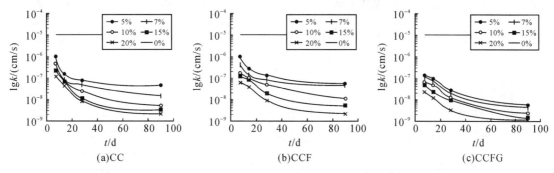

图 1　CC、CCF、CCFG 水泥土渗透系数与时间关系曲线

究其原因,主要是在水泥水化初期,土中的大孔隙较多,水化产物在土颗粒表面及土颗粒之间的生成,逐渐填充了土颗粒之间的大孔隙,使水泥土的渗透系数减小。由于大孔隙的减少对黏性土的渗透系数影响较明显,所以这一阶段水泥土的渗透系数减小较快。28d 左右水泥水化产物已基本将土粒间的大孔隙封闭或填满。28d 以后,水泥的渗透系数降低主要是由于水泥水化物的继续增多、凝聚和结晶在继续填充大孔隙的同时,开始影响土中粒团内的微孔隙,面对水

泥土的渗透系数影响较小,所以水泥土的渗透系数减小较慢。而且28d以后,水泥的水化速度逐渐减慢,这也是使28d以后水泥土的渗透系数减小较慢的一个原因。对于CC和CCF水泥,当水泥掺入比较低时,到28d左右水泥水化已基本完成,所以后期渗透系数变化较小,而对CCFG水泥土,当水泥掺入比较低时,粉煤灰活性的发挥使水化硅酸钙的生成量增多,所以当水泥掺入比较低时,CCFG水泥土的渗透系数随时间的变化规律与水泥掺入比较高时的CC水泥的渗透系数随时间的变化规律相似。如要求在28d时水泥搅拌桩可以作为防渗帷幕使用,则对CC水泥来说,水泥掺入比需在10%以上;如要达到相近的要求,对CCFG水泥来说,当水泥掺入比为5%时就可以基本满足要求。这说明,当在黏性土中制备水泥土时,将粉煤灰与石灰一起掺入,可有效发挥粉煤灰的活性,从而达到以粉煤灰代替部分水泥的目的。

MC(沟通粉土加水泥)、MCF(沟通粉土加水泥和粉煤灰)、MCFG(沟通粉土加水泥、粉煤灰和石灰)所拌制的水泥土的渗透系数与时间关系曲线(渗透系数为对数坐标)分别见图2(a)(b)(c)。由图2可见,M水泥土(MC、MCF、MCFG水泥土的总称)的渗透系数与时间关系,和C水泥土 CC、CCF、CCFG水泥土的总称)的渗透系数与时间关系相似。但是M水泥土的渗透系数与时间关系曲线的整体形状相对于C水泥土的来说比较平缓,保持着一个比较稳定的下降趋势,没有明显的转折点。由此可见:①水泥掺入比对粉土的渗透系数的影响要大于对黏性土的渗透系数的影响;②用粉土拌制的水泥土的渗透系数在一般工程应用的水泥掺入比范围内(水泥土桩作为防渗帷幕使用,其水泥掺入比一般介于12%和15%之间);存在一个极限值,根据本次试验,此值可取为3.0×10^{-8} cm/s,原状土的渗透系数为7.54×10^{-5} cm/s,两者相差10^3倍以上,满足用于防渗帷幕时的渗透系数的要求。这主要是由于粉土中孔隙不存在黏土中粒团间的大孔隙和粒团内的微孔隙,所以水化产物对粉土中孔隙的堵塞及填充是一个平稳的渐近过程。28d以后其渗透系数降速减小主要是由于水泥水化速度减缓,水化产物减少。对MC水泥土来说,如将其作为防渗帷幕使用,水泥掺入比需达到10%;对MCFG水泥土来说,其渗透系数较同样水泥掺入比的MC水泥有一定程度的减小,但效果不明显,对工程应用基本没有实用价值;而对MCF水泥土来说,当水泥掺入比为7%时,即可满足使用要求,所以在粉土中制作水泥搅拌桩防渗帷幕时,单独掺加粉煤灰形成MCF水泥土可起到节约材料,增加效益的作用。

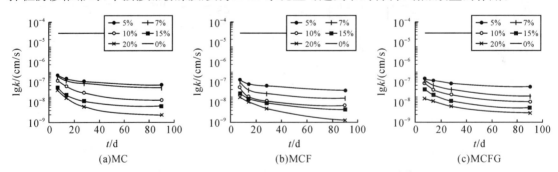

图2 MC、MCF、MCFG 水泥土渗透系数与时间关系曲线

3 水泥土的渗透性与水泥掺入比的关系

C水泥土的14d、28d、90d龄期的渗透系数与掺入比关系曲线分别见图3(a)(b)(c)。由图3可见,不论龄期如何,水泥土的渗透系数都随着水泥掺入比的增加而减小。CC、CCF水泥的渗透系数与水泥掺入比关系曲线开始阶段较陡,当水泥掺入比达到10%后,曲线趋向平缓;

CCFG 水泥的渗透系数与水泥掺入比关系曲线的形状比较平缓，没有明显的转折点。所以在黏性土中用作防渗帷幕的水泥土桩，当掺加材料为水泥时，其掺入比在满足渗透性条件下，控制在 10% 左右是最经济的，根据对其渗透系数的要求，水泥掺入比最好不要小于 10%。对 CCFG 水泥土，当水泥掺入比为 5% 时即可满足渗透性要求。这主要是由于当水泥掺入量较少时，水泥水化产生的 $Ca(OH)_2$ 数量较少，难以激发粉煤灰的活性，而 CCFG 水泥中由于掺加了 CaO，其水化生成的 $Ca(OH)_2$ 与粉煤灰中的活性成分（主要是 SiO_2）发生化学反应生成水化硅酸钙，相当于增加了水泥的水化产物或增加了水泥的掺入量，所以其渗透系数与时间关系曲线的形状比较平缓；当水泥掺入量较高时，水泥水化生成的 $Ca(OH)_2$ 量增多，可以比较充分地激发粉煤灰活性，所以当水泥掺入比较高时，CC、CCF、CCFG 三种水泥土的渗透系数的数值相差不大。

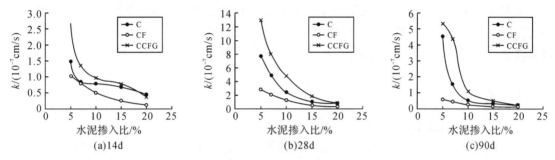

图 3　C 水泥土不同龄期的渗透系数与水泥掺入比关系曲线

M 水泥土 14d、28d、90d 的渗透系数与水泥掺入比关系曲线分别见图 4(a)(b)(c)。由图 4 可以发现，M 水泥土的渗透系数与水泥掺入比关系曲线与 C 水泥的形状不同。MC、MCF、MCFG 三种水泥的渗透系数与水泥掺入比关系曲线的形状相似。水泥土的渗透系数随掺入比增加的减小速率逐渐减小，曲线形状接近双曲线形。这说明水泥对粉土和对黏性土的渗透性的影响是不同的。粉土中由黏粒组成的粒团较少，所以在初期水泥水化物难以填满粉土中所有孔隙时，水泥土的渗透系数随水泥掺入比的增加而迅速减小；当时间延长，水泥水化产物增加，足以填满粉土中大部分孔隙时，增加水泥掺入比就不能有效地减小水泥土的渗透系数。这说明水泥土的渗透系数与土的孔隙（黏土中粒团间的大孔隙）有一定关系。所以，在相同水泥掺入比的情况下，减小水泥土的孔隙较增加水泥土的容重可以更有效地减小水泥土的渗透系数；要达到相同的渗透系数则可以减少水泥掺入量。

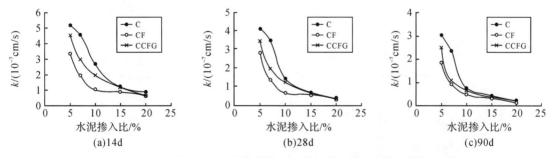

图 4　M 水泥土不同龄期的渗透系数与水泥掺入比关系曲线

比较图 4 中数据可以发现,当掺入材料种类(C、CF、CFG)发生变化时,CC、CCF、CCFG 水泥土的渗透系数具有以下关系:$k_{CCF}>k_{CF}>k_{CCFG}$,即在黏性土中将水泥与粉煤灰、石灰一起掺入形成水泥二灰土可有效减小水泥土的渗透系数,而单独掺加粉煤灰则对水泥土的渗透性有一定的不良影响;而 MC、MCF、MCFG 水泥土的渗透系数间具有不同的关系:$k_{MC}>k_{MCFG}>k_{MCF}$,即在粉土中将水泥与粉煤灰一同掺入,对减小水泥土的渗透系数具有比较明显的作用。主要原因可能是由于粉煤灰的粒径尺寸相对于黏土来说比较大,在掺入初期对土中孔隙及粒团不能产生有效的影响,甚至有可能由于粉煤灰的存在而产生了较大的孔隙,直到其活性被激发后才能发挥作用。在 MCF 水泥土中,由于粉煤灰的粒径尺寸与粉土的粒径尺寸的数量级基本相司,粉煤灰可以起到土中细颗粒的作用,即可以改善粉土的级配,又可以堵塞大孔隙,所以作用较为明显。而在 MCFG 水泥土中既加入了粉煤灰又加入石灰,由于大部分粉煤灰与 $Ca(OH)_2$ 反应生成了水化硅酸钙,就起不到改善级配的作用,而粉土的渗透性主要受颗粒大小和级配的影响,所以其渗透系数要大于 MCF 水泥土。

4 结 论

(1)水泥土的渗透系数与水泥掺入比有明显关系,在满足渗透性要求的情况下,10%左右的水泥掺入比是最经济的,继续提高水泥掺入比并不能有效地减小水泥土的渗透系数。

(2)水泥土的渗透系数与时间有明显关系,所以可根据水泥土桩发挥作用时间的不同,采用不同的水泥掺入比,如要求水泥土桩在 28d 发挥作用,其水泥掺入比不应小于 10%。

(3)在黏性土中将粉煤灰、石灰和水泥一起掺入形成水泥二灰土可有效减小水泥土的渗透系数,达到减料增效节约的目的;在粉土中粉煤灰和水泥一起掺入可有效减小水泥土的渗透系数。

参考文献

[1] 龚晓南. 复合地基[M]. 杭州:浙江大学出版社,1992.

[2] 龚晓南. 深层搅拌法设计与施工[M]. 北京:中国铁道出版社,1993.

[3] 徐家宝. 建筑材料学[M]. 广州:华南理工大学出版社,1986.

桩体发现渗水怎么办？*

龚晓南

（浙江大学岩土工程研究所）

某地一高层建筑采用钻孔钢筋混凝土灌注桩，桩径 1000mm、1200mm，桩长 40m 左右。桩底端在砾石层，地基土层多为黏土层、粉土层。勘察报告表明有承压水，但未说明承压水大小。地下室施工采用降水。在浇注桩基础承台和地下室底板前发现部分桩体有渗水现象，渗水使桩顶断面面积 5%～10% 的面上湿润，多数在桩中心，少数在桩一侧，个别桩体可见渗流，但水量也极小，只能湿润部分桩面不能形成水流。

桩基静载试验和动测试验表明桩的竖向承载力和桩体质量满足设计要求。

遇到上述情况怎么办？笔者认为需要分析三个问题：是否属于正常现象？是否需要处理？如需处理，如何处理？

（1）是否属于正常现象？

一种意见认为混凝土是渗水体，在承压水作用下，桩体发生渗漏应属正常。另一种意见认为混凝土虽属于渗水体，但桩长 40m，桩径 1000mm，如桩体混凝土均匀密实，在地基降水条件下桩上是不应产生部分湿润的；产生上述现象说明部分桩体透水性较好，桩体砼密实不均匀，应属于不正常现象，通过改进桩基施工工艺可避免该现象产生。笔者赞同后一种意见。

（2）是否需要处理？

一种意见认为渗水现象既属不正常现象，应进行处理；或认为渗水对桩中的钢筋发生锈蚀作用，应进行处理；或认为渗水要影响桩的竖向承载力（包括受压和抗拔力），应进行处理。另一种意见认为根据静载试验和动测试验表明桩的承载力满足要求，可以不进行处理。混凝土是渗水体，竣工后桩中钢筋与混凝土都是在水位以下工作的，桩体混凝土渗透性大小影响不大；桩体渗透性大小与桩体的抗压强度大小是两个概念；桩体混凝土密实不均匀可能影响抗压性能，但是否会使桩不能满足使用要求？笔者赞同后一种意见。

（3）如何处理？

一种处理意见是高压注浆，封闭现有渗流通道；采用高压注浆封闭渗流通道的部分，使其不再渗水是很容易做到的，堵渗也是容易做到的；但要将桩体中的自下而上的通道全封闭是难上加难的，若无法了解整条渗流通道的位置，把渗水封到桩下几十厘米或几米，又能解决什么问题呢？另一种意见是沿着渗流通道凿掉部分混凝土重新浇注；这种处理方法也能达到堵渗的目的，但与注浆堵渗一样需要考虑桩体渗水是否影响承载力，如影响至桩体承载力不能满足要求，则上述两种处理意见均不能补救。

---

* 本文刊于《地基处理》，2003，14(3)：71.

工程问题很复杂,对不正常现象,笔者认为不一定要处理。具体问题,具体分析。如需处理,则必须处理。如可以不处理,则不要处理。

那对可以不处理的不正常现象是否可以听之任之?不行!要找出原因,改进施工工艺,杜绝不正常现象出现。

上述分析是否合理,欢迎讨论。

1＋1＝?*

龚晓南

（浙江大学土木工程学系）

岩土工程中采用两项复合处理措施能否达到"1＋1＝2"的效果,或者说"1＋1"等于多少是岩土工程设计中应重视的一个问题。这里"1＋1＝2"是指两种处理措施效果的简单叠加。

笔者曾根据一高速公路采用砂井排水固结和土工布加筋复合处理路基路段而产生滑坡的原因分析,在《地基处理》上撰文指出,对于两项复合处理措施,很少"1＋1＝2",多数情况下大于1小于2,但有时甚至可能小于1。在复合支护中存在这一现象,如采用水泥挡墙和土钉相结合的复合支护时,在某种不利条件下可能产生"1＋1＜1"的情况。

复合土钉围护设计中不分条件按"1＋1＝2"设计,或不重视避免小于1的情况,就可能导致工程事故。最近在分析浙江某地一基坑工程事故时,笔者认为该事故属于这种情况。

根据岩土工程勘察报告,该场地土层分布如下。

第1-1层:素填土,黄色,松散,由新近堆填的塘渣组成。该层全场分布,层顶标高5.24～5.62m,层厚0.50～0.60m。

第1-2层:粉质黏土,黄灰至灰黄色,饱和,可塑,中等压缩性。该层全场分布,层顶标高4.74～5.05m,层厚1.00～1.80m。

第2-1层:粉质黏土,灰黄至浅黄色,饱和,可塑,局部粉粒含量较高,中等压缩性。该层局部分布,层顶标高3.15～3.86m,层厚0.00～1.50m。

第2-2层:淤泥质粉质黏土,深灰色,饱和,流塑,含较多泥炭及腐殖质,高压缩性。该层局部分布,层顶标高1.85～4.04m,层厚0.00～0.70m。

第2-3层:黏质粉土,浅灰色,饱和,稍密,中等压缩性。该层全场分布,层顶标高1.40～3.54m,层厚0.60～4.40m。

第3层:淤泥质黏土,灰色,饱和,流塑,上部含较多腐殖质及少量泥炭斑点,下部含斑点状粉砂,高压缩性。该层全场分布,层顶标高－1.15～1.05m,层厚12.9～16.60m。

第4层:粉质黏土,灰黄色,局部青灰色,饱和,可塑,中等压缩性。该层局部缺失,层顶标高－16.95～－12.91m,层厚0.00～6.00m。

第5层:粉质黏土,灰色,饱和,软塑,含少量腐殖质,中偏高压缩性。该层局部缺失,层顶标高－19.36～－13.95m,层厚0.00～6.60m。（下略）

各土层物理力学指标见表1。

＊本文刊于《地基处理》,2004,15(4):57-58。

表 1　各土层物理力学指标

层号	土层名称	天然含水量 /%	天然重度/ (kN/m³)	孔隙比	塑性指数 I_p	液限 /%	塑限 /%	压缩系数 a_{1-2} /MPa⁻¹	固快		直快		渗透系数 /(cm/s)
									内聚力 /kPa	内摩擦角	内聚力 /kPa	内摩擦角	
1-1	素填土	—	—	—	—	—	—	—	—	—	—	—	—
1-2	粉质黏土	30.30	19.0	0.870	13.7	35.5	21.8	0.39	24.0	17.5°	18.0	16.2°	4.99×10⁻⁷
2-1	粉质黏土	29.00	19.1	0.842	13.8	36.0	22.2	0.36	16.0	22.7°	14.0	19.3°	1.19×10⁻⁶
2-2	淤泥质粉质黏土	53.40	17.8	1.362	16.3	43.4	27.1	0.80	8.0	9.1°	9.0	9.1°	1.00×10⁻⁷
2-3	粉质黏土	31.20	18.6	0.915	9.4	33.0	23.1	0.32	14.0	25.2°	9.0	22.1°	4.13×10⁻⁶
3	淤泥质黏土	48.70	17.4	1.349	19.3	43.7	24.4	1.08	11.0	10.6°	9.0	10.0°	5.15×10⁻⁸
4	粉质黏土	29.90	19.4	0.829	14.6	36.3	21.7	0.35	2.50	19.0°	—	—	—
5	粉质黏土	35.40	18.7	0.975	14.8	37.4	22.6	0.49	17.0	15.0°	—	—	—

基坑坑底面处第 3 层,第 3 层层厚 12.90~16.60m,含水量 50.8%。第 2-1 层和第 2-3 层土的渗透系数较高。基坑采用 ∅600 一排搅拌桩与土钉形成的复合土钉支护。基坑开挖正处雨期,当开挖至 5m 左右时,土钉已施工四道。由于连日下雨,基坑边坡失稳破坏。笔者认为该复合土钉围护中的单排搅拌排桩墙对提高复合土钉围护整体稳定性的贡献不是很大。搅拌桩排桩墙其隔水性好,所以当地基土体渗透系数较高,且下有不透水层时,就必然会大大增加作用在围护结构上的水压力,这对围护结构整体稳定是不利的。在连续雨天条件下,单排搅拌桩排桩对提高基坑的整体稳定性可能会弊多利少。根据咨询组的复算,如只采用土钉支护,开挖至 5m 左右时应不会产生稳定破坏。因此,采用复合支护要特别重视两项处理措施的复合条件、两者相互间的影响,以及对复合效果的评估。复合土钉支护形式很多,很难逐一评价复合效果。设计人员应根据具体工程条件重视复合效果的评估,合理评价“1+1”等于多少。岩土工程中采用两项复合处理措施很少能达到“1+1=2”的效果,多数情况下大于 1 小于 2,但有时甚至可能小于 1。对可能产生“1+1<1”的情况需要特别重视。

带翼板预应力管桩承载性能的模拟分析[*]

带翼板预应力管桩承载性能的模拟分析[*]

黄　敏　龚晓南

（浙江大学）

摘要　对带翼板预应力管桩的承载力提高机制进行了探讨,提出几种可能分析该种桩型竖向承载性能的模拟方法,并编制了相应的有限元计算程序。通过模拟分析一个工程实例,得到了最合适的模拟方法和土体参数参考值,并取得了较好的拟合效果。另外,对影响翼板间砂层与桩整体工作的因素进行了探讨,提出了合理的翼板间距范围。

1　概　述

　　带翼板预应力管桩是一种桩头扩大、桩侧灌砂预应力管桩,且沿桩轴向以一定间隔设置翼板。翼板可为后焊接于预应力管桩上的钢板,也可为与预应力管桩一起预制的混凝土翼板。该种桩型适用于具有深厚软土层的地层条件。由温州地区的试桩资料可见,其单桩承载力可提高50%以上。以该地区的管桩施工量计算,该地区在 2002 年施工管桩造价总额达到 4 亿元,如果采用该种桩型,至少可以节省近亿元的造价,经济效益相当显著。本文根据该桩型的工作机理,对其可能承载模式进行探讨分析,并在与现场试验对比后,提出了最合理的承载模式,编制了相应的计算程序和确定了土体参数参考值。另外,对该桩型的承载机制及影响因素进行了进一步的研究。

2　带翼板预应力管桩的工作机理

　　带翼板预应力管桩可以同时较大幅度地增加单桩的侧阻力和端阻力。其提高端阻力的机理显而易见,但提高侧阻力的机理较为复杂。在沉桩时桩侧形成的空隙用砂填充,具有三个优点:①置换原桩侧的软弱土体,②加快砂层外侧软土的固结,③由于翼板的约束作用,砂与桩整体工作,增大了桩径及侧面积。在模拟分析时,可采用以下方法模拟上述三方面机理:①在桩与软土之间设置一层砂土单元,其厚度等于翼板宽度;②提高与砂土相邻部分黏土单元的参数值;③由于翼板单元的约束作用,砂土单元与桩整体工作,受力时沿砂层和黏土层边界形成破裂面,该桩型与普通预应力管桩相比,相应增大了桩径及侧面积。在模拟分析时可采用接触面单元,单元参数应采用受限制的砂土层与黏土层接触的试验参数,其数值应小于或等于混凝土与黏土层接触的试验参数。

　　＊本文刊于《土木工程学报》,2005,38(2):102-105.

3 几种带翼板预应力管桩的模拟分析方法

带翼板预应力管桩见图 1,其中,桩直径 D_p,翼板外直径 D_w,翼极间距 L_w,桩长 L,底板直径 D_b,且设 $(D_w-D_p)/(2L_w)=R_w$。翼板之间充填砂,假定充填均匀、饱满,且厚度为 $(D_w-D_p)/2$。带翼板预应力管桩与普通预应力管桩的区别在于翼板和砂的存在,如果采用有限单元法分析其承载性能,其体系仍可简化为空间轴对称问题,而其中需特殊考虑的问题是翼板的简化、翼板间砂的简化、砂与内侧桩接触面和外侧土体接触面的简化。

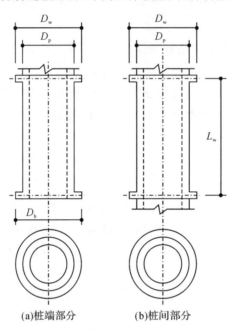

(a)桩端部分   (b)桩间部分

图 1　带翼板预应力管桩

3.1　翼板的作用及简化

(1)翼板的作用

翼板作用分两个阶段:①管桩施工期,设置翼板便于桩侧砂的分段填筑,使灌砂更容易、充填更饱满;②管桩承载期,翼板约束其间砂土的变形,增强其间砂层与桩的整体工作效应。

(2)翼板的模拟

①当翼板由钢板制作时,严格地讲应采用环形板单元模拟,这样可以考虑其受荷时的弯曲效应。但考虑到弯曲效应较小,则可近似地采用环形实体单元模拟。环形实体单元要有一定的厚度,本文应将钢板的实际厚度 d 增大若干倍作为实体单元的厚度,但为了保证单元的刚度等效,将钢板的弹性模量减小相应倍数作为实体单元的弹性模量。

②当翼板由混凝土制作时,采用截面为四边形的环形实体单元模拟。

3.2　翼板间砂的简化

翼板的几何参数影响其间砂与桩的整体工作效应。一般来说,翼板环的宽度 $(D_w-D_p)/2$ 与翼板间距 L_w 之比 R_w 很小;翼板环的宽度越大,间距越小,或比值越大,其整体工作效应越明显。本文采用环形实体单元来模拟翼板间砂层。

3.3 砂与内侧桩接触面的简化

如前所述,该桩型理想的承载情况是 R_w 值保持在一定的范围内,混凝土桩体与翼板间砂层整体共同工作,砂与桩之间不太可能沿接触面发生相对滑动。因此,在砂与内侧桩接触面不设置可以发生滑动的古德曼(Goodman)类型的接触面单元。

3.4 砂与外侧土体接触面的简化

当外侧土体为软黏土时,则接触面两侧土介质的刚度具有明显差别;又由于翼板约束作用产生的砂与桩整体工作效应,砂与外侧土体之间可能沿接触面发生滑动。然而,是否会发生滑动取决于翼板的直径、间距或比值 R_w。

(1)当考虑发生相对滑动时,则在砂与外侧土体接触面设置可以发生滑动变形的古德曼类型单元。

(2)当不考虑发生相对滑动时,则在砂与外侧土体接触面不设置可以发生滑动变形的古德曼类型单元。

3.5 模拟分析体系的组合

综上所述,本文在模拟分析时,采用了以下几种模拟分析体系:

①翼板间砂简化为实体单元,砂土界面不设古德曼类型滑动单元;

②翼板间砂简化为实体单元,砂土界面设古德曼类型滑动单元;

③翼板间砂与桩整体工作,翼板间砂层单元由混凝土单元代替,砂土界面设置古德曼类型单元。

本文采用这三种模拟分析体系对一组试桩进行了模拟分析,并将分析结果与实测结果进行对比,以找出最合适的模拟分析体系。

4 实例分析

本文采用有限元法分析普通预应力管桩和带翼板预应力管桩在竖向荷载下承载性能。在分析过程中,混凝土桩体、土体、翼板及翼板间的砂土均采用环形四边形等参单元。分析中逐级增加桩顶竖向荷载,以模拟压载试验的加载过程。为考虑土体及砂土应力-应变曲线的非线性,选用了工程中广泛应用的邓肯—张模型,土的力学参数由试验测定[1]。混凝土桩体及翼板的弹性模量 E 和泊松比 μ 根据所采用的混凝土强度等级确定。

按上述方法,本文分别对两根试桩 pile-3 和 pile-4 进行了分析,其中 pile-3 为普遍预应力管桩,pile-4 为带翼板预应力管桩。pile-4 桩端附近有限元网格见图 2,桩端扩大头和翼板的厚度均扩大至 5 倍,为 50cm,相应其弹性模量缩小五分之一。场地的土层组成和邓肯—张模型参数见表 1,土与拉接触面的古德曼模型参数是由拟合 pile-3 试验曲线确定的。在分析中,首先根据土的类型给出古德曼模型参数的初始值,然后逐步调整参数,使分析得到的荷载-沉降曲线与测得的荷载-沉降曲线相拟合。本次模拟分析中桩体及翼板混凝土强度等级为C80,相应材料的弹性模量 E 为 $3.80 \times 10^7 \mathrm{kPa}$,泊松比为 0.20。

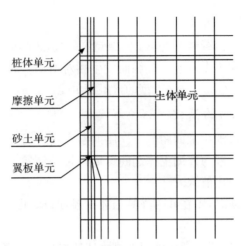

图 2　桩端局部网格划分

表 1　邓肯－张模型参数试验值

土层名称	层厚/m	参数				
		破坏比	内摩擦角	黏聚力/kPa	K	n
黏土	1.5～2.0	0.86	21.5°	26	104	0.84
淤泥	12.0	0.92	11.6°	13	81	0.6
淤泥	15.2	0.94	8.9°	36	96	0.68
黏土	5.0	0.88	22°	28	110	0.73
黏土	5.0	0.88	25°	30	152	0.82
黏土	未穿透	0.88	27°	32	201	0.83

　　pile-3 由压载试验测得的荷载-沉降曲线和模拟分析得到的荷载－沉降曲线见图 3。两者的拟合程度相当好。由拟合得到各层土与桩接触面的古德曼模型参数见表 2。

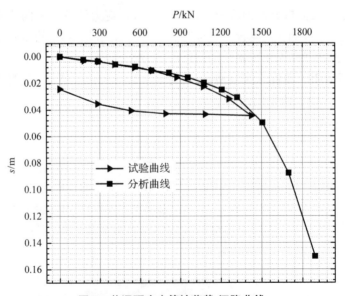

图 3　普通预应力管桩荷载-沉降曲线

pile-4 由压载试验测得的荷载-沉降曲线和上述三种体系的模拟分析得到的荷载-沉降曲线见图 4。翼板间砂层与各层土接触面的古德曼模型参数见表 2。此外,图 4 中还模拟分析了当翼板单元转换成砂土单元的情况。

表 2　Goodman 模型参数

编号	土层名称	$K_{max}/(10^3\,N/m^2)$	R_f	$K_s/(10^3\,N/m^2)$
1	黏土	19	0.83	34
2-1	淤泥	7	0.83	12.5
2-2	淤泥	12	0.83	22
3	黏土	25	0.85	50
4	黏土	30	0.85	60
5	黏土	35	0.85	70

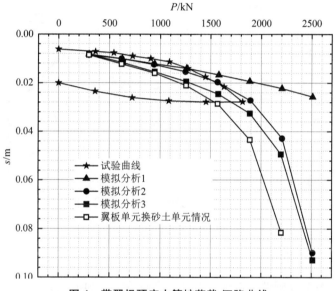

图 4　带翼极预应力管桩荷载-沉降曲线

由图 4 可知:模拟体系 2 的分析结果与试验结果拟合良好,承载力极限值相差在 10% 以内;②模拟体系 3 的结果与试验结果拟合也良好,承载力极限值相差也在 10% 以内;③将翼板单元换成砂土单元,相当于在桩与土之间有一砂层但不设置翼板情况,这种情况下的承载力低于试验值,说明翼板的约束作用有助于提高承载力,是不可忽略的;④模拟体系 1 的结果与试验结果的拟合相差较大,因此,模拟分析时必须在翼极间砂层与土层间设置接触面单元。特别应指出,模拟体系 3 整体桩的情况与试验曲线更为接近,特别是初始加载阶段几乎重合,这表明带翼板预应力管桩在受荷时表现出很强的整体工作性能。

另外,比较普通预应力管桩和带翼板预应力管桩的荷载-沉降曲线可见,带翼板预应力管桩的极限承载力有相当程度的提高,提高的幅度大概在 50% 左右。

5　合理翼板间距的确定

如前所述,该桩型合理的承载情况是 R_w 保持在一定的范围内,混凝土桩体与翼板间砂形成整体桩共同工作,砂与桩之间不沿接触面发生相对滑动。为了探讨合理的翼板间距或 R_w

值,本文分析了翼板间距为 2.5m、5m、10m、40m 和不设置翼板时的承载力情况,见图5。由于在翼板间的砂层与土层间设置接触面单元相当于假定翼板充分约束了翼板间砂层的变形,无法考虑翼板间距不同时其对翼板间砂变形的不同约束程度,因此该分析需要用模拟体系 1 进行。由图5可知,随着间距的减小,承载力逐渐增大。间距在 2.5~10m 的范围内时,承载力变化幅度较大,间距小于 2.5m 时,承载力变化幅度较小,并逐渐接近于整体桩的数值,可以近似认为是整体桩工作。由此,本文建议,该桩型的翼板间距应小于 2.5m。

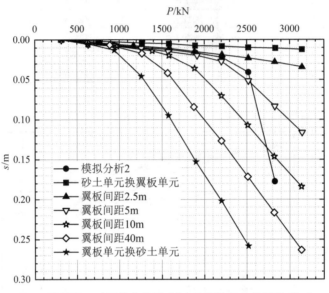

图5　翼板间距对承载力的影响(未注明情况为模拟体系1)

6　结　论

(1)本文提出了一个分析带翼板预应力管桩竖向承载力的模拟分析方法。该方法认为带翼板预应力管桩承受荷载时,桩侧砂土受到翼板的限制,明显地呈现出整体桩性能,因此应在桩侧砂土界面应设置古德曼类型滑动单元。实例分析表明,采用该分析方法拟合效果较好。

(2)本文在分析带翼板预应力管桩竖向承载力时所采用的古德曼模型参数,是由分析普通预应力管桩时拟合得到,是混凝土-黏土层界面参数。这是由于桩侧砂土的存在加速了桩侧黏土固结等有利因素,在砂土界面设置的古德曼模型参数仍可近似采用混凝土-黏土层界面参数。在今后的工作中,应在测试带翼板预应力管桩摩阻力的方法及数值上进一步的研究。

(3)本文提出的模拟体系 2 和模拟体系 3 可以很好地模拟带翼板预应力管桩的性能。基于这两种模拟体系,可进一步建立带翼板预应力管桩的承载力简化计算方法。

(4)本文分析了翼板间距对承载力的影响,分析表明,随翼板间距的减小,翼板对翼板间砂的约束作用逐渐明显,当翼板间距小于 2.5m 时,其工作状态可近似认为是整体桩状态。

参考文献
[1] 黄敏,张克绪,张尔齐.嵌入砂或砂砾层中的桩底灌浆桩竖向承载性能研究[J].土木工程学报,2002,35(3):77-81,98.

案例分析[*]

龚晓南

（浙江大学岩土工程研究所）

最近笔者参与一工程咨询，因该建筑物沉降尚未稳定而难以通过验收。现将案例简化，供讨论分析。

某小区自地面起土层分布如下。土层 1：粉质黏土，平均 2.5m 厚，地基土承载力特征值 90kPa。土层 2：淤泥质粉质黏土，平均 20.0m 厚，地基土承载力特征值 55kPa。土层 3：粉砂，约 4.0m 厚，地基土承载力特征值 180kPa。土层 4：淤泥质粉质黏土，平均 10.0m 厚，地基土承载力特征值 65kPa。土层 5：粉砂，1.0～6.0m 厚，地基土承载力特征值 220kPa。土层 6：砾砂，约 8.0m 厚，地基土承载力特征值 350kPa。再以下依次是强风化基岩、中风化基岩等。

该小区建筑多为 7 层异形柱框架结构，无地下室。小区在建设过程中大面积填土两次。在基础施工前填土约 80cm 厚，在上部结构施工期间填土约 100cm 厚，两次共填 180cm 厚。

基础设计采用下述两种：

①采用桩筏基础，以土层 3 作为桩基持力层；

②采用桩筏基础，以土层 5 作为桩基持力层。

上部结构竣工半年多后，以土层 5 作为桩基持力层的建筑物沉降很小，观测资料表明建筑物沉降约 20mm 左右，而且沉降基本稳定；而以土层 3 作为桩基持力层的建筑物沉降较大，观测资料表明建筑物平均沉降约 120mm，而且沉降还在不断发展，尚未稳定。另外还发现，以土层 5 作为桩基持力层的建筑物本身沉降很小，但室外地坪沉降较大，房屋散水处已出现裂缝；而以土层 3 作为桩基持力层的建筑物沉降较大，但室外地坪沉降也较大，未见建筑物与室外地坪之间产生沉降差的迹象。据分析，由于大面积填土荷载的作用，土层 2 和土层 4 的固结压缩变形还将持续几年，整个小区地面将持续发生沉降。专家估计，近几年内还将持续发生沉降 120mm 左右。以土层 3 作为桩基持力层的建筑物，由于土层 4 的固结压缩变形，也将持续发生沉降。而以土层 5 作为桩基持力层的建筑物沉降基本稳定。

如果委托你来做基础设计，你会采用第一种还是第二种？或采用其他基础？

如果采用第一种，房屋散水处的裂缝会影响建筑物形象，还可能由沉降差过大引起室内外管线拉断，酿成事故。这类事故在软土地基地区并不少见。如果采用第二种，建筑物将持续数不断沉降，你能否承受后续来自多方的压力。也许验收都无法通过！

顺便指出：第一种可称为复合桩基，也可称为刚性复合地基；第二种是桩基础。

＊本文刊于《地基处理》，2008，19(1)：57.

关于筒桩竖向承载力受力分析图[*]

龚晓南

（浙江大学土木工程学系）

近日参加一大直径现浇混凝土薄壁筒桩工程应用方案评审会,发现关于大直径现浇混凝土薄壁筒桩竖向承载力模型受力分析是错误的,见图1。取筒作为分离体,筒桩上作用的竖向力见图2。大直径现浇混凝土薄壁筒桩一般由薄壁桩身和盖板组成。大直径现浇混凝土薄壁筒桩不同于一般预制管桩,大多数情况下,筒内土芯是充满内孔的。当大直径现浇混凝土薄壁筒桩充满土芯时,在桩顶荷载作用下,桩身外侧和内侧摩阻力、桩身端阻力和土芯对盖板的阻力四部分形成桩的竖向承载能力。取大直径现浇混凝薄壁筒桩和筒桩内土芯作分离体时,分离体上作用的竖向力见图3。在桩顶荷载作用下,身外侧摩阻力、桩身端阻力和土芯端阻力三部分形成桩的竖向承载能力。此时桩身内侧摩阻力是分离体的内力,不应计算在内。再来分析土芯受力状况。土芯分离体竖向受力见图4。由图4可知,土芯端阻力等于土芯侧摩阻力与盖板传递给土芯的荷载两者之和。图4中芯侧摩阻力和图2中桩内侧摩阻力是作用力与反作用力,两者大小是相等的。

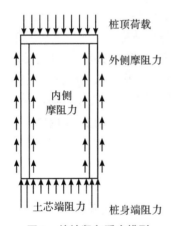

图1 筒桩竖向受力模型

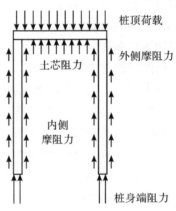

图2 筒桩分离体竖向受力模型

* 本文刊于《地基处理》,2008,19(3):89-90.

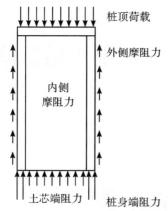

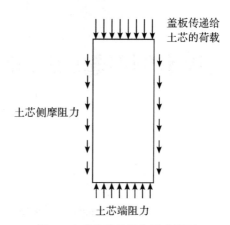

图 3　筒桩加土芯分离体竖向受力模型　　　　图 4　土芯分离体竖向受力模型

　　由以上分析可知,图 1 所示受力分析是错误的。图 1 中内侧摩阻力和芯端阻力两项并不独立,夸大了桩的竖向承载能力。大直径现浇混凝薄壁筒桩竖向受力模型既可用图 2 表示,也可用图 3 表示。浙江省工程建设标准《大直径现浇混凝薄筒桩技术规程》(DB 33/1044—2007)中大直径现浇凝薄筒桩竖向受力模型采用图 3 模型表示,桩身外侧摩阻力、桩身端阻力和土芯端阻力三部分形成桩的竖向承载能力。在规程中单桩竖向极限承载力标准值建议按下式计算:

$$Q_{uk} = \xi_1 Q_{sk} + \xi_2 Q_{pk} + \xi_3 Q_{psk}$$
$$= \xi_1 U_p \sum q_{sik} l_i + \xi_2 q_{pk} A_p + \xi_3 q_{pk} A_{ps}$$

式中,Q_{uk} 为筒桩单桩竖向极限承载力标准值,kN;Q_{sk}、Q_{pk} 为单桩总极限侧阻力、总极限端阻力标准值,kN;Q_{psk} 为单桩总极限桩芯端阻力标准值,kN;ξ_1、ξ_2 为桩侧阻力和桩端阻力修正系数;ξ_3 为芯桩土柱承载力发挥度;U_p 为桩身外截面周长;q_{sik} 为第 i 层的极限侧阻力标度,kPa;l_i 为桩身穿越第 i 层土的厚准值,度,m;q_{pk} 为单桩极限端阻力标准值,kPa;A_p 为桩端环形截面面积,$A_p = \pi(D^2 - d^2)/4$,D、d 分别为筒桩外、内直径;A_{ps} 为桩以内径计算的横截面面积,$A_{ps} = \pi d^2/4$。

某工程案例引起的思考——应重视工后沉降分析[*]

龚晓南

（浙江大学岩土工程研究所）

某城市在一新区建一中心广场。场地工程地质情况：最上是 1.3m 左右厚的填土，往下是 0.8m 左右厚的粉质黏土和 10.0m 左右厚的淤泥质黏土，再下面是粉质黏土，最后是砾砂等。中心广场四周一边是建筑物，另一边是高低错落的看台，中心是圆形喷泉区。喷泉区与中心广场整个广场为同一地坪面。地坪面向中心微倾，当喷泉喷水时水可自动流回处于喷泉区的集水井。在不喷水时，人们可在广场地坪上组织活动。其建筑构思甚好。

在设计时，设计人员考虑到看台区荷载较大，采用了桩基础；圆形喷泉区比较重要，故设计人员对埋在地下的钢筋混凝土水池下的软弱土层采用水泥搅拌桩加固；其他采用天然地基。整个地坪统一采用高挡面板。

建成数月后，观测发现采用桩基础的看台区沉降最小，采用水泥搅拌桩加固的圆形喷泉区沉降也很小，其他区域沉降则较大，由此产生的看台区与广场地坪区之间的不均匀沉降约有半个台阶之大。随着工后沉降的发展，两者之间的不均匀沉降量可接近一个台阶的高度，此时可沿看台区增设一台阶，因此处理成本并不高，对广场美观程度的影响也小。但不均匀沉降使广场地坪区低于喷泉区，喷泉喷水时落在四周广场地坪的水不能自动流回处于喷泉区的集水井，因此不均匀沉降对喷泉使用功能影响较大。另外，不均匀沉降使中心广场整个地坪产生裂缝。

该设计有三点很值得深思。一是人们很不重视软土地基上填土引起的工后沉降，对总沉降量估计不足，沉降持续时间也估计不够。二是对埋在地下的钢筋混凝土水池造成的荷载估计偏大；钢筋混凝土水池使用时造成的荷载由钢筋混凝土结构重量和水的重量组成，对喷泉池还有设备重量；钢筋混凝土的重度和喷水设备材料的重度比土的重度大，但占体积较大的水的重度要比土的重度小，况且还不能盛满，因此在不少情况下，埋在地下的钢筋混凝土水池在使用时的重量比同体积土体的重量小；该工程从协调二区沉降来看，广场地坪区采用天然地基，圆形喷泉区也应采用天然地基；另外，埋在地下的钢筋混凝土水池在使用时也可能发生沉降，这与挖土卸载土体回弹变形和充水加载土体再压缩产生沉降有关，但其量较小，这里不再展开。三是人们对工后不均匀沉降和可能造成的危害不重视，有时口头重视，一遇实际问题就忘了；据了解该工程由建筑师和结构工程师完成，没有岩土工程师参与，这一点也值得我们深思。总之，在软黏土地基上进行工程建设应重视工后沉降分析，避免不均匀沉降造成危害。

＊本文刊于《地基处理》，2009，20(4)：61。

附 录

指导研究生论文目录[*]

硕士研究生

1. 陈希有[#]　　　1987　土的各向异性及其对条形基础承载力的影响
2. 粘精斌[#]　　　1988　反分析确定土层的模型参数
3. 陈列峰[#]　　　1988　软粘土地基各向异性探讨
4. 张龙海　　　　1992　圆形水池结构与复合地基共同作用分析
5. 刘绪普　　　　1993　单桩及群桩的沉降特性研究
6. 曾小强　　　　1993　水泥土力学特性和复合地基变形计算研究
7. 张永强　　　　1994　考虑各向异性的软土地基沉降计算方法
8. 尚亨林　　　　1995　二灰混凝土桩复合地基性状试验研究
9. 刘吉福　　　　1996　高填路堤复合地基稳定性分析
10. 蒋云峰　　　　1996　软粘土次固结变形的实用性研究
11. 史美东（女）　1996　考虑强度空间与时间效应的承载力理论
12. 陈锦霞（女）　1996　大直径钻孔灌注桩承载力特性
13. 侯永峰　　　　1997　水泥土的基本性状研究
14. 胡庆红　　　　1997　基坑支护变形分析
15. 毛　前　　　　1997　复合地基压缩层厚度及垫层的效用研究
16. 朗庆善　　　　1997　水池基础下水泥搅拌桩复合地基承载力研究
17. 肖　溟　　　　1998　深层搅拌桩复合地基承载力的可靠度研究
18. 楼晓东　　　　1998　水泥土桩复合地基的固结有限元分析
19. 王　晖　　　　1998　土工织物加筋土强度特性
20. 张吾渝（女）　1999　基坑开挖中土压力计算方法探讨
21. 项可祥　　　　1999　杭州粘土的结构性特性
22. 周　霄　　　　1999　挤密砂桩复合地基施工质量控制
23. 邹　冰　　　　1999　深基坑支护体系的变形性状分析
24. 杨　慧（女）　2000　双层地基和复合地基压力扩散角比较分析
25. 顾正维　　　　2000　软土地基基坑工程事故原因分析
26. 王文豪　　　　2000　基坑工程双排桩围护结构性状
27. 张耀东　　　　2000　深埋重力-门架式围护结构性状研究
28. 董邑宁　　　　2001　固化剂加固软土试验研究

博士研究生

1. 王启铜[#]　　1991　柔性桩的沉降(位移)特性及荷载传递规律
2. 张土乔[#]　　1992　水泥土的应力应变关系及搅拌桩破坏特性研究
3. 段继伟[#]　　1993　柔性桩复合地基的数值分析
4. 徐日庆[#]　　1994　软土地基沉降数值分析
5. 张　航[#]　　1994　油罐下软粘土地基处理智能辅助决策系统
6. 余绍锋[#]　　1995　带撑支挡结构的计算与监测
7. 蒋镇华[#]　　1996　有限里兹单元法及其在桩基和复合地基中的应用
8. 严　平[#]　　1997　多高层建筑基础工程的极限分析
9. 俞建霖　　　1997　软土地基深基坑工程数值分析研究
10. 鲁祖统　　　1998　软土地基静力压桩数值模拟
11. 金南国　　　1998　混凝土受集中荷载作用的弹性、极限状态分析及其在工程中的应用
12. 黄广龙　　　1998　岩土工程中的不确定性及柔性桩沉降可靠性分析
13. Bassam, M.　1998　The analysis of composite foundation using finite Ritz element method
14. 周　建(女)　1998　循环荷载作用下饱和软粘土特性研究
15. 童小东　　　1999　水泥土添加剂及其损伤模型试验研究
16. 黄明聪　　　1999　复合地基振动反应与地震响应数值分析
17. 杜时贵　　　1999　岩体结构面的工程性质
18. 谭昌明　　　1999　高等级公路软土路基沉降的反演与预测
19. 杨晓军　　　1999　土工合成材料加筋机理研究
20. 温晓贵　　　1999　复合地基三维性状数值分析
21. 赵荣欣[#]　　2000　软土地基基坑工程的环境效应及对策研究
22. 罗嗣海　　　2000　软弱地基强夯与强夯置换加固效果计算
23. 张仪萍　　　2000　深基坑拱形围护结构拱梁法分析及优化设计
24. 俞炯奇　　　2000　非挤土长桩性状数值分析
25. 侯永峰　　　2000　循环荷载作用下复合土与复合地基性状研究
26. 陈福全　　　2000　大直径圆筒码头结构与土的相互作用性状
27. 洪昌华　　　2000　搅拌桩复合地基承载力可靠性分析
28. 马克生　　　2000　柔性桩复合地基沉降可靠度分析
29. 熊传祥　　　2000　软土结构性与软土地基损伤数值模拟
30. 李向红　　　2000　软土地基中静力压桩挤土效应问题研究
31. 陈明中　　　2000　群桩沉降计算理论及桩筏基础优化设计研究
32. 吴慧明(女)　2001　不同刚度基础下复合地基性状
33. 李大勇　　　2001　软土地基深基坑工程邻近地下管线性状研究
34. 施晓春　　　2001　水平荷载作用下桶形基础的性状
35. 曾庆军　　　2001　强夯和强夯置换加固效果及冲击荷载下饱和粘土孔压特性
36. 左人宇　　　2001　"一桩三用"技术及实践
37. 陈页开　　　2001　挡土墙上土压力的试验研究与数值分析

38.	黄春娥（女）	2001	考虑渗流作用的基坑工程稳定分析
39.	袁　静（女）	2001	软土地基基坑工程的流变效应
40.	李海晓	2001	复合地基和上部结构相互作用的地震动力反应分析
41.	张旭辉	2002	锚管桩复合土钉支护稳定性研究
42.	王国光	2003	拉压模量不同弹性理论解及桩基沉降计算
43.	葛忻声	2003	高层建筑刚性桩复合地基性状
44.	褚　航	2003	复合桩基共同作用分析
45.	冯海宁	2003	顶管施工环境效应影响及对策
46.	岑仰润	2003	真空预压加固地基的试验及理论研究
47.	宋金良	2004	环-梁分载计算理论及圆形工作井结构性状分析
48.	罗战友	2004	静压桩挤土效应及施工措施研究
49.	李海芳	2004	路堤荷载下复合地基沉降计算方法研究
50.	朱建才	2004	真空联合堆载预压加固软基处理及工艺研究
51.	孙红月（女）	2005	含碎石粘性土滑坡的成因机理与防治对策
52.	丁洲祥	2005	连续介质固结理论及其工程应用
53.	孙　伟	2005	高速公路路堤拓宽地基性状分析
54.	王　哲	2005	大直径灌注筒桩承载性状研究
55.	陈志军	2005	路堤荷载下沉管灌注筒桩复合地基性状分析
56.	邢皓枫	2006	复合地基固结分析
57.	邵玉芳（女）	2006	含腐殖酸软土的加固研究
58.	孙林娜（女）	2007	复合地基沉降及按沉降控制的优化设计研究
59.	金小荣	2007	真空联合堆载预压加固软基试验及理论研究
60.	鹿　群	2007	成层地基中静压桩挤土效应及防治措施
61.	沈　杨	2007	考虑主应力方向变化的原状软粘土试验研究
62.	陈敬虞	2007	软粘土地基非线性有限应变固结理论及有限元法分析
63.	罗　勇	2007	土工问题的颗粒流数值模拟及应用研究
64.	连　峰	2009	桩网复合地基承载机理及设计方法
65.	王志达	2009	城市人行地道浅埋暗挖施工技术及其环境效应研究
66.	汪明元	2009	土工格栅与膨胀土的界面特性及加筋机理研究
67.	吕文志	2009	柔性基础下桩体复合地基性状与设计方法研究
68.	郭　彪	2010	竖井地基轴对称固结解析理论研究
69.	史海莹（女）	2010	双排桩支护结构性状研究
70.	张　磊	2011	水平荷载作用下单桩性状研究
71.	杨迎晓（女）	2011	钱塘江冲海积粉土工程特性试验研究
72.	李　瑛	2011	软黏土地基电渗固结试验和理论研究
73.	张雪婵（女）	2012	软土地基狭长型深基坑性状分析
74.	张　杰（女）	2012	杭州承压水地基深基坑降压关键技术及环境效应研究
75.	田效军	2013	粘结材料桩复合地基固结沉降发展规律研究
76.	王继成	2014	格栅加筋土挡墙性状

合作博士后出站报告目录

博士后

1. 肖专文（女）　1997—1999　深基坑工程辅助设计软件系统——"围护大全"的开发与研制
2. 韩同春　1997—1999　岩土工程勘察软件系统的开发与研制
3. 李昌宁　2000—2004　真空－填土自载联合预压加固软土机理及其应用研究
4. 曾开华　2001—2003　高速公路通道软基低强度混凝土桩处理试验研究
5. 陈昌富　2002—2005　组合型复合地基加固机理及仿生智能优化分析计算方法研究
6. 黄　敏　2002—2005　带翼板预应力管桩承载力研究
7. 薛新华　2009—2011　路堤沉降动态控制方法研究
8. 喻　军　2010—2013　软土地基深大基坑施工对周边土工环境的影响与防治对策
9. 鲁　嘉　2010—2013　深大基坑地下连续墙施工周边土工环境的影响评价与对策研究
10. 狄圣杰　2012—2014　海洋地层工程地质力学特性研究及桩土作用分析
11. 陈小亮　2013—2019　软土地层盾构法施工的环境扰动机理与控制技术研究
12. 崔新壮　2014—2016　传感型土工格栅研发及其拉敏效应研究
13. 叶帅华　2014—2018　框架预应力锚杆加固黄土边坡振动台试验及动力响应参数分析
14. 单　通　2015—2017　地下工程新建或改造对近邻地铁影响分析及其防护对策
15. 严佳佳　2014—2016　考虑应力方向效应地铁隧道长期沉降特性研究
16. 韩冬冬　2017—2019　超大锚碇基础受力机理分析与试验研究
17. 陈　刚　2016—2019　新型预应力混凝土桩的研究与工程应用
18. 刘念武　2016—2019　软黏土地区地下深开挖对邻近设施影响及保护对策研究
19. 甘鹏路　2017—2019　可液化地层中盾构隧道地震破坏机理及加固措施研究
20. 孙威廉　2017—2019　盾构隧道施工对邻近既有设施安全影响评价方法研究
21. 李忠超　2017—2019　高承压富水沙层深基坑变形性状及控制技术研究
22. 周佳锦　2018—2020　水泥土性质对静钻根植竹节桩承载性能影响研究及工程应用
23. 王宽军　2017—2020　精准原位测试方法和参数研究
24. 邓声君　2019—2023　动水环境下超浅埋地层长距离管幕冻结技术研究
25. 张延杰　2020—2023　山岭隧道地质超前探测与施工风险防控技术研究
26. 万　灵（女）　2021—2024　公路隧道多源信息聚类融合监测及衬砌结构损伤辨识研究

著作目录 [*]

（一）教材

[1] 龚晓南,1990. 土塑性力学[M]. 杭州:浙江大学出版社.（1998 年译成韩文,由欧美书馆出版）

[2] 龚晓南,1996. 高等土力学[M]. 杭州:浙江大学出版社.

[3] 江见鲸,龚晓南,王元清,崔京浩,1998. 建筑工程事故分析与处理[M]. 北京:中国建筑工业出版社.

[4] 龚晓南（主编）,1999. 土塑性力学[M]. 2 版. 浙江大学出版社.

[5] 龚晓南,2002. 土力学[M]. 北京:中国建筑工业出版社.

[6] 江见鲸,龚晓南,王元清,崔京浩,2003. 建筑工程事故分析与处理[M]. 2 版. 北京:中国建筑工业出版社.

[7] 龚晓南,2005. 地基处理[M]. 北京:中国建筑工业出版社.

[8] 龚晓南（主编）,2008. 基础工程[M]. 北京:中国建筑工业出版社.

[9] 龚晓南,谢康和（主编）,2014. 土力学[M]. 北京:中国建筑工业出版社.

[10] 龚晓南,谢康和（主编）,2015. 基础工程[M]. 北京:中国建筑工业出版社.

[11] 龚晓南,陶燕丽,2016. 地基处理[M]. 2 版. 北京:中国建筑工业出版社.［2021 年 10 月获首届全国教材建设奖·全国优秀教材（高等教育类）二等奖］

[12] 胡安峰,龚晓南,谢康和,2019. 土力学学习指导与习题集[M]. 北京:中国建筑工业出版社.

[13] 龚晓南（主编）,2023. 基础工程原理[M]. 杭州:浙江大学出版社.

（二）基础理论方面

[1] 郑颖人,龚晓南,1989. 岩土塑性力学基础[M]. 北京:中国建筑工业出版社.

[2] 龚晓南,1990. 固结分析、反分析法在土工中应用[M]//朱百里,沈珠江. 计算土力学. 上海:上海科学技术出版社.

[3] 龚晓南,叶黔元,徐日庆,1995. 工程材料本构方程[M]. 北京:中国建筑工业出版社.

[4] 龚晓南（主编）,2000. 土工计算机分析[M]. 北京:中国建筑工业出版社.

[5] 龚晓南,2001. 21 世纪岩土工程发展态势[M]//高大钊（主编）. 岩土工程的回顾与前瞻. 北京:人民交通出版社.

[6] 郑颖人,沈珠江,龚晓南,2002. 岩土塑性力学原理[M]. 北京:中国建筑工业出版社.

[7] 龚晓南,2010. 加强对岩土工程性质的认识,提高岩土工程研究和设计水平[M]//苗国航（主编）. 岩土工程纵横谈. 北京:人民交通出版社.

---

[*] 未注明主编或副主编的,著作方式为著或编著。

(三)复合地基方面

[1] 龚晓南,1992.复合地基[M].杭州:浙江大学出版社.
[2] 龚晓南,1996.复合地基理论与实践[M].杭州:浙江大学出版社.
[3] 龚晓南,2002.复合地基理论及工程应用[M].北京:中国建筑工业出版社.
[4] 龚晓南(主编),2003.复合地基设计和施工指南[M].北京:人民交通出版社.
[5] 龚晓南,2007.复合地基理论及工程应用[M].2版.北京:中国建筑工业出版社.
[6] 龚晓南,2018.复合地基理论及工程应用[M].3版.北京:中国建筑工业出版社.

(四)地基处理和桩基工程方面

[1] 《地基处理手册》编写委员会,1988.地基处理手册[M].北京:中国建筑工业出版社.(担任本书编委会编委、秘书,负责组织工作,参与编写总论)
[2] 龚晓南(主编),1993.深层搅拌法设计与施工[M].北京:中国铁道出版社.
[3] 《桩基工程手册》编写委员会,1995.桩基工程手册[M].北京:中国建筑工业出版社.(担任本书编委会编委、秘书,负责组织工作)
[4] 龚晓南,1997.地基处理新技术[M].西安:陕西科学技术出版社.
[5] 龚晓南,徐日庆,郑尔康(主编),1998.高速公路软弱地基处理理论与实践[M].上海:上海大学出版社.
[6] 殷宗泽,龚晓南(主编),2000.地基处理工程实例[M].北京:中国水利水电出版社.
[7] 龚晓南(主编),2000.地基处理手册[M].2版.中国建筑工业出版社.
[8] 龚晓南,俞建霖(主编),2002.地基处理理论与实践[M].北京:中国水利水电出版社.
[9] 龚晓南,周建,汤亚琦,2003.复合地基与地基处理设计[M]//林宗元(主编).简明岩土工程勘察设计手册(下册).北京:中国建筑工业出版社.
[10] 龚晓南(主编),2004.地基处理技术发展与展望[M].北京:中国水利水电出版社、知识产权出版社.
[11] 龚晓南,俞建霖(主编),2004.地基处理理论与实践新进展[M].合肥:合肥工业大学出版社.
[12] 龚晓南(主编),2005.高速公路地基处理理论与实践[M].北京:人民交通出版社.
[13] 龚晓南(主编),2005.高等级公路地基处理设计指南[M].北京:人民交通出版社.
[14] 龚晓南,俞建霖(主编),2006.地基处理理论与实践新进展[M].杭州:浙江大学出版社.
[15] 龚晓南,刘松玉(主编),2008.地基处理理论与技术新进展[M].南京:东南大学出版社.
[16] 龚晓南(主编),2008.地基处理手册[M].3版.北京:中国建筑工业出版社.
[17] 龚晓南(主编),2014.地基处理技术及发展展望[M].北京:中国建筑工业出版社.
[18] 龚晓南,2014.地基处理三十年[M].北京:中国建筑工业出版社.
[19] 龚晓南(主编),2016.桩基工程手册[M].2版.北京:中国建筑工业出版社.
[20] 龚晓南,杨仲轩(主编),2019.地基处理新技术、新进展[M].北京:中国建筑工业出版社.
[21] 龚晓南,沈小克(主编),2020.岩土工程地下水控制理论、技术与工程实践[M].北京:中国建筑工业出版社.
[22] 龚晓南,周建,俞建霖,2024.地基处理四十年[M].北京:中国建筑工业出版社.

（五）基坑工程方面

[1] 龚晓南（主编），高有潮（副主编），1998. 深基坑工程设计施工手册[M]. 北京：中国建筑工业出版社.

[2] 龚晓南（主编），宋二祥，郭红仙（副主编），2006. 基坑工程实例 1[M]. 北京：中国建筑工业出版社.

[3] 龚晓南（主编），宋二祥，郭红仙（副主编），2008. 基坑工程实例 2[M]. 北京：中国建筑工业出版社.

[4] 龚晓南（主编），宋二祥，郭红仙，徐明（副主编），2010. 基坑工程实例 3[M]. 北京：中国建筑工业出版社.

[5] 龚晓南（主编），宋二祥，郭红仙，徐明（副主编），2012. 基坑工程实例 4[M]. 北京：中国建筑工业出版社.

[6] 龚晓南（主编），宋二祥，郭红仙，徐明（副主编），2014. 基坑工程实例 5[M]. 北京：中国建筑工业出版社.

[7] 龚晓南（主编），宋二祥，郭红仙，徐明（副主编），2016. 基坑工程实例 6[M]. 北京：中国建筑工业出版社.

[8] 龚晓南（主编），宋二祥，郭红仙，徐明（副主编），2017. 基坑工程 20 年[M]. 北京：中国建筑工业出版社.

[9] 龚晓南（主编），侯伟生（副主编），2018. 深基坑工程设计施工手册[M]. 2 版. 北京：中国建筑工业出版社.

[10] 龚晓南（主编），宋二祥，郭红仙，徐明（副主编），2018. 基坑工程实例 7[M]. 北京：中国建筑工业出版社.

[11] 龚晓南（主编），宋二祥，郭红仙，徐明（副主编），2020. 基坑工程实例 8[M]. 北京：中国建筑工业出版社.

[12] 龚晓南（主编），宋二祥，郭红仙，徐明（副主编），2022. 基坑工程实例 9[M]. 北京：中国建筑工业出版社.

[13] 龚晓南（主编），侯伟生，俞建霖（副主编），2024. 深基坑工程设计施工手册[M]. 3 版. 北京：中国建筑工业出版社.

（六）名词词典

[1] 龚晓南，潘秋元，张季容（主编），1993. 土力学及基础工程实用名词词典[M]. 杭州：浙江大学出版社.

[2] 龚晓南（主编），1999. 英汉汉英土木工程词汇[M]. 杭州：浙江大学出版社.

[3] 《中国土木建筑百科辞典工程力学卷》编委会，2001. 中国土木建筑百科辞典·工程力学卷[M]. 北京：中国建筑工业出版社.（担任编委会委员，负责土力学部分组织和编写工作）

[4] 龚晓南，谢康和（主编），2019. 土力学及基础工程实用名词词典[M]. 2 版. 杭州：浙江大学出版社.

（七）其他

[1] 那向谦,龚晓南,吴硕贤(主编),1995.建筑环境与结构工程最新发展[M].杭州:浙江大学出版社.

[2] 曾国熙,1997.曾国熙教授科技论文选集[M].北京:中国建筑工业出版社.(担任编委会主任)

[3] 汪闻韶,1998.汪闻韶院士土工问题论文选集[M].北京:中国建筑工业出版社.(担任编委会副主任)

[4] 龚晓南,俞建霖,严平(主编),1999.岩土力学与工程的理论及实践[M].上海:上海交通大学出版社.

[5] 龚晓南(主编),周建(副主编),2000.工程安全及耐久性[M].北京:中国水利水电出版社.

[6] 益德清,龚晓南(主编),2000.土木建筑工程理论与实践[M].西安:西安出版社.

[7] 龚晓南(主编),2001.金华博士志(第1集)[Z].

[8] 龚晓南,李海芳(主编),2002.岩土力学及工程理论与实践[M].北京:中国水利水电出版社.

[9] 益德清,龚晓南(主编),2004.土木建筑工程新技术[M].杭州:浙江大学出版社.

[10] 钱七虎(主编),方鸿琪,张在明,龚晓南,曾宪明(副主编),2010.岩土工程师手册[M].北京:人民交通出版社.

[11] 龚晓南,杨仲轩(主编),2017.岩土工程测试技术[M].北京:中国建筑工业出版社.

[12] 龚晓南,2017.我的求学之路[M].杭州:浙江大学出版社.

[13] 龚晓南(主编),2018.海洋土木工程概论[M].北京:中国建筑工业出版社.

[14] 龚晓南,杨仲轩(主编),2018.岩土工程变形控制设计理论与实践[M].北京:中国建筑工业出版社.

[15] 龚晓南,贾金生,张春生(主编),2021.大坝病险评估及除险加固技术[M].北京:中国建筑工业出版社.

[16] 龚晓南,杨仲轩(主编),2021.岩土工程计算与分析[M].北京:中国建筑工业出版社.

[17] 龚晓南,王立忠(主编),2022.海洋岩土工程[M].北京:中国建筑工业出版社.

[18] 龚晓南(主编),2023.城市地下空间开发岩土工程新进展[M].北京:中国建筑工业出版社.

[19] 龚晓南(主编),2024.交通岩土工程新进展[M].北京:中国建筑工业出版社.

论文目录

(1983 年至 2024 年 9 月,共 914 篇)

[1] 曾国熙,龚晓南,1983. 软土地基固结有限元法分析[J]. 浙江大学学报,17(1):1-14.

[2] 龚晓南,曾国熙,1985. 油罐软粘土地基性状[J]. 岩土工程学报,7(4):1-11.

[3] Zeng G X, Gong X N, 1985. Consolidation analysis of the soft clay ground beneath large steel oil tank[C]// 5th International Conference on Numerical Methods in Geomechanics,Nagoya.

[4] 龚晓南,1986. 软粘土地基上圆形贮罐上部结构和地基共同作用分析[J]. 浙江大学学报,20(1):108-116.

[5] 龚晓南,1986. 软粘土地基各向异性初步探讨[J]. 浙江大学学报,20(4):103-115.

[6] 曾国熙,龚晓南,1986. 数值计算方法在土力学中的应用[C]//中国力学学会岩土力学专业委员会. 第二届全国岩土力学数值分析和解析方法讨论会会议录.

[7] 陈希有,龚晓南,曾国熙,1987. 具有各向异性和非匀质性的 $c-\varphi$ 土上条形基础的极限承载力[J]. 土木工程学报,20(4):74-82.

[8] 曾国熙,龚晓南,盛进源,1987. 正常固结粘土 K_0 剪切试验研究[J]. 浙江大学学报,21(2):5-13.

[9] 曾国熙,龚晓南,1987. 软粘土地基上的一种油罐基础构造及地基固结分析[J]. 浙江大学学报(自然科学版),21(3):67-78.

[10] Chen X Y, Gong X N, 1987. Bearing capacity of strip footing on anisotropic and non-homogeneous soils[C]// Bridges and Structures:345.

[11] 陈希有,曾国熙,龚晓南,1988. 各向异性和非匀质地基上条形基础承载力的滑移场解法[J]. 浙江大学学报(自然科学版),22(3):65-74.

[12] Zeng G X, Gong X N, Nian J B, Hu Y F, 1988. Back analysis for determining non-linear mechanical parameters in soft clay excavation[C]// 6th International Conference on Numerical Methods in Geomechanics,Innsbruck.

[13] 龚晓南,1989. 土塑性力学的发展[C]//浙江省力学学会. 浙江省力学学会成立十周年暨 1989 年学术年会论文集.

[14] 龚晓南,1989. 岩土工程中反分析法的应用[C]//第一届华东地区岩土力学讨论会论文集.

[15] 龚晓南,Gudehus G,1989. 反分析法确定固结过程中土的力学参数[J]. 浙江大学学报(自然科学版),23(6):841-849.

[16] Gong X N, Liu Y M, Zhang T Q, 1990. Settlement of the flexible pile[C]// 3rd Iranian Congress of Civil Engineering, Shiraz.

[17] 陈列峰,龚晓南,曾国熙,1991. 考虑地基各向异性的沉降计算[J]. 土木工程学报,24(1):1-7.

[18] 龚晓南,1991. 复合地基引论(二)[J]. 地基处理,2(4)：1-11.

[19] 龚晓南,1991. 复合地基引论(一)[J]. 地基处理,2(3)：36-42.

[20] 龚晓南,1991. 确定地基固结过程中材料参数的反分析法[J]. 应用力学学报,8(2)：131-136.

[21] 龚晓南,杨灿文,1991. 地基处理[C]//中国土木工程学会. 第六届土力学及基础工程学术会议论文集. 上海:同济大学出版社:37.

[22] 谢康和,刘一林,潘秋元,龚晓南,1991. 搅拌桩复合地基变形分析微机程序开发与应用[C]//全国土木工程科技工作者计算机应用学术会议论文集组. 全国土木工程科技工作者计算机应用学术会议论文集. 南京:东南大学出版社:314.

[23] 杨灿文,龚晓南,1991. 四年来地基处理的发展[J]. 地基处理,2(2)：47.

[24] 俞茂宏,龚晓南,曾国熙,1991. 岩土力学和基础工程基本理论中的若干新概念[C]//中国土木工程学会. 第六届土力学及基础工程学术会议论文集. 上海:同济大学出版社:155.

[25] 张土乔,龚晓南,1991. 水泥土桩复合地基固结分析[J]. 水利学报(10)：32-37.

[26] 段继伟,龚晓南,曾国熙,1992. 复合地基桩土应力比影响因素有限元法分析[C]// 第二届华东地区岩土力学学术讨论会论文集. 杭州:浙江大学出版社:43.

[27] 龚晓南,1992. 复合地基理论概要[C]//中国土木工程学会土力学及基础工程学会地基处理学术委员会第三届地基处理学术讨论会论文集. 杭州:浙江大学出版社:37.

[28] 龚晓南,1992. 复合地基引论(三)[J]. 地基处理,3(2)：32.

[29] 龚晓南,1992. 复合地基引论(四)[J]. 地基处理,3(3)：24.

[30] 王启铜,龚晓南,曾国熙,1992. 考虑土体拉、压模量不同时静压桩的沉桩过程[J]. 浙江大学学报(自然科学版),26(6)：678-687.

[31] 严平,龚晓南,1992. 箱形基础的简化分析[C]// 浙江省土木建筑学会土力学与基础工程学术委员会第五届土力学及基础工程学术讨论会论文集. 杭州:浙江大学出版社:251.

[32] 张航,龚晓南,1992. 地基处理领域中的智能辅助设计系统[C]//中国土木工程学会土力学及基础工程学会地基处理学术委员会第三届地基处理学术讨论会论文集. 杭州:浙江大学出版社:626.

[33] 张航,龚晓南,1992. 工程型专家系统的构造策略[C]//中国建筑学会建筑结构学术委员会. 第六届全国建筑工程计算机应用学术会议论文集. 北京:中国建筑工业出版社.

[34] 张航,龚晓南,1992. 专家系统中的专业思路[C]//第二届华东地区岩土力学学术讨论会论文集. 杭州:浙江大学出版社:79.

[35] 张龙海,龚晓南,1992. 圆形水池结构与地基共同作用分析[C]//岩土力学与工程的理论与实践——首届岩土力学与工程青年工作者学术讨论会论文集. 杭州:浙江大学出版社:126.

[36] 张龙海,龚晓南,1992. 圆形水池结构与复合地基共同作用分析[C]//第二届华东地区岩土力学学术讨论会论文集. 杭州:浙江大学出版社:48.

[37] 张土乔,龚晓南,曾国熙,1992. 海水对水泥土侵蚀特性的试验研究[C]//中国土木工程学会土力学及基础工程学会地基处理学术委员会第三届地基处理学术讨论会论文集.

杭州:浙江大学出版社:154.

[38] 张土乔,龚晓南,曾国熙,1992. 水泥搅拌桩荷载传递机理初步分析[C]//第二届华东地区岩土力学学术讨论会论文集. 杭州:浙江大学出版社:60.

[39] 张土乔,龚晓南,曾国熙,裘慰伦,1992. 水泥土桩复合地基复合模量计算[C]//中国土木工程学会土力学及基础工程学会地基处理学术委员会第三届地基处理学术讨论会论文集. 杭州:浙江大学出版社:140.

[40] Zhang T Q, Gong X N, Li M K, Zeng G X, 1992. Effects of cement soil corrosion by seawater[C]// Proceedings of International Symposium on Soil Improvement and Pile Foundation:335.

[41] Zhang T Q, Gong X N, Zeng G X, 1992. Research on the failure mechanism of cement soil piles[C]// Proceedings of International Symposium on Soil Improvement and Pile Foundation:515.

[42] 段继伟,龚晓南,曾国熙,1993. 受竖向荷载柔性单桩的沉降及荷载传递特性分析[C]//深层搅拌法设计、施工经验交流会论文集. 北京:中国铁道出版社:162.

[43] 龚晓南,1993. 复合地基承载力和沉降[C]//岩土力学与工程论文集. 北京:中国铁道出版社.

[44] 龚晓南,1993. 深层搅拌法在我国的发展[C]//深层搅拌法设计、施工经验交流会论文集.北京:中国铁道出版社:1.

[45] 龚晓南,卞守中,王宝玉,宋中,1993. 一竖井纠偏加固工程[C]//岩土力学与工程论文集.北京:中国铁道出版社:80.

[46] 王启铜,龚晓南,曾国熙,1993.拉、压模量不同材料的球扩张问题[J].上海力学(2):55-63.

[47] 徐日庆,龚晓南,曾国熙,1993. ZDGE地基变形有限元程序介绍[C]//岩土力学与工程论文集. 北京:中国铁道出版社:28.

[48] 徐日庆,龚晓南,曾国熙.土的应力应变本构关系[J]. 西安公路交通大学学报. 1993,3(3):46-50.

[49] 严平,龚晓南,1993. 肋梁式桩筏基础的简化分析[C]//岩土力学与工程论文集. 北京:中国铁道出版社:44.

[50] 张土乔,龚晓南,1993. 水泥土应力应变关系的试验研究[C]//岩土力学与工程论文集. 北京:中国铁道出版社:56.

[51] 张土乔,龚晓南,曾国熙,1993. 海水作用下水泥土的线膨胀特性[C]//岩土力学与工程论文集. 北京:中国铁道出版社:139.

[52] Wang Q T, Gong X N, 1993. Effects of pile stiffness on bearing capacity[C]// Proceedings of the International Conference on Soft Clay Engineering:479.

[53] Xu R Q, Gong X N, Zeng G X, 1993. Time-dependent strain for soft soil[C]// Proceedings of the International Conference on Soft Clay Engineering:307.

[54] 陈东佐,龚晓南,1994. 黄土显微结构特征与湿陷性的研究现状及发展[J]. 地基处理,5(2):55-62.

[55] 段继伟,龚晓南,1994. 单桩带台复合地基的有限元分析[J]. 地基处理,5(2):5-12.

[56] 段继伟,龚晓南,1994. 水泥搅拌桩的荷载传递规律[J]. 岩土工程学报,16(4):1-8.

[57] 段继伟,龚晓南,曾国熙,1994. 一种非均质地基上板土共同作用数值分析方法[C]//中国力学学会岩土力学专业委员会. 第五届全国岩土力学数值分析与解析方法讨论会论文集. 武汉:武汉测绘科技大学出版社.

[58] 龚晓南,1994. 地基处理在我国的发展——祝贺地基处理学术委员会成立十周年[J]. 地基处理,5(2):1.

[59] 龚晓南,1994. 复合地基理论与实践[C]//海峡两岸土力学及基础工程地工技术学术研讨会论文集:683.

[60] 龚晓南,段继纬,1994. 柔性桩的荷载传递特性[C]//叶书麟. 中国土木工程学会第七届土力学及基础工程学术会议论文集. 北京:中国建筑工业出版社:605.

[61] 龚晓南,卢锡璋,1994. 南京南湖地区软土地基处理方案比较分析[J]. 地基处理,5(1):16-30.

[62] 龚晓南,王启铜,1994. 拉压模量不同材料的圆孔扩张问题[J]. 应用力学学报,11(4):127-132.

[63] 徐日庆,龚晓南,曾国熙,1994. 边界面本构模型及其应用[C]//中国力学学会岩土力学专业委员会. 第五届全国岩土力学数值分析与解析方法讨论会论文集. 武汉:武汉测绘科技大学出版社.

[64] 严平,龚晓南,杜月祥,1994. 角点支承双向板系结构的塑性分析[J]. 浙江大学学报(自然科学版),28(2):171-179.

[65] 严平,龚晓南,杜月祥,1994. 井格梁板结构的整体塑性极限分析[J]. 浙江大学学报(自然科学版),28(5):577-583.

[66] 严平,龚晓南,李建新,1994. 摩擦群桩上板式桩筏基础的简化分析[C]//结构与地基国际学术研讨会论文集. 杭州:浙江大学出版社:526.

[67] 杨洪斌,张景恒,徐日庆,龚晓南,1994. 天津地区建筑物的沉降分析[J]. 岩土工程学报,16(5):65-72.

[68] 张龙海,龚晓南,1994. 圆形水池结构与地基共同作用探讨[J]. 特种结构,11(2):4-6.

[69] Yan P, Gong X N, 1994. Limit analysis of pile-girder raft foundation on friction pile-group[C]// 3rd International Conference on Deep Foundation Practice Incorporating Pile Talk, Singapore.

[70] 陈东佐,龚晓南,1995. "双灰"低强度混凝土桩复合地基的工程特性[J]. 工业建筑,25(10):39-42.

[71] 段继伟,龚晓南,1995. 一种层状地基上板土共同作用的数值分析方法[J]. 应用力学学报,12(4):57-64.

[72] 段继伟,龚晓南,曾国熙,1995. 柔性群桩-承台-土共同作用的数值分析[C]//第二届浙江省岩土力学与工程学术讨论会论文集. 杭州:浙江大学出版社:28.

[73] 龚晓南,1995. 地基处理技术在我国的发展[C]// 建筑环境与结构工程最新发展. 杭州:浙江大学出版社:210.

[74] 龚晓南,1995. 复合地基计算理论研究[J]. 中国学术期刊文摘,1(A1).

[75] 龚晓南,1995. 复合地基理论框架[C]//建筑环境与结构工程最新发展. 杭州:浙江大学

出版社：224.

[76] 龚晓南，1995. 复合地基理论与地基处理新技术[M]// 高层建筑基础工程技术. 北京：科学出版社：212.

[77] 龚晓南，1995. 复合地基若干问题[C]//第二届全国青年岩土力学与工程会议论文集. 大连：大连理工大学出版社：95.

[78] 龚晓南，1995. 工程材料本构理论若干问题[C]// 浙江省力学学会成立十五周年学术讨论会论文集. 北京：原子能出版社：1.

[79] 龚晓南，1995. 墙后卸载与土压力计算[J]. 地基处理，6(2)：42-43.

[80] 龚晓南，1995. 形成竖向增强体复合地基的条件[J]. 地基处理，6(3)：48.

[81] 蒋镇华，龚晓南，曾国熙，1995. 成层非线性弹性土中单桩分析[C]//中国土木工程学会土力学及基础工程学会地基处理学术委员会第四届地基处理学术讨论会论文集. 杭州：浙江大学出版社：489.

[82] 蒋镇华，龚晓南，曾国熙，1995. 单桩有限里兹单元法分析[C]//第二届全国青年岩土力学与工程会议论文集. 大连：大连理工大学出版社：619.

[83] 刘绪普，龚晓南，黎执长，1995. 用弹性理论法和传递函数法联合求解单桩的沉降[C]//中国土木工程学会土力学及基础工程学会地基处理学术委员会第四届地基处理学术讨论会论文集. 杭州：浙江大学出版社：484.

[84] 徐日庆，龚晓南，1995. 蛋形函数边界面本构关系[C]//第二届全国青年岩土力学与工程会议论文集. 大连：大连理工大学出版社：165.

[85] 徐日庆，龚晓南，1995. 土的应力路径非线性行为[J]. 岩土工程学报，17(4)：56-60.

[86] 严平，龚晓南，1995. 杭州某综合大楼基坑围护工程设计[C]//第二届浙江省岩土力学与工程学术讨论会论文集. 杭州：浙江大学出版社：158.

[87] 严平，龚晓南，1995. 软土中基坑围护工程的对策[C]//第二届浙江省岩土力学与工程学术讨论会论文集. 杭州：浙江大学出版社：141.

[88] 严平，龚晓南，李建新，1995. 软土地基中深基坑开挖围护的工程实践[C]//中国土木工程学会土力学及基础工程学会地基处理学术委员会第四届地基处理学术讨论会论文集. 杭州：浙江大学出版社：606.

[89] 严平，龚晓南，李建新，1995. 在上下部共同作用下肋梁式桩筏基础整体极限弯矩的简化分析[C]//廖济川. 第三届华东地区岩土力学学术讨论会论文集. 武汉：华中理工大学出版社：302.

[90] 余绍锋，龚晓南，1995. 宁波甬江隧道地下连续墙路槽工程施工及原位测试[C]//中国土木工程学会土力学及基础工程学会地基处理学术委员会第四届地基处理学术讨论会论文集. 杭州：浙江大学出版社：582.

[91] 余绍锋，赵荣欣，龚晓南，1995. 一种基坑支挡结构侧向位移的预报方法[C]//第二届全国青年岩土力学与工程会议论文集. 大连：大连理工大学出版社：393.

[92] 俞建霖，龚晓南，1995. 深基坑开挖柔性支护结构的性状研究[C]//浙江省力学学会成立十五周年学术讨论会论文集. 北京：原子能出版社：288.

[93] Yan P, Yue X D, Gong X N, 1995. Limit analysis of pile-box foundation on friction pile groups[C]//5th East Asia-Pacific Conference on Structural Engineering and Construction.

[94] 龚晓南,1996. 沉降浅议[J]. 地基处理,7(1):41.

[95] 龚晓南,1996. 地基处理技术与复合地基理论[J]. 浙江建筑(1):37-39.

[96] 龚晓南,1996. 复合地基理论框架及复合地基技术在我国的发展[C]//浙江省第七届土力学及基础工程学术讨论会论文集. 北京:原子能出版社:39.

[97] 龚晓南,1996. 复合地基理论与实践在我国的发展[C]//复合地基理论与实践:全国复合地基理论与实践学术讨论会论文集. 杭州:浙江大学出版社:1.

[98] 龚晓南,1996. 基坑围护体系选用原则及设计程序[C]//浙江省第七届土力学及基础工程学术讨论会论文集. 北京:原子能出版社:157.

[99] 龚晓南,温晓贵,卞守中,尚亨林,1996. 二灰混凝土桩复合地基技术与研究[C]//复合地基理论与实践:全国复合地基理论与实践学术讨论会论文集. 杭州:浙江大学出版社:349.

[100] 蒋镇华,龚晓南,1996. 成层土单桩有限里兹单元法分析[J]. 浙江大学学报(自然科学版),30(4):366-374.

[101] 刘吉福,龚晓南,王盛源,1996. 一种考虑土工织物抗滑作用的稳定分析方法[J]. 地基处理,7(2):1-5.

[102] 严平,龚晓南,1996. 软土中基坑开挖支撑围护的若干问题[C]//浙江省第七届土力学及基础工程学术讨论会论文集. 北京:原子能出版社:172.

[103] 余绍锋,龚晓南,俞建霖,1996. 限制带撑支挡结构变形发展的一种计算方法[M]// 软土地基变形控制设计理论和工程实践. 上海:同济大学出版社:131.

[104] 余绍锋,周柏泉,龚晓南,1996. 支挡结构刚体有限元数值方法和位移预报[J]. 上海铁道大学学报,17(4):23-30.

[105] 俞建霖,龚晓南,1996. 温州国贸大厦基坑围护工程设计[C]//浙江省第七届土力学及基础工程学术讨论会论文集. 北京:原子能出版社:217.

[106] 赵荣欣,龚晓南,1996. 由围护桩水平位移曲线反分析桩身弯矩[C]//浙江省第七届土力学及基础工程学术讨论会论文集. 北京:原子能出版社:186.

[107] 龚晓南,1997. 地基处理技术和复合地基理论在我国的发展[C]//土木工程论文集. 杭州:浙江大学出版社.

[108] 龚晓南,1997. 地基处理技术及其发展[J]. 土木工程学报,30(6):3-11.

[109] 龚晓南,1997. 复合地基若干问题[J]. 工程力学,1(A1):86-94.

[110] 龚晓南,卞守中,1997. 二灰混凝土桩复合地基技术研究[J]. 地基处理,8(1):3-9.

[111] 龚晓南,张土乔,1997. 刚性基础下水泥土桩的荷载传递机理研究[C]//第二届结构与地基国际学术研讨会论文集. 香港:香港科技大学出版社:510-515.

[112] 龚晓南,章胜南,1997. 某工程水塔的纠偏[C]//中国土木工程学会土力学及基础工程学会地基处理学术委员会第五届地基处理学术讨论会论文集. 北京:中国建筑工业出版社:476.

[113] 黄明聪,龚晓南,赵善锐,1997. 钻孔灌注长桩沉降曲线特征分析[C]//中国土木工程学会土力学及基础工程学会第五届地基处理学术讨论会论文集. 北京:中国建筑工业出版社:500.

[114] 黄明聪,龚晓南,赵善锐,1997. 钻孔灌注长桩荷载传递性状及模拟分析[J]. 浙江大学

学报，31(A1)：197.

[115] 鲁祖统，龚晓南，1997. 关于稳定材料屈服条件在 π 平面内的屈服曲线存在内外包络线的证明[J]. 岩土工程学报，19(5)：1-5.

[116] Mahaneh，龚晓南，1997. 复合地基在中国的发展[J]. 浙江大学学报，31(A1)：238.

[117] 温晓贵，龚晓南，1997. 二灰混凝土桩复合地基设计和试验研究[C]//中国土木工程学会土力学及基础工程学会地基处理学术委员会第五届地基处理学术讨论会论文集. 北京：中国建筑工业出版社：410.

[118] 肖专文，徐日庆，龚晓南，1997. 基坑开挖反分析力学参数确定的 GA-ANN 法[C]//中国土木工程学会土力学及基础工程学会第五届地基处理学术讨论会论文集. 北京：中国建筑工业出版社：721.

[119] 徐日庆，傅小东，张磊，俞建霖，龚晓南，1997. 深基坑反分析工程应用软件设计——"预报之神"[C]//中国土木工程学会土力学及基础工程学会第五届地基处理学术讨论会论文集. 北京：中国建筑工业出版社：567.

[120] 徐日庆，龚晓南，杨林德，1997. 土的非线性抗剪强度及土压力计算[J]. 浙江大学学报，31(A1)：101.

[121] 徐日庆，谭昌明，龚晓南，1997. 岩土工程反演理论及其展望[J]. 浙江大学学报，31(A1)：157.

[122] 徐日庆，杨林德，龚晓南，1997. 土的边界面应力应变本构关系[J]. 同济大学学报(自然科学版)，25(1)：29-33.

[123] 徐日庆，俞建霖，肖专文，龚晓南，1997. 深基坑开挖性态反分析方法[C]//第三届浙江省岩土力学与工程学术讨论会论文集. 北京：中国国际广播出版社：101.

[124] 严平，李建新，龚晓南，1997. 软土地基中桩基质量事故的加固处理[C]//中国土木工程学会土力学及基础工程学会地基处理学术委员会第五届地基处理学术讨论会论文集. 北京：中国建筑工业出版社：476.

[125] 严平，张航，龚晓南，1997. 基坑围护工程设计专家系统的建立[C]//第三届浙江省岩土力学与工程学术讨论会论文集. 北京：中国国际广播出版社：317.

[126] 杨军，龚晓南，金天德，1997. 有粘结及无粘结预应力框架的静力及动力特性分析[J]. 浙江大学学报，31(A1)：209.

[127] 杨晓军，龚晓南，1997. 基坑开挖中考虑水压力的土压力计算[J]. 土木工程学报，30(4)：58-62.

[128] 杨晓军，龚晓南，1997. 水泥土支护结构稳定分析探讨[J]. 浙江大学学报，31(A1)：225.

[129] 杨晓军，温晓贵，龚晓南，1997. 土工合成材料在道路工程中的应用[C]//第三届浙江省岩土力学与工程学术讨论会论文集. 北京：中国国际广播出版社：292.

[130] 余绍锋，龚晓南，1997. 某路槽滑坍事故及整体稳定分析[J]. 岩土工程学报，19(1)：8-14.

[131] 俞建霖，徐日庆，龚晓南，1997. 基坑周围地基沉降量的性状分析[C]//中国土木工程学会土力学及基础工程学会第五届地基处理学术讨论会论文集. 北京：中国建筑工业出版社：596.

[132] 俞建霖,徐日庆,肖专文,龚晓南,1997. 有限元和无限元耦合分析方法及其在基坑数值分析中的应用[C]//第三届浙江省岩土力学与工程学术讨论会论文集. 北京:中国国际广播出版社:17.

[133] 张航,侯永峰,龚晓南,明珉,王蔚,卢锡章,1997. 南京市南苑小区复合地基性状试验研究[C]//中国土木工程学会土力学及基础工程学会第五届地基处理学术讨论会论文集. 北京:中国建筑工业出版社:313.

[134] 周建,龚晓南,1997. 柔性桩临界桩长计算分析[C]// 中国土木工程学会土力学及基础工程学会地基处理学术委员会第五届地基处理学术讨论会论文集. 北京:中国建筑工业出版社:746.

[135] 朱少杰,张伟民,张航,龚晓南,1997. 杭州市教四路路基处理方案分析研究[C]//中国土木工程学会土力学及基础工程学会第五届地基处理学术讨论会论文集. 北京:中国建筑工业出版社:769.

[136] 陈愈炯,杨晓军,龚晓南,1998. 对"基坑开挖中考虑水压力的土压力计算"的讨论[J]. 土木工程学报,31(4):74.

[137] 龚晓南,1998. 高速公路软土地基处理技术[C]//高速公路软弱地基处理理论与实践:全国高速公路软弱地基处理学术讨论会论文集. 上海:上海大学出版社:3.

[138] 龚晓南,1998. 基坑工程若干问题[C]//施建勇. 岩土力学的理论与实践——第三届全国青年岩土力学与工程会议论文集. 南京:河海大学出版社:18.

[139] 龚晓南,1998. 基坑工程特点和围护体系选用原则[C]//中国土木工程学会第八届年会论文集. 北京:清华大学出版社:413.

[140] 龚晓南,1998. 近期土力学及其应用发展展望[C]//《岩土工程新进展》特约稿件. 西安:西北大学出版社:25.

[141] 龚晓南,1998. 土的实际抗剪强度及其量度[J]. 地基处理,9(2):61-62.

[142] 龚晓南,1998. 议土的抗剪强度影响因素[J]. 地基处理,9(3):54-56.

[143] 龚晓南,1998. 浙江大学土木工程教育发展思路[C]//中国土木工程学会第八届年会论文集. 北京:清华大学出版社.

[144] 龚晓南,陈明中,1998. 关于复合地基沉降计算的一点看法[J]. 地基处理,9(2):10-18.

[145] 龚晓南,黄广龙,1998. 柔性桩沉降的可靠性分析[J]. 工程力学(A3):347-351.

[146] 龚晓南,温晓贵,1998. 二灰混凝土试验研究[J]. 混凝土(1):37-41.

[147] 龚晓南,杨晓军,1998. 某工程设备基础基坑开挖围护[J]. 地基处理,9(1):16-19.

[148] 龚晓南,杨晓军,俞建霖,1998. 基坑围护设计若干问题[J].《基坑支护技术进展》专题报告(建筑技术增刊):94.

[149] 韩同春,龚晓南,韩会增,1998. 丙烯酸钙化学浆液凝胶时间的动力学探讨[J]. 水利学报(12):47-50.

[150] 黄明聪,龚晓南,赵善锐,1998. 钻孔灌注长桩静载试验曲线特征及沉降规律[J]. 工业建筑,28(10):37-41.

[151] 黄明聪,龚晓南,赵善锐,1998. 钻孔灌注长桩试验曲线型式及破坏机理探讨[J]. 铁道学报,20(4):93-97.

[152] 刘吉福,龚晓南,王盛源,1998. 高填路堤复合地基稳定性分析[J]. 浙江大学学报(自然科学版),32(5):511-518.

[153] 鲁祖统,龚晓南,黄明聪,1998. 饱和软土中压桩过程的理论分析与数值模拟[C]//岩土力学数值分析与解析方法. 广州:广东科技出版社:302-308.

[154] 罗嗣海,龚晓南,史光金,1998. 固结应力和应力路径对粘性土固结不排水剪总应力强度指标的影响[J]. 工程勘察(6):7-10.

[155] 罗嗣海,龚晓南,张天太,1998. 论固结不排水剪总应力强度指标及其应用[J]. 地球科学,23(6):643-648.

[156] 罗嗣海,李志,龚晓南,1998. 分级加荷条件下正常固结软土的不排水强度确定[J]. 工程勘察(1):17-19.

[157] 毛前,龚晓南,1998. 复合地基下卧层计算厚度分析[J]. 浙江建筑(1):20-23.

[158] 毛前,龚晓南,1998. 桩体复合地基柔性垫层的效用研究[J]. 岩土力学,19(2):67-73.

[159] 史光金,龚晓南,1998. 软弱地基强夯加固效果评价的研究现状[J]. 地基处理,9(4):3-11.

[160] 童小东,龚晓南,姚恩瑜,1998. 关于在应变空间中屈服面与其内部所构成的集合为凸集的证明[C]//第七届全国结构工程学术会议,石家庄.

[161] 童小东,龚晓南,姚恩瑜,1998. 稳定材料在应力 π 平面上屈服曲线的特性[J]. 浙江大学学报(自然科学版),32(5):643-647.

[162] 肖溟,龚晓南,1998. 一个基于空间自相关性的土工参数推测公式[J]. 岩土力学,19(4):69-72.

[163] 徐日庆,龚晓南,1998. 软土边界面模型的本构关系[C]//全国岩土工程青年专家学术会议论文集. 北京:中国建筑工业出版社:59.

[164] 徐日庆,龚晓南,王明洋,杨林德. 1998. 粘弹性本构模型的识别与变形预报[J]. 水利学报(4):75-80.

[165] 徐日庆,龚晓南,杨林德,1998. 深基坑开挖的安全性预报与工程决策[J]. 土木工程学报,31(5):33.

[166] 徐日庆,杨仲轩,龚晓南,俞建霖,1998. 考虑位移和时间效应的土压力计算方法[C]//土力学与基础工程的理论及实践——浙江省第八届土力学及基础工程学术讨论会论文集. 上海:上海交通大学出版社:9.

[167] 徐日庆,俞建霖,龚晓南,1998. 杭甬高速公路软基试验分析[C]// 高速公路软弱地基处理理论与实践:全国高速公路软弱地基处理学术讨论会论文集. 上海:上海大学出版社:108.

[168] 严平,龚晓南,1998. 对高层建筑基础工程若干问题的思考[C]//中国土木工程学会第八届年会论文集. 北京:清华大学出版社:419.

[169] 严平,龚晓南,1998. A practical method for calculation integral moment of pile-box foundation considering interaction between superstructure and base[C]//结构工程理论与实践国际会议论文集. 北京:地震出版社:419.

[170] 严平,杨晓军,孟繁华,龚晓南,1998. 粉砂地基中深基坑开挖围护设计实例[C]//土力

学与基础工程的理论及实践——浙江省第八届土力学及基础工程学术讨论会论文集.
上海：上海交通大学出版社：122.

[171] 俞建霖,龚晓南,1998. 基坑周围地表沉降量的空间性状分析[J]. 工程力学（A3）：
565-571.

[172] 俞建霖,龚晓南,1998. 软土地基基坑开挖的三维性状分析[J]. 浙江大学学报（自然科
学版）,32(5)：552-557.

[173] 俞建霖,赵荣欣,龚晓南,1998. 软土地基基坑开挖地表沉降量的数值研究[J]. 浙江大
学学报（自然科学版）,32(1)：95-101.

[174] Lu Z T, Gong X N, Bassam M, 1998. Emendation to Zienkiewicz-Pande criterion
[C]//Strength Theory：Application, Development & Prospects for 21st Century.
New York：Science Press：253.

[175] Xu R Q, Gong X N,1998. A constitutive relationship of bounding surface model for
soft soils[C]//Strength Theory：Application, Development & Prospects for 21st
Century. New York：Science Press：627-632.

[176] 陈福全,龚晓南,竺存宏,邓冰,1999. 非沉入式圆筒结构与筒内填料相互作用的数值模
拟[J]. 港工技术(4)：17.

[177] 陈明中,龚晓南,梁磊,1999. 深层搅拌桩支护结构的优化设计[J]. 建筑结构(5)：3-5.

[178] 龚晓南,1999. 读"岩土工程规范的特殊性"与"试论基坑工程的概念设计"[J]. 地基处
理,10(2)：76-77.

[179] 龚晓南,1999. 对几个问题的看法[J]. 地基处理,10(2)：60-61.

[180] 龚晓南,1999. 复合地基发展概况及其在高层建筑中的应用[J]. 土木工程学报,32
(6)：3-10.

[181] 龚晓南,1999. 复合桩基与复合地基理论[J]. 地基处理,10(1)：1-15.

[182] 龚晓南,1999. 深层搅拌桩复合地基承载力和变形的可靠度研究[J]. 中国学术期刊文
摘(1)：117.

[183] 龚晓南,1999. 原状土的结构性及其对抗剪强度的影响[J]. 地基处理,10(1)：61-62.

[184] 龚晓南,1999. 21世纪岩土工程发展展望[C]//周光召. 面向世纪的科技进步与社会经
济发展——中国科协首届学术年会. 北京：中国科学技术出版社.

[185] 龚晓南,肖专文,徐日庆,俞建霖,杨晓军,陈页开,1999. 基坑工程辅助设计系统——
"围护大全"[J]. 地基处理,10(4)：76.

[186] 龚晓南,俞建霖,余子华,1999. 杭州京华科技影艺世界工程基坑围护[M]// 基础工程
400例. 北京：地震出版社：473.

[187] 龚晓南,赵荣欣,李永葆,董益群,1999. 测斜仪自动数据采集及处理系统的研制[J].
浙江大学学报（自然科学版）,33(3)：237-242.

[188] 洪昌华,龚晓南,1999. 变量相关情况下可靠度指标计算的优化方法[C]//中国土木工
程学会第八届土力学及岩土工程学术会议论文集. 北京：万国学术出版社：121.

[189] 侯永峰,龚晓南,1999. "Hencky第二定律的探讨"探讨之一[J]. 岩土工程学报,9,21
(4)：521-522.

[190] 黄广龙,樊有维,龚晓南,1999. 杭州地区主要软土层土体的自相关特性[J]. 河海大学

学报，27(A1)：76.

[191] 黄广龙，龚晓南，1999. 单桩沉降的可靠度分析[J]. 工程兵工程学院学报，14(2)：95-100.

[192] 黄广龙，龚晓南，1999. 单桩承载力计算模式的不确定性分析[J]. 工程勘察(6)：9-12.

[193] 李大勇，张土乔，龚晓南，1999. 深基坑开挖引起临近地下管线的位移分析[J]. 工业建筑，29(11)：36-42.

[194] 毛前，龚晓南，1999. 有限差分法分析复合地基沉降计算深度[J]. 建筑结构(3)：37-41.

[195] 施晓春，徐日庆，龚晓南，陈国祥，袁中立，1999. 桶形基础单桶水平承载力的试验研究[J]. 岩土工程学报，21(6)：723-726.

[196] 童小东，蒋永生，龚维明，龚晓南，1999. 深层搅拌法若干问题探讨[J]. 东南大学学报(99 土木工程专辑).

[197] 温晓贵，龚晓南，周建，杨晓军，1999. 锚杆静压桩加固与沉井冲水掏土纠倾工程实例[C]//中国土木工程学会第八届土力学及岩土工程学术会议论文集. 北京：万国学术出版社：519.

[198] 肖专文，龚晓南，1999. 基坑土钉支护优化设计的遗传算法[J]. 土木工程学报，32(3)：73-80.

[199] 肖专文，龚晓南，1999. 有限元应力计算结果改善处理的一种实用方法[J]. 计算力学学报，16(4)：489-492.

[200] 肖专文，徐日庆，龚晓南，1999. 求解复杂工程优化问题的一种实用方法[J]. 水利学报(2)：23-27.

[201] 肖专文，徐日庆，俞建霖，杨晓军，谭昌明，陈页开，龚晓南，1999. 深基坑工程辅助设计软件系统[C]//第四届浙江省岩土力学与工程学术讨论会论文集. 上海：上海交通大学出版社：206.

[202] 徐日庆，俞建霖，陈页开，龚晓南，1999. 深基坑工程设计软件系统——"围护大全"软件[M]//杭州市建筑业管理局. 深基础工程实践与研究. 北京：中国水利水电出版社：276.

[203] 徐日庆，俞建霖，龚晓南，1999. 基坑开挖性态反分析[J]. 工程力学(A1)：524.

[204] 徐日庆，俞建霖，龚晓南，1999. 土体开挖性态反演分析[C]//中国力学学会. 第八届全国结构工程学术会议论文集. 北京：清华大学出版社.

[205] 徐日庆，俞建霖，龚晓南，张吾渝，1999. 基坑开挖中土压力计算方法探讨[C]//中国土木工程学会第八届土力学及岩土工程学术会议论文集. 北京：万国学术出版社：667.

[206] 杨晓军，施晓春，温晓贵，龚晓南，1999. 土工合成材料加筋路堤软基的机理[C]//中国土木工程学会第八届土力学及岩土工程学术会议论文集. 北京：万国学术出版社：437-440.

[207] 俞建霖，龚晓南，1999. 锚杆静压桩在炮台新村 1#～5# 楼地基加固处理中的应用[M]//基础工程 400 例. 北京：地震出版社：676.

[208] 俞建霖，龚晓南，1999. 深基坑工程的空间性状分析[J]. 岩土工程学报，21(1)：21-25.

[209] 俞建霖,姜昌伟,万凯,徐日庆,龚晓南,1999. 基坑工程监测数据处理系统的研制与应用[M]//深基础工程实践与研究. 北京:中国水利水电出版社:266.

[210] 俞建霖,万凯,姜昌伟,徐日庆,龚晓南,1999. 地基及基础沉降分析系统的开发及应用[C]//岩土力学与工程的理论及实践:第四届浙江省岩土力学与工程学术讨论会论文集. 上海:上海交通大学出版社.

[211] 俞建霖,徐日庆,龚晓南,陈观胜,1999. 杭州四堡污水处理厂消化池地基坑开挖与回灌系统应用[M]//深基础工程实践与研究. 北京:中国水利水电出版社:65.

[212] 俞建霖,徐日庆,龚晓南,余子华,1999. 基坑工程空间性状的数值分析研究[C]//岩土力学与工程的理论及实践:第四届浙江省岩土力学与工程学术讨论会论文集. 上海:上海交通大学出版社:170.

[213] 俞炯奇,张土乔,龚晓南,1999. 钻孔嵌岩灌注桩承载特性浅析[J]. 工业建筑,29(8):38-43.

[214] 张仪萍,张土乔,龚晓南,1999. 沉降的灰色预测[J]. 工业建筑,29(4):45.

[215] 张仪萍,张土乔,龚晓南,1999. 关于悬臂式板桩墙的极限状态设计[J]. 工程勘察(3):4-6.

[216] 周建,龚晓南,1999. 饱和软粘土临界循环特性初探[C]//中国土木工程学会第八届土力学及岩土工程学术会议论文集. 北京:万国学术出版社:165.

[217] 左人宇,龚晓南,桂和荣,1999. 多因素影响下煤层底板变形破坏规律研究[J]. 东北煤炭技术(5):3-7.

[218] Gong X N,1999. Development of composite foundation in China[C]//Soil Mechanics and Geotechnical Engineering. Rotterdam:AA Balkema:201.

[219] 陈福全,龚晓南,2000. 桩的负摩阻力现场试验及三维有限元分析[J]. 建筑结构学报,21(3):77-80.

[220] 陈明中,龚晓南,2000. 单桩沉降的一种解析解法[J]. 水利学报(8):70-74.

[221] 陈明中,龚晓南,梁磊,2000. 带桩条形基础的计算分析[J]. 工业建筑,30(4):41-44.

[222] 陈页开,徐日庆,任超,龚晓南,2000. 压顶梁作用的弹性地基梁法的分析[J]. 浙江科技学院学报,12(B10):34-38.

[223] 董邑宁,徐日庆,龚晓南,2000. 萧山粘土的结构性对渗透性质影响的试验研究[J]. 大坝观测与土工测试,24(6):44-46.

[224] 龚晓南,2000. 21世纪岩土工程发展展望[J]. 岩土工程学报,22(2):238-242.

[225] 龚晓南,2000. 地基处理技术发展展望[J]. 地基处理,11(1):3-8.

[226] 龚晓南,2000. 漫谈土的抗剪强度和抗剪强度指标[J]. 地基处理,11(3):106-108.

[227] 龚晓南,2000. 漫谈岩土工程发展的若干问题[J]. 岩土工程界(1):52-57.

[228] 龚晓南,2000. 软土地区建筑地基工程事故原因分析及对策[C]//工程安全及耐久性:中国土木工程学会第九届年会论文集. 北京:中国水利水电出版社:255.

[229] 龚晓南,2000. 有关复合地基的几个问题[J]. 地基处理,11(3):42-48.

[230] 龚晓南,洪昌华,马克生,2000. 水泥土桩复合地基的可靠度研究[C]// 工程安全及耐久性——中国土木工程学会第九届年会论文集. 北京:中国水利水电出版社:281.

[231] 龚晓南,李向红,2000. 静力压桩挤土效应中的若干力学问题[J]. 工程力学,17(4):7-12.

[232] 龚晓南,熊传祥,2000. 粘土结构性对其力学性质的影响及形成原因分析[J]. 水利学报(10)：43-47.

[233] 龚晓南,益德清,2000. 岩土流变模型研究的现状与展望[J]. 工程力学,1(A1)：145-155.

[234] 洪昌华,龚晓南,2000. 不排水强度的空间变异性及单桩承载力可靠性分析[J]. 土木工程学报,33(3)：66-70.

[235] 洪昌华,龚晓南,2000. 基于稳定分析法的碎石桩复合地基承载力的可靠度[J]. 水利水运科学研究(1)：30-35.

[236] 洪昌华,龚晓南,2000. 深层搅拌桩复合地基承载力的概率分析[J]. 岩土工程学报,22(3)：279-283.

[237] 洪昌华,龚晓南,2000. 土性空间变异性的统计模拟[J]. 浙江大学学报(自然科学版),34(5)：527-530.

[238] 洪昌华,龚晓南,2000. 相关情况下 Hasofer-Lind 可靠指标的求解[J]. 岩土力学,21(1)：68-71.

[239] 洪昌华,龚晓南,温晓贵,2000. 对"深层搅拌桩复合地基承载力的概率分析"讨论的答复[J]. 岩土工程学报,22(6)：757.

[240] 侯永峰,龚晓南,2000. 水泥土的渗透特性[J]. 浙江大学学报(自然科学版),34(2)：189-193.

[241] 黄广龙,龚晓南,2000. 土性参数的随机场模型及桩体沉降变异特性分析[J]. 岩土力学,21(4)：311-315.

[242] 黄广龙,周建,龚晓南,2000. 矿山排土场散体岩土的强度变形特性[J]. 浙江大学学报(自然科学版),34(1)：54-59.

[243] 李向红,龚晓南,2000. 软粘土地基静力压桩的挤土效应及其防治措施[J]. 工业建筑,30(7)：11-14.

[244] 鲁祖统,龚晓南,2000. Mohr-Coulomb 准则在岩土工程应用中的若干问题[J]. 浙江大学学报(自然科学版),34(5)：588-590.

[245] 罗嗣海,陈进平,龚晓南,2000. 强夯加固效果的深度效应[C]//第六届地基处理学术讨论会暨第二届基坑工程学术讨论会论文集. 西安:西安出版社:28.

[246] 罗嗣海,陈进平,龚晓南,2000. 无粘性土强夯加固效果的定量估算[J]. 工业建筑,30(12)：26-29.

[247] 罗嗣海,龚晓南,2000. 两种不同假设下的 A_f-K_0 关系和不排水强度[J]. 地球科学:中国地质大学学报,25(1)：57-60.

[248] 罗嗣海,龚晓南,2000. 强夯的地面变形初探[J]. 地质科技情报,19(4)：92-96.

[249] Mahaneh,龚晓南,鲁祖统,2000. 群桩有限里兹单元法[J]. 浙江大学学报(自然科学版),34(4)：438-442.

[250] 马克生,龚晓南,2000. 单桩沉降可靠性分析[C]//第六届地基处理学术讨论会暨第二届基坑工程学术讨论会论文集. 西安:西安出版社:317.

[251] 马克生,龚晓南,2000. 模量随深度变化的单桩沉降[J]. 工业建筑,30(1)：66-67.

[252] 马克生,杨晓军,龚晓南,2000. 空间随机土作用下的柔性桩沉降可靠性分析[J]. 浙江

大学学报(自然科学版),34(4):366-369.

[253]　马克生,杨晓军,龚晓南,2000. 柔性桩沉降的随机响应[J]. 土木工程学报,33(3):75-77.

[254]　施晓春,徐日庆,龚晓南,陈国祥,袁中立,2000. 桶形基础发展概况[J]. 土木工程学报,33(4):68-73.

[255]　施晓春,徐日庆,龚晓南,陈国祥,袁中立,2000. 一种新型基础——桶形基础[C]//龚晓南. 第六届地基处理学术讨论会暨第二届基坑工程学术讨论会论文集. 西安:西安出版社:409.

[256]　施晓春,徐日庆,俞建霖,龚晓南,袁中立,陈国祥,2000. 桶形基础简介及试验研究[J]. 浙江科技学院学报,12(B10):39-42.

[257]　童小东,龚晓南,2000. 氢氧化铝——水泥土添加剂试验研究[C]//第六届地基处理学术讨论会暨第二届基坑工程学术讨论会论文集. 西安:西安出版社:125.

[258]　童小东,龚晓南,2000. 氢氧化铝在水泥系深层搅拌法中的应用[J]. 建筑结构,30(5):14-16.

[259]　童小东,龚晓南,邝建政,王启铜,2000. 生石膏在水泥系深层搅拌法中的试验研究[J]. 建筑技术,31(3):162-163.

[260]　童小东,龚晓南,2000. 石灰在水泥系深层搅拌法中的应用[J]. 工业建筑,30(1):21-25.

[261]　童小东,蒋永生,龚维明,姜宁辉,龚晓南,2000. 多功能喷射深层搅拌法装置的工作原理[J]. 东南大学学报(自然科学版),30(5):78-80.

[262]　肖溟,龚晓南,黄广龙,2000. 深层搅拌桩复合地基承载力的可靠度分析[J]. 浙江大学学报(自然科学版),34(4):351-354.

[263]　肖专文,龚晓南,2000. 岩体开挖与充填有限元计算结果的可视化研究[J]. 工程力学,17(1):41-46.

[264]　熊传祥,龚晓南,陈福全,张冬霁,2000. 软土结构性对桩性状影响分析[J]. 工业建筑,30(5):40.

[265]　熊传祥,龚晓南,王成华,2000. 高速滑坡临滑变形能突变模型的研究[J]. 浙江大学学报(工学版),34(4):443.

[266]　徐日庆,龚晓南,2000. 软土边界面模型的本构关系[C]//全国岩土工程青年专家学术会议论文集. 北京:中国测绘学会:59-63.

[267]　徐日庆,龚晓南,施晓春,2000. 桶形基础发展与研究现状[C]//浙江省第九届土力学及岩土工程学术讨论会论文集. 西安:西安出版社:25.

[268]　严平,龚晓南,2000. 桩筏基础在上下部共同作用下的极限分析[J]. 土木工程学报,33(2):87-95.

[269]　杨泽平,张天太,罗嗣海,龚晓南,2000. 强夯夯锤与土接触时间的计算探讨[C]//第六届地基处理学术讨论会暨第二届基坑工程学术讨论会论文集. 西安:西安出版社:220.

[270]　俞茂宏,廖红建,龚晓南,唐春安,胡小荣,2000. 20世纪在中国的强度理论发展和创新[C]//白以龙,杨卫. 力学2000. 北京:气象出版社.

[271]　张吾渝,徐日庆,龚晓南,2000. 土压力的位移和时间效应[J]. 建筑结构,30(11):

531

58-61.

[272] 曾庆军,龚晓南,李茂英,2000. 强夯时饱和软土地基表层的排水通道[J]. 工程勘察 (3)：1-3.

[273] 曾庆军,龚晓南,2000. 软弱地基填石强夯法加固原理[C]//第六届地基处理学术讨论 会暨第二届基坑工程学术讨论会论文集. 西安:西安出版社:216.

[274] 曾庆军,龚晓南,谢明逸,李茂英,2000. 填石强夯加固机理与应用[J]. 建筑技术,31 (3)：159-160.

[275] 曾庆军,龚晓南,李茂英,2000. 强夯时饱和软土地基表层的排水通道[J]. 工程勘察 (3)：1.

[276] 周建,龚晓南,2000. 循环荷载作用下饱和软粘土应变软化研究[J]. 土木工程学报, 33(5)：75-78.

[277] 周建,龚晓南,李剑强,2000. 循环荷载作用下饱和软粘土特性试验研究[J]. 工业建 筑,30(11)：43-47.

[278] 陈福全,龚晓南,2001. 大直径圆筒码头结构的有限元分析[J]. 水利水运工程学报 (4)：37-40.

[279] 陈明中,龚晓南,应建新,温晓贵,2001. 用变分法解群桩-承台(筏)系统[J]. 土木工程 学报,34(6)：67-73.

[280] 陈明中,严平,龚晓南,2001. 群桩与条形基础耦合结构的分析计算[J]. 水利学报(3)： 32-36.

[281] 陈页开,徐日庆,任超,龚晓南,2001. 基坑开挖的空间效应分析[J]. 建筑结构, 31(10)：42-44.

[282] 陈页开,徐日庆,杨晓军,龚晓南,2001. 基坑工程柔性挡墙土压力计算方法[J]. 工业 建筑,31(3)：1-4.

[283] 董邑宁,徐日庆,龚晓南,2001. 固化剂 ZDYT-1 加固土试验研究[J]. 岩土工程学报, 23(4)：472-475.

[284] 龚晓南,陈明中,2001. 桩筏基础设计方案优化若干问题[J]. 土木工程学报,34(4)： 107-110.

[285] 侯永峰,张航,周建,龚晓南,2001. 循环荷载作用下复合地基沉降分析[J]. 工业建筑, 31(6)：40-42.

[286] 侯永峰,张航,周建,龚晓南,2001. 循环荷载作用下水泥复合土变形性状试验研究[J]. 岩土工程学报,23(3)：288-291.

[287] 黄春娥,龚晓南,2001. 条分法与有限元法相结合分析渗流作用下的基坑边坡稳定性 [J]. 水利学报(3)：6-10.

[288] 黄春娥,龚晓南,顾晓鲁,2001. 考虑渗流的基坑边坡稳定分析[J]. 土木工程学报, 34(4)：98-101.

[289] 李大勇,龚晓南,张土乔,2001. 软土地基深基坑周围地下管线保护措施的数值模拟 [J]. 岩土工程学报,23(6)：736-740.

[290] 李大勇,龚晓南,张土乔,2001. 深基坑工程中地下管线位移影响因素分析[J]. 岩石力 学与工程学报,20(A1)：1083-1087.

[291] 李海晓,龚晓南,林楠,2001. 复合地基的地震动力反应分析[J]. 工业建筑,31(6): 43-45.

[292] 罗嗣海,潘小青,黄松华,龚晓南,2001. 强夯置换深度的统计研究[J]. 工程勘察(5): 38-39.

[293] 马克生,龚晓南,2001. 柔性桩沉降可靠性的简化分析公式[J]. 水利学报(2): 63-68.

[294] 马克生,杨晓军,龚晓南,2001. 柔性桩沉降的随机特性[J]. 力学季刊,22(3): 329-334.

[295] 谭昌明,徐日庆,龚晓南,2001. 土体双曲线本构模型的参数反演[J]. 浙江大学学报 (工学版),35(1): 57-61.

[296] 王国光,严平,龚晓南,王成华,2001. 采取止水措施的基坑渗流场研究[J]. 工业建筑, 31(4): 43-45.

[297] 吴慧明,龚晓南,2001. 刚性基础与柔性基础下复合地基模型试验对比研究[J]. 土木 工程学报,34(5): 81-84.

[298] 吴忠怀,吴武胜,龚晓南,2001. 强夯置换深度估算的拟静力法[J]. 华东地质学院学 报,24(4): 306-308.

[299] 熊传祥,鄢飞,周建安,龚晓南,2001. 土结构性对软土地基性状的影响[J]. 福州大学 学报(自然科学版),29(5): 89-92.

[300] 严平,龚晓南,2001. 基础工程在各种极限状态下的承载力[J]. 土木工程学报,34(2): 62-67.

[301] 俞建霖,龚晓南,2001. 基坑工程地下水回灌系统的设计与应用技术研究[J]. 建筑结 构学报,22(5): 70-74.

[302] 袁静,龚晓南,2001. 基坑开挖过程中软土性状若干问题的分析[J]. 浙江大学学报(工 学版),35(5): 465-470.

[303] 袁静,龚晓南,益德清,2001. 岩土流变模型的比较研究[J]. 岩石力学与工程学报,20 (6): 772-779.

[304] 张土乔,张仪萍,龚晓南,2001. 基坑单支撑拱形围护结构性状分析[J]. 岩土工程学 报,23(1): 99-103.

[305] 张旭辉,龚晓南,2001. 锚管桩复合土钉支护的应用研究[J]. 建筑施工,23(6): 436-437.

[306] 张旭辉,杨晓军,龚晓南,2001. 软土地基堆载极限高度的计算分析[J]. 公路(5): 33-36.

[307] 曾庆军,龚晓南,2001. 深基坑降排水-注水系统优化设计理论[J]. 土木工程学报,34 (2): 74-78.

[308] 曾庆军,周波,龚晓南,2001. 冲击荷载下饱和粘土孔压特性初探[J]. 岩土力学,22 (4): 427-431.

[309] 周健,余嘉澍,龚晓南,2001. 临海市防洪堤稳定分析[J]. 浙江水利水电专科学校学 报,13(3): 4-6.

[310] Gong X N, 2001. Development and application to high-rise building of composite foundation[C]//韩·中地盘工学讲演会论文集:34.

[311] Xu R Q, Yan P, Gong X N, 2001. Parameter back-analysis of the hyperbolic constitutive model of soils[C]// The 6th International Symposium on Geotechnical Aspects of Underground Construction in Soft Ground. Shanghai：Tongji University Press：495.

[312] Xu R Q, Gong X N, 2001. Back analysis method of characteristics of rock masses with particular reference to a case study[C]//韩·中地盘工学讲演会论文集：45.

[313] Zhou J, Gong X N, 2001. Strain degradation of saturated clay under cyclic loading [J]. Canadian Geotechnical Journal，38(1)：208-212.

[314] 陈昌富，龚晓南，2002. 戈壁滩上露天矿坑稳定性分析仿生算法研究[C]//岩石力学新进展与西部开发中的岩土工程问题——中国岩石力学与工程学会第七次学术大会论文集. 北京：中国科学技术出版社.

[315] 陈昌富，龚晓南，2002. 露天矿边坡破坏概率计算混合遗传算法[J]. 工程地质学报，10(3)：305-308.

[316] 陈昌富，袁玲红，龚晓南，2002. 边坡稳定性评价 T-S 型模糊神经网络模型[C]//第十一届全国结构工程学术会议论文集第 II 卷：北京：《工程力学》杂志社.

[317] 陈福全，龚晓南，竺存宏，2002. 大直径圆筒码头结构土压力性状模型试验[J]. 岩土工程学报，24(1)：72-75.

[318] 陈页开，徐日庆，杨仲轩，龚晓南，2002. 变位方式对挡土墙被动土压力影响的试验研究[C]//地基处理理论与实践：第七届全国地基处理学术讨论会论文集. 北京：中国水利水电出版社：526.

[319] 董邑宁，张青娥，徐日庆，龚晓南，2002. ZDYT-2 固化软土试验研究[J]. 土木工程学报，35(3)：82-86.

[320] 冯海宁，邓超，龚晓南，徐日庆，2002. 顶管施工对土体扰动的弹塑性区的计算分析[C]//岩土力学及工程理论与实践——华东地区第五届暨浙江省第五届岩土力学与工程学术讨论会论文集. 北京：中国水利水电出版社：13.

[321] 冯海宁，龚晓南，2002. 刚性垫层复合地基的特性研究[J]. 浙江建筑(2)：26-28.

[322] 冯海宁，龚晓南，徐日庆，肖俊，罗曼慧，金自立，2002. 矩形沉井后背墙最大反力及顶管最大顶力的计算[C]//地基处理理论与实践：第七届全国地基处理学术讨论会论文集. 北京：中国水利水电出版社：588.

[323] 冯海宁，徐日庆，龚晓南，2002. 沉井后背墙土抗力计算的探讨[J]. 中国市政工程(1)：64-66.

[324] 冯海宁，杨有海，龚晓南，2002. 粉煤灰工程特性的试验研究[J]. 岩土力学，23(5)：579-582.

[325] 葛忻声，龚晓南，2002. 挤扩支肋桩在杭州地区的现场试验[J]. 科技通报，18(4)：284-288.

[326] 葛忻声，龚晓南，张先明，2002. 长短桩复合地基设计计算方法的探讨[J]. 建筑结构，32(7)：3-4.

[327] 葛忻声，李宇进，龚晓南，2002. 长短桩复合地基共同作用的有限元分析[C]//岩土力学及工程理论与实践——华东地区第五届暨浙江省第五届岩土力学与工程学术讨论会论文集. 北京：中国水利水电出版社：321.

［328］ 葛忻声，温育琳，龚晓南，2002. 刚柔组合桩复合地基的沉降计算［J］. 太原理工大学学报，33(6)：647-648.

［329］ 龚晓南，2002. 土钉定义和土钉支护计算模型［J］. 地基处理，13(1)：52-54.

［330］ 龚晓南，2002. 土钉支护适用范围和设计中应注意的几个问题［J］. 地基处理，13(2)：54-55.

［331］ 龚晓南，岑仰润，2002. 真空预压加固地基若干问题［J］. 地基处理，13(4)：7-11.

［332］ 龚晓南，岑仰润，2002. 真空预压加固软土地基机理探讨［J］. 哈尔滨建筑大学学报，35(2)：7-10.

［333］ 龚晓南，岑仰润，李昌宁，2002. 真空排水预压加固软土地基的研究现状及展望［C］//地基处理理论与实践：第七届全国地基处理学术讨论会论文集. 北京：中国水利水电出版社：3.

［334］ 龚晓南，李海芳，2002. 土工合成材料应用的新进展及展望［J］. 地基处理，13(1)：10-15.

［335］ 龚晓南，马克生，白晓红，梁仁旺，巨玉文，张小菊，2002. 复合地基沉降可靠度分析［C］//地基处理理论与实践：第七届全国地基处理学术讨论会论文集. 北京：中国水利水电出版社：515.

［336］ 黄春娥，龚晓南，2002. 承压含水层对基坑边坡稳定性影响的初步探讨［J］. 建筑技术，33(2)：92.

［337］ 黄春娥，龚晓南，2002. 初探承压含水层对基坑边坡稳定性的影响［J］. 工业建筑，32(3)：82-83.

［338］ 李昌宁，龚晓南，2002. 矿岩散体的非均匀度研究［J］. 矿冶工程，22(2)：37-39.

［339］ 李大勇，俞建霖，龚晓南，2002. 深基坑工程中地下管线的保护问题分析［J］. 建筑技术，33(2)：95-96.

［340］ 李海芳，龚晓南，薛守义，2002. 一五〇电厂三期灰坝动力反应分析及地震安全评估［C］//岩土力学及工程理论与实践——华东地区第五届暨浙江省第五届岩土力学与工程学术讨论会论文集. 北京：中国水利水电出版社：38.

［341］ 罗嗣海，潘小青，黄松华，龚晓南，2002. 置换深度估算的一维波动方程法［J］. 地球科学：中国地质大学学报，27(1)：115-119.

［342］ 罗战友，龚晓南，2002. 基于经验的砂土液化灰色关联系统分析与评价［J］. 工业建筑，32(11)：36-39.

［343］ 施晓春，龚晓南，徐日庆，2002. 水平荷载作用下桶形基础性状的数值分析［J］. 中国公路学报，15(4)：49-52.

［344］ 施晓春，许祥芳，裘滨，龚晓南，2002. 水平荷载作用下桶形基础的性状［C］//地基处理理论与实践：第七届全国地基处理学术讨论会论文集. 北京：中国水利水电出版社：584.

［345］ 谭昌明，徐日庆，周建，龚晓南，2002. 软粘土路基沉降的一维固结反演与预测［J］. 中国公路学报，15(4)：14-16.

［346］ 童小东，龚晓南，蒋永生，2002. 水泥加固土的弹塑性损伤模型［J］. 工程力学，19(6)：33-38.

[347] 童小东,龚晓南,蒋永生,2002. 水泥土的弹塑性损伤试验研究[J]. 土木工程学报,35(4):82-85.

[348] 王国光,严平,龚晓南,2002. 考虑共同作用的复合地基沉降计算[J]. 建筑结构,32(11):67-69.

[349] 熊传祥,周建安,龚晓南,简文彬,2002. 软土结构性试验研究[J]. 工业建筑,32(3):35-37.

[350] 徐日庆,陈页开,杨仲轩,龚晓南,2002. 刚性挡墙被动土压力模型试验研究[J]. 岩土工程学报,24(5):569-575.

[351] 杨军龙,龚晓南,孙邦臣,2002. 长短桩复合地基沉降计算方法探讨[J]. 建筑结构,32(7):8-10.

[352] 俞建霖,龚晓南,2002. 基坑工程变形性状研究[J]. 土木工程学报,35(4):86-90.

[353] 俞炯奇,龚晓南,张土乔,2002. 非均质地基中单桩沉降特性分析[J]. 岩土工程界,5(7):33-34.

[354] 俞顺年,来盾矛,俞建霖,龚晓南,2002. 杭州大剧院动力房深基坑变形及稳定控制[C]//地基处理理论与实践:第七届全国地基处理学术讨论会论文集. 北京:中国水利水电出版社:461.

[355] 俞顺年,鲁美霞,王高帆,俞建霖,龚晓南,2002. 杭州大剧院台仓深基坑变形及稳定控制[C]//岩土力学及工程理论与实践——华东地区第五届暨浙江省第五届岩土力学与工程学术讨论会论文集. 北京:中国水利水电出版社:199.

[356] 袁静,益德清,龚晓南,2002. 黏土的蠕变-松弛耦合试验的方法初探[C]//岩石力学新进展与西部开发中的岩土工程问题——中国岩石力学与工程学会第七次学术大会论文集. 北京:中国科学技术出版社.

[357] 张土乔,张仪萍,龚晓南,2002. 基于拱梁法原理的深基坑拱形围护结构分析[J]. 土木工程学报,35(5):64-69.

[358] 张先明,葛忻声,龚晓南,兰四清,2002. 长短桩复合地基设计计算探讨[C]//地基处理理论与实践:第七届全国地基处理学术讨论会论文集. 北京:中国水利水电出版社:267.

[359] 张旭辉,徐日庆,龚晓南,2002. 圆弧条分法边坡稳定计算参数的重要性分析[J]. 岩土力学,23(3):372-374.

[360] 曾庆军,周波,龚晓南,2002. 冲击荷载下饱和软粘土孔压增长与消散规律的一维模型试验[J]. 实验力学,17(2):212-219.

[361] 周建,俞建霖,龚晓南,2002. 高速公路软土地基低强度桩应用研究[J]. 地基处理,13(2):3-14.

[362] 左人宇,严平,龚晓南,2002. 几种桩墙合一的施工工艺[J]. 建筑技术,33(3):197.

[363] Gong X N, Zeng K H, 2002. On composite foundation[C]// Proceedings of the International Conference on Innovation and Sustainable Development of Civil Engineering in the 21st Century:67.

[364] Zhang X H, Gong X N, Zhou J, 2002. A new bracing structure:channel-pile composite soil nailing[C]// Proceedings of the 7th International Symposium on Structure

Engineering for Young Experts. New York：Science Press：662.

[365] 岑仰润，龚晓南，温晓贵，2003. 真空排水预压工程中孔压实测资料的分析与应用[J]. 浙江大学学报（工学版），37(1)：16-18.

[366] 岑仰润，俞建霖，龚晓南，2003. 真空排水预压工程中真空度的现场测试与分析[J]. 岩土力学，24(4)：603-605.

[367] 曾开华，龚晓南，2003. 马芜高速公路软土地基处理方案分析[J]. 中南公路工程，28(4)：78-80.

[368] 陈昌富，龚晓南，王贻荪，2003. 自适应蚁群算法及其在边坡工程中的应用[J]. 浙江大学学报（工学版），37(5)：566-569.

[369] 陈昌富，龚晓南，赵明华，2003. 混沌蚁群算法及其工程应用[C]//《中国土木工程学会第九届土力学及岩土工程学术会议论文集》编委会. 中国土木工程学会第九届土力学及岩土工程学术会议论文集. 北京：清华大学出版社.

[370] 陈昌富，杨宇，龚晓南，2003. 基于遗传算法地震荷载作用下边坡稳定性分析水平条分法[J]. 岩石力学与工程学报，22(11)：1919-1923.

[371] 褚航，益德清，龚晓南，2003. 理论 t-z 法在双桩相互影响系数计算中的应用[J]. 工业建筑，33(12)：58-60.

[372] 邓超，龚晓南，2003. 长短柱复合地基在高层建筑中的应用[J]. 建筑施工，25(1)：18-20.

[373] 丁洲祥，龚晓南，李又云，谢永利，2003. 应力变形协调分析新理论及其在路基沉降计算中的应用[C]//中国土木工程学会第九届土力学及岩土工程学术会议论文集. 北京：清华大学出版社.

[374] 丁洲祥，龚晓南，唐亚江，李天柱，2003. 考虑自重变化的协调分析方法及其在路基沉降计算中的应用[J]. 地质与勘探，39(Z2)：252-255.

[375] 冯海宁，龚晓南，杨有海，2003. 双灰桩材料工程特性的试验研究[J]. 土木工程学报，36(2)：67-71.

[376] 冯海宁，温晓贵，龚晓南，2003. 顶管施工环境影响的二维有限元计算分析[J]. 浙江大学学报（工学版），37(4)：432-435.

[377] 冯海宁，温晓贵，魏纲，刘春，杨仲轩，龚晓南，2003. 顶管施工对土体影响的现场试验研究[J]. 岩土力学，24(5)：781-785.

[378] 葛忻声，龚晓南，2003. 灌注桩的竖向静载荷试验及其受力性状分析[J]. 建筑技术，34(3)：183-184.

[379] 葛忻声，龚晓南，白晓红，2003. 高层建筑复合桩基的整体性状分析[J]. 岩土工程学报，25(6)：758-760.

[380] 葛忻声，龚晓南，张先明，2003. 长短桩复合地基有限元分析及设计计算方法探讨[J]. 建筑结构学报，24(4)：91-96.

[381] 龚晓南，2003.《复合地基理论及工程应用》简介[J]. 岩土工程学报，25(2)：251.

[382] 龚晓南，2003. 土钉和复合土钉支护若干问题[J]. 土木工程学报，36(10)：80-83.

[383] 龚晓南，2003. 桩体发现渗水怎么办？[J]. 地基处理，14(3)：71.

[384] 龚晓南，褚航，2003. 基础刚度对复合地基性状的影响[J]. 工程力学，20(4)：67-73.

[385] 李昌宁,何江,刘凯年,龚晓南,2003. 南京地铁车站深基坑稳定性分析及钢支撑移换技术[C]//全国岩土与工程学术大会论文集(下). 北京:人民交通出版社.

[386] 李大勇,龚晓南,2003. 软土地基深基坑工程邻近柔性接口地下管线的性状分析[J]. 土木工程学报,36(2):77-80.

[387] 李大勇,龚晓南,2003. 深基坑开挖对周围地下管线影响因素分析[J]. 建筑技术,34(2):94-96.

[388] 李光范,龚晓南,郑镇燮,2003. 压实花岗土的 Yasufukus 模型研究[J]. 岩土工程学报,25(5):557-561.

[389] 李海芳,温晓贵,龚晓南,2003. 低强度桩复合地基处理桥头跳车现场试验研究[J]. 中南公路工程,28(3):27-29.

[390] 李海芳,温晓贵,龚晓南,薛守义,杨涛,2003. Flyash properties and analysis of flyash dam stability under seismic load[J]. 煤炭学报(英文版),9(2):95-98.

[391] 刘恒新,温晓贵,魏纲,龚晓南,2003. 低强度混凝土桩处理桥头软基的试验研究[J]. 公路(11):43-46.

[392] 罗战友,龚晓南,杨晓军,2003. 全过程沉降量的灰色 Verhulst 预测方法[J]. 水利学报(3):29-32.

[393] 施晓春,龚晓南,俞建霖,陈国祥,2003. 桶形基础抗拔力试验研究[J]. 建筑结构,33(8):49-51.

[394] 宋金良,龚晓南,凌道盛,2003. 大型桩-筏基础筏板竖向位移及位移差变化特征[J]. 煤田地质与勘探,31(3):38-42.

[395] 宋金良,龚晓南,徐日庆,2003. 圆形工作井的土反力分布特征研究[J]. 煤田地质与勘探,31(6):39-42.

[396] 孙伟,龚晓南,2003. 弹塑性有限元法在土坡稳定分析中的应用[J]. 太原理工大学学报,34(2):199-202.

[397] 孙伟,龚晓南,2003. 土坡稳定分析强度折减有限元法[J]. 科技通报,19(4):319-322.

[398] 王国光,龚晓南,严平,2003. 不能承受拉应力材料半无限空间弹性理论解[C]// 中国土木工程学会第九届土力学及岩土工程学术会议论文集. 北京:清华大学出版社.

[399] 王国光,严平,龚晓南,2003. 桩基荷载作用下地基土竖向应力的上限估计[J]. 岩土工程学报,25(1):116-118.

[400] 王哲,龚晓南,金凤礼,周永祥,2003. 门架式围护结构的设计与计算[J]. 地基处理,14(4):3-11.

[401] 严平,余子华,龚晓南,2003. 地下工程新技术———一桩三用[J]. 杭州科技(1):36-37.

[402] 袁静,施祖元,益德清,龚晓南,2003. 对软土流变本构模型的探讨[C]//第一届全国环境岩土工程与土工合成材料技术研讨会论文集. 杭州:浙江大学出版社.

[403] 张旭辉,龚晓南,2003. 锚管桩复合土钉支护构造与稳定性分析[J]. 建筑施工,25(4):247-248.

[404] 张旭辉,龚晓南,徐日庆,2003. 边坡稳定影响因素敏感性的正交法计算分析[J]. 中国公路学报,16(1):36-39.

[405] 曾开华,俞建霖,龚晓南,2003. 高速公路通道软基低强度混凝土桩处理试验研究[J]. 岩土工程学报,25(6):715-719.

[406] 郑君,张土乔,龚晓南,2003. 均质地基中单桩的沉降特性分析[J]. 浙江水利科技(6):14-15.

[407] 朱建才,温晓贵,龚晓南,岑仰润,2003. 真空排水预压法中真空度分布的影响因素分析[J]. 哈尔滨工业大学学报,35(11):1399-1401.

[408] 陈昌富,龚晓南,2004. 混沌扰动启发式蚁群算法及其在边坡非圆弧临界滑动面搜索中的应用[J]. 岩石力学与工程学报,23(20):3450-3453.

[409] 陈昌富,龚晓南,2004. 启发式蚁群算法及其在高填石路堤稳定性分析中的应用[J]. 数学的实践与认识,34(6):89-92.

[410] 陈页开,汪益敏,徐日庆,龚晓南,2004. 刚性挡土墙被动土压力数值分析[J]. 岩石力学与工程学报,23(6):980-988.

[411] 陈页开,汪益敏,徐日庆,龚晓南,2004. 刚性挡土墙主动土压力数值分析[J]. 岩石力学与工程学报,23(6):989-995.

[412] 陈湧彪,祝哨晨,金小荣,俞建霖,龚晓南,2004. 基坑降水对周围环境影响的有限元分析[C]//地基处理理论与实践新进展——第八届全国地基处理学术讨论会论文集. 合肥:合肥工业大学出版社:383.

[413] 褚航,龚晓南,2004. 利用有限元法进行参数反分析的研究[J]. 中国市政工程(4):21-23.

[414] 丁洲祥,龚晓南,李韬,谢永利,2004. 三维大变形固结本构方程的矩阵表述[J]. 地基处理,15(4):21-33.

[415] 丁洲祥,龚晓南,唐启,2004. 从 Biot 固结理论认识渗透力[J]. 地基处理,15(3):3-6.

[416] 丁洲祥,龚晓南,俞建霖,2004. 基坑降水引起的地面沉降规律及参数敏感性简析[J]. 地基处理,15(2):3-8.

[417] 丁洲祥,俞建霖,祝哨晨,龚晓南,2004. 土水势方程对 Biot 固结 FEM 的影响研究[J]. 浙江大学学报(理学版),31(6):716-720.

[418] 冯海宁,龚晓南,徐日庆,2004. 顶管施工环境影响的有限元计算分析[J]. 岩石力学与工程学报,23(7):1158-1162.

[419] 冯俊福,俞建霖,龚晓南,2004. 反分析技术在基坑开挖及预测中的应用[J]. 建筑技术,35(5):346-347.

[420] 龚晓南,2004. 1+1=？[J]. 地基处理,15(4):57-58.

[421] 龚晓南,2004. 基坑工程设计中应注意的几个问题[J]. 工业建筑,34(Z2):1-4.

[422] 金小荣,邓超,俞建霖,祝哨晨,龚晓南,2004. 基坑降水引起的沉降计算初探[J]. 工业建筑,34(Z2):130-133.

[423] 李昌宁,项志敏,龚晓南,2004. 高速铁路软土地基处理技术及沉降控制研究[C]// 科技、工程与经济社会协调发展——中国科协第五届青年学术年会论文集. 北京:中国科学技术出版社.

[424] 李光范,郑镇燮,龚晓南,2004. 压实花岗土的试验研究[J]. 岩石力学与工程学报,23(2):235-241.

[425] 李海芳,龚晓南,黄晓,2004. 路堤下复合地基沉降影响因素有限分析[C]// 地基处理理论与实践新进展——第八届全国地基处理学术讨论会论文集. 合肥:合肥工业大学出版社:44.

[426] 李海芳,龚晓南,温晓贵,2004. 复合地基孔隙水压力原型观测结果分析[J]. 低温建筑技术(4):52-53.

[427] 李海芳,温晓贵,龚晓南,2004. 路堤荷载下刚性桩复合地基的现场试验研究[J]. 岩土工程学报,26(3):419-421.

[428] 罗战友,董清华,龚晓南,2004. 未达到破坏的单桩极限承载力的灰色预测[J]. 岩土力学,25(2):304-307.

[429] 罗战友,杨晓军,龚晓南,2004. 考虑材料的拉压模量不同及应变软化特性的柱形孔扩张问题[J]. 工程力学,21(2):40-45.

[430] 沈扬,梁晓东,岑仰润,龚晓南,2004. 真空固结室内实验模拟与机理浅析[J]. 中国农村水利水电(4):58-60.

[431] 宋金良,龚晓南,徐日庆,2004. SMW 工法圆形工作井内力分析[J]. 煤田地质与勘探,32(6):42-44.

[432] 孙红月,尚岳全,龚晓南,2004. 工程措施影响滑坡地下水动态的数值模拟研究[J]. 工程地质学报,12(4):436-440.

[433] 孙钧,周健,龚晓南,张弥,2004. 受施工扰动影响土体环境稳定理论与变形控制[J]. 同济大学学报(自然科学版),32(10):1261-1269.

[434] 孙伟,龚晓南,孙东,2004. 高速公路拓宽工程变形性状分析[J]. 中南公路工程,29(4):53-55.

[435] 温晓贵,刘恒新,龚晓南,2004. 低强度桩在桥头软基处理中的应用研究[J]. 中国市政工程(6):22-24.

[436] 温晓贵,朱建才,龚晓南,2004. 真空堆载联合预压加固软基机理的试验研究[J]. 工业建筑,34(5):40-43.

[437] 邢皓枫,龚晓南,傅海峰,2004. 混凝土面板堆石坝软岩坝料开采填筑技术研究[J]. 水力发电,30(A1):129-136.

[438] 邢皓枫,龚晓南,傅海峰,王正宏,2004. 混凝土面板堆石坝软岩坝料填筑技术研究[J]. 岩土工程学报,26(2):234-238.

[439] 俞建霖,岑仰润,金小荣,龚晓南,陆振华,2004. 某别墅区滑坡的综合治理及效果分析[C]//地基处理理论与实践新进展——第八届全国地基处理学术讨论会论文集. 合肥:合肥工业大学出版社.

[440] 俞建霖,曾开华,温晓贵,张耀东,龚晓南,2004. 深埋重力-门架式围护结构性状研究与应用[J]. 岩石力学与工程学报,23(9):1578-1584.

[441] 袁静,龚晓南,刘兴旺,益德清,2004. 软土各向异性三屈服面流变模型[J]. 岩土工程学报,26(1):88-94.

[442] 张旭辉,董福涛,龚晓南,施晓春,2004. 锚管桩复合土钉支护机理分析[C]//地基处理理论与实践新进展——第八届全国地基处理学术讨论会论文集. 合肥:合肥工业大学出版社:371.

[443] 张旭辉,龚晓南,2004.复合土钉支护设计参数重要性分析[C]// 土木建筑工程新技术. 杭州:浙江大学出版社:54.

[444] 张雪松,屠毓敏,龚晓南,潘巨忠,2004.软粘土地基中挤土桩沉降时效性分析[J].岩石力学与工程学报,23(19):3365-3369.

[445] 曾开华,俞建霖,龚晓南,2004.路堤荷载下低强度混凝土桩复合地基性状分析[J].浙江大学学报(工学版),38(2):185-190.

[446] 郑坚,龚晓南,2004. 土钉支护工作性能的现场监测分析[J].建筑技术,35(5):337-339.

[447] 朱建才,李文兵,龚晓南,2004.真空联合堆载预压加固软基中的地下水位监测成果分析[J].工程勘察(5):27-30.

[448] 朱建才,温晓贵,龚晓南,2004.真空排水预压加固软基中的孔隙水压力消散规律[J].水利学报(8):123-128.

[449] 朱建才,温晓贵,龚晓南,2004.真空预压加固软基中的真空度监测成果分析[J].地基处理,15(1):3-8.

[450] 朱建才,温晓贵,龚晓南,李文兵,2004.真空联合堆载预压加固软土地基的影响区分析[C]//地基处理理论与实践新进展——第八届全国地基处理学术讨论会论文集.合肥:合肥工业大学出版社:67.

[451] 陈昌富,龚晓南,2005.基于小生境遗传算法软土地基上加筋路堤稳定性分析[J].工程地质学报,13(4):516-520.

[452] 陈志军,陈强,龚晓南,2005.公路加筋土挡墙最危险滑动面的优化搜索技术[J].华东公路(2):81-85.

[453] 陈志军,陈强,龚晓南,2005.加筋土挡墙的原型墙观测及有限元模拟研究[J].华东公路(4):56-61.

[454] 丁洲祥,龚晓南,李又云,刘保健,2005.割线模量法在沉降计算中存在的问题及改进探讨[J].岩土工程学报,27(3):313-316.

[455] 丁洲祥,龚晓南,李又云,唐启,2005.考虑变质量的路基沉降应力变形协调分析法[J].中国公路学报,18(2):6-11.

[456] 丁洲祥,龚晓南,谢永利,2005.欧拉描述的大变形固结理论[J].力学学报,37(1):92-99.

[457] 丁洲祥,龚晓南,俞建霖,2005.割线模量法及其浙江地区若干工程中的应用[J].河海大学学报(自然科学版),33(A1):11.

[458] 丁洲祥,龚晓南,俞建霖,金小荣,祝哨晨,2005.止水帷幕对基坑环境效应影响的有限元分析[J].岩土力学,26(S1):146-150.

[459] 丁洲祥,谢永利,龚晓南,俞建霖,2005.时间差分格式对路基Biot固结有限元分析的影响[J].长安大学学报(自然科学版),25(2):33-37.

[460] 丁洲祥,俞建霖,龚晓南,金小荣,2005.改进Biot固结理论移动网格有限元分析[J].浙江大学学报(工学版),39(9):1383-1387.

[461] 丁洲祥,俞建霖,朱建才,龚晓南,2005.真空-堆载联合预压加固地基简化非线性分析[J].浙江大学学报:(工学版),39(12):1897-1901.

[462] 冯俊福,俞建霖,杨学林,龚晓南,2005.考虑动态因素的深基坑开挖反演分析及预测[J].岩土力学,26(3):455-460.

[463] 高海江,龚晓南,金小荣,2005.真空预压降低地下水位机理探讨[J].低温建筑技术(6):97-99.

[464] 龚晓南,2005.当前复合地基工程应用中应注意的两个问题[J].地基处理,16(2):57-58.

[465] 龚晓南,2005.高等级公路地基处理技术在我国的发展[C]//龚晓南.高速公路地基处理理论与实践——全国高速公路地基处理学术研讨会论文集.广州:人民交通出版社.

[466] 龚晓南,2005.关于基坑工程的几点思考[J].土木工程学报,38(9):99-102.

[467] 龚晓南,2005.广义复合地基理论若干问题[C]//杭州市科学技术协会.杭州市科协第二届学术年会论文集.杭州:浙江大学出版社:45-54.

[468] 龚晓南,2005.应重视上硬下软多层地基中挤土桩挤土效应的影响[J].地基处理,16(3):63-64.

[469] 黄敏,龚晓南,2005.带翼板预应力管桩承载性能的模拟分析[J].土木工程学报,38(2):102-105.

[470] 黄敏,龚晓南,2005.一种带翼板预应力管桩及其性能初步研究[J].土木工程学报,38(5):59-62.

[471] 金小荣,俞建霖,祝哨晨,龚晓南,2005.基坑降水引起周围土体沉降性状分析[J].岩土力学,26(10):1575-1581.

[472] 李海芳,龚晓南,2005.路堤下复合地基沉降影响因素有限元分析[J].工业建筑,35(6):49-51.

[473] 李海芳,龚晓南,2005.填土荷载下复合地基加固区压缩量的简化算法[J].固体力学学报,26(1):111-114.

[474] 李海芳,龚晓南,温晓贵,2005.低强度桩复合地基深层位移观测结果分析[J].工业建筑,35(1):47-49.

[475] 李海芳,龚晓南,温晓贵,2005.桥头段刚性桩复合地基现场观测结果分析[J].岩石力学与工程学报,24(15):2780-2785.

[476] 李海芳,温晓贵,龚晓南,2005.路堤荷载下复合地基加固区压缩量的解析算法[J].土木工程学报,38(3):77-80.

[477] 刘岸军,龚晓南,钱国桢,2005.土锚杆和挡土桩共同作用的经验分析法[J].建筑施工,27(3):5-7.

[478] 刘岸军,钱国桢,龚晓南,2005.土锚杆挡土桩共同作用的非线性拟合解[C]//杭州市科学技术协会.杭州市科协第二届学术年会论文集.杭州:浙江大学出版社.

[479] 刘恒新,龚晓南,温晓贵,2005.低强度桩在桥头深厚软基处理中的应用[J].中南公路工程,30(1):57-58.

[480] 罗战友,龚晓南,王建良,王伟堂,2005.静压桩挤土效应数值模拟及影响因素分析[J].浙江大学学报(工学版),39(7):992-996.

[481] 罗战友,童健儿,龚晓南,2005.预钻孔及管桩情况下的压桩挤土效应研究[J].地基处理,16(1):3-8.

[482] 罗战友,杨晓军,龚晓南,2005.基于支持向量机的边坡稳定性预测模型[J].岩石力学与工程学报,24(1):144-148.

[483] 邵玉芳,龚晓南,徐日庆,刘增永,2005.有机质对土壤固化剂加固效果影响的研究进展[J].农机化研究(1):23-24,27.

[484] 王哲,龚晓南,2005.轴向与横向力同时作用下大直径灌注筒桩的受力分析[J].苏州科技学院学报:工程技术版,18(3):31-37.

[485] 王哲,龚晓南,陈建强,2005.大直径灌注筒桩轴向荷载传递性状分析[J].苏州科技学院学报(工程技术版),18(1):32-38.

[486] 王哲,龚晓南,程永辉,张玉国,2005.劈裂注浆法在运营铁路软土地基处理中的应用[J].岩石力学与工程学报,24(9):1619-1623.

[487] 王哲,龚晓南,丁洲祥,周建,2005.大直径薄壁灌注筒桩土芯对承载性状影响的试验及其理论研究[J].岩石力学与工程学报,24(21):3916-3921.

[488] 王哲,龚晓南,郭平,胡明华,郑尔康,2005.大直径薄壁灌注筒桩在堤防工程中的应用[J].岩土工程学报,27(1):121-124.

[489] 王哲,龚晓南,张玉国,2005.大直径灌注筒桩轴向荷载-沉降曲线的一种解析算法[J].建筑结构学报,26(4):123-129.

[490] 王哲,周建,龚晓南,2005.考虑土芯作用的大直径灌注筒桩轴向荷载传递性状分析[J].岩土工程学报,27(10):1185-1189.

[491] 夏建中,罗战友,龚晓南,边大可,2005.基于支持向量机的砂土液化预测模型[J].岩石力学与工程学报,24(22):4139-4144.

[492] 邢皓枫,龚晓南,杨晓军,2005.碎石桩复合地基固结简化分析[J].岩土工程学报,27(5):521-524.

[493] 邢皓枫,杨晓军,龚晓南,2005.碎石桩复合地基试验及固结分析[J].煤田地质与勘探,33(3):48-51.

[494] 俞建霖,曾开华,龚晓南,岳原发,2005.高速公路拓宽工程硬路肩下土体注浆加固试验研究[J].中国公路学报,18(3):27-31.

[495] 朱建才,陈兰云,龚晓南,2005.高等级公路桥头软基真空联合堆载预压加固试验研究[J].岩石力学与工程学报,24(12):2160-2165.

[496] 朱建才,温晓贵,龚晓南,2005.真空预压加固软基施工工艺及其改进[J].地基处理,16(2):28-32.

[497] 朱建才,周群建,龚晓南,2005.两种桥头软基处理方法在某高等级公路中的应用[C]//杭州市科学技术协会.杭州市科协第二届学术年会论文集.杭州:浙江大学出版社.

[498] 陈昌富,杨宇,龚晓南,2006.考虑应变软化纤维增强混凝土圆管极限荷载统一解[J].应用基础与工程科学学报,14(4):496-505.

[499] 丁洲祥,龚晓南,谢永利,李韬,2006.基于不同客观本构关系的路基大变形固结分析[J].岩土力学,27(9):1485-1489.

[500] 丁洲祥,龚晓南,朱合华,谢永利,刘保健,2006.大变形有效应力分析退化为总应力分析的新方法[J].岩土力学,27(12):2111-2114.

[501] 丁洲祥,朱合华,龚晓南,2006.大变形固结理论最终沉降量分析[C]// 第一届中国水利

水电岩土力学与工程学术讨论会论文集(下册):455-458.

[502] 高海江,俞建霖,金小荣,龚晓南,2006.真空预压中设置应力释放沟的现场测试和分析[J].中国农村水利水电(5):75-77.

[503] 龚晓南,2006.基坑工程发展中应重视的几个问题[J].岩土工程学报,28(B11):1321-1324.

[504] 龚晓南,2006.土力学学科特点及对教学的影响[C]//土力学教育与教学——第一届全国土力学教学研讨会论文集.北京:人民交通出版社:33-37.

[505] 金小荣,俞建霖,龚晓南,毛志兴,2006.真空联合堆载预压加固含承压水软基中水位和出水量变化规律研究[J].岩土力学,27(S2):961-964.

[506] 金小荣,俞建霖,龚晓南,朱建才,2006.缓解深厚软基桥头跳车两种方法的现场试验[J].煤田地质与勘探,34(3):58-61.

[507] 连峰,龚晓南,李阳,2006.双向复合地基研究现状及若干实例分析[J].地基处理,17(2):3-9.

[508] 梁晓东,江璞,沈扬,龚晓南,2006.复合地基等效实体法侧摩阻力分析[J].低温建筑技术(6):105-106.

[509] 刘岸军,龚晓南,钱国桢,2006.考虑施工过程的土层锚杆挡土桩共同作用的非线性分析[J].工业建筑,36(5):74-78.

[510] 刘岸军,钱国桢,龚晓南,2006.土层锚杆和挡土桩共同作用的非线性分析及其优化设计[J].岩土工程学报,28(10):1288-1291.

[511] 罗勇,龚晓南,连峰,2006.成层地基固结性状中不同定义平均固结度研究分析[J].科技通报,22(6):813-816.

[512] 罗战友,龚晓南,2006.基坑内土体加固对围护结构内力的影响分析[C]//第一届中国水利水电岩土力学与工程学术讨论会论文集(下册):246-247.

[513] 罗战友,夏建中,龚晓南,2006.不同拉压模量及软化特性材料的球形孔扩张问题的统一解[J].工程力学,23(4):22-27.

[514] 吕秀杰,龚晓南,李建国,2006.强夯法施工参数的分析研究[J].岩土力学,27(9):1628-1632.

[515] 毛志兴,安春秀,黄达宇,杨雷霞,俞建霖,龚晓南,2006.220kV港湾变真空联合堆载预压加固试验研究[C]//地基处理理论与实践——第九届全国地基处理学术讨论会论文集.杭州:浙江大学出版社.

[516] 邵玉芳,徐日庆,刘增永,龚晓南,2006.一种新型水泥固化土的试验研究[J].浙江大学学报(工学版),40(7):1196-1200.

[517] 沈扬,周建,龚晓南,2006.空心圆柱仪(HCA)模拟恒定围压下主应力轴循环旋转应力路径能力分析[J].岩土工程学报,28(3):281-287.

[518] 沈扬,周建,龚晓南,2006.主应力轴旋转对土体性状影响的试验进展研究[J].岩石力学与工程学报,25(7):1408-1416.

[519] 孙林娜,龚晓南,2006.锚杆静压桩在建筑物加固纠偏中的应用[J].低温建筑技术(1):62-63.

[520] 孙林娜,龚晓南,齐静静,2006.刚性承台下刚性桩复合地基附加应力研究[C]//第一届

中国水利水电岩土力学与工程学术讨论会论文集(下册):189-191.

[521] 王哲,龚晓南,周建,2006.竖向力与水平向力同时作用下管桩的性状研究[C]//《第二届全国岩土与工程学术大会论文集》编辑委员会.第二届全国岩土与工程学术大会论文集(下册).北京:科学出版社:36-44.

[522] 邢皓枫,龚晓南,杨晓军,2006.碎石桩加固双层地基固结简化分析[J].岩土力学,27(10):1739-1742.

[523] 邢皓枫,杨晓军,龚晓南,2006.刚性基础下水泥土桩复合地基固结分析[J].浙江大学学报(工学版),40(3):485-489.

[524] 熊传祥,龚晓南,2006.一种改进的软土结构性弹塑性损伤模型[J].岩土力学,27(3):395-397.

[525] 严平,包红泽,龚晓南,2006.箱形基础在上下部共同作用下整体受力的极限分析[J].土木工程学报,39(8):107-112.

[526] 张耀东,龚晓南,2006.软土基坑抗隆起稳定性计算的改进[J].岩土工程学报,28(B11):1378-1382.

[527] Chen J Y, Gong X N, Wang M Y, 2006. A fractal-based soil-water characteristic curve model for unsaturated soils[C]//GeoShanghai International Conference, Shanghai.

[528] Gong X N, Xing H F, 2006. A simplified solution for the consolidation of composite foundation[C]// Porbaha A, Shen S L, Wartman J, Chai J C. Ground Modification and Seismic Mitigation. Reston:ASCE:295-304.

[529] Xing H F, Gong X N, Zhou X G, Fu H F, 2006. Construction of concrete-faced rockfill dams with weak rocks[J]. Journal of Geotechnical and Geoenvironmental Engineering, 132(6): 778-785.

[530] 陈昌富,吴子儒,龚晓南,2007.复合形模拟退火算法及其在水泥土墙优化设计中的应用[J].岩土力学,28(12):2543-2548.

[531] 丁洲祥,龚晓南,朱合华,蔡永昌,李天柱,唐亚江,2007.Biot固结有限元方程组的病态规律分析[J].岩土力学,28(2):269-273.

[532] 丁洲祥,朱合华,龚晓南,蔡永昌,丁文其,2007.压缩试验本构关系的大变形表述法[J].岩石力学与工程学报,26(7):1356-1364.

[533] 葛忻声,翟玲力,白晓红,龚晓南,2007.高层建筑复合桩基的非线性数值模拟[C]//《中国土木工程学会第十届土力学及岩土工程学术会议论文集》编委会.中国土木工程学会第十届土力学及岩土工程学术会议论文集(中).重庆:重庆大学出版社:130-133.

[534] 龚晓南,2007.广义复合地基理论及工程应用[J].岩土工程学报,29(1):1-13.

[535] 郭彪,龚晓南,余跃平,2007.绍兴县工程地质特性[J].地基处理,18(4):61-70.

[536] 金小荣,俞建霖,龚晓南,黄达宇,杨雷霞,2007.含承压水软基真空联合堆载预压加固试验研究[J].岩土工程学报,29(5):789-794.

[537] 金小荣,俞建霖,龚晓南,杨雷霞,2007.真空预压部分工艺的改进[J].岩土力学,28(12):2711-2714.

[538] 金小荣,俞建霖,龚晓南,杨雷霞,黄达宇,2007.含承压水软基真空联合堆载预压设计[J].中国农村水利水电(3):110-112.

[539] 金小荣,俞建霖,龚晓南,朱建才,2007.真空联合堆载预压加固深厚软基工后沉降的测试与分析[J].中国农村水利水电(2):37-39.

[540] 李昌宁,龚晓南,2007.王滩电站地下水泵房深基坑的开挖方案及稳定性分析[J].铁道工程学报(5):28-32.

[541] 李征,郭彪,龚晓南,2007.绍兴县滨海区高层建筑基础选型研究[J].地基处理,18(3):48-52.

[542] 连峰,龚晓南,付飞营,罗勇,李阳,2007.黄河下游冲积粉土地震液化机理及其判别[J].浙江大学学报(工学版),41(9):1492-1498.

[543] 连峰,龚晓南,张长生,2007.真空预压处理软基效果分析[J].工业建筑,37(10):58-62.

[544] 刘岸军,钱国桢,龚晓南,2007.土层锚杆挡土桩共同作用的非线性拟合解[J].建筑结构,37(7):102-103.

[545] 鹿群,龚晓南,2007.平面应变条件下静压桩施工对邻桩的影响[C]//《中国土木工程学会第十届土力学及岩土工程学术会议论文集》编委会.中国土木工程学会第十届土力学及岩土工程学术会议论文集(中).重庆:重庆大学出版社:254-257.

[546] 鹿群,龚晓南,崔武文,张克平,许明辉,2007.静压单桩挤土位移的有限元分析[J].岩土力学,28(11):2426-2430.

[547] 鹿群,龚晓南,马明,王建良,2007.考虑桩机作用的静压桩挤土效应[J].浙江大学学报(工学版),41(7):1132-1135.

[548] 鹿群,龚晓南,马明,王建良,2007.一例静力压桩挤土效应的观测及分析[J].科技通报,23(2):232-236.

[549] 罗勇,龚晓南,吴瑞潜,2007.考虑渗流效应下基坑水土压力计算的新方法[J].浙江大学学报(工学版),41(1):157-160.

[550] 罗勇,龚晓南,吴瑞潜,2007.颗粒流模拟和流体与颗粒相互作用分析[J].浙江大学学报(工学版),41(11):1932-1936.

[551] 罗勇,龚晓南,吴瑞潜,2007.桩墙结构的颗粒流数值模拟研究[J].科技通报,23(6):853-857.

[552] 罗战友,龚晓南,朱向荣,2007.静压桩挤土效应理论研究的分析与评价[C]//《中国土木工程学会第十届土力学及岩土工程学术会议论文集》编委会.中国土木工程学会第十届土力学及岩土工程学术会议论文集(中).重庆:重庆大学出版社:219-224.

[553] 邵玉芳,龚晓南,徐日庆,刘增永,2007.腐殖酸对水泥土强度的影响[J].江苏大学学报(自然科学版),28(4):354-357.

[554] 邵玉芳,龚晓南,徐日庆,刘增永,2007.含腐殖酸软土的固化试验研究[J].浙江大学学报(工学版),41(9):1472-1476.

[555] 邵玉芳,龚晓南,郑尔康,刘增永,2007.疏浚淤泥的固化试验研究[J].农业工程学报,23(9):191-194.

[556] 沈扬,周建,张金良,龚晓南,2007.考虑主应力方向变化的原状黏土强度及超静孔压特性研究[J].岩土工程学报,29(6):843-847.

[557] 沈扬,周建,张金良,张泉芳,龚晓南,2007.新型空心圆柱仪的研制与应用[J].浙江大学学报(工学版),41(9):1450-1456.

[558] 孙林娜,龚晓南,2007.按沉降控制的复合地基优化设计[J].地基处理,18(1):3-8.

[559] 孙林娜,龚晓南,2007.考虑桩长与端阻效应影响的复合地基模量计算[C]//《中国土木工程学会第十届土力学及岩土工程学术会议论文集》编委会.中国土木工程学会第十届土力学及岩土工程学术会议论文集(下).重庆:重庆大学出版社:135-139.

[560] 孙林娜,龚晓南,张菁莉,2007.散体材料桩复合地基桩土应力应变关系研究[J].科技通报,23(1):97-101.

[561] 王志达,龚晓南,蔡智军,2007.浅埋暗挖隧道开挖进尺的计算方法探讨[J].岩土力学,28(S1):497-500.

[562] 王志达,龚晓南,王士川,2007.基于荷载传递法的单桩荷载–沉降计算[C]//中国土木工程学会.第八届桩基工程学术年会论文汇编:137-141.

[563] 俞建霖,龚晓南,江璞,2007.柔性基础下刚性桩复合地基的工作性状[J].中国公路学报,20(4):1-6.

[564] 俞建霖,张文龙,龚晓南,罗春波,2007.复合土钉支护极限高度确定的有限元方法[C]//《中国土木工程学会第十届土力学及岩土工程学术会议论文集》编委会.中国土木工程学会第十届土力学及岩土工程学术会议论文集(下).重庆:重庆大学出版社:358-361.

[565] 俞建霖,朱普遍,刘红岩,龚晓南,2007.基础刚度对刚性桩复合地基性状的影响分析[J].岩土力学,28(S1):833-838.

[566] 张旭辉,龚晓南,2007.复合土钉支护边坡稳定影响因素的敏感性研究[C]//《中国土木工程学会第十届土力学及岩土工程学术会议论文集》编委会.中国土木工程学会第十届土力学及岩土工程学术会议论文集(下).重庆:重庆大学出版社:354-357.

[567] 张瑛颖,龚晓南,2007.基坑降水过程中回灌的数值模拟[J].水利水电技术,38(4):48-50.

[568] 郑刚,叶阳升,刘松玉,龚晓南,2007.地基处理[C]//《中国土木工程学会第十届土力学及岩土工程学术会议论文集》编委会.中国土木工程学会第十届土力学及岩土工程学术会议论文集(上).重庆:重庆大学出版社:32-51.

[569] 朱磊,龚晓南,2007.土钉支护内部稳定性的参数敏感性分析[J].科技通报,23(3):396-399.

[570] Gong X N, Shi H Y, 2007. Development of ground improvement technique in china [C]//New Frontiers in Chinese and Japanese Geotechniques. Beijing: China Communications Press.

[571] Lou Z Y, Zhu X R, Gong X N, 2007. Expansion of spherical cavity of strain-softening materials with different elastic moduli of tension and compression[J]. Journal of Zhejiang University-Science A, 8(9): 1380-1387.

[572] Shen Y, Zhou J, Gong X N, 2007. Possible stress path of HCA for cyclic principal stress rotation under constant confining pressures[J]. International Journal of Geomechanics, 7(6): 423-430.

[573] Shen Y, Zhou J, Gong X N, Liu H L, 2008. Intact soft clay's critical response to dynamic stress paths on different combinations of principal stress orientation[J]. Jour-

nal of Central South University of Technology,15(S2):147-154.

[574] 陈昌富,周志军,龚晓南,2008. 带褥垫层桩体复合地基沉降计算改进弹塑性分析法[J]. 岩土工程学报,30(8):1171-1177.

[575] 陈昌富,朱剑锋,龚晓南,2008. 基于响应面法和 Morgenstern-Price 法土坡可靠度计算方法[J]. 工程力学,25(10):166-172.

[576] 陈敬虞,龚晓南,邓亚虹,2008. 基于内变量理论的岩土材料本构关系研究[J]. 浙江大学学报(理学版),35(3):355-360.

[577] 董邑宁,张青娥,徐日庆,龚晓南,2008. 固化剂对软土强度影响的试验研究[J]. 岩土力学,29(2):475-478.

[578] 葛忻声,白晓红,龚晓南,2008. 高层建筑复合桩基中单桩的承载性状分析[J]. 工程力学,25(A1):99-101.

[579] 龚晓南,2008. 案例分析[J]. 地基处理,19(1):57.

[580] 龚晓南,2008. 从某勘测报告不固结不排水试验成果引起的思考[J]. 地基处理,19(2):44-45.

[581] 龚晓南,2008. 关于筒桩竖向承载力受力分析图[J]. 地基处理,19(3):89-90.

[582] 金小荣,俞建霖,龚晓南,2008. 真空预压的环境效应及其防治方法的试验研究[J]. 岩土力学,29(4):1093-1096.

[583] 连峰,龚晓南,罗勇,刘吉福,2008. 桩-网复合地基桩土应力比试验研究[J]. 科技通报,24(5):690-695.

[584] 连峰,龚晓南,赵有明,顾问天,刘吉福,2008. 桩-网复合地基加固机理现场试验研究[J]. 中国铁道科学,29(3):7-12.

[585] 鹿群,龚晓南,崔武文,王建良,2008. 饱和成层地基中静压单桩挤土效应的有限元模拟[J]. 岩土力学,29(11):3017-3020.

[586] 罗嗣海,龚晓南,2008. 无黏性土强夯加固效果定量估算的拟静力分析法[J]. 岩土工程学报,30(4):480-486.

[587] 罗勇,龚晓南,连峰,2008. 三维离散颗粒单元模拟无黏性土的工程力学性质[J]. 岩土工程学报,30(2):292-297.

[588] 罗战友,龚晓南,朱向荣,2008. 考虑施工顺序及遮栏效应的静压群桩挤土位移场研究[J]. 岩土工程学报,30(6):824-829.

[589] 罗战友,夏建中,龚晓南,2008. 不同拉压模量及软化特性材料的柱形孔扩张问题的统一解[J]. 工程力学,25(9):79-84.

[590] 罗战友,夏建中,龚晓南,朱向荣,2008. 压桩过程中静压桩挤土位移的动态模拟和实测对比研究[J]. 岩石力学与工程学报,27(8):1709-1714.

[591] 沈扬,周建,龚晓南,2008. 采用亨开尔公式分析主应力方向变化条件下原状软黏土孔压特征研究[C]//中国土木工程学会土力学及岩土工程分会土工测试专业委员会. 土工测试新技术:第 25 届全国土工测试学术研讨会论文集. 杭州:浙江大学出版社.

[592] 沈扬,周建,龚晓南,刘汉龙,2008. 主应力轴循环旋转对超固结黏土性状影响试验研究[J]. 岩土工程学报,30(10):1514-1519.

[593] 沈扬,周建,张金良,龚晓南,2008. 低剪应力水平主应力轴循环旋转对原状黏土性状影

响研究[J].岩石力学与工程学报,27(S1):3033-3039.

[594] 沈扬,周建,张金良,龚晓南,2008.主应力轴循环旋转下原状软黏土临界性状研究[J].浙江大学学报(工学版),42(1):77-82.

[595] 孙林娜,龚晓南,2008.散体材料桩复合地基沉降计算方法的研究[J].岩土力学,29(3):846-848.

[596] 王志达,龚晓南,王士川,2008.单桩荷载-沉降计算的一种方法[J].科技通报,24(2):213-218.

[597] 夏建中,罗战友,龚晓南,2008.钱塘江边基坑的降水设计与监测[J].岩土力学,29(S1):655-658.

[598] 夏建中,罗战友,龚晓南,2008.基坑内土体加固对地表沉降的影响分析[J].岩土工程学报30(S1):212-215.

[599] 张文龙,俞建霖,龚晓南,2008.关于土钉支护极限高度的探讨[C]//第五届全国基坑工程学术讨论会,天津.

[600] 陈敬虞,龚晓南,邓亚虹,2009.软黏土层一维有限应变固结的超静孔压消散研究[J].岩土力学,30(1):191-195.

[601] 丁洲祥,朱合华,谢永利,龚晓南,蒋明镜,2009.基于非保守体力的大变形固结有限元法[J].力学学报,41(1):91-97.

[602] 龚晓南,2009.薄壁取土器推广使用中遇到的问题[J].地基处理,20(2):61-62.

[603] 龚晓南,2009.基坑放坡开挖过程中如何控制地下水[J].地基处理,20(3):61.

[604] 龚晓南,2009.某工程案例引起的思考——应重视工后沉降分析[J].地基处理,20(4):61.

[605] 郭彪,龚晓南,卢萌盟,李瑛,2009.考虑涂抹作用的未打穿砂井地基固结理论分析[J].岩石力学与工程学报,28(12):2561-2568.

[606] 李瑛,龚晓南,焦丹,刘振,2009.软黏土二维电渗固结性状的试验研究[J].岩石力学与工程学报,28(A2):4034-4039.

[607] 连峰,龚晓南,崔诗才,刘吉福,2009.桩-网复合地基承载性状现场试验研究[J].岩土力学,30(4):1057-1062.

[608] 连峰,龚晓南,徐杰,吴瑞潜,李阳,2009.爆夯动力固结法加固软基试验研究[J].岩土力学,30(3):859-864.

[609] 罗战友,龚晓南,夏建中,朱向荣,2009.预钻孔措施对静压桩挤土效应的影响分析[J].岩土工程学报,31(6):846-850.

[610] 吕文志,俞建霖,刘超,龚晓南,荆子菁,2009.柔性基础复合地基的荷载传递规律[J].中国公路学报,22(6):1-9.

[611] 吕文志,俞建霖,郑伟,龚晓南,荆子菁,2009.基于上、下部共同作用的柔性基础下复合地基解析解的研究[J].工业建筑,39(4):77-83.

[612] 吕秀杰,龚晓南,2009.真空堆载联合预压处理桥头软基桩体变形控制研究[J].工程勘察,37(4):26-31.

[613] 沈扬,周建,龚晓南,刘汉龙,2009.考虑主应力方向变化的原状软黏土应力应变性状试验研究[J].岩土力学,30(12):3720-3726.

[614] 史海莹,龚晓南,2009.深基坑悬臂双排桩支护的受力性状研究[J].工业建筑,39(10):67-71.

[615] 汪明元,龚晓南,包承纲,施戈亮,2009.土工格栅与压实膨胀土界面的拉拔性状[J].工程力学,26(11):145-151.

[616] 汪明元,于嫣华,包承纲,龚晓南,2009.土工格栅加筋压实膨胀土的强度与变形特性[J].武汉理工大学学报,31(11):88-92.

[617] 汪明元,于嫣华,龚晓南,2009.含水量对加筋膨胀土强度与变形特性的影响[J].中山大学学报(自然科学版),48(6):138-142.

[618] 王志达,龚晓南,2009.城市人行地道分部开挖长度大小及其影响[J].科技通报,25(6):820-825.

[619] 张杰,龚晓南,丁晓勇,高峻,2009.杭州城区古河道承压含水层特性研究[J].科技通报,25(5):643-648.

[620] Luo Z Y, Xia J Z, Gong X N, 2010. Numerical simulation study on use of groove in controlling compacting effects of jacked pile[C]// Proceedings of the 2010 GeoShanghai International Conference:246-251.

[621] Yu J L, Gong X N, Liu C, Lv W Z, Jing Z J, 2009. Working behavior of composite ground under flexible foundations based on super-substructure interaction[C]//US-China Workshop on Ground Improvement Technologies,Orlando.

[622] 龚晓南,2010.从应力说起[J].地基处理,21(1):61-62.

[623] 龚晓南,2010.调查中53位同行专家对岩土工程数值分析发展的建议[J].地基处理,21(4):69-76.

[624] 龚晓南,朱奎,钱力航,宋振,2010.《刚-柔性桩复合地基技术规程》JGJ/T 210—2010编制与说明[J].施工技术,39(9):121-124.

[625] 郭彪,龚晓南,卢萌盟,李瑛,2010.土体水平渗透系数变化的多层砂井地基固结性状分析[J].工业建筑,40(4):88-95.

[626] 郭彪,韩颖,龚晓南,卢萌盟,2010.考虑横竖向渗流的砂井地基非线性固结分析[J].深圳大学学报(理工版),27(4):459-463.

[627] 李瑛,龚晓南,2010.电渗法加固软基的现状及其展望[J].地基处理,21(2):3-11.

[628] 李瑛,龚晓南,郭彪,2010.电渗电极参数优化研究[J].工业建筑,40(2):92-96.

[629] 李瑛,龚晓南,郭彪,周志刚,2010.电渗软黏土电导率特性及其导电机制研究[J].岩石力学与工程学报,29(A2):4027-4032.

[630] 李瑛,龚晓南,卢萌盟,郭彪,2010.堆载-电渗联合作用下的耦合固结理论[J].岩土工程学报,32(1):77-81.

[631] 吕文志,俞建霖,龚晓南,2010.柔性基础下复合地基试验研究综述[J].公路交通科技,27(1):1-5.

[632] 吕文志,俞建霖,龚晓南,2010.柔性基础下桩体复合地基的解析法[J].岩石力学与工程学报,29(2):401-408.

[633] 王术江,连峰,龚晓南,孙宁,刘传波,2010.超前工字钢桩在基坑围护中的应用[J].岩土工程学报,32(S1):335-337.

[634] 王志达,龚晓南,2010. 浅埋暗挖人行地道开挖进尺的计算方法[J]. 岩土力学,31(8):2637-2642.

[635] 魏永幸,薛新华,龚晓南,2010. 柔性路堤荷载作用下的地基承载力研究[J]. 铁道工程学报,27(2):22-26.

[636] 杨迎晓,龚晓南,金兴平,2010. 钱塘江冲海积粉土物理力学特性探讨[C]//浙江省第七届岩土力学与工程学术讨论会,绍兴.

[637] 杨迎晓,龚晓南,金兴平,周春平,范川,2010. 钱塘江河口相冲海积粉土层渗透稳定性探讨[C]//第十届全国岩土力学数值分析与解析方法研讨会,温州.

[638] 俞建霖,荆子菁,龚晓南,刘超,吕文志,2010. 基于上下部共同作用的柔性基础下复合地基性状研究[J]. 岩土工程学报,32(5):657-663.

[639] 俞建霖,郑伟,龚晓南,2010. 考虑上下部共同作用的柔性基础下复合地基性状解析法研究[C]//浙江省第七届岩土力学与工程学术讨论会,绍兴.

[640] 张磊,孙树林,龚晓南,张杰,2010. 循环荷载下双曲线模型修正土体一维固结解[J]. 岩土力学,31(2):455-460.

[641] 张雪婵,张杰,龚晓南,尹序源,2010. 典型城市承压含水层区域性特性[J]. 浙江大学学报(工学版),44(10):1998-2004.

[642] 周爱其,龚晓南,刘恒新,张宏建,2010. 内撑式排桩支护结构的设计优化研究[J]. 岩土力学,31(S1):245-254.

[643] 龚晓南,2011. 承载力问题与稳定问题[J]. 地基处理,22(2):53.

[644] 龚晓南,2011. 对岩土工程数值分析的几点思考[J]. 岩土力学,32(2):321-325.

[645] 龚晓南,2011. 软黏土地基土体抗剪强度若干问题[J]. 岩土工程学报,33(10):1596-1600.

[646] 龚晓南,焦丹,2011. 间歇通电下软黏土电渗固结性状试验分析[J]. 中南大学学报(自然科学版),42(6):1725-1730.

[647] 龚晓南,焦丹,李瑛,2011. 粘性土的电阻计算模型[J]. 沈阳工业大学学报,33(2):213-218.

[648] 龚晓南,张杰,2011. 承压水降压引起的上覆土层沉降分析[J]. 岩土工程学报,33(1):145-149.

[649] 焦丹,龚晓南,李瑛,2011. 电渗法加固软土地基试验研究[J]. 岩石力学与工程学报,30(S1):3208-3216.

[650] 李瑛,龚晓南,2011. 含盐量对软黏土电渗排水影响的试验研究[J]. 岩土工程学报,33(8):1254-1259.

[651] 李瑛,龚晓南,2011. 软黏土地基电渗加固的设计方法研究[J]. 岩土工程学报,33(6):955-959.

[652] 李瑛,龚晓南,张雪婵,2011. 电压对一维电渗排水影响的试验研究[J]. 岩土力学,32(3):709-714.

[653] 李征,龚晓南,周建,2011. 一种新型大直径现浇混凝土空心桩(筒桩)成桩工艺及设备简介[J]. 地基处理,22(2):10-15.

[654] 罗勇,龚晓南,2011. 节理发育反倾边坡破坏机理分析及模拟[J]. 辽宁工程技术大学学

报(自然科学版),30(1):60-63.

[655] 吕文志,俞建霖,龚晓南,2011.柔性基础下复合地基理论在某事故处理中的应用[J].中南大学学报(自然科学版),42(3):772-779.

[656] 史海莹,龚晓南,俞建霖,连峰,2011.基于Hewlett理论的支护桩桩间距计算方法研究[J].岩土力学,32(S1):351-355.

[657] 杨迎晓,龚晓南,范川,金兴平,陈华,2011.钱塘江冲海积非饱和粉土剪胀性三轴试验研究[J].岩土力学,32(S1):38-42.

[658] 俞建霖,何萌,张文龙,龚晓南,应建新,2011.土钉墙支护极限高度的有限元分析与拟合[J].中南大学学报(自然科学版),42(5):1447-1453.

[659] 俞建霖,李坚卿,吕文志,龚晓南,2011.柔性基础下复合地基工作性状的正交法分析[J].中南大学学报(自然科学版),42(11):3478-3485.

[660] 张磊,龚晓南,俞建霖,2011.基于地基反力法的水平荷载单桩半解析解[J].四川大学学报(工程科学版),43(1):37-42.

[661] 张磊,龚晓南,俞建霖,2011.考虑土体屈服的纵横荷载单桩变形内力分析[J].岩土力学,32(8):2441-2445.

[662] 张磊,龚晓南,俞建霖,2011.水平荷载单桩计算的非线性地基反力法研究[J].岩土工程学报,33(2):309-314.

[663] 张磊,龚晓南,俞建霖,2011.纵横荷载下单桩地基反力法的半解析解[J].哈尔滨工业大学学报,43(6):96-100.

[664] 张雪婵,龚晓南,尹序源,赵玉勃,2011.杭州庆春路过江隧道江南工作井监测分析[J].岩土力学,32(S1):488-494.

[665] Gan T,Wang W J,Gong X N,2011. Affect of mechanical properties changes of injecting cement paste on ground settlement with shield driven method[C]// IEEE Computer Society. International Conference on Multimedia Technology:958-962.

[666] Peng Y F,Yu J L,Gong X N,Wen Z L,2011. Practical method for the pile composite ground under flexible foundation based on super-substructure interaction[J]. Advanced Materials Research,250-253:2575-2582.

[667] Qian T P,Gong X N,Li Y,2011. Analysis of braced excavation with pit-in-pit based on orthogonal experiment[J]. Applied Mechanics and Materials,71-78:4549-4553

[668] Tian X J,Gong X N,Lu M M,Wang N,2011. Consolidation analysis of composite ground with weak drainage columns in consideration of disturbance[J]. Applied Mechanics and Materials,71-78:186-192.

[669] Tian X J,Gong X N,Wang N,2011. Consolidation analysis of composite ground with partially penetrated weak drainage columns considering disturbance[C]// IEEE Computer Society. International Conference on Multimedia Technology:1016-1018.

[670] Zhang L,Gong X N,Yang Z X,Yu J L,2011. Elastoplastic solutions for single piles under combined vertical and lateral loads[J]. Journal of Central South University of Technology,18(1):216-222.

[671] Zhang X C,Gong X N,2011. Observed performance of a deep multistrutted excava-

tion in Hangzhou soft clays with high confined water[J]. Advanced Materials Research，253(S1)：2276-2280.

[672] Zhou Z G，Gong X N，Li Y，2011. Internal force calculation and stability analysis of the slope reinforced by pre-stressed anchor cables and frame beams[C]// IEEE Computer Society. Proceedings of International Conference on Consumer Electronics，Communications and Networks：3230-3234.

[673] Zhou Z G，Gong X N，Li Y，2011. Study on the interval of pre-stressed anchor cables and cantilever length of frame beams in reinforcing slopes[C]// IEEE Computer Society. Proceedings of International Conference on Consumer Electronics，Communications and Networks：2678-2682.

[674] 郭彪,龚晓南,王建良,王勤生,李长宏,2012.绍兴县城区大型公共建筑基础型式合理选用研究[J].浙江建筑,29(11):13-17,27.

[675] 郭彪,韩颖,龚晓南,卢萌盟,2012.随时间任意变化荷载下砂井地基固结分析[J].中南大学学报(自然科学版),43(6):2369-2377.

[676] 黄磊,周建,龚晓南,2012.CFG桩复合地基褥垫层的设计机理[J].广东公路交通(3):63-66,72.

[677] 李瑛,龚晓南,2012.等电势梯度下电极间距对电渗影响的试验研究[J].岩土力学,33(1):89-95.

[678] 杨迎晓,龚晓南,张雪婵,靳建明,张智卿,2012.钱塘江边冲海积粉土基坑性状研究[J].岩土工程学报,34(S1):750-755.

[679] 喻军,鲁嘉,龚晓南,2012.考虑围护结构位移的非对称基坑土压力分析[J].岩土工程学报,34(S1):24-27.

[680] 郑刚,龚晓南,谢永利,李广信,2012.地基处理技术发展综述[J].土木工程学报,45(2):127-146.

[681] 朱磊,龚晓南,邢伟,2012.土钉支护基坑抗隆起稳定性计算方法研究[J].岩土力学,33(1):167-170,178.

[682] Gong X N，Zhang X C，2012. Excavation collapse of Hangzhou subway station in soft clay and numerical investigation based on orthogonal experiment method[J]. Journal of Zhejiang University-Science A，13(10)：760-767.

[683] Li Y，Gong X N，Lu M M，Tao Y L，2012. Non-mechanical behaviors of soft clay in two-dimensional electro-osmotic consolidation [J]. Journal of Rock Mechanics and Geotechnical Engineering，4(3)：282-288.

[684] Zhou J，Yan J J，Cao Y，Gong X N，2012. Intact soft clay responses to cyclic principal stress rotation in undrained condition[C]//Proceedings of the 2nd International Conference on Transportation Geotechnics. Balkema：Taylor and Francis：649-654.

[685] 安春秀,黄磊,黄达余,龚晓南,2013.强夯处理碎石回填土地基相关性试验研究[J].岩土力学,34(S1):273-278.

[686] 豆红强,韩同春,龚晓南,2013.筒桩桩承式加筋路堤工作机理分析[J].岩土工程学报,35(S2):956-962.

[687] 龚晓南,伍程杰,俞峰,房凯,杨淼,2013.既有地下室增层开挖引起的桩基侧摩阻力损失分析[J].岩土工程学报,35(11):1957-1964.

[688] 郭彪,龚晓南,卢萌盟,张发春,房锐,2013.真空联合堆载预压下竖井地基固结解析解[J].岩土工程学报,35(6):1045-1054.

[689] 郭彪,龚晓南,王建良,王勤生,李长宏,俞跃平,2013.绍兴县城区多层建筑基础型式合理选用研究[J].江苏建筑(1):80-85.

[690] 郭彪,龚晓南,王建良,王勤生,李长宏,俞跃平,2013.绍兴县城区高层建筑基础形式的合理选用研究[J].四川建筑,33(2):91-94,97.

[691] 郭彪,龚晓南,王建良,王勤生,李长宏,俞跃平,2013.绍兴县工程地质特性[J].浙江建筑,30(3):35-43.

[692] 李一雯,周建,龚晓南,陈卓,陶燕丽,2013.电极布置形式对电渗效果影响的试验研究[J].岩土力学,34(7):1972-1978.

[693] 陶燕丽,周建,龚晓南,2013.铁、石墨、铜和铝电极的电渗对比试验研究[J].岩石力学与工程学报,32(Z2):3355-3362.

[694] 陶燕丽,周建,龚晓南,陈卓,李一雯,2013.铁和铜电极对电渗效果影响的对比试验研究[J].岩土工程学报,35(2):388-394.

[695] 严佳佳,周建,管林波,龚晓南,2013.杭州原状软黏土非共轴特性与其影响因素试验研究[J].岩土工程学报,35(1):96-102.

[696] 喻军,刘松玉,龚晓南,2013.基于拱顶沉降控制的卵砾石地层浅埋隧道施工优化[J].中国工程科学,15(10):97-102.

[697] 喻军,卢彭真,龚晓南,2013.两种不同建筑物的振动特性分析[J].土木工程学报,46(S1):81-86.

[698] 张磊,龚晓南,俞建霖,2013.大变形条件下单桩水平承载性状分析[J].土木建筑与环境工程,35(2):61-65.

[699] Sun Z J, Gong X N, Yu J L, Zhang J J, 2013. Analysis of the displacement of buried pipelines caused by adjacent surcharge loads[C]// Proceedings of the International Conference on Pipelines and Trenchless Technology.

[700] Zhou J J, Wang K H, Gong X N, Zhang R H, 2013. Bearing capacity and load transfer mechanism of a static drill rooted nodular pile in soft soil areas[J]. Journal of Zhejiang University-Science A,14(10): 705-719.

[701] Zhou J, Yan J J, Xu C J, Gong X N, 2013. Influence of intermediate principal stress on undrained behavior of intact clay under pure principal stress rotation[J]. Mathematical Problems in Engineering,14:1-10.

[702] 陈东霞,龚晓南,2014.非饱和残积土的土-水特征曲线试验及模拟[J].岩土力学,35(7):1885-1891.

[703] 陈鹏飞,龚晓南,刘念武,2014.止水帷幕的挡土作用对深基坑变形的影响[J].岩土工程学报,36(S2):254-258.

[704] 狄圣杰,龚晓南,李晓敏,蒋建平,麻鹏远,2014.软黏土地基桩土相互作用 p-y 曲线法参数敏感性分析[J].水力发电,40(12):23-25.

[705]　龚晓南,王继成,伍程杰,2014.深基坑开挖卸荷对既有桩基侧摩阻力影响分析[J].湖南大学学报(自然科学版),41(6):70-76.

[706]　连峰,刘治,付军,巩宪超,李乾龙,龚晓南,2014.双排桩支护工程实例分析[J].岩土工程学报,36(S1):127-131.

[707]　刘念武,龚晓南,楼春晖,2014.软土地基中地下连续墙用作基坑围护的变形特性分析[J].岩石力学与工程学报,33(S1):2707-2712.

[708]　刘念武,龚晓南,楼春晖,2014.软土地区基坑开挖对周边设施的变形特性影响[J].浙江大学学报(工学版),48(7):1141-1147.

[709]　刘念武,龚晓南,陶艳丽,楼春晖,2014.软土地区嵌岩连续墙与非嵌岩连续墙支护性状对比分析[J].岩石力学与工程学报,33(1):164-171.

[710]　刘念武,龚晓南,俞峰,房凯,2014.内支撑结构基坑的空间效应及影响因素分析[J].岩土力学,35(8):2293-2298,2306.

[711]　刘念武,龚晓南,俞峰,汤恒思,2014.软土地区基坑开挖引起的浅基础建筑沉降分析[J].岩土工程学报,36(S2):325-329.

[712]　罗战友,夏建中,龚晓南,刘薇,2014.考虑孔压消散的静压单桩挤土位移场研究[J].岩石力学与工程学报,33(S1):2765-2772.

[713]　陶燕丽,周建,龚晓南,2014.电极材料对电渗过程作用机理的试验研究[J].浙江大学学报(工学版),48(9):1618-1623.

[714]　陶燕丽,周建,龚晓南,陈卓,2014.间歇通电模式影响电渗效果的试验[J].哈尔滨工业大学学报,46(8):78-83.

[715]　王继成,龚晓南,田效军,2014.考虑土应力历史的土压力计测量修正[J].湖南大学学报(自然科学版),41(11):96-102.

[716]　王继成,俞建霖,龚晓南,马世国,2014.大降雨条件下气压力对边坡稳定的影响研究[J].岩土力学,35(11):3157-3162.

[717]　伍程杰,龚晓南,房凯,俞峰,张乾青,2014.增层开挖对既有建筑物桩基承载刚度影响分析[J].岩石力学与工程学报,33(8):1526-1535.

[718]　伍程杰,龚晓南,俞峰,楼春晖,刘念武,2014.既有高层建筑地下增层开挖桩端阻力损失[J].浙江大学学报(工学版),48(4):671-678.

[719]　伍程杰,俞峰,龚晓南,林存刚,梁荣柱,2014.开挖卸荷对既有群桩竖向承载性状的影响分析[J].岩土力学,35(9):2602-2608.

[720]　严佳佳,周建,龚晓南,郑鸿镖,2014.主应力轴纯旋转条件下原状黏土变形特性研究[J].岩土工程学报,36(3):474-481.

[721]　严佳佳,周建,龚晓南,曹洋;刘正义,2014.主应力轴循环旋转条件下重塑黏土变形特性试验研究[J].土木工程学报,47(8):120-127.

[722]　严佳佳,周建,刘正义,龚晓南,2014.主应力轴纯旋转条件下黏土弹塑性变形特性[J].岩石力学与工程学报,33(S2):4350-4358.

[723]　叶启军,喻军,龚晓南,2014.荷载作用下橡胶混凝土抗氯离子渗透规律研究[J].材料导报,28(S2):327-330.

[724]　喻军,龚晓南,2014.考虑顶管施工过程的地面沉降控制数值分析[J].岩石力学与工程

学报,33(S1):2605-2610.

[725] 喻军,龚晓南,李元海,2014.基于海量数据的深基坑本体变形特征研究[J].岩土工程学报,36(S2):319-324.

[726] 喻军,姜天鹤,龚晓南,2014.支腿式地下连续墙受力特性研究[J].施工技术,43(1):41-44.

[727] 张旭辉,吴欣,俞建霖,何萌,龚晓南,2014.浆囊袋压力型土钉新技术及工作机理研究[J].岩土工程学报,36(S2):227-232.

[728] 周佳锦,龚晓南,王奎华,张日红,2014.静钻根植竹节桩抗压承载性能[J].浙江大学学报(工学版),48(5):835-842.

[729] 周佳锦,龚晓南,王奎华,张日红,严天龙,2014.静钻根植竹节桩在软土地基中的应用及其承载力计算[J].岩石力学与工程学报,33(S2):4359-4366.

[730] 周佳锦,王奎华,龚晓南,张日红,严天龙,许远荣,2014.静钻根植竹节桩承载力及荷载传递机制研究[J].岩土力学,35(5):1367-1376.

[731] Dou H Q, Han T C, Gong X N, Zhang J, 2014. Probabilistic slope stability analysis considering the variability of hydraulic conductivity under rainfall infiltration-redistribution conditions[J]. Engineering Geology, 183: 1-13.

[732] Han T C, Dou H Q, Gong X N, Zhang J, Ma S J, 2014. A rainwater redistribution model to evaluate two-layered slope stability after a rainfall event[J]. Environmental & Engineering Geoscience, 20(2): 163-176.

[733] Zhou J, Yan J J, Liu Z Y, Gong X N, 2014. Undrained anisotropy and non-coaxial behavior of clayey soil under principal stress rotation[J]. Journal of Zhejiang University Science A, 15(4): 241-254.

[734] Tao Y L, Zhou J, Gong X N, Chen Z, Hu P C, 2014. Influence of polarity reversal and current intermittence on electro-osmosis [C]// Geo Shanghai International Conference. Reston:ASCE:198-208.

[735] Wang J C, Gong X N, Ma S J, 2014. Effects of pore-water pressure distribution on slope stability under rainfall infiltration[J]. Electronic Journal of Geotechnical Engineering, 19: 1677-1685.

[736] Wang J C, Gong X N, Ma S J, 2014. Modification of green-ampt infiltration model considering entrapped air pressure[J]. Electronic Journal of Geotechnical Engineering, 19: 1801-1811.

[737] Yu J L, Zhang L, Gong X N, 2014. Elastic solutions for partially embedded single piles subjected to simultaneous axial and lateral loading[J]. Journal of Central South University, 21(11): 4330-4337.

[738] 陈东霞,龚晓南,马亢,2015.厦门地区非饱和残积土的强度随含水量变化规律[J].岩石力学与工程学报,34(S1):3484-3490.

[739] 崔新壮,龚晓南,李术才,汤濉泽,张炯,2015.盐水环境下水泥土桩劣化效应及其对道路复合地基沉降的影响[J].中国公路学报,28(5):66-76.

[740] 豆红强,韩同春,龚晓南,2015.降雨条件下考虑裂隙土孔隙双峰特性对非饱和土边坡渗

流场的影响[J].岩石力学与工程学报,34(S2):4373-4379.

[741] 龚晓南,2015.地基处理技术及发展展望——纪念中国土木工程学会岩土工程分会地基处理学术委员会成立三十周年(1984—2014)(上、下册)[J].岩土力学,36(S2):701.

[742] 龚晓南,孙中菊,俞建霖,2015.地面超载引起邻近埋地管道的位移分析[J].岩土力学,36(2):305-310.

[743] 刘念武,龚晓南,俞峰,2015.大直径钻孔灌注桩的竖向承载性能[J].浙江大学学报(工学版),49(4):763-768.

[744] 俞建霖,张甲林,李坚卿,龚晓南,2015.地表硬壳层对柔性基础下复合地基受力特性的影响分析[J].中南大学学报(自然科学版),46(4):1504-1510.

[745] 周佳锦,龚晓南,王奎华,张日红,严天龙,2015.静钻根植竹节桩荷载传递机理模型试验[J].浙江大学学报(工学版),49(3):531-537.

[746] 周佳锦,龚晓南,王奎华,张日红,2015.静钻根植竹节桩抗拔承载性能试验研究[J].岩土工程学报,37(3):570-576.

[747] 周佳锦,龚晓南,王奎华,张日红,许远荣,2015.静钻根植竹节桩桩端承载性能数值模拟研究[J].岩土力学,36(S1):651-656.

[748] 周佳锦,王奎华,龚晓南,张日红,严天龙,2015.静钻根植抗拔桩承载性能数值模拟[J].浙江大学学报(工学版),49(11):2135-2141.

[749] Dou H Q, Han T C, Gong X N, Qiu Z Y, Li Z N, 2015. Effects of the spatial variability of permeability on rainfall-induced landslides[J]. Engineering Geology, 192: 92-100.

[750] Gong X N, Sun Z J, Yu J J, 2015. Analysis of displacement of adjacent buried pipeline caused by ground surcharge[J]. Rock and Soil Mechanics, 36(2): 305-310.

[751] Gong X N, Tian X J, Hu W T, 2015. Simplified method for predicating consolidation settlement of soft ground improved by floating soil-cement column[J]. Journal of Central South University, 22(7): 2699-2706.

[752] Tian X J, Hu Wen T, Gong X N, 2015. Longitudinal dynamic response of pile foundation in a nonuniform initial strain field[J]. KSCE Journal of Civil Engineering, 19(6): 1656-1666.

[753] Wang J C, Yu J L, Ma S G, Gong X N, 2015. Relationship between cell-indicated earth pressures and field earth pressures in backfills[J]. European Journal of Environmental and Civil Engineering, 19(7): 773-788.

[754] Yan J J, Zhou J, Gong X N, Cao Y, 2015. Undrained response of reconstituted clay to cyclic pure principal stress rotation[J]. Journal of Central South University, 22(1): 280-289.

[755] Zhou J J, Gong X N, Wang K H, Zhang R H, 2015. A field study on the behavior of static drill rooted nodular piles with caps under compression[J]. Journal of Zhejiang University-Science A, 16(12): 951-963.

[756] Zhou J, Tao Y L, Xu C J, Gong X N, Hu P C, 2015. Electro-osmotic strengthening of silts based on selected electrode materials[J]. Soils and Foundations, 55(5): 1171-

1180.

[757] 豆红强,韩同春,龚晓南,李智宁,邱子义,2016.降雨条件下考虑饱和渗透系数变异性的边坡可靠度分析[J].岩土力学,37(4):1144-1152.

[758] 郭彪,龚晓南,李亚军,2016.考虑加载过程及桩体固结变形的碎石桩复合地基固结解析解[J].工程地质学报,24(3):409-417.

[759] 刘念武,龚晓南,俞峰,张乾青,2016.大直径扩底嵌岩桩竖向承载性能[J].中南大学学报(自然科学版),47(2):541-547.

[760] 杨迎晓,龚晓南,周春平,金兴平,2016.钱塘江冲海积粉土渗透破坏试验研究[J].岩土力学,37(S2):243-249.

[761] 应宏伟,朱成伟,龚晓南,2016.考虑注浆圈作用水下隧道渗流场解析解[J].浙江大学学报(工学版),50(6):1018-1023.

[762] 周佳锦,王奎华,龚晓南,张日红,严天龙,2016.静钻根植竹节桩桩端承载性能试验研究[J].岩土力学,37(9):2603-2609.

[763] Cui X Z, Zhang J, Huang D, Gong X N, 2016. Measurement of permeability and the correlation between permeability and strength of pervious concrete[C]// Advances of Transportation: Infrastructure and Materials, Vol 1st International Conference on Transportation Infrastructure and Materials. Lancaster: Destech Publications, Inc: 885-892.

[764] Tao Y L, Zhou J, Gong X N, Hu P C, 2016. Electro-osmotic dehydration of Hangzhou sludge with selected electrode arrangements[J]. Drying Technology, 34(1): 66-75.

[765] Wang J C, Yu J J, Ma S G, Gong X N, 2016. Hammer's impact force on pile and pile's penetration[J]. Marine Georesources & Geotechnology, 34(5): 409-419.

[766] Yang Y X, Gong X N, Zhou C P, 2016. Experimental study of seepage failure of Qiantang River alluvial silts[J]. Rock and Soil Mechanics, 37(S2): 243-249.

[767] Zhou J J, Gong X N, Wang K H, Zhang R H, Yan T L, 2016. A model test on the behavior of a static drill rooted nodular pile under compression[J]. Marine Georesources & Geotechnology, 34(3): 293-301.

[768] Zhou J J, Gong X N, Wang K H, Zhang R H, Yan T L, 2016. Field test on the influence of the cemented soil around the pile on the lateral bearing capacity of pile foundation[C]// Proceedings of the 3rd Annual Congress on Advanced Engineering and Technology: 79-86.

[769] Zhou J J, Wang K H, Gong X N, 2016. A test on base bearing capacity of static drill rooted nodular pile[J]. Rock and Soil Mechanics, 37(9): 2603-2609.

[770] 郭彪,龚晓南,李亚军,2017.考虑桩体径竖向渗流的碎石桩复合地基固结解析解[J].岩土工程学报,39(8):1485-1492.

[771] 刘吉福,郑刚,龚晓南,谢永利,陈昌富,2017.柔性荷载刚性桩复合地基修正密度法稳定分析改进[J].岩土工程学报,39(S2):33-36.

[772] 王良良,胡立锋,陈鹏飞,龚晓南,2017.软黏土基坑开挖对坑内工程桩的影响分析[J].浙江建筑,34(1):26-30.

[773] 吴弘宇,董梅,韩同春,徐日庆,龚晓南,2017.城市地下空间开发新型材料的现状与发展趋势[J].中国工程科学,19(6):116-123.

[774] 俞建霖,李俊圆,王传伟,张甲林,龚晓南,陈昌富,宋二祥,2017.考虑桩体破坏模式差异的路堤下刚性桩复合地基稳定分析方法研究[J].岩土工程学报,39(S2):37-40.

[775] 俞建霖,龙岩,夏霄,龚晓南,2017.狭长型基坑工程坑底抗隆起稳定性分析[J].浙江大学学报(工学版),51(11):2165-2174.

[776] 俞建霖,王传伟,谢逸敏,张甲林,龚晓南,2017.考虑桩体损伤的柔性基础下刚性桩复合地基中桩体受力及破坏特征分析[J].中南大学学报(自然科学版),48(9):2432-2440.

[777] 张磊,龚晓南,2017.不同桩头约束下微倾单桩纵横向受荷响应计算的三参数法[J].土木建筑与环境工程,39(5):23-30.

[778] 张磊,龚晓南,李瑞娥,焦丹,2017.纵向和横向荷载下微倾单桩变形和内力的弹塑性解[J].中南大学学报(自然科学版),48(7):1901-1907.

[779] 周佳锦,龚晓南,王奎华,张日红,王孟波,2017.层状地基中静钻根植竹节桩单桩沉降计算[J].岩土力学,38(1):109-116.

[780] 朱成伟,应宏伟,龚晓南,2017.任意埋深水下隧道渗流场解析解[J].岩土工程学报,39(11):1984-1991.

[781] 朱亦弘,徐日庆,龚晓南,2017.城市明挖地下工程开发环境效应研究现状及趋势[J].中国工程科学,19(6):111-115.

[782] Ye S H, Gong X N, 2017. Pile foundation test experimental program of Lanzhou new city science and technology innovation[C]// International Conference on Mechanics and Architectural Design (MAD). Singapore: World Scientific Publ Co Pte Ltd: 169-174.

[783] Ye S H, Gong X N, 2017. Static load test of a project CFG pile composite foundation [C]// International Conference on Mechanics and Architectural Design (MAD). Singapore: World Scientific Publ Co Pte Ltd: 175-180.

[784] Zhou J J, Gong X N, Wang K H, Zhang R H, Yan J J, 2017. Testing and modeling the behavior of pre-bored grouting planted piles under compression and tension[J]. Acta Geotechnica, 12(5): 1061-1075.

[785] Zhou J J, Gong X N, Wang K H, Zhang R H, Yan J J, 2017. A simplified nonlinear calculation method to describe the settlement of pre-bored grouting planted nodular piles[J]. Journal of Zhejiang University-Science A,18(11):895-909.

[786] 蔡露,周建,应宏伟,龚晓南,2018.各向异性软土基坑抗隆起稳定分析[J].岩土工程学报,40(11):1968-1976.

[787] 陈昌富,李欣,龚晓南,俞建霖,2018.基于支持向量机沉降代理模型复合地基优化设计方法[J].铁道科学与工程学报,15(6):1424-1429.

[788] 龚晓南,解才,邵佳函,舒佳明,2018.静钻根植竹节桩抗压与抗拔承载特性分析[J].工程科学与技术,50(5):102-109.

[789] 龚晓南,解才,周佳锦,邵佳函,舒佳明,2018.静钻根植竹节桩抗压与抗拔对比研究[J].上海交通大学学报,52(11):1467-1474.

[790] 龚晓南,邵佳函,解才,舒佳明,2018.桩端扩大头尺寸对承载性能影响模型试验[J].湖南大学学报(自然科学版),45(11):102-109.

[791] 李姣阳,刘维,邹金杰,赵宇,龚晓南,2018.浅埋盾构隧道开挖面失稳大比尺模型试验研究[J].岩土工程学报,40(3):562-567.

[792] 刘吉福,郑刚,龚晓南,2018.附加应力法计算刚性桩复合地基路基沉降[J].岩土工程学报,40(11):1995-2002.

[793] 陶燕丽,龚晓南,周建,罗战友,祝行,2018.电渗作用下软土细观孔隙结构[J].土木建筑与环境工程,40(3):110-116.

[794] 陶燕丽,周建,龚晓南,祝行,2018.基于杭州软土的电渗迁移过程试验研究[J].中南大学学报(自然科学版),49(2):448-453.

[795] 叶帅华,丁盛环,龚晓南,高升,陈长流,2018.兰州某地铁车站深基坑监测与数值模拟分析[J].岩土工程学报,40(S1):177-182.

[796] 叶帅华,时轶磊,龚晓南,陈长流,2018.框架预应力锚杆加固多级高边坡地震响应数值分析[J].岩土工程学报,40(S1):153-158.

[797] 周佳锦,龚晓南,严天龙,张日红,2018.软土地区填砂竹节桩抗压承载性能研究[J].岩土力学,39(9):3425-3432.

[798] 朱剑锋,洪义,严佳佳,龚晓南,赵弘毅,2018.波浪循环荷载作用下盾构穿越海堤过程中下卧软土的弱化响应研究[J].土木工程学报,51(12):111-119,139.

[799] Chen X L, Gong X N, 2018. Analysis of soil disturbance caused by dot excavation in soft soil stratum[C]// Proceedings of GeoShanghai 2018 International Conference: Tunnelling and Underground Construction. Singapore: Springer-Verlag: 198-206.

[800] Dong M, Hu H, Xu R Q, Gong X N, 2018. A GIS-based quantitative geo-environmental evaluation for land-use development in an urban area: Shunyi New City, Beijing, China[J]. Bulletin of Engineering Geology and the Environment, 77(3): 1203-1215.

[801] Liu N W, Yu J T, Gong X N, Chen Y T, 2018. Analysis of soil movement around a loaded pile induced by deep excavation[C]// IOP Conference Series: Earth and Environmental Science, 189:032053.

[802] Wu H Y, Dong M, Gong X N, 2018. Application of multivariate data-based model in early warning of landslides[C]// Proceedings of China-Europe Conference on Geotechnical Engineering. Cham: Springer: 747-750.

[803] Ying H W, Zhu C W, Gong X N, 2018. Tide-induced hydraulic response in a semi-infinite seabed with a subaqueous drained tunnel[J]. Acta Geotechnica, 8(2): 149-157.

[804] Ying H W, Zhu C W, Shen H W, Gong X N, 2018. Semi-analytical solution for groundwater ingress into lined tunnel[J]. Tunnelling and Underground Space Technology,76:43-47.

[805] Zhang T J, Zhan F L, Zhou J, Li C Y, Gong X N, 2018. Numerical simulation on pore pressure in electro-osmosis combined with vacuum preloading[C]// Proceedings of China-Europe Conference on Geotechnical Engineering. Cham: Springer:

1763-1766.

[806] Zhou J J, Gong X N, Wang K H, Zhang R H, 2018. Shaft capacity of the pre-bored grouted planted pile in dense sand[J]. Acta Geotechnica, 8(10): 1227-1239.

[807] Zhou J J, Gong X N, Wang K H, Zhang R H, Xu G L, 2018. Effect of cemented soil properties on the behavior of pre-bored grouted planted nodular piles undercompression[J]. Journal of Zhejiang University-Science A, 19(7): 534-543.

[808] Zhou J J, Gong X N, Zhang R H, 2018. Field tests on behavior of pre-bored grouted planted pile in soft soil area with existing pile foundation[C]// Proceedings of China-Europe Conference on Geotechnical Engineering. Cham: Springer: 1106-1110.

[809] Zhou J J, Gong X N, Yan T L, Zhang R H, 2018. Behavior of sand filled nodular piles under compression in soft soil areas[J]. Rock and Soil Mechanics, 39(9): 3425-3432.

[810] Zhu C W, Ying H W, Gong X N, Shen H W, Wang X, 2018. Analytical solutions for seepage field of underwater tunnel[C]// Proceedings of China-Europe Conference on Geotechnical Engineering. Cham: Springer: 1244-1248.

[811] 刘念武,俞济涛,龚晓南,朱祖华,杨云芳,2019. 内支撑基坑变形空间效应特性研究[J]. 科技通报,35(2):166-172

[812] 周佳锦,张日红,黄晟,龚晓南,严天龙,许国林,2019. 软土地区预应力竹节桩与管桩抗压承载性能研究[J]. 天津大学学报(自然科学与工程技术版),52(S1):9-15.

[813] 朱成伟,应宏伟,龚晓南,沈华伟,王霄,2019. 水下双线平行隧道渗流场解析研究[J]. 岩土工程学报,41(2):166-171.

[814] 朱旻,龚晓南,高翔,刘世明,严佳佳,2019. 基于流体体积法的劈裂注浆有限元分析[J]. 岩土力学,40(11):4523-4532

[815] Guo P P, Gong X N, Wang Y X, 2019. Displacement and force analyses of braced structure of deep excavation considering unsymmetrical surcharge effect[J]. Computers and Geotechnics, 113(9): 103102.

[816] Liu N W, Chen Y T, Gong X N, Yu J T, 2019. Analysis of deformation characteristics of foundation pit of metro station and adjacent buildings induced by deep excavation in soft soil[J]. Rock and Soil Mechanics, 40(4): 1515-1525,1576.

[817] Lou C H, Xia T D, Liu N W, Gong X N, 2019. Investigation of three-dimensional deformation behavior due to long and large excavation in soft clays[J]. Advances in Civil Engineering,2019:4187417.

[818] Tao Y L, Zhou J J, Gong X N, Luo Z Y, 2019. Experimental study on the electrokinetic migration process of Hangzhou sludge[J]. Drying Technology (12):1-8.

[819] Ying H W, Zhu C W, Gong X N, Wang X, 2019. Analytical solutions for the steady-state seepage field in a finite seabed with a lined tunnel[J]. Marine Georesources & Geotechnology, 37(8): 972-978.

[820] Zhou J J, Gong X N, Zhang R H, 2019. Model tests comparing the behavior of pre-bored grouted planted piles and a wished-in-place concrete pile in dense sand[J]. Soils

and Foundations，59(1):84-96.

[821] Zhou J J, Gong X N, Zhang R H，2019. Field behavior of pre-bored grouted planted nodular pile embedded in deep clayey soil[J]. Acta Geotechnica，15:1847-1857.

[822] Zhou J J, Yu J L, Gong X N, Zhang R H, Yan T L，2019. Influence of soil reinforcement on the uplift bearing capacity of a pre-stressed high-strength concrete pile embedded in clayey soil [J]. Soils and Foundations,59(6):2367-2375.

[823] Zhou J，Tao Y L, Li C Y, Gong X N，2019. Experimental study of electro-kinetic dewatering of silt based on the electro-osmotic coefficient[J]. Environmental Engineering Science,36(6)：739-748.

[824] Zhou J，Xu J, Luo L H, Yu L G, Gong X N，2019. Seepage test by HCA for remolded kaolin[C]// 7th International Symposium on Deformation Characteristics of Geomaterials，Glosgow.

[825] Zhu M，Gong X N, Gao X，2019. Remediation of damaged shield tunnel using grouting technique：serviceability improvements and prevention of potential risks[J]. Journal of Performance of Constructed Facilities，33(6):04019062.

[826] 甘晓露，俞建霖，龚晓南，朱旻，程康，2020.新建双线隧道下穿对既有盾构隧道影响研究[J].岩石力学与工程学报,39(S2):3586-3594.

[827] 甘晓露，俞建霖，龚晓南，朱旻，程康，侯永茂，2020.考虑上浮效应的盾构下穿对既有隧道影响研究[J].土木工程学报,53(S1):87-92.

[828] 高翔，龚晓南，朱旻，黄晟，刘世明，严佳佳，2020.盾构隧道注浆纠偏数值模拟研究[J].铁道科学与工程学报,17(6):1480-1490.

[829] 李洛宾，龚晓南，甘晓露，程康，侯永茂，2020.基于循环神经网络的盾构隧道引发地面最大沉降预测[J].土木工程学报,53(S1):13-19.

[830] 王飞，张亮，龚晓南，戴斌，左祥闯，郇盼，2020.潜孔冲击高压旋喷桩在基坑止水帷幕中的应用[J].施工技术,49(19):12-14,26.

[831] 俞建霖，徐山岱，杨晓萌，陈张鹏，龚晓南，2020.刚性基础下砼芯水泥土桩复合地基沉降计算[J].中南大学学报(自然科学版),51(8):2111-2120.

[832] 朱旻，龚晓南，高翔，刘世明，严佳佳，2020.盾构隧道注浆纠偏模型试验研究[J].铁道科学与工程学报,17(3):660-667.

[833] Gan X L, Yu J L, Gong X N，2020. Characteristics and countermeasures of tunnel heave due to large-diameter shield tunneling underneath[J]. Journal of Performance of Constructed Facilities，34(1):04019081.

[834] Luo Z Y, Tao Y L, Gong X N，2020. Soil compacting displacements for two jacked piles considering shielding effects[J]. Acta Geotechnica,15(8)：2367-2377.

[835] Zhang X D, Wang J C, Chen Q J, Lin Z J, Gong X N, Yang Z X, Xu R Q, 2020. Analytical method for segmental tunnel linings reinforced by secondary lining considering interfacial slippage and detachment[J]. International Journal of Geomechanics, 21(6)：04021085.

[836] Zhou J J, Gong X N, Zhang R H, Wang K H, Yan T L，2020. Shaft capacity of pre-

bored grouted planted nodular pile under various overburden pressures in dense sand [J]. Marine Georesources and Geotechnology, 38(1): 97-107.

[837] Zhou J J, Yu J L, Gong X N, Yan T L, 2020. Field tests on behavior of pre-bored grouted planted pile and bored pile embedded in deep soft clay[J]. Soils And Foundations, 60(2):551-561.

[838] 龚晓南,陈张鹏,2021.地基基础工程若干问题讨论[J].建筑结构,51(17):1-4,49.

[839] 龚晓南,郭盼盼,2021.隧道及地下工程渗漏水诱发原因与防治对策[J].中国公路学报,34(7):1-30.

[840] 龚晓南,俞建霖,2021.可回收锚杆技术发展与展望[J].土木工程学报,54(10):90-96.

[841] 郭盼盼,龚晓南,汪亦显,2021.考虑土与结构非线性接触特性的格形地下连续墙围护结构力学性状研究[J].岩土工程学报,43(7):1201-1209,1374-1375.

[842] 黄晟,周佳锦,龚晓南,俞建霖,舒佳明,王孟波,2021.静钻根植桩抗压抗拔承载性能试验研究[J].湖南大学学报(自然科学版),48(1):30-36.

[843] 刘清瑶,张日红,周佳锦,龚晓南,黄晟,严天龙,2021.软土地区预应力竹节桩承载性能数值模拟研究[M]//高文生.桩基工程技术进展.北京:中国建筑工业出版社:97-102.

[844] 魏支援,王勇,龚晓南,郭盼盼,2021.富水砂加卵石双地层锚索现场试验及数值模拟[J].地下空间与工程学报,17(5):1507-1516.

[845] 吴慧明,赵子荣,林小飞,史建乾,龚晓南,2021.主动排水固结法气举降水效应模型试验研究[J].岩土力学,42(8):2151-2159.

[846] 张延杰,龚晓南,2021.成都富水砂卵石地层土体颗粒级配特性与强度分析[J].地基处理,3(5):368-375.

[847] 赵小晴,詹伟,严鑫,王金昌,杨仲轩,龚晓南,2021.水平荷载下沉井在砂土中变位特性的试验与模拟研究[J].岩土工程学报,43(S2):80-83.

[848] 赵小晴,詹伟,严鑫,王金昌,杨仲轩,龚晓南,2021.悬索桥锚碇研究现状及未来发展展望[J].岩土工程学报,43(S2):150-153.

[849] 周佳锦,张日红,黄苏杭,龚晓南,严天龙,2021.组合桩基础桩身预制桩-水泥土接触面摩擦特性试验研究[C]//高文生.桩基工程技术进展.北京:中国建筑工业出版社:57-61.

[850] 周佳锦,张日红,任建飞,龚晓南,严天龙,2021.密实砂土中静钻根植桩与混凝土桩承载性能模型试验研究[C]//高文生.桩基工程技术进展.北京:中国建筑工业出版社:138-142.

[851] Guo P P, Gong X N, Wang Y X, Lin H, Zhao Y L, 2021. Minimum cover depth estimation for underwater shield tunnels[J]. Tunnelling and Underground Space Technology, 115(5):104027.

[852] Wu D Z, Xu K P, Guo P P, Lei G, Cheng K, Gong X N, 2021. Ground deformation characteristics induced by mechanized shield twin tunnelling along curved alignment [J]. Advances in Civil Engineering, 17:6640072.

[853] Zhang X D, Wang J C, Chen Q J, Lin Z J, Gong X N, Yang Z X, Xu R Q, 2021. Analytical method for segmental tunnel linings reinforced by secondary lining considering

interfacial slippage and detachment［J］. International Journal of Geomechanics，21 (6)：4021084.

[854] Zhu C W，Wu W，Ying H W，Gong X N，Wang X，2021. Analytical prediction of leakage-induced ground and tunnel response subject to tidal loading［J］. Canadian Geotechnical Journal，60 (6)：834-848.

[855] Zhu C W，Ying H W，Gong X N，Wang X，Wu W，2021. Analytical solution for wave-induced hydraulic response on subsea shield tunnel［J］. Ocean Engineering，228：108924.

[856] 郭盼盼,龚晓南,魏支援,2022.锚固段穿越双地层拉力型锚索拉拔力学模型及应用[J].中国公路学报,35(12):144-153.

[857] 王雪松,龚晓南,2022.自由约束条件下能源桩的离散元研究[J].低温建筑技术,44(7):155-159.

[858] 俞建霖,徐嘉诚,周佳锦,龚晓南,2022.混凝土芯水泥土复合桩混凝土-水泥土界面摩擦特性试验研究[J].土木工程学报,55(8):93-104,117.

[859] 俞建霖,杨晓萌,周佳锦,龚晓南,2022.砼芯水泥土桩复合地基工作性状研究[J].中南大学学报(自然科学版),53(7):2606-2618.

[860] 俞建霖,杨晓萌,周佳锦,龚晓南,刘伟,2022.桩-网复合地基支承路堤填土荷载传递规律[J].中南大学学报(自然科学版),53(6):2199-2210.

[861] 张延杰,胡长明,龚晓南,吴荣琴,2022.成都富水砂卵石地层 EPB 盾构出土量参数研究[J].地下空间与工程学报,18(6):2005-2015.

[862] Cheng K，Xu R Q，Ying H W，Lin C G，Gan X L，Gong X N，Zhu J F，Liu S J，2023. Analytical method for predicting tunnel heave due to overlying excavation considering spatial effect［J］. Tunnelling and Underground Space Technology，138：105169.

[863] Deng S J，Chen H L，Gong X N，Zhou J J，Hu X D，Jiang G，2022. A frost heaving prediction approach for ground uplift simulation due to freeze-sealing pipe roof method ［J］. CMES-Computer Modeling in Engineering & Sciences，132：251-266.

[864] Gan X L，Yu J L，Gong X N，Zhu M，2022. Probabilistic analysis for twin tunneling-induced longitudinal responses of existing shield tunnel［J］. Tunnelling and Underground Space Technology，120：104317.

[865] Gan X L，Yu J L，Gong X N，Hou Y M，Liu N W，Zhu M，2022. Response of operating metro tunnels to compensation grouting of an underlying large-diameter shield tunnel：a case study in Hangzhou［J］. Underground Space，7(2)：219-232.

[866] Gan X L，Yu J L，Gong X N，Liu N W，Zheng D Z，2022. Behaviours of existing shield tunnels due to tunnelling underneath considering asymmetric ground settlements［J］. Underground Space，7(5)：882-897.

[867] Guo P P，Lei G，Luo L N，Gong X N，Wang Y X，Li B J，Hu X J，Hu H B，2022. Soil creep effect on time-dependent deformation of deep braced excavation［J］. Advances in Materials Science and Engineering (4)：1-14.

[868] Hu H B, Jin Q Q, Yang F, Zhou J J, Ma J, Gong X N, Guo J, 2022. A novel method for testing the effect of base post-grouting of super-long piles[J]. Applied Sciences, 12(21): 10996.

[869] Hu H B, Luo L, Lei G, Guo J, He S H, Hu X J, Guo P P, Gong X N, 2022. The transverse bearing characteristics of the pile foundation in a calcareous sand area[J]. Materials, 15(17): 6176.

[870] Hu H B, Yang F, Tang H B, Zeng Y J, Zhou J J, Gong X N, 2022. Field study on earth pressure of finite soil considering soil displacement[J]. Applied Sciences, 12(16): 8059.

[871] Hu X J, Gong X N, Hu H B, Guo P P, Ma J J, 2022. Cracking behavior and acoustic emission characteristics of heterogeneous granite with double pre-existing filled flaws and a circular hole under uniaxial compression: insights from grain-based discrete element method modeling[J]. Bulletin of Engineering Geology and the Environment, 81(4): 162.

[872] Hu X J, Gong X N, Xie N, Zhu Q Z, Guo P P, Hu H B, Ma J J, 2022. Modeling crack propagation in heterogeneous granite using grain-based phase field method[J]. Theoretical and Applied Fracture Mechanics, 117: 103203.

[873] Lei G, Wang G Q, Luo J J, Hua F C, Gong X N, 2022. Theoretical study of surrounding rock loose zone scope based on stress transfer and work-energy relationship theory[J]. Applied Sciences, 12(14): 7292.

[874] Zhu C W, Wu W, Ying H W, Gong X N, Guo P P, 2022. Drainage-induced ground response in a twin-tunnel system through analytical prediction over the seepage field[J]. Underground Space, 7(3): 408-418.

[875] 刘清瑶,周佳锦,龚晓南,张日红,黄晟,2023.软土地基中预应力竹节桩承载性能数值模拟[J].湖南大学学报(自然科学版),50(3):235-244.

[876] 任建飞,周佳锦,龚晓南,俞建霖,2023.方桩-水泥土接触面摩擦特性试验研究[J].浙江大学学报(工学版),57(7):1374-1381.

[877] 王腾,周佳锦,龚晓南,俞建霖,2023.基于工业副产物的高含水率固化土力学特性试验研究[J].地基处理,5(5):361-368.

[878] 王旭,董梅,孔梦悦,邓云鹏,徐日庆,龚晓南,2023.基于扩散波近似方程的降雨边界处理的改进[J].岩土力学,44(6):1761-1770.

[879] 俞建霖,过锦,周佳锦,甘晓露,龚晓南,肖方奇,2023.考虑空间效应的均质地基内撑式基坑开挖对邻近桩基影响分析[J].土木工程学报,56(8):140-152.

[880] 张晓笛,王金昌,杨仲轩,龚晓南,徐荣桥,2023.基于状态空间法的阶梯型变截面水平受荷桩分析方法[J].岩土工程学报,45(9):1944-1952.

[881] 朱春柏,刘志贺,甘晓露,李洛宾,俞健霖,龚晓南,刘念武,2023.基于循环神经网络的盾构施工参数全局敏感性分析[J].中国测试,49(5):158-163.

[882] 朱剑锋,汪正清,陶燕丽,龚晓南,杨浩,郑琪琦,张永杰,2023.电石渣-草木灰复合固化剂固化废弃软土微观特性研究[J].土木工程学报,56(10):180-189.

［883］ Chen Z P, Wang J C, Xu R Q, Yang Z X, Gong X N. 2023. Dynamic analysis of segmental linings of shield tunnels using a state space method and its application in physical test interpretation ［J］. Tunnelling and Underground Space Technology, 137: 105103.

［884］ Deng S J, He Y, Gong X N, Zhou J J,Hu X D, 2023. A Hybrid regional model for predicting ground deformation induced by large-section tunnel excavation[J]. CMES-Computer Modeling in Engineering & Sciences, 134(1):495-516.

［885］ Guo P P, Gong X N, Wang Y X, Lin H,Zhao Y L, 2023. Analysis of observed performance of a deep excavation straddled by shallowly buried pressurized pipelines and underneath traversed by planned tunnels［J］. Tunnelling and Underground Space Technology,132: 104946.

［886］ Hu X J, Gong X N, Ma J J, Guo P P,Chu H B, 2023. Numerical study on full-field stress evolution and acoustic emission characteristics of rocks containing three parallel pre-existing flaws under uniaxial compression[J]. European Journal of Environmental and Civil Engineering, 27(1): 51-71.

［887］ Hu X J, Hu H S, Xie N, Huang Y J, Guo P P, Gong X N, 2023. The effect of grain size heterogeneity on mechanical and microcracking behavior of pre-heated Lac du Bonnet granite using a grain-based model[J]. Rock Mechanics and Rock Engineering, 56(8):5923-5954.

［888］ Hu X J, Qi Y, Hu H S, Lei G, Xie N, Gong X N, 2023. A micromechanical-based failure criterion for rocks after high-temperature treatment[J]. Engineering Fracture Mechanics,284: 109275.

［889］ Hu X J, Shentu J J, Xie N, Huang Y, Lei G, Hua H B, Guo P P,Gong X N, 2023. Predicting triaxial compressive strength of high-temperature treated rock using machine learning techniques[J]. Journal of Rock Mechanics and Geotechnical Engineering, 15(8): 2072-2082.

［890］ Liu F, Guo P P, Hu X J, Li B J, Hu H B, Gong X N,2023. A DEM Study on bearing behavior of floating geosynthetic-encased stone column in deep soft clays［J］. Applied Sciences,13(11): 6838.

［891］ Yu J J, Zhou J J, Gong X N, Zhang R H, 2023. The frictional capacity of smooth concrete pipe pile-cemented soil interface for pre-bored grouted planted pile[J]. Acta Geotechnica, 18(8):4207-4218.

［892］ Yu J J, Zhou J J, Zhang R H, Gong X N,2023. Installation effects and behavior of driven pre-stressed high-strength concrete nodular pile in saturated deep soft clay[J]. ASCE's International Journal of Geomechanics, 23(3): 05022007.

［893］ Zhang X D, Yang Z X, Xu R Q, Wang J C, Gong X N, Li B J, Zhu B T, 2023. Timoshenko beam theory-based analytical solution of laterally loaded large-diameter monopiles[J]. Computers and Geotechnics, 161: 105554.

［894］ Zhao X Q, Gong X N, Guo P P, 2022. Caisson-bored pile composite anchorage foundation for long-span suspension bridge: feasibility study and parametric analysis[J]. Journal of Bridge Engineering, 27(12): 04022117.

[895] Zhao X Q, Wang J C, Guo P P, Gong X N, Duan Y L, 2023. Displacement and force analyses of piles in the pile-caisson composite structure under eccentric inclined loading considering different stratum features[J]. Frontiers of Structural and Civil Engineering, 17: 1517-1534.

[896] Zhao X Q, Gong X N, Duan Y L, Guo P P, 2023. Load-bearing performance of caisson-bored pile composite anchorage foundation for long-span suspension bridge: 1-g model tests[J]. Acta Geotechnica, 18:3743-3763.

[897] Zhou J J, Ren J F, Ma J J, Yu J L, Zhang R H, Gong X N, 2023. Laboratory tests on the frictional capacity of core pile-cemented soil interface[J]. Proceedings of the Institution of Civil Engineers-Geotechnical Engineering:1-10.

[898] 陈卓杰,周佳锦,陈伟乐,刘健,龚晓南,2024.深中通道沉管隧道深层水泥搅拌桩复合地基沉降计算分析[J].浙江大学学报(工学版),58(7):1397-1406.

[899] 甘晓露,李文博,龚晓南,刘念武,俞建霖,2024.考虑结构刚度变化的盾构隧道纵向变形计算方法[J/OL].工程力学.https://link.cnki.net/urlid/11.2595.O3.20240506.1341.011.

[900] 万灵,黄强,龚晓南,荣耀,周扬,2024.运营地铁隧道在线动力监测及时频特征分析[J].振动.测试与诊断,44(2):372-379,414-415.

[901] 张申,杨智,桂焱平,张文君,龚晓南,吴勇,单治钢,2024.地铁深基坑围护结构渗漏病害规律分析[J].科技通报,40(4):59-70.

[902] 周思剑,张迪,周建,李瑛,龚晓南,2024.基于TJS工法的盾构隧道运营变形控制[J].浙江大学学报(工学版),58(7):1427-1435.

[903] 张晓笛,段冰,吴健,王金昌,杨仲轩,龚晓南,徐荣桥,2024.混凝土芯水泥土复合桩竖向承载特性分析方法[J].岩土力学,45(1):173-183.

[904] 周佳锦,马俊杰,俞建霖,龚晓南,张日红,2024.静钻根植桩施工环境效应现场试验研究[J].土木工程学报,57(3):93-101.

[905] 周佳锦,马俊杰,俞建霖,龚晓南,张日红,2024.静钻根植桩竖向承载性能现场试验研究[J].岩土工程学报,46(3):640-647.

[906] Chen Z P, Zang Y W, Yang Z X, Xu R Q, Gong X N, Yan J J, Wang J C, 2024. Analytical solution for longitudinal dynamic response of shield tunnel linings using the state-space method[J]. Computers and Geotechnics, 169: 106104.

[907] Fu L Y, Zhou J, Gong X N, Guo P P, 2024. Describing inherently anisotropic behaviours of natural clay by a hypoplastic model[J/OL]. Geological Journal. http://doi.org/10.1002/gj.4929.

[908] Gan X L, Liu N W, Adam B, Gong X N, 2024. Random responses of shield tunnel to new tunnel undercrossing considering spatial variability of soil elastic modulus[J]. Applied Sciences, 14(9): 3949.

[909] Hu X J, Liao D, Hu H B, Xie S L, Xie N, Gong X N, 2024. The influence of mechanical heterogeneity of grain boundary on mechanical and microcracking behavior of

granite under mode I loading using a grain-based model[J]. Rock Mechanics and Rock Engineering，57(5):3139-3169.

[910] Tao Y L，Zhu J F，Zhou J，Gong X N，Yu Z Y，Li K Q，2024. Experimental study on electro-osmotic conductivity of Hangzhou sludge[J]. Acta Geotechnica. http://doi. org/10. 1007/s11440-024-02228-9.

[911] Yu J L，Chen J P，Zhou J J，Xu J C，Gong X N，2024. Analytical modeling for the behavior of concrete-cored cement mixing (CCM) pile composite foundation under embankment[J]. Computers and Geotechnics，167:106084.

[912] Zhao X Q，Gong X N，Guo P P，Duan Y L，2024. Experimental and numerical studies on the displacement and load-transfer mechanism of pile-caisson composite structure[J]. Mechanics of Advanced Materials and Structures:1-15.

[913] Zhou J J，Yu J L，Gong X N，Zhang R H,2024. Field study on installation effects of pre-bored grouted planted pile in deep clayey soil[J]. Canadian Geotechnical Journal，61(4):748-762.

[914] Zhou J J，Zhou S L，Yu J L，Ma J J，Zhang R H，Gong X N，Ren F F,2024. Experimental study on the frictional capacity of square pile-cemented soil interface with different surface roughness[J]. Acta Geotechnica. http://doi. org/10. 1007/s11440-024-02283-2.

编辑说明

　　本书是龚晓南院士中文科研论文的汇集,在较长时间跨度上反映了我国岩土工程理论研究和工程实践的发展历程,可作为相关科学与工程领域的重要参考资料。全书主要分为六部分:①综合性论文;②基础理论论文;③复合地基论文;④地基处理论文;⑤基坑工程论文;⑥其他论文。

　　因本书收录文章的写作时间跨度长达近四十年,且这些文章分别在不同刊物和会议上发表,因此行文风格和格式有所不同。为此,在编辑过程中,我们既注意保持文章的历史原貌,又兼顾全书格式大体一致。对原文的语句表述等,一般维持原样,仅对少许字句、标点、计量单位、公式和变量等,尽量按照现代出版规范进行统一和订正。

　　由于时间仓促,编辑过程中难免有疏漏之处,恳请读者谅解并予以指正。